Organische Chemie für Dummies
Schummelseite

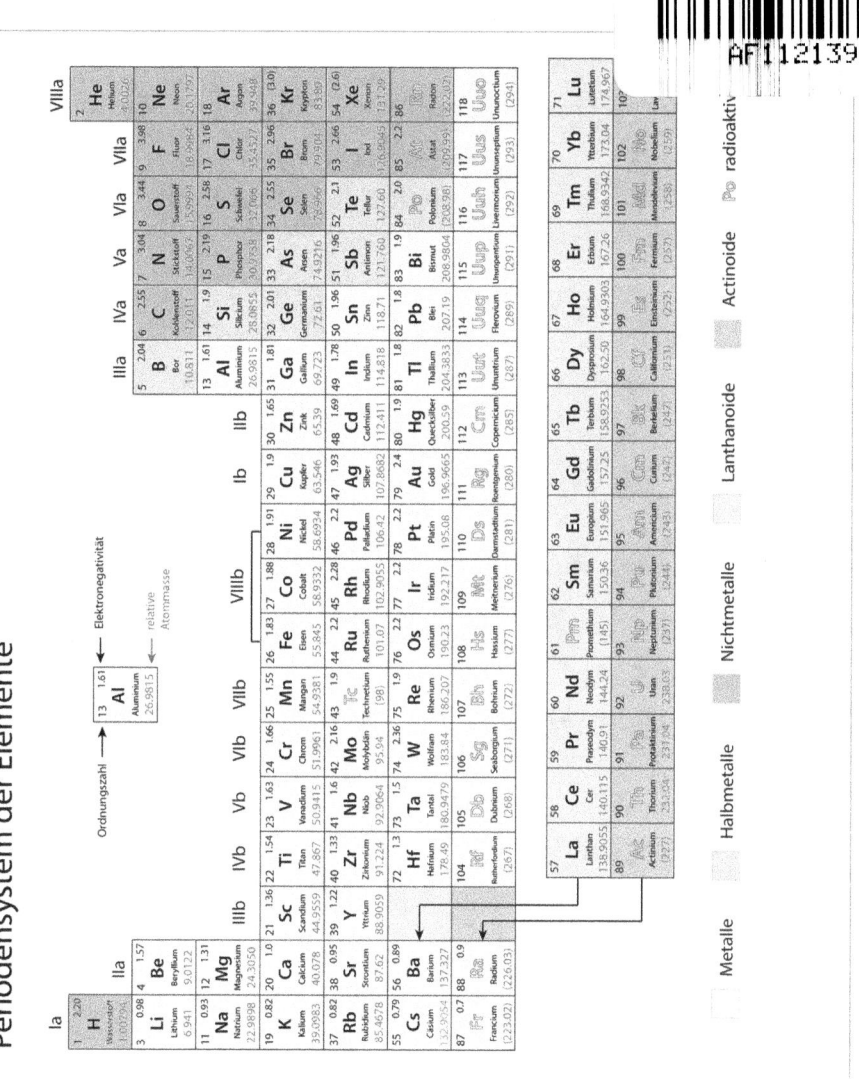

Organische Chemie für Dummies

Schummelseite

HÄUFIGE FUNKTIONELLE GRUPPEN

Hier folgt eine Liste der häufigsten funktionellen Gruppen in alphabetischer Anordnung.

Name	Struktur	Name	Struktur
Alkohol	R—OH	Aromat/aromatisch	(Benzolring)
Aldehyd	R—C(=O)—H	Carbonsäure	R—C(=O)—OH
Alken	R₂C=CR₂	Ester	R—C(=O)—O—R
Alkin	R—C≡C—R	Ether	R—O—R
Amid	R—C(=O)—N(R)—R	Keton	R—C(=O)—R
Amin	R—N(R)—R	Nitril	R—C≡N
		Thiol	R—SH

Organische Chemie für Dummies

Arthur Winter

Organische Chemie für dummies

4. Auflage

Übersetzung aus dem Amerikanischen von Holger Möller

Fachkorrektur von Dr. Bärbel Häcker, Dr. Fabian Kruska, Dr. Ulf Ritgen und Susanne Ullrich-Winter

WILEY-VCH GmbH

Organische Chemie für Dummies

Bibliografische Information Der Deutschen Nationalbibliothek

Die Deutsche Nationalbibliothek verzeichnet diese Publikation in der Deutschen Nationalbibliografie; detaillierte bibliografische Daten sind im Internet über http://dnb.d-nb.de abrufbar.

4. Auflage 2024

© 2024 Wiley-VCH GmbH, Boschstraße 12, 69469 Weinheim, Germany

Original English language edition Copyright © 2005 by Wiley Publishing, Inc., Indianapolis, Indiana. All rights reserved including the right of reproduction in whole or in part in any form. This translation is published by arrangement with John Wiley and Sons, Inc.

Copyright der englischsprachigen Originalausgabe © 2005 von Wiley Publishing, Inc., Indianapolis, Indiana. Alle Rechte vorbehalten inklusive des Rechtes auf Reproduktion im Ganzen oder in Teilen und in jeglicher Form. Diese Übersetzung wird mit Genehmigung von John Wiley and Sons, Inc. publiziert.

Wiley, the Wiley logo, Für Dummies, the Dummies Man logo, and related trademarks and trade dress are trademarks or registered trademarks of John Wiley & Sons, Inc. and/or its affiliates, in the United States and other countries. Used by permission.

Wiley, die Bezeichnung »Für Dummies«, das Dummies-Mann-Logo und darauf bezogene Gestaltungen sind Marken oder eingetragene Marken von John Wiley & Sons, Inc., USA, Deutschland und in anderen Ländern.

Das vorliegende Werk wurde sorgfältig erarbeitet. Dennoch übernehmen Autoren und Verlag für die Richtigkeit von Angaben, Hinweisen und Ratschlägen sowie für eventuelle Druckfehler keine Haftung.

Coverfoto: Sergey Yarochkin–stock.adobe.com
Korrektur: Shangning Postel-Heutz
Satz: Straive, Chennai, India
Druck und Bindung:

Print ISBN: 978-3-527-72175-7
ePub ISBN: 978-3-527-84692-4

Bevollmächtigte des Herstellers gemäß EU-Produktsicherheitsverordnung ist die Wiley-VCH GmbH, Boschstr. 12, 69469 Weinheim, Deutschland, E-Mail: Product_Safety@wiley.com.

Über den Autor

Arthur Winter studierte an der Frostburg State University und graduierte dort zum Chemiker. Er promovierte in organischer Chemie an der University of Maryland. Dort untersucht er extrem kurzlebige Zwischenprodukte, die weniger als 0,000001 Sekunden existieren, mithilfe eines Laser-Spektrometers. Mit seiner Webseite www.chemhelper.com hilft er Studierenden bei ihren Problemen mit der organischen Chemie.

Im Sommer ist Arthur Winter ein begeisterter Fliegenfischer und Jäger gefährlicher oder besonders leckerer Tiere, in der kalten Jahreszeit hält er seinen Winterschlaf. Er liebt Eistee und Trash-Literatur. Außerdem vertreibt er sich seine Zeit mit Gewichtheben-, Triathlon- und Holzfällerwettkämpfen – zumindest auf der Couch vor dem Fernseher. Er gibt gerne mit der außergewöhnlichen Fähigkeit an, Minutenreis in dreißig Sekunden garen zu können (er nennt das dann *al dente*) und ist der stolze Besitzer einer umfangreichen Sammlung von Billiguhren. Er kann gut Flöte spielen, ist ein mieser Verlierer und liebt geschmacklose Scherze. Er wohnt in College Park Maryland.

Auf einen Blick

Über den Autor	7
Einführung	21

Teil I: Volle Kraft voraus: Die Chemie des Kohlenstoffs ... 27
- **Kapitel 1:** Die wundervolle Welt der organischen Chemie ... 29
- **Kapitel 2:** Sezieren von Atomen: Atombau und Bindung ... 37
- **Kapitel 3:** Bilder sagen mehr als Worte: Strukturzeichnungen ... 59
- **Kapitel 4:** Säuren und Basen ... 81
- **Kapitel 5:** Reaktive Zentren: Funktionelle Gruppen ... 91
- **Kapitel 6:** Durchblick in 3D: Stereochemie ... 107

Teil II: Kohlenwasserstoffe ... 125
- **Kapitel 7:** Die Urväter der organischen Moleküle: Alkane ... 127
- **Kapitel 8:** Hilfe, ich sehe doppelt: Alkene ... 153
- **Kapitel 9:** Alkine: Die Kohlenstoff-Kohlenstoff-Dreifachbindung ... 179

Teil III: Funktionelle Gruppen ... 187
- **Kapitel 10:** Ersetzen und Entfernen: Substitutions- und Eliminierungsreaktionen ... 189
- **Kapitel 11:** Berauschend: Alkohole ... 205
- **Kapitel 12:** Seite an Seite: Konjugierte Alkene und die Diels-Alder-Reaktion ... 213
- **Kapitel 13:** Die Herrn der Ringe: Aromatische Verbindungen ... 223
- **Kapitel 14:** Kunststoffe – Erdöl in neuem Design ... 251
- **Kapitel 15:** Natürliche Polymere ... 259

Teil IV: Spektroskopie und Strukturbestimmung ... 273
- **Kapitel 16:** Massenspektrometrie ... 275
- **Kapitel 17:** IR-Spektroskopie ... 291
- **Kapitel 18:** NMR-Spektroskopie: Halten Sie sich fest, jetzt geht's rund! ... 301
- **Kapitel 19:** Indizienbeweise: Strukturbestimmung mit NMR ... 321

Teil V: Der Top-Ten-Teil ... 339
- **Kapitel 20:** Zehn Webseiten für weiteres Lernen ... 341
- **Kapitel 21:** Zehn umwerfende Entdeckungen der Organik ... 345

Teil VI: Anhänge ... 351

- A: Mehrstufige Synthesen ... 353
- B: Reaktionsmechanismen erarbeiten ... 359
- C: Lösungen der Übungsaufgaben ... 367
- D: Glossar ... 391

Stichwortverzeichnis ... 399

Inhaltsverzeichnis

Über den Autor 7
Einführung 21
    Über dieses Buch 22
    Konventionen in diesem Buch 23
    Törichte Annahmen über den Leser 23
    Wie dieses Buch aufgebaut ist 24
        Teil I: Es war einmal: Chemie des Kohlenstoffs 24
        Teil II: Kohlenwasserstoffe 24
        Teil III: Funktionelle Gruppen 25
        Teil IV: Spektroskopie und Strukturbestimmung 25
        Teil V: Der Top-Ten-Teil 25
        Teil VI: Anhänge 25
    Symbole, die in diesem Buch verwendet werden 26
    Wie es weitergeht 26

TEIL I
VOLLE KRAFT VORAUS: DIE CHEMIE DES KOHLENSTOFFS 27

Kapitel 1
Die wundervolle Welt der organischen Chemie 29
    Sei willkommen, Du schöne organische Chemie 29
    Was genau sind eigentlich organische Moleküle? 31
    Namen sind Schall und Rauch 32
        Synthese-Chemiker 33
        Bioorganiker 33
        Naturstoff-Chemiker 34
        Physiko-Organiker 34
        Organometall-Chemiker 35
        Computer-Chemiker 35
        Materialchemiker 35

Kapitel 2
Sezieren von Atomen: Atombau und Bindung 37
    Elektronen unter Hausarrest: Schalen und Orbitale 38
        Im Wohnzimmer der Elektronen: Orbitale 38
        Bedienungsanleitung für Elektronen: Elektronenkonfiguration 41
        Drum prüfe, wer sich ewig bindet: Hochzeit der Elektronen 42

Teilen oder nicht teilen, das ist hier die Frage: Ionenbindung
und kovalente Bindung. 43
    Meins! Alles meins! – Die Ionenbindung. 43
    Die kovalente Bindung 44
    Elektronengier und die Elektronegativität 45
Ladungsteilung: Dipolmomente 47
    Die Bestimmung des Dipolmoments einzelner Bindungen. 47
    Die Bestimmung des Dipolmoments von Molekülen. 48
Molekülgeometrien. 49
    Aufmischer: Hybridorbitale 50
    Die Hybridisierung von Atomen bestimmen 52
Ich versteh' nur noch Griechisch: Sigma- und Pi-Bindungen 53

Kapitel 3
Bilder sagen mehr als Worte: Strukturzeichnungen. 59

Lasst Bilder sprechen: Lewis-Formeln 61
    Formalladungen. 61
    Strukturformeln 63
    Atome kompakt: Kurzformeln 64
    Strukturenstenografie: Skelettformeln. 65
    Umwandeln von Lewis-Formeln in Skelettformeln. 65
    Die Zahl von Wasserstoffatomen in Skelettformeln bestimmen 67
    Mutterseelenallein: Freie Elektronenpaare 68
Waffenarsenal: Pfeile in der Organik 68
Dr. Jekyll und Mr. Hyde: Resonanzstrukturen 70
    Regeln für Resonanzstrukturen 71
    Die Qual der Wahl: Resonanzstrukturen zeichnen 72
    Schwindelerregend: Zeichnen von mehr als zwei Resonanzstrukturen . . . 75
    Die Gewichtung von Resonanzstrukturen 76
    Aufgepasst: Häufige Fehler beim Zeichnen von Resonanzstrukturen 78

Kapitel 4
Säuren und Basen. 81

Definitionssache: Säuren und Basen 81
    Jetzt wird es nass: Säuren und Basen nach Arrhenius 82
    Schrei nach Protonen: Säuren und Basen nach Brønsted. 83
    Elektronenliebhaber und -hasser: Säuren und Basen nach Lewis. 84
Vergleich der Säurestärke organischer Moleküle. 85
    Der Einfluss der Atome 86
    Der Einfluss der Hybridisierung. 86
    Der Einfluss der Elektronegativität 87
    Der Einfluss von Resonanzeffekten. 87
    Die Definition des pK_S-Werts: Eine quantitative Skala der Säurestärke 88
    Die Lage von Säure-Base-Gleichgewichten 89

Kapitel 5
Reaktive Zentren: Funktionelle Gruppen. 91

Kohlenwasserstoffe. 92
    Doppelter Spaß: Die Alkene 92

Alkine	93
Gönnen Sie sich eine Nase voll: Aromaten	94
Einfach gebundene Heteroatome	96
Halogenide	96
Zum Einreiben und zum Trinken: Alkohole	97
Boah, was stinkt hier? – Thiole	98
Mit dem Holzhammer: Ether	99
Carbonylverbindungen	99
Leben am Rand: Aldehyde	100
Ab durch die Mitte: Ketone	102
Carbonsäuren	102
Die süßeste Versuchung, seit es Organik gibt: Ester	102
Funktionelle Gruppen mit Stickstoffatomen	103
Da steckt Leben drin: Amide	104
Amine	104
Nitrile	105
Testen Sie Ihr Wissen	105

Kapitel 6
Durchblick in 3D: Stereochemie 107

Das Zeichnen von Molekülen in 3D: die Keilstrichformel	108
Der Vergleich von Stereoisomeren mit Konstitutionsisomeren	108
Spiegelbildmoleküle: Enantiomere	109
Chiralitätszentren erkennen	110
Die Konfigurationen von Chiralitätszentren: die R/S-Nomenklatur	111
Übung: Die Bestimmung der R/S-Konfiguration	111
Schritt 1: Die Prioritäten der Substituenten festlegen	112
Schritt 2: Drehen des Moleküls	112
Schritt 3: Das Zeichnen der Kurve	113
Die Auswirkungen der Symmetrie: meso-Verbindungen	114
Polarisationsebenen drehen	116
Mehrere Chiralitätszentren: Diastereomere	117
3D-Strukturen in 2D: Fischer-Projektionen	118
Regeln für Fischer-Projektionen	118
Die Bestimmung der R/S-Konfiguration aus einer Fischer-Projektion	119
Stereoisomerie in Fischer-Projektionen	120
Erkennen von meso-Verbindungen mithilfe der Fischer-Projektionen	120
Auf dem Laufenden bleiben	121

TEIL II
KOHLENWASSERSTOFFE 125

Kapitel 7
Die Urväter der organischen Moleküle: Alkane 127

Wie lautet der Name? Die Nomenklatur der Alkane	127
Alles auf der Reihe? Geradkettige Alkane	128
Platzverschwender: Verzweigte Alkane	128

Wenn es mehr als einen gibt 131
Die Benennung komplexer Substituenten 133
Einen Namen in eine Struktur umwandeln 135
Zeichnen von Isomeren aus der Summenformel 136
Schritt 1 136
Schritt 2 136
Schritt 3 137
Schritt 4 138
Schritt 5 138
Die Konformation geradkettiger Alkane. 139
Konformationsanalyse und Newman-Projektion 140
Konformationen des Butans 142
Jetzt geht's rund: Cycloalkane 143
Stereochemie der Cycloalkane. 143
Konformationen des Cyclohexans. 144
Zeichnen der stabilsten Sessel-Konformation. 147
Reagierende Alkane: Halogenierung 148
Los geht's: Die Startreaktion. 148
Wenn es läuft, läuft es: Kettenfortpflanzung 149
... und raus bist Du: Kettenabbruch. 149
Selektivität der Chlorierung und der Bromierung. 151

Kapitel 8
Hilfe, ich sehe doppelt: Alkene 153

Die Definition der Alkene 153
Das Doppelbindungsäquivalent 154
Bestimmung des Doppelbindungsäquivalents aus einer Struktur. 156
Die Bestimmung des Doppelbindungsäquivalents aus einer
Summenformel. 157
Nomen est omen: Die Nomenklatur der Alkene. 157
Die Nummerierung der Stammkette 158
Benennung multipler Doppelbindungen 159
Trivialnamen von Alkenen 159
Stereochemie der Alkene 160
Gleiches oder anderes Ufer? cis- und trans-Stereochemie 160
Ein doppeltes Spiel: E/Z-Stereochemie 160
Die Stabilität der Alkene 162
Substitution bei Alkenen 162
Die Stabilität von cis- und trans-Isomeren 163
Darstellung der Alkene 164
Eliminierung von Säure: Dehydrohalogenierung 164
Wasserlassen: Dehydratisierung von Alkoholen 164
Die Wittig-Reaktion 165
Die Reaktionen der Alkene 166
Die Addition von Halogenwasserstoff an Doppelbindungen 166
Ich bin positiv: Carbokationen 168
Anlagerung von Wasser an eine Doppelbindung 171

Nimm 2: Die Bromierung von Alkenen 174
Zerhacken von Doppelbindungen, Teil I: Ozonolyse. 175
Zerhacken von Doppelbindungen, Teil II: Oxidation mit Permanganat. . . . 175
Die Darstellung von Cyclopropanen mit Carbenen, Teil I 176
Darstellung von Cyclopropanen, Teil II: Simmons-Smith-Reaktion. 176
Darstellung von Epoxiden. 177
Anlagerung von Wasserstoff: Die Hydrierung 177

Kapitel 9
Alkine: Die Kohlenstoff-Kohlenstoff-Dreifachbindung 179

Wie soll es denn heißen? Das Alkin bekommt einen Namen 179
Die Orbitale der Alkine 180
Cyclische Alkine 181
Darstellung der Alkine. 181
Ballast abwerfen: Dehydrohalogenierung 181
Alkine verkuppeln: Chemie der Acetylide 182
Bromierung von Alkinen: Doppeltes Vergnügen 182
Sättigung von Alkinen durch Wasserstoff. 183
Addition eines Wasserstoffmoleküls an Alkine 183
Oxymercurierung von Alkinen 184
Die Hydroborierung von Alkinen 185

TEIL III
FUNKTIONELLE GRUPPEN 187

Kapitel 10
Ersetzen und Entfernen: Substitutions-
und Eliminierungsreaktionen 189

Partnertausch: Substitutionsreaktionen 189
Substitution zweiter Ordnung: S_N2-Mechanismus 190
Wie schnell? Die Reaktionsgeschwindigkeit einer S_N2-Reaktion 191
Der Einfluss des Substrats auf eine S_N2-Reaktion 192
Die Rolle des Nucleophils in der S_N2-Reaktion 193
S_N2 in 3D: Stereochemie 194
Lösungsmitteleffekte auf S_N2-Reaktionen 195
Ich will hier raus: Die Abgangsgruppe. 195
Substitution erster Ordnung: Die S_N1-Reaktion 196
Wie schnell? Die Geschwindigkeit einer S_N1-Reaktion 197
Gute S_N1-Substrate erkennen. 198
Lösungsmitteleffekte auf S_N1-Reaktionen 198
Stereochemie einer S_N1-Reaktion 199
Weitere Fakten über S_N1-Reaktionen 200
Nur der Härteste überlebt: Eliminierungen. 200
Eliminierungen zweiter Ordnung: Der E2-Mechanismus 201
Eliminierungen erster Ordnung: Der E1-Mechanismus 201
Hilfe! Substitution und Eliminierung unterscheiden 202

Kapitel 11
Berauschend: Alkohole 205
    Klassifizierung der Alkohole.. 205
    Sage mir, wie Du heißt, dann sage ich Dir, wer Du bist: Alkohole
    benennen 206
    Darstellung von Alkoholen.. 207
        Anlagerung von Wasser an Doppelbindungen 207
        Reduktion von Carbonylverbindungen............................ 208
        Die Grignard-Reaktion... 209
    Reaktionen der Alkohole 211
        Abspaltung von Wasser: Dehydratation........................... 211
        Darstellung von Ethern: Williamson-Ethersynthese 211
        Die Oxidation von Alkoholen 211

Kapitel 12
Seite an Seite: Konjugierte Alkene und die
Diels-Alder-Reaktion... 213
    Manche mögen Abwechslung: Konjugierte Doppelbindungen 213
    Addition von Halogenwasserstoffsäuren an konjugierte Alkene............ 214
        Das Energieprofil einer Addition an konjugierte Alkene 215
        Kinetik und Thermodynamik der Addition an konjugierte
        Doppelbindungen: ein Vergleich 216
    Die Diels–Alder-Reaktion 217
        Diene und Dienophile erkennen 217
        Stereochemie der Addition.. 218
        Einmal im Kreis, zweimal im Kreis: Bicyclen....................... 218
    Übung: Produkte einer Diels-Alder-Reaktion bestimmen 219

Kapitel 13
Die Herrn der Ringe: Aromatische Verbindungen.............. 223
    Was sind aromatische Verbindungen?................................. 224
        Die Struktur von Benzol 224
        Die Vielfalt aromatischer Verbindungen........................... 225
        Aber was macht ein Molekül aromatisch? 226
        Die Hückel'sche (4n + 2)-Regel 226
    Aromatizität: Molekülorbital-Theorie 227
        Was zum Teufel ist die Molekülorbital-Theorie? 227
        MO-Diagramme aufstellen 227
        Der Frost-Kreis 228
        Das MO-Diagramm von Benzol 228
        Molekülorbitale anschaulich...................................... 229
        Das MO-Diagramm von Cyclobutadien 231
    Aromatizität entdecken 231
    Säure- und Basenstärke 234
        Vergleich der Säurestärken.. 235
        Vergleich der Basenstärke 236

Benennung der Benzole und Aromaten 236
    Trivialnamen substituierter Benzole (Arene) 237
    Die Namen häufiger Heteroaromaten 238
Holt die Kanonen raus: Elektrophile aromatische Substitution des Benzols 238
    Einführung von Alkylgruppen: Die Friedel-Crafts-Alkylierung 239
    Abkehr vom Bösen: Friedel-Crafts-Acylierung 240
    Die Reduktion von Nitrogruppen. 241
    Die Oxidation von Alkylbenzolen 241
Nimm zwei: Synthese disubstituierter Benzole. 242
    Elektronendonoren: ortho-para-dirigierend 243
    Elektronenziehende Gruppen: meta-dirigierend 244
Die Synthese substituierter Benzole. 246
    Synthese an Seitenkette oder Ring 247
Nucleophiler Angriff! Die nucleophile aromatische Substitution 248

Kapitel 14
Kunststoffe – Erdöl in neuem Design **251**
Praktische Kunststoffe 251
Die großen Drei 252
Polykondensation 252
Polymerisation 254
Polyaddition 255
Die Bessermacher 256
Alles besser mit Bio? 256
Biokunststoffe 256
Biobasierte Kunststoffe 257

Kapitel 15
Natürliche Polymere **259**
Zuckriges System. 259
    Monosaccharide. 260
    Aus eins mach zwei: glycosidische Bindung. 262
    Kaum zu zählen – Polysaccharide 262
Power-Proteine 263
    Aminosäuren bilden Proteine 263
    Reaktionen der Aminosäuren 263
    Struktur der Proteine. 265
    Nachweise von Aminosäuren und Proteinen 266
Voll Fett 267
    Anziehender Zusammenhalt 268
    Gar nicht inaktiv 268
    Immer sauber bleiben 268
    Verseifung 269
    Synthetische Seife: Tenside 269

TEIL IV
SPEKTROSKOPIE UND STRUKTURBESTIMMUNG 273

Kapitel 16
Massenspektrometrie 275
- Die Definition der Massenspektrometrie 276
- Ein Massenspektrometer zerlegen 276
  - Der Einlass 276
  - Elektronenionisation: Der Zertrümmerer 276
  - Der Sortierer und die Waage 277
  - Detektor und Spektrum 278
- Das Massenspektrum 279
- Die Empfindlichkeit der Massenspektrometrie 280
- Geht's noch genauer? Die Auflösung 280
- Massenveränderung: Isotope 281
- Die Stickstoff-Regel 282
- Erkennen häufiger Fragmentierungsmuster 283
  - Alkane zertrümmern 283
  - Bruch neben einem Heteroatom: α-Spaltung 284
  - Wasserverlust: Alkohole 285
  - Umlagerung bei Carbonylen: McLafferty-Umlagerung 285
  - Spaltung an Benzolringen und Doppelbindungen 286
  - Übung: Ran an den Speck 287
- Zündende Ideen 288

Kapitel 17
IR-Spektroskopie 291
- Gymnastik für Bindungen: Infrarotabsorption 292
  - Das Hooke'sche Gesetz in Molekülen 292
  - Molekülschwingungen und Lichtabsorption 293
  - Absorptionsintensitäten 294
  - IR-inaktive Schwingungen 294
  - Ein IR-Spektrum verstehen 294
- Wiedersehen macht Freude: Funktionelle Gruppen identifizieren 295
  - Butter bei die Fische: Ein echtes Spektrum 296
  - Funktionelle Gruppen erkennen 297
- Was links von C–H möglich ist 297
  - Groß und breit: Alkohole 297
  - Amine 297
- Was rechts von C–H möglich ist 298
  - Groß und stark: Carbonylgruppen 298
  - Alkene, Alkine und Aromaten 299

Kapitel 18
NMR-Spektroskopie: Halten Sie sich fest, jetzt geht's rund! 301
- Warum NMR? 301
- Wie NMR funktioniert 302

Riesenmagneten und Moleküle: Theorie der NMR 303
Ziehen Sie sich warm an: Abschirmung durch Elektronen 305
Das NMR-Spektrum 306
Chemische Verschiebung 306
Gleich und gleich gesellt sich gern: Symmetrie
und chemische Äquivalenz 307
Gebrauchsanleitung für ein NMR-Spektrum: Die Bestandteile 308
Die chemische Verschiebung 309
Einbeziehung der Integration 311
Kopplung 312
Kohlenstoff-NMR 317
Das Puzzle zusammensetzen 319

Kapitel 19
Indizienbeweise: Strukturbestimmung mit NMR 321
Folgen Sie den Hinweisen 322
Schritt 1: Bestimmen Sie das Doppelbindungsäquivalent 322
Schritt 2: Bestimmen Sie die funktionellen Gruppen
aus dem IR-Spektrum 323
Schritt 3: Vermessen Sie die Integrationskurve 323
Schritt 4: Weisen Sie den NMR-Peaks Fragmente zu 325
Schritt 5: Kombinieren Sie die Fragmente so, dass die Struktur mit dem
Kopplungsmuster, den chemischen Verschiebungen und dem
Doppelbindungsäquivalent übereinstimmt 326
Schritt 6: Kontrollieren Sie Ihre Struktur 327
Aufgaben lösen 328
Beispiel 1: Eine Strukturaufklärung aus der Summenformel
und dem NMR-Spektrum 328
Beispiel 2: Eine Strukturaufklärung aus der Summenformel, dem IR-
und dem NMR-Spektrum 333
Drei häufige Fehler bei der Interpretation von NMR-Spektren 336
Fehler 1: Bestimmung einer Struktur aus den chemischen
Verschiebungen 336
Fehler 2: Mit der Kopplung beginnen 337
Fehler 3: Integration und Kopplung verwechseln 338

TEIL V
DER TOP-TEN-TEIL 339

Kapitel 20
Zehn Webseiten für weiteres Lernen 341
Portal für organische Chemie 341
Chemgapedia 342
Prof. Robinsons organische Chemie 342
PubChem-Datenbank 342
Spektrum Lexikon 343
Chemieseite 343
Chemieonline 343
IUPAC Compendium of Chemical Terminology - the Gold Book 344

Experimentalchemie 344
Archiv der organischen Synthese 344

Kapitel 21
Zehn umwerfende Entdeckungen der Organik 345

Sprengstoffe und Dynamit! 345
Fermentation 346
Synthese des Harnstoffs 346
Händigkeit der Weinsäure 347
Diels-Alder-Reaktion 347
Tor, Tor, TOOOOR 348
Seife 349
Süßen ohne Reue: Aspartam 349
Nochmal mit dem Leben davongekommen: Penicillin 350
Vorsicht! Glatt: Teflon© 350

TEIL VI
ANHÄNGE 351

A: Mehrstufige Synthesen 353

Warum mehrstufige Synthesen? 353
Die fünf Gebote 354
    Erstes Gebot: Du sollst die Reaktionen lernen 355
    Zweites Gebot: Du sollst die Kohlenstoffgerüste vergleichen 356
    Drittes Gebot: Du sollst rückwärts denken 356
    Viertes Gebot: Du sollst Deine Antwort kontrollieren 358
    Fünftes Gebot: Du sollst viele Aufgaben lösen 358

B: Reaktionsmechanismen erarbeiten 359

Es gibt nur zwei Arten von Mechanismen 359
Was Sie tun sollten und was Sie besser lassen 360
Arten von Mechanismen 362
Aus Erfahrung wird man klug: Eine Beispielaufgabe 363

C: Lösungen der Übungsaufgaben 367

D: Glossar 391

Stichwortverzeichnis 399

Einführung

Wenn Menschen über Chemikalien nachdenken, sind die ersten Assoziationen, die ihnen einfallen, meist negativ. Sie denken an Substanzen, die im Gegensatz zur Natur stehen – an Pestizide, an Umweltverschmutzung, Nervengase, chemische Waffen oder an Karzinogene und Toxine.

Aber die meisten Chemikalien spielen in der Natur eine positive Rolle. Wasser und Zucker sind Chemikalien. Warum sind diese Chemikalien so wichtig? Zum Beispiel sind beide im Bier enthalten, das ist doch schon etwas. Auch die Enzyme der Hefe sind nützlich; sie finden bei der Gärung Verwendung, und ohne sie könnten wir kein Bier brauen. Ethanol ist die Chemikalie, die für die Wirkung des Biers auf den menschlichen Körper verantwortlich ist. Mit diesen drei typischen Beispielen von Chemikalien habe ich hoffentlich alle Ihre Vorbehalte ausgeräumt.

Wer schlecht über alle Chemikalien denkt, muss eigentlich mit einem Selbstekel leben, da der menschliche Körper ein großer Behälter voller Chemikalien ist. Ihre Haut setzt sich aus Chemikalien zusammen, ebenso wie Ihr Herz, Ihre Nieren, Ihre Lunge und alle Ihre Organe und Gliedmaßen. Die meisten Chemikalien in Ihrem Körper – und natürlich auch die aller anderen Lebewesen – sind nicht irgendwelche beliebigen Chemikalien, sondern es sind organische Chemikalien. Jeder, der sich für die Funktionsweise von Lebewesen (oder die Chemie von Wein und Bier) interessiert, bekommt es mit der organischen Chemie zu tun.

Historisch gesehen war der Umgang mit diesem Thema nicht immer glücklich. Viele angehende Mediziner und Chemiestudenten, haben sich an der organischen Chemie die Zähne ausgebissen.

Ein Teil der Schwierigkeiten entsteht durch die Vorurteile der Studierenden gegenüber der organischen Chemie. Ich muss zugeben, dass ich ebenfalls Vorbehalte hatte, als ich mit meinem Studium begann. Die Organikvorlesung stellte ich mir als todlangweilige Veranstaltung vor, in der ich stundenlang mit unsinnigen Daten über die Elemente vollgestopft würde, ein unverständliches, monotones Dauergemurmel, nur unterbrochen vom Kratzen der Kreide, die seitenlange, komplizierte mathematische Gleichungen an die Tafel entstehen ließe. Und natürlich Strukturen: Strukturen, Reaktionsgleichungen, Strukturen, Reaktionsgleichungen ... bis zum Erbrechen. Ich dachte, als Student könne man in dieser Wissenschaft nur erfolgreich sein, wenn man dicke Hornbrillen, Krawatten mit dem Periodensystem und Kunstlederschuhe mit Klettverschlüssen trägt.

Meine Vorbehalte über die Vorlesungen waren schon groß, aber das war noch gar nichts im Vergleich zu meinen Vorbehalten gegenüber den Laboren. Ich hatte Angst vor den Praktika. Ich dachte, dass alle Chemikalien genau in dem Augenblick verdunsten würden, in dem ich den Praktikumsaal beträte, auf mir kondensieren und in meine Haare, Poren und Nägel vordringen würden. Meine Haut wäre sofort von einem grässlichen Ausschlag bedeckt, würde sich in trockenen Schuppen ablösen, und meine Haare würden ausfallen. Meine Süße würde sich vor meinem Aussehen ekeln und mich allein sitzen lassen.

Zum Glück habe ich mich geirrt. Ich war positiv überrascht, dass ich die organische Chemie in Wirklichkeit mochte. Das machte einfach Spaß, es war toll. Die Arbeit im Laboratorium und die Herstellung von neuen Substanzen waren viel weniger gefährlich als ich angenommen hatte. Stattdessen waren sie interessant und abwechslungsreich. Auch was die Mathematik angeht, hatte ich schief gelegen. Wenn Sie bis elf zählen können, ohne sich die Schuhe ausziehen zu müssen, werden Sie mit der Mathematik der organischen Chemie keine Probleme haben. Meine Meinung änderte sich in dem Moment, als ich aufhörte, mich gegen die organische Chemie zu wehren, meine Vorbehalte ablegte und meine Einstellung änderte. Das war der Punkt, an dem ich wirklich anfing, die Organik zu mögen.

Ich hoffe, Sie werden sich entschließen, die organische Chemie von Anfang an zu akzeptieren und sich mit ihr anzufreunden (nur anfreunden – Sie müssen sie nicht gleich heiraten). Wenn das der Fall ist, wird Ihnen das Buch ein unverzichtbarer Helfer sein und Ihnen ohne langwieriges Vorspiel die Fakten vermitteln, die in der Organik wirklich angesagt sind.

Über dieses Buch

Mit *Organische Chemie für Dummies* habe ich ein Buch geschrieben, das ich am Anfang meines Studiums auch gerne gehabt hätte. Das Buch ist daher praktisch ausgerichtet. Das Buch soll kein Lehrbuch sein oder eines ersetzen. Stattdessen soll es ergänzend zu einem Lehrbuch die wichtigsten Punkte verdeutlichen. Während ein Lehrbuch Ihnen Wissen im Stil »Fakten, Fakten, Fakten« vermittelt und Sie am Ende eines Kapitels mit einer Menge ungelöster Fragen im Gepäck mutterseelenallein zurücklässt, ist dieses Buch ein Vermittler, ein Übersetzer, und führt Sie schnurstracks zu den grundlegenden Sachverhalten eines bestimmten Themas. Es geht ans Eingemachte und liefert Ihnen praktische Lösungsansätze, die Ihnen bei der Behandlung von Fragestellungen in der organischen Chemie über den Weg laufen werden.

Die meisten Studierenden haben keine Ahnung davon, wie man an die Aufgabenstellungen der organischen Chemie herangeht, da so viele Aspekte mit einbezogen werden müssen. Wo ist der geeignete Punkt, eine Aufgabe zu knacken? Wonach muss man Ausschau halten? Welche interessanten Kleinigkeiten (das heißt: schmutzige Tricks) bauen Professoren in Klausuraufgaben ein, und was ist die beste Strategie, um an eine spezielle Frage heranzugehen? Das Buch kann natürlich nicht auf jedes Problem eingehen, mit dem Sie in der organischen Chemie konfrontiert werden, aber es beinhaltet Themen, die nach meiner Erfahrung bei Studierenden immer zu Verständnisproblemen führen. Zu diesen Themen gehören die Resonanz, die Stereochemie, die Mechanismen und Synthesen und die Spektroskopie.

Außerdem soll das vorliegende Buch Ihnen einen Einblick geben, wie man Aufgaben der Organik logisch behandeln kann. Es hilft Ihnen, Ihre Gedanken logisch zu ordnen, und zeigt Ihnen die Denkweise, die Sie an den Tag legen müssen, um neuen Herausforderungen in der Organik ins Auge blicken zu können. So lernen Sie schwimmen und werden nicht panisch, wenn Sie jemand in das tiefe Wasser unter dem 10 m-Sprungturm geschubst hat.

Ich zeige Ihnen auch, welche grundlegenden Prinzipien die organische Chemie besitzt. Ich verwende eine vertraute und einfach zu verstehende Sprache, gepaart mit klärenden Analogien, um Ihnen den steinigen Weg in den Jargon der Organik zu ebnen. Das Buch ist sowohl für Studierende des ersten Semesters der organischen Chemie, als auch für alle die geeignet, die an dem Thema interessiert sind, unabhängig von einem Studium oder einer Vorlesung.

Wenn Sie die Grundlagen der organischen Chemie verstanden haben und die Aufgaben dort lösen können, dann können Sie ruhigen Gewissens behaupten, die Welt läge zu Ihren Füßen, weil Sie die Einführung in die organische Chemie gemeistert haben. Und das ist keine kleine Leistung!

Konventionen in diesem Buch

An verschiedenen Stellen des Buchs verwende ich den Ausdruck »Organiker-Sprech«, um den typischen Jargon der Organiker zu kennzeichnen. Dieser Jargon wirkt häufig abschreckend und unverständlich auf den Uneingeweihten (wie jeder Jargon, der etwas auf sich hält) und verschleiert das Thema eher, als dass er es erklärt. Ich verrate Ihnen, was das jeweils in verständlicher Sprache bedeutet.

Törichte Annahmen über den Leser

In diesem Buch setze ich voraus, dass Sie in der Vergangenheit schon einmal mit Chemie zu tun gehabt haben und dass Ihnen die grundlegenden Prinzipien der Chemie vertraut sind. Ich gehe davon aus, Sie wissen was das Periodensystem der Elemente ist – siehe die Schummelseite am Anfang des Buchs – und halten es nicht für einen Monatskalender. Auch gehe ich davon aus, dass Sie wissen was Atome sind und wie sie aufgebaut sind (Neutronen, Protonen und Elektronen), und ich erwarte, dass Sie etwas über die chemische Bindung und chemische Reaktionen wissen. Die Kinetik (Geschwindigkeitsgesetze und Geschwindigkeitskonstanten) und das chemische Gleichgewicht sollten für Sie keine Unbekannte sein. Ideal wäre es, wenn Sie schon zwei Semester anorganischer, analytischer und physikalischer Chemie hinter sich gebracht hätten. (Für den Fall, dass Ihre Grundkenntnisse in Chemie etwas eingerostet sind, können Sie sie in Kapitel 2 auffrischen. Dort erkläre ich Ihnen alles, was Sie für die Organik benötigen.)

Weiterhin nehme ich an, dass Sie das Buch mit der Absicht lesen, die entscheidenden Punkte der organischen Chemie zu verstehen, und dass Sie speziell daran interessiert sind, Fragestellungen zu lösen, die in der organischen Chemie auftauchen (das ist besonders für Ihre Klausuren und Ihr Grundstudium wichtig). Da Sie ein etwas dünneres Buch als »Krieg und Frieden« vor sich haben, können hier nicht alle Themenbereiche abgehandelt werden. Stattdessen lernen Sie die Grundlagen, die für das Verständnis der organischen Chemie unabdingbar sind.

Schließlich nehme ich noch an, dass Sie ein Buch lesen wollen, das in einem einfachen, leicht verständlichen Deutsch geschrieben ist, ohne den ganzen akademischen Jargon und das gelehrte Brimborium. Vielleicht sind Sie auch einfach nicht das ganz große Genie in Chemie und wollen ein knappes Nachschlagewerk, das Ihnen die wichtigsten Punkte noch einmal verständlich erklärt und das ganze Thema etwas erfreulicher macht (oder weniger schmerzhaft, je nachdem).

Wie dieses Buch aufgebaut ist

Ich habe das Buch in sechs Teile gegliedert, und jeder Teil besteht aus mehreren Kapiteln. Ich habe bei der Gliederung die Anordnung verwendet, die auch in Lehrbüchern häufig vorkommt. Wenn Sie möchten, können Sie das Buch als Ergänzung zur Vorlesung oder zu den Lehrbüchern lesen, um die wichtigsten Aspekte noch einmal Revue passieren lassen. Jedes Kapitel innerhalb des Buches ist modular aufgebaut. Sie können mit dem Lesen an einer beliebigen Stelle beginnen, ohne dass Ihnen die Informationen aus vorhergehenden Kapiteln fehlen werden.

Am Ende des Buches finden Sie Anhänge, die alle Tipps und Tricks enthalten, wie Sie Reaktionsmechanismen und mehrstufige Synthesen lösen können. Wie die einzelnen Kapitel, sind auch die Anhänge modular aufgebaut, und eine Kenntnis vorangegangener Kapitel ist nicht unbedingt nötig.

Teil I: Es war einmal: Chemie des Kohlenstoffs

In diesem Teil führe ich Sie in die Welt der organischen Chemie ein. Ich definiere die organische Chemie, erkläre Ihnen, wann ein Molekül organisch ist, und erzähle etwas darüber, was Organiker den ganzen Tag so treiben (abgesehen davon, dass sie ihre billigen Kugelschreiber in ihre Hemdtasche stecken). Außerdem wiederhole ich die Grundlagen der chemischen Bindung, der Orbitale und der Elektronenkonfiguration.

Ich mache Sie mit der Sprache der organischen Chemie vertraut, in der Bilder und Strukturen wichtiger als Worte sind. Ich vermittle Ihnen, wie Organiker miteinander unter Verwendung von Formeln (Lewis-Formeln oder Kurzformeln bis hin zu den Skelettformeln) kommunizieren, und ich zeige Ihnen, wie man jede dieser Strukturen korrekt zeichnet. Weiter gebe ich Ihnen einen Einblick in die verzwickten Resonanzstrukturen, die von den Organikern gerne verwendet werden, um die Studierenden zu verwirren (und, wie einige behaupten, einen Fehler bei der Darstellung gewisser Elektronen bei der Verwendung von Lewis-Formeln zu korrigieren).

Da fast *alle* organische Reaktionen Säure-Base-Reaktionen sind, erörtere ich die wichtigsten Aspekte der Säure-Base-Chemie und zeige Ihnen, wie Sie die relative Säure- und Basestärke quantitativ bestimmen können. Die funktionellen Gruppen (oder die Reaktivitätszentren), die die Reaktivität eines Moleküls bestimmen, werden genau wie die wichtigsten Substanzklassen, die Sie kennen müssen, gleich zu Anfang des Buches behandelt.

Das Kapitel ist die Aufwärmrunde, der Eisbrecher, das Händeschütteln.

Teil II: Kohlenwasserstoffe

In diesem Teil behandle ich die organischen Moleküle, die nur Wasserstoff und Kohlenstoff als Elemente enthalten – die Kohlenwasserstoffe. Dazu gehören die Alkane (Moleküle mit Einzelbindungen zwischen Wasserstoff- und Kohlenstoffatomen), die Alkene (Moleküle mit Kohlenstoff-Kohlenstoff-Doppelbindungen) und die Alkine (Moleküle mit

Kohlenstoff-Kohlenstoff-Dreifachbindungen). Ich mache Sie mit der Nomenklatur organischer Moleküle bekannt und spreche über die Reaktionen, die diese Moleküle eingehen.

Weiter erkläre ich Ihnen hier den Begriff der *Konformation*, das heißt, die verschiedenen Arten, wie Moleküle sich biegen und verdrehen können, sowie die *Stereochemie*, also die Art und Weise, wie sich Bindungen im Raum anordnen können. Ich zeige Ihnen, wie Moleküle Bindungen zu sich selbst bilden und so Ringe erzeugen können. Dann warten Sie mal ab, ob ich ausreichend Selbstdisziplin besitze und kein preiswertes Plagiat vom *Herrn der Ringe* inszeniere.

Teil III: Funktionelle Gruppen

Funktionelle Gruppen sind die Reaktivitätszentren in Molekülen. Einige der wichtigsten sind die Alkohole, die Halogene und die aromatischen Verbindungen. Ich bespreche jede funktionelle Gruppe und beleuchte ihre Eigenschaften und Reaktionen. Auch hier komme ich nochmals auf die Stereochemie organischer Moleküle zurück – wie die Atome im dreidimensionalen Raum angeordnet sind – und erkläre Ihnen, wie die Anordnung der Atome im Raum sich bei bestimmten chemischen Reaktionen verändert.

Teil IV: Spektroskopie und Strukturbestimmung

Wie bestimmen Sie die Struktur einer Verbindung, wenn Sie nur ein nichtssagendes weißes Pulver vor sich haben? Wie erkennen Sie, ob Sie aus Ihrer Synthese das richtige Produkt erhalten haben? In diesem Teil zeige ich Ihnen, wie Organiker die Struktur eines Moleküls mit einer besonderen Technik bestimmen, der *Spektroskopie* (eine Methode, die misst, wie Licht und Moleküle wechselwirken). Bei der *Massenspektrometrie* werden die Moleküle in ihre Einzelteile zerlegt, und alle diese Bruchstücke werden einzeln gewogen. Ich zeige Ihnen, wie Sie aus diesen Methoden Hinweise auf die Struktur einer unbekannten Verbindung erhalten.

Teil V: Der Top-Ten-Teil

Im Top-Ten-Teil finden Sie so einiges, was das Herz des (organischen) Chemikers (hoffentlich) erfreut. Ich habe zehn unglaubliche Entdeckungen und zehn spannende und informative Webseiten zusammengestellt, die Ihnen helfen sollen, Ihren Weg durch die Organik zu finden.

Teil VI: Anhänge

In den Anhängen finden Sie Anleitungen, wie Sie Reaktionsmechanismen und mehrstufige Synthesen lösen können. Diese Anleitungen werden für Sie nützlich sein, wenn Sie die Reaktionen der organischen Substanzen verstanden haben. Außerdem habe ich ein Glossar eingefügt, um Ihren organischen Wortschatz immer auf dem Laufenden zu halten.

Symbole, die in diesem Buch verwendet werden

Dieses Symbol verwende ich, wenn ich Ihnen zeitsparende Tipps gebe.

Mit diesem Symbol weise ich nochmals auf wichtige Punkte hin. Nicht nur, um Ihr Gedächtnis aufzufrischen, sondern auch, um auf ganz wichtige Aspekte hinzuweisen, die Sie sich merken müssen.

Ich versuche stets, nicht zu technisch zu werden, daher werden Sie dieses Symbol nicht häufig sehen. Ich gebrauche es, wenn ich einen Sachverhalt etwas genauer erläutere. Wenn Sie möchten, können Sie diesen Bereich überspringen.

Am Ende fast aller Kapitel finden Sie Übungsaufgaben, die mit diesem Symbol gekennzeichnet sind. Die zugehörigen Lösungen finden Sie hinten im Buch.

Wie es weitergeht

Kurz gesagt: Von hier aus können Sie gehen, wohin Sie möchten. Alle Kapitel des Buches sind modular konzipiert. Daher können Sie beliebig hin und her springen und sich den Kapiteln widmen, die Sie als wichtig erachten. Vielleicht haben Sie Schwierigkeiten mit einem speziellen Sachverhalt, wie dem Zeichnen von Resonanzstrukturen oder der Bestimmung von Molekülstrukturen mithilfe der NMR-Spektroskopie? Dann springen Sie direkt zu dem Kapitel, das dieses Thema behandelt. Wenn Sie möchten, können Sie das Buch auch von vorne bis hinten durchlesen und es als eine Art Dolmetscher zu einem Lehrbuch verwenden.

Wenn Sie verstanden haben, worauf es in der Organik ankommt, und eine solide Grundlage der allgemeinen Chemie besitzen – Ihnen also Begriffe wie Elektronenkonfiguration, Orbitale und Bindungen vertraut sind – können Sie die ersten beiden Kapitel auslassen und direkt in Kapitel 3 eintauchen, in dem Sie das Zeichnen organischer Strukturen lernen. Oder Sie nutzen die ersten Kapitel, um einen schnellen Überblick zu bekommen und Ihr Gedächtnis aufzufrischen (Semesterferien haben die unangenehme Eigenschaft, die Erinnerung komplett auszuradieren).

Behalten Sie stets im Hinterkopf, dass die Anhänge am Ende des Buches wertvolle Hinweise für mehrstufige Synthesen und Reaktionsmechanismen sowie ein Glossar chemischer Begriffe enthalten. Fragen zu Reaktionsmechanismen und mehrstufigen Synthesen tauchen in den Organik-Klausuren häufig auf. Daher sollten Sie den Anhang unbedingt nutzen, wenn Ihr Dozent chemische Reaktionen behandelt. Gerade zu Beginn Ihres Studiums ist der Abschnitt »Zehn Tipps, um in der Organik zu überleben« hilfreich, den Sie im Top-Ten-Teil finden.

Das Buch gehört Ihnen. Nutzen Sie es so, dass es Ihnen hilft.

Teil I
Volle Kraft voraus: Die Chemie des Kohlenstoffs

IN DIESEM TEIL ...

Organische Substanzen sind in der Natur allgegenwärtig. Sie finden sie in allen Lebewesen, in der Luft, die Sie atmen, in Lebensmitteln, die Sie essen, und Sie finden sie in der Kleidung, die Sie tragen. Kurz gesagt: Sie können ihnen nicht entkommen. In diesem Teil führe ich Sie in die Welt der organischen Verbindungen ein, sage Ihnen, was organische Substanzen organisch macht, zeige Ihnen, wie Sie organische Moleküle zeichnen können, und erkläre, wie organische Moleküle aufgebaut sind.

> **IN DIESEM KAPITEL**
>
> Vororganische Ängste bewältigen
>
> Definition der organischen Chemie
>
> Die Geheimnisse des Kohlenstoffs knacken
>
> Was Organiker so treiben

Kapitel 1
Die wundervolle Welt der organischen Chemie

Faszinierend ist die Welt der organischen Chemie, beschäftigt sie sich doch mit all den unglaublichen Verbindungen des Kohlenstoffs. Er ist die Grundlage für die Moleküle unseres Seins oder der der jemals gewesenen Lebewesen. Über Millionen von Jahren zu Kohle oder Erdöl zusammengepresst durch die Kraft der Gesteine entstand eine schier unendliche Anzahl außerordentlich interessanter Moleküle, denen allen ihr Kohlenstoff-Grundgerüst gemein ist.

In diesem Kapitel führe ich Sie in die organische Chemie ein und ich bin sicher, dass Sie sie ähnlich faszinierend finden werden wie ich. Ich erkläre Ihnen, was organische Chemie eigentlich ist und warum Sie kostbare Stunden Ihres Lebens dem Studium dieser interessanten Wissenschaft opfern sollten. Ich zeige Ihnen, dass die Erkundung der organischen Chemie eine wirklich lohnende und angenehme Entdeckungsreise ist, und dass diese Reise keineswegs nur bergauf geht.

Sei willkommen, Du schöne organische Chemie

Obwohl die Organik ein sehr wichtiges und bedeutendes – und für viele auch ein sehr vergnügliches – Fach ist, weiß ich, dass die organische Chemie besonders einschüchternd ist, wenn Sie sich ihr zum ersten Mal nähern. Vielleicht haben Sie beim Kauf des Lehrbuchs schon erlebt, was viele Organik-Veteranen als »Die Erfahrung« bezeichnen: als Sie das Buch in der Buchhandlung aus dem Regal genommen haben, als Sie alle Muskeln anspannen mussten, um die Schwarte halten zu können, als beim flüchtigen Durchblättern des Buchs die Angst in Ihnen aufstieg, die Angst, dass Sie all die unzähligen Seiten würden lesen müssen. Und die Erkenntnis, dass diese Lektüre wohl weniger kurzweilig als »Räuber Hotzenplotz« und »Pippi Langstrumpf« werden würde.

Sicher sieht das erst einmal sonderbar aus, wenn Sie eine beliebige Seite des Buchs öffnen, auf der sich bizarre chemische Strukturen und gebogene Pfeile tummeln und zahllose Tabellen Sie mit undefinierbaren Zahlenwerten fast erschlagen, und bei Ihnen das dumpfe Gefühl aufkommt, das alles auswendig lernen zu müssen. Ich gebe zu, die organische Chemie ist ein wenig furchteinflößend.

Die Seifenoper organischer Moleküle

Organische Moleküle regeln unsere Lebensprozesse wie den Stoffwechsel, die genetische Kodierung und die Energiespeicherung. In der Natur spielen organische Moleküle eine verrückte Seifenoper. Sie sind das Medium für viele Drehungen und Wendungen, für Betrug, Verrat, strategische Allianzen, für Romanzen und sogar für Krieg.

Nehmen Sie zum Beispiel die Pflanzen. Sie scheinen so wehrlos. Wenn ein Raubtier kommt und die Pflanzenblätter zum Mittagessen verspeisen möchte, kann die Pflanze nicht ihre Taschen packen und sich aus dem Staub machen. Sie ist an ihrem Platz festgenagelt und kann sich nicht wehren. Oder doch? Obwohl Pflanzen schutzlos erscheinen, sind sie es in Wirklichkeit nicht. Viele Pflanzen erzeugen scheußliche organische Verbindungen, die sehr unangenehm schmecken oder sogar giftig sind (schon als Kind war mir bewusst, dass Rosenkohl etwas ähnliches enthält). Feinde, die einmal von diesen köstlichen Verbindungen gekostet haben, werden in Zukunft von diesem Genuss Abstand nehmen (wenn sie überhaupt noch so etwas wie eine Zukunft haben).

Die Produktion von Giftstoffen, um nicht aufgefressen zu werden, ist schon gemein genug. Aber viele Pflanzen verwenden Verteidigungsstrategien, die noch viel bösartiger sind. Bestimmte Pflanzenarten bemerken, wenn sich eine Raupe dafür entschieden hat, ihre Blätter zu vertilgen (sie können die Raupe zwar nicht sehen, aber sie erkennen bestimmte organische Moleküle, die im Speichel der Raupe enthalten sind!). Wenn die Pflanze entdeckt, dass sich eine Raupe an ihren Blättern zu schaffen macht, stößt die Pflanze flüchtige organische Substanzen aus, die speziell dafür entworfen sind, Wespen anzuziehen. Wenn die Wespen nachsehen, was da los ist, entdecken sie die Raupen, die die Pflanze fressen wollen. Das Schicksal der Pflanze ist den Wespen natürlich völlig egal, aber die weiblichen Wespen brauchen einen guten Platz, um ihre Eier abzulegen. Und was könnte ein gemütlicheres Kinderzimmer sein als das Innere einer fetten, saftigen Raupe?

Wenn eine Wespe eine Raupe entdeckt, stürzt sie herab, landet auf dem Rücken der Raupe, sticht und betäubt sie und legt dann ihre Eier in der Raupe ab! Bald darauf schlüpfen die jungen Wespenlarven aus ihren Eiern und vertilgen die Raupe von innen zum Frühstück. Zufrieden kauend bahnen sich die jungen Larven ihren Weg von innen nach außen, um sich außerhalb der Raupe zu verpuppen und zur neuen Wespe zu werden. Die Wespe hat sich vermehrt und ihre kleine Nachkommenschaft mit Futter versorgt, und die Pflanze wird von ihren Schädlingen befreit – ein sonderbares Bündnis zwischen Wespe und Pflanze, vermittelt durch organische Moleküle. Das ist nur eine Episode in der endlosen Seifenoper der Natur: produziert, finanziert und unterstützt von organischen Molekülen.

Vermutlich haben sich die meisten Studierenden zu Beginn ihres Studiums so gefühlt und wahrscheinlich sogar ihre Professoren, bevor sie Professor wurden. *Sie sind also nicht allein.* Aber Sie können mir glauben, dass die organische Chemie nicht so hart ist, wie sie aussieht. Diejenigen, die kontinuierlich ihr Lernpensum erfüllen – das ist allerdings nicht wenig – und nicht zurückfallen, werden fast immer als Gewinner den Platz verlassen. Die organische Chemie belohnt die harten Arbeiter (wie Sie) und bestraft unbarmherzig die Faulen (die anderen in Ihrer Klasse). Wenn Sie viel lernen, werden Sie auch nicht durchfallen.

> Ich hoffe, das ganze Gerede hat Ihrem Enthusiasmus keinen Dämpfer verpasst, denn die organische Chemie ist klasse. Wenn Sie organische Chemie lernen, lernen Sie etwas über sich selbst, denn alle Lebewesen sind aus organischen Molekülen zusammengesetzt und benötigen organische Substanzen, um zu funktionieren. Schwärme von organischen Molekülen sind gerade damit beschäftigt, Ihre Körperfunktionen aufrechtzuerhalten – sie versorgen Ihr Gehirn mit Nährstoffen, halten Ihre Neuronen unter Dampf und helfen Ihren Muskeln, damit Sie Ihren Mund öffnen und schließen können – und das ist nur eine kleine Auswahl dessen, wozu organische Substanzen in der Lage sind.

Menschen sind fast komplett aus organischen Molekülen aufgebaut (jedenfalls alle Weichteile), von den Muskeln über das Haar und die inneren Organe bis zu den Fettpolstern, die Sie immer schön warm halten, wenn Sie lange lauwarme Sommernächte durchfeiern (manche sind damit etwas reicher gesegnet als andere). Organische Moleküle können ganz klein sein, oder sie können riesig sein, wie die DNA, die Ihre molekulare Gebrauchsanweisung ist und aus Millionen von Atomen besteht.

Was genau sind eigentlich organische Moleküle?

Aber was ist die Gemeinsamkeit all dieser Moleküle? *Was genau* macht ein Molekül organisch? Die Antwort liegt in einem einzelnen, wertvollen Atom: dem Kohlenstoffatom. Alle organischen Moleküle enthalten Kohlenstoff, und das Studium der organischen Chemie ist das Studium von Molekülen, die Kohlenstoff enthalten (aus historischen Gründen werden jedoch die Kohlensäure und ihre Salze, die Carbonate und Hydrogencarbonate, nicht zur organischen Chemie gerechnet). Die organische Chemie untersucht, welche Arten von Reaktionen diese Moleküle auszeichnen und wie sie zusammengesetzt sind. Wenn diese Prinzipien bekannt sind, können sie auf eine Vielzahl von Einsatzgebieten angewendet werden: die Herstellung von wirksamen Medikamenten, besseren Kunststoffen, Materialien für kleinere und noch schnellere Computerchips, leuchtenden Farbstoffen, Färbemitteln, Beschichtungen und Polymeren, darüber hinaus Millionen andere Dinge, die helfen, unsere Lebensqualität zu verbessern.

Die Abgrenzung der organischen Chemie ist letztlich willkürlich. Hier gelten dieselben Grundprinzipien der Chemie, die auch für anorganische Verbindungen gelten. Dieser Zusammenhang der Zweige der Chemie ist eine relativ neue Einsicht, die die falsche Annahme des *Vitalismus* ablöste, das Postulat, organische Moleküle müssten aus der Natur stammen und könnten nicht auf synthetischem Wege hergestellt werden. Trotz der Ablösung dieser Theorie halten sich Chemiker immer noch an die historisch gewachsene Einteilung der Chemie, die die Chemie in physikalische Chemie, anorganische Chemie, analytische Chemie, organische Chemie und Biochemie aufteilt. Diese Grenzen lösen sich aber langsam auf und dienen heute hauptsächlich noch dazu, um die Menge des Stoffs gerade für Studierende sinnvoll zu gliedern.

Es ist faszinierend, dass bei der Vielzahl aller Elemente im Weltall der Kohlenstoff als Grundbaustein aller Lebewesen ausgewählt wurde. Was macht Kohlenstoff so speziell, so einzigartig? Was macht ihn als Grundlage des Lebens geeigneter als die anderen Elemente? Was macht dieses Atom so wichtig, dass sich ein komplettes Fachgebiet um dieses einzelne Atom dreht, während die Chemie aller anderen Elemente in einen großen (als anorganische Chemie bezeichneten) Eintopf geworfen wird? Ist Kohlenstoff verglichen mit anderen Elementen wirklich so speziell, dass er als Grundlage des Lebens ausgewählt werden musste?

Kurz gesagt: ja. Kohlenstoff ist ein ganz besonderes Element, und seine Nützlichkeit liegt in seiner Vielseitigkeit. Kohlenstoff kann vier Bindungen eingehen. Daher können Moleküle, die Kohlenstoff enthalten, sehr unterschiedlich und sehr kompliziert gebaut sein. Außerdem ermöglichen Kohlenstoffverbindungen einen perfekten Kompromiss zwischen Stabilität und Reaktionsfähigkeit. Kohlenstoffbindungen sind weder zu stark noch zu schwach. Stattdessen verkörpern sie, was man gemeinhin als goldenen Mittelweg bezeichnen könnte. Wenn die Bindungen zu stark wären, wäre Kohlenstoff unreaktiv und für Organismen nutzlos. Wenn sie zu schwach wären, wären sie instabil und damit ebenfalls von begrenztem Wert. Stattdessen liegen die Bindungen des Kohlenstoffs zwischen beiden Extremen: weder zu stark noch zu schwach, sind sie das Rückgrat des Lebens.

Außerdem ist Kohlenstoff eines der wenigen Elemente, das stabile Bindungen mit sich selber ausbilden kann. Er ist zudem imstande, mit vielen anderen Elementen Bindungsverhältnisse einzugehen. Kohlenstoffbindungen können sogar Ringe bilden (siehe Kapitel 7). Wegen dieser Fähigkeit, mit sich selbst und anderen Elementen Verbindungen einzugehen, kann Kohlenstoff eine unzählbare Reihe von Molekülen bilden. Viele Millionen von organischen Verbindungen sind bereits synthetisiert und charakterisiert worden und zweifellos werden viele weitere Millionen noch entdeckt werden (vielleicht durch Sie!).

Namen sind Schall und Rauch ...

Wie das Gebiet der Chemie in verschiedene Zweige aufgeteilt werden kann, kann auch die organische Chemie in Spezialgebiete eingeteilt werden. Die spezialisierten Organiker, die in diesen verschiedenen Gebieten arbeiten, illustrieren die Vielfalt der organischen Chemie und ihrer Verbindung zu anderen Bereichen der Chemie wie der physikalischen Chemie, der Biochemie oder der anorganischen Chemie.

Synthese-Chemiker

Synthese-Chemiker (den Kalauer »synthetischer Chemiker« verkneife ich mir an dieser Stelle) beschäftigen sich mit der Herstellung organischer Moleküle. Synthese-Chemiker interessieren sich besonders dafür, aus preiswerten und einfach verfügbaren Ausgangsmaterialien wertvolle Produkte herzustellen. Einige Synthese-Chemiker widmen sich der Entwicklung von Verfahren, die von anderen für die Synthese komplizierter Moleküle verwendet werden können. Sie wollen allgemeine Methoden finden, die flexibel sind und für die Synthese vieler verschiedener Arten von Molekülen verwendet werden können. Andere widmen sich der Erforschung von Reaktionsmechanismen spezieller Bindungen wie beispielsweise der Kohlenstoff-Kohlenstoff-Bindungen.

Andere nutzen bekannte Vorgehensweisen, um mehrstufige Synthesen durchzuführen – die Bildung komplexer Substanzen unter Verwendung mehrerer bekannter Reaktionen. Die Durchführung dieser mehrstufigen Synthesen geht an die Grenzen der bekannten Verfahren. Sie zwingen den Chemiker zu Innovation und Kreativität. Er muss hartnäckig und flexibel sein, wenn ein Schritt der Synthese fehlschlägt (irgendwas geht bei der Synthese komplexer Verbindungen immer schief). Solche Neuerungen tragen zum allgemeinen Verständnis der organischen Chemie bei.

Synthese-Chemiker zieht es häufig in die pharmazeutische Industrie, wo sie effiziente Wege entwickeln, um Medikamente herzustellen und Reaktionen zu optimieren, um sehr komplizierte organische Moleküle so preiswert wie möglich für den Einsatz als Arzneimittel zu produzieren (Manchmal kann die Verbesserung der Ausbeute einer Substanz bei der Herstellung eines Medikamentes um einige Prozent einige Millionen Euro wert sein!). Wenn Sie ein Praktikum in der organischen Chemie absolvieren, werden Sie viel mit der organischen Synthese zu tun bekommen.

Bioorganiker

Bioorganiker interessieren sich besonders für die Enzyme lebender Organismen. Enzyme sind sehr große organische Moleküle, die Arbeitsbienen der Zellen, die bestimmte chemische Reaktionen in der Zelle katalysieren. Es gibt weniger wichtige Enzyme (vom Standpunkt eines durchschnittlichen Studierenden aus betrachtet), mittelwichtige wie die, die unser Essen in Energie umwandeln, und wirklich wichtige wie zum Beispiel die Hefe, die für die alkoholische Gärung verantwortlich ist - die Umwandlung von Zucker in Alkohol.

Diese Katalysatoren arbeiten mit einer Leistungsfähigkeit und Selektivität, die Synthese-Chemiker (siehe den vorherigen Abschnitt) vor Neid gelb werden lässt. Bioorganiker interessieren sich besonders für diese Wunder der Natur, die Enzyme und ihre Funktionsweise. Wenn Chemiker die Mechanismen verstehen, wie diese Enzyme arbeiten und spezifische Reaktionen in der Zelle katalysieren, kann dieses Wissen zur Bildung von *Inhibitoren* verwendet werden. Inhibitoren sind Moleküle, die Enzyme blockieren.

Viele moderne Medikamente beruhen auf Inhibitoren. Aspirin ist beispielsweise ein Inhibitor des intrazellulären Enzyms Cyclooxygenase (COX). Die Cyclooxygenase ist für die Erzeugung der Schmerztransmitter (Prostaglandine) im Körper verantwortlich. Diese Transmitter sind die Boten, die Ihrem Gehirn mitteilen, dass Sie starke Schmerzen im Daumen haben, weil Sie sich gerade mit dem Hammer draufgeschlagen haben. Wenn das Aspirin diese COX-Enzyme in ihrer Funktion behindert, können die Enzyme in Ihrem Körper die Prostaglandine nicht mehr produzieren. So wird das Schmerzgefühl im Körper reduziert. Es gibt viele solcher Beispiele von Enzyminhibitoren in der modernen Medizin, und diese Medikamente wurden von bioorganischen Chemikern erschaffen. Außerdem erproben Bioorganiker, welche Reaktionen die Enzyme noch ausführen können. Dadurch können sie das Leben der Synthese-Chemiker erheblich erleichtern, da dieser mithilfe von Enzymen Reaktionen durchführen kann, die sonst gar nicht oder nur sehr schwer durchzuführen wären.

Naturstoff-Chemiker

Naturstoff-Chemiker isolieren Substanzen aus Lebewesen. Organische, aus lebenden Organismen isolierte Verbindungen werden *Naturprodukte* genannt. In der Geschichte wurden Medikamente schon immer aus Naturprodukten gewonnen; erst in neuerer Zeit werden Medikamente auch direkt im Labor gefunden. *Penicillin* ist ein Beispiel für ein Naturprodukt, das von einem Pilz produziert wird. Dieses berühmte Heilmittel tötet gefährliche Bakterien und hat damit Millionen von Menschenleben gerettet. Die Heileigenschaften von Kräutern und Tees und anderer »Hexengebräue« beruhen meist auf der Wirkung natürlicher Substanzen, die in den Pflanzen enthalten sind. Einige Indianerstämme kauten Weidenrinde, um den Schmerz zu lindern. Die Rinde enthält den wirksamen Bestandteil des Aspirins; andere Indianerstämme kauten *Peyote*, der einen natürlichen Wirkstoff mit halluzinatorischen Eigenschaften enthält. Raucher bekommen ihren Kick durch das *Nikotin*, einen natürlichen Inhaltsstoff der Tabakpflanze; Kaffeetrinker erfreuen sich an der Wirkung des *Koffeins*, eines natürlichen Bestandteils der Kaffeebohnen.

Auch heute stammen viele der Medikamente in den Schubladen unserer Apotheken von Naturprodukten ab. Sie werden häufig aus den Pflanzen isoliert und dann von Chemikern auf eine mögliche biologische Aktivität untersucht. Zum Beispiel kann man ein Naturprodukt daraufhin untersuchen, ob es vielleicht Bakterien oder Krebszellen töten kann oder ob es vielleicht entzündungshemmend wirkt. Wenn sie einen Treffer landen, verändern Chemiker die Struktur des Naturstoffs oft noch etwas, um die Wirkung zu verstärken oder unerwünschte Nebenwirkungen zu verringern. Auch versuchen sie, diesen Naturstoff in einer Totalsynthese, von einem ganz einfachen und kleinen Molekül ausgehend, in vielen Schritten komplett aufzubauen. Das kann sehr sinnvoll sein, wenn ein Naturstoff sehr selten vorkommt, man diesen aber in großen Mengen für Medikamente benötigt.

Physiko-Organiker

Physiko-Organiker interessieren sich dafür, warum sich Atome so verhalten, wie sie es tun. Einige von ihnen widmen sich der Modellierung des Verhaltens von chemischen Systemen und dem Verständnis der Reaktivität und Eigenschaften von Molekülen. Andere haben sich der Bestimmung von Reaktionsgeschwindigkeiten verschrieben; dieses Spezialgebiet wird *Kinetik* genannt. Noch andere erforschen die Energie von Molekülen und gebrauchen

Gleichungen, um zu beschreiben, wie groß die Produktmenge im *Gleichgewicht* ist; dieses Gebiet wird *Thermodynamik* genannt. Physiko-Organiker befassen sich auch mit der Spektroskopie und der Photochemie, die den Einfluss des Lichts auf Moleküle erkunden. (Die Photosynthese ist vermutlich das bekannteste Naturbeispiel der Wechselwirkung von Licht und Molekülen.)

Organometall-Chemiker

Organometall-Chemiker interessieren sich für Moleküle, die sowohl Kohlenstoff als auch Metalle enthalten. Solche Moleküle finden beispielsweise bei der Katalyse chemischer Reaktionen Anwendung (Katalysatoren erhöhen die Reaktionsgeschwindigkeit). Kohlenstoff-Kohlenstoff-Bindungen sind stabiler als Kohlenstoff-Metall-Bindungen, daher können Kohlenstoff-Metall-Bindungen leichter gebildet, aber auch leichter gespalten werden. Daher sind sie bei der Katalyse der chemischen Umwandlungen organischer Moleküle wichtig. Viele Organometall-Chemiker beschäftigen sich mit der Optimierung organometallischer Katalysatoren für spezielle Reaktionsmechanismen.

Computer-Chemiker

Die immer schnelleren Computer helfen auch in der Chemie. Chemiker verwenden die Rechenknechte, um ihre theoretischen Untersuchungen des Verhaltens von Atomen und Molekülen zu unterstützen. *Computer-Chemiker* (auch Theoretische Chemiker genannt) entwerfen Substanzen (sowohl anorganische als auch organische) am Computer und berechnen viele ihrer Eigenschaften. Sie interessieren sich vor allem für dreidimensionale Molekülstrukturen und deren Energiegehalt.

Die von den Computer-Chemikern erzeugten Modelle werden immer wirklichkeitsgetreuer, je mehr Rechenleistung zur Verfügung steht. Viele Medikamente werden heute von Computer-Chemikern am Computer entwickelt; dieser Vorgang wird *in silico* (vom chemischen Element Silicium) genannt, was zeigen soll, dass ein Medikament auf dem Computer entworfen wurde. Medikamente wirken häufig durch die Blockade eines Enzymrezeptors (siehe die Erläuterung des Bioorganikers). Die Medikamentenentwicklung *in silico* macht es möglich, viele verschiedene Substanzen zuerst am Computer zu modellieren und ihre Eigenschaften zu testen, um schon in diesem Stadium diejenigen Strukturen auszuwählen, die am besten zu dem gewünschten Rezeptor passen. Dadurch wird eine gezielte Synthese von Medikamenten möglich, die Erschaffung eines Medikaments durch logische Analyse seiner Wirkung und der dazu benötigten Strukturelemente. Die »brute-force«-Methode, das ziellose Testen von zahllosen möglichen Wirksubstanzen auf biologische Aktivität, gehört damit der Vergangenheit an.

Materialchemiker

Materialchemiker befassen sich, wie könnte es anders sein, mit Materialien. Plastik, Polymere, Beschichtungen, Farben und Färbemittel stehen auf der Liste des Materialchemikers. Er arbeitet sowohl mit anorganischen als auch mit organischen Materialien, aber die meisten Verbindungen von Interesse sind organische Substanzen. Teflon ist ein organisches Polymer, das Ihr Omelett vor dem Anpappen bewahrt. Polyvinylchlorid (PVC) ist ein Polymer, aus dem viele Verpackungen oder Rohre hergestellt werden, und Polyethylen wird für Milchtüten und Teppiche verwendet. Chemiker, die sich hauptsächlich mit Polymeren beschäftigen, bezeichnen sich daher auch als Polymer-Chemiker.

Materialchemiker stellen auch umweltverträgliche Waschmittel mit optimaler Waschkraft her. Organische Materialien werden für die Herstellung kleinerer, schnellerer und zuverlässiger Computerchips eingesetzt. Alle diese Anwendungen und Millionen andere machen den Alltag des Materialchemikers aus.

Und nun noch ein wirklich spannender Beruf: der des Chemie-Lehrers oder einer Chemie-Lehrerin. Nein, verwerfen Sie den Gedanken nicht gleich. Am Ende Ihres Studiums werden Sie so viel Wissen angehäuft haben über die verschiedensten Aspekte der Chemie, dass Sie sie unmöglich für sich behalten können. Da kommt die Tätigkeit als Lehrperson gerade recht. Was gibt es Spannenderes als in jungen Menschen die Faszination für die Naturwissenschaften und insbesondere die Chemie zu wecken? Denn Sie wissen ja: Alles ist Chemie.

IN DIESEM KAPITEL

Atome zerlegen und neu aufbauen

Die Wohnzimmer der Elektronen: Orbitale

Dipolmomente von Bindungen und Molekülen

Ionenbindung und kovalente Bindung

Auf die Mischung kommt es an: Überlappung von Orbitalen

Die Darstellung von Orbitalen für organische Moleküle

Kapitel 2
Sezieren von Atomen: Atombau und Bindung

In diesem Kapitel nehmen Sie ein Atom auseinander, studieren seine wichtigsten Bestandteile (passen Sie bloß auf, dass Sie nichts verlieren!) und setzen es wieder zusammen, als ob Sie ein Atom-Mechaniker wären. Nachdem Sie alle Einzelteile gefunden haben und Sie wissen, wo sie in dem Atom hingehören und welche Aufgabe sie erfüllen, werden Sie sehen, wie Atome zueinander finden und eine Bindung eingehen. Anschließend lernen Sie unterschiedliche Bindungstypen kennen. Sie werden feststellen, dass nicht alle Atome gleich sind: Einige Atome sind gierig und plündern egoistisch die Elektronen einer Bindung, während andere großzügiger sind. Ich zeige Ihnen, wie man die uneigennützigen Atome von den Bösewichtern unterscheidet und wie man die Ladungsverteilung in einer Bindung oder einem Molekül bestimmen kann (diese Verteilung wird *Dipol* genannt). Ich analysiere auch *Orbitale* – die Zimmer der Elektronen – und zeige Ihnen, wie deren Überlappung mit den Orbitalen anderer Atome zur Bildung von Bindungen führt.

Spucken Sie in die Hände, und machen Sie sich darauf gefasst, durch den Kohlenstoff schwarze Ränder unter den Fingernägeln zu bekommen. Keine Sorgen wegen der Sauerei – los geht's!

Elektronen unter Hausarrest: Schalen und Orbitale

Die Seele eines Atoms ist die Anzahl der Protonen in seinem Kern; diese Zahl kann nicht geändert werden, ohne die Identität des Atoms zu verändern. Sie können die Anzahl der Protonen eines Atoms bestimmen, indem Sie seine *Kernladungszahl Z* (auch Ordnungszahl, Protonenzahl oder Atomnummer genannt) im Periodensystem nachschlagen. Ihr spezieller Freund, der Kohlenstoff, hat eine Kernladungszahl von sechs. Das bedeutet, er hat sechs Protonen, die in seinem Kern versteckt sind. Da Protonen positiv geladen sind, benötigt das Atom sechs Elektronen (die negativ geladen sind), um elektrisch neutral zu bleiben.

Besitzt ein Atom mehr oder weniger Elektronen als es Protonen hat (mit anderen Worten: wenn die Zahl der positiv geladenen Teile die Zahl der negativen Teile nicht ausgleicht), besitzt das Atom eine resultierende Ladung und wird dann *Ion* genannt. Wenn das Atom mehr Elektronen als Protonen enthält, ist es ein negativ geladenes Ion, ein *Anion*. Wenn das Atom weniger Elektronen als Protonen enthält, ist es ein positiv geladenes *Kation*.

Im Gegensatz zu Protonen halten sich die Elektronen nicht in der Nähe des Kerns auf, sondern in Schalen, die um den Kern angeordnet sind. Sie können sich die Schalen bildlich als konzentrische Kugeln vorstellen, die den Kern des Atoms umgeben. Die erste Schale, die dem Atomkern am nächsten ist, besitzt die niedrigste Energie und kann maximal zwei Elektronen aufnehmen (häufig werden die Elektronen als e^- abgekürzt; die erste Schale kann dann $2e^-$ enthalten), siehe Abbildung 2.1. Die zweite Schale besitzt eine höhere Energie, da sie weiter vom Kern entfernt ist, und kann bis zu acht Elektronen aufnehmen. Die dritte Schale ist noch weiter vom Kern entfernt, besitzt eine noch höhere Energie und kann bis zu 18 Elektronen enthalten. Höhere Schalen als die dritte behandle ich nicht mehr, da Sie damit in der organischen Chemie nichts zu tun haben werden. Merken Sie sich nur, dass die Schalen umso mehr Elektronen aufnehmen können und eine umso höhere Energie haben, je weiter sie vom Atomkern entfernt sind.

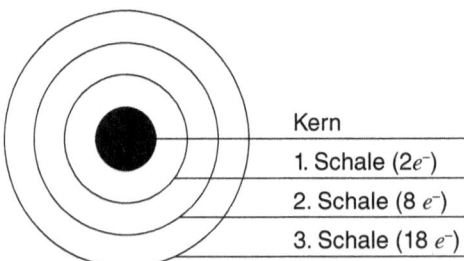

Abbildung 2.1: Kern und innere Schalen eines Atoms

Im Wohnzimmer der Elektronen: Orbitale

Die Elektronenschalen werden noch weiter in Orbitale unterteilt. Die Quantenmechanik – dieses furchterregende Gebiet, das sich mit mathematischen Gleichungen befasst, die für die organische Chemie zu anspruchsvoll sind (zum Glück!) – sagt aus, dass man nie genau sagen kann, an welcher Stelle sich ein Elektron zu einem bestimmten Zeitpunkt befindet. Mit etwas Glück kann man einen Bereich angeben, in dem sich das Elektron aufhält, und dieser Bereich ist das Orbital des Elektrons.

Worin besteht der Unterschied zwischen einer Schale und einem Orbital? Eine Schale gibt nur die ungefähre Energie eines bestimmten Elektrons an, während das Orbital den Raumbereich beschreibt, in dem sich das Elektron aufhält, und gleichzeitig eine genauere Energie angibt. Jede Schale enthält eine Reihe von energetisch ähnlichen Orbitalen (außer der innersten, die nur das 1s-Orbital enthält). Eine Schale, die mit Elektronen voll besetzt ist, ist insgesamt kugelförmig (wie in Abbildung 2.1 gezeigt). Die Schale kann man als Fußboden der Wohnung betrachten, in dem ein Elektron lebt (das Energieniveau), während das Orbital einem Zimmer der Wohnung entspricht.

Sie können diese Analogie noch einen Schritt weiterführen, um zu klären, was Sie über das Elektron wissen. Alle Elektronen in einem Atom befinden sich unter Hausarrest; sie können sich nicht beliebig bewegen und müssen sich daher in ihren Zimmern aufhalten. Leider schließt die Quantenmechanik sämtliche Türen und Fenster der Wohnung, sodass Sie nicht ohne Weiteres hineinsehen und den Ort bestimmen können, in dem sich ein Elektron zu einem bestimmten Zeitpunkt aufhält. Eine präzisere Fassung dieser Ungewissheit, die auch den Impuls oder die Geschwindigkeit der Elektronen einschließt, wird als *Heisenberg'sche Unbestimmtheitsbeziehung* oder *Unschärferelation* bezeichnet. Werner Heisenberg (1901–1976) erhielt 1932 den Nobelpreis der Physik; er war einer der Begründer der Quantenmechanik.

Obwohl Sie die genaue Position eines Elektrons zu einem bestimmten Zeitpunkt nicht kennen, wissen Sie doch, in welchem Raumbereich es sich befinden muss: in seinem Orbital. Die Form dieser Zimmer – der Orbitale – sind in Verbindungen sehr wichtig. Es gibt zwei Arten von Orbitalen, die Ihnen in der Organik begegnen werden, die s- und die p-Orbitale, die jeweils eine charakteristische Form haben. Zeichnungen dieser Orbitale geben das Gebiet an, in dem sich ein Elektron mit einer Wahrscheinlichkeit von 95% aufhält. Ein s-Orbital ist kugelförmig, und ein p-Orbital hat die Form einer Hantel (siehe Abbildung 2.2). Jedes Orbital kann bis zu zwei Elektronen enthalten, die entgegengesetzte *Spins* besitzen müssen. (Sie haben vielleicht gelernt, dass die p-Orbitale sechs Elektronen enthalten können. In Wirklichkeit handelt es sich um drei individuelle p-Orbitale in dem p-Niveau, von denen jedes zwei Elektronen enthält.) Der *Spin* eines Elektrons in einem Orbital ist eine abstrakte Eigenschaft, zu der es in der Welt des Großen kein Gegenstück gibt, aber Sie können sich den Spin bildlich als eine Art Rotation des Elektrons um eine Achse vorstellen, etwa wie ein Kreisel (entgegengesetzte Spins bedeuten dann, dass zwei Elektronen in entgegengesetzten Richtungen um diese Achse rotieren).

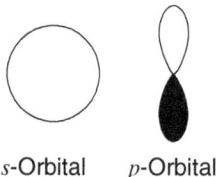

Abbildung 2.2: Die Formen von *s*- und *p*-Orbitalen

Chemiker verwenden eine spezielle Syntax, wenn sie über Orbitale sprechen. Eine Zahl wird vor dem Orbitaltyp platziert, um anzuzeigen, zu welcher Schale das Orbital gehört. Ein Beispiel: Das 2s-Orbital ist das s-Orbital in der zweiten Schale. Wenn die Elektronenbelegung des Orbitals wichtig ist, wird die Anzahl der Elektronen in einem Orbital als Exponent nach der Zahl geschrieben, siehe Abbildung 2.3.

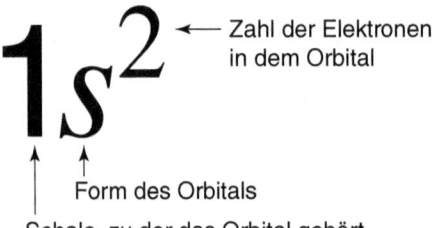

Abbildung 2.3: Das Symbol für eine Elektronenkonfiguration

Da Sie jetzt wissen, was Orbitale sind, erkennen Sie, wie die unterschiedlichen Orbitale in die Elektronenschalen passen. Das 1s-Orbital ist kugelsymmetrisch, enthält bis zu zwei Elektronen und ist das einzige Orbital in der ersten Schale. Die zweite Schale enthält sowohl s- als auch p-Orbitale und kann maximal acht Elektronen beherbergen. Das 2s-Orbital hat die gleiche Kugelform wie das 1s-Orbital, ist aber größer und energiereicher. Das 2p-Niveau besteht aus drei einzelnen p-Orbitalen – das eine liegt entlang der x-Achse (p_x), eines liegt entlang der y-Achse (p_y) und eines liegt entlang der z-Achse (p_z). Da jedes dieser Orbitale die gleiche Energie besitzt, werden sie in Organiker-Sprech als *entartete Orbitale* bezeichnet (siehe Abbildung 2.4). Im Allgemeinen kann das p-Niveau bis zu sechs Elektronen enthalten (denn es besteht aus drei individuellen p-Orbitalen, von denen jedes bis zu zwei Elektronen aufnehmen kann), und das s-Niveau kann maximal zwei Elektronen enthalten (denn diese haben nur ein Orbital zur Verfügung, das bis zu zwei Elektronen aufnehmen kann).

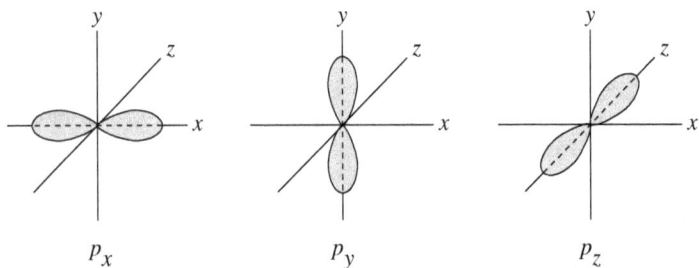

Abbildung 2.4: Die *p*-Orbitale liegen auf drei unterschiedlichen Achsen.

Bedienungsanleitung für Elektronen: Elektronenkonfiguration

Chemiker wissen gerne, welche Orbitale in einem Atom Elektronen enthalten, denn die Lage der Elektronen in einem Atom ermöglicht oft eine Vorhersage der Reaktivität eines Atoms. Um die Elektronenkonfiguration des *Grundzustands* zu ermitteln, das heißt die Liste von Orbitalen, die in einem bestimmten Atom von Elektronen besetzt werden, füllen Sie die Elektronen nacheinander in die energetisch niedrigsten Orbitale, bevor Sie die nächsthöheren füllen. Die Natur ist genau wie die Menschen faul und bevorzugt den energieärmsten Zustand. (Für Menschen bedeutet Faulheit, auf dem Sofa vor dem Fernseher zu sitzen anstatt organische Chemie zu lernen.) Die Abbildung 2.5 sollten Sie sich merken; sie zeigt die Reihenfolge, in der die Orbitale besetzt werden, das so genannte *Aufbauprinzip*. Folgen Sie einfach den Pfeilen. Das Orbital mit der geringsten Energie ist 1s, gefolgt von 2s, 2p, 3s, 3p, 4s.

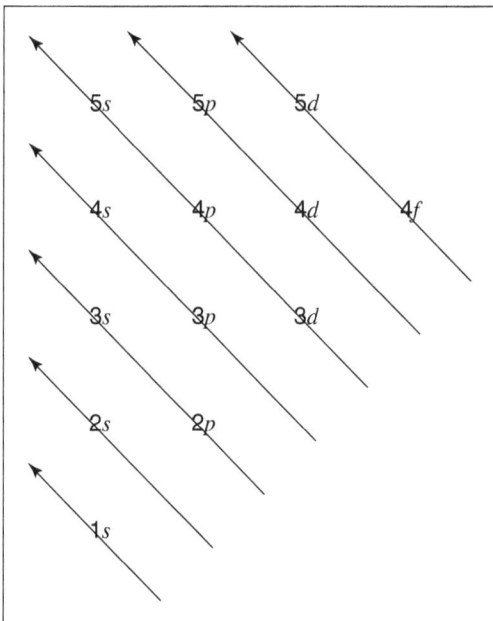

Abbildung 2.5: Das Aufbauprinzip für Elektronenkonfigurationen

Das Besetzen der Orbitale ist ganz einfach – Sie füllen zwei Elektronen in jedes Orbital, beginnen mit dem energieärmsten Orbital und machen damit solange weiter, bis Ihnen die Elektronen ausgehen. Die letzten Elektronen, die Sie in die Atome platzieren, müssen manchmal noch nach einer besonderen Regel verteilt werden. Die *Hundsche Regel der maximalen Multiplizität* sagt Ihnen, was Sie machen müssen, wenn Sie zu den letzten Elektronen kommen und das Orbitalniveau nicht mehr komplett auffüllen können. In diesem Fall besagt die Hundsche Regel, dass zuerst jedes Orbital mit einem einzelnen Elektron mit gleichem Spin besetzt wird. Erst danach wird jeweils ein zweites Elektron in die einfach besetzten Orbitale gesetzt. Diese Regel folgt dem Prinzip, dass die Elektronen versuchen, sich so weit wie möglich von ihresgleichen entfernt aufzuhalten; wenn Sie die Elektronen in unterschiedliche Orbitale füllen, erfüllen Sie dieses Prinzip.

Das Aufspüren einer Elektronenkonfiguration nach der Hundschen Regel wird verständlicher, wenn Sie es einmal ausprobieren. Versuchen Sie als Beispiel die Elektronenkonfiguration von Kohlenstoff zu bestimmen. Kohlenstoff besitzt sechs Elektronen, die in den Orbitalen untergebracht werden müssen. Da Sie immer mit dem Besetzen der Elektronen im Orbital des niedrigsten Energieniveaus beginnen und sich dann nach oben arbeiten, setzen Sie die ersten beiden Elektronen in das 1s-Orbital, die nächsten beiden in das 2s- und die letzten zwei in das 2p-Orbital. Da das 2p-Niveau bis zu sechs Elektronen enthalten kann, müssen Sie für die letzten beiden Elektronen die Hundsche Regel befolgen und die beiden Elektronen mit gleichem Spin in unterschiedliche p-Orbitale packen. Daher kommen die beiden Elektronen in unterschiedliche p-Orbitale.

Die Elektronenkonfiguration des Kohlenstoffs lautet daher $1s^2\ 2s^2\ 2p_x^1\ 2p_y^1\ 2p_z^0$, und nicht $1s^2\ 2s^2\ 2p_x^2\ 2p_y^0\ 2p_z^0$, was die Hundsche Regel verletzen würde.

Scheuen Sie sich nicht, hier die Schummelseite zu benutzen. Das PSE ist Ihr wichtigstes Werkzeug, um die Elektronenkonfiguration schnell abzuleiten. Versuchen Sie es und finden Sie das Aufbauprinzip im PSE wieder. Aber Vorsicht: Durchaus gibt es Ausnahmen. Beim Lanthan wird zum Beispiel zunächst das 6s-Niveau besetzt und dann mit einem Elektron das 5d-Niveau - bevor das 4f-Niveau besetzt wird. Das ist eine Ausnahme und so ähnlich verhält es sich auch beim Actinium.

Drum prüfe, wer sich ewig bindet: Hochzeit der Elektronen

Da Sie jetzt wissen, wie die Elektronen in Atome passen, lernen Sie als Nächstes, wie Atome zueinander finden und eine Verbindung eingehen. Aber warum gehen Atome eine Bindung ein? Sind Atome alleine unglücklich? Ist der Kohlenstoff mit seinem Kohlenstoff-Dasein, das Fluor mit dem Fluor-Dasein und das Natrium mit dem Natrium-Dasein nicht zufrieden? Sind Sie nicht glücklich mit den ihnen zugeteilten Elektronen?

Nein, natürlich nicht! Atome sind schließlich auch nur Menschen. Die meisten von ihnen sind unglücklich und wären gerne etwas anderes. So wie die meisten Menschen gerne reich und berühmt wären (und nicht ein armseliger Chemiker, der gerade auf seine Tastatur einhämmert), streben Atome danach, *Edelgase* zu sein, die sich in der achten Hauptgruppe des Periodensystems befinden. Die Edelgase (Helium [He], Neon [Ne], Argon [Ar], Krypton [Kr] und Xenon [Xe]) sind die Johnny Cashs und die Brad Pitts in der Welt der Atome. Alle Atome eifern Ihnen nach und versuchen, sie zu imitieren. Der Wunsch der Atome, wie die Edelgase zu sein, ist die treibende Kraft für viele Reaktionen.

Warum wollen die Atome wie Edelgase sein? Was macht diese besonderen Atome so attraktiv? Die Antwort ist in ihrer Elektronenstruktur zu finden. Die Edelgase sind die einzigen Atome, deren äußerste Schalen vollständig mit Elektronen besetzt sind, während alle anderen Atome teilweise gefüllte Schalen besitzen. Weil eine vollbesetzte Schale die stabilste mögliche Elektronenkonfiguration ist, ist es für Atome schick, eine volle Schale zu haben.

In den Atomen, die Ihnen in der organischen Chemie über den Weg laufen werden, kann jede Schale in einem Atom acht Elektronen aufnehmen, außer der ersten Schale, die nur zwei enthalten kann. (Die dritte Schale kann eigentlich bis zu 18 Elektronen aufnehmen, aber aus bestimmten, nicht ganz einfachen Gründen, benimmt sie sich meist, als sei sie mit acht Elektronen schon voll.) Der Wunsch der Atome, alle Schalen voll belegt zu haben, wird *Oktettregel* genannt. Vor allem die Atome in der 2. Periode des Periodensystems sind ganz scharf auf diese vollständig gefüllte äußere Schale, die ihnen eine Edelgaskonfiguration verleiht.

Das Verlangen der Atome, den Status der Edelgase zu erreichen, ist die treibende Kraft vieler chemischer Reaktionen. Die Edelgase sind mit sich selber sehr zufrieden, sodass sie meistens völlig unreaktiv sind. (Sie sind so unreaktiv, dass sie auch »Inertgase« genannt wurden, bis ein paar besserwisserische Chemiker es schafften, die Gase unter sehr aggressiven Bedingungen zur Reaktion zu bewegen.)

Die Elektronen in der äußersten Schale eines Atoms werden Außenelektronen oder *Valenzelektronen* genannt. Für die Bildung von Bindungen sind die Valenzelektronen am wichtigsten; die Elektronen auf den inneren Schalen (die *Rumpfelektronen*) können Sie häufig ignorieren, da sie nicht an der Bildung von Bindungen beteiligt sind. Konzentrieren Sie sich stattdessen auf die Elektronen in der Valenzschale.

Teilen oder nicht teilen, das ist hier die Frage: Ionenbindung und kovalente Bindung

Es ist sehr wichtig, die unterschiedlichen Bindungsarten in Molekülen zu verstehen, weil die Bindungsart häufig bestimmt, wie das Molekül reagieren wird. Die beiden wichtigsten Bindungsarten sind die *Ionenbindung*, in der die beiden Elektronen einer Bindung nicht zwischen den an der Bindung beteiligten Atomen geteilt werden, und die *kovalente Bindung* (auch Elektronenpaarbindung oder Atombindung), bei der die beiden Elektronen zwischen den beiden Bindungsatomen aufgeteilt werden – diese beiden Typen sind die Extreme möglicher Bindungen zwischen Atomen.

Meins! Alles meins! – Die Ionenbindung

Die folgende Reaktion wird durch den Wunsch der Atome angetrieben, den Edelgasstatus zu erlangen und findet zwischen Atomen von Elementen typischer Metalle und Nichtmetalle statt. Typische Metalle stehen eher links einer ungefähren Trennlinie von Bor, über Silicium bis Astat. Elemente mit nichtmetallischem Charakter finden sich eher rechts oben im Periodensystem der Elemente. Das Metall Natrium der ersten Hauptgruppe reagiert mit Chlor, einem Nichtmetall der siebten Hauptgruppe, zu Natriumchlorid (NaCl, Kochsalz), siehe Abbildung 2.6. Natrium ist ein Atom aus der 1. Gruppe im Periodensystem; es enthält folglich ein einzelnes Elektron in der äußersten Schale (ein Valenzelektron). Chlor steht in der 17. Gruppe des Periodensystems und besitzt in seiner äußersten Schale sieben Elektronen (also sieben Valenzelektronen). Um eine bessere Übersicht über den Reaktionsablauf zu bekommen, wird die Anzahl der Valenzelektronen mit Punkten um das Atom dargestellt. Daher bekommt Natrium einen Punkt, weil es ein Valenzelektron besitzt, und Chlor sieben Punkte, weil es sieben Valenzelektronen hat.

$$Na\cdot + \cdot\ddot{\underset{..}{Cl}}: \longrightarrow Na^+ \; :\ddot{\underset{..}{Cl}}:^-$$

Abbildung 2.6: Die Bildung von NaCl

Um sein Valenzelektronenoktett zu erreichen, kann Natrium entweder sieben Elektronen aufnehmen oder eines abgeben. Analog ist es beim Chlor. Es kann entweder sieben Elektronen abgeben oder ein Elektron aufnehmen. In der Regel mögen es Atome nicht, mehr als drei Elektronen aufzunehmen oder abzugeben. Daher gibt Natrium sein einzelnes Valenzelektron an das Chlor ab und verbleibt mit komplett aufgefüllten Schalen. Das Chlor nimmt das Elektron vom Natrium auf und füllt damit ebenfalls sein Elektronenoktett. Weil das Natriumatom ein Elektron verloren hat, wird es zu einem positiv geladenen Ion (einem Kation), und das Chloratom wird durch die Elektronenaufnahme zu einem negativ geladenen Ion (einem Anion).

Das Natrium ist glücklich, weil es sein Elektron losgeworden ist und nun die Elektronenkonfiguration des Edelgases Neon (Ne) erreicht hat, das nur volle Schalen besitzt. Ähnlich ist es beim Chlor. Durch die Aufnahme des Elektrons imitiert es die Elektronenkonfiguration des Edelgases Argon (Ar). Nur vollständig gefüllte Schalen zu besitzen, macht Atome glücklich. Wenn sich das Natriumkation mit dem Chloranion verbindet, entsteht stabiles Natriumchlorid (NaCl) und die Welt dieser beiden Atome erscheint rosarot.

Die anziehende Kraft zwischen dem Natriumkation und dem Chloranion im Natriumchlorid wird Ionenbindung genannt. In einer Ionenbindung werden die Elektronen wie Spielsachen von Geschwistern geteilt – nämlich gar nicht. Das Anion (Chlorid) hat dem Kation (Natrium) das Elektron entrissen. Da die Elektronen in dieser Verbindung nicht geteilt werden, beruht die Ionenbindung auf der elektrostatischen Anziehung entgegengesetzter Ladungen.

Die kovalente Bindung

Eine andere Art von Bindung entsteht, wenn zwei Wasserstoffatome zueinander finden und sich zu gasförmigem Wasserstoff (H_2) verbinden (siehe Abbildung 2.7). Auch diese Reaktion hat wie die Reaktion von Natrium und Chlor im Endeffekt das Ziel, einen Edelgasstatus zu erlangen.

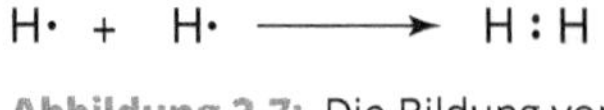

$$H\cdot + H\cdot \longrightarrow H:H$$

Abbildung 2.7: Die Bildung von H_2

Ein Wasserstoffatom besitzt ein Elektron und benötigt ein weiteres, um seine Schale aufzufüllen (Sie erinnern sich sicher, dass die erste Schale lediglich zwei Elektronen beherbergen kann, während die weiteren Außenschalen acht Elektronen aufnehmen können). Da beide Wasserstoffatome ein Elektron benötigen, um die erste Schale aufzufüllen, teilen sich die beiden ihre Elektronen gleichmäßig, anstatt dem jeweils anderen Wasserstoffatom sein Elektron zu entreißen. Dieser molekulare Kommunismus wird kovalente Bindung genannt, eine Bindung, bei der die Elektronen von beiden Atomen geteilt werden, das heißt, dass jedes Atom für sich betrachtet nun über eine »volle« erste Schale verfügt. Beide Wasserstoffatome sind nun glücklich, da sie die Elektronenkonfiguration des Edelgases Helium (He) erreicht haben.

Elektronengier und die Elektronegativität

Wie können Sie feststellen, ob eine Bindung ionisch oder kovalent ist? Ein gutes Hilfsmittel ist die Berechnung der Elektronegativitätsdifferenz der beiden beteiligten Atomen. Die *Elektronegativität* eines Moleküls ist im Organiker-Sprech ein Ausdruck für die Elektronenfressgier eines Atoms. Diese wird unter anderem vom Atomradius und der Kernladung des Atoms bestimmt. Dabei steigt die Elektronegativität sowohl bei kleiner werdenden Atomradien, da die Elektronen stärker vom Kern angezogen werden, als auch bei einer größeren Besetzung der Außenschale, da diese leichter aufgefüllt werden kann. Ein Atom mit hoher Elektronegativität wird die Elektronen von einem Atom mit geringer Elektronegativität selbstsüchtig an sich reißen. Wenn die Elektronegativitätsdifferenz sehr groß ist, liegt eine Ionenbindung vor, da sich das Atom mit der höheren Elektronegativität alle Elektronen unter den Nagel reißen wird. Wenn die Elektronegativitätsdifferenz kleiner ist, kann man sich die Bindung als eine *polare kovalente Bindung* vorstellen: Die Elektronen werden geteilt, aber nicht ganz gleichmäßig. Wenn die Elektronegativitätsdifferenz (die man auch mit EN abkürzen kann) gleich 0 ist (was zum Beispiel dann der Fall ist, wenn sich zwei gleiche Atome verbinden), kann man die Bindung als *rein kovalent* ansehen: Die Elektronen werden völlig gleichmäßig zwischen den beiden Atomen aufgeteilt. Der generelle Trend für die Zunahme der Elektronegativität verläuft von links unten nach rechts oben im Periodensystem. Deshalb ist Fluor (F) das elektronengierigste Element; es hat die höchste Elektronegativität (siehe Abbildung 2.8).

H 2,1						
Li 1,0	Be 1,5		B 2,0	C 2,5	N 3,0	O 3,5	F 4,0
Na 0,9	Mg 1,2		Al 1,5	Si 1,8	P 2,1	S 2,5	Cl 3,0
K 0,8	Ca 1,0						Br 2,8
							I 2,5

Abbildung 2.8: Die Elektronegativität ausgewählter Elemente. Eine große Elektronegativität bedeutet eine hohe Elektronengier.

Hier sind einige allgemeine Regeln, die Ihnen dabei behilflich sein können, herauszufinden, ob eine Bindung ionisch oder kovalent, polar oder unpolar ist:

✔ Wenn die Elektronegativitätsdifferenz zwischen den beiden Atomen null ist, ist die Bindung rein kovalent und unpolar.

✔ Wenn die Elektronegativitätsdifferenz der beiden Atome zwischen 0 und 2 liegt, ist die Bindung polar kovalent.

✔ Wenn die Elektronegativitätsdifferenz zwischen den beiden Atomen größer als 2 ist, liegt eine Ionenbindung vor.

Die angegebenen Zahlenwerte sind nur ungefähre Richtwerte. Oft werden andere Zahlen angegeben: zum Beispiel sind Verbindungen zwischen 0 und 0,7 eher unpolar, zwischen 0,7 und 1,7 eher polar und über 1,7 liegt eine Ionenbindung vor. Sehen Sie die Grenzen eher als Orientierung für eine erste Einschätzung einer Reaktion.

Tabelle 2.1 zeigt einige Beispiele der praktischen Anwendung der Elektronegativitätsdifferenz.

Bindung	Elektronegativitätsdifferenz	Bindungstyp
H–H	0	Rein kovalent, unpolar
Cl–Cl	0	Rein kovalent, unpolar
H–Cl	0,9	Polar kovalent
C–N	0,5	Polar kovalent (schwach polar, eher unpolar)
Li–F	3,0	Ionisch
K–Cl	2,2	Ionisch

Tabelle 2.1: Die Einteilung der chemischen Bindungen

Während Ionenbindungen in anorganischen Verbindungen (also Verbindungen ohne Kohlenstoff) sehr häufig anzutreffen sind, werden organische Verbindungen in der Regel durch kovalente Bindungen zusammengehalten. Dieser Trend wird durch einen Blick auf die Elektronegativität in Abbildung 2.8 gestützt. Anorganische Verbindungen entstehen häufig, wenn sich Atome aus der linken Hälfte des Periodensystems mit Atomen der rechten Hälfte verbinden. Sie finden oft Verbindungen wie LiF, NaCl, KBr und $MgBr_2$, deren Atome sich in der ersten oder zweiten Gruppe im Periodensystem der Elemente befinden und deren Reaktionspartner auf der rechten Seite stehen. Da die Atome auf der linken Seite eine geringere Elektronegativität besitzen und die Atome auf der rechten Seite eine höhere Elektronegativität haben, sind viele dieser Verbindungen ionisch; die Elektronegativitätsdifferenz der beteiligten Atome ist groß.

In organischen Verbindungen kommen meist nur wenige verschiedene Atomsorten vor, und fast alle davon finden Sie auf der rechten Seite des Periodensystems. Kohlenstoff (C), Wasserstoff (H), Sauerstoff (O) und Stickstoff (N) sind die prominentesten Elemente, die Sie in den organischen Verbindungen finden, aber auch Phosphor (P), Schwefel (S) und die meisten

Halogene (Elemente wie Fluor (F), Chlor (Cl), Brom (Br) und Jod (I), die in der vorletzten Gruppe des Periodensystems stehen). Da die Elektronegativitätsdifferenz zwischen diesen Atomen eher gering ist, ist die Bindung zwischen diesen Atomen rein kovalent oder polar kovalent, und die Elektronen werden unter den Bindungspartnern aufgeteilt. Aus diesem Grunde finden sich in organischen Verbindungen fast ausschließlich kovalente Bindungen.

Ladungsteilung: Dipolmomente

In polaren kovalenten Bindungen werden die Elektronen nicht gleich zwischen den beiden Atomen aufgeteilt. Stattdessen schikaniert das Atom mit der größeren Elektronegativität das Atom mit der geringeren Elektronegativität, indem es von diesem die Elektronen anzieht und damit eine partielle Ladungstrennung in der Bindung erreicht. Diese Trennung wird *Dipolmoment* genannt. Dipolmomente werden häufig herangezogen, um die Reaktionseigenschaften von Molekülen zu erklären. Lernen Sie, die Dipole jeder Bindung oder jedes Moleküls vorauszusagen, dann haben Sie ein weiteres wichtiges Werkzeug in Ihrer Trickkiste.

Betrachten Sie als Beispiel die Salzsäure (HCl), Abbildung 2.9. Ein schneller Vergleich der Elektronegativitäten von Wasserstoff und Chlor zeigt, dass das Chlor eine größere Elektronegativität besitzt (nehmen Sie Abbildung 2.8 zu Hilfe). Das bedeutet, die Elektronen der Bindung zwischen dem Wasserstoff und dem Chlor halten sich überwiegend in der Nähe des Chloratoms auf. Das Chloratom erhält dadurch eine negative *Partialladung*. (Das griechische kleine delta, δ, wird oft als Symbol für »partiell« verwendet.) Da die Elektronen vom Wasserstoff abgezogen werden, bekommt der Wasserstoff eine positive Partialladung. Im Organiker-Sprech heißt diese Ladungstrennung Dipolmoment.

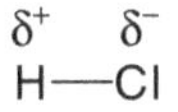

$$\overset{\delta^+}{H}-\overset{\delta^-}{Cl}$$

Abbildung 2.9: Ein Bindungs-Dipolmoment

Ein eigenartiger Pfeil, der *Dipolmomentvektor* (Abbildung 2.10), zeigt die Richtung des Dipolmoments oder der Ladungstrennung an. Per Konvention zeigt die Pfeilspitze in die Richtung der negativen Partialladung, während das +-Zeichen in die Richtung der positiven Partialladung weist.

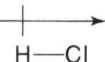

H—Cl

Abbildung 2.10: Der Dipolmomentvektor

Die Bestimmung des Dipolmoments einzelner Bindungen

Wenn Sie den Dipolvektor einer Bindung einzeichnen möchten, müssen Sie sich die Elektronegativität der beiden Atome ansehen. Das Atom mit der größeren Elektronegativität bekommt die negative Partialladung, weil es das Atom ist, das die Elektronen an sich zieht, und das Atom mit der kleineren Elektronegativität wird partiell positiv. Dann zeichnen Sie den Dipolvektor mit der Pfeilspitze auf das Atom mit der größeren Elektronegativität und das Pfeilende (das +-Zeichen) auf das Atom mit der geringeren Elektronegativität. Die Länge des Vektors hängt vom Betrag der Elektronegativitätsdifferenz ab. Zeichnen Sie einen langen Vektor für große Unterschiede und einen kurzen Vektor für kleinere Differenzen.

Es ist sehr wichtig, dass Sie in der Lage sind, die Richtung des Dipolmomentvektors vorherzusagen, denn das Dipolmoment kann mithelfen, die Reaktivität von Molekülen zu erklären (siehe den folgenden Abschnitt).

Die Bestimmung des Dipolmoments von Molekülen

Die Vorhersage der Dipolmomente von Molekülen ist etwas komplizierter als die Vorhersage einzelner Bindungsdipolmomente (siehe den vorherigen Abschnitt). Sehen Sie sich das Beispiel des Chloroforms ($CHCl_3$) in Abbildung 2.11 an. Um das Dipolmoment des Chloroformmoleküls bestimmen zu können, müssen Sie zuerst die Dipolmomentvektoren aller einzelnen Bindungen finden. (Die C–H-Bindung dürfen Sie vernachlässigen, da die Elektronegativitätsdifferenz zwischen Kohlenstoff und Wasserstoff so gering ist, dass ihr Beitrag ignoriert werden kann.) Ich habe die Vektoren für die C–Cl-Bindungen alle gleichlang gezeichnet, weil diese Bindungen alle identisch sind.

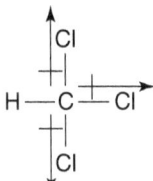

Abbildung 2.11: Bindungsdipolmomente im Chloroform ($CHCl_3$)

Um das Dipolmoment des Moleküls zu bestimmen, müssen Sie alle Vektoren addieren. Dazu stellen Sie einfach die Vektoren (von der Pfeilspitze bis zum Pfeilende) der Reihe nach auf, so wie ich es in Abbildung 2.12 getan habe. Das Dipolmoment des Moleküls zeigt von ihrem Startpunkt zum Endpunkt, hier also nach rechts. (Achtung: Die gezeigte Struktur von $CHCl_3$ ist nicht ganz richtig; weil das Molekül in Wirklichkeit nicht planar ist, gibt es auch keine zwei C–Cl-Bindungen, die genau entgegengesetzt gerichtet sind wie in diesem Beispiel. Das ändert jedoch weder die allgemeine Vorgehensweise noch das qualitative Ergebnis, siehe nächster Abschnitt.)

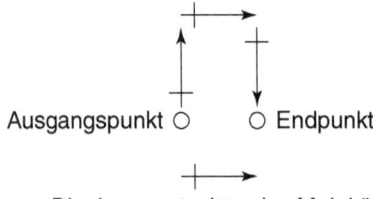

Abbildung 2.12: Die Bestimmung des Dipolmoments von Chloroform aus den Bindungsdipolmomenten

Wichtig: Auch wenn einzelne Bindungen Dipolmomente besitzen, bedeutet das nicht, dass das Molekül als Ganzes einen Dipolmoment besitzen muss. Betrachten Sie beispielsweise das Kohlendioxid (CO_2) in Abbildung 2.13. In diesem Molekül ist der Sauerstoff elektronegativer als der Kohlenstoff, darum zeichnen Sie die beiden Dipolvektoren mit der Spitze nach außen. (Doppelbindungen wie die zwischen Sauerstoff und Kohlenstoff im Kohlendioxidmolekül werden in Kapitel 3 genauer behandelt.)

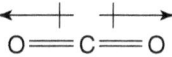

Abbildung 2.13: Bindungsdipolmomente im CO_2-Molekül

Um das Dipolmoment für das komplette Molekül vorauszusagen, müssen Sie alle Vektoren addieren. Im Fall des Kohlendioxids ist das resultierende Dipolmoment des Moleküls null, obwohl jede seiner Bindungen ein Dipolmoment besitzt, da die beiden Sauerstoffatome gleich stark, aber in entgegengesetzte Richtungen ziehen und sich dadurch ausgleichen, wie Abbildung 2.14 verdeutlicht. Stellen Sie sich zwei gleichstarke Männer beim Tauziehen vor – keiner gewinnt, es gibt ein Unentschieden (bis einer der beiden stolpert). Weil der resultierende Dipolmomentvektor null ist, besitzt Kohlendioxid kein Dipolmoment.

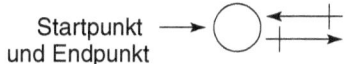

Abbildung 2.14: CO_2 besitzt kein Dipolmoment.

Molekülgeometrien

Das EPA sagt die ungefähre Geometrie eines Moleküls voraus. EPA steht für das Elektronenpaar-Abstoßungs-Modell und diese Bezeichnung sagt schon alles. Weil Elektronen sich untereinander abstoßen, versuchen Bindungen und *freie Elektronenpaare* (auch als *nicht bindende Elektronenpaare* bezeichnet) so weit wie möglich von den anderen wegzukommen. Dieses Modell wurde von den Herren Gillespie und Nyholm entwickelt und wird daher auch Gillespie-Nyholm-Modell genannt.

Auf Moleküle übertragen besagt dieses Modell, dass ein Atom, das zwei Bindungen eingeht, diese am liebsten in einem Winkel von 180° anordnen und so eine lineare Geometrie erreichen möchte, weil auf diese Weise die Elektronen in den Bindungen so weit wie möglich voneinander entfernt sind (siehe Abbildung 2.15). Aus dem gleichen Grund möchte ein Atom mit drei Bindungen diese in einem 120° Winkel angeordnet haben, was einer trigonal planaren Geometrie entspricht. Ein Atom mit vier Elektronenpaaren möchte diese nach Möglichkeit in einem Winkel von 109,5° zueinander ausrichten, wodurch ein Tetraeder entsteht. Möchten Sie ein tetraedrisches Molekül wie das Methan räumlich darstellen, gestaltet sich dies auf dem Papier schwierig. Man verwendet dafür die Keil-Strich-Schreibweise, um anzugeben, welcher Molekülteil nach vorne aus der Papierebene herausragt (breiter Keil) beziehungsweise hinter die Papierebene zeigt (gestrichelter Keil).

In jeder dieser Geometrien sind die Elektronenpaare so weit wie möglich voneinander entfernt. Diese drei Strukturen (linear, trigonal planar und tetraedrisch) sind die Hauptgeometrien, mit denen Sie sich in der organischen Chemie befassen müssen, weil die Atome in organischen Molekülen in der Regel vier oder weniger Bindungen ausbilden.

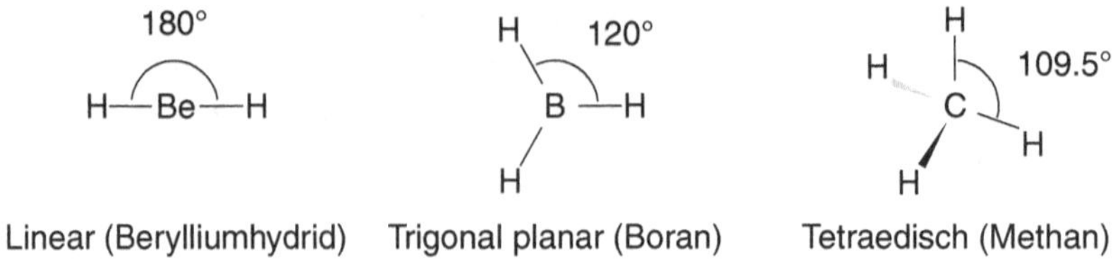

180°	H 120°	H
H—Be—H	B—H / H H	H—C—H / H \\ H 109.5°
Linear (Berylliumhydrid)	Trigonal planar (Boran)	Tetraedisch (Methan)

Abbildung 2.15: Drei häufige Molekülstrukturen

Abbildung 2.16 zeigt die tetraedrische Struktur des Methans in einer anderen Darstellungsweise.

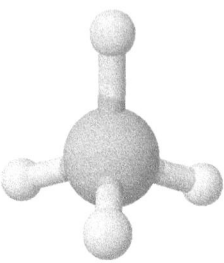

Abbildung 2.16: Die tetraedrische Struktur des Methans

Aufmischer: Hybridorbitale

Sie wissen nun, welchen Bindungswinkel Atome innerhalb eines Moleküls anstreben. Nun zeige ich Ihnen, wie die Überlappung von Orbitalen zur Bindung zwischen Atomen führen kann. Kohlenstoff ist ein gutes Beispiel, um zu verstehen, wie Bindungen entstehen. Kohlenstoff besitzt vier Valenzelektronen und möchte daher vier Bindungen ausbilden, um das Oktett zu erreichen und die Elektronenkonfiguration des Edelgases Neon (Ne) zu erhalten. Aber die Elektronenkonfiguration des Kohlenstoffs ($1s^2\ 2s^2\ 2p_x^1\ 2p_y^1\ 2p_z^0$) zeigt, dass die 1s- und 2s-Orbitale komplett gefüllt sind, sodass lediglich die beiden Elektronen in den p-Orbitalen zur Bildung einer kovalenten Bindung in der Lage sind. Andererseits möchte das Kohlenstoffatom vier Bindungen in einer tetraedischen Anordnung mit Bindungswinkeln von 109,5° um sich sehen. Aber die p-Orbitale stehen in Winkeln von 90° zueinander. Was soll das arme Kohlenstoffatom nun machen?

Als Erstes überführt das Kohlenstoffatom unter Spinumkehr eines seiner Elektronen aus dem vollbesetzten 2s-Orbital in das letzte leere p-Orbital (siehe Abbildung 2.17). So entsteht ein Atom mit vier Orbitalen, die jeweils ein Elektron enthalten; ideal, um vier kovalente Bindungen auszubilden. Aber warum sollte der Kohlenstoff ein Elektron in ein leeres 2p-Orbital anheben? Ist für die Anregung eines Elektrons in ein höheres Orbital keine Energie nötig? Doch, so ist es, aber dieser Elektronentransfer ermöglicht auch die Bildung zweier zusätzlicher Bindungen, die energetisch mehr einbringen als sie kosten. Es ist etwa so, wie wenn Sie zwei Euro investieren und später vier zurückbekommen. Allerdings hat das Kohlenstoffatom immer noch das Problem, dass seine Orbitale erst einmal nicht in die richtige Richtung zeigen.

Daher lässt es sich etwas ganz besonders Trickreiches einfallen. Er mischt seine vier Orbitale – die drei 2p- und das 2s-Orbital – miteinander und erzeugt vier neue Orbitale, die Chemiker als sp³-*Hybridorbitale* bezeichnen. Sie sind alle identisch und stehen in Winkeln von 109,5° zueinander (was für ein praktischer Zufall!). Diese neugebildeten sp³-Orbitale heißen Hybridorbitale, da sie Hybride (Mischungen) der ursprünglichen Orbitale sind.

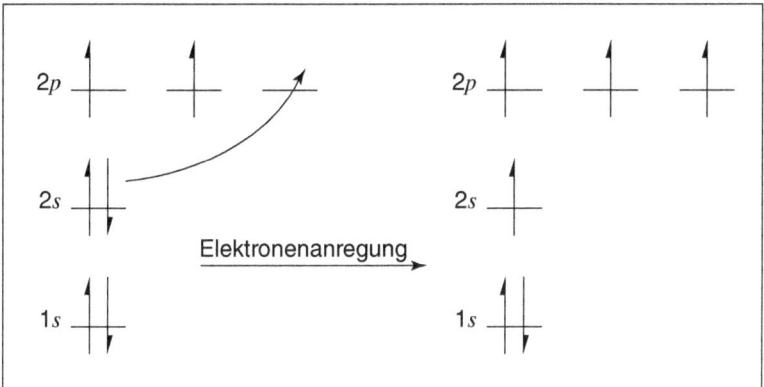

Abbildung 2.17: Die Anregung eines Elektrons aus dem 2s-Orbital in ein energiereicheres 2p-Orbital erlaubt dem Kohlenstoff, vier Bindungen einzugehen.

 In der Nomenklatur der Hybridorbitale gibt der Exponent die Anzahl der p-Orbitale an, die für die Bildung des Hybridorbitals verwendet wurden. Wenn nur ein einziges p-Orbital an der Hybridisierung beteiligt ist, wird der Exponent weggelassen. Daher wird ein Hybridorbital, das aus einem s und drei p-Orbitalen besteht, als sp³ geschrieben.

Das sp³-Orbital ist ein Mittelwert der Orbitale, die in den Mixer geworfen wurden. Durch das Mischen dreier p-Orbitale und eines s-Orbitals entstehen vier sp³-hybridisierte Orbitale, die zu drei Vierteln p-Charakter und zu einem Viertel s-Charakter haben (siehe Abbildung 2.18). Das können Sie sich so ähnlich vorstellen wie beim Mischen von Lebensmittelfarbe. Wenn Sie ein Glas mit roter Lebensmittelfarbe und ein Glas mit gelber Lebensmittelfarbe mischen, bekommen Sie zwei orange Gläser, dem »Mittelwert« der beiden Farben.

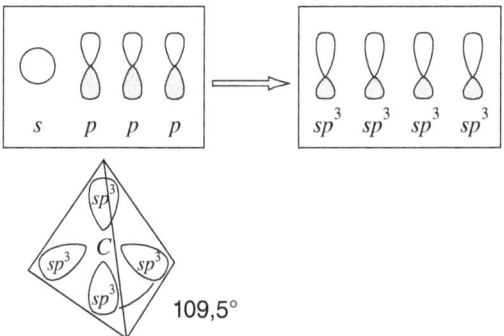

Abbildung 2.18: Durch Mischung eines s-Orbitals mit drei p-Orbitalen entstehen vier sp³-Hybridorbitale.

Beim Mischen der Orbitale muss die Zahl der entstehenden Hybridorbitale gleich der Zahl der Orbitale sein, die gemischt werden. Wenn Sie vier Atomorbitale mischen, müssen Sie vier Hybridorbitale herausbekommen. Beachten Sie, dass aus Gründen der Übersichtlichkeit die kleinen Lappen der Hybridorbitale in Zeichnungen häufig weggelassen werden.

Was ist mit einem Atom, das mit nur drei anderen Atomen Bindungen eingeht? In diesem Fall nützen die sp³-Hybridorbitale nichts, da ihr Bindungswinkel 109,5° beträgt, wohingegen Sie einen Bindungswinkel von 120° brauchen, damit die Bindungen den größtmöglichen Abstand voneinander einnehmen. In diesem Fall müssen Sie die Orbitale etwas anders zusammenmischen. Anstatt alle vier Orbitale zu verwenden, stecken Sie nur drei in den Mixer – das 2s-Orbital und zwei der p-Orbitale –, während eines der p-Orbitale unhybridisiert bleibt (siehe Abbildung 2.19). Weil Sie ein s-Orbital und zwei p-Orbitale mischen, entstehen nun drei sp²-Hybridorbitale, die in einem Winkel von 120° Winkel zueinander stehen.

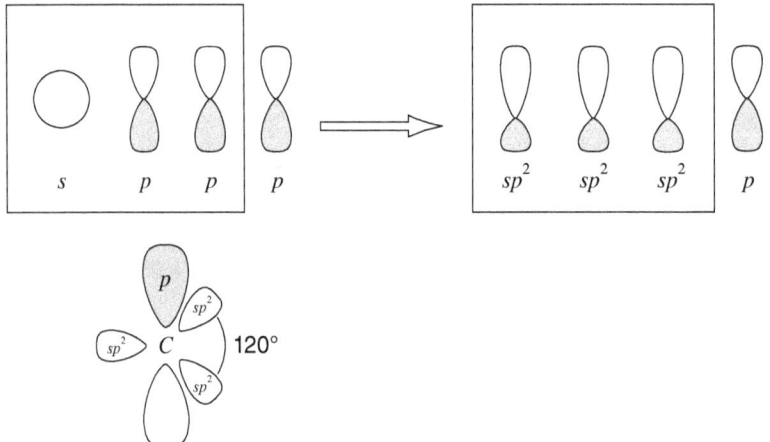

Abbildung 2.19: Wenn ein s-Orbital und zwei p-Orbitale miteinander gemischt werden, entstehen drei sp²-hybridisierte Orbitale.

Für ein Atom mit zwei Bindungspartnern beträgt der ideale Bindungswinkel 180°, also werden nur zwei Orbitale gemischt – das s-Orbital und ein p-Orbital –, und die beiden unbeteiligten p-Orbitale bleiben unverändert. Es sind zwei sp-Hybridorbitale entstanden (man kann auch sagen: das Atom ist sp-hybridisiert), siehe Abbildung 2.20.

Die Hybridisierung von Atomen bestimmen

Um die Hybridisierung von Atomen herauszufinden, müssen Sie häufig nur die *Substituenten* (die Atome, die an das betrachtete Atom gebunden sind) und die freien Elektronenpaare des Atoms zählen. In BeH_2 (siehe Abbildung 2.15) ist das Berylliumatom (Be) von zwei Substituenten (zwei identischen H-Atomen) umgeben, also ist es sp-hybridisiert. In BH_3 (siehe Abbildung 2.15) besitzt das Boratom (B) drei Substituenten (drei identische H-Atome), also ist es sp²-hybridisiert. Und im Methanmolekül CH_4, das vier Substituenten besitzt, ist das Kohlenstoffatom sp³-hybridisiert (siehe 2.15). Dabei spielen gegebenenfalls vorhandene freie Elektronenpaare ebenfalls eine Rolle. Im Ammoniak (NH_3) beispielsweise gibt es auch nur drei Bindungspartner, aber dazu auch noch ein freies Elektronenpaar, und das

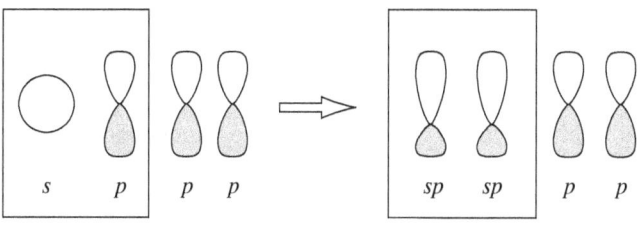

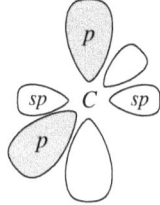

Abbildung 2.20: Zwei sp-Hybridorbitale entstehen durch Mischung eines s-Orbitals und eines p-Orbitals.

muss beim EPA-Modell behandelt werden wie ein Substituent: Das N-Atom im NH_3 ist also sp^3-hybridisiert, die Struktur des Moleküls leitet sich damit genauso vom Tetraeder ab wie beim Methan, nur dass die vierte Ecke des Tetraeders durch das freie Elektronenpaar des Stickstoffatoms eingenommen wird. Damit ist das Ammoniakmolekül trigonal pyramidal (und nicht etwa trigonal planar). Wenn Sie die Hybridisierung eines Atoms kennen, dann können Sie den ungefähren Bindungswinkel und die Anordnung der Bindungen eines Atoms vorhersagen, siehe Tabelle 2.2. Eine hilfreiche Daumenregel lautet: *Freie Elektronenpaare werden mithybridisiert.* (Das ist zwar nicht immer so, wie Sie beispielsweise in Kapitel 13 beim Imidazol feststellen werden, aber doch recht häufig.)

Anzahl der Substituenten (inklusive freier Elektronenpaare)	Hybridisierung	ungefährer Bindungswinkel	Geometrie
2	sp	180°	Linear
3	sp^2	120°	Trigonal planar
4	sp^3	109,5°	Tetraedrisch

Tabelle 2.2: Regeln zur Bestimmung der Hybridisierung

Ich versteh' nur noch Griechisch: Sigma- und Pi-Bindungen

Kovalente Bindungen entstehen, wenn die Orbitale der bindenden Atome überlappen. Zwei Arten kovalenter Bindungen kommen in der Organik vor: Sigma (σ) und Pi (π).

- *Sigma-Bindungen* sind Bindungen, die durch die Überlappung von Orbitalen entlang der Verbindungslinie zwischen den Atomkernen entstehen. Entlang der Verbindungslinie der Atome betrachtet sehen sie aus wie s-Orbitale.

✔ *Pi-Bindungen* sind Bindungen, bei denen die Überlappung über oder unter der Verbindungslinie der Atomkerne entsteht, aber nicht direkt auf der Verbindunglinie. Entlang der Verbindungslinie der Atome betrachtet sehen sie aus wie p-Orbitale.

Mehrere verschiedene Arten von Orbitalüberlappungen können in σ-Bindungen resultieren. Ein Beispiel: Zwei s-Orbitale können überlappen und eine σ-Bindung bilden (wie in der Bindung zweier Wasserstoffatome bei H_2), ein Hybridorbital und ein s-Orbital (oder zwei hybridisierte Orbitale) können überlappen. Jede von diesen ist eine σ-Bindung, weil die Überlappung der Orbitale entlang der Kernverbindungsachse maximiert ist, die Atomkerne also »direkt« miteinander verbunden sind.

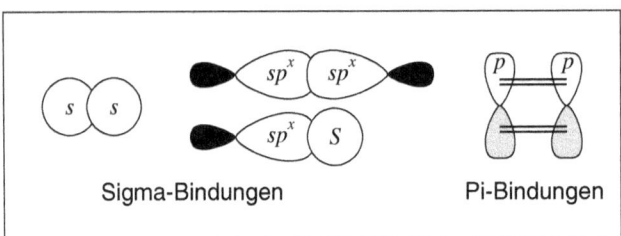

Abbildung 2.21: Die Entstehung von σ - und π-Bindungen durch Überlappung von Atomorbitalen

Im Gegensatz zu σ-Bindungen entstehen π-Bindungen lediglich durch eine einzige Art der Orbitalüberlappung (in der organischen Chemie müssen Sie zumindest nur eine Variante kennen), und zwar durch seitliche Überlappung von zwei p-Orbitalen. Bei der seitlichen Überlappung von p-Orbitalen ist die Überlappung entlang der Verbindungslinie der Atomkerne null, weil die p-Orbitale dort eine Knotenebene besitzen (eine Knotenebene ist eine Fläche, in der die Elektronendichte null ist). Die Überlappung findet unterhalb und oberhalb der Verbindungslinie der Atomkerne statt. π-Bindungen sind seltener als σ-Bindungen, weil sie nur in *Doppelbindungen* und *Dreifachbindungen* und nicht in Einfachbindungen vorkommen. Einfachbindungen sind Bindungen, bei denen zwei Elektronen eine Bindung zwischen den beiden Atomen herstellen; an Doppelbindungen sind vier und an Dreifachbindungen sind sogar sechs Elektronen beteiligt.

Jetzt können Sie anwenden, was Sie über σ- und π-Bindungen und über die Hybridisierung gelernt haben: Zeichnen Sie das Orbitaldiagramm eines Moleküls. Das sollten Sie unbedingt können, denn dieses Bild zeigt Ihnen, welche Arten von Orbitalen für die unterschiedlichen Bindungen eines Moleküls verantwortlich sind. (Das Orbitaldiagramm kann manchmal auch hilfreich sein, um zu erklären, warum bestimmte Moleküle auf eine bestimmte Art reagieren.) So gehen Sie vor, um das Orbitaldiagramm eines Moleküls zu erstellen:

1. **Bestimmen Sie die Hybridisierung jedes einzelnen Atoms.**

   Das einzige Atom, dessen Orbitale in organischen Verbindungen unhybridisiert bleiben, ist Wasserstoff. (Sie erinnern sich sicher, dass die Valenzschale des Wasserstoffatoms nur aus dem 1s-Orbital besteht.)

2. **Zeichnen Sie alle Valenzorbitale für jedes Atom - hiermit meine ich diese Orbitale, die mit Valenzelektronen besetzt sind.**

3. **Bestimmen Sie, welche Orbitale überlappen, um Bindungen zu bilden.**

Doppelbindungen bestehen immer aus einer σ-Bindung und einer π-Bindung, Dreifachbindungen immer aus einer σ- und zwei π-Bindungen. Alle Einfachbindungen sind σ-Bindungen.

Betrachten Sie als Beispiel das Ethen (C_2H_4), das in Abbildung 2.22 gezeigt ist.

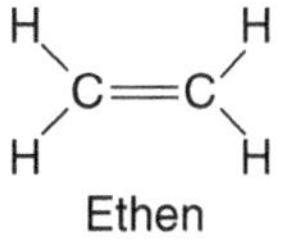

$$\begin{array}{c}H\\ \diagdown\\ \end{array}C=C\begin{array}{c}\\ \diagup\\ H\end{array}\quad\begin{array}{c}H\\ \\ H\end{array}$$

Ethen

Abbildung 2.22: Ethen

Um das Orbitaldiagramm für Ethen zu bestimmen, müssen Sie als erstes die Hybridisierung jedes einzelnen Atoms bestimmen. Da beide Kohlenstoffatome drei Substituenten besitzen (das bedeutet, dass jedes von ihnen mit drei anderen Atomen verbunden ist), sind beide sp^2-hybridisiert (siehe Tabelle 2.2). Das bedeutet, jedes Kohlenstoffatom hat drei sp^2-Hybidorbitale sowie ein unhybridisiertes p-Orbital für die Bindung zur Verfügung. Das Wasserstoffatom ist nicht hybridisiert und kann nur sein 1s-Orbital für eine Bindung zur Verfügung stellen. Als Nächstes zeichnen Sie jedes Atom mit allen Valenzorbitalen (ignorieren Sie alle Rumpforbitale, denn sie spielen bei der Bindungsbildung keine Rolle) wie in Abbildung 2.23.

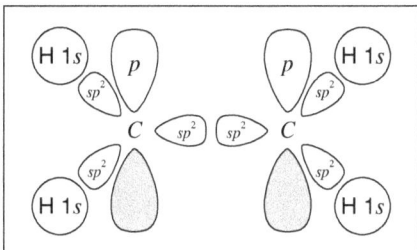

Abbildung 2.23: Die Valenzorbitale aller Atome in Ethen

Als Nächstes bestimmen Sie, welche Orbitale überlappen, um Bindungen einzugehen. Die C–H-Bindungen entstehen durch Überlappung eines sp^2-Hybridorbitals des Kohlenstoffatoms mit dem 1s-Orbital des jeweiligen Wasserstoffatoms; es handelt sich dabei um σ-Bindungen. Die C–C-Bindung ist eine Doppelbindung. Eine der beiden Bindungen entsteht dabei aus den beiden überlappenden sp^2-Hybridorbitalen der Kohlenstoffatome – eine σ-Bindung –, während die andere Bindung durch die seitliche Überlappung der *beiden* unhybridisierten p-Orbitale der Kohlenstoffatome gebildet wird; dabei handelt es sich um eine π-Bindung.

Der letzte Schritt erzeugt die Orbitaldarstellung für Ethen (siehe Abbildung 2.24), weil die überlappenden Orbitale für die Bindungsausbildung in einem Molekül verantwortlich sind. Wie weiß man, welche Orbitale bei der Bindungsbildung wichtig sind? Häufig erklären die Bindungsarten eines Moleküls die Reaktionen, die es eingeht. Ein Beispiel: Eine der Doppelbindungen im Ethen ist eine σ-Bindung, die andere ist eine π-Bindung. π-Bindungen sind reaktiver als σ-Bindungen (warum, wird in Kapitel 9 erklärt), und es ist zu erwarten, dass die π-Bindung die reaktivere im Ethen ist. Diese Vermutung stellt sich als richtig heraus (wie Sie in Kapitel 9 nachlesen können).

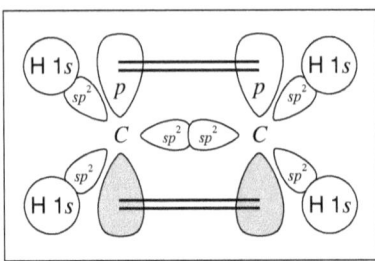

Abbildung 2.24: Das Orbitaldiagramm des Ethens zeigt, welche Orbitale der Atome überlappen.

Aufgabe 2.1:

Geben Sie die Valenzelektronenkonfiguration der Elemente Bor, Kohlenstoff, Stickstoff, Sauerstoff und Fluor (im Grundzustand) so präzise wie möglich an.

Aufgabe 2.2:

Ermitteln Sie sämtliche Partialladungen in den folgenden Verbindungen:

a. Methan (CH_4)

b. Formaldehyd (H_2CO; zwischen C und O liegt eine Doppelbindung vor)

c. Ethan (C_2H_6, es gibt eine C-C-Bindung; den Rest müssen Sie selbst zusammenbasteln)

d. Ethanol (C_2H_5OH; der Genussalkohol – Sie sollen ja auch ein bisschen Spaß bei der Arbeit haben).

Welche dieser Verbindungen weisen ein Dipolmoment auf?

Aufgabe 2.3:

Vergleichen Sie den Aufbau der Moleküle Ethan und Chlorethan im Orbitalmodell.

Aufgabe 2.4:

Beschreiben Sie die Besonderheiten im Atombau der Elemente Lanthan und Actinium.

Aufgabe 2.5:

Rufen Sie über den QR-Code den Link auf, und ordnen Sie die Elektronenkonfigurationen zu.

Elektronenkonfiguration zuordnen

Aufgabe 2.6:

Testen Sie sich! Schaffen Sie das Orbitalquiz?

Orbitalquiz

> **IN DIESEM KAPITEL**
>
> Perfektionieren Sie Ihren Organiker-Sprech
>
> Zeichnen Sie Lewis-Formeln
>
> Erkennen Sie Kurzformeln
>
> Zeichnen Sie Resonanzstrukturen

Kapitel 3
Bilder sagen mehr als Worte: Strukturzeichnungen

Ich hoffe, Sie hatten einmal die Möglichkeit, ein Gespräch zwischen zwei Chemikern in einem tiefen alten Gewölbe zu verfolgen, als die beiden über ihre Experimente sprachen. Vielleicht haben Sie beim Lauschen einige Brocken der Konversation aufgenommen: »Ich krieg es nicht hin«, hat vielleicht einer gesagt. »Mein Protonen-NMR zeigt zwei hochfeldverschobene Multipletts«, oder Sie hörten: »Ich habe die Alkene nach Wittig gekocht, aber um nichts in der Welt konnte ich die reduzierte Nitrogruppe mit dem tert-Butylchlorid in einer $S_N 1$ in Ethanol zur Reaktion bringen!« Genauso gut könnten Sie gehört haben: »Wir kehren in acht Klathryn-Mondzyklen mit den Erdlingen zum Planeten Beldar zurück!« So oder so – Sie werden sich fragen, »Was wird hier eigentlich für eine *Sprache* gesprochen?«

Die haben Organisch gesprochen, jedenfalls die meiste Zeit. Organisch ist noch nicht als offizielle Fremdsprache anerkannt, aber vielleicht kommt das noch, denn das Lernen der organischen Chemie verläuft ähnlich wie das Studium einer Fremdsprache. Die organische Chemie hat ihren eigenen Jargon, wie die Bruchstücke der aufgeschnappten Unterhaltung von vorhin zeigen (nachdem Sie dieses Buch gelesen haben und Sie Organisch fließend sprechen können, werden Sie der Unterhaltung mühelos folgen können). Aber ich möchte behaupten, dass die Ähnlichkeit tiefer geht, denn die Vokabeln sind ebenfalls unterschiedlich.

Bevor Sie Englisch, Japanisch oder Suaheli – oder irgendeine andere Fremdsprache – sprechen können, müssen Sie lernen, was die unterschiedlichen Wörter bedeuten. Ähnlich verhält es sich, bevor Sie »Organisch sprechen« können. Sie müssen wissen, wie man Strukturformeln aufs Papier bringt. Strukturen sind die »Vokabeln« des Organikers, und es ist absolut notwendig, dass Sie sie fließend beherrschen, wenn Sie in der Organik erfolgreich sein wollen. Das Zeichnen von Strukturen sieht am Anfang etwas mühsam aus, vielleicht auch einschüchternd, aber mit etwas Übung werden Sie schon bald dahinter kommen, wie es funktioniert. Es ist wie beim Sprechen einer Fremdsprache: Mit genügend Praxis im

Zeichnen werden Strukturformeln Ihre zweite Natur werden (und Sie werden Spaß daran haben, garantiert!).

In diesem Kapitel vermittle ich Ihnen das Vokabular der organischen Chemie, mit dessen Hilfe Sie *Lewis-Formeln* zeichnen können. Außerdem zeige ich Ihnen, wie Organiker die Lewis-Formeln abkürzen, einerseits aus Gründen der Übersichtlichkeit und andererseits, weil sie faul sind (böse Zungen behaupten, das sei der Hauptgrund). Ich zeige Ihnen außerdem, wie Sie Resonanzstrukturen zeichnen, die benutzt werden, um einen Fehler im Lewis-Strukturmodell zu korrigieren.

Modelle und Moleküle

Menschen tun sich schwer, Objekte zu verstehen, die entweder riesig groß oder winzig klein sind. Das liegt an unserem Verstand, denn der denkt am liebsten in den Größen, denen wir in unserem täglichen Leben begegnen. Ein Kilometer ist in etwa so weit, wie unser Weg über den Campus; zwei Zentimeter entsprechen der ungefähren Länge unserer Fingerspitzen. Diese Größen ergeben für uns einen Sinn, wir können sie intuitiv verstehen. Aber das Verständnis gigantischer Entfernungen, wie der Distanz zwischen der Erde und einem viele Lichtjahre entfernten Stern, oder klitzekleiner Entfernungen wie denen in einem Atom (eine Länge von einigen hundert Pikometern), ist viel schwieriger.

Für Chemiker ist das ein Problem. Wie sollen sie Atome und Moleküle verstehen, wenn diese so klein sind, dass einem sofort schwindlig wird, wenn sie versuchen, sich das vorzustellen? Wie können sie Dinge beschreiben, organisieren und klassifizieren, die sie nicht sehen können? Oder kurz gesagt: Wie können sie die Chemie als Wissenschaft überhaupt betreiben?

Zu unserer Unfähigkeit im Verständnis solch kleiner Dinge kommt noch die Komplikation, dass sich Atome nicht so wie größere Gegenstände benehmen. Sie verhalten sich nicht wie die Dinge, die wir täglich sehen – Dinge, die wir anfassen oder werfen können, Dinge wie Stinkbomben oder Chemie-Lehrbücher. Moleküle verhalten sich aufgrund ihrer Kleinheit auf eine sehr bizarre Weise, und die menschliche Intuition, die auf Objekte des Alltags getrimmt ist, ist beim Verständnis der großen Welt kleiner Moleküle keine große Hilfe. Bei Atomen versagt die klassische Physik kläglich, die Sie nach dem Verlassen des Kindergartens gelernt haben. Wie Physiker herausgefunden haben, liegt das daran, dass sehr kleine Objekte (wie ein Elektron) sich gleichzeitig wie ein Teilchen (was Sie erwarten würden) und wie eine Welle (womit Sie sicher nicht gerechnet haben) verhalten können. Elektronen sind klein genug, um beispielsweise durch eine Barriere »tunneln« (etwa so, als ob ein Mensch durch eine Wand gehen könnte) und an zwei Stellen gleichzeitig existieren zu können – neben anderen, ebenfalls sehr bizarren Verhaltensweisen.

Daher müssen Chemiker Modelle zur Hilfe nehmen, um Moleküle und ihr merkwürdiges Verhalten beschreiben zu können. Chemiker nutzen Modelle, um zu begreifen, wie Moleküle zusammengesetzt sind – wo die Elektronen sind und welche Atome aneinander gebunden sind – und zu beschreiben, welche Reaktionen vielleicht stattfinden.

Das wichtigste Modell, das in der organischen Chemie Verwendung findet, ist die Lewis-Formel. Obwohl Lewis-Formeln nur sehr grobe Modelle von realen Molekülen sind, sind sie ausgezeichnet geeignet, um die Bindungen von Atomen darzustellen. Diese Modelle sind aber nicht ideal, wenn es darum geht, den Aufenthaltsort von Elektronen zu beschreiben, was ich später in diesem Kapitel im Abschnitt über Resonanzstrukturen zeigen werde.

Lasst Bilder sprechen: Lewis-Formeln

Eine Lewis-Formel ist die Methode der Chemiker, um ein fast unendlich kleines Molekül auf einem makroskopischen Stück Papier zu zeichnen. Eine Lewis-Formel zeigt, welche Atome mit anderen verbunden sind und wo sich die Elektronen im Molekül aufhalten. Einfachbindungen zwischen zwei Atomen werden durch einen einzelnen Strich (−) dargestellt, der die beiden Elektronen symbolisiert. Doppelbindungen werden durch zwei parallele Striche (=) dargestellt, die die vier geteilten Elektronen repräsentieren. Dreifachbindungen werden durch drei parallele Striche (≡) dargestellt, die sechs Elektronen in der Bindung symbolisieren (siehe Kapitel 2 für mehr Informationen zu Einfach- und Mehrfachbindungen). Freie Elektronen werden durch Punkte an den Atomen dargestellt, an denen sie sich befinden. Manchmal wird ein freies Elektronenpaar auch durch einen Strich (−), der mit der flachen Seite zum Atom zeigt, dargestellt (ein Beispiel dafür ist in Abbildung 3.3).

Elektronen, Elektronen, Elektronen: Die kleinen Kerle sind der Schlüssel zur Chemie. Sie sind es, worauf die Organiker am meisten achten. Die Neutronen und Protonen sitzen immer in ihrem winzigen Gefängnis im Kern fest, aber die Elektronen sind Abenteurer, die immer versuchen neue Bindungen zu bilden und alte aufzubrechen, und daher sind die Organiker heiß darauf, zu verstehen, was die Elektronen treiben. Da Elektronen Bindungen bilden oder brechen (Protonen und Neutronen tun das nicht), konzentriert sich die organische Chemie auf den Aufenthaltsort der Elektronen: vor, während und nach chemischen Reaktionen. Vergessen Sie also die Protonen und die Neutronen im Kern; die tun nichts (meistens).

Formalladungen

Das Erste, was Sie aus einer Lewis-Formel herauslesen können müssen, ist die Antwort auf die Frage, welche Atome eine *Formalladung* besitzen. Elektronen sind negativ geladen, also hat ein Atom, das ein oder zwei Elektronen verloren hat, eine positive Ladung. Umgekehrt trägt ein Atom, das zu viele Elektronen hat, eine negative Ladung. Es ist sehr wichtig, schnell feststellen zu können, welche Ladung ein bestimmtes Atom in einem Molekül trägt. Hier ist eine geniale Gleichung, um die Formalladung eines Atoms zu bestimmen:

Formalladung eines Atoms = Valenzelektronen − freie Elektronen − Bindungen

Um diese Gleichung zu begreifen, probieren Sie sie am besten aus. Wenden Sie die Gleichung gleich einmal auf das NH_2^--Ion an, das in Abbildung 3.1 gezeigt ist, und berechnen Sie die Formalladung des Stickstoffatoms.

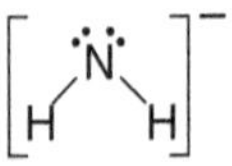

$$\left[\overset{..}{\underset{H\quad H}{N}}\right]^{-}$$

Abbildung 3.1: Das Amid-Ion

Setzen Sie die Werte in die Formel ein. Stickstoff steht in der fünften Hauptgruppe des Periodensystems und hat damit fünf Valenzelektronen; im Amid-Ion trägt er vier freie Elektronen und geht zwei Bindungen ein (eine zu jedem Wasserstoffatom).

Formalladung des Stickstoffs = 5 Valenzelektronen − 4 freie Elektronen − 2 Bindungen = − 1

Die Formalladung des Stickstoffs ist somit −1. Also ist der Stickstoff in diesem Molekül negativ geladen. Wenn Sie immer den gleichen Ansatz verwenden, sollten Sie in der Lage sein, diese Formel schnell auf alle Atome in einem Molekül anzuwenden. Auch wenn die Gleichung leicht zu verwenden ist, ist es ziemlich langweilig, sie bei jedem Atom eines Moleküls von Neuem anzuwenden. Aber wenn Sie durch einen einfachen Blick feststellen möchten, welche Atome eine Ladung tragen, ist sie sehr praktisch.

Mit genügend Praxis werden Sie immer wiederkommende Muster für verschiedene Atome schnell erkennen, die deutlich machen, ob die Atome positiv oder negativ geladen oder neutral sind. Ein Beispiel: Wenn ein Kohlenstoffatom vier Bindungen eingeht, ist es neutral; wenn es nur drei Bindungen besitzt, ist es positiv geladen, und wenn es drei Bindungen und ein freies Elektronenpaar besitzt, ist es negativ geladen. Sie können diese Allgemeingültigkeit überprüfen, indem Sie die Daten der unterschiedlichen Kohlenstoffkonfigurationen in die Gleichung zur Bestimmung der Formalladungen eingeben.

Mit dem Wissen, dass ein neutrales Kohlenstoffatom immer vier Bindungen besitzen muss, suchen Sie ein Molekül schnell ab, um die Kohlenstoffatome zu entdecken, die keine vier Bindungen haben. Und wenn Sie welche finden, sagen Sie zu sich selbst: »Aha! Dieser Kohlenstoff muss eine Ladung tragen.« Bei Stickstoff suchen Sie die Stickstoffatome, die keine drei Bindungen und ein freies Elektronenpaar aufweisen; bei Sauerstoff suchen Sie nach Atomen, die keine zwei Bindungen und zwei freie Elektronenpaare haben. Bei diesem Vorgehen müssen Sie die Formel nicht bei jedem Atom anwenden (obwohl Sie es können, wenn Sie wollen). Sie sehen sich lediglich die Atome an, die sich von der typischen Bindungsanzahl unterscheiden. Für die Atome, die in der organischen Chemie häufig auftauchen, zeige ich Ihnen diese Muster in Abbildung 3.2.

Chemiker benutzen einen speziellen Jargon, um typische Bindungsmuster zu beschreiben. Die Anzahl der Bindungen eines neutralen Atoms bezeichnen sie als *Valenzen* eines Atoms. Valenz ist ein Synonym für Wertigkeit, diesen Begriff kann man ebenfalls verwenden. Kohlenstoff ist tetravalent (»tetra« bedeutet vier), weil ein neutrales Kohlenstoffatom vier Bindungen zu anderen Atomen eingeht. Stickstoff ist trivalent, weil er drei Bindungen zu anderen Atomen eingeht (und ein freies Elektronenpaar besitzt), wenn er neutral ist. Sauerstoff ist divalent, weil er zwei Bindungen (und zwei freie Elektronenpaare) besitzt, wenn er in seiner neutralen Form vorliegt. Halogene (Fluor [F], Chlor [Cl], Brom [Br] und Jod [I]) sind meist monovalent, da sie bevorzugt nur eine Bindung zu einem anderen Atom eingehen (und noch drei freie Elektronenpaare besitzen).

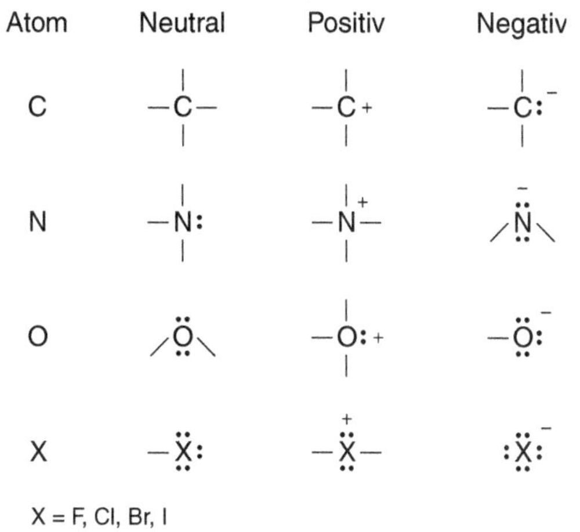

Atom	Neutral	Positiv	Negativ
C	—C̣—	—C+	—C:⁻
N	—N:	—N⁺—	⸝N̈⸜
O	⸝Ö⸜	—Ö:⁺	—Ö:⁻
X	—Ẍ:	—Ẍ⁺—	:Ẍ:⁻

X = F, Cl, Br, I

Abbildung 3.2: Typische Formalladungen häufiger Atome

Strukturformeln

Zusätzlich zur Bestimmung von Formalladungen müssen Sie in der Lage sein, organische Strukturen schnell zeichnen und interpretieren zu können. Das sind die Vokabeln, die Sie benötigen, um Organisch zu sprechen.

Organiker zeichnen Strukturen auf unterschiedliche Arten, und da die verschiedenen Varianten alle ihre besonderen Vorteile haben, sollten Sie mit allen vertraut sein. Die vollständigste Methode, organische Strukturen zu zeichnen, sind die Lewis-Formeln (manchmal auch Kekulé-Struktur genannt). Eine Lewis-Formel zeigt explizit alle Bindungen eines Moleküls (ein Beispiel finden Sie in Abbildung 3.3). Die freien Elektronenpaare eines Atoms können in der Lewis-Formel auftauchen, sowohl als Punkte als auch als Striche, können aber auch weggelassen werden (meistens verzichtet man darauf), aber Formalladungen werden *immer* dargestellt. Später in diesem Kapitel zeige ich Ihnen, wie Sie die Zahl der freien Elektronenpaare bestimmen können, wenn diese nicht explizit angegeben sind (keine Angst, das wird nicht schwierig).

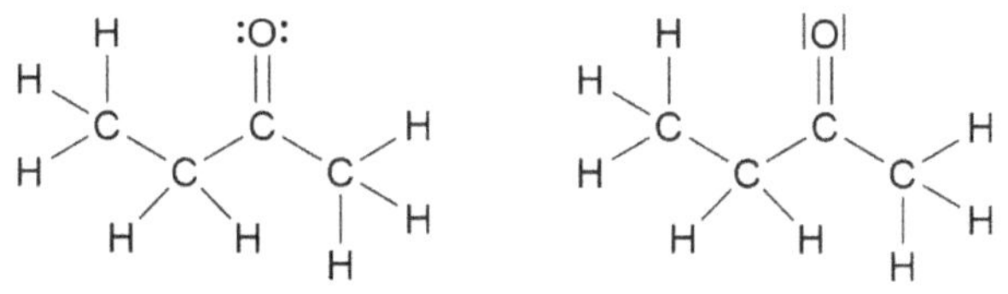

Abbildung 3.3: Die Lewis-Formel für Butanon

Vollständige Lewis-Formeln zeigen die Struktur eines Moleküls und seine Zusammensetzung am präzisesten, weil sie jede Bindung und jedes Atom zeigen. Aber diese Methode, Strukturformeln zu zeichnen, kann sehr mühsam und verwirrend sein, wenn Sie komplexe Moleküle aufs Papier bringen müssen. Um das Zeichnen zu beschleunigen und Veränderungen in einem Molekül deutlicher hervorzuheben, benutzen Chemiker eine Art Stenografie, so wie Sie Abkürzungen benutzen, wenn Sie mit Ihren Freunden im Internet chatten.

Atome kompakt: Kurzformeln

Eine der Abkürzungen der vollständigen Lewis-Formel ist die *Kurzformel* oder Halbstrukturformel. In einer Kurzformel werden die Bindungen zwischen Kohlenstoff und Wasserstoff nicht explizit gezeigt. Stattdessen wird jedes Kohlenstoffatom mit den zugehörigen Wasserstoffatomen in einer Gruppe zusammengefasst, wie zum Beispiel CH_2 oder CH_3. Diese Gruppen werden in einer Kette geschrieben, die den Bindungen zwischen den Kohlenstoffatomen entspricht. Die Kohlenstoff-Kohlenstoff-Bindungen können explizit gezeichnet oder stillschweigend vorausgesetzt werden. Kurzformeln mit dargestellten und versteckten Bindungen zwischen den einzelnen Gruppen sind in Abbildung 3.4 für das Molekül Butanon gezeigt.

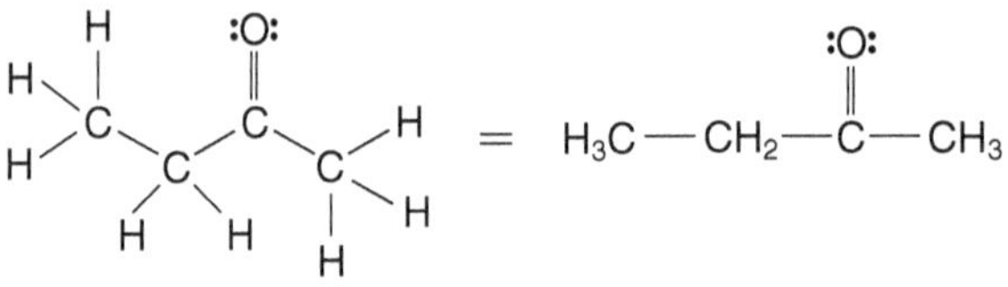

$$= H_3C-CH_2-\overset{\overset{\displaystyle :O:}{\|}}{C}-CH_3 = CH_3CH_2COCH_3$$

Abbildung 3.4: Die Kurzformel für Butanon

Kurzformeln sind sehr nützlich, wenn das Molekül aus einer geraden Kette von Atomen besteht. Komplizierte Strukturen, die Ringe enthalten, sind damit jedoch schwer wiederzugeben. Wenn sich zwei oder mehrere identische Gruppen an einem Atom befinden, können Klammern mit einem tiefgestellten Index verwendet werden, um die Struktur noch weiter zu verkürzen. In diesem Fall gibt der Index die Zahl der identischen Gruppen an, die an ein Atom gebunden sind. Ein Beispiel für eine solche Gruppierung ist in Abbildung 3.5 am Beispiel des Diethylethers gezeigt.

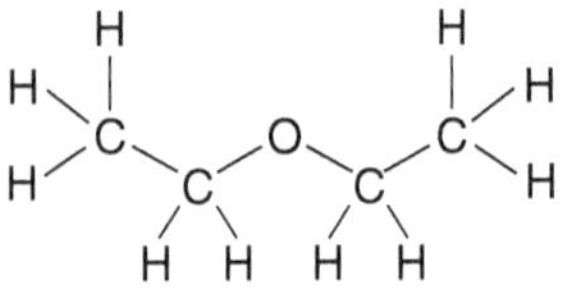

$$= CH_3CH_2OCH_2CH_3 = (CH_3CH_2)_2O$$

Abbildung 3.5: Die Kurzformel für Diethylether

Klammern werden auch dann benutzt, wenn eine Kette sehr lang geworden ist und eine Einheit wie zum Beispiel CH_2 häufig wiederholt wird. In solchen Situationen zeigt der Index an der Klammer an, wie oft diese Einheit wiederholt wird. Betrachten Sie dazu Abbildung 3.6, die eine kompakte Schreibweise, also eine verkürzte Halbstrukturformel, für Heptan zeigt.

$$CH_3CH_2CH_2CH_2CH_2CH_2CH_3 = CH_3(CH_2)_5CH_3$$

Abbildung 3.6: Eine Kurzformel für Heptan

Problematisch ist die bloße Angabe einer Summenformel. Sie zeigt gar nicht, wie die Atome miteinander verknüpft sind. Stellen Sie sich die vielen Möglichkeiten für Verknüpfungen zwischen den Atomen vor. Ruckzuck entstehen verschiedene Moleküle mit ganz unterschiedlichen Eigenschaften.

Strukturenstenografie: Skelettformeln

Die gebräuchlichste Methode zum Zeichnen von Strukturen ist die Skelettformel. In solchen Formeln entspricht jeder Knick oder Endpunkt (oder Knoten) auf einer Zickzacklinie einem Kohlenstoffatom. Wasserstoffatome, die an diese Kohlenstoffatome gebunden sind, werden in Skelettformeln gar nicht gezeichnet, es sei denn ein bestimmtes Wasserstoffatom ist besonders wichtig und man will daran etwas zeigen. Da aber jedes Kohlenstoffatom als neutral angenommen wird, wenn nicht explizit eine Ladung eingezeichnet ist, können Sie die Wasserstoffatome gedanklich selbst ergänzen, indem Sie so viele hinzufügen, bis das Kohlenstoffatom insgesamt vier Bindungen besitzt. Ein neutrales Kohlenstoffatom, das zwei Bindungen zu anderen Kohlenstoffatomen besitzt, muss daher noch zwei Wasserstoffatome tragen, die nicht in der Skelettformel eingezeichnet sind. Abbildung 3.7 zeigt verschiedene Darstellungen für Isoheptan, aus denen die Übersichtlichkeit der Skelettformel sehr deutlich wird.

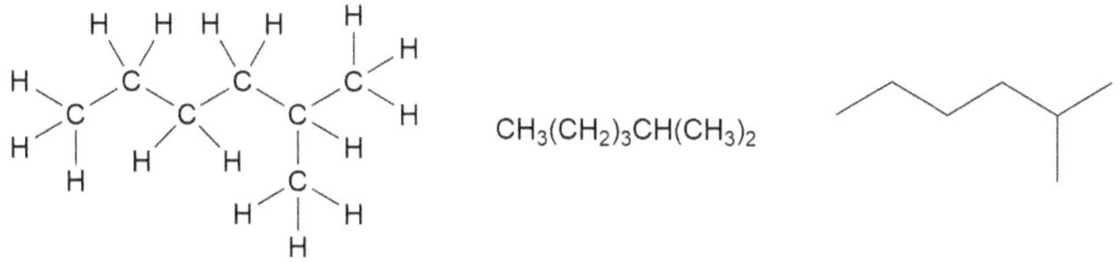

Vollständige Lewis-Formel   Kurzformel   Skelettformel

Abbildung 3.7: Unterschiedliche Darstellungen des Isoheptans

Die allgemeinen Regeln für Skelettformeln sind:

✔ Jeder Knick auf einer Zickzacklinie entspricht einem Kohlenstoffatom.

✔ Jeder Endpunkt einer Linie entspricht einem Kohlenstoffatom.

✔ Alle Wasserstoffatome, die an andere Atome als Kohlenstoff gebunden sind (zum Beispiel an N, O, S, ...) müssen ausdrücklich eingezeichnet werden.

✔ Alle Atome werden als neutral betrachtet, sofern nicht explizit eine Ladung angegeben ist.

Umwandeln von Lewis-Formeln in Skelettformeln

Wie in Abbildung 3.8 gezeigt, werden lineare Kohlenstoffketten durch eine Zickzacklinie dargestellt, wobei jeder Knick und jeder Endpunkt einer Linie ein Kohlenstoffatom darstellt.

In Skelettformeln werden Ringe in Form von Polygonen dargestellt, wobei jeder Eckpunkt einem Kohlenstoffatom entspricht. Abbildung 3.9 zeigt einen fünfgliedrigen Ring (Cyclopentan). Ein Dreieck ist ein Ring aus drei Kohlenstoffatomen (der kleinstmögliche Ring), ein Quadrat ist ein Kohlenstoff-Vierring und ein Sechseck entspricht einem Kohlenstoff-Sechsring.

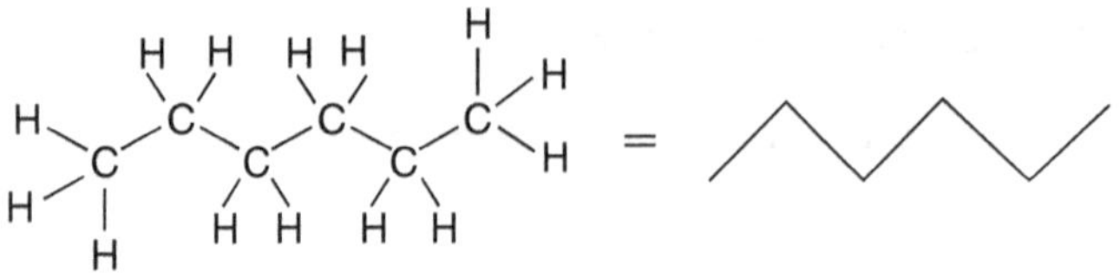

Abbildung 3.8: Lewis-Formel und Skelettformel für Hexan

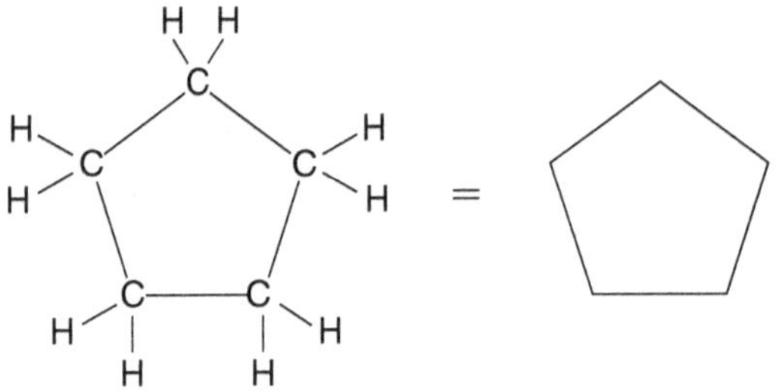

Abbildung 3.9: Lewis-Formel und Skelettformel des Cyclopentans

Mehrfachbindungen werden explizit eingezeichnet. Dreifachbindungen werden gerade gezeichnet (Abbildung 3.10) und nicht im Zickzack wie Einfachbindungen (warum, verrate ich Ihnen in Kapitel 9).

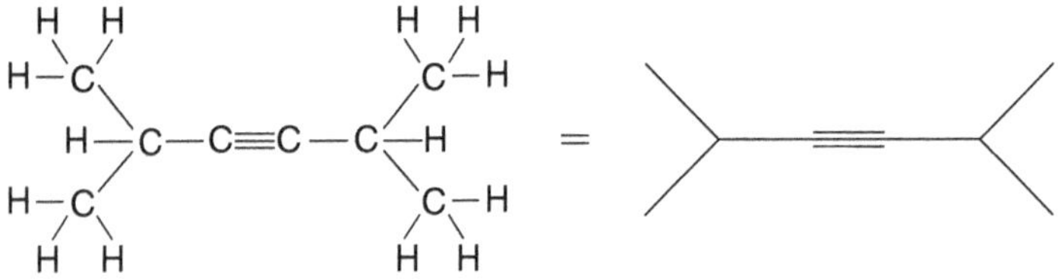

Abbildung 3.10: Lewis-Formel und Skelettformel für Diisopropylethin

Wasserstoffatome, die an ein anderes Atom als Kohlenstoff gebunden sind (wie Sauerstoff [O], Schwefel [S] und Stickstoff [N]), müssen explizit eingezeichnet werden. Wasserstoffatome, die an ein Kohlenstoffatom gebunden sind, können Sie unter den Tisch fallen lassen. Abbildung 3.11 zeigt ein Beispiel, wie andere Atome als Kohlenstoff in Skelettformeln angegeben werden und welche Wasserstoffatome eingezeichnet werden.

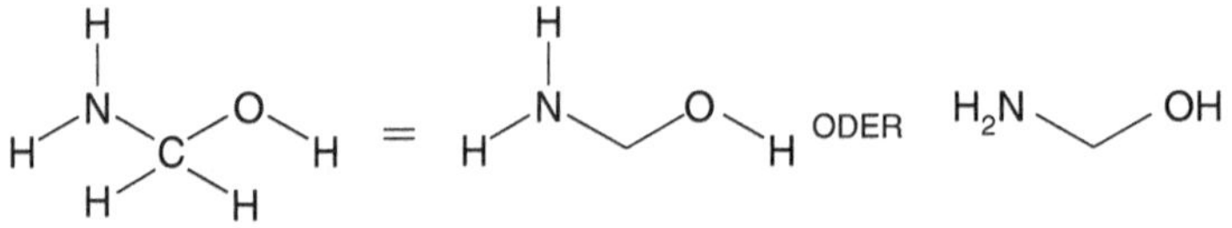

Abbildung 3.11: Aminomethanol in verschiedenen Darstellungen

Die Skelettformel ist wahrscheinlich die von Chemikern am häufigsten verwendete Methode der Strukturdarstellung – sie ist einfach zu zeichnen, zweckmäßig und aufgeräumter als die vollständige Lewis-Formel. Meine Empfehlung lautet: Verwenden Sie am Anfang die komplette Lewis-Formel, damit Sie alle Atome einzeichnen *müssen*. Das ist eine gute Übung. Im weiteren Verlauf können Sie dann zu Skelettformeln übergehen und nur noch bei Bedarf Lewis-Formeln verwenden.

Die Lewis-Formel verwendet keine Abkürzungen und ist daher vor allem am Anfang eine gute Wahl (wenn Sie eine Sprache lernen, fangen Sie ja auch mit den vollständigen Worten an, bevor Sie zu irgendwelchen Abkürzungen übergehen, mit denen Sie dann mit Ihren Freundinnen im Internet chatten). Trotzdem sollten Sie sich so früh wie möglich mit Skelettformeln anfreunden. Ihr Organik-Lehrbuch – und Ihr Dozent – werden wahrscheinlich später im Semester nur noch Skelettformeln verwenden. Dann haben Sie einen Vorteil, wenn Sie diese Methode bereits beherrschen.

Die Zahl von Wasserstoffatomen in Skelettformeln bestimmen

Es erfordert Übung, um in Skelettformeln schnell zu erkennen, wie viele Wasserstoffatome an ein Kohlenstoffatom gebunden sind. Eigentlich ist das aber leicht. Ein neutrales Kohlenstoffatom hat vier Bindungen. Wenn die Skelettformel drei Bindungen zu anderen Atomen zeigt, *muss* dieses Kohlenstoffatom noch ein Wasserstoffatom tragen. Wenn die Skelettformel ein Kohlenstoffatom mit zwei Bindungen zeigt, dann muss dieses Atom noch zwei Wasserstoffatome tragen. Wenn die Struktur nur eine Bindung an einem Kohlenstoffatom besitzt, muss dieser auf jeden Fall noch an drei Wasserstoffatome gebunden sein. Abbildung 3.12 zeigt Ihnen am Beispiel einer Skelettformel, wo in einem Molekül Wasserstoffatome vorhanden sind.

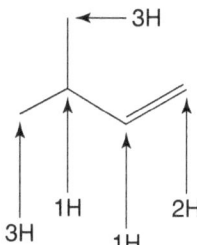

Abbildung 3.12: Die Zahl der versteckten Wasserstoffatome

Es wird ein wenig dauern, bis Sie den Bogen raus haben, aber wenn Sie den Trick erst einmal kapiert haben, zahlt sich die Mühe sehr schnell aus, denn dann können Sie Strukturen viel schneller zeichnen (was sehr wichtig ist, wenn Sie viele Strukturen darstellen möchten), und Sie werden in der Lage sein, chemische Veränderungen schneller zu entdecken als in Lewis-Formeln (das ist wichtig, wenn Sie im Praktikum mit der Synthese organischer Verbindungen beschäftigt sind). Außerdem werden Sie Ihr Chemiebuch und Ihren Dozenten besser verstehen, wenn die Skelettformeln verwenden.

Oft werden Ihnen auch Strukturformeln begegnen, die alle drei Darstellungsmöglichkeiten kombinieren. Anders gesagt: Es gibt kein Naturgesetz, dass ein komplexes Molekül nur in einer dieser Varianten dargestellt werden darf. Es ist nicht ungewöhnlich, Teile einer Struktur durch eine vollständige Lewis-Formel, andere Teile durch eine Kurzformel und der Rest durch eine Skelettformel wiederzugeben. Es kann gute Gründe dafür geben – beispielsweise, um wichtige Teile eines Moleküls hervorzuheben. Aber am Anfang sollten Sie froh sein, alles Wichtige überhaupt in den Kopf zu bekommen, und sollten sich nicht durch unterschiedliche Darstellungsweisen innerhalb einer Zeichnung noch zusätzlich strapazieren.

Abbildung 3.13 zeigt eine Strukturformel, die verschiedene Darstellungsweisen kombiniert.

(Skelettformel mit Anmerkungen: Vollständige Lewis-Formel (CH$_2$Br-Gruppe mit H, H, Br am C), Skelettformel (Benzolring), Kurzformeln (COOH, CH$_2$CH$_3$))

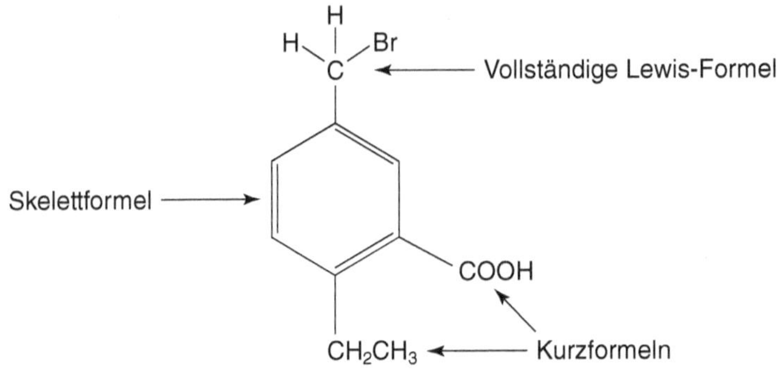

Abbildung 3.13: Eine Strukturformel, die drei unterschiedlichen Darstellungsweisen kombiniert

Mutterseelenallein: Freie Elektronenpaare

Meistens werden freie Elektronenpaare in einer Struktur nicht explizit dargestellt, da die Chemiker davon ausgehen, dass Sie die Zahl der Elektronen selbst bestimmen können. Um die Zahl der freien Elektronenpaare zu bestimmen (wenn sie nicht eingezeichnet sind), können Sie zum Beispiel die Gleichung für die Formalladungen umformen:

Freie Elektronen = Valenzelektronen − Bindungen − Formalladung

Der beste Weg zum Verständnis führt wieder über die Übung. Um die Zahl der freien Elektronen des Stickstoffatoms im NH_2^- zu bestimmen, setzen Sie die folgenden Werte ein: die Zahl der Valenzelektronen (fünf), die Zahl der Bindungen (zwei, weil das Stickstoffatom je eine Bindung zu jedem Wasserstoffatom besitzt) und die Formalladung des Atoms (−1):

Freie Elektronen $= 5 - 2 - (-1) = 4$

Also besitzt das Stickstoffatom in NH_2^- vier freie Elektronen oder zwei freie Elektronenpaare (vgl. Abbildung 3.1).

Wie bei den Formalladungen werden Sie auch hier mit ein wenig Übung schnell in der Lage sein, die Zahl der freien Elektronenpaare ohne die angegebene Gleichung zu bestimmen. Sie wissen jetzt, dass ein negativ geladenes Stickstoffatom zwei freie Elektronenpaare besitzt, ein negativ geladenes Kohlenstoffatom ein freies Elektronenpaar und ein neutrales Sauerstoffatom zwei (siehe Abbildung 3.2). Es wird dauern, bis Sie diese Rechnerei im Schlaf beherrschen.

Waffenarsenal: Pfeile in der Organik

Jetzt kommt's noch dicker. Wenn Strukturen die Sprache der organischen Chemie sind, dann sind die Pfeile Grammatik und Syntax. Und natürlich weiß ich, wie sehr Sie die Grammatik lieben. Abbildung 3.14 zeigt Ihnen unterschiedliche Arten von Pfeilen, die in der organischen Chemie verwendet werden. Es wird Ihnen im Studium sehr helfen, wenn Sie wissen, was sich hinter den Pfeilen verbirgt und wie man sie richtig verwendet (ähnlich wie Germanisten sind auch Organiker sehr pingelig, was die korrekte Beherrschung der »Grammatik« angeht).

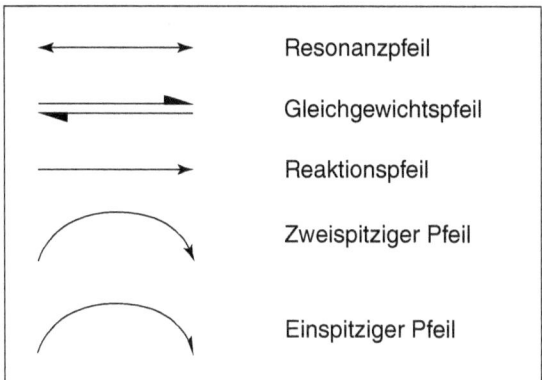

Abbildung 3.14: Pfeile – die Grammatik der OC

In der organischen Chemie werden Ihnen mindestens fünf Arten von Pfeilen begegnen:

- ✔ **Der Resonanzpfeil:** Er wird bei der Darstellung von Resonanzstrukturen verwendet (darüber spreche ich im folgenden Abschnitt).

- ✔ **Der Gleichgewichtspfeil:** Er wird verwendet, um Reaktionen zu beschreiben, für die ein chemisches Gleichgewicht wichtig ist. Wenn man einen Pfeil länger als den anderen zeichnet, kann man die Seite angeben, auf der das Gleichgewicht bei dieser speziellen Reaktion liegt.

- ✔ **Der Reaktionspfeil:** Er zeigt die Veränderung der Moleküle durch die Reaktion.

- ✔ **Zweispitziger Pfeil:** Er zeigt die Verschiebung von zwei Elektronen.

- ✔ **Einspitziger Pfeil:** Er zeigt die Verschiebung eines einzelnen Elektrons.

Organiker verwenden einspitzige und doppelspitzige Pfeile, um die Verschiebung von Elektronen darzustellen. Doppelspitzige Pfeile tauchen wesentlich häufiger auf als die einspitzigen Pfeile, weil an den meisten Reaktionen eine Verschiebung von freien Elektronenpaaren oder Bindungen beteiligt sind, die beide zwei Elektronen enthalten. Einspitzige Pfeile werden benutzt, um die Reaktionen freier Radikale zu verdeutlichen (Kapitel 7), weil diese Reaktionen die Übertragung eines einzelnen Elektrons erfordern. Um sie zielsicher benutzen zu können, müssen Sie fast so gut werden wie Robin Hood.

Die Beherrschung des Pfeileschiebens ist eine Grundvoraussetzung, um die organische Chemie beherrschen zu können. Pfeilschieben kann man nicht in einer Sitzung erlernen. Diese spezielle Grammatik erfordert viel, viel Erfahrung, bis Sie sie mit Bravour anwenden können. (Ich hoffe für Sie, Sie werden das Thema häufig wiederholen.) Pfeileschieben ist Organiker-Sprech und bedeutet, dass man genau beschreibt, *wie* chemische Reaktionen ablaufen. Dazu verwenden Organiker die einspitzigen und zweispitzigen Pfeile, um zu zeigen, welchen Weg die Elektronen von der einen Struktur zur nächsten Struktur nehmen. Doppelspitzige Pfeile zeigen per Konvention die Bewegung von Elektronen. *Zeichnen Sie deshalb die Pfeile immer in die Richtung, in die die Elektronen wandern*, nicht umgekehrt. Die meisten Studierenden ziehen es wahrscheinlich vor, mit den Pfeilen die Wanderung von Atomen zu zeigen und nicht die Übertragung von Elektronen. Das ist aber falsch und kann Sie im Examen wertvolle Punkte kosten. Hier ein Beispiel: Wenn Sie die Protonierung (Aufnahme eines H$^+$-Ions) von Wasser unter Einfluss einer Säure darstellen möchten, dann zeigen Sie mit den Pfeilen, wie eines der freien Elektronenpaare des Sauerstoffatoms an ein H$^+$ der Säure angreift und *nicht*, wie das Proton der Säure zum Wassermolekül wandert.

Weil H$^+$ keine Elektronen besitzt (das Wasserstoffatom hat sein einziges Elektron verloren und ist nun ein positiv geladenes Kation), könnten Sie sich die Frage stellen, ob man einen Pfeil einzeichnen darf, der von einem H$^+$ kommt. Um es mit den Worten des Königs Lear zu sagen (wenn er ein Organiker gewesen wäre): »Nie, nie! Nie! Nie! Nie!« Abbildung 3.15 zeigt Ihnen den korrekten und den falschen Gebrauch von doppelspitzigen Pfeilen.

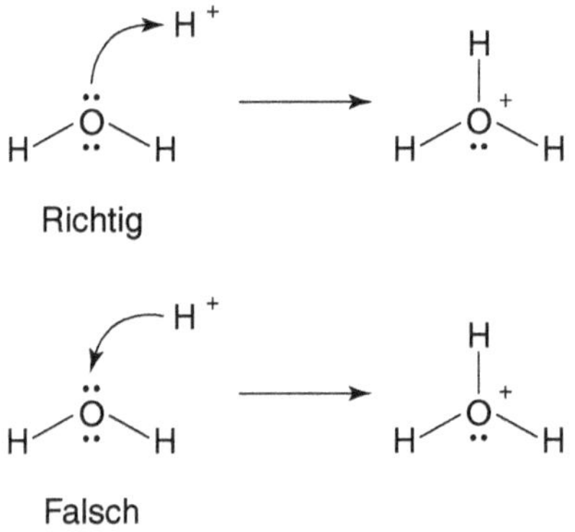

Abbildung 3.15: Richtiger und falscher Gebrauch von doppelspitzigen Pfeilen

Dr. Jekyll und Mr. Hyde: Resonanzstrukturen

Die Lewis-Formeln geben den Aufenthaltsort von Elektronen in den meisten Fällen richtig an – aber nicht immer. Um einen Fehler in der Darstellungsweise bestimmter Elektronen in Lewis-Formeln zu korrigieren, verwenden Chemiker *Resonanzstrukturen*. Sie werden in der organischen Chemie nicht auf einen grünen Zweig kommen, wenn Sie keine Resonanzstrukturen zeichnen können und nicht verstanden haben, was diese Strukturen bedeuten.

Die Lewis-Formel für das Carboxylat-Anion (RCO$_2^-$, wobei das R für den *Rest* des Moleküls steht) ist ein gutes Beispiel, warum Lewis-Formeln nicht immer erste Wahl zur Darstellung von Strukturen sind. Die Lewis-Formel (siehe Abbildung 3.16) sagt eine Doppelbindung zwischen dem Kohlenstoffatom und einem der Sauerstoffatome voraus und eine

Einfachbindung zwischen dem Kohlenstoffatom und dem anderen Sauerstoffatom, das die negative Ladung trägt. Nach dieser Lewis-Formel sind die beiden C–O-Bindungen unterschiedlich. In Wirklichkeit enthält die Struktur aber zwei identische C–O-Bindungen, die in ihren Eigenschaften zwischen einer Einfach- und einer Doppelbindung liegen, und die negative Ladung verteilt sich gleichmäßig über die beiden Sauerstoffatome.

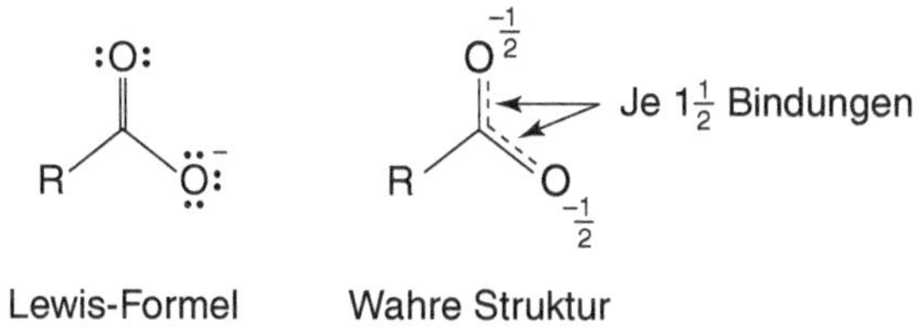

Lewis-Formel   Wahre Struktur

Abbildung 3.16: Lewis-Formel des Carboxylat-Ions verglichen mit seiner wirklichen Struktur

Da die Lewis-Formel bei der Beschreibung des korrekten Aufenthaltsorts der Elektronen versagt, benutzen Chemiker Resonanzstrukturen. Wenn für ein Molekül mehr als eine korrekte Lewis-Formel gezeichnet werden kann, wird jede der alternativen Strukturen als Resonanzstruktur angesehen, und die wirkliche Struktur des Moleküls wird als Hybrid (eine Überlagerung) all dieser Resonanzstrukturen betrachtet.

Regeln für Resonanzstrukturen

Hier sind einige Grundregeln für Resonanzstrukturen:

✔ **Die Atome sind festgelegt und können sich nicht bewegen.** Da der Sinn der Resonanzstrukturen nur darin besteht, die Aufenthaltsorte der Elektronen korrekt zu beschreiben, sind alle Atome in dieser Struktur unbeweglich. Nur die Verteilung der Elektronen in den Molekülen ändert sich von einer Resonanzstruktur zur anderen.

✔ **Nur freie Elektronenpaare und π-Elektronen – die nur in Doppel- und Dreifachbindungen vorkommen – können sich bewegen.** Einfachbindungen bleiben fest (wenn Sie mehr über π-Bindungen erfahren möchten, lesen Sie Kapitel 2).

✔ **Verletzen Sie nicht die Oktett-Regel!** Diese Regel gilt auch hier. Sie besagt vereinfacht, dass bei Atomen der zweiten Periode des Periodensystems die Zahl der freien Elektronenpaare und der Bindungen zusammengenommen nicht größer als vier sein darf.

Ein Beispiel: Das Carboxylat-Anion in Abbildung 3.17 kann durch zwei verschiedene gleichwertige Lewis-Formeln beschrieben werden, eine mit der negativen Ladung auf dem oberen Sauerstoffatom und eine mit der negativen Ladung auf dem unteren Sauerstoffatom. Welche der Lewis-Formeln zeigt das wirkliche Molekül? Die Antwort lautet: keine von beiden! In Wirklichkeit beschreibt keine einzelne Resonanzstruktur ein Molekül korrekt, denn die wahre Struktur liegt irgendwo dazwischen, sie ist ein Hybrid aller Resonanzstrukturen (Resonanzhybrid). Im Fall des Carboxylat-Anions sind die C–O-Bindungen weder Einfach- noch Doppelbindungen, sondern liegen dazwischen (eineinhalbfache Bindungen).

Warum zeichnen Chemiker das Hybrid nicht einfach so, wie es ganz rechts in Abbildung 3.17 dargestellt ist, wobei die gestrichelte Linie den partiellen (ein-einhalbfachen) Bindungscharakter darstellt? Ein Grund dafür ist, dass die Zeichnung nicht die Anzahl der Elektronen in Molekülen wiedergibt und somit eine ungünstige Darstellung ist, um das chemische Verhalten dieses Moleküls wiederzugeben. Stattdessen werden Resonanzstrukturen benutzt, um den Hybrid-Charakter der wirklichen Struktur zu zeigen.

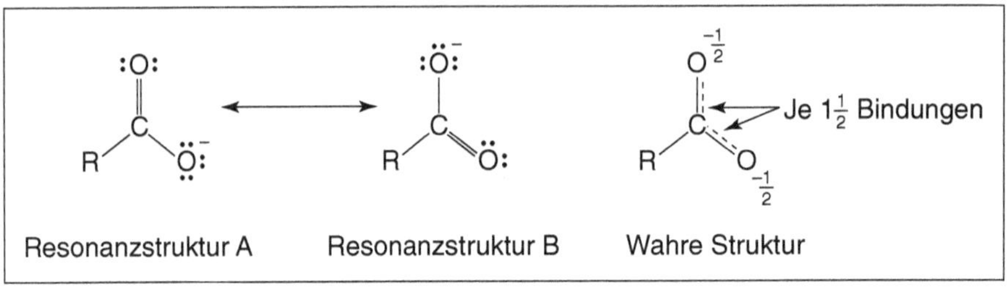

Abbildung 3.17: Resonanzpfeile zwischen den Resonanzstrukturen

Beachten Sie bitte den doppelspitzigen Resonanzpfeil in Abbildung 3.17, der die zwei äquivalenten Resonanzstrukturen beschreibt. Der Pfeil soll symbolisieren, dass die Resonanz keine Reaktion, kein Gleichgewichtsprozess und auch sonst keine Veränderung des Moleküls ist. Resonanzstrukturen sind nur eine Methode, um den Aufenthaltsort von Elektronen in einem Molekül auf dem Papier darzustellen. Ein Molekül springt *nicht* zwischen unterschiedlichen Resonanzstrukturen hin und her. Es existiert die ganze Zeit über als *eine* Struktur, die einem Hybrid aller möglichen Resonanzstrukturen entspricht.

Für das Carboxylat-Anion können zwei gültige Lewis-Formeln gezeichnet werden; beide sind gültige Resonanzstrukturen.

Die Qual der Wahl: Resonanzstrukturen zeichnen

Wie entdecken Sie, dass eine Struktur alternative Resonanzstrukturen besitzt, und wie zeichnen Sie die Resonanzstrukturen des Moleküls? Immer wenn ein Molekül durch mehrere gültige Lewis-Formeln dargestellt werden kann, werden alle Alterativen als Resonanzstruktur angesehen. Aber wie können Sie feststellen, wann ein Molekül durch eine gleichwertige Lewis-Formel beschrieben werden kann?

Um Resonanzstrukturen zu finden, können Sie zum Beispiel freie und π-Elektronen mithilfe von Pfeilen herumschieben (Sie erinnern sich, dass die π-Elektronen zur Bildung von Doppel- und Dreifachbindungen beitragen, siehe Kapitel 2). Die Pfeile dienen dabei dazu, eine Resonanzstruktur in eine andere zu überführen. Es ist etwas unglücklich, dass Ihr erstes Pfeileschieben in der organischen Chemie gerade bei Resonanzstrukturen stattfindet, weil die Bedeutung des Pfeileschiebens in Resonanzstrukturen eine völlig andere ist als die, die Sie später immer wieder verwenden, um einen Reaktionsablauf darzustellen. Die Pfeile sind grundsätzlich unterschiedlich, auch wenn sie gleich aussehen.

Warum ist das so? Im vorangegangenen Abschnitt habe ich einen doppelspitzigen Pfeil verwendet (Abbildung 3.15), um die Protonierung des Wassers zu zeigen (die Addition eines H⁺ an ein Wassermolekül). In diesem Schaubild symbolisiert der Pfeil einen Reaktionsablauf: Das freie Elektronenpaar des Sauerstoffatoms greift das Proton (H⁺) an, und eine neue Bindung entsteht.

Die in Resonanzstrukturen verwendeten Pfeile haben einen anderen Grund. Sie zeigen nicht, wie eine Reaktion abläuft. Stattdessen sind die Pfeile nur ein Hilfsmittel, um alle verfügbaren Resonanzstrukturen kenntlich zu machen. Die Pfeile zeigen keine wirkliche Verschiebung von Elektronen. Resonanzstrukturen sind nur eine Methode, eine einzige, unveränderte Struktur darzustellen.

Behalten Sie das unbedingt im Hinterkopf! Im Folgenden erfahren Sie einige weitere Tricks, mit denen Sie erkennen können, wann eine Struktur durch Resonanzstrukturen beschrieben werden muss. Im folgenden Abschnitt vermittle ich Ihnen vier grundlegende Struktureigenschaften, die für Moleküle typisch sind, die zwei oder mehr Resonanzstrukturen aufweisen. Resonanzstrukturen müssen immer die obigen drei Grundregeln erfüllen: Die Atome sind fix und können nicht bewegt werden, Einfachbindungen müssen unverändert bleiben und die Oktett-Regel darf niemals verletzt werden. Nun sehen Sie sich jedes Beispiel im Einzelnen an.

Ein freies Elektronenpaar in der Nähe einer Doppelbindung oder einer Dreifachbindung

Sie verwenden die Pfeile, um eine Resonanzstruktur in eine andere zu konvertieren. Wenn sich ein freies Elektron in direkter Nachbarschaft zu einer Doppelbindung befindet, müssen Sie mindestens zwei Pfeile zeichnen. Der erste beginnt am freien Elektronenpaar und schiebt diese Elektronen in Richtung der Doppelbindung. Der nächste Pfeil schiebt die π-Elektronen der Doppelbindung als ein freies Elektronenpaar an das benachbarte Kohlenstoffatom (Abbildung 3.18).

Sie dürfen nicht nach dem ersten Schritt stoppen, da das Ergebnis sonst eine Struktur wäre, die die Oktett-Regel verletzt. Um das selbst zu überprüfen, zeichnen Sie alle Wasserstoffe in die Struktur ein, und verschieben Sie einige Elektronenpaare! Vergessen Sie nicht, dass die Ladung auch mitwandert!

Abbildung 3.18: Resonanz bei freien Elektronenpaaren

Für allgemeine Verwirrung unter den Studierenden sorgt die häufig vorkommende Symmetrie der Resonanzstrukturen. Beide Resonanzstrukturen sehen genau gleich aus; mit anderen Worten: Wenn Sie eine von ihnen wie einen Pfannkuchen umdrehen, passt sie genau deckungsgleich auf die andere. Sind die beiden gleich? Die Antwort lautet nein, weil die erste Regel der Resonanzstrukturen eine Umlagerung von Atomen untersagt, und Sie können Ihren Pfannkuchen nicht wenden, ohne Atome umzulagern. Auch wenn die Resonanzstrukturen »identisch« aussehen, sind sie daher trotzdem *verschieden* und müssen alle einbezogen werden.

Eine positive Ladung in der Nähe einer Doppelbindung, einer Dreifachbindung oder eines freien Elektronenpaars

Auf ähnliche Art und Weise resultieren auch aus einer Doppelbindung in der Nähe einer positiven Ladung Resonanzstrukturen. In diesem Fall dürfen Sie den Pfeil nicht von der positiven Ladung aus zeichnen, da sich an diesem Kohlenstoffatom kein freies Elektronenpaar und keine π-Elektronen befinden. (Sie erinnern sich, dass Sie mit den Pfeilen niemals von einer positiven Ladung ausgehen dürfen, weil Pfeile immer von Elektronen ausgehen müssen.) Stattdessen verlagern Sie die Elektronen einer Doppelbindung auf eine benachbarte Einzelbindung und erzeugen eine neue Doppelbindung. Dieses Vorgehen lässt die Doppelbindung auf der anderen Seite des Moleküls neu auferstehen und verschiebt die positive Ladung von der linken auf die rechte Seite, wie in Abbildung 3.19 gezeigt. (Fügen Sie die Wasserstoffe ein, und berechnen Sie die Ladungen selbst, wenn Sie mir nicht glauben!) Auch hier wird die Oktett-Regel nicht verletzt.

Abbildung 3.19: Resonanz bei π-Bindungen

Wenn sich ein freies Elektronenpaar in der Nachbarschaft einer positiven Ladung befindet, bewirkt eine alternative Resonanzstruktur eine Verschiebung des freien Elektronenpaares in Richtung des Kations und die Erzeugung einer neuen Doppelbindung. Die positive Ladung wandert dann zu dem Atom, an dem ursprünglich das freie Elektronenpaar saß, weil dieses Atom nun einen Elektronenmangel aufweist, siehe Abbildung 3.20.

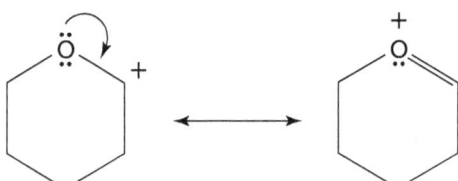

Abbildung 3.20: Resonanz bei freien Elektronenpaaren

Eine Doppel- oder Dreifachbindung mit einem elektronegativen Atom

Wenn eine Doppel- oder Dreifachbindung ein elektronegatives Atom enthält (zum Beispiel Sauerstoff oder Stickstoff), kann eine alternative Resonanzstruktur gefunden werden, indem man die Doppelbindung (oder Dreifachbindung) als freies Elektronenpaar auf das elektronegativere Element überträgt. In solchen Situationen wandern die Elektronen *immer* in Richtung des elektronegativeren Elements und nicht zum Kohlenstoffatom. (Mehr über diese Regel im Abschnitt »Die Gewichtung von Resonanzstrukturen« später in diesem Kapitel.) Ein Beispiel dieser Art ist in Abbildung 3.21 für Aceton dargestellt (das ist die Chemikalie, die früher im Nagellackentferner enthalten war).

Alternierende Doppelbindungen in Ringen

Wenn Doppelbindungen in einem Ring alternieren (abwechseln), können Sie jede dieser Doppelbindungen in Richtung des nächsten Kohlenstoffs verschieben und eine Resonanzstruktur erzeugen. Benzol besitzt zum Beispiel zwei Resonanzstrukturen, wie in Abbildung 3.22 dargestellt. Hier würden Sie die Oktett-Regel verletzen, wenn Sie nach einem oder zwei Pfeilen aufhören würden. Also müssen Sie die Schieberei um den ganzen Ring herum fortsetzen. (Viel mehr über Benzol und ähnliche Verbindungen, und wie sich die Elektronenschieberei auf deren chemisches Verhalten auswirkt, erfahren Sie in Kapitel 13.)

Abbildung 3.22: Die Resonanzstrukturen des Benzols

Schwindelerregend: Zeichnen von mehr als zwei Resonanzstrukturen

Manchmal besitzt ein Molekül mehr als zwei Resonanzstrukturen. Abbildung 3.23 zeigt ein Molekül, das durch vier Resonanzstrukturen beschrieben wird. Wenn Sie gebeten werden, alle Resonanzstrukturen für dieses Molekül aufzuzeichnen, bemerken Sie sofort, dass das Molekül eine Doppelbindung mit einem elektronegativeren Atom (die C=O-Einheit) enthält, was Schema Nummer drei aus dem vorherigen Abschnitt entspricht.

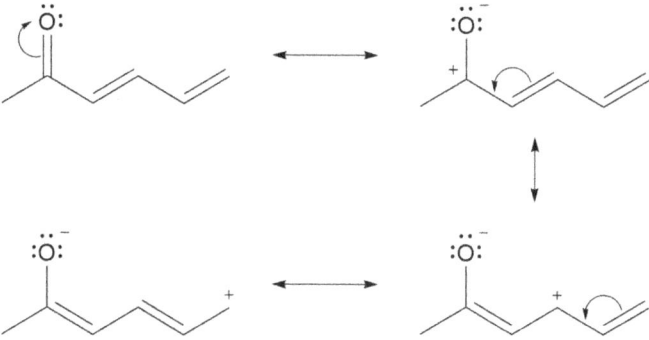

Abbildung 3.23: Vier Resonanzstrukturen von Hexadien-2-on

Die Resonanzstruktur, die durch Verschiebung der Elektronen der Doppelbindung auf das Sauerstoffatom entsteht, zeigt ein Teilchen mit einer positiven Ladung am Kohlenstoffatom.

Aber das ist noch nicht das Ende. Diese positive Ladung befindet sich nun in der Nachbarschaft einer Doppelbindung, und die Struktur entspricht daher einem weiteren Standard-Schema (Nummer zwei, ebenfalls im vorherigen Abschnitt behandelt). Somit können Sie eine weitere Resonanzstruktur zeichnen, in der die Elektronen der Doppelbindung auf die linke Einfachbindung übertragen werden, wodurch die positive Ladung verschoben wird. Aber es geht sogar noch weiter: Wie vorhin können Sie durch das Umlagern der letzten Doppelbindung nach links die positive Ladung auf das letzte Kohlenstoffatom verlagern. Alle vier Strukturen sind gültige Resonanzstrukturen.

Häufig können Sie alle Resonanzstrukturen in einem einzigen Schritt erreichen. Abbildung 3.24 illustriert diesen Prozess. Allgemein ist aber das Zeichnen aller Resonanzstrukturen empfehlenswert (zumindest, bis Sie den Dreh raus haben, und bitte immer in einer Prüfung), da Sie so sicher gehen, keine Struktur zu vergessen.

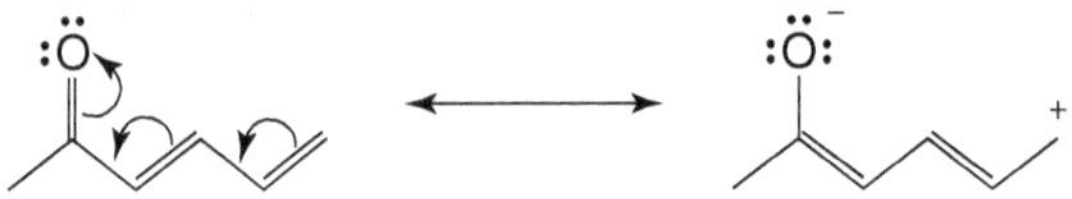

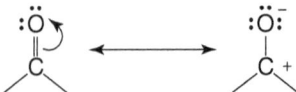

Abbildung 3.24: Die Konvertierung von Resonanzstrukturen in einem Schritt

Die Gewichtung von Resonanzstrukturen

Einige Resonanzstrukturen tragen mehr zu einem Resonanzhybrid bei als andere. In der Regel tragen die stabilen Resonanzstrukturen mehr zum Hybrid bei als die instabilen. Drei Hauptfaktoren bestimmen die relative Stabilität von Resonanzstrukturen (und damit ihre relative Gewichtung). In diesem Abschnitt stelle ich Ihnen diese drei Punkte vor.

Die wenigsten Ladungen

Die Resonanzstrukturen mit der geringsten Zahl an Ladungen innerhalb des Moleküls tragen am meisten zum Resonanzhybrid bei. Diese Regel beruht darauf, dass die Trennung von negativer und positiver Ladung Energie kostet. Beim Aceton, Abbildung 3.25, ist die erste Resonanzstruktur neutral. Damit ist ihr Anteil im Resonanzhybrid höher als der der rechten Resonanzstruktur, die eine positive und eine negative Ladung enthält.

Abbildung 3.25: Resonanzstrukturen von Aceton

Ladungen an den günstigsten Atomen

Negative Ladungen ziehen es generell vor, an elektronegativen Elementen zu sitzen (Elemente wie Sauerstoff und Stickstoff), während positive Ladungen elektropositivere Elemente (wie Kohlenstoff) bevorzugen. Sie könnten für Aceton auch eine alternative Resonanzstruktur zeichnen, in der die negative Ladung am Kohlenstoffatom und die positive Ladung am Sauerstoffatom sitzt. Diese Resonanzstruktur ist eine schlechte Resonanzstruktur (Abbildung 3.26).

Da Sauerstoff ein elektronegatives Atom (ein Elektronenmagnet) ist, will er auf keinen Fall die positive Ladung haben. Daher trägt die rechte Resonanzstruktur nur einen minimalen Anteil zum Resonanzhybrid bei. Obwohl diese Struktur prinzipiell gültig wäre, wird sie praktisch niemals aufgeschrieben, da sie so instabil ist und daher nicht signifikant zu dem Resonanzhybrid beiträgt.

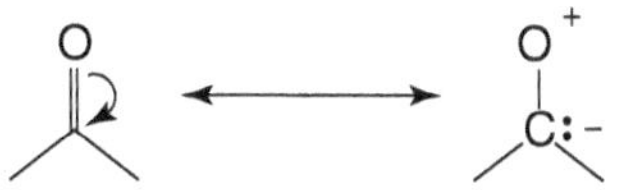

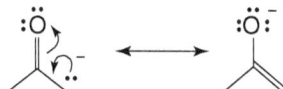

Abbildung 3.26: So nicht: eine unwahrscheinliche Resonanzstruktur

In Abbildung 3.27 können beide Resonanzstrukturen zum Resonanzhybrid beitragen. In diesem Beispiel befindet sich die negative Ladung entweder am Sauerstoffatom (auf der rechten Seite) oder am Kohlenstoffatom (auf der linken Seite). Da Sauerstoff aber elektronegativer ist, fühlt er sich mit der negativen Ladung wesentlich wohler als Kohlenstoff. Daher wird die rechte Resonanzstruktur mehr zum Resonanzhybrid beitragen.

Abbildung 3.27: Vergleich der Stabilitäten

Volles Elektronenoktett

Im folgenden Beispiel (Abbildung 3.28) könnten Sie nach dem letzten Argument erwarten, dass die positive Ladung lieber am elektropositiven Atom und die negative Ladung am elektronegativen Atom sitzt und demnach die linke Resonanzstruktur einen größeren Beitrag zum Resonanzhybrid leistet, weil Kohlenstoff eher dazu bereit ist, eine positive Ladung zu tragen als Stickstoff. Eine schöne Argumentation, aber Sie haben den entscheidenden Punkt übersehen: ein volles Elektronenoktett.

In Wirklichkeit trägt die rechte Resonanzstruktur am meisten zum Resonanzhybrid bei, weil jedes Atom in dieser Struktur ein komplettes Elektronenoktett besitzt. In der linken Resonanzstruktur besitzt Kohlenstoff kein volles Elektronenoktett, da er nur sechs Elektronen in seiner äußersten Schale enthält. Generell ist das Verlangen eines Atoms, ein komplettes Elektronenoktett zu erreichen, wichtiger als das Bestreben, die Ladung auf das geeignetste Atom zu platzieren. Das ist der Grund, warum die Resonanzstruktur auf der rechten Seite einen höheren Anteil am Resonanzhybrid besitzt als die linke Struktur, obwohl in der rechten Struktur die Ladung auf einem weniger geeigneten Atom sitzt.

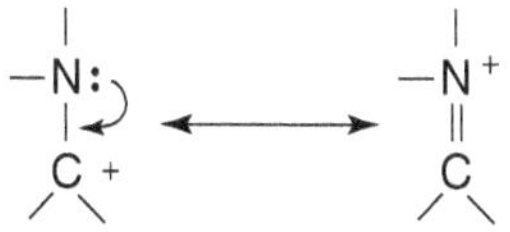

Abbildung 3.28: Elektronenoktett sticht Ladung

Aufgepasst: Häufige Fehler beim Zeichnen von Resonanzstrukturen

 Hier sind einige häufige Fehler, die Studierende begehen, wenn sie Resonanzstrukturen zeichnen. Vermeiden Sie diese auf jeden Fall!

Vergessen von Ladungen

Wenn Sie die Pfeile gezeichnet und die alternativen Resonanzstrukturen bestimmt haben, können Sie leicht ein oder zwei Ladungen übersehen (siehe Abbildung 3.29). Eine Möglichkeit, um fehlende Ladungen schnell ausfindig zu machen, ist die Kontrolle der Ladungsbilanz. Die Gesamtladung des Moleküls zu Beginn muss gleich der Gesamtladung des Moleküls am Ende sein. Wenn Ihre Ausgangsstruktur eine negative Gesamtladung besitzt, müssen alle anderen Resonanzstrukturen auch eine negative Gesamtladung haben.

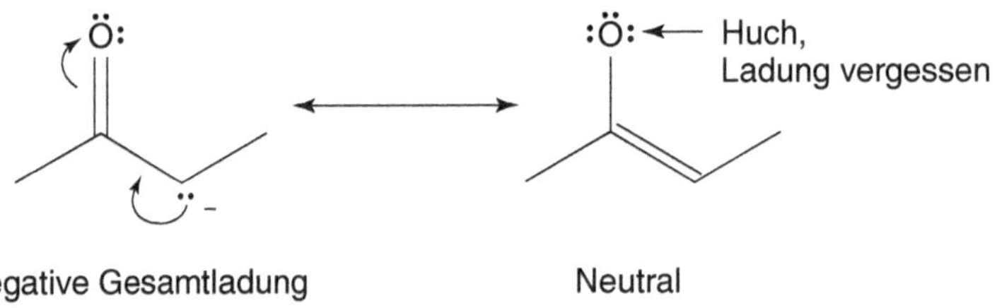

Abbildung 3.29: Achten Sie auf Ladungen!

Das bedeutet nicht, dass die *Anzahl* der Ladungen gleich sein muss, lediglich die Gesamtladung muss die gleiche sein. Ein Beispiel: Wenn Sie keine Ladungen in Ihrer Ausgangsstruktur besitzen, kann eine alternative Resonanzstruktur eine positive *und* eine negative Ladung besitzen, sodass die Gesamtladung wieder null ist. Wenn Sie aber mit einem neutralen Molekül starten und am Ende eine positive *oder* eine negative Gesamtladung haben, ist etwas faul. Wenn Sie bemerken, dass Ihre Ladungen nicht ausgeglichen sind, bedeutet das meistens eine vergessene Ladung an einem der Atome.

Verletzung der Oktett-Regel

Die Verletzung der Oktett-Regel ist ein sehr häufiger und leider auch gravierender Fehler. Eine der Grundregeln ist, dass jedes Atom aus der zweiten Periode im PSE (wie C, N, O, F) höchstens acht Elektronen besitzen darf. Die Summe der Zahl aller Bindungen und der Zahl der freien Elektronenpaare darf *niemals* den Wert vier überschreiten. Wenn Sie im Examen ein fünfbindiges Kohlenstoffatom (ein Kohlenstoffatom mit fünf Bindungen) wie in Abbildung 3.30 produzieren, können Sie gleich nach Hause gehen. Also vermeiden Sie solche Fehler!

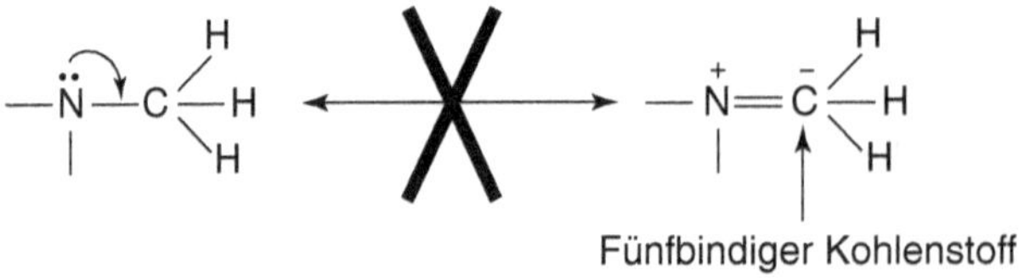

Abbildung 3.30: Ein dicker Hund: fünfbindiger Kohlenstoff

Umklappen von Einfachbindungen

Zur Erzeugung von Resonanzstrukturen dürfen Sie nur freie Elektronenpaare und π-Elektronen verschieben, keine Einfachbindungen. Wenn Sie das doch tun, zerfällt das Molekül in Fragmente, wie Abbildung 3.31 verdeutlicht.

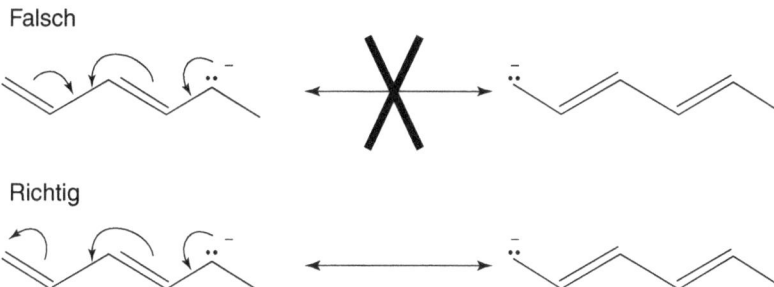

Abbildung 3.31: Noch ein schlimmer Fehler: umklappende Einfachbindungen

Unterbrechen des Elektronenflusses

Der Elektronenfluss verläuft immer in eine Richtung. Daher starten Pfeile nicht in die eine Richtung, um dann in die Gegenrichtung umzukehren, wie Abbildung 3.32 zeigt.

Abbildung 3.32: Ganz übel: gegenläufige Bewegungen der Elektronen

Aufgabe 3.1:

Geben Sie die Strukturformeln für folgende Verbindungen an: a) 3-Ethyl-2,2,4-trimethylhexan, b) 2,2-Dimethylpropan und c) 3,4-Di Ethyl-2,4,5-trimethyl-5-propylnonan. Hinweis: Aus Gründen der Übersichtlichkeit wird auf die Angabe der Wasserstoffatome in den Strukturformeln verzichtet.

Aufgabe 3.2:

Übersetzen Sie die folgenden Skelettformeln in die passenden Strukturformeln:

a.

b.

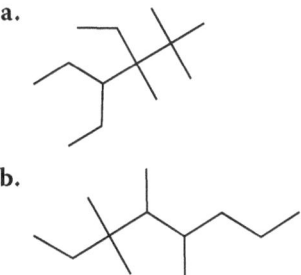

c.

Aufgabe 3.3:

Positionieren Sie die Formalladung im Ammonium-Ion (NH_4^+), und sagen Sie etwas über die im Molekül vorliegenden Partialladungen (die Polarisation) aus.

Aufgabe 3.4:

Betrachten Sie das Molekül Aminomethanol aus Abbildung 3.11: Sagen Sie etwas über den Hybridisierungszustand des Kohlenstoff-Atoms und sämtliche Partialladungen in diesem Molekül aus. Ist das Aufstellen weiterer Resonanzstrukturen möglich?

Aufgabe 3.5:

Folgen Sie dem Link, und benennen Sie die verzweigten Alkane.

Verzweigte Alkane benennen

> **IN DIESEM KAPITEL**
>
> Die Definition von Säuren und Basen
>
> Die Säurestärke organischer Moleküle
>
> Der pK_S-Wert
>
> Säure–Base-Gleichgewichte

Kapitel 4
Säuren und Basen

Sie haben sicher schon das eine oder andere Säure-Base-Experiment durchgeführt oder zumindest beobachtet. Haben Sie schon einmal Zitronensaft auf den Fisch geträufelt, um den Fischgeruch zu neutralisieren? Haben Sie jemals eine Flaschenrakete oder einen künstlichen Vulkan aus Natron und Essig hergestellt? Haben Sie jemals Brot, Plätzchen oder Kuchen gebacken? Falls ja, haben Sie Säure-Base-Chemie betrieben. Natürlich hatten Sie schon mit Säuren und Basen zu tun. Lebensmittel wie Tomaten, Orangen, Zitronen, Soda und Kaffee stellen Säuren, Küchenprodukte wie Bleichmittel, Ammoniak, Natron und Seifen Basen dar.

Praktisch jede Reaktion in der organischen Chemie hat etwas mit Säure-Base-Chemie zu tun. Daher ist es wichtig, Säuren und Basen zu verstehen, wenn Sie organische Reaktionen verstehen wollen.

In diesem Kapitel erkläre ich, was Säuren und Basen überhaupt sind. Dafür gibt es drei wichtige Definitionen, die heutzutage angewendet werden. Ich zeige Ihnen, wie Sie die relative Säurestärke von organischen Molekülen unter Verwendung struktureller Vergleiche qualitativ voraussagen können, und ich beschreibe die in der Chemie verwendete quantitative Skala für die relative Säurestärke eines Moleküls, den pK_S-Wert. Dann zeige ich Ihnen, wie Sie mithilfe des pK_S-Werts die Lage des Gleichgewichts einer Säure-Base-Reaktion im Gleichgewicht vorhersagen können.

Definitionssache: Säuren und Basen

Bevor ich zu der Frage komme, wie Säure und Basen wirken, muss ich zunächst definieren, was ich mit den Begriffen überhaupt meine. Gegenwärtig sind drei Definitionen der Begriffe Säure und Base üblich: die Definition nach Arrhenius, die Definition nach Brønsted-Lowry und die Definition nach Lewis.

Jetzt wird es nass: Säuren und Basen nach Arrhenius

Svante Arrhenius (1859–1927) definierte Säuren als Moleküle, die in Wasser in Protonen und Säurerest-Ionen dissoziieren (sich teilen).

 Ein H^+-Ion wird oft nur Proton genannt, da ein Wasserstoff-Ion keine Neutronen oder Elektronen besitzt – nur ein einziges Proton im Kern.

1903 erhielt er für seine Arbeiten zur elektrolytischen Dissoziation den Nobelpreis für Chemie. *Starke* Säuren sind in Wasser nahezu vollständig dissoziiert, während Säuren, die in Wasser nur wenig dissoziieren, als *schwache* Säuren bezeichnet werden. Salpetersäure (HNO_3, siehe Abbildung 4.1) ist eine starke Säure, weil sie in Wasser nahezu vollständig dissoziiert. Essigsäure (CH_3COOH) dissoziiert in Wasser nur teilweise und ist daher eine schwache Säure. (Die Lage des Gleichgewichts ist in Abbildung 4.1 durch den längeren Pfeil gekennzeichnet.)

$$HNO_3 + H_2O \rightleftharpoons NO_3^- + H_3O^+$$
Salpetersäure — Vollständig dissoziiert

$$CH_3COOH + H_2O \rightleftharpoons CH_3COO^- + H_3O^+$$
Essigsäure — Teilweise dissoziiert

Abbildung 4.1: Dissoziation starker und schwacher Säuren

Basen sind nach Arrhenius Moleküle, die in wässriger Lösung in positiv geladene Metall-Ionen und Hydroxid-Ionen (OH^-) dissoziieren. Analog zu Säuren werden Basen, die in Wasser vollständig dissoziieren, als starke Basen bezeichnet, während Basen, die nur teilweise dissoziieren und Hydroxid-Ionen freisetzen, schwache Basen genannt werden. Kaliumhydroxid (KOH, Abbildung 4.2) ist eine starke Base, weil es in Wasser komplett unter Bildung von Hydroxid-Ionen zu Kalilauge dissoziiert; Berylliumhydroxid ($Be(OH)_2$) ist eine schwache Base, weil sie in Wasser nur teilweise dissoziiert.

$$KOH \rightleftharpoons K^+ + OH^-$$
Kaliumhydroxid — Vollständig dissoziiert

$$Be(OH)_2 \rightleftharpoons Be^{2+} + 2\,OH^-$$
Berylliumhydroxid — Teilweise dissoziiert

Abbildung 4.2: Die Dissoziation starker und schwacher Basen

Sicher fällt Ihnen bereits beim Lesen auf, was passiert, wenn man eine Säure und eine Base zusammengibt. Sie heben sich in ihrer Wirkung auf! Nach Arrhenius reagieren die freigesetzten Protonen der Säure mit den Hydroxid-Ionen der Base ganz einfach zu Wasser. Die Metall-Ionen und die Säurerest-Ionen verbleiben hydratisiert in der Lösung. Erst nach

Verdampfen des Wassers finden sie sich zusammen und bilden ein Salz. Würde die oben erwähnte Salpetersäure mit der Kalilauge reagieren, entstünde das Salz Kaliumnitrat. Dieses könnten Sie auch in Ihren Nahrungsmitteln als Lebensmittelzusatzstoff E252 finden.

Schrei nach Protonen: Säuren und Basen nach Brønsted

Obwohl die Definition nach Arrhenius nützlich ist, besitzt sie einige erhebliche Einschränkungen. Beispielsweise kann sie nicht auf alle Moleküle angewendet werden, weil viele Moleküle in Wasser unlöslich sind. Zum zweiten dissoziieren nicht alle Basen unter Bildung von Hydroxid-Ionen. Ammoniak (NH_3) bildet beispielsweise in Lösungen Hydroxid-Ionen, besitzt aber in seiner Summenformel keine Hydroxygruppe und ist demnach kein basisches Molekül im Sinn der Arrhenius-Definition.

Daher existieren andere Definitionen von Säuren und Basen, die breiter anwendbar sind. Die gebräuchlichste Säure-Base-Definition in der organischen Chemie ist die Definition nach Brønsted-Lowry, die 1923 von Johannes Nicolaus Brønsted und Thomas Lowry unabhängig voneinander aufgestellt wurde. Eine Brønsted-Säure ist ein Molekül, das an eine Base Protonen (H^+) abgibt (ein Protonendonator); eine Brønsted-Base ist ein Molekül, das von einer Säure ein Proton aufnimmt (ein Protonenakzeptor). Das Proton, das von der Säure abgegeben wird, ist nach dieser Überlegung nicht allein existent und wird sofort von einem Reaktionspartner aufgenommen. Der wichtigste Reaktionspartner ist das Wasser. Wird das Proton von einem Wassermolekül aufgenommen, entsteht dabei das Oxonium-Ion (siehe Abbildung 4.1).

Wenn eine Säure ein Proton abgibt, wird sie zur sogenannten *konjugierten Base* der Säure (sie ist meistens, aber nicht immer, ein Anion). Umgekehrt wird eine Base durch Aufnahme eines Protons zur *konjugierten Säure*, siehe Abbildung 4.3. Man spricht auch von den korrespondierenden Säure-Base-Paaren.

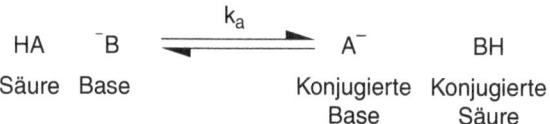

Abbildung 4.3: Eine Säure–Base-Reaktion

Moleküle, die sowohl als Säure als auch als Base fungieren können, heißen *amphoter*. Sie müssen bestimmte Eigenschaften erfüllen: einerseits sollten sie Protonen aufnehmen können (also als Portonenakzeptor/Base wirken), aber andererseits auch Protonen abgeben können (Protonendonator/Säure). Wie solch ein Ampholyt reagiert, hängt ab vom Reaktionspartner.

Sprechen Sie nicht leichtfertig von einer Säure-Base-Reaktion. Seit Arrhenius wissen Sie, dass sich die Wirkungen von Säure und Base aufheben, wenn man sie zusammengibt. Eine Neutralisation tritt ein. Eine Säure-Base-Reaktion nach Brønsted stellt lediglich einen Zusammenhang zwischen Protonen abgebenden und Protonen aufnehmendem Molekülen her und ist nicht zwangsläufig eine Neutralisation. Allerdings reagieren auch die Oxonium-Ionen von Salpetersäure mit den Hydroxid-Ionen einer Kalilauge unter Bildung von eben zwei Wassermolekülen.

Elektronenliebhaber und -hasser: Säuren und Basen nach Lewis

Obwohl die Definition von Säuren und Basen nach Brønsted allgemeiner als die Definition nach Arrhenius ist, ist sie immer noch nicht umfassend, da sie nicht auf Moleküle wie BF_3 oder $AlCl_3$ anwendbar ist, die Protonen weder spenden noch aufnehmen können. Die umfassendste Definition von Säuren und Basen stammt von Gilbert Newton Lewis. Eine *Lewis-Säure* ist ein Molekül, das Elektronen aufnimmt, und eine *Lewis-Base* ist ein Molekül, das Elektronen spendet.

Boran (BH_3) ist ein gutes Beispiel für eine Lewis-Säure. Boran ist ein sehr unglückliches Molekül, da das Boratom kein komplettes Valenzelektronenoktett besitzt (siehe Kapitel 2 bezüglich Valenzelektronen und Elektronenoktetts). Weil es kein volles Oktett an Valenzelektronen besitzt, kann es ein freies Elektronenpaar von Molekülen wie Methylamin (CH_3NH_2) aufnehmen und dadurch sein Elektronenoktett auffüllen (siehe Abbildung 4.4). Weil BH_3 Elektronen aufnimmt, ist es eine Lewis-Säure. Das Methylamin spendet die Elektronen und ist deshalb eine Lewis-Base.

Lewis-Säuren werden auch als *Elektrophile* bezeichnet, was »Elektronenliebhaber« bedeutet. Lewis-Basen werden auch als *Nucleophile* bezeichnet, was »Kernliebhaber« bedeutet. Sie werden die Begriffe *nucleophil* und *elektrophil* sehr häufig in der organischen Chemie antreffen.

Nucleophile sind Moleküle, die Elektronen spenden können (Lewis-Basen); Elektrophile sind Moleküle, die Elektronen aufnehmen können (Lewis-Säuren).

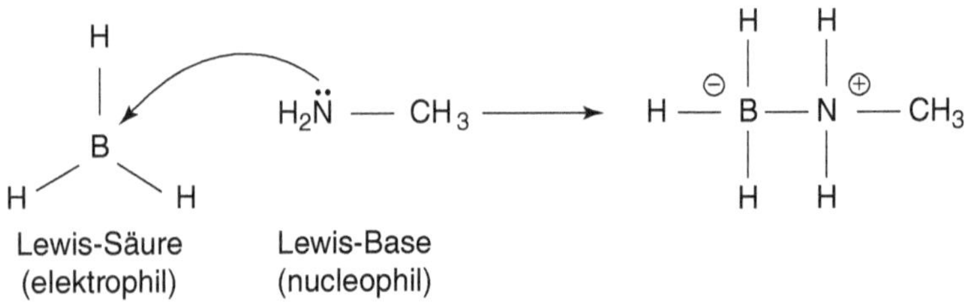

Abbildung 4.4: Lewis-Säure (Elektronenakzeptor) und Lewis-Base (Elektronendonator)

Die Definition von Säuren und Basen nach Lewis schließt die Definition nach Brønsted ein. Jede Brønsted-Säure ist auch eine Lewis-Säure, und jede Brønsted-Base ist auch eine Lewis-Base (siehe Abbildung 4.5). Man könnte nun die legitime Frage stellen: »Wenn das so ist, wozu ist dann die Definition nach Brønsted und Lowry überhaupt noch gut?« Die Antwort ist, dass es für einen Organiker oft zweckmäßiger ist, bei Säure-Base-Reaktionen an Protonentransfer zu denken als an Elektronentransfer. Aus diesem Grund beziehen sich Diskussionen über Säuren und Basen in der organischen Chemie fast immer auf die Definition nach Brønsted und Lowry.

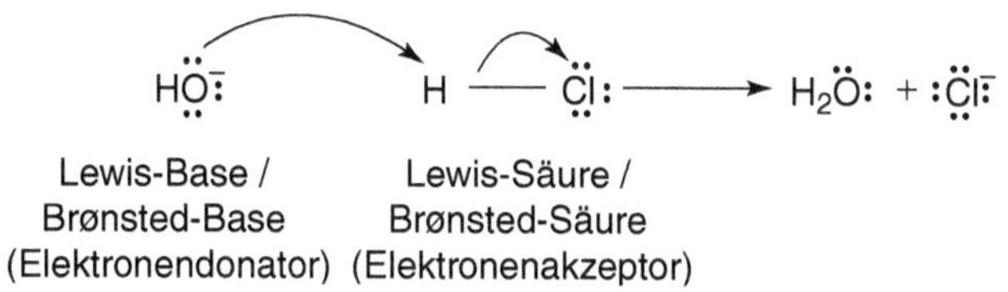

$H\ddot{\underset{..}{O}}{:}^-$ H —— $\ddot{\underset{..}{C}}l:$ ⟶ $H_2\ddot{O}{:}$ + ${:}\ddot{\underset{..}{C}}l{:}^-$

Lewis-Base / Brønsted-Base (Elektronendonator)   Lewis-Säure / Brønsted-Säure (Elektronenakzeptor)

Abbildung 4.5: Brønsted-Säuren sind auch Lewis-Säuren

Ein Wort über Säuren und Basen

Es ist einfach, ein Molekül als Säure oder Base zu bezeichnen und zu sagen »Das ist alles, was ich dazu zu sagen habe, Leute.« Aber die Begriffe »Säure« und »Base« sind ein wenig schwerer zu fassen. Ein Molekül ist nur im Vergleich mit einem anderen Molekül eine Säure; dasselbe gilt für Basen. Wenn die Begriffe »Säure« oder »Base« während der Betrachtung eines bestimmten Moleküls fallen, werden sie immer als Vergleich mit einem Bezugsmolekül gemeint – meist Wasser. Wasser kann sowohl als Säure als auch als Base agieren (es ist amphoter), und jedes Molekül, das gegenüber Wasser als Säure wirkt, wird allgemein als Säure bezeichnet, während Moleküle, die gegenüber Wasser als Base wirken, als Basen angesehen werden.

Sie sollten sich merken, dass diese Begriffe eine allgemeinere Bedeutung besitzen. Die meisten Menschen würden zustimmen, dass Salpetersäure eine Säure ist, schon deshalb, weil ihr Name das Wort Säure enthält. Aber unter den richtigen Bedingungen kann selbst Salpetersäure als Base wirken. In der Gegenwart der stärkeren Schwefelsäure verhält sich Salpetersäure wie eine Base (Sie werden diese Reaktion bei der Nitrierung von Benzol in Kapitel 13 kennenlernen). Diese Reaktion ist ein extremes Beispiel, aber ich hoffe, sie weckt Ihre Vorsicht und verhindert, dass Sie Moleküle leichtfertig als Säure oder als Base einordnen. Ob ein Molekül als Säure oder als Base wirkt, hängt davon ab, was Sie sonst noch so in den Reaktionstopf werfen.

Vergleich der Säurestärke organischer Moleküle

Im Allgemeinen ist die Stärke einer Säure (auch Acidität genannt, die Stärke einer Base nennt man auch Basizität) direkt proportional zur Stabilität ihrer konjugierten Base. Mit anderen Worten: Eine Säure ist stärker, wenn ihre konjugierte Base besonders stabil ist; eine Säure ist schwächer, wenn sie eine weniger stabile konjugierte Base besitzt. Weil die konjugierte Base in der Regel negativ geladen (also ein Anion) ist, ist eine bequeme Methode zum Vergleich der Säurestärken von Molekülen, nach Strukturelementen in einem Molekül zu suchen, die eine negative Ladung stabilisieren können. Je besser die negative Ladung in der konjugierten Base stabilisiert wird, desto stärker ist im Allgemeinen die Säure. Im folgenden Abschnitt spreche ich über strukturelle Eigenschaften, die stabilisierend auf die negative Ladung wirken und dadurch zu stärkeren Säuren führen.

Starke Säuren haben stabile konjugierte Basen.

Saure Moleküle besitzen meistens Strukturelemente, die es dem Anion der konjugierten Base ermöglichen, die Ladung zu *delokalisieren*, also über einen größeren Bereich des Molekül-Ions zu verteilen. Die Delokalisierung der negativen Ladung (nicht ein Atom alleine muss die komplette negative Ladung tragen) macht das Molekül stabiler. Die wichtigsten Eigenschaften, die negative Ladungen stabilisieren, sind Elektronegativität, Hybridisierung und Größe des Atoms, auf dem die negative Ladung sitzt, der elektronenziehende Effekt von benachbarten elektronegativen Atomen und Resonanzeffekte.

Der Einfluss der Atome

Auf welchem Atom liegt die negative Ladung der konjugierten Base einer Säure? Eine negative Ladung bevorzugt elektronegative Elemente. Deshalb ist die negative Ladung auf einem Sauerstoffatom wesentlich stabiler als auf einem Stickstoffatom und dort wiederum stabiler als auf einem Kohlenstoffatom. Aus diesem Grund sind Alkohole (R–OH) saurer als Amine (R–NH$_2$) und diese wiederum saurer als Alkane (R–CH$_3$), siehe Abbildung 4.6.

 Die Elektronegativität nimmt im Periodensystem der Elemente von unten links nach oben rechts zu.

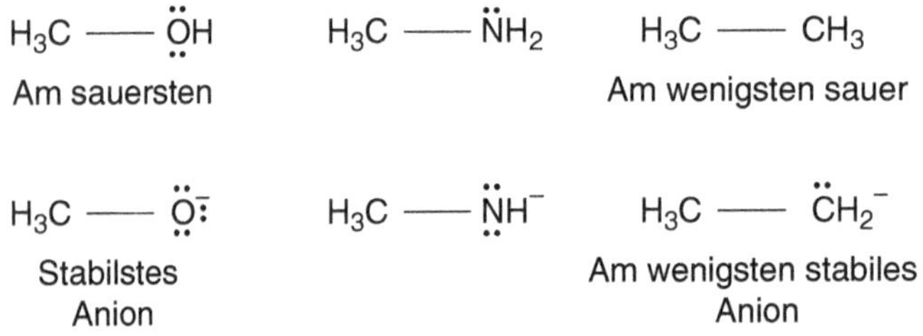

H$_3$C —— ÖH   H$_3$C —— N̈H$_2$ H$_3$C —— CH$_3$
Am sauersten   Am wenigsten sauer

H$_3$C —— Ö:⁻   H$_3$C —— N̈H⁻   H$_3$C —— C̈H$_2^-$
Stabilstes   Am wenigsten stabiles
Anion   Anion

Abbildung 4.6: Negative Ladungen lieben elektronegative Atome

Die Größe eines Atoms spielt für die Stabilisierung der negativen Ladung ebenfalls eine Rolle. Ladungen sitzen lieber auf größeren statt auf kleineren Atomen. Größere Atome verteilen die negative Ladung über ein wesentlich größeres Gebiet als kleinere Atome, bei denen die Ladung viel konzentrierter ist. In der Regel ist die Größe eines Atoms wichtiger als seine Elektronegativität. Obwohl Fluor elektronegativer als Jod ist, ist HI (Jodwasserstoff) saurer als HF (Fluorwasserstoff). Das wesentlich größere Jodatom erlaubt die Verteilung der Ladung über einen größeren Bereich als das erheblich kleinere Fluoratom, folglich ist I⁻ stabiler als F⁻, und das macht HI saurer. Die Abhängigkeit der Säurestärke von der Atomgröße ist in Abbildung 4.7 gezeigt.

Der Einfluss der Hybridisierung

Auch das Orbital, in dem das freie Elektronenpaar des Anions sitzt, beeinflusst die Säurestärke. Anionen mit einem freien Elektronenpaar bevorzugen Orbitale mit hohem s-Charakter gegenüber Orbitalen mit hohem p-Charakter, weil s-Orbitale näher am Atomkern liegen als p-Orbitale

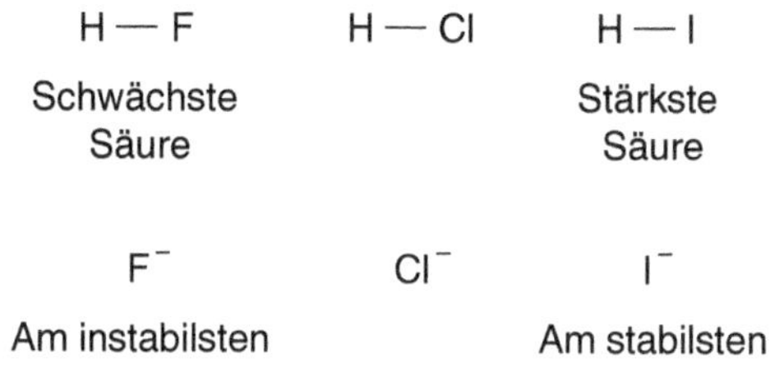

```
H—F        H—Cl       H—I
Schwächste            Stärkste
  Säure                Säure

  F⁻         Cl⁻         I⁻
Am instabilsten     Am stabilsten
```

Abbildung 4.7: Die Größe eines Atoms im Verhältnis zur Acidität

derselben Schale. sp-Hybridorbitale haben 50% s-Charakter, sp^2-Hybridorbitale haben 33% s-Charakter, und sp^3-Hybridorbitale haben 25% s-Charakter. Daher bevorzugen Anionen für ihre freien Elektronenpaare sp-Hybridorbitale gegenüber sp^2-Hybridorbitalen und diese gegenüber sp^3-Hybridorbitalen. Die Wirkung des Orbitaltyps auf die Säurestärke ist in Abbildung 4.8 gezeigt. In Kapitel 2 können Sie bei Bedarf mehr über die Hybridisierung erfahren.

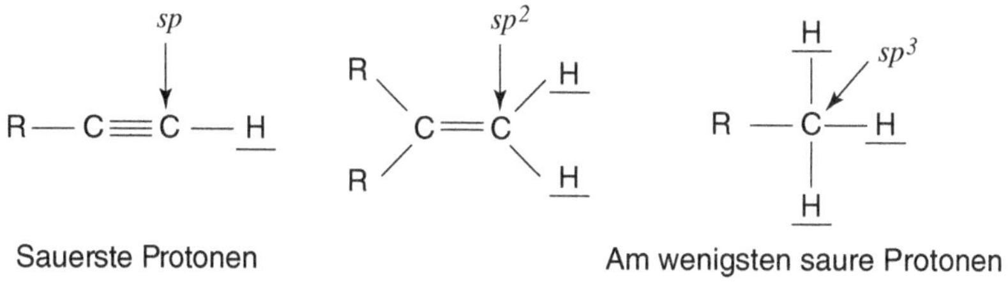

```
    sp              sp²                  H    sp³
    ↓           R\    ↓ /H               |  ↙
R—C≡C—H          C=C              R —C—H
                R/    \H               |
                                        H
```

Sauerste Protonen   Am wenigsten saure Protonen

Abbildung 4.8: Der Orbitaltyp beeinflusst die Säurestärke

Der Einfluss der Elektronegativität

Elektronenziehende Gruppen in einer Säure stabilisieren ebenfalls das Anion der konjugierten Base, weil sie einen Teil der negativen Ladung des Anions auf andere Teile des Moleküls verteilen. Ein Beispiel ist Trifluorethanol (Abbildung 4.9), das saurer ist als Ethanol. Die hohe Elektronegativität (die Elektronen anzieht) der Fluoratome im Trifluorethanol zieht einen Teil der Elektronendichte im Anion vom Sauerstoffatom weg und stabilisiert so das Ion.

Der Einfluss von Resonanzeffekten

Säuren, deren konjugierte Basen die negative Ladung durch Resonanz delokalisieren können, sind stärkere Säuren als die Säuren, deren konjugierte Basen keine Resonanzstrukturen besitzen. Ein Beispiel ist die Essigsäure in Abbildung 4.10, die wesentlich saurer als Ethanol ist, weil das Anion der konjugierten Base der Essigsäure (das Acetat-Anion) die negative Ladung durch Resonanz delokalisieren kann (vgl. Abbildung 3.17).

 Resonanzstrukturen stabilisieren Moleküle (Resonanzstabilisierung).

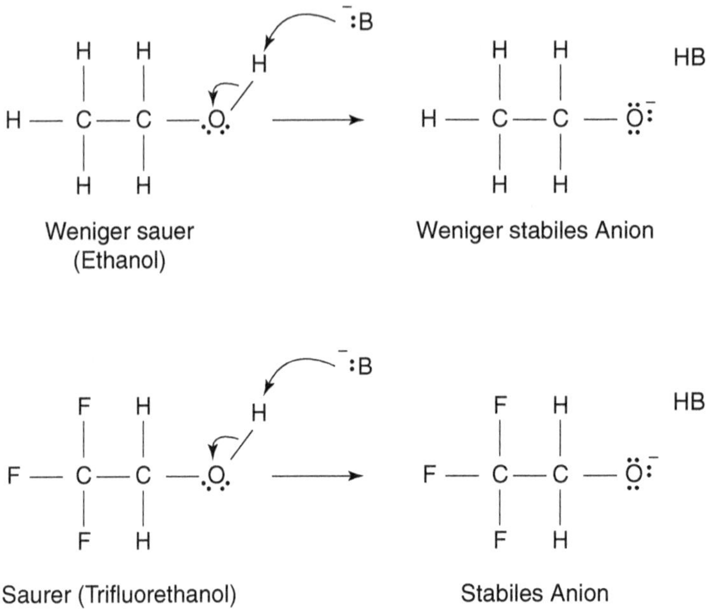

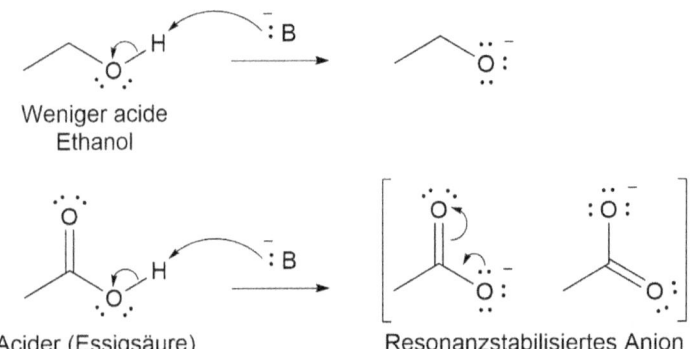

Weniger sauer
(Ethanol)

Weniger stabiles Anion

Saurer (Trifluorethanol)

Stabiles Anion

Abbildung 4.9: Elektronenziehende Gruppen tragen zur Säurestärke eines Moleküls bei (B = Base)

Weniger acide
Ethanol

Acider (Essigsäure)

Resonanzstabilisiertes Anion

Abbildung 4.10: Auch Resonanzeffekte tragen zur Säurestärke bei

Die Definition des pK$_S$-Werts: Eine quantitative Skala der Säurestärke

Der pK_S-Wert einer Säure ist ein quantitatives Maß für Ihre Säurestärke. Der pK_S-Wert wird von der Säurekonstante K_S (der Gleichgewichtskonstanten der Dissoziation der Säure in Wasser) abgeleitet:

$$HA \rightleftharpoons H^+ + A^- \qquad K_s = \frac{[H^+] \cdot [A^-]}{[HA]}; \quad pK_s = -\lg K_s$$

HA ist eine beliebige Säure, A$^-$ ist ihre konjugierte Base. Die Konzentration von Wasser bleibt bei dieser Reaktion quasi konstant und steckt bereits in der Säurekonstanten K_S mit drin. K_S berechnet man dann aus den Konzentrationen der Säure und der Dissoziationsprodukte. Der pK_S-Wert ist der negative dekadische Logarithmus der Säurekonstanten.

Je niedriger der pK_S-Wert einer Säure ist, desto stärker ist sie. Je höher der pK_S-Wert, desto schwächer ist die Säure. Sehr starke Säuren besitzen pK_S-Werte kleiner null, während schwache Säuren im Allgemeinen pK_S-Werte zwischen null und neun aufweisen.

Eine kleine Übersicht von pK_S-Werten gibt Tabelle 4.1.

Säure	Ungefährer pK_S-Wert	Säure	Ungefährer pK_S-Wert
H_2SO_4	−7	H_3O^+	−2
HCN	9	R−COOH	5
R−OH	16	R−CO−CH(H)−CO−R	10
R−CO−CH$_2$−H	20	CH_4	50

Tabelle 4.1: Ungefähre pK_S-Werte häufiger Säuren

Die Lage von Säure-Base-Gleichgewichten

Mit der pK_S-Tabelle in der Hand (oder in Ihrem Gedächtnis, wenn Ihr Dozent darauf besteht) können Sie ausrechnen, auf welcher Seite einer Reaktion das Gleichgewicht liegen wird. Schwache Säuren und Basen sind stabiler (besitzen eine niedrigere Energie) als starke Säuren und Basen. Da im Gleichgewicht die Reaktionsseite mit den energieärmeren Spezies dominiert, liegen Säure-Base-Gleichgewichte auf der Seite der Reaktion, auf der die schwächeren Säuren und Basen stehen.

Das Gleichgewicht liegt auf der Seite mit den schwächeren Säuren und Basen.

Als Beispiel können Sie die Lage des Gleichgewichts der Reaktion von Blausäure (HCN) und Acetat ($C_2H_3O_2^-$) bestimmen (Abbildung 4.11). Da Blausäure (pK_S=9) einen größeren pK_S-Wert als Essigsäure (pK_S=5) besitzt, wird das Gleichgewicht auf der linken Seite liegen, auf der Seite der schwächeren Säure und der schwächeren Base. Das ist wirklich alles, was Sie zur Bestimmung der Lage des Gleichgewichts von Säure-Base-Reaktionen benötigen. Wenn Sie die pK_S-Werte der Säuren auf beiden Seiten der Gleichung kennen, dann kennen Sie auch die Lage des Gleichgewichts: die Seite, auf der die Säure den *höheren* pK_S-Wert besitzt.

HCN + [Acetat-Ion] ⇌ :CN⁻ + [Essigsäure]

pKs = 9   pKs = 5

Abbildung 4.11: Die pKs-Werte bestimmen die Lage des Säure–Base-Gleichgewichts

Aufgabe 4.1:

Schwefelsäure (H_2SO_4) ist mit $pK_s = -7$ eine sehr starke Säure. Warum ist das durch Deprotonierung von Schwefelsäure entstehende Hydrogensulfat-Ion (HSO_4^-) so stabil?

Aufgabe 4.2:

In einer Karbidlampe (eine mittlerweile etwas veraltete Technik, zugegeben) wird die Verbindung Calciumkarbid (CaC_2; häufig nur Karbid genannt) mit Wasser in Kontakt gebracht. Dabei entsteht gasförmiges Ethin (C_2H_2; auch Acetylen genannt), das sich entzünden lässt und mit bemerkenswert heller Flamme brennt (eine prima Lichtquelle). Stellen Sie die zugehörige Reaktionsgleichung auf, und sagen Sie etwas über Säure- und Basestärken der beteiligten Substanzen/Ionen aus.

Aufgabe 4.3:

Kann durch Zugabe von Schwefelsäure (H_2SO_4) zu einem Substanzgemisch, das Cyanid-Ionen (CN^-) enthält, Blausäure (HCN) freigesetzt werden?

Aufgabe 4.4:

Ordnen Sie die pks-Werte den Säuren Essigsäure, Propansäure und Trichloressigsäure begründet zu: pks = 4,75, pks = 4,87, pks = 0,65.

IN DIESEM KAPITEL

Funktionelle Gruppen erkennen

Funktionelle Gruppen verstehen

Funktionelle Gruppen in der Natur

Kapitel 5
Reaktive Zentren: Funktionelle Gruppen

Millionen von Reaktionen organischer Moleküle sind bereits bekannt, und ihre Zahl wird jeden Tag größer. Das klingt beängstigend. Können Sie sich vorstellen, die für's Examen alle auswendig zu lernen? Keine Sorge. Die gute Nachricht ist, dass Sie nicht alle Reaktionen spezieller Moleküle lernen müssen, da organische Moleküle häufig auf vorhersehbare Weise reagieren. Die Ursache dafür sind charakteristische Gruppen von Atomen in den Molekülen.

Alkane – Moleküle, die nur Wasserstoff und Kohlenstoff enthalten, die durch Einfachbindungen verknüpft sind – sind unter den meisten Reaktionsbedingungen inert (reaktionsträge). Kohlenstoff ist unter den Elementen insofern einzigartig, als dass er die Fähigkeit besitzt, Mehrfachbindungen zu anderen Kohlenstoffatomen eingehen zu können. Außerdem kann er auch stabile Bindungen zu anderen Atomen als Kohlenstoff eingehen und dabei Reaktivitätszentren ausbilden. Diese reaktiven Zentren werden *funktionelle Gruppen* genannt; sie sind die reaktiven Stellen in einem Molekül. Chemiker ordnen organische Verbindungen nach ihren funktionellen Gruppen ein.

Es ist wichtig, die funktionellen Gruppen zu kennen und zu verstehen, da Sie mit den allgemeinen Reaktionen einer funktionellen Gruppe auch die Reaktionen von Tausenden von Molekülen verstehen, die diese funktionelle Gruppe enthalten. Daher basiert auch die Benennung organischer Moleküle auf den in ihnen enthaltenen funktionellen Gruppen – sie bestimmen, wie ein Molekül reagiert. Je eher Sie sich die funktionellen Gruppen einprägen, desto besser. Los!

In diesem Kapitel stelle ich Ihnen die wichtigsten funktionellen Gruppen vor, auf die Sie überall in der organischen Chemie treffen werden. Ich führe Beispiele von natürlichen Quellen an, wo diese Moleküle gefunden werden, damit Sie ihre Bedeutung in biologischen Systemen erkennen. Außerdem bespreche ich ihre kommerziellen Anwendungen, allgemeine Aspekte der Nomenklatur und interessante Eigenschaften. Ich hoffe, diese Übersicht hilft Ihnen, sich an die funktionellen Gruppen zu erinnern und Ihnen ein Gefühl für ihre Eigenschaften zu vermitteln.

Kohlenwasserstoffe

Kohlenwasserstoffe sind Moleküle, die nur Wasserstoff- und Kohlenstoffatome enthalten. Kohlenwasserstoffe sind billig und handelsüblich, da sie als Bestandteile im Rohöl gefunden werden. Zu den Kohlenwasserstoffen gehören die *Alkane* (sie enthalten nur Einfachbindungen, die nicht als funktionelle Gruppe betrachtet werden), die *Alkene* (Moleküle mit Kohlenstoff-Kohlenstoff-Doppelbindungen), die *Alkine* (Moleküle mit Kohlenstoff-Kohlenstoff-Dreifachbindungen) und die *Aromaten* (resonanzstabilisierte Ringsysteme).

Doppelter Spaß: Die Alkene

Ein Alken ist ein Molekül, das Kohlenstoff-Kohlenstoff-Doppelbindungen enthält (siehe Kapitel 2 für weitere Informationen zu Doppelbindungen). Die allgemeine Struktur eines Alkens ist in Abbildung 5.1 gezeigt (siehe Kapitel 3 zu Strukturen).

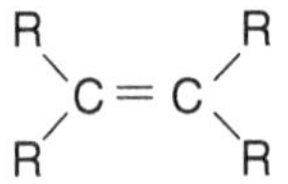

Abbildung 5.1: Die allgemeine Struktur eines Alkens

R ist eine häufig verwendete Abkürzung für den kompletten Rest eines Moleküls oder für einen Substituenten. Meist steht das R einfach für ein Wasserstoffatom oder eine Kohlenwasserstoffgruppe. Sie wird benutzt, um allgemein gültige Punkte zu erklären oder wenn der Rest R für die aktuelle Diskussion unwichtig ist. Will man ausdrücklich zeigen, dass sich die einzelnen Reste unterscheiden (können), ohne konkrete Reste benennen zu müssen, ist es üblich, sie mit R, R', R" oder R^1, R^2, R^3 und so weiter zu markieren.

Alkene werden in vielen Naturprodukten (aus lebenden Organismen isolierte Verbindungen) gefunden. Im einfachsten Alken, dem Ethen (auch unter seinem Trivialnamen Ethylen bekannt), entspricht jedes R aus Abbildung 5.1 einem Wasserstoffatom (Abbildung 5.2). Ethen ist ein gasförmiges Pflanzenhormon (Phytohormon), das die Fruchtreifung bewirkt. Bauern haben eine spezielle Ausrüstung, mit der sie die Pflanzen mit Ethen einnebeln können, um den Reifungsprozess zu beschleunigen.

Cyclopenten   Cyclopropen   Ethen (Ethylen)

Abbildung 5.2: Strukturen häufiger Alkene

Alkene werden auch kommerziell eingesetzt. Ethen polymerisiert (Zusammenlagerung von kleinen Einheiten zu sehr großen Molekülen) zu Polyethen (Trivialname Polyethylen) – einem Molekül, das durch Aneinanderreihung vieler Ethenmoleküle gebildet wird. Polyethen ist ein Kunststoff, der in Milchflaschen, Lebensmitteleinkaufstaschen und vielen anderen Produkten des täglichen Lebens Verwendung findet.

Alkene können sich auch zu Ringen verbinden, wie das Cyclopropen zeigt (Abbildung 5.2). In Kapitel 8 bespreche ich die Alkene ausführlicher.

Alkene sind für organische Chemiker besonders wichtig, da sie in viele unterschiedliche funktionelle Gruppen umgewandelt werden können. Sie sind leicht herzustellen und lassen sich einfach in andere Substanzen umwandeln. Das macht sie als Zwischenprodukte in der Synthese auch komplizierter Verbindungen sehr nützlich. In diesem Buch zeige ich Ihnen, wie Alkene in Alkane, Cycloalkane, cyclische Ether, Alkohole, Alkylhalogenide, Aldehyde und Carbonsäuren umgewandelt werden können. Das ist flexibel!

Die (systematischen) Namen der Alkene enden auf -en. Ein besonders wichtiges Alken ist das Vitamin A (Retinol, Abbildung 5.3), eine organische Verbindung, die fünf Doppelbindungen enthält. Retinol ist für die Sehkraft wichtig, schützt vor Krankheiten und wird in vielen Hautpflegeprodukten als *Antioxidans* benutzt, das die Haut vor freien Radikalen und damit vor früher Hautalterung schützt. In Kapitel 7 gehe ich ausführlich auf freie Radikale ein. In Kapitel 8 bespreche ich die Reaktionen, die Eigenschaften und die Nomenklatur von Alkenen.

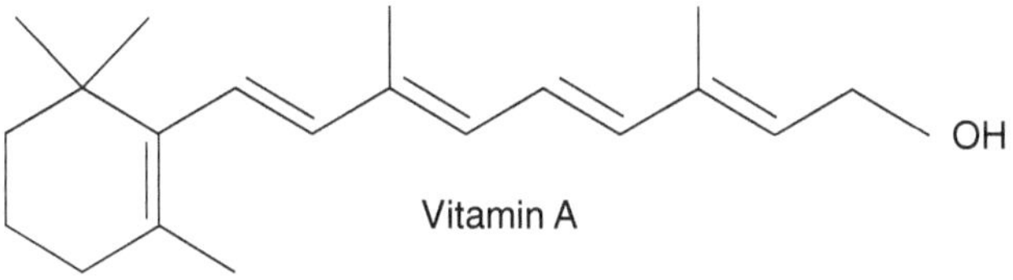

Abbildung 5.3: Die Struktur von Vitamin A (Retinol)

Alkine

Alkine sind Moleküle mit Kohlenstoff-Kohlenstoff-Dreifachbindungen (Abbildung 5.4). Viele ihrer Reaktionen und Eigenschaften sind den Alkenen ähnlich, obwohl die Chemie der Alkene und Alkine auch interessante Unterschiede aufweist.

R—C≡C—R

Abbildung 5.4: Die allgemeine Struktur eines Alkins

Im einfachsten Alkin, dem Ethin (besser bekannt unter dem Trivialnamen Acetylen), sind die zwei Reste R aus Abbildung 5.4 einfach Wasserstoffatome (Abbildung 5.5). Ethin ist ein Gas, dass beim Schweißen benutzt wird und aufgrund von Verunreinigungen meist nach Knoblauch stinkt. Ethin brennt sauber und erzeugt eine sehr heiße Flamme (über 3 000 °C), die heiß genug ist, um Metall zu schweißen, Glas zu schmelzen oder um Ihre niedlichen kleinen Finger abzufackeln, wenn Sie nicht aufpassen. Andere Alkine sind Propin (Trivialname Methylacetylen) und But-2-in (Dimethylacetylen), siehe Abbildung 5.5 und Abbildung 5.6.

H—C≡C—H   H—C≡C—CH$_3$ H$_3$C—C≡C—CH$_3$
Ethin   Propin   But-2-in
(Acetylen)   (Methylacetylen)   (Dimethylacetylen)

Abbildung 5.5: Die Strukturen verbreiteter Alkine

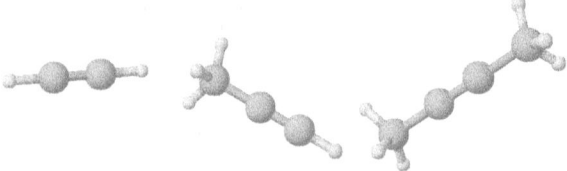

Abbildung 5.6: Dreidimensionale Darstellungen von Ethin, Propin und But-2-in. Die dunklen Kugeln sind Kohlenstoffatome und die hellen Wasserstoffatome. Bei dieser Darstellungsweise sind Mehrfachbindungen nicht zu erkennen.

Alkine sind in der Natur seltener als Alkene, aber sie tauchen gelegentlich auf. Calicheamycin (versuchen Sie das dreimal hintereinander schnell auszusprechen) ist ein Beispiel für ein kompliziertes organisches Molekül, das von Bakterien im lehmartigen Boden in den Bergen von Texas erzeugt wird. Vor kurzem wurde entdeckt, dass das Calicheamycin selektiv auf die DNS (Desoxyribonukleinsäure, wird heute aber fast nur noch nach der englischen Abkürzung DNA benannt) von Krebszellen wirkt und diese abtötet. Zusammen mit ähnlichen Verbindungen wird es als Medikament in der Krebstherapie eingesetzt.

Der biologisch aktive Teil des Calicheamycins (siehe Abbildung 5.7) wird »diin« genannt. Das »diin« steht für zwei Dreifachbindungen.

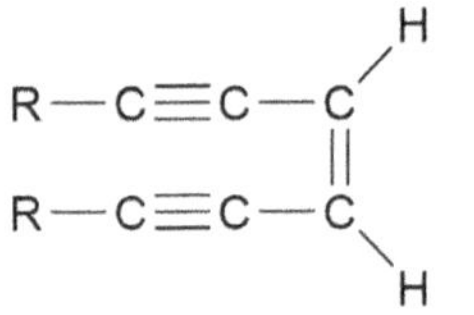

$$R-C\equiv C-C\overset{H}{\underset{\underset{H}{C}}{\|}}$$
$$R-C\equiv C-C$$

Calicheamycin

Abbildung 5.7: Struktur des Calicheamycins

Alkine bevorzugen Bindungswinkel von 180°, bei dem die Dreifachbindung und die beiden Reste auf einer geraden Linie liegen. Alkine sind nicht leicht aus dieser linearen Anordnung zu verbiegen, daher sind Dreifachbindungen in Ringen mit weniger als acht Kohlenstoffatomen in der Regel nicht stabil. In Kapitel 9 erzähle ich mehr über die Eigenschaften der Alkine und ihre Reaktionen.

Gönnen Sie sich eine Nase voll: Aromaten

Die *Aromaten* (auch *Arene* genannt) bestehen aus Ringen, die Doppelbindungen enthalten. Die grundlegende aromatische Verbindung ist das Benzol, ein Ring aus sechs Kohlenstoffatomen, der drei alternierende (sich mit Einfachbindungen abwechselnde) Doppelbindungen enthält (siehe Abbildung 5.8). Nach dieser Beschreibung könnten Sie auf die Idee kommen, dass das Benzol sich wie ein Ring mit drei ganz gewöhnlichen Doppelbindungen verhält. Das ist nicht der Fall (Abbildung 5.9). Aromatische Verbindungen haben eine spezielle Eigenschaft, die sie wesentlich stabiler und reaktionsträger als Alkene macht. In Kapitel 13 verrate ich Ihnen, warum Benzol so stabil ist. Außerdem behandle ich noch andere aromatische Verbindungen als das Benzol.

Die Ringe werden Aromaten genannt, weil die zuerst entdeckte dieser Verbindungen übelriechend war (oder ein zumindest auffälliges *Aroma* aufwies). Benzol selbst kommt im Rohöl

Benzol

Abbildung 5.8: Die Strukturformel von Benzol

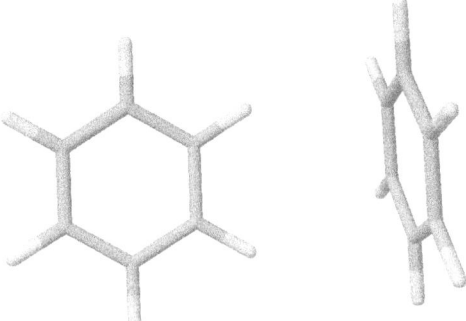

Abbildung 5.9: Links: Benzol-Molekül in der Draufsicht. Rechts: Benzol-Molekül von der Seite; hier können Sie erkennen, wie flach es ist.

vor und besitzt sogar bessere Verbrennungswerte als das Benzin, das Sie in Ihren Benzintank füllen. Leider ist Benzol karzinogen (krebserregend) und hat noch andere unerwünschte Eigenschaften, sodass es als Brennstoff nicht verwendet werden kann. Es wird aber in der organischen Chemie (unter entsprechenden Vorsichtsmaßnahmen beim Umgang damit!) häufig als Lösungsmittel und als preiswertes Ausgangsmaterial für mehrstufige Synthesen genutzt.

Viele Naturstoffe enthalten aromatische Ringe. Abbildung 5.10 zeigt Ihnen die Strukturen einiger Aromaten (und Kapitel 6 erzählt einiges über dreidimensionale Strukturen). Morphium enthält beispielsweise einen Benzolring, der für seine Schmerz stillenden Eigenschaften verantwortlich ist. Autoabgase, Ruß und Tabakrauch enthalten kondensierte Benzolringe wie 1,2-Benzpyren, bei dem die Ringe miteinander verbunden sind, wodurch sehr große aromatische Verbindungen möglich werden. Solche Verbindungen sind karzinogen. Tatsächlich hatten Schornsteinfeger früher ein bemerkenswert hohes Aufkommen an Hodenkrebs, weil sie hohen Konzentrationen solcher aromatischer Verbindungen im Ruß ausgesetzt waren.

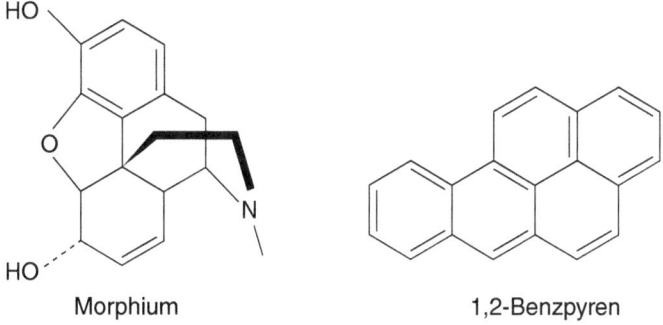

Morphium   1,2-Benzpyren

Abbildung 5.10: Die Strukturen zweier aromatischer Verbindungen

Einfach gebundene Heteroatome

Als Heteroatome werden alle Atome außer Kohlenstoff und Wasserstoff bezeichnet, also auch so wichtige Atome wie die Halogene, Sauerstoff und Schwefel. Heteroatome sind in Halogeniden, Alkoholen, Ethern oder Thiolen enthalten. Diese funktionellen Gruppen werden im folgenden Abschnitt behandelt.

Halogenide

Halogenide sind organische Verbindungen, die ein oder mehrere Halogenatome enthalten. (Die Halogene stehen in der vorletzten Gruppe im Periodensystem.) Die vier Halogene, die Sie häufig in organischen Verbindungen finden, sind Fluor, Chlor, Brom und Jod. Die allgemeine Struktur der Halogenide ist in Abbildung 5.11 gezeigt.

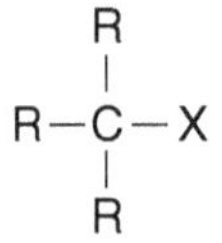

```
      R
      |
  R — C — X
      |
      R      X = F, Cl, Br oder I
```

Abbildung 5.11: Die Struktur eines einfachen Halogenids

Halogenide kommen (ähnlich wie Alkine) eher selten in Naturstoffen vor, und wenn, dann sind die Verbindungen meist toxisch. Industriell finden Halogenide als Treibgase in Aerosolen wie Haarspray oder Sprühlack und als Kühlmittel Verwendung. Es ist erwiesen, dass bestimmte Alkylhalogenide (Halogene, die an Alkane gebunden sind) lange in der Atmosphäre verweilen und dort zum Abbau der Ozonschicht beitragen. Daher haben viele Länder ihre Nutzung in Treibgasen eingeschränkt oder komplett verboten. Abbildung 5.12 zeigt ein Halogenid, das als Kältemittel eingesetzt wird (Dichlordifluormethan).

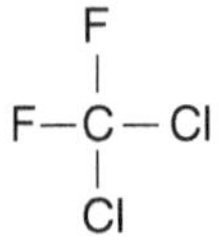

```
      F
      |
  F — C — Cl
      |
      Cl
```

Abbildung 5.12: Die Struktur eines Kältemittels

Halogenide werden auch in Insektiziden eingesetzt. Das wohl bekannteste Beispiel dafür ist DDT (Dichlordiphenyltrichlorethan; Abbildung 5.13), das zum Schutz von Getreide vor Insekten und zur Bekämpfung der *Anopheles*-Mücke eingesetzt wurde, bis sich herausstellte, dass DDT sich in der Natur anreicherte und auch unerfreuliche Nebenwirkungen im Rest der Tierwelt hervorrief: Die Eierschalen von Wildvögeln wurden dünner, Fledermäuse und Nagetiere starben, und in höheren Dosierungen war es selbst für Menschen tödlich. Die Verwendung von DDT ist heute nur noch zur Malariabekämpfung erlaubt.

Andere Halogenide werden immer noch im Haus und in der Industrie verwendet. Teflon (PTFE, Poly[tetrafluorethen]) ist ein fluorhaltiges Polymer (Abbildung 5.13), das Verwendung in Beschichtungen von Töpfen und Pfannen findet, aber auch im Chemielabor eingesetzt wird. Die Klammern mit dem Index *n* deuten an, dass die Struktureinheit zwischen den Klammern n-mal wiederholt wird.

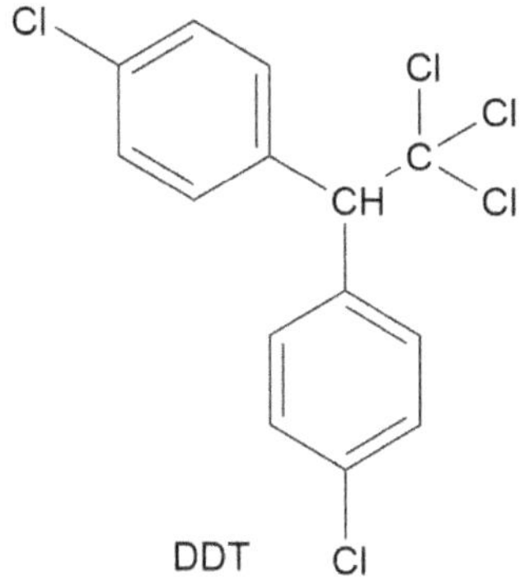

Abbildung 5.13: Strukturformeln häufiger Halogenide

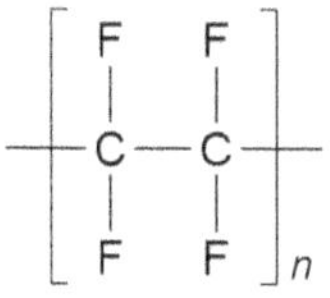

Viele andere Halogenide sind für organische Chemiker von besonderem Interesse, da sie praktische Abkürzungen zu anderen Molekülen sind. Sie lassen sich einfach darstellen (Organiker-Sprech für herstellen) und können ebenso leicht in andere Verbindungen umgewandelt werden. Im Kapitel 10 erzähle ich mehr über Halogenide und ihre Reaktionen.

Zum Einreiben und zum Trinken: Alkohole

Die Alkohole sind eine häufige und sehr wichtige Gruppe von organischen Verbindungen. Sie haben die allgemeine Struktur R–OH, und ihre Namen enden auf »-ol«. Wahrscheinlich ist Ethanol (oder Ethylalkohol) der Alkohol, der Ihnen am vertrautesten ist, denn er kommt in Bier, Wein und anderen alkoholischen Getränken vor. Ethanol ist in hohen Dosen toxisch, und einige seiner Eigenschaften haben Auswirkungen auf die Feinmotorik Ihres Körpers. Hemmungen werden abgebaut, die Neigung zum falschen und lauten Karaokesingen nimmt zu, und das Verhältnis zwischen Ihnen und Ihrer Schwiegermutter wird arg strapaziert (Sie sollen sie auch nicht während eines Alkoholrausches beschimpfen). Einfache Alkohole wie Propan-2-ol werden als Reinigungsmittel und als Antiseptikum verwendet. Ein wesentlich bekannterer Name für Propan-2-ol ist Isopropanol. Leider ist diese Namensgebung vollkommen verkehrt, da es keinen Kohlenwasserstoff »Isopropan« gibt, von dem sich der Name ableiten könnte.

 Bitte verwenden Sie gerade zu Beginn Ihres Studiums der organischen Chemie die korrekte Bezeichnung der Verbindungen. Es könnte sein, dass der eine oder andere Dozent Ihnen die Trivialnamen als Fehler anstreicht (obwohl er selbst auch Trivialnamen verwendet).

Ein Alkohol mit zwei OH-Gruppen ist das Ethan-1,2-diol (Trivialname: Ethylenglycol), das in Frostschutzmitteln zum Einsatz kommt. Abbildung 5.14 zeigt die Strukturformeln häufiger Alkohole.

Auch viele Naturstoffe sind Alkohole. Alle Zucker, wie beispielsweise Rohrzucker (Saccharose), enthalten zahlreiche OH-Gruppen (Abbildung 5.18).

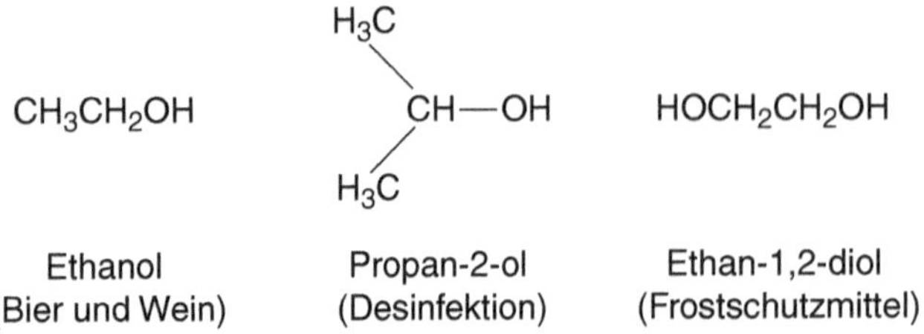

CH_3CH_2OH
H_3C
CH—OH
H_3C
$HOCH_2CH_2OH$
Ethanol
(Bier und Wein)
Propan-2-ol
(Desinfektion)
Ethan-1,2-diol
(Frostschutzmittel)

Abbildung 5.14: Die Strukturen häufiger Alkohole

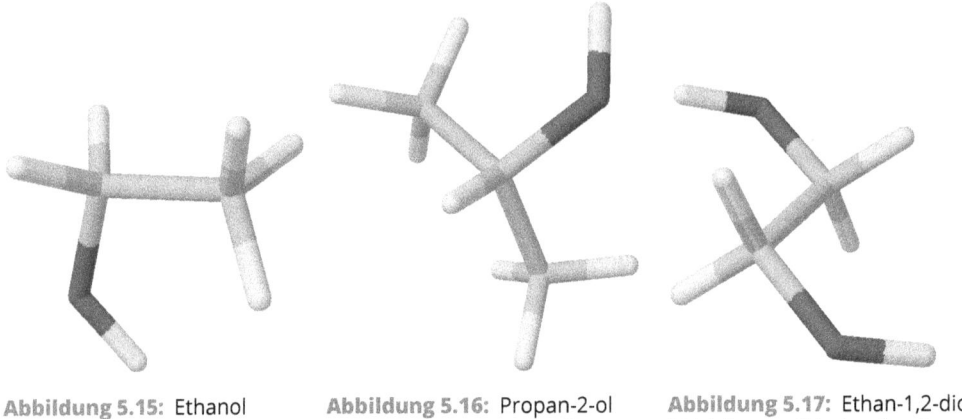

Abbildung 5.15: Ethanol

Abbildung 5.16: Propan-2-ol (Trivialname: Isopropanol)

Abbildung 5.17: Ethan-1,2-diol (Trivialname: Ethylenglycol)

H
OH
HO
HO
H
O
H
OH
H
H
HOH_2C
O
H
H
HO
CH_2OH
O
HO
H
Saccharose (Rohrzucker)

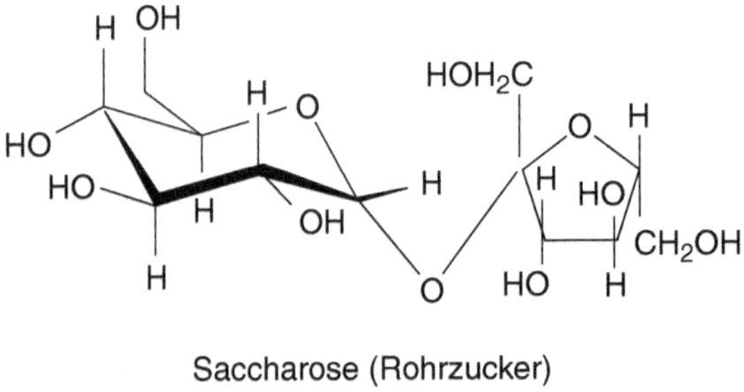

Abbildung 5.18: Die Struktur des Rohrzuckers (Saccharose) zeigt die Baugruppen der Fructose und der Glucose.

Boah, was stinkt hier? – Thiole

Sehr wenige Organiker haben den brennenden Wunsch, mit Thiolen zu arbeiten. Thiole sind Verbindungen mit der allgemeinen Struktur R–SH, die ausgesprochen unangenehm riechen. Thiole sind das Schwefelanalogon der Alkohole und sind in der Regel sehr unangenehme Verbindungen. Ein spezielles Thiol wird im Sekret des Stinktiers gefunden – mit diesem stinkenden Zeug halten die Tiere sich Feinde vom Leibe. Andere Thiole sind für den Geruch von Blähungen, Knoblauch, Abwasser und faulen Eiern verantwortlich. Industriell werden dem Erdgas (Methan) geringe Mengen von Thiolen hinzugefügt, damit gegebenenfalls ein Leck in einer Gasleitung leichter gefunden werden kann (Methan selbst ist geruchlos).

Nicht alle Thiole sind mit derartigen Unannehmlichkeiten behaftet. Cystein (Abbildung 5.19) ist eine Aminosäure, die der menschliche Körper benötigt, um Proteine bilden zu können, und die eine wichtige Rolle im Keratin spielt, einem Protein im Haar. Die Cystein-Gruppen sind wichtig, da sie sich miteinander verbinden können und Disulfid-Brücken (Schwefel-Schwefel-Bindungen) ausbilden, die für die Form Ihrer Haare verantwortlich sind. Wenn Sie jemals eine Dauerwelle hatten, haben Sie Erfahrungen in der Chemie der Thiole. Beim Legen einer Dauerwelle wird das Haar zuerst mit Chemikalien behandelt, um die Disulfid-Brücken zu spalten. Nachdem das Haar dann in die gewünschte Form gebracht ist, werden die Disulfid-Brücken neu erzeugt und das Haar so in seiner Form fixiert.

Die Namen der Thiole enden auf den Suffix »thiol«, wie es bei den beiden Thiolen des Stinktieres in Abbildung 5.19 gezeigt ist, 2,3-Dimethyl-2-buten-1-thiol und 3-Methyl-1-butanthiol.

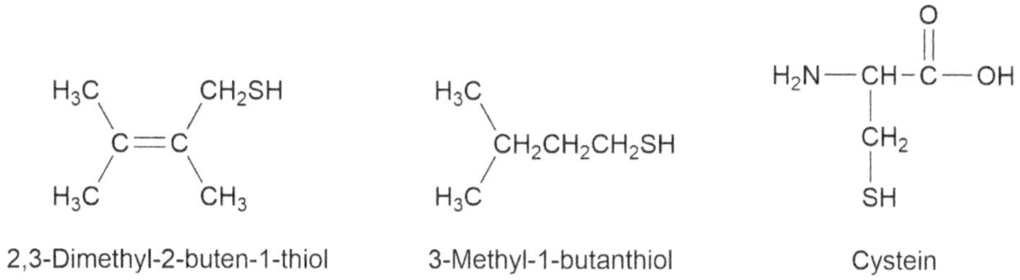

Abbildung 5.19: Die Strukturen von Cystein und den Stinktier-Thiolen

Mit dem Holzhammer: Ether

Ether sind Moleküle, die ein Sauerstoffatom zwischen zwei Kohlenstoffatomen enthalten (Abbildung 5.20). Moleküle mit Ethergruppen werden in der organischen Chemie vor allem als Lösungsmittel verwendet. Früher wurde Diethylether (auch einfach als »Ether« bezeichnet) als Narkosemittel bei Operationen eingesetzt. Ether, die in einem dreigliedrigen Ring angeordnet sind, heißen Epoxide (oder Oxirane). Epoxide werden in Epoxidharzen und Epoxidklebern und als Zwischenprodukte in mehrstufigen Synthesen verwendet.

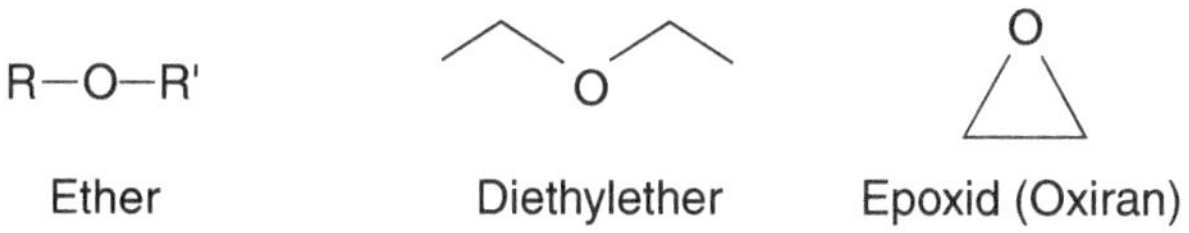

Abbildung 5.20: Verschiedene Ether

Carbonylverbindungen

Die Chemie von Lebewesen ist zu großen Teilen die Chemie der Carbonylverbindungen. Eine *Carbonylgruppe* ist eine C=O-Gruppe – ein durch eine Doppelbindung an ein Kohlenstoffatom gebundenes Sauerstoffatom. Die Carbonylgruppe wird nicht als eigenständige funktionelle Gruppe angesehen, vielmehr ist sie Bestandteil einiger sehr wichtiger funktioneller Gruppen wie Aldehyd-, Keto-, Ester-, Amid- und Carboxylgruppen. Wenn Sie in der Biochemie aktiv werden wollen, sollten Sie die Reaktionen und Eigenschaften der Carbonylverbindungen sehr genau verstehen, da die meisten Reaktionen im Körper Carbonylreaktionen sind (beispielsweise der Zitronensäurezyklus, die Glykolyse oder die Synthese von Fettsäuren und Polyketiden). Sie müssen die Carbonylgruppe aber auch verstehen, wenn Sie nicht in die Biochemie wollen; jammern hilft also nichts.

Leben am Rand: Aldehyde

Aldehyde sind die einfachsten Carbonylverbindungen. In einem *Aldehyd* (Abbildung 5.21) wird die Carbonylgruppe durch einen Wasserstoff und einen Rest flankiert. Sie können sich einen Aldehyd als Carbonylgruppe am Ende eines organischen Moleküls vorstellen. In dieser Position wird die Carbonylgruppe auch Aldehydgruppe genannt.

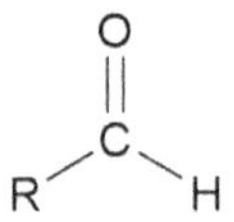

Abbildung 5.21: Die allgemeine Struktur eines Aldehyds

Der einfachste Aldehyd, der Formaldehyd – in dem der Rest R ein Wasserstoffatom ist –, besitzt zahlreiche Anwendungen, beispielsweise als Konservierungsmittel. Häufig kommen die Gerüche, die aus einem Biologielabor wehen, vom Formaldehyd für die Konservierung der Proben (als Chemiker sollten Sie sich besser nicht über die Geruchsbelästigung beklagen, wenn man bedenkt, wie es manchmal im Chemielabor riecht). Retinal (siehe Abbildung 5.22) ist ein großer Aldehyd. Es ist eines der Pigmente im menschlichen Auge, das das Licht einfängt und so den Sehvorgang einleitet. Benzaldehyd (siehe ebenfalls Abbildung 5.22) ist eine künstliche Verbindung, die wunderbar nach Mandeln bzw. Marzipan riecht.

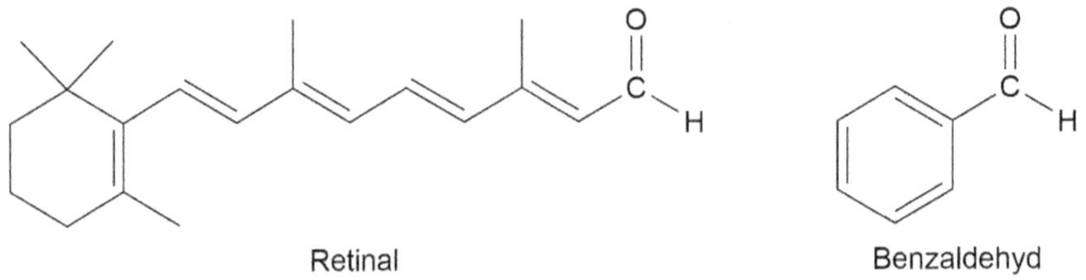

Abbildung 5.22: Zwei wichtige Aldehyde

Sie werden sehen, dass die Aldehyde als R–CHO dargestellt werden. Verwechseln Sie diese Abkürzung nicht mit Alkohol, der als R–OH bezeichnet wird.

Heimtückische Orchideen, Ketone und chemische Sirenengesänge

Im Jahr 2003 veröffentlichten deutsche und australische Wissenschaftler die Entdeckung des Diketons (ein Molekül mit zwei Ketogruppen) Chiloglotton, das von einer australischen Orchideenart namens *Chiloglottis* produziert wird. Diese Orchidee verwendet das Diketon zur Fortpflanzung und sendet ihre Pollen zu anderen Orchideen, um diese zu befruchten. Aber wie kann eine Chemikalie dazu in der Lage sein, den Blütenstaub manchmal über mehrere Kilometer zu einer anderen Orchidee zu transportieren? Natürlich durch List, Betrug und Schwindel. Dieser Betrug ist eine sehr interessante Episode einer Seifenoper zwischen Pflanzen und Wespen: einer Seifenoper, die den Menschen meist verborgen bleibt.

Es stellt sich heraus, dass Chiloglotton nicht nur von der australischen Orchidee gebildet wird, sondern auch das Pheromon einer nur in Australien beheimateten Wespenart ist. Wenn eine weibliche Wespe diese Pheromone aussendet, teilt sie allen geschlechtsreifen männlichen Wespen mit, dass sie zur Vermählung bereit ist. Wenn ein Wespenmännchen die Pheromone in der Luft wahrnimmt, macht es sich ohne eine Sekunde zu verlieren auf den Weg, um mit der weiblichen Wespe ein kleines Stelldichein abzuhalten. Die Orchidee hat jedoch den chemischen Kommunikationscode der Wespen geknackt und nutzt diesen Umstand für ihre eigenen hinterhältigen Machenschaften aus. Sie schafft das, indem sie das Pheromon der Wespen erzeugt und die Chemikalie als Köder verwendet.

Wenn die Wespen das durch die Pflanze produzierte Pheromon entdecken, wechseln die Männchen in ihr Balzgehabe und drehen in Erwartung der bevorstehenden leidenschaftlichen Liebesnacht durch. Dabei begreifen sie nicht, dass die Orchidee gar keine weibliche Wespe ist. Schlimmer noch: Sie ist überhaupt keine Wespe! Die männliche Wespe ist mittlerweile im Sturzflug und gibt ihr bestes, sich mit der Orchideenblüte zu vermählen. Wenn es damit fertig ist, macht es sich mit ein wenig Blütenstaub an seinen Beinen davon, bis es von der nächsten Orchidee angelockt wird, die ebenfalls das Pheromon aussendet. Das Männchen kommt wieder auf Touren, und die alte Kraft kehrt in seinen Körper zurück. Es lässt die neue Chance natürlich nicht aus und sinkt auf die neue Orchidee herab. Dadurch wird die Orchidee mit den Pollen der ersten bestäubt. So beschwindelt die Orchidee die männliche Wespe, die als Postbote für den Blütenstaub missbraucht wird (und das auch noch kostenlos, ohne Briefmarken). Diese Art von Schwindel kommt in der Natur häufig vor und wird sexuelle Täuschung genannt. Auch wenn sich die Wespen an den Orchideen rächen, indem sie schmatzend deren Blätter kauen, geht diese Runde eindeutig an die Pflanzen.

Chiloglotton

Ab durch die Mitte: Ketone

Verbindungen, die eine Carbonylgruppe *zwischen* zwei Kohlenstoffatomen enthalten, werden *Ketone* genannt. Wenn ein Aldehyd die Carbonylgruppe am Ende eines Moleküls besitzt, weist ein Keton eine Carbonylgruppe irgendwo in der Mitte eines Moleküls auf. In dieser Position heißt die Carbonylgruppe auch *Ketogruppe*. Das einfachste Keton, bei dem beide Reste R Methylgruppen sind, ist das Aceton, ein Lösungsmittel, das häufig in Laboratorien verwendet wird. Aceton ist das stinkende Zeug im Nagellackentferner und der Grund, warum lackierte Fingernägel in Laboratorien nicht lange lackierte Fingernägel bleiben. Die Namen von Ketonen enden auf das Suffix -on.

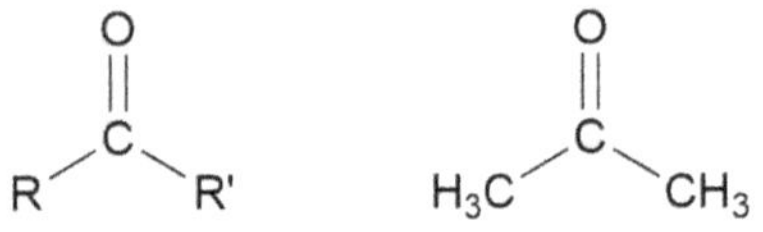

Ein Keton Aceton

Abbildung 5.23: Allgemeine Struktur eines Ketons und die Struktur des Acetons

Carbonsäuren

Die funktionelle Gruppe der Carbonsäure besteht aus einer *Carboxylgruppe*. Die allgemeine Struktur der Carbonsäuren ist in Abbildung 5.24 gezeigt.

Verwechseln sie eine Carbonsäure nicht mit einem Keton oder einem Alkohol! Carbonsäuren haben vollkommen andere Eigenschaften und Reaktionsfähigkeiten. Besonders das an den Sauerstoff gebundene H^+ (Proton) ist außergewöhnlich sauer (daher auch der Name!). Warum das so ist, erkläre ich in Kapitel 4.

Carbonsäuren kommen in der Natur häufig vor. Die Aminosäuren, die unser Körper als Bausteine benötigt, um Proteine bilden zu können, sind Carbonsäuren (wie die Aminosäure Glycin in Abbildung 5.24), ebenso alle Fettsäuren. Die Namen der Carbonsäuren enden alle auf -säure, wie Ethansäure (häufiger mit dem Trivialnamen Essigsäure bezeichnet), die für den sauren Geschmack des Essigs verantwortlich ist.

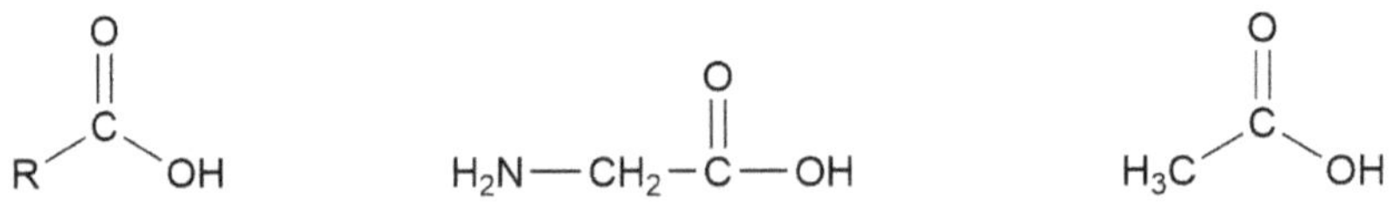

eine Carbonsäure Glycin (eine Aminosäure) Ethansäure (Essigsäure)

Abbildung 5.24: Strukturen einiger häufiger Carbonsäuren

Die süßeste Versuchung, seit es Organik gibt: Ester

Ester sind in der Struktur den Carbonsäuren sehr ähnlich. Ein Ester ist eine Carbonsäure, die einen Wasserstoff in die Wüste geschickt und eine R-Gruppe (einen Rest) an dessen Platz gesetzt hat (Ester werden tatsächlich aus Carbonsäuren hergestellt). Ester sind meist wohlriechende Verbindungen, und viele der schönen, lieblichen Gerüche von Früchten

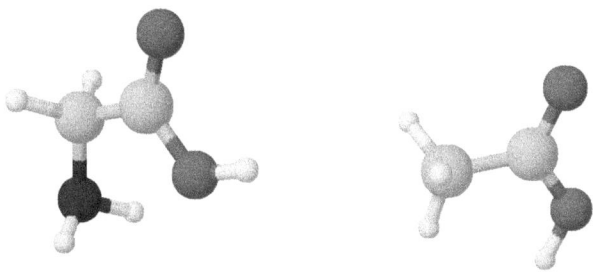

Abbildung 5.25: Links Glycin, rechts Essigsäure. Die weißen Punkte sind Wasserstoffatome, die etwas dunkleren sind Kohlenstoffatome, dunkelgrau entspricht dem Sauerstoffatom und schwarz dem Stickstoffatom.

sind Ester. Abbildung 5.26 zeigt die Strukturen einiger Ester. Sie kommen in Deos und als künstliche Aromastoffe in Lebensmitteln zum Einsatz. Die Namen der Ester enden meistens auf -oat oder -säurealkylester. Ester lassen sich recht leicht durch die Reaktion einer Carbonsäure (beispielsweise Propansäure) mit einem Alkohol (Ethanol) darstellen (dabei wird Wasser abgespalten). Bei der Benennung des resultierenden Esters sagt man dann entweder Propansäureethylester (erst die Säure, dann den Alkohol), oder man nennt es Essigsäurepropionat, als liege in der Verbindung tatsächlich das Anion der Propansäure an, das Propionat. (Dass man hier vorgeht, als wären Ester salzartig aufgebaut – was sie nicht sind –, führt gelegentlich zu Verwirrung.)

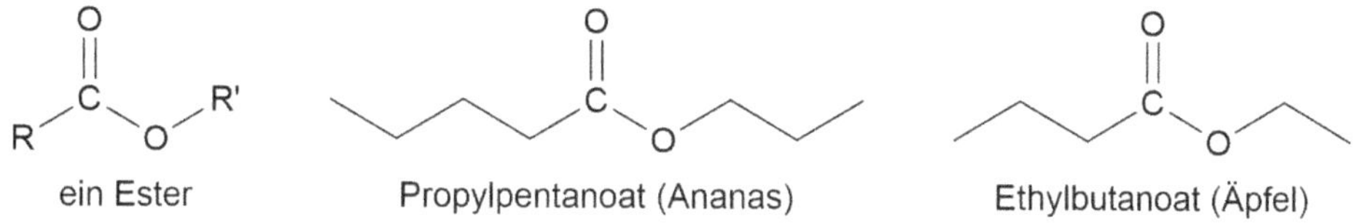

ein Ester	Propylpentanoat (Ananas)	Ethylbutanoat (Äpfel)

Abbildung 5.26: Strukturen einiger häufiger Ester

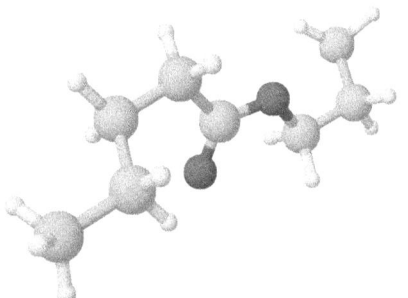

Abbildung 5.27: Propylpentanoat

Funktionelle Gruppen mit Stickstoffatomen

Wie die Carbonylverbindungen spielen auch stickstoffhaltige Verbindungen eine wichtige Rolle in der Natur. Denken Sie nur an die vielen tausend Proteine, die in jeder Ihrer Zellen den Zellstoffwechsel vorantreiben und zum Beispiel Ihnen die Energie aus Ihrer Nahrung verfügbar machen. Rauschgifte und schmerzstillende Mittel, die beide häufig Alkaloide sind, enthalten ebenfalls Stickstoff. Alkaloide entstehen im Zuge des Sekundärstoffwechsels, also nachdem sich die Pflanze überlegt hat, was sie noch so mit den hergestellten Stoffen anfangen kann, die sie nicht für Wachstum und Energiegewinnung braucht.

Obwohl viele Moleküle im Organismus ohne Stickstoff nicht funktionieren, können höhere Lebewesen wie Pflanzen oder Tiere nicht auf das große Stickstoff-Reservoir der Luft zugreifen. Leider fehlen dazu entsprechende Baupläne in den Lebewesen. Stickstoff ist als Element reaktionsträge und sehr stabil. Das N_2-Gas muss in Ammoniak (NH_3) oder Nitrat (NO_3^-) umgewandelt werden, damit Tiere und Pflanzen in der Lage sind, ihn in ihrem Stoffwechsel zu verwenden. Dieser Prozess der Umwandlung von gasförmigem N_2 wird als Stickstofffixierung bezeichnet. Bestimmte Bakterien können das. Manche Pflanzen beherbergen diese Bakterien, geben ihnen Schutz und versorgen sie mit Nährstoffen und erhalten von ihnen im Gegenzug nutzbare Stickstoffverbindungen. (Blitzeinschläge tragen ebenfalls zur Stickstofffixierung bei, wenn auch nur in sehr geringem Maß und wenig vorhersagbar.)

Da steckt Leben drin: Amide

Amide sind sehr nahe Verwandte der Ester. Sie unterscheiden sich von ihnen dadurch, dass das Sauerstoffatom neben der Carbonylgruppe durch ein Stickstoffatom ersetzt ist (und da Stickstoff eine Bindung mehr eingehen kann als Sauerstoff, kann dieses Atom noch *zwei* Reste R tragen). Amide kommen sehr häufig in der Natur vor. Proteine werden durch Amidbindungen zusammen gehalten (in Proteinen wird die Amidbindung *Peptidbindung* genannt).

In Abbildung 5.28 sehen Sie die Strukturen häufiger Amide.

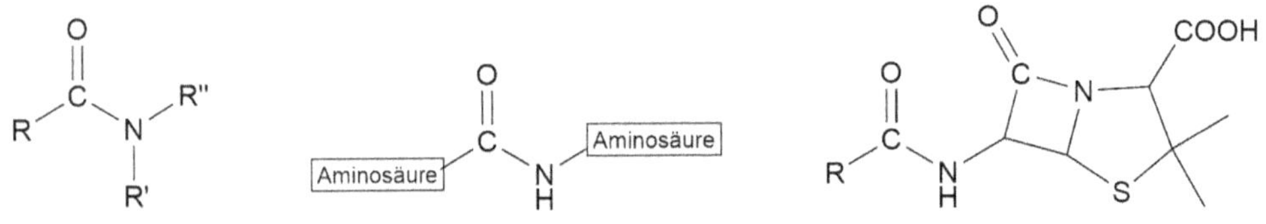

Abbildung 5.28: Die allgemeinen Strukturen von Amiden, Peptiden und von Penicillin

Das bekannte Antibiotikum Penicillin enthält zwei Amidgruppen. Das Amid im Vierring (β-Lactam-Ring genannt) ist für die antibakterielle Wirkung des Penicillins verantwortlich. Diese Amidgruppe zerstört die Wände der Bakterien. (In Kapitel 21 erfahren Sie mehr über das Penicillin.)

Amine

Amine sind Alkane, in denen ein Kohlenstoffatom durch ein Stickstoffatom ersetzt wurde (die drei Formen eines Amins sind $R-NH_2$, R_2NH oder R_3N; sie werden als primäre, sekundäre und tertiäre Amine bezeichnet). Amine sind nicht gerade für ihre Freundlichkeit bekannt. Der Verwesungsgeruch von Leichen und Tierkadavern wird beispielsweise durch das *Diamin* (ein Molekül mit zwei Aminen als funktionelle Gruppen) Putrescin verursacht. Sie werden diese Verbindungen wohl kaum als Parfüm verwenden. Pflanzen, Tiere und andere Organismen stellen viele wichtige Amine her. Nikotin (Abbildung 5.29) enthält ebenso wie Kokain, Meskalin, Amphetamine und Morphin Aminogruppen. Leider werden Amine häufig illegal missbraucht. Die meisten illegalen Rauschgifte enthalten Aminogruppen, die für die jeweilige Wirkungsweise verantwortlich sind.

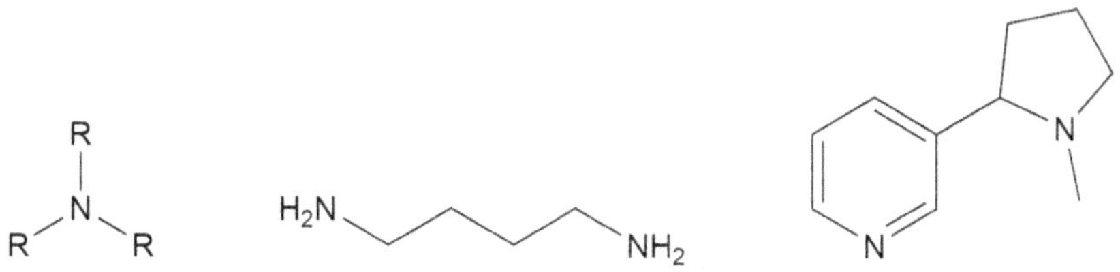

ein Amin Putrescin Nikotin

Abbildung 5.29: Strukturen einiger häufiger Amine

Nitrile

Nitrile sind Verbindungen, die eine Dreifachbindung zwischen einem Stickstoff- und einem Kohlenstoffatom enthalten. Nitrile sind in Naturstoffen nicht so häufig anzutreffen, aber sie sind in der organischen Synthese nützlich. Nitrile können durch wohlbekannte Prozeduren in Carbonsäuren und Amine umgewandelt werden. Acetonitril, bei dem der Rest eine Methylgruppe (CH_3) ist, ist ein gebräuchliches organisches Lösungsmittel. Die Namen der Nitrile enden auf den Suffix »nitril«; als Substituenten eines Moleküls werden sie als *Cyanogruppen* bezeichnet (Abbildung 5.30).

$R-C\equiv N$ $H_3C-C\equiv N$

ein Nitril Acetonitril

Abbildung 5.30: Die Strukturen von Nitrilen

Testen Sie Ihr Wissen

Abbildung 5.31 zeigt ein erfundenes Molekül, das einige funktionelle Gruppen enthält, die ich in diesem Kapitel besprochen habe. Wie viele können Sie identifizieren? (*Hinweis*: Schreiben Sie alle Kurzformeln (wie COOH, CN und CHO) explizit aus, um die Identifizierung der funktionellen Gruppen zu vereinfachen.)

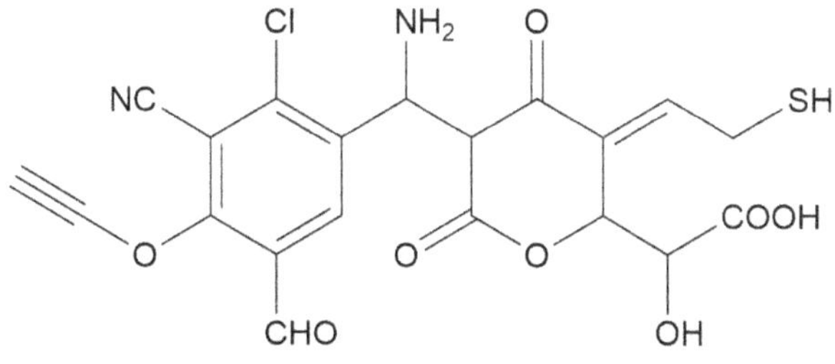

Abbildung 5.31: Ein hypothetisches Molekül mit verschiedenen funktionellen Gruppen

Aufgabe 5.1:

Wie unterscheiden sich die Polarisationen der C-O-Bindung bei Ketonen und Ethern?

Aufgabe 5.2:

Warum reagieren tertiäre Amine weniger leicht mit Carbonsäuren zu Amiden als primäre oder sekundäre Amine?

Aufgabe 5.3:

Handelt es sich bei Pentylpropanoat um das gleiche Molekül, das in Abbildung 5.26 als Propylpentanoat vorgestellt wurde? Wenn nicht: Wo ist der Unterschied?

Aufgabe 5.4:

Lassen sich zu Retinol und Benzaldehyd aus Abbildung 5.22 noch andere Resonanzformeln aufstellen?

Aufgabe 5.5:

Alles klar? Bringen Sie den Ablauf der Veresterung in die richtige Reihenfolge.

Veresterung

IN DIESEM KAPITEL

Moleküle dreidimensional sehen

R- und S-Konfigurationen bestimmen

Polarisiertes Licht und chirale Moleküle

Diastereomere und Fischer-Projektionen

Kapitel 6
Durchblick in 3D: Stereochemie

In diesem Kapitel sehen Sie sich dreidimensionale Moleküle genauer an. Was ist daran so interessant? Dass die Natur es auch macht. In allen Naturstoffen – Proteinen, Zuckern, Kohlenhydraten, DNA und RNA, um nur einige zu nennen – sind die Atome auf sehr spezifische Weise im dreidimensionalen Raum angeordnet.

Manchmal können Sie feine Unterschiede dreidimensionaler Anordnung von Atomen in Naturstoffen sogar mit Ihrer Nase entdecken. Limonen, das in Abbildung 6.1 gezeigt ist, kann zwei verschiedene dreidimensionale Konfigurationen besitzen (*schwarze* Keile zeigen eine Bindung an, die aus der Papierebene *herauszeigt*, und graue Keile deuten Bindungen an, die hinter die Papierebene zeigen). Versuchen Sie in Gedanken einmal, die beiden Strukturen übereinander zu legen. Es geht nicht – die beiden sind wirklich verschieden. Die eine Konfiguration riecht angenehm nach Orangen, die andere nach Tannen- oder Kiefernöl.

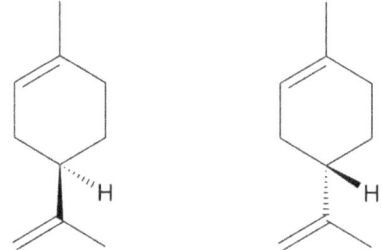

Riecht nach Orange   Riecht nach Kiefernöl

Abbildung 6.1: Die beiden Konfigurationen von Limonen

Dieses fantastische Urteilsvermögen Ihrer Nasenrezeptoren (die hier Moleküle trennen, die sich nur durch die räumliche Anordnung der Atome unterscheiden) ist in biologischen Systemen völlig normal. Die meisten Medikamente sind nur wirksam, wenn die Atome eine spezifische räumliche Anordnung besitzen, während Verbindungen mit einer identischen

Struktur (im Sinn einer gleichen Skelettformel), aber anderer räumlicher Anordnung der Atome, unwirksam oder sogar schädlich sein können (siehe »Stereochemie in der Biochemie: Die Thalidomid-Tragödie« am Ende dieses Kapitels). Wegen dieser biologischen Bedeutung der dreidimensionalen Struktur von Molekülen ist das Studium der Stereochemie – der räumlichen Anordnungen der Atome – sehr wichtig, vor allem für die pharmazeutische Industrie.

Das Zeichnen von Molekülen in 3D: die Keilstrichformel

Wenn Sie sich ernsthaft mit Stereochemie befassen wollen, müssen Sie in der Lage sein, dreidimensionale Moleküle auf ein zweidimensionales Blatt Papier zu zeichnen. Dazu verwendet man schwarze und graue Keile als Symbole für Bindungen. Ein schwarzer Keil (━━) zeigt eine Bindung an, die aus der Papierebene herauskommt, und ein grauer Keil (⋯⋯⋯) zeigt eine Bindung, die hinter die Papierebene zeigt. Normale Striche (───) symbolisieren Bindungen in der Papierebene. Wenn Sie ein sp^3-hybridisiertes Kohlenstoffatom in 3D zeichnen möchten (siehe Kapitel 2), zeichnen Sie zwei Bindungen in der Papierebene, eine Bindung, die aus der Ebene herauskommt, und eine Bindung, die hinter die Papierebene geht. Die Anordnung ist insgesamt tetraedrisch (siehe Abbildung 6.2).

Abbildung 6.2: Tetraedrische Anordnung von Bindungen

Der Vergleich von Stereoisomeren mit Konstitutionsisomeren

Die beiden unterschiedlichen Limonenmoleküle in Abbildung 6.1 sind Stereoisomere. Stereoisomere sind ein Sonderfall der Konstitutionsisomere. Konstitutionsisomere sind Moleküle mit der gleichen Summenformel, aber unterschiedlichen Verknüpfungen zwischen den Atomen (siehe Kapitel 7). Stereoisomere sind Moleküle mit dem gleichen Muster von Verknüpfungen zwischen den Atomen, aber unterschiedlichen räumlichen Anordnungen.

Ihre Hände sind zum Beispiel Stereoisomere. An beiden Händen sind alle Finger auf dieselbe Art angeordnet – Daumen, Zeigefinger, Mittelfinger, Ringfinger und kleiner Finger, in dieser exakten Anordnung. Aber trotzdem sind Ihre Hände nicht identisch – sie sind Stereoisomere. Wenn Sie mir nicht glauben, dann versuchen Sie doch einmal, einen rechten Handschuh über Ihre linke Hand zu ziehen. Es wird nicht funktionieren. Wenn Sie ein Außerirdischer wären, an dessen rechter Hand (aber nicht an der linken) der Daumen und der kleine Finger vertauscht sind, dann wären Ihre Hände Konstitutionsisomere, weil die Anordnung Ihrer Finger unterschiedlich wäre.

Spiegelbildmoleküle: Enantiomere

Moleküle, die genau spiegelbildlich sind, werden *Enantiomere* genannt. Ihre rechte Hand ist das Enantiomer Ihrer linken Hand (halten Sie Ihre rechte Hand vor einen Spiegel und Sie werden etwas erkennen, dass Ihrer linken Hand sehr ähnlich ist.) Enantiomere können nicht deckungsgleich überlagert werden, so wie Ihre rechte Hand nicht deckungsgleich mit Ihrer linken Hand ist. Das funktioniert auch mit Molekülstrukturen. Zum Beispiel ist die in Abbildung 6.3 gezeigte Struktur nicht deckungsgleich mit ihrem Spiegelbild; wenn Sie die Strukturen übereinander legen, werden die beiden Moleküle nicht passen. Sie können versuchen, zwei Molekülmodelle der Enantiomere herzustellen und sich selber davon überzeugen, dass Sie beide nicht deckungsgleich bekommen – die Atome passen einfach nicht.

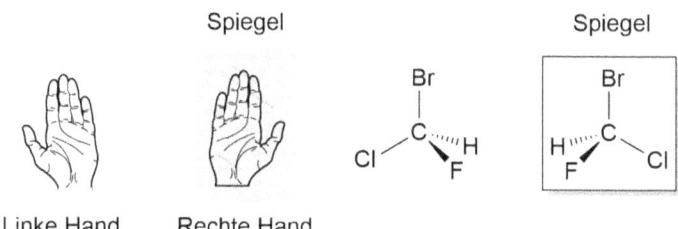

Abbildung 6.3: Enantiomere (Spiegelbilder)

 Wenn Sie die Stereochemie wirklich begreifen wollen, müssen Sie mit Modellen herumspielen. So bekommen Sie ein Gefühl für die Stereochemie, anstatt nur Regeln zu lernen.

Moleküle, die nicht deckungsgleich mit ihren Spiegelbildern sind (wie das mehrfach halogenierte Methan in Abbildung 6.3), werden als *chirale* Moleküle bezeichnet. Moleküle, die mit ihren Spiegelbildern deckungsgleich sind, heißen *achiral*. Das Methanmolekül in Abbildung 6.4 ist ein Beispiel für ein achirales Molekül; es ist mit seinem Spiegelbild deckungsgleich. Wenn Sie das Spiegelbild des Methanmoleküls etwas drehen, liegen die beiden Strukturen perfekt übereinander. Methan besitzt kein Enantiomer, da es identisch mit seinem Spiegelbild ist.

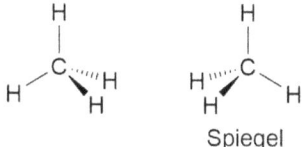

Abbildung 6.4: Methan – ein achirales Molekül

 Nur chirale Moleküle besitzen Enantiomere.

Chiralitätszentren erkennen

Wie können Sie erkennen, ob ein Molekül chiral oder achiral ist, ohne das Spiegelbild konstruieren zu müssen? Und wie können Sie erkennen, ob die beiden deckungsgleich sind? Meistens enthalten chirale Moleküle mindestens ein Kohlenstoffatom mit vier unterschiedlichen Substituenten. Ein solches Kohlenstoffatom wird in der Organik als *Chiralitätszentrum* bezeichnet. Ein Molekül mit einem Chiralitätszentrum ist chiral (mit einer Ausnahme, auf die ich später zurückkomme). Die Verbindung in Abbildung 6.5 enthält ein Kohlenstoffatom mit vier unterschiedlichen Substituenten. Dieses Kohlenstoffatom ist ein Chiralitätszentrum, und das Molekül ist chiral, weil es nicht deckungsgleich mit seinem Spiegelbild ist.

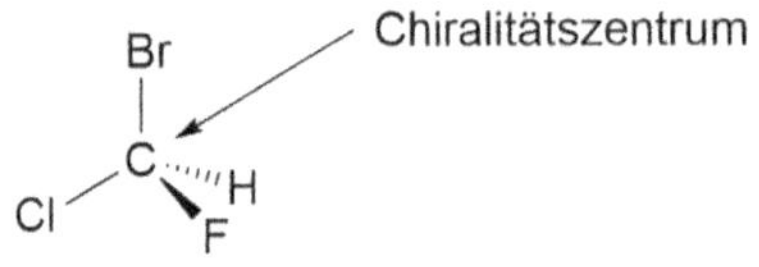

Abbildung 6.5: Ein Chiralitätszentrum

Sie müssen lernen, Chiralitätszentren in einem Molekül schnell zu erkennen. Ketten-Endstücke oder einfache Kettenglieder ohne Verzweigung (CH_3- oder CH_2-Einheiten) enthalten keine Chiralitätszentren, da diese Gruppen mindestens zwei identische Substituenten (die Wasserstoffe) an den Kohlenstoffatomen besitzen. Auch Kohlenstoffatome mit Doppel- oder Dreifachbindungen können keine Chiralitätszentren sein, weil keine vier unterschiedlichen Gruppen an sie gebunden sein können. Wenn Sie ein Molekül betrachten, achten Sie immer auf die Kohlenstoffatome, die vier *unterschiedliche* Bindungspartner haben. Versuchen Sie zur Übung gleich einmal, die beiden Chiralitätszentren in dem Molekül in Abbildung 6.6 zu erkennen.

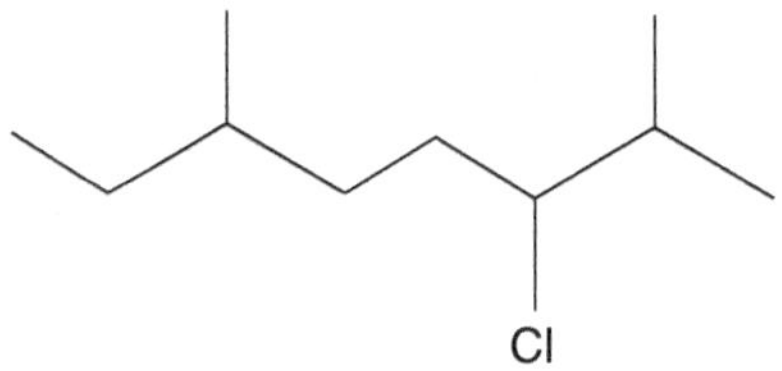

Abbildung 6.6: Ein Molekül mit zwei Chiralitätszentren

Weil alle CH_3- und CH_2-Gruppen keine Chiralitätszentren sein können, enthält das Molekül in Abbildung 6.6 nur drei Kohlenstoffatome, die als Chiralitätszentren in Frage kommen. Während die beiden linken Möglichkeiten, die in Abbildung 6.7 gekennzeichnet sind, vier unterschiedliche Gruppen tragen und daher wirklich Chiralitätszentren sind, ist das Kohlenstoffatom ganz rechts mit zwei identischen Methylgruppen (CH_3-Gruppen) verbunden und ist folglich kein Chiralitätszentrum.

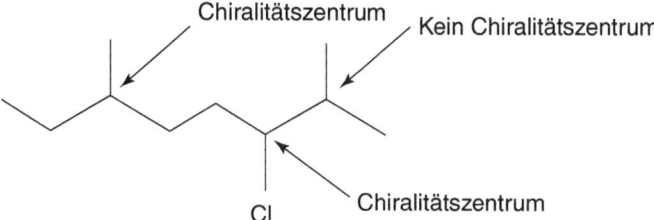

Abbildung 6.7: Die Chiralitätszentren in einem größeren Molekül

Die Konfigurationen von Chiralitätszentren: die R/S-Nomenklatur

Jedes Chiralitätszentrum kann zwei mögliche Konfigurationen besitzen (so wie jede Hand zwei Konfigurationen besitzt, die linke und die rechte), die mit *R* und *S* bezeichnet werden (die Bezeichnungen stammen von den lateinischen Worten für links und rechts, *rectus* und *sinister*). Wenn ein Molekül ein *R*-Chiralitätszentrum besitzt, dann hat das Chiralitätszentrum im anderen Enantiomer *S*-Konfiguration. In der Biochemie und Biologie wird oft anstelle der R/S-Konfiguration auch noch die D/L-Konfiguration verwendet.

Sie müssen lernen, einem Chiralitätszentrum die *R*- oder *S*-Konfiguration zuweisen zu können. Dazu gehen Sie folgendermaßen vor:

1. **Nummerieren Sie jeden einzelnen Substituenten eines Chiralitätszentrums nach dem Cahn–Ingold–Prelog-System.** Dieses System ist praktischerweise dasselbe, das auch zur Festlegung der *E/Z-Konfiguration* von Doppelbindungen in der Stereochemie verwendet wird (siehe Kapitel 8). Nach dem Cahn–Ingold–Prelog-System bekommt der Substituent, dessen erstes Atom die größte Ordnungszahl besitzt, die höchste Priorität. (Ein Beispiel: Br hat eine höhere Priorität als Cl, weil Br die höhere Ordnungszahl besitzt.) Wenn die ersten beiden Atome der beiden Substituenten gleich sind, gehen Sie die Kette weiter entlang, bis Sie ein unterschiedliches Atom finden und bestimmen an diesem die Priorität, die dann für die ganzen Substituenten gilt.

2. **Wenn Sie jedem Substituenten eine Priorität zugeordnet haben, drehen Sie das Molekül, bis der Substituent mit der Priorität 4 sich im Hintergrund befindet (nach hinten zeigt).**

3. **Ziehen Sie dann eine Kurve vom Substituenten mit der Priorität 1 zum Substituenten mit der Priorität 2 und dann zum Substituenten mit der Priorität 3.** Wenn diese Kurve im Uhrzeigersinn verläuft, besitzt das Chiralitätszentrum eine *R*-Konfiguration. Wenn die Kurve gegen den Uhrzeigersinn verläuft, besitzt das Chiralitätszentrum eine *S*-Konfiguration.

Übung: Die Bestimmung der R/S-Konfiguration

Bis Sie den Dreh mit der *R/S*-Nomenklatur für Chiralitätszentren raus haben, brauchen Sie ein wenig Übung. Fangen Sie gleich damit an: Versuchen Sie, die Konfiguration des Chiralitätszentrums in dem Molekül in Abbildung 6.8 zu bestimmen.

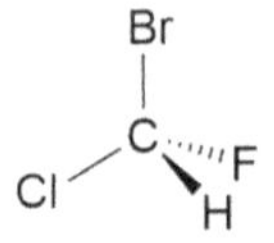

Abbildung 6.8: Ein chirales Molekül

Schritt 1: Die Prioritäten der Substituenten festlegen

Der erste Schritt besteht darin, den Substituenten Prioritäten von eins bis vier zuzuweisen. Brom ist das Atom mit der höchsten Ordnungszahl, daher bekommt dieser Substituent die höchste Priorität. Der Wasserstoff besitzt die niedrigste Ordnungszahl und bekommt daher die niedrigste Priorität. Das Chlor bekommt die Priorität 2, weil dessen Ordnungszahl größer ist als die des Fluors. Fluor bekommt Priorität 3.

 Wasserstoff bekommt immer die letzte Priorität (4), siehe Abbildung 6.9.

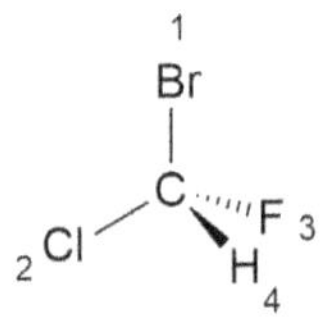

Abbildung 6.9: Die Prioritäten der Substituenten in einem Chiralitätszentrum

Schritt 2: Drehen des Moleküls

Im nächsten Schritt wird das Molekül gedreht, bis sich Substituent Nummer 4 auf der Rückseite befindet, wie in Abbildung 6.10 gezeigt. Drehen Sie dafür das Molekül um die Brom-Kohlenstoff-Bindung. Für viele Menschen ist das Drehen der schwierigste Schritt, da sie dazu eine räumliche Vorstellung von dem Molekül brauchen.

Abbildung 6.10: Die Drehung des Moleküls, sodass der Substituent mit der Priorität 4 nach hinten zeigt

Wenn Sie damit noch Schwierigkeiten haben, können Sie einige Tricks verwenden, ohne das Molekül im dreidimensionalen Raum geistig rotieren lassen zu müssen.

Hier sind die Tricks: Wenn Sie zwei beliebige Substituenten austauschen, ändert sich die Konfiguration. Wenn das Chiralitätszentrum vor dem Tausch eine *R*-Konfiguration hatte, hat es danach eine *S*-Konfiguration (und umgekehrt). Also können Sie einfach den Substituenten Nummer 4 gegen den Substituenten auf der Rückseite des Moleküls austauschen wie in Abbildung 6.11 gezeigt; dabei wechselt die Konfiguration des Chiralitätszentrums. Nachdem Sie den Wechsel des Substituenten mit der Priorität vier auf die

Rückseite geschafft haben, können Sie nun zu Schritt drei gehen und die Konfiguration bestimmen. Denken Sie aber daran, dass Sie die Konfiguration des Chiralitätszentrums umgedreht haben, dass die eigentliche Konfiguration also das Gegenteil dessen ist, was Sie jetzt bestimmen.

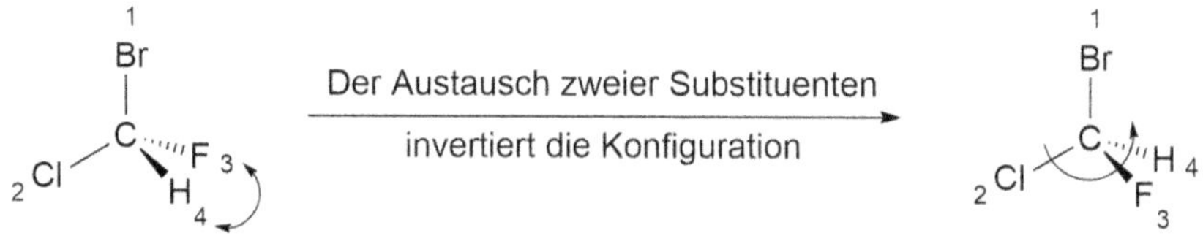

Abbildung 6.11: Der Austausch zweier Gruppen eines Chiralitätszentrums

Sie könnten auch noch zwei weitere Substituenten austauschen. Da der Positionswechsel der ersten beiden Substituenten eine Invertierung der Konfiguration bewirkt, erzeugt der Austausch der anderen beiden Substituenten wieder die Konfiguration, mit der Sie gestartet sind (Abbildung 6.12). Wenn Sie im ersten Schritt den Substituenten Nummer 4 mit der hinteren Gruppe ausgetauscht haben und dann die verbleibenden beiden Substituenten tauschen, erhalten Sie zwei Inversionen der Konfiguration, also wieder die Ausgangskonfiguration. (Ein Beispiel: Wenn das Chiralitätszentrum als *R* beginnt und Sie die beiden Substituenten invertieren, wird es zu einem *S*; wenn Sie dann die beiden verbleibenden Substituenten auch noch austauschen, wird die Konfiguration wieder *R*.) Der doppelte Austausch ist ein einfacher Weg, den Substituenten mit der Priorität vier in den Hintergrund zu bekommen, ohne eine gedankliche Drehung des Moleküls vornehmen zu müssen.

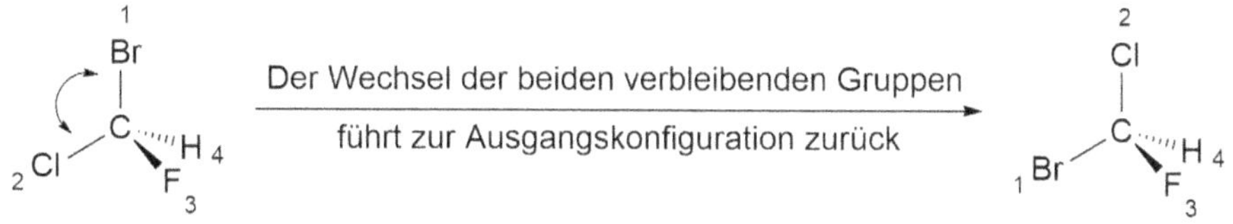

Abbildung 6.12: Der Austausch zweier weiterer Gruppen eines Chiralitätszentrums

Der Austausch zweier Substituenten invertiert die Konfiguration.

Schritt 3: Das Zeichnen der Kurve

Da der Substituent mit der Priorität 4 jetzt nach hinten zeigt, können Sie die Kurve vom Substituenten mit der höchsten Priorität über den Substituenten mit der zweithöchsten Priorität zum Substituenten mit der dritthöchsten Priorität zeichnen. Im vorliegenden Fall verläuft der Kreis im Uhrzeigersinn. Damit besitzt das Molekül eine *R*-Konfiguration (Abbildung 6.13).

Abbildung 6.13: Das Molekül besitzt eine R-Konfiguration.

Wenn der Substituent mit der Priorität 4 nach *vorne* zeigt, können Sie die Regeln des letzten Schrittes einfach umkehren und Schritt zwei auslassen. Wenn der Substituent mit der Priorität 4 nach vorn zeigt, bedeutet eine Kurve im Uhrzeigersinn vom ersten Substituenten zum dritten Substituenten eine *S*-Konfiguration. Eine Kurve gegen den Uhrzeigersinn bedeutet eine *R*-Konfiguration.

Daumen hoch: Eine alternative Technik zur Bestimmung der R- und S-Stereochemie

Einen bequemen Weg zur Bestimmung der Konfiguration eines Chiralitätszentrums bietet die Daumenmethode. Bei dieser Methode, die in der unteren Graphik gezeigt wird, zeigen Sie mit Ihrem Daumen in die Richtung, die der Substituent mit der Priorität 4 besitzt. Wenn sich die Finger Ihrer rechten Hand dann in der Richtung vom ersten über den zweiten zum dritten Substituenten krümmen, besitzt das Molekül eine *R*-Konfiguration. Wenn Sie aber Ihre linke Hand benutzen müssen, damit sich Ihre Finger in der Richtung vom ersten über den zweiten zum dritten Substituenten krümmen, haben Sie eine *S*-Konfiguration vorliegen. Der Hauptvorteil dieser Methode ist, dass Sie nicht gezwungen sind, den Substituenten mit der vierten Priorität in den Hintergrund postieren zu müssen. Sie zeigen lediglich mit Ihrem Daumen in die Richtung des vierten Substituenten.

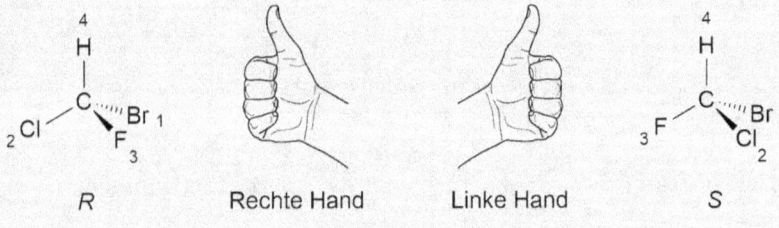

Die Auswirkungen der Symmetrie: meso-Verbindungen

Moleküle mit einem Chiralitätszentrum oder auch mehreren Chiralitätszentren sind chiral – mit einer Ausnahme: Moleküle, die eine Spiegelebene enthalten, sind immer *achiral*, auch wenn sie Chiralitätszentren enthalten. (Eine Spiegelebene ist eine Symmetrieebene, die ein Molekül in zwei spiegelbildliche Hälften teilt.)

Sie erinnern sich, dass ein Molekül, das nicht mit seinem Spiegelbild deckungsgleich ist, per Definition chiral ist. Moleküle mit Chiralitätszentren sind in der Regel chiral; wenn sie aber eine Spiegelebene enthalten, sind sie identisch mit ihren Spiegelbildern und folglich achiral. Moleküle mit Chiralitätszentren, die aber auf Grund einer vorhandenen Spiegelebene achiral sind, werden im Organiker-Sprech *meso*-Verbindungen genannt. Ein Beispiel ist das *cis*-1,2-Dibromcyclopentan in Abbildung 6.14. Es ist *meso*, da eine Spiegelebene das Molekül in zwei spiegelbildliche Hälften teilt. *trans*-1,2-Dibromcyclopentan ist dagegen chiral, weil das Molekül nicht durch eine Spiegelebene in zwei spiegelbildliche Hälften aufgeteilt werden kann. Mehr zu cis und trans in Kapitel 8.

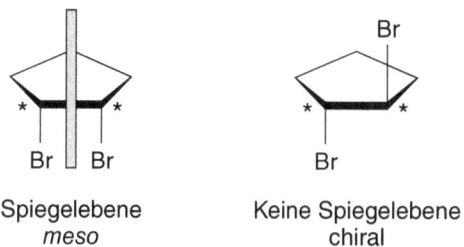

Abbildung 6.14: Die Spiegelebene in meso-Verbindungen

Betrachten Sie die Spiegelbilder dieser beiden Moleküle (Abbildung 6.15), um sich diese Tatsache selbst zu beweisen. Obwohl die *cis*-Verbindung zwei Chiralitätszentren enthält (durch Sternchen gekennzeichnet), ist das Molekül achiral, weil sein Spiegelbild identisch (deckungsgleich) mit dem Originalmolekül ist. Moleküle mit Symmetrieebenen besitzen immer deckungsgleiche Spiegelbilder und sind daher achiral. Dagegen enthält das *trans*-Stereoisomer keine Spiegelebene und ist somit chiral.

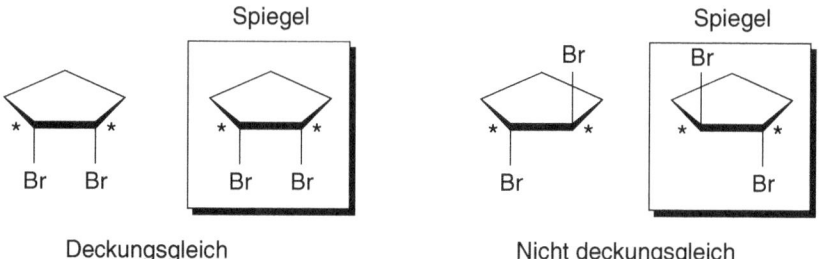

Abbildung 6.15: Die Spiegelbilder von achiralen (meso) und chiralen Molekülen

 meso-Verbindungen sind achiral.

Als Organiker müssen Sie in der Lage sein, Symmetrieebenen in Molekülen zu erkennen, um herausfinden zu können, ob ein Molekül mit Chiralitätszentren tatsächlich optische Aktivität zeigen wird oder es sich doch um eine *meso*-Verbindung handelt. Zur Übung können Sie versuchen, die Symmetrieebenen in jeder der *meso*-Verbindungen in Abbildung 6.16 zu finden.

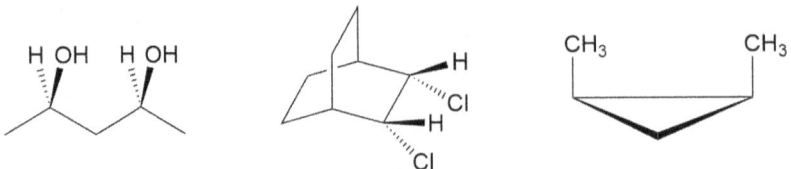

Abbildung 6.16: Einige meso-Verbindungen

Polarisationsebenen drehen

Fast alle physikalischen Eigenschaften von Enantiomeren sind identisch – sie haben dieselben Siedepunkte, Schmelzpunkte, Dipolmomente und so weiter. Es gibt aber eine wichtige Ausnahme: Enantiomere drehen die Polarisationsebene von linear polarisiertem Licht in unterschiedliche Richtungen.

 Was ist polarisiertes Licht? Normalerweise zeigen die elektrischen (und magnetischen) Felder im Licht in alle möglichen Richtungen senkrecht zur Ausbreitungsrichtung des Lichtstrahls. Durch spezielle Filter kann man erreichen, dass die elektrischen Felder in einem Lichtstrahl nur noch in einer einzigen Ebene schwingen. Dann spricht man von *linear polarisiertem Licht*, und die Ebene, in der die elektrischen Felder schwingen, heißt *Polarisationsebene*.

Wenn linear polarisiertes Licht durch eine Probe mit chiralen Molekülen fällt, dreht sich seine Polarisationsebene um einen bestimmten Winkel (mit α bezeichnet) nach rechts oder nach links, wie Abbildung 6.17 illustriert. Man nennt chirale Substanzen daher auch *optisch aktiv*.

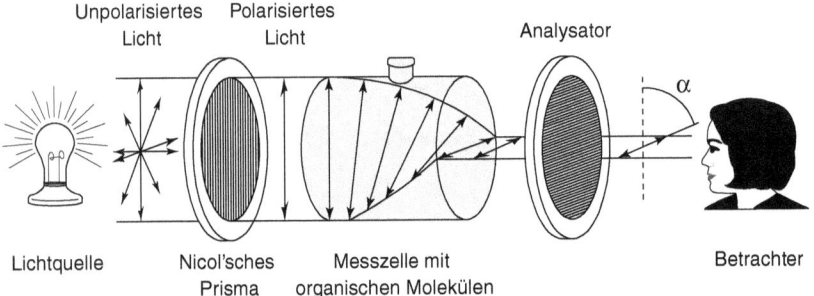

Abbildung 6.17: Ein Polarimeter

 Nur chirale Moleküle drehen die Polarisationsebene. Der Winkel, um den die Polarisationsebene gedreht wird, muss im Experiment gemessen werden. Auch die Drehrichtung eines Enantiomers kann nicht aus seiner Struktur bestimmt werden (die Konfiguration des Chiralitätszentrums gibt *nicht* an, in welche Richtung die Polarisationsebene des Lichts gedreht wird). Wenn Sie aber wissen, dass ein Enantiomer unter bestimmen Bedingungen die Polarisationsebene des Lichts um 30° dreht, dann wissen Sie auch, dass das andere Enantiomer die Polarisationsebene des Lichts unter denselben Bedingungen um −30° dreht (das bedeutet 30° in die entgegengesetzte Richtung).

Enantiomere drehen die Polarisationsebene von linear polarisiertem Licht in entgegengesetzte Richtungen.

Wenn Sie Enantiomere zu gleichen Anteilen mischen, erhalten Sie ein *Racemat*, eine 1:1-Mischung von Enantiomeren. Racemate drehen die Polarisationsebene von linear polarisiertem Licht nicht, sie sind *optisch inaktiv*. Das liegt daran, dass Enantiomere linear polarisiertes Licht um den gleichen Betrag in entgegengesetzte Richtungen drehen und sich die Wirkung der beiden Enantiomere in dem Racemat daher gerade aufhebt.

Mehrere Chiralitätszentren: Diastereomere

Wenn in einem Molekül nur ein einziges Chiralitätszentrum existiert, ist das einzig mögliche Stereoisomer das Enantiomer, das Spiegelbild des Moleküls. Wenn aber mehrere Chiralitätszentren in einem Molekül vorkommen, können Stereoisomere existieren, die nicht spiegelbildlich sind. Solche Stereoisomere werden *Diastereomere* genannt.

 Diastereomere können nur auftreten, wenn ein Molekül mindestens zwei Chiralitätszentren besitzt.

Die maximale Anzahl der möglichen Stereoisomere ist 2^n, wenn n die Zahl der Chiralitätszentren im Molekül ist. Ein Molekül mit fünf Chiralitätszentren kann daher also $2^5 = 32$ mögliche Stereoisomere besitzen! Die Zahl der möglichen Stereoisomere steigt mit steigender Zahl von Chiralitätszentren rapide an.

Das Molekül in Abbildung 6.18 hat zwei Chiralitätszentren.

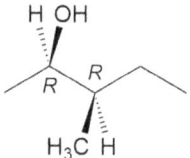

Abbildung 6.18: Ein Molekül mit zwei Chiralitätszentren

Da das Molekül zwei Chiralitätszentren enthält, kann es $2^2 = 4$ mögliche Stereoisomere besitzen, von denen nur ein einziges das Enantiomer des Originalmoleküls sein kann. Weil beide Chiralitätszentren im vorliegenden Molekül *R*-Konfiguration haben, muss das Enantiomer an beiden Chiralitätszentren eine *S*-Konfiguration haben. Alle möglichen Stereoisomere dieses Moleküls sind in Abbildung 6.19 abgebildet. Die Moleküle, die nicht enantiomer zueinander sind, sind diastereomer zueinander.

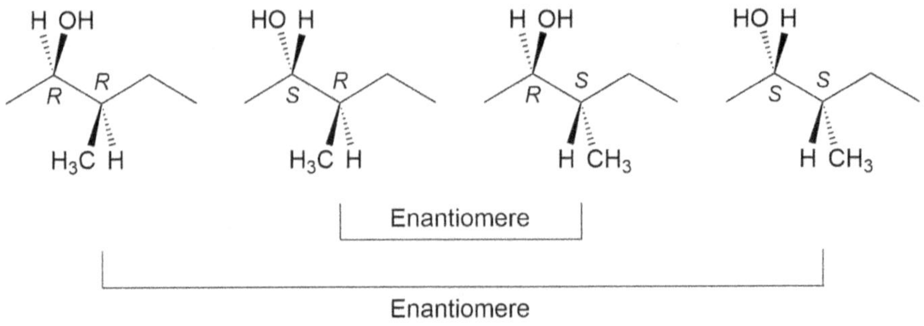

Abbildung 6.19: Die vier Stereoisomere eines Moleküls mit zwei Chiralitätszentren

3D-Strukturen in 2D: Fischer-Projektionen

Die beste Methode zur Darstellung von Molekülen mit mehr als einem Chiralitätszentrum ist die Verwendung von Fischer-Projektionen. Eine Fischer-Projektion ist eine zweidimensionale Zeichnung, die ein dreidimensionales Molekül wiedergibt. Um eine Fischer-Projektion auf das Papier zu bringen, betrachten Sie ein Chiralitätszentrum so, dass Ihnen zwei Substituenten aus der Papierebene heraus entgegenzeigen und die beiden anderen Reste hinter die Papierebene ragen, wie in Abbildung 6.20 gezeigt. Das Chiralitätszentrum wird in der Fischer-Projektion so zu einem Kreuzungspunkt. Jeder Kreuzungspunkt in einer Fischer-Projektion entspricht einem Chiralitätszentrum.

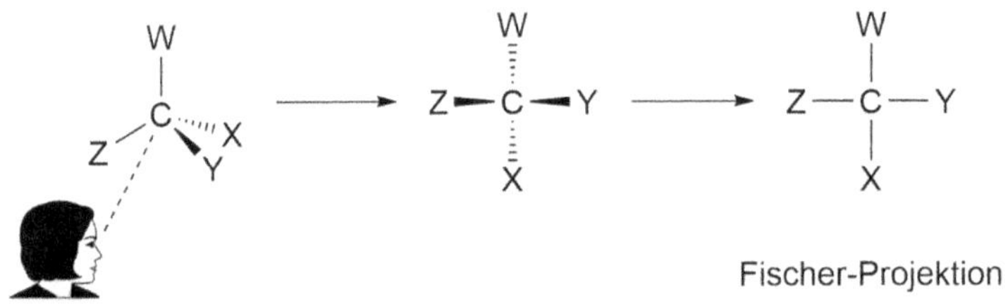

Abbildung 6.20: Das Zeichnen einer Fischer-Projektion

Regeln für Fischer-Projektionen

Fischer-Projektionen sind ein probates Mittel, um die Stereochemie von Molekülen mit mehreren Chiralitätszentren zu vergleichen. Aber die Projektionen haben ihre eigenen Gesetze und Konventionen, die beschreiben, was man mit ihnen machen darf. Die beiden wichtigsten sind:

- ✔ Sie können eine Fischer-Projektion um 180° drehen, ohne die stereochemische Konfiguration zu ändern, aber Sie dürfen eine Fischer-Projektion nicht um 90° drehen (siehe Abbildung 6.21).

- ✔ Sie können drei Substituenten frei drehen, während Sie einen Substituenten fixieren. Hierbei bleibt die Stereochemie unverändert.

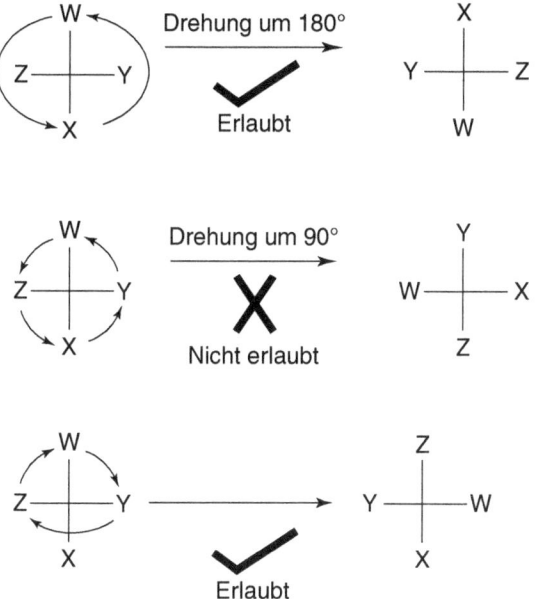

Abbildung 6.21: Arbeiten mit Fischer-Projektionen

Die Bestimmung der R/S-Konfiguration aus einer Fischer-Projektion

Sie können die Konfiguration eines Chiralitätszentrums mithilfe der Fischer-Projektion bestimmen. Dazu bestimmen Sie zunächst die Priorität der Substituenten mithilfe der Cahn-Ingold-Prelog-Regeln. (Diese Regeln wurden in dem Abschnitt über die *R/S*-Nomenklatur in diesem Kapitel eingeführt und werden in Kapitel 8 in aller Ausführlichkeit besprochen.) Dann stellen Sie den Substituenten mit der Priorität 4 nach oben und zeichnen einen Kreis von Priorität 1 über Priorität 2 zur Priorität 3. Wenn der Kreis im Uhrzeigersinn verläuft, ist es eine *R*-Konfiguration; wenn der Kreis gegen den Uhrzeigersinn verläuft, liegt eine *S*-Konfiguration vor. Um den Substituenten mit der Priorität 4 nach oben zu bekommen, müssen Sie eine der beiden Regeln verwenden, die Sie bei der Beurteilung von Abbildung 6.21 kennengelernt haben. (Sie dürfen eine 180° Rotation anwenden oder einen Substituenten fixieren und die anderen drei rotieren.) Abbildung 6.22 zeigt Ihnen zwei Beispiele für die Bestimmung der Konfiguration aus der Fischer-Projektion.

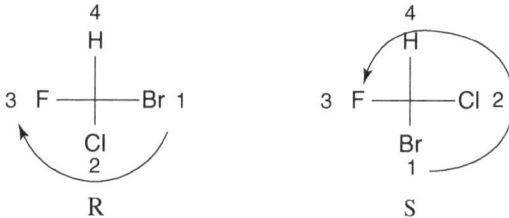

Abbildung 6.22: Die Bestimmung der R/S-Konfiguration mithilfe der Fischer-Projektionen

Stereoisomerie in Fischer-Projektionen

Einer der wichtigsten Vorteile der Fischer-Projektion ist, dass Sie die Beziehungen zwischen Stereoisomeren leicht erkennen können. Mit anderen Worten: Aus der Fischer-Projektion können Sie sofort sehen, ob zwei Stereoisomere Diastereomere oder Enantiomere sind. Abbildung 6.23 zeigt die Beziehungen zwischen einigen Stereoisomeren eines Moleküls mit drei Chiralitätszentren. Wenn Sie Stereoisomere in Fischer-Projektionen miteinander vergleichen, sollten Sie darauf achten, dass die oberen und unteren Teile korrekt orientiert sind. Mit anderen Worten: Passen Sie auf, dass die oberen und die unteren Teile identisch sind und nicht eine Formel auf dem Kopf steht (um 180° gedreht). Wenn die Projektionen korrekt aufgestellt sind, vergleichen Sie die Richtung aller Substituenten an allen Kreuzungspunkten der beiden Moleküle. Ein Substituent, der in der Fischer-Projektion nach links zeigt, muss im anderen Enantiomer nach rechts zeigen.

CH₃	CH₃	CH₃	CH₃
H—OH	HO—H	H—OH	HO—H
H—OH	HO—H	H—OH	H—OH
H—OH	HO—H	H—OH	HO—H
CH₂CH₃	CH₂CH₃	CH₂CH₃	CH₂CH₃
Enantiomere		Diastereomere	

Abbildung 6.23: Erkennen der Beziehungen zwischen Stereoisomeren mithilfe der Fischer-Projektionen

Erkennen von meso-Verbindungen mithilfe der Fischer-Projektionen

Eine andere praktische Eigenschaft von Fischer-Projektionen ist, dass Sie *meso*-Verbindungen oft einfacher identifizieren können als in der konventionellen Darstellung durch Keile für Bindungen. Aus der Fischer-Projektion können Sie die Symmetrie der Moleküle einfacher erkennen, wie Abbildung 6.24 zeigt.

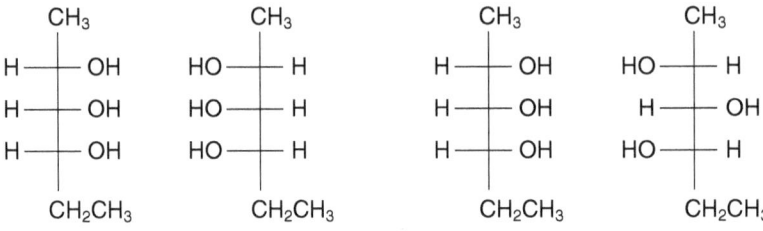

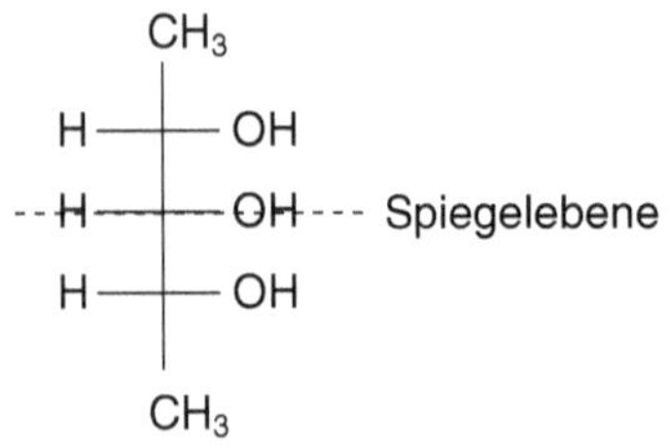

Abbildung 6.24: Die Fischer-Projektion einer meso-Verbindung

Auf dem Laufenden bleiben

Einer der verwirrendsten Aspekte in der organischen Chemie besteht in der umfangreichen Nomenklatur, die Sie sich merken müssen. Daher kommt hier ein Miniwörterbuch der Stereochemie, damit Sie immer auf dem Laufenden sind:

- ✓ **Achirales Molekül:** Ein achirales Molekül kann mit seinem Spiegelbild zur Deckung gebracht werden; es ist identisch mit seinem Spiegelbild. Achirale Moleküle drehen die Polarisationsebene von linear polarisiertem Licht nicht.

- ✓ **Chiralitätszentrum:** In der Regel müssen chirale Moleküle mindestens ein Chiralitätszentrum besitzen – ein Kohlenstoffatom mit vier unterschiedlichen Substituenten. Ein Chiralitätszentrum besitzt entweder *S*- oder *R*-Konfiguration. Moleküle mit einem Chiralitätszentrum oder mehreren Chiralitätszentren sind chiral, außer wenn sie eine Spiegelebene besitzen. In diesem Fall handelt es sich um achirale *meso*-Verbindungen.

- ✓ **Chirales Molekül:** Ein chirales Molekül ist nicht deckungsgleich mit seinem Spiegelbild. Chirale Moleküle drehen die Polarisationsebene von linear polarisiertem Licht, sie sind optisch aktiv.

- ✓ **Diastereomere:** Diastereomere sind Stereoisomere, die keine Spiegelbilder voneinander sind. Damit ein Molekül ein Diastereomer besitzt, muss es mehr als ein Chiralitätszentrum enthalten.

- ✓ **Enantiomere:** Moleküle, die Spiegelbilder voneinander sind, heißen Enantiomere.

- ✓ *meso*-**Verbindung:** Ein Molekül mit mindestens zwei Chiralitätszentren, das aber achiral ist, weil es eine Symmetrieebene enthält.

- ✓ **Optisch aktiv:** Eine optisch aktive Verbindung (also auch eine reine Lösung eines einzelnen Enantiomeren eines Moleküls) dreht die Polarisationsebene von linear polarisiertem Licht.

- ✓ **Racemat:** Ein Racemat ist eine 1:1-Mischung zweier Enantiomere. Racemate drehen die Polarisationsebene von linear polarisiertem Licht nicht.

Stereochemie in der Biochemie: Die Thalidomid-Tragödie

Thalidomid, eine chirale Verbindung, deren Strukturformel Sie unten sehen, wurde in der Zeit um 1960 in Europa unter dem Namen Contergan® schwangeren Frauen verschrieben, um die Symptome der morgendlichen Übelkeit zu lindern. Obwohl vermutlich nur eines der beiden Enantiomere des Thalidomids (*R*-Thalidomid) aktiv gegen die morgendliche Übelkeit wirkte, wurde das Medikament als Racemat (eine 1:1-Mischung beider Enantiomere) auf den Markt gebracht.

Warum wurde das Medikament als Racemat und nicht nur das einzelne Enantiomer ausgeliefert? Aus Bequemlichkeit. Die selektive Synthese eines einzelnen Enantiomers ist äußerst schwierig, und die meisten Reaktionen, bei denen Verbindungen mit Chiralitätszentren entstehen, liefern Racemate. Racemate sind teuflisch schwierig zu trennen, weil die Enantiomere dieselben physikalischen Eigenschaften haben. Sie besitzen den gleichen Siedepunkt und können daher nicht durch Destillation getrennt werden. Sie haben dieselben Dipolmomente und dieselbe Löslichkeit und können daher auch nicht durch Rekristallisation getrennt werden. Die Trennung von Enantiomeren ist langwierig und teuer.

Leider hatte das eine – für die eigentliche Wirkung unnötige – Enantiomer des Thalidomids (S-Thalidomid) katastrophale Nebenwirkungen, zum Beispiel die Entwicklung von verkrüppelten Gliedmaßen bei Neugeborenen. Das Medikament wurde vom Markt genommen, als Wissenschaftler entdeckten, dass die Schädigungen durch Thalidomid verursacht wurden. Seitdem müssen Medikamente mehr und schärfere Tierversuche durchlaufen, um eventuelle Nebenwirkungen eher erkennen zu können. (Thalidomid war an Mäusen erprobt worden, aber nicht an Kaninchen oder Affen, die enger mit dem Menschen verwandt sind.)

Welches der beider Enantiomere in welcher Weise wirkt, ist jedoch nur eine Vermutung. Man weiß heute nämlich, dass sich im Körper beide Enantiomere immer in das jeweils andere Enantiomer umwandeln (sie racemisieren). Daher kann man die Wirkung nicht genau einem Enantiomer zuweisen und die fruchtschädigende Wirkung hätte man bei dieser Anwendung auch nicht durch ein reines Enantiomer verhindern können.

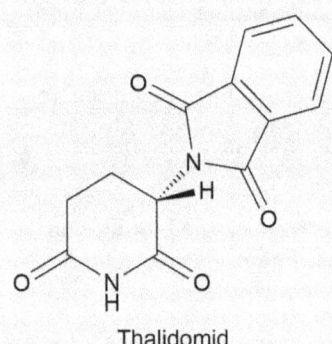

Thalidomid

Aufgabe 6.1:

Suchen Sie bei den Substanzen (a)–(e) alle Chiralitätszentren, bestimmen Sie bei jeder Verbindung die Anzahl möglicher Stereoisomere, und weisen Sie darauf hin, bei welchen Verbindungen eine *meso*-Form möglich ist:

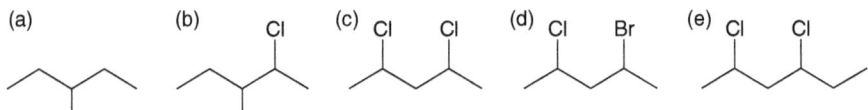

Ob Sie dabei mit der Keilstrichformel arbeiten oder die Fischer-Projektion nutzen, dürfen Sie sich selbst aussuchen. Beides funktioniert.

Aufgabe 6.2:

Eines der drei Amine aus Abbildung 5.29 weist ein Chiralitätszentrum auf: Welches? Und wo befindet es sich? Können Sie eine Aussage über die absolute Konfiguration (R oder S) treffen?

Aufgabe 6.3:

Ermitteln Sie die absolute Konfiguration der drei möglichen Stereoisomere von 1,2-Dibromcyclopentan aus Abbildung 6.15.

IN DIESEM TEIL …

Stelle ich Ihnen die Urväter aller organischen Verbindungen vor – die Kohlenwasserstoffe. Kohlenwasserstoffe sind Moleküle, die nur aus Wasserstoff und Kohlenstoff bestehen. Dazu gehören die Alkane (Verbindungen, die nur Einfachbindungen enthalten), die Alkene (Verbindungen, die auch Doppelbindungen zwischen Kohlenstoffen enthalten) und die Alkine (Verbindungen, die auch Dreifachbindungen zwischen den Kohlenstoffen enthalten). In diesem Teil lernen Sie etwas über die Nomenklatur von organischen Verbindungen und kommen zum ersten Mal in Kontakt mit chemischen Reaktionen, die Ausgangspunkt für den Rest der Organik sind. Auch die Stereochemie – die unterschiedlichen Möglichkeiten, die Atome einer Verbindung im dreidimensionalen Raum anzuordnen – spielt hier eine Rolle.

Teil II
Kohlenwasserstoffe

> **IN DIESEM KAPITEL**
>
> Die Strukturen der Alkane erkennen
>
> Die Nomenklatur der Alkane meistern
>
> Die Konformation der Alkane verstehen
>
> Die Reaktionen der Alkane erforschen

Kapitel 7
Die Urväter der organischen Moleküle: Alkane

In diesem Kapitel betrachte ich die Urväter aller organischen Verbindungen – die Alkane. Alkane sind die einfachsten organischen Verbindungen, daher kann man an ihnen zahlreiche Grundlagen der Organik erklären. Dazu gehören: *Isomerie* (Moleküle mit der gleichen Molekularformel aber mit unterschiedlichen Strukturen), *Konformation* (biegen und drehen von Bindungen) und die *Stereochemie* (die Anordnung von Atomen im dreidimensionalen Raum). Außerdem eignen sich Alkane hervorragend, um die *Nomenklatur* (Regeln zur korrekten Bezeichnung von organischen Molekülen) zu erlernen.

Alkane sind Verbindungen, die nur Einfachbindungen zwischen Kohlenstoff und Kohlenstoff sowie zwischen Kohlenstoff und Wasserstoff enthalten. Da sie die maximale Anzahl von Wasserstoffatomen besitzen, die für die jeweilige Zahl von Kohlenstoffatomen möglich ist, werden Alkane als *gesättigte Kohlenwasserstoffe* bezeichnet. Alkane haben die allgemeine Summenformel C_nH_{2n+2}, wobei *n* der Zahl der Kohlenstoffatome im Molekül entspricht. Ein Alkan mit acht Kohlenstoffatomen hat die Summenformel C_8H_{18}.

Wie lautet der Name? Die Nomenklatur der Alkane

Es ist wichtig, dass Sie Verbindungen korrekt benennen können. Anders als in der Biologie, in der die Organismen anscheinend willkürlich benannt werden, werden organische Moleküle systematisch benannt. Wenn Sie die Regeln der Nomenklatur einmal verinnerlicht haben, werden Sie die meisten der Moleküle, die Ihnen über den Weg laufen, korrekt benennen können. Zum Glück ist das so, da mittlerweile Millionen von Verbindungen bekannt sind. Können Sie sich vorstellen, was Sie zu tun hätten, wenn Sie die alle auswendig lernen müssten? Daran will ich gar nicht denken. Außerdem muss jedes Molekül einen einzigartigen Namen besitzen. George Foreman mag vielleicht in der Lage sein, jeden seiner fünf Söhne George Foreman Jr. zu nennen, aber in der Chemie müssen unterschiedliche Moleküle auch unterschiedliche Namen tragen.

Alles auf der Reihe? Geradkettige Alkane

Die Namen der Alkane enden alle auf das Suffix *–an*. Die Präfixe der Alkane mit einem, zwei, drei oder vier Kohlenstoffen haben historische Wurzeln, während die Alkane, die mindestens fünf Kohlenstoffe aufweisen, nach den griechischen (bzw. lateinischen) Zahlwörtern benannt werden.

Zahl der Kohlenstoffatome	Name	Summenformel
1	Methan	CH_4
2	Ethan	CH_3CH_3
3	Propan	$CH_3CH_2CH_3$
4	Butan	$CH_3(CH_2)_2CH_3$
5	Pentan	$CH_3(CH_2)_3CH_3$
6	Hexan	$CH_3(CH_2)_4CH_3$
7	Heptan	$CH_3(CH_2)_5CH_3$
8	Octan	$CH_3(CH_2)_6CH_3$
9	Nonan	$CH_3(CH_2)_7CH_3$
10	Decan	$CH_3(CH_2)_8CH_3$
11	Undecan	$CH_3(CH_2)_9CH_3$
12	Dodecan	$CH_3(CH_2)_{10}CH_3$

Tabelle 7.1: Die Namen geradkettiger Alkane

Platzverschwender: Verzweigte Alkane

Wenn das Leben nur so einfach wäre! In allen Alkanen aus Tabelle 7.1 sind die Kohlenstoffatome einfach in einer geraden, unverzweigten Kette miteinander verbunden. Sie werden daher auch *geradkettige Alkane* genannt. Alkane sind aber nicht auf gerade Ketten beschränkt, sie können sich auch verzweigen. Für das Alkan mit der Summenformel C_4H_{10} existieren zwei unterschiedliche Strukturen (siehe Abbildung 7.1) – ein geradkettiges Alkan (das Butan) und ein verzweigtes Alkan (das Isobutan), siehe auch Abbildung 7.2.

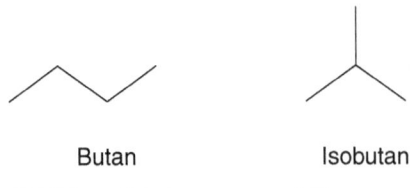

Butan　　　　　Isobutan

Abbildung 7.1: Isomere von C_4H_{10}

Abbildung 7.2: Butan und Isobutan in einer anderen Darstellung

Moleküle mit derselben Summenformel, aber verschiedenen Strukturformeln, werden als *Isomere* bezeichnet. Die Verästelung dieser Moleküle macht die Nomenklatur etwas schwieriger. Allerdings können auch die verzweigten Moleküle noch systematisch benannt werden. Mit ein wenig Praxis werden Sie schnell den Bogen raus haben, und Nomenklaturfragen in Klausuren werden lächerlich einfach.

Um verzweigte Alkane korrekt benennen zu können, gehen Sie schrittweise vor. In den folgenden Abschnitten werde ich Ihnen jeden Schritt durch Beispiele ausführlich erklären.

Die längste Kette finden

Der erste, meistens schwierigste Schritt ist das Erkennen der längsten Kohlenstoffkette im Molekül. Diese Aufgabe kann heikel sein, da Sie es gewohnt sind, von links nach rechts zu lesen. Häufig verläuft die längste Kohlenstoffkette jedoch nicht von links nach rechts, sondern irgendwie kreuz und quer durch das Molekül. Dozenten lieben es, wenn sich eine Kette wie wild durch das ganze Molekül windet, sodass Sie sie nicht auf den ersten Blick als längste Kohlenstoffkette erkennen. Geben Sie Acht!

Die längste Kette in dem Molekül in Abbildung 7.3 enthält sieben Kohlenstoffatome. Daher lautet der Stammname für dieses Alkan Heptan (siehe Tabelle 7.1)

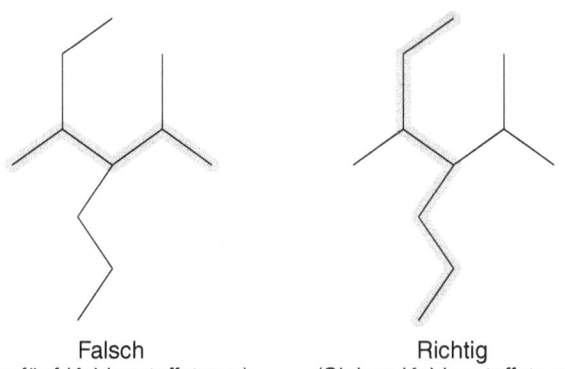

Falsch
(Nur fünf Kohlenstoffatome)

Richtig
(Sieben Kohlenstoffatome)

Abbildung 7.3: Die längste und eine nicht ganz so lange Kohlenstoffkette

Die Nummerierung der Kette

Nummerieren Sie die Kohlenstoffatome der längsten Kette von dem Ende her, das einem Substituenten (hier einer Verzweigung) am nächsten ist. Eine Kette kann immer auf zwei Arten nummeriert werden. Im Fall des Moleküls in Abbildung 7.3 könnte die Nummerierung oben oder unten beginnen. Sie müssen immer an dem Ende beginnen, das näher am ersten Substituenten liegt. Substituent ist dabei Organiker-Sprech für eine Gruppe abseits der betrachteten Kette (also alles, was außer Wasserstoffatomen an der Kette hängt). Wenn Sie im aktuellen Fall mit der Nummerierung von oben beginnen, hängt der erste Substituent am dritten Kohlenstoffatom (Abbildung 7.4); wenn Sie von unten nach oben zählen, erscheint der erste Substituent am vierten Kohlenstoffatom. Also startet die korrekte Nummerierung in diesem Fall oben. Diese Nummern werden auch Stellungsziffern oder Lokanten genannt.

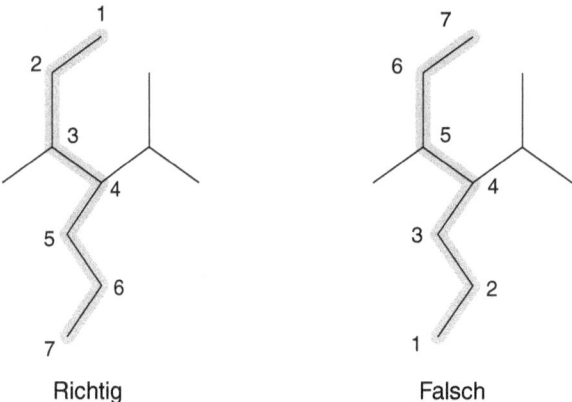

Richtig   Falsch

Abbildung 7.4: Richtige und falsche Nummerierung der Kohlenstoff-Stammkette

Erkennen von Substituenten

Nach der Nummerierung der Stammkette ist der nächste Schritt die Bestimmung aller Substituenten, die von der Stammkette abzweigen. Im vorliegenden Molekül hängen zwei Substituenten an der Kette – ein Substituent am Kohlenstoffatom 3 und ein Substituent am Kohlenstoffatom 4 (siehe Abbildung 7.5). Substituenten werden auf gleiche Art und Weise wie die Stammketten benannt, außer, dass sie nicht auf den Suffix *–an*, sondern auf den Suffix *–yl* enden. Das *–yl* kennzeichnet einen Substituenten der Stammkette. Der Substituent am Kohlenstoffatom 3 ist ein *Methyl*-Substituent (nicht ein Meth*an*-Substituent). Ein Substituent mit zwei Kohlenstoffatomen ist ein Ethyl-, einer mit drei Kohlenstoffatomen ein Propyl- und einer mit vier Kohlenstoffatomen ein Butyl-Substituent (siehe Tabelle 7.1).

Einige Substituenten werden oft mit Trivialnamen anstelle der systematischen Namen bezeichnet. Diese muss man einfach auswendig lernen. Die wichtigsten Trivialnamen für Substituenten sind die Isopropylgruppe (eine Gruppe mit drei Kohlenstoffatomen, die über das mittlere dieser Atome an die Hauptkette gebunden ist), die *tert*-Butylgruppe (oder *t*-Butylgruppe, das *tert* steht für tertiär), die die Form eines Dreizacks besitzt, und die *sek*-Butylgruppe (das *sek* steht für sekundär), siehe Abbildung 7.6.

In dem Beispiel aus Abbildung 7.5 ist der Substituent am Kohlenstoffatom 4 eine Isopropylgruppe.

Nun kennen Sie den Namen der Stammkette und die Namen aller Substituenten. Der Substituent am Kohlenstoffatom 3 ist eine Methylgruppe, und der Substituent am Kohlenstoffatom 4 ist eine Isopropylgruppe. Nun müssen Sie alles nur noch zusammenbauen!

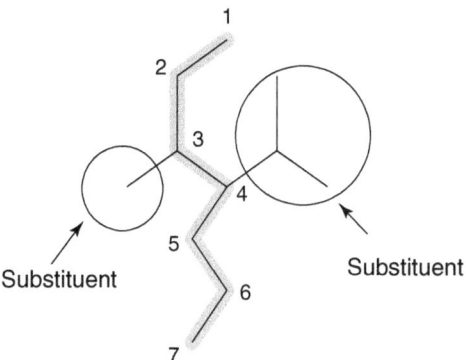

Abbildung 7.5: Die Platzierung der Substituenten entlang der Stammkette

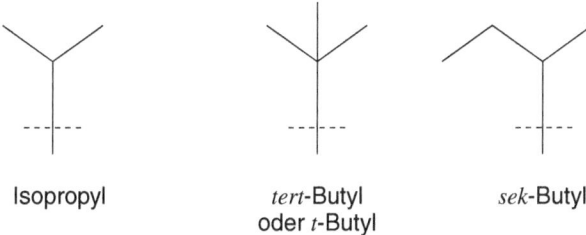

Abbildung 7.6: Die Trivialnamen häufiger Substituenten

Die Anordnung der Substituenten

Der nächste Schritt ist, alle Substituenten in alphabetischer Reihenfolge vor den Namen des Stammalkans zu setzen. Dabei wird der Ort des Substituenten entlang der Hauptkette durch die Nummer des Kohlenstoffatoms in der Kette angegeben, an das der Substituent gebunden ist. Da i im Alphabet vor m kommt, steht die Isopropylgruppe vor der Methylgruppe: 4-Isopropyl-3-methylheptan. Die Zahlen werden durch Bindestriche von den Substituenten getrennt, und zwischen dem Namen des letzten Substituenten und dem Stammnamen steht *kein* Leerzeichen.

Natürlich gibt es immer einen Stock, den man Ihnen zwischen die Beine werfen kann. Ein Punkt betrifft die Anordnung der Trivialnamen von Substituenten wie *tert*-Butyl und *sek*-Butyl; hier werden die Begriffe *tert* und *sek* ignoriert, d. h. *tert*-Butyl wird genau wie *sek*-Butyl als Butyl einsortiert. Andererseits wird Isopropyl wieder ganz normal unter dem Buchstaben i eingeordnet. (Warum muss es eigentlich zu jeder Regel eine Ausnahme geben?)

Wenn es mehr als einen gibt

Was passiert, wenn ein Molekül mehrere gleiche Substituenten besitzt? Was ist zum Beispiel, wenn eine Verbindung zwei Methylgruppen als Substituenten besitzt? In solch einem Szenario benennen Sie die beide Methylgruppen nicht individuell. Stattdessen setzen Sie ein Präfix vor den einfachen Substituentennamen, um die Summe dieses Substituenten im vorliegenden Molekül anzuzeigen. (Siehe Tabelle 7.2 mit einer Liste der häufigsten Präfixe.)

Anzahl identischer Gruppen	Präfix
2	di
3	tri
4	tetra
5	penta
6	hexa
7	hepta
8	octa
9	nona
10	deca

Tabelle 7.2: Präfixe für identische Gruppen

Wenn ein Molekül zwei getrennte eigenständige Methylgruppen besitzt, wird das Präfix *di* an den Anfang des Methyls gestellt, was den Substituentennamen Dimethyl ergibt. Zusätzlich werden die beiden Stellungsziffern (Lokanten) vor den Substituentennamen gestellt, die die Platzierung der Methylgruppen in der Stammkette bezeichnen. Wenn das Molekül drei Methylgruppen besitzt, heißt der Substituent Trimethyl, bei vier Methylgruppen Tetramethyl, bei fünf Methylgruppen Pentamethyl. Diese Präfixe, wie sek- und tert- in den vorhergehenden Beispielen, werden bei der alphabetischen Anordnung der Substituenten ignoriert (Dimethyl wird zum Beispiel unter m eingeordnet). In Abbildung 7.7 sehen Sie zwei Beispiele von Molekülen, die mehrere identische Substituenten besitzen. Bitte beachten Sie den Gebrauch der Kommata, um die Zahlen zu trennen, die dem Substituentennamen vorangehen.

2,2-Dimethylpropan   2,3,4,5,6-Pentamethylheptan

Abbildung 7.7: Beispiel für mehrere identische Substituenten innerhalb eines Moleküls

Hier das Vorgehen zur Benennung verzweigter Alkane im Überblick:

✔ Finden Sie zunächst die längste Kette der Kohlenwasserstoffverbindung.

✔ Benennen Sie die Verzweigungen.

✔ Bestimmen Sie die Position der Verzweigung an der längsten Kette (von dem Ende der Kette zählen, an dem die Verzweigungen näher dran sind).

✔ Mehrere Verzweigungen durch griechische Zahlwörter angeben.

✔ Verzweigungen der längsten Kette alphabetisch sortiert voranstellen (Ethyl- vor Methyl- vor Propyl-).

Die Benennung komplexer Substituenten

Manche verzweigte Substituenten besitzen keinen Trivialnamen, wie der Substituent in Abbildung 7.8. In einem solchen Fall benennen Sie ihn, als wäre er ein eigenes Alkan, aber mit der Endung *-yl* statt *-an*. So machen Sie deutlich, dass es sich bei diesem Teil des Moleküls um einen Substituenten handelt, der von der Stammkette abzweigt.

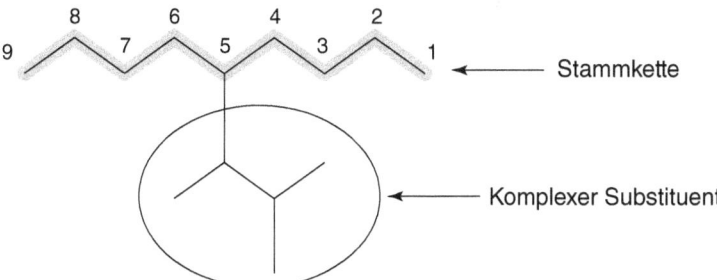

Abbildung 7.8: Ein Alkan mit einem komplexen Substituenten

Der Haken an der Benennung komplexer Substituenten ist, dass das Kohlenstoffatom, über das der Substituent an die Stammkette gebunden ist, in der Nummerierung *der Kette des Substituenten* das Kohlenstoffatom 1 sein muss. Wenn Sie die Kohlenstoffatome innerhalb der Substituentenkette durchnummerieren, müssen Sie diesem Kohlenstoffatom die Nummer 1 zuweisen. Abbildung 7.9 zeigt an einem Beispiel, wie das funktioniert.

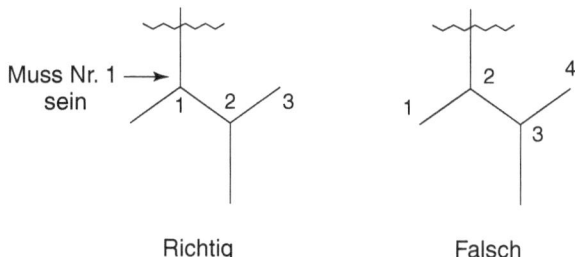

Abbildung 7.9: Richtige und falsche Nummerierung eines komplexen Substituenten

Weil der komplexe Substituent in Abbildung 7.9 drei Kohlenstoffatome lang ist und Methylgruppen am ersten und zweiten Kohlenstoff besitzt, wird er als 1,2-Dimethylpropyl bezeichnet.

 Da Sie einen Substituenten benennen, der von der Stammkette abzweigt, muss der Name auf den Suffix *-yl* statt *-an* enden.

Nun können Sie alle Namensteile zusammensetzen. Wenn ein komplexer Substituent Teil des Namens ist, wird sein Name per Konvention in Klammern gesetzt. Somit wird das Molekül aus Abbildung 7.8 als 5-(1,2-Dimethylpropyl)-nonan bezeichnet. Um die Nomenklatur organischer Moleküle zu beherrschen, brauchen Sie eine Menge Übung. Also packen Sie Ihre Chemiebücher aus, und benennen Sie einige Strukturen! Suchen Sie in einem beliebigen Chemiebuch komplexe Moleküle, verdecken Sie den Namen, und versuchen Sie, die Nomenklaturregeln anzuwenden.

Ein Wort zum Zeichnen und Verstehen von Strukturen

Durch eine auf dem Papier gezeichnete Struktur können Sie leicht verwirrt und fehlgeleitet werden, weil gezeichnete Strukturformeln nur eine sehr einfache Darstellung von dreidimensionalen Molekülen auf einem zweidimensionalen Blatt Papier sind. Werfen Sie einen Blick auf die folgenden zwei Strukturen, und überlegen Sie, ob die beiden Moleküle identisch oder verschieden sind.

```
      Cl              H
      |       ?       |
Cl — C — H    =    Cl — C — Cl
      |               |
      H               H
```

Gleich oder verschieden?

Viele würden sagen, sie sind verschieden, weil sie auf dem Papier unterschiedlich aussehen. Aber beide Zeichnungen stellen dasselbe Molekül dar. Die Verwirrung entsteht dadurch, dass hier ein dreidimensionales Molekül durch eine zweidimensionale Zeichnung wiedergegeben wird. Auf dem Papier sind die Moleküle flach, und die Winkel zwischen den Bindungen sind 90°; in Wirklichkeit beträgt der Winkel aber 109,5°, und die Struktur ist tetraedrisch (siehe Kapitel 2).

Hier sind die beiden Moleküle noch einmal in einer anderen Darstellung. Der eine oder andere von Ihnen wird die dreidimensionale Struktur der Moleküle auf diesem Weg deutlicher erkennen.

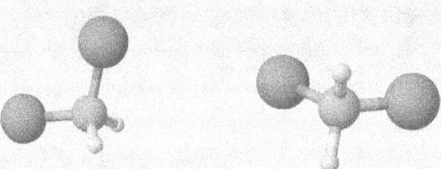

Ebenso leicht kann man durch Strukturzeichnungen verwirrt werden, die nur ein wenig anders aussehen, obwohl sie vom gleichen Molekül herrühren. Ob Sie eine Zickzackkette mit dem ersten Kohlenstoffatom oben oder unten zeichnen, ist völlig egal. Das ist Ihre persönliche Entscheidung, beide beschreiben dasselbe Molekül.

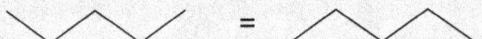

Lassen Sie sich auch nicht durch Moleküle verunsichern, die nicht in einer geraden Linie gezeichnet sind. Moleküle mit geraden Ketten können in einer geraden Linie oder als sich windende Kette gezeichnet werden.

Ich will damit Ihre Aufmerksamkeit für die Annahmen schärfen, die solchen Strukturformeln zugrunde liegen. Ich möchte Sie auch ermuntern, Molekülmodelle zu verwenden (diese Plastikbälle und die Zahnstocher, die Atome und Bindungen darstellen sollen). Gerade am Anfang des Studiums sind Modelle sehr zu empfehlen, da Sie mit ihrer Hilfe ein viel besseres Gefühl für den Zusammenhang zwischen den zweidimensionalen Zeichnungen und den dreidimensionalen Strukturen bekommen. Wenn Sie verstanden haben, wie die gezeichneten Strukturen mit den Molekülmodellen zusammenhängen, sind Ihre Chancen größer, bei der Interpretation einer Strukturformel nicht auf dem Holzweg zu landen.

Einen Namen in eine Struktur umwandeln

Genauso wichtig ist, dass Sie einen Namen in eine Strukturformel umwandeln können. Obwohl man deutsch von links nach rechts liest, ist es besser, den Namen eines Moleküls von rechts nach links zu lesen. Wenn Sie die Struktur von 4-*tert*-Butyl-2,3,5-trimethylheptan zeichnen müssten, würden Sie mit der Zeichnung der Stammkette – dem Heptan – beginnen. Heptan ist sieben Kohlenstoffe lang, und darum müssen Sie eine Kette mit sieben Kohlenstoffen zeichnen, siehe Abbildung 7.10.

Abbildung 7.10: Die Stammkette des Alkans Heptan

Dann nummerieren Sie die Kohlenstoffkette wie in Abbildung 7.11.

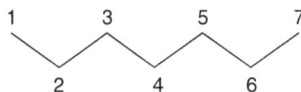

Abbildung 7.11: Die Nummerierung der Stammkette

Danach widmen Sie sich den Substituenten. Die *tert*-Butylgruppe gehört zum Kohlenstoff Nummer 4, siehe Abbildung 7.12.

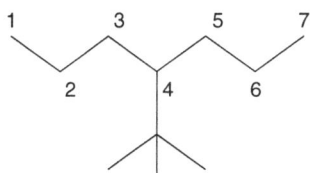

Abbildung 7.12: Hinzufügen einer tert-Butylgruppe an der richtigen Position

Dann werden die Methylgruppen wie in Abbildung 7.13 an die Kohlenstoffe 2, 3 und 5 angefügt.

Das ist alles! Wenn man den Namen des Moleküls von rechts nach links liest, ist das überhaupt kein Problem.

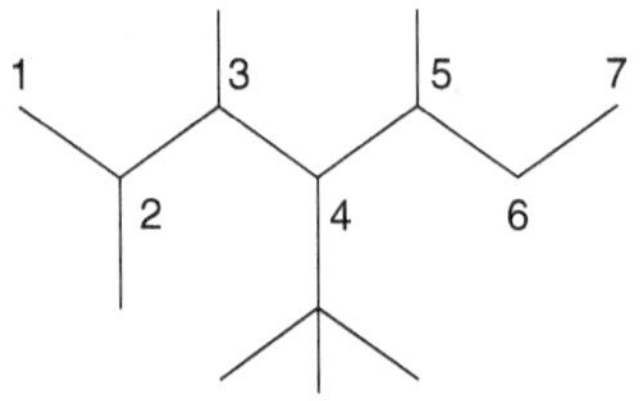

Abbildung 7.13: Die Methylgruppen werden an den richtigen Positionen hinzugefügt.

Zeichnen von Isomeren aus der Summenformel

Zu Beginn Ihres Chemiestudiums werden Sie häufig gebeten, alle möglichen Isomere aus einer Strukturformel zu bestimmen. Diese heimtückischen Aufgaben erscheinen meist in Hausaufgaben und noch hinterhältiger in Klausuren und haben den Titel: »Zeichnen Sie alle möglichen Isomere der Summenformel C_xH_y«. Diese Aufgaben sind sehr lehrreich, da Sie bei der Bearbeitung ein Gefühl für die Zahl von unterschiedlichen Molekülen erhalten, die aus einer Summenformel abgeleitet werden können. Außerdem sammeln Sie Erfahrung in der Nomenklatur der Alkane.

Lehrbücher geben meistens nur magere Hilfestellungen bei der Lösung solcher Aufgaben. Deshalb folgt hier eine systematische Methode. Zur Demonstration verwende ich das Beispiel eines Alkans mit der Summenformel C_6H_{14}. Los geht's.

Schritt 1

Zunächst zeichnen Sie die Stammkette des Alkans. Aus der Formel C_6H_{14} können Sie entnehmen, dass es sich um ein gesättigtes Alkan handelt, da die Summenformel der allgemeinen Formel C_nH_{2n+2} entspricht. Daher können keine Doppel- oder Dreifachbindungen und keine Ringstrukturen im Molekül vorhanden sein. Weil die Formel sechs Kohlenstoffatome angibt, muss die Stammkette dem unverzeigten Alkan Hexan entsprechen, siehe Abbildung 7.14. Diese Form der Alkane, die unverzweigten Alkane, werden auch als normale Alkane bezeichnet und erhalten daher oft die Bezeichnung n-Alkan. Daher kann man dieses Hexan hier auch n-Hexan nennen.

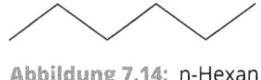

Abbildung 7.14: n-Hexan

Schritt 2

Nun müssen Sie über das Zeichnen der Isomere nachdenken. Zeichnen Sie die Stammkette um ein Kohlenstoffatom verkürzt. Da die Stammkette sechs Kohlenstoffatome lang ist, bleibt nun eine Fünferkette übrig, die dem Pentan entspricht. Nun setzen Sie eine Kohlenstoffeinheit (eine Methylgruppe) an die Pentankette und erzeugen so viele Isomere, wie Sie können. Seien Sie aber vorsichtig, dass Sie keine doppelten Strukturen produzieren (obwohl das auch nicht so schlimm ist, da Sie die Duplikate in Schritt 5 wieder entfernen können). Eine allgemeine Regel ist, dass Sie keine Gruppen an den Anfang und an das Ende einer Kette stellen dürfen, weil es sich dabei um Duplikate von Strukturen handelt, die Sie bereits aufgezeichnet haben. Beispielsweise dürfen Sie die Methylgruppe in der Struktur in Abbildung 7.15 nicht an das erste oder fünfte Kohlenstoffatom anhängen. Wenn Sie es doch tun, erzeugen Sie genau das geradkettige Hexan, mit dem Sie begonnen hatten.

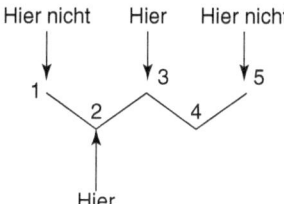

Abbildung 7.15: Hinzufügen von Methylgruppen an das Pentan

Nachdem Sie die fünfgliedrige Kohlenstoffkette aufgezeichnet haben, suchen Sie nach Positionen, wo Sie die Methylgruppen anhängen dürfen. Da der Anfang und das Ende der Stammkette verboten sind, können Sie im vorliegenden Beispiel die zweite, dritte und vierte Kohlenstoffposition auswählen. Die Isomere mit einer Methylgruppe am zweiten und am vierten Kohlenstoffatom sind aber identisch. (Wenn Sie mir nicht glauben, benennen Sie die beiden Alkane, und sehen Sie nach, ob beide Namen übereinstimmen.) Da Sie keine Duplikate haben möchten, zeichnen Sie nur eines davon.

 Wenn Sie nicht gleich erkennen, dass zwei Moleküle identisch sind, ist das auch kein Problem, da Sie sich in Schritt 5 vergewissern können, ob jede Struktur einzigartig ist.

Die beiden einzigartigen Strukturen, die Sie aus einer Pentan-Stammkette erzeugen können, sehen Sie in Abbilddung 7.16.

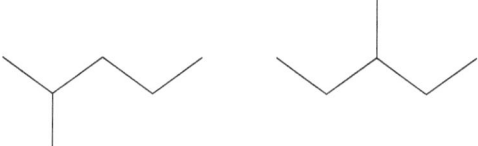

Abbildung 7.16: Zwei unterschiedliche Methylpentane

Schritt 3

Da Sie nun die Isomere der Sechser- und der Fünferkohlenstoffkette gezeichnet haben, wiederholen Sie den Vorgang mit einer Vierer-Stammkette (einem Butan). Für eine Viererkette müssen Sie zwei Kohlenstoffatome von der originalen Stammkette weglassen und können somit zwei Methylgruppen (jeweils mit einem Kohlenstoffatom) oder eine Ethylgruppe (mit zwei Kohlenstoffatomen) anhängen.

Beginnen Sie mit dem Zeichnen der Butan-Stammkette, und überlegen Sie, wo die beiden Methylgruppen angehängt werden sollen (Abbildung 7.17).

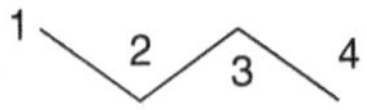

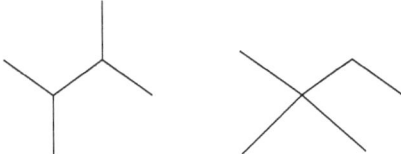

Abbildung 7.17: Butan

Sie können beide Methylgruppen an das Kohlenstoffatom 2 anlagern (oder beide an das Kohlenstoffatom 3). Oder Sie hängen eine Methylgruppe an das Kohlenstoffatom 2 und eine an das Kohlenstoffatom 3. Und noch einmal: Hängen Sie keine Gruppen an den Anfang und an das Ende einer Kette, sonst produzieren Sie Duplikate! Sie haben nun zwei weitere Isomere erzeugt, dieses Mal mit einer Vierer-Stammkette (siehe Abbildung 7.18).

Abbildung 7.18: Zwei Isomere des Dimethyl-Butans

Gerade eben haben Sie gelesen, Sie könnten auch eine *Ethylgruppe* an ihre Stammkette anhängen. Aber was passiert dann bei einer Butan-Stammkette? – Die Positionen 1 und 4 sind natürlich ohnehin tabu, und wenn sie die Positionen 2 oder 3 (die ja identisch sind) nehmen, landen Sie unweigerlich bei etwas, das Sie schon hatten: dem rechten Methylpentan aus Abbildung 7.16.

Schritt 4

Sie haben nun Ketten mit vier, fünf und sechs Kohlenstoffatomen abgehandelt. Nun könnten Sie sich an der Dreierkohlenstoffkette versuchen und dann drei Methylgruppen anlagern, aber in dem hier betrachteten Fall würde das nur zu einer Wiederholung bereits gezeichneter Strukturen führen, daher spare ich mir diesen Schritt.

Schritt 5

Nun sollten Sie prüfen, ob Sie nicht versehentlich dieselbe Verbindung zweimal aufgezeichnet haben. Um das zu kontrollieren, benennen Sie jedes einzelne Isomer (eine ausgezeichnete Übung in der Nomenklatur der Alkane). Wenn alle unterschiedliche Namen besitzen, dann müssen sie auch unterschiedlich sein; wenn zwei den gleichen Namen haben, dann sind die beiden identisch (auch wenn sie auf der ersten Blick unterschiedlich aussehen), und eine Struktur muss aussortiert werden.

Im aktuellen Beispiel sind alle Moleküle verschiedene Isomere mit der Summenformel C_6H_{14}, da alle Strukturen unterschiedliche Namen besitzen (Abbildung 7.19).

Hexan  2-Methylpentan 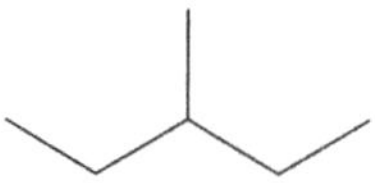 3-Methylpentan

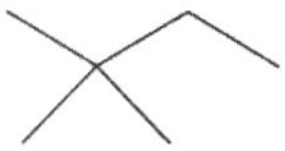

2,2-Dimethylbutan 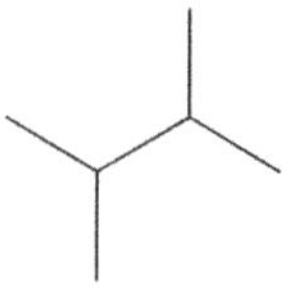 2-3-Dimethylbutan

Abbildung 7.19: Die systematischen Namen der Isomere

Die Konformation geradkettiger Alkane

Einfachbindungen besitzen die Eigenschaft, dass zwei Molekülteile, die durch eine solche Bindung miteinander verbunden sind, frei um diese Bindung rotieren können. Daher können Alkane in unterschiedlichen *Konformationen* vorliegen. Was sind Konformationen? Vergleichen Sie ein Molekül mit Ihrem Körper – Sie können sich bücken oder den Oberkörper verdrehen. Sie räkeln sich in Ihrem Bett, um ein Buch zu lesen. Sie sitzen im Hörsaal und lauschen einem Vortrag oder machen Morgengymnastik, um Ihren Kreislauf in Schwung zu bringen. Diese Aktivitäten bringen Ihren Körper in unterschiedliche Konformationen, die alle eine unterschiedliche Energie besitzen. Im Bett liegen und lesen erfordert wenig Energie, im Hörsaal sitzen (und dabei noch aufpassen!) erfordert ein wenig mehr Energie, und für die Gymnastik brauchen Sie schon richtig viel Energie. Welcher dieser Aktivitäten möchten Sie am liebsten nachgehen? Ich vermute, Sie ziehen die Konformation mit der niedrigsten Energie vor und lesen lieber in Ihrem warmen Bett eine spannende Lektüre, als bei der Gymnastik im Morgengrauen eine Hochenergie-Konformation einzunehmen.

So ähnlich geht es Alkanen auch. Sie können in unterschiedlichen Konformationen vorliegen – in unterschiedlichen räumlichen Anordnungen der Atome, die ohne Bindungsbruch auseinander hervorgehen –, die unterschiedliche Energien besitzen. Moleküle bevorzugen (wie Sie und ich) eine Konformation mit niedriger Energie. Moleküle in einer bestimmten Konformation bezeichnet man oft als *Konformere*; allerdings sind die Energiebarrieren zwischen verschiedenen Konformeren meist so klein, dass die Konformere nicht als separate Substanzen isoliert werden können (im Gegensatz zu *Isomeren*). Man kann diese aber mit bestimmten Methoden beobachten, wenn man sie ganz ganz tief abkühlt und sich die Bindungen daher ganz langsam bewegen.

In den folgenden Abschnitten behandle ich die unterschiedlichen Konformationen von Alkanen, die Newman-Projektion zur Darstellung der Konformationen und die relativen Energien dieser Konformationen.

Konformationsanalyse und Newman-Projektion

Die Newman-Projektion ist eine der besten Methoden, um unterschiedliche Konformationen von Molekülen zu veranschaulichen. Dabei betrachtet man eine bestimmte Kohlenstoff-Kohlenstoff-Bindung. Abbildung 7.20 zeigt eine Perspektivzeichnung des Ethans und die zugehörige Newman-Projektion (siehe Kapitel 6 für Näheres über perspektivische Darstellungen).

Die schwarzen Keile in Lewis-Strukturen bedeuten eine Bindung, die aus dem Papier herauskommt, während ein grauer Keil eine Bindung symbolisiert, die *hinter* die Papierebene zeigt.

In einer Newman-Projektion vertreten die drei Linien, die wie ein Y aussehen, die drei Bindungen des vorderen Kohlenstoffatoms. Ein Kreis repräsentiert das hintere Kohlenstoffatom. Die drei Linien, die aus dem Kreis herausragen, entsprechen den drei Bindungen des hinteren, zweiten Kohlenstoffatoms (die jeweils vierte Bindung der Kohlenstoffatome ist die Bindung zwischen den beiden Kohlenstoffatomen, auf die Sie schauen). Eine Newman-Projektion kann Ihnen bei der Analyse der Rotation um eine spezielle Kohlenstoff-Kohlenstoff-Bindung behilflich sein.

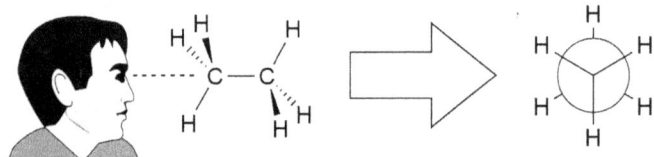

Perspektivische Zeichnung   Newman-Projektion

Abbildung 7.20: Die Newman-Projektion

Mithilfe der Newman-Projektion ist es sehr einfach, eine bestimmte Bindung rotieren zu lassen, um weitere Konformere zu erzeugen. Die beste Methode ist dabei, nur eines der Kohlenstoffatome zu drehen – entweder das vordere oder das hintere. Der Einheitlichkeit halber halte ich stets das vordere Kohlenstoffatom fest und lasse das hintere rotieren.

Es existieren unendlich viele Konformationen (Sie müssen nur eines der Kohlenstoffatome um einen Bruchteil eines Grades drehen, schon haben Sie eine neue Konformation); die *ekliptische* und die *gestaffelte* Konformation sind jedoch die beiden wichtigsten (siehe Abbildung 7.21). Die ekliptische Konformation entsteht, wenn die Bindungen des vorderen und die des hinteren Kohlenstoffatoms in der Projektion übereinander liegen, der Winkel zwischen den Bindungen (der sogenannte *Dieder-* oder *Torsionswinkel*) also 0° beträgt. Bei der Newman-Projektion werden die übereinander liegenden Bindungen etwas versetzt gezeichnet, damit die Substituenten am hinteren Kohlenstoff besser zu sehen sind. Eine gestaffelte Konformation ist erreicht, wenn der Diederwinkel 60° beträgt. In der gestaffelten Konformation sind die Bindungen, die vom vorderen und vom hinteren Kohlenstoff ausgehen, so weit wie möglich voneinander entfernt.

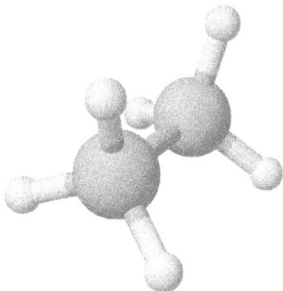

Abbildung 7.21: Newman-Projektionen der gestaffelten und ekliptischen Konformation des Ethans

In Abbildung 7.22 und 7.23 sehen Sie andere Darstellungen der Konformere aus Abbildung 7.21, die Ihnen vielleicht ein besseres Gefühl für die Interpretation der Newman-Projektion geben.

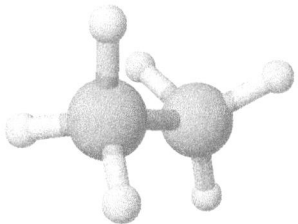

Abbildung 7.22: Die ekliptische Konformation des Ethans

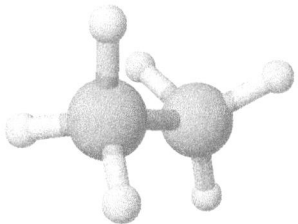

Abbildung 7.23: Die gestaffelte Konformation des Ethans

 Wenn die Bindungen des vorderen und des hinteren Kohlenstoffatoms übereinander liegen, also ekliptisch angeordnet sind, ist die Elektronenabstoßung zwischen den Bindungen größer als in der gestaffelten Konformation, da sich die gebundenen Substituenten in der ekliptischen Anordnung näher kommen. Diese Elektron-Elektron-Abstoßung wird *Torsionsspannung* genannt. Da die gestaffelte Konformation eine geringere Torsionsspannung als die ekliptische Konformation besitzt, ist die gestaffelte Konformation stabiler (energieärmer) als die ekliptische Konformation.

Konformationen des Butans

Die ganze Angelegenheit ist beim Butan etwas schwieriger als beim Ethan. Abbildung 7.24 zeigt die Newman-Projektion von Butan entlang der Bindung zwischen dem zweiten und dem dritten Kohlenstoffatom (auch als C2–C3-Bindung bezeichnet).

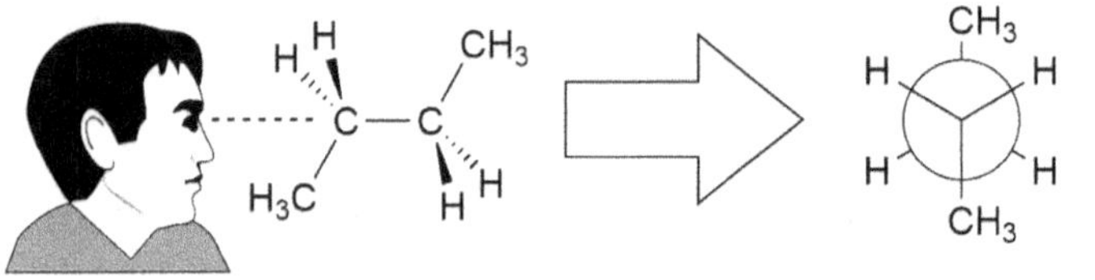

Abbildung 7.24: Newman-Projektion der C2–C3-Bindung des Butans

Beim Butan besitzen weder alle ekliptischen noch alle gestaffelten Konformationen dieselbe Energie. In Abbildung 7.25 sehen Sie die Rotation entlang der C2–C3-Bindung des Butans. In der ersten gestaffelten Konformation stehen die beiden Methylgruppen in einem Diederwinkel von 180° zueinander; dieses Konformer wird *anti-Konformer* genannt. In der nächsten gestaffelten Konformation ist der Diederwinkel zwischen den beiden Methylgruppen 60°. Diese Wechselwirkung zweier an die betrachtete Bindung angrenzenden großen Gruppen (wie Methylgruppen) in einer gestaffelten Konformation wird *gauche-Wechselwirkung* genannt, das zugehörige Konformer *gauche-Konformer*. Das *gauche*-Konformer besitzt aufgrund der Wechselwirkungen der Methylgruppen eine höhere Energie als das gestaffelte *anti*-Konformer, in dem diese Wechselwirkungen nicht auftreten.

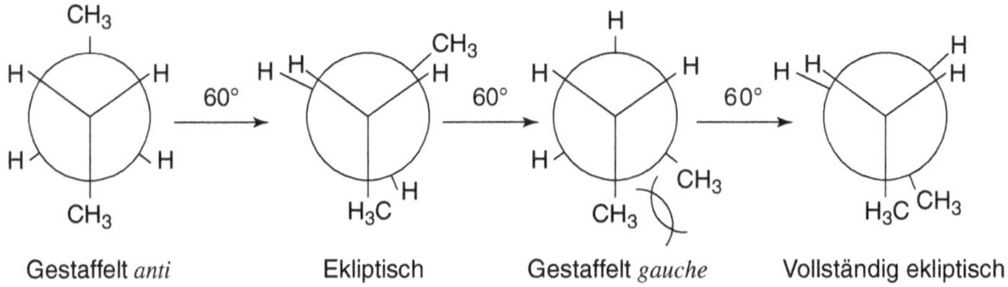

| Gestaffelt *anti* | Ekliptisch | Gestaffelt *gauche* | Vollständig ekliptisch |

Abbildung 7.25: Konformere des Butans, die durch die Rotation um die C2–C3-Bindung entstehen

Im Allgemeinen gilt der Grundsatz: Große Substituenten (wie Methylgruppen) wollen so weit wie möglich voneinander entfernt sein (damit sie sich nicht gegenseitig behindern), und Konformere, in denen die großen Gruppen weit voneinander entfernt sind, besitzen eine geringere Energie als Konformere, bei denen sich die großen Gruppen nahe kommen.

Auch die beiden ekliptischen Konformationen besitzen nicht dieselbe Energie. In der ersten ekliptischen Konformation sind die beiden Methylgruppen 120° auseinander. In der letzten ekliptischen Konformation stehen sie in einem Winkel von 0° zueinander. Das letzte Konformer wird als *vollständig ekliptisch* bezeichnet. Die beiden großen Gruppen überdecken sich genau, daher besitzt dieses Konformer eine höhere Energie als das andere ekliptische Konformer. Das Energiediagramm in Abbildung 7.26 zeigt den Energieverlauf bei der Umwandlung eines gestaffelten *anti*-Konformers in das vollständig ekliptische Konformer. Die x-Achse zeigt den Drehwinkel (in Grad) an, die y-Achse zeigt die Energie (in willkürlichen Einheiten).

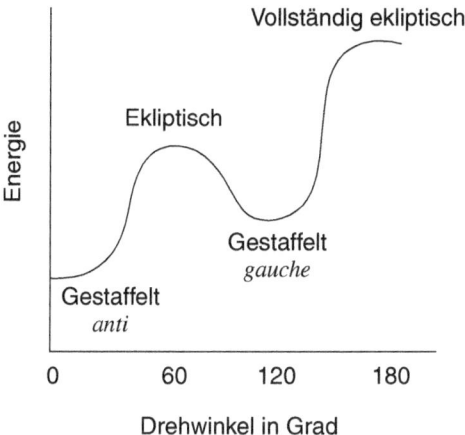

Abbildung 7.26: Das Energiediagramm für eine Konformationsänderung des Butans

Jetzt geht's rund: Cycloalkane

Alkane können auch Ringe bilden, die *Cycloalkane* genannt werden. Cycloalkane werden nach der Zahl der Kohlenstoffatome im Ring benannt. Sie bekommen das gleiche Suffix wie normale Alkanketten und das Präfix *Cyclo*. Ein Ring aus drei Kohlenstoffatomen heißt daher Cyclopropan. Die kleinsten und häufigsten Ringe sind in Abbildung 7.27 gezeigt.

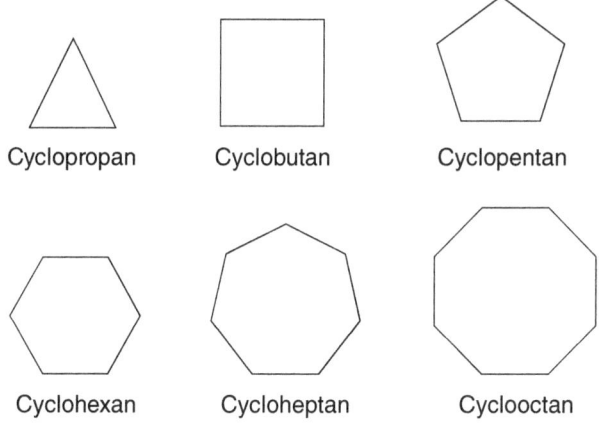

Abbildung 7.27: Häufige Cycloalkane

Stereochemie der Cycloalkane

Eine interessante Eigenschaft von Cycloalkanen ist, dass ein Ring zwei Gesichter besitzt. Wenn zwei Substituenten an einem Cycloalkanring sitzen, können sie in die gleiche oder in entgegengesetzte Richtungen bezüglich des Rings zeigen. Betrachten Sie in Abbildung 7.28 die Struktur des 1,2-Dimethylcyclopentans, die einmal konventionell perspektivisch und einmal in der *Haworth-Projektion* dargestellt ist. Die Haworth-Projektion eignet sich vorzüglich zur Darstellung der Stereochemie von cyclischen Verbindungen. Die beiden

Methylgruppen können sich beide auf derselben Seite (ein *cis-Stereoisomer*) oder auf unterschiedlichen Seiten des Rings (ein *trans-Stereoisomer*) befinden. *Stereoisomere* sind Moleküle, die dieselben Verknüpfungen zwischen den Atomen (Konstitution), aber unterschiedliche räumliche Anordnungen der Atome besitzen.

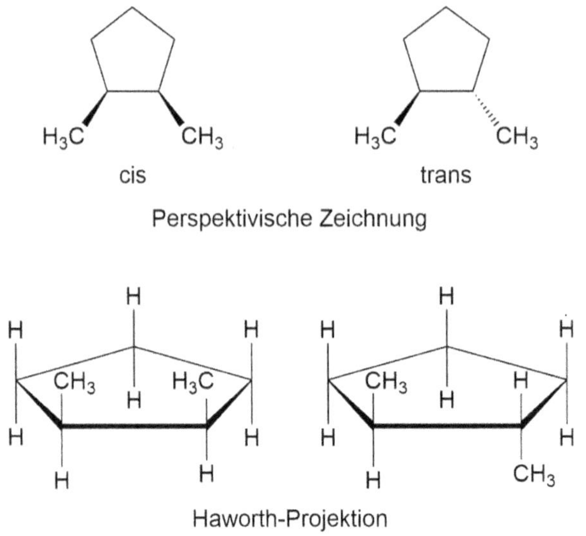

Abbildung 7.28: Die cis- und trans-Stereoisomere des 1,2-Dimethylcyclopentans

Konformationen des Cyclohexans

Obwohl Cyclohexan immer so gezeichnet wird, als ob es flach sei, ist das Molekül tatsächlich keineswegs planar. Meistens existiert die Struktur in der sogenannte *Sessel-Konformation*, die ihren Namen deshalb hat, weil sie mit etwas Phantasie einem futuristischen Designersessel ähnelt (Abbildung 7.29). Es existieren noch weitere Konformationen des Cyclohexans, unter anderem die Wannen-Konformation (auch *Boat*-Konformation genannt) und die Twist-Konformation, aber die wichtigste, weil stabilste, ist die Sessel-Konformation.

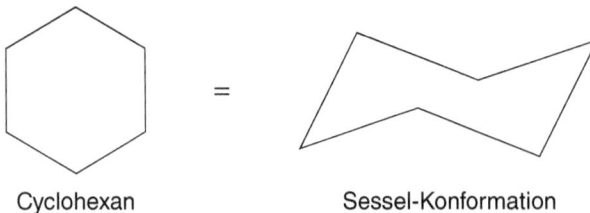

Cyclohexan   Sessel-Konformation

Abbildung 7.29: Sessel-Konformation des Cyclohexans

Reise nach Jerusalem: Sessel zeichnen

Viele meinen, das Zeichnen von Sesseln sei am Anfang sehr schwierig, aber es ist wichtig, dass Sie das Zeichnen dieser Konformation beherrschen; sie kommt in sehr vielen organischen

Verbindungen vor. Zeichnen Sie zuerst zwei Linien, die parallel zueinander sind, aber nicht ganz horizontal, wie in Abbildung 7.30 gezeigt. Als nächstes zeichnen Sie ein mit der Spitze nach unten zeigendes, leicht schräg liegendes V (das ist das Fußende). Und zum Schluss noch ein nach oben zeigendes, ebenfalls leicht schräges V (das ist die Lehne). Fertig ist der Sessel!

Abbildung 7.30: Schritt für Schritt zur Sessel-Konformation des Cyclohexans

Hinzufügen von Wasserstoffen

Ein Cyclohexan-Sessel enthält zwei Arten von Wasserstoffatomen, axiale und äquatoriale. *Axiale Wasserstoffatome* sind die Wasserstoffatome, die parallel zu einer imaginären Achse durch den Sessel senkrecht nach oben oder nach unten zeigen; *äquatoriale Wasserstoffatome* sind die Wasserstoffatome, die mehr oder weniger in der »Ebene« des Sessels liegen (Abbildung 7.31).

Beginnen Sie zunächst mit dem Einzeichnen der axialen Wasserstoffatome. Jeder Eckpunkt des Sessels, der nach oben zeigt, bekommt ein Wasserstoffatom, das senkrecht nach oben zeigt; jeder Eckpunkt, der nach unten zeigt, bekommt ein Wasserstoffatom, das senkrecht nach unten zeigt. Nachdem die axialen Wasserstoffatome eingezeichnet sind, ist es einfach, die äquatorialen Wasserstoffe einzuzeichnen, die in der Ebene des Sessels liegen.

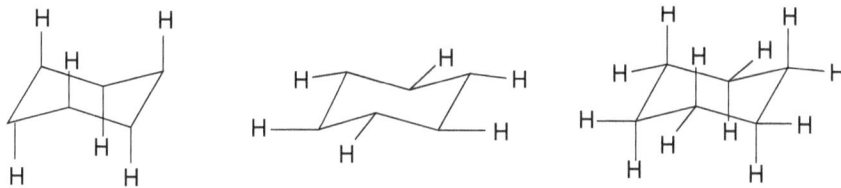

Axiale Wasserstoffatome   Äquatoriale Wasserstoffatome   Alle Wasserstoffatome

Abbildung 7.31: Axiale und äquatoriale Wasserstoffe des Cyclohexans

Den Sessel umklappen

Bei Zimmertemperatur ist Cyclohexan nicht in einer einzelnen Konformation stabil, sondern wandelt sich schnell durch Umklappen des Rings in eine alternative Sessel-Konformation um (Abbildung 7.32). Ausgehend von der linken Struktur in der Abbildung klappt die Lehne des Cyclohexanrings von oben nach unten, und das Fußende des Sessels klappt nach oben. Durch dieses Umklappen werden alle Wasserstoffatome, die vorher axial waren, äquatorial und umgekehrt. Wenn Sie Molekülmodelle zur Hand haben, dann ist das jetzt eine gute Gelegenheit, sie auszupacken und ein wenig damit zu spielen!

Bei einem unsubstituierten Cyclohexan (an dessen Ring nur Wasserstoffatome gebunden sind) verändert das Umklappen des Sessels das Molekül nicht. Bei substituierten Cyclohexanen sind die beiden Konformeren in der Regel aber nicht mehr identisch.

Betrachten Sie das Isopropylcyclohexan in Abbildung 7.33: In einem der Sessel-Konformere steht die Isopropylgruppe in einer axialen Position; nach dem Umklappen des Rings steht sie äquatorial.

Abbildung 7.32: Das Umklappen des Cyclohexan-Sessels

 Das Umklappen des Ringes ändert alle äquatorialen in axiale Gruppen und umgekehrt.

Diese beiden Konformere sind nicht identisch und besitzen nicht dieselbe Energie. Wenn eine große Gruppe axial steht, entstehen *1,3-diaxiale Wechselwirkungen* im Molekül (die an der Wechselwirkung beteiligten Substituenten sind 3 Kohlenstoffe von einander entfernt), die die Energie des axialen Konformers erhöhen. Aus diesem Grund bevorzugen große Substituenten äquatoriale Positionen, da hier keine 1,3-Wechselwirkungen auftreten. Da das chemische Gleichgewicht energieärmere Verbindungen bevorzugt, ist der nach rechts deutende Pfeil in Abbildung 7.33 etwas länger.

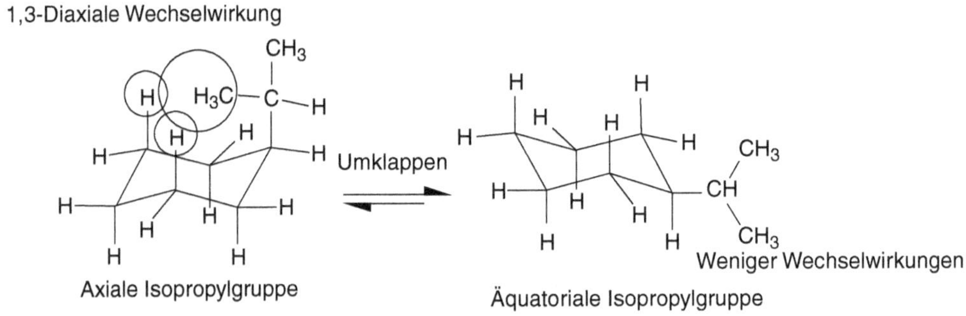

Abbildung 7.33: Sessel-Konformere des Isopropylcyclohexans

Verwechseln Sie Konformation nicht mit Konfiguration. Eine *cis*-Konfiguration (ein Molekül, bei dem die Substituenten eines Ringes zur gleichen Seite zeigen) oder eine *trans*-Konfiguration (ein Molekül, bei dem die Gruppen zu unterschiedlichen Seiten zeigen) ändern sich nicht, wenn sich die Konformation ändert. Ein Umklappen des Cyclohexanrings verändert die Konfiguration nicht, denn nach dem Umklappen zeigen die Substituenten immer noch auf die gleiche Seite (*cis*-Konfiguration) bzw. auf verschiedene Seiten (*trans*-Konfiguration). Zur Änderung der Konfiguration müssen chemische Bindungen gebrochen und neu gebildet werden; eine Änderung der Konformation ist durch Veränderung von Diederwinkeln möglich.

Zeichnen der stabilsten Sessel-Konformation

Um die stabilste Sessel-Konfiguration des Cyclohexans zu zeichnen, müssen Sie zunächst untersuchen, welche Varianten möglich sind, die Substituenten auf axiale oder äquatoriale Positionen zu verteilen (basierend auf den Vorgaben, welche Substituenten *cis* oder *trans* zueinander stehen). Am besten verwenden Sie die Haworth-Projektion, siehe Abbildung 7.34. Diese Projektion ist leicht zu erstellen – starten Sie an einer beliebigen Stelle im Ring, und wechseln Sie axial (ax) und äquatorial (äq) von Kohlenstoffatom zu Kohlenstoffatom und von oben nach unten ab. Die Projektion zeigt Ihnen, welche zwei Optionen für die beiden Sessel-Konformationen bestehen.

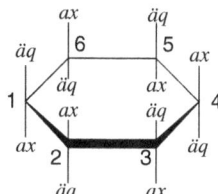

Abbildung 7.34: Haworth-Projektion

Wenn Sie nach der stabilsten Konformation von *cis*-1,3-Dimethylcyclohexan gefragt werden, können entweder beide Substituenten nach oben oder beide nach unten zeigen (Abbildung 7.35). (*cis* bedeutet, dass sich beide Substituenten auf der gleichen Seite des Rings befinden.) Wie die Zeichnung zeigt, stehen entweder beide Substituenten äquatorial (äq) oder beide axial (ax).

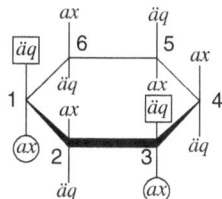

Abbildung 7.35: Mögliche Stellungen von cis-Substituenten in Position 1 und 3 des Cyclohexans

 Aus energetischen Gründen bevorzugen große Gruppen äquatoriale Positionen; sie vermeiden so die 1,3-diaxiale Wechselwirkung im Ring.

Da große Gruppen die äquatoriale Anordnung vorziehen, ist das stabilste Konformer für das *cis*-1,3-Dimethylcyclohexan das diäquatoriale, das Sie in Abbildung 7.36 sehen können. Das diaxiale Konformer besitzt eine höhere Energie.

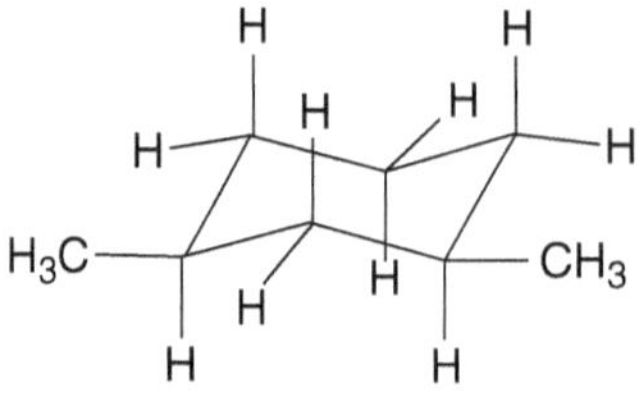

Abbildung 7.36: Die diäquatoriale Konformation des cis-1,3-Dimethylcyclohexans

Wenn ein Cyclohexan zwei Substituenten besitzt, von denen einer axial und der andere äquatorial steht (wie es bei *trans*-1,3-disubstituierten Cyclohexanen der Fall ist), ist die Konformation energetisch günstiger, bei der die größere Gruppe äquatorial und die kleinere axial steht.

Reagierende Alkane: Halogenierung

Da die Alkane unter den meisten Bedingungen reaktionsträge sind, ist die radikalische Halogenierung so ziemlich die einzige Reaktion, die Sie bei den Alkanen erleben werden. Diese Reaktion wird sehr häufig vorgeführt, wenn Sie in die organische Chemie einsteigen. Gelegentlich erläutern Lehrbücher die *katalytische Spaltung (das Cracking)* von langkettigen Alkanen, bei der Alkane bei erhöhter Temperatur über einen Katalysator geleitet werden. Das ist aber ein großtechnischer Prozess zur Herstellung von Benzin und keine typische Laborreaktion.

Die Chlorierung des Methans ist in Abbildung 7.37 dargestellt. Dabei substituiert ein Chloratom ein Wasserstoffatom des Methans.

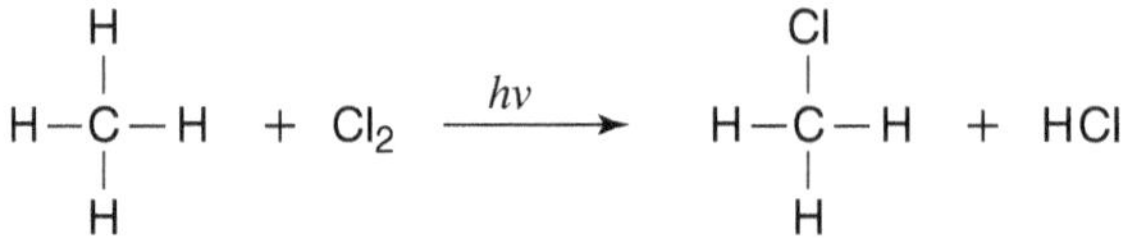

Abbildung 7.37: Die Chlorierung von Methan

Eine interessante Eigenschaft dieser Reaktion ist die photochemische (lichtgesteuerte) Steuerung der Reaktion. Anstelle von Wärme (wie die meisten Reaktionen) benötigt diese Reaktion Licht (abgekürzt: $h\nu$), um starten zu können. Sie verläuft in drei Schritten: Start, Kettenfortpflanzung und Abbruch.

Los geht's: Die Startreaktion

Um die Startreaktion (auch Kettenstart genannt) zu initiieren, wird die Reaktionsmischung mit Licht bestrahlt, das von den Chlormolekülen (Cl_2) absorbiert wird. Das Licht stellt genügend Energie zur Verfügung, sodass sich die verheirateten Chloratome scheiden lassen – das heißt, die Chlor-Chlor-Bindung bricht und zwei Chlor-Radikale entstehen

(Abbildung 7.38). (Radikale sind Atome oder Verbindungen mit ungepaarten Elektronen.) Diese Art der Bindungsspaltung wird *Homolyse* genannt, da die Bindung – im Gegensatz zur *Heterolyse* – symmetrisch bricht und jedes Bruchstück eines der Bindungselektronen erhält. So ähnlich läuft eine Scheidung ab: Jeder bekommt die Hälfte – jedenfalls in der Theorie. In den Reaktionsgleichungen werden einspitzige Pfeile verwendet, um die Bewegung eines einzelnen Elektrons darzustellen. In Kapitel 3 erfahren Sie mehr über die Verwendung von Pfeilen in der organischen Chemie.

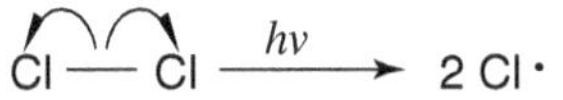

$$Cl-Cl \xrightarrow{h\nu} 2\ Cl\cdot$$

Abbildung 7.38: Kettenstart

Wenn es läuft, läuft es: Kettenfortpflanzung

Nachdem die Reaktion durch die Bildung eines Chlorradikals eingeleitet (initiiert) wurde, laufen die Kettenfortpflanzungsschritte (Propagation) ab, die Sie in Abbildung 7.39 sehen können.

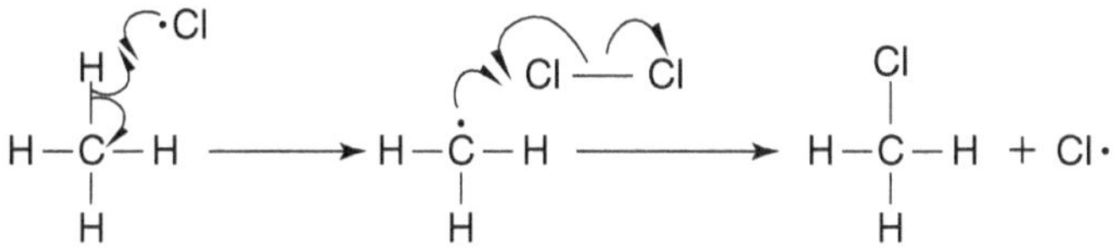

Abbildung 7.39: Die Kettenfortpflanzung

Ein Chlorradikal ist sehr instabil, weil das Chloratom nur sieben Valenzelektronen besitzt und ihm somit ein Elektron zu einem kompletten Elektronenoktett fehlt. Um sein Elektronenoktett zu erreichen, greift das Chloratom zu radikalen Maßnahmen: Es entreißt dem Methanmolekül ein Wasserstoffatom (kein Proton!). Dabei entstehen Chlorwasserstoff und ein Methylradikal. Nun hat das Methylradikal dasselbe Problem wie zuvor das Chorradikal: Ihm fehlt ein Elektron zu einem Elektronenoktett. Darum greift es ein weiteres Chlormolekül an und bildet Chlormethan und ein weiteres Chlorradikal.

... und raus bist Du: Kettenabbruch

Da die Reaktion Chlorradikale als Nebenprodukt generiert, wird sie Kettenreaktion genannt. In einer *Kettenreaktion* wird das reaktive Teilchen (hier also das Chlorradikal) durch den Reaktionsverlauf immer wieder neu erzeugt. Wenn keine Kettenabbruchschritte existierten, könnte die Reaktion so lange weiterlaufen, bis alle Ausgangsprodukte aufgebraucht wären. Kettenabbruchschritte sind Reaktionen, bei denen die reaktiven Zwischenstufen verbraucht werden, ohne dass Neue entstünden. Jede Kombination zweier Radikale (Abbildung 7.40) ist eine Kettenabbruchreaktion, da sie die reaktiven Teilchen (die freien Radikale) aus der Reaktion nehmen, ohne sie wieder in den Prozess zurückzuführen.

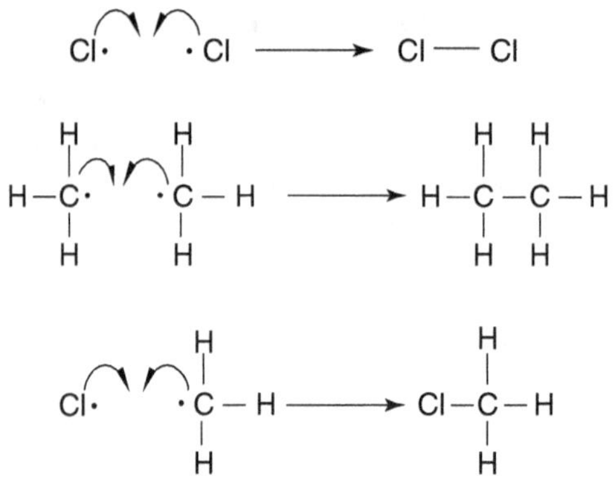

150 TEIL II Kohlenwasserstoffe

$$Cl\cdot \quad \cdot Cl \longrightarrow Cl-Cl$$

$$H-\underset{H}{\overset{H}{C}}\cdot \quad \cdot \underset{H}{\overset{H}{C}}-H \longrightarrow H-\underset{H}{\overset{H}{C}}-\underset{H}{\overset{H}{C}}-H$$

$$Cl\cdot \quad \cdot \underset{H}{\overset{H}{C}}-H \longrightarrow Cl-\underset{H}{\overset{H}{C}}-H$$

Abbildung 7.40: Kettenabbruchschritte bei der Chlorierung von Methan

Wenn Sie einen mehrstufigen Syntheseweg finden sollen (siehe Anhang A), müssen Sie oft von einem Alkan ausgehen. Die vielleicht beste (und oft die einzige) Methode, um einen Fuß in die Tür zu bekommen und eine funktionelle Gruppe in das Alkan einzubauen, ist die radikalische Bromierung (oder Chlorierung).

Wie sieht es mit der Chlorierung bei größeren Molekülen aus, die verschiedene Arten von Wasserstoffatomen besitzen? Während im Methan nur eine Art von Wasserstoffatomen zur Abspaltung vorhanden ist, also nur ein Produkt entstehen kann, können in größeren Molekülen unterschiedliche Produkte gebildet werden. Butan (Abbildung 7.41) enthält zwei Arten von Wasserstoffatomen. Wasserstoffatome werden nach dem Substitutionsgrad des Kohlenstoffatoms klassifiziert, an das sie gebunden sind. Wasserstoffatome an einem primären Kohlenstoffatom (einem Kohlenstoffatom, das nur an *ein* anderes Kohlenstoffatom gebunden ist) werden primäre Wasserstoffatome genannt. Wasserstoffatome an einem sekundären Kohlenstoffatom (einem Kohlenstoffatom, das mit zwei weiteren Kohlenstoffatomen verbunden ist) werden sekundäre Wasserstoffatome genannt. Butan enthält sowohl primäre (1°) als auch sekundäre (2°) Wasserstoffatome.

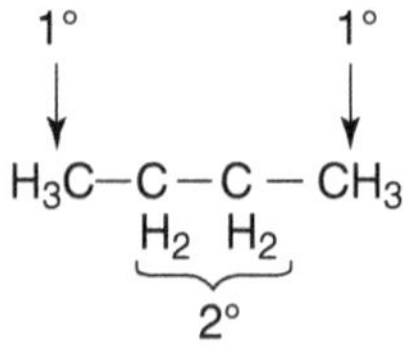

$$\overset{1°}{\downarrow} \qquad \overset{1°}{\downarrow}$$
$$H_3C-\underset{H_2}{C}-\underset{H_2}{C}-CH_3$$
$$\underset{2°}{\underbrace{}}$$

Abbildung 7.41: Primäre und sekundäre Wasserstoffatome im Butan

Bei der radikalischen Chlorierung des Butans bildet sich selektiv das Produkt, das durch die Abspaltung eines sekundären Wasserstoffatoms und die Bildung des sekundären Radikals entsteht (Abbildung 7.42).

Um zu verstehen, warum das so ist, müssen Sie etwas über die Stabilität freier Radikale wissen. Radikale sind umso stabiler, je höher das Kohlenstoffatom substituiert ist, an dem sich das ungepaarte Elektron aufhält (siehe Abbildung 7.43). Daher erfolgt die Chlorierung in erster Linie am höchstsubstituierten Kohlenstoffatom.

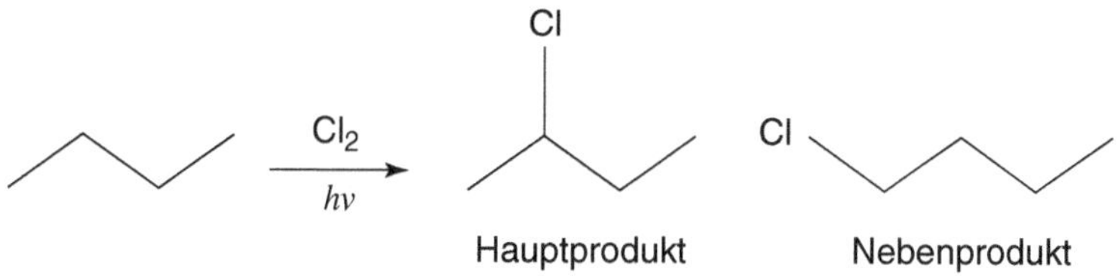

Abbildung 7.42: Die radikalische Chlorierung von Butan

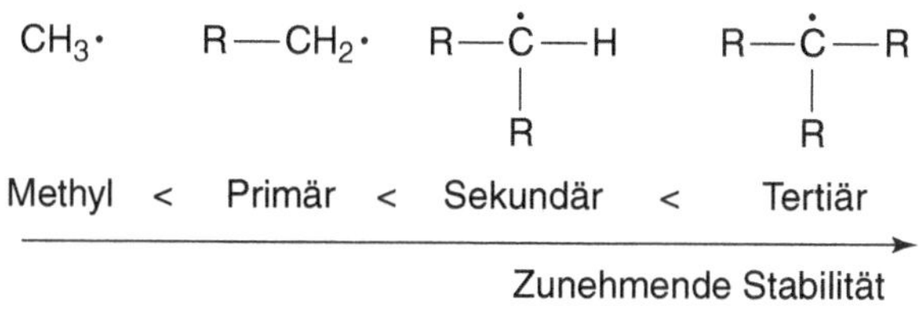

Abbildung 7.43: Die relative Stabilität freier Radikale

Selektivität der Chlorierung und der Bromierung

Die Bromierung von Alkanen verläuft nach dem gleichen Schema wie die Chlorierung, nur dass in der Reaktion Br_2 anstelle von Cl_2 verwendet wird. Ein Unterschied zwischen der Bromierung und der Chlorierung ist aber, dass die Bromradikale selektiver Wasserstoffatome an höher substituierten Kohlenstoffatomen substituieren.

Was meine ich mit Selektivität? Ich will Ihnen ein pikantes Beispiel geben: Vergleichen Sie einen Mann, der in einer stabilen, in jeder Hinsicht funktionierenden Partnerschaft lebt, mit einem stadtbekannten Frauenhelden ohne feste Beziehung. Auch der Mann in der festen Beziehung ist vielleicht offen für einen Seitensprung, aber er wird dabei sicher viel selektiver vorgehen als der Möchtegern-Casanova, der jede Gelegenheit nutzt, die sich ihm bietet. In einem ähnlichen Sinn sind Bromradikale selektiver als Chlorradikale. Ein Chlorradikal ist wie der Frauenheld, und der (fast) treue Partner ist wie das Bromradikal. Chlorradikale besitzen nur eine geringe Präferenz für Wasserstoffatome an höher substituierten Kohlenstoffatomen; sie reagieren oft mit dem erstbesten Wasserstoffatom, das ihnen begegnet. Bromradikale sind da etwas wählerischer.

Aufgabe 7.1:

Geben Sie die Strukturformeln der Verbindungen (a)–(c) an:

a. 3-Methylhexan;

b. 3-Methyl-1-propylcyclopentan;

c. 5,7-Diethyl-3-isopropyl-2-methylnonan.

Markieren Sie die Atome, an denen stereochemische Informationen fehlen.

Aufgabe 7.2:

Sortieren Sie die Konformationsisomere aller Stereoisomere von 1,4-Dibromcyclohexan (in der Sessel-Konformation) nach steigendem relativem Energiegehalt.

Aufgabe 7.3:

Zu welchem Produkt wird die photochemisch induzierte Bromierung von 2,2,4-Trimethylpentan bevorzugt führen? Begründen Sie.

Aufgabe 7.4:

Geben Sie alle Isomere mit der Summenformel C_6H_{14} an, und benennen Sie diese.

Aufgabe 7.5:

Prüfen Sie die Benennung der Strukturformel auf ihre Richtigkeit. Geben Sie den Fehler an, und korrigieren Sie gegebenenfalls die Bezeichnung.

4-Methyl-3,4-Dipropylhexan

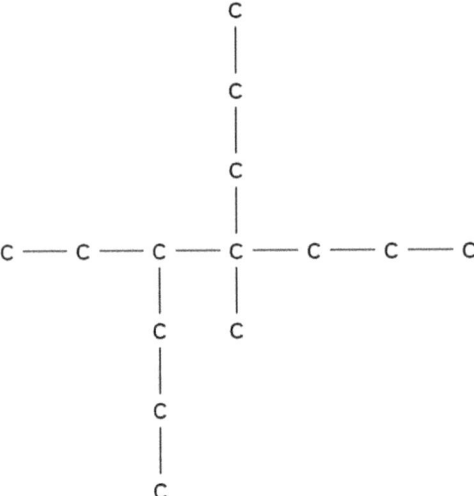

Aufgabe 7.6:

Geben Sie den Mechanismus zur Bildung von 2-Chlorpropan an.

> **IN DIESEM KAPITEL**
>
> Die Bedeutung der Alkene verstehen
>
> Die Bestimmung des Doppelbindungsäquivalents
>
> Stereochemie der Alkene
>
> Die Nomenklatur der Alkene
>
> Die Reaktionen der Alkene

Kapitel 8
Hilfe, ich sehe doppelt: Alkene

An diesem Punkt setze ich voraus, dass Sie die Grundlagen der organischen Chemie kennen. Ich setze voraus, dass Sie den Unterschied zwischen einer kovalenten und einer Ionenbindung kennen (Kapitel 2), dass Sie wissen, wie man organische Strukturen zeichnen und interpretieren kann (Kapitel 3), und dass Sie die Nomenklatur der Alkane kennen (Kapitel 7). Jetzt beginnt der lustige Teil des Buches: die chemischen Reaktionen.

Chemische Reaktionen sind das Salz in der Suppe der organischen Chemie. Sie werden nun zahlreiche Reaktionsabläufe kennenlernen, und Ihre Aufgabe wird sein, diese in der Praxis anzuwenden. Und je mehr Reaktionen Sie kennen, desto wichtiger wird es, sie systematisch und durchschaubar zu klassifizieren. Durch die funktionelle Gruppe der Alkene sind viele neue Reaktionsmechanismen verfügbar, mit denen Sie andere Alkene herstellen oder andere funktionelle Gruppen in Moleküle einbauen können.

In diesem Kapitel weihe ich Sie in die funktionelle Gruppe der Alkene ein. Ich zeige Ihnen, wie Sie Ihr Sprachrepertoire um die Nomenklatur der Alkene erweitern können, und ich diskutiere viele Reaktionen, mit denen Sie Alkene herstellen oder in andere Verbindungen umwandeln können. Außerdem gebe ich Ihnen praktische Tipps, wie Sie die Unmengen neuer Reaktionen ökonomisch lernen können, damit Sie in Ihrem Organik-Studium erfolgreich sind.

Die Definition der Alkene

Alkene sind Verbindungen, die mindestens eine Kohlenstoff-Kohlenstoff-Doppelbindung enthalten. Weil Doppelbindungen so häufig in wertvollen Verbindungen (wie Medikamenten) zu finden sind, sind sie eine der wichtigsten funktionellen Gruppen der organischen Chemie. Alkene sind außerdem sehr vielseitig, sie sind leicht herzustellen und können in viele andere Verbindungen umgewandelt werden, wie Abbildung 8.1 zeigt. Daher sind Alkene häufig Zwischenprodukte für die Synthese anderer Verbindungen.

Zwischenprodukte? Stellen Sie sich eine Flugreise als Analogie vor. Vielleicht können Sie nicht direkt von Frankfurt nach Timbuktu fliegen, aber von Frankfurt nach New York und von New York nach Timbuktu. Vielleicht können Sie die funktionelle Gruppe in Ihrem Molekül nicht direkt in die funktionelle Gruppe umwandeln, die Sie gerne hätten, aber auf dem Umweg über eine andere funktionelle Gruppe (zum Beispiel eine Doppelbindung) könnte es klappen. Selbst wenn das Objekt Ihrer Begehrlichkeit (das gewünschte Produkt) keine Kohlenstoff-Kohlenstoff-Doppelbindungen enthält, können Alkene in der Synthese des Moleküls daher eine wichtige Rolle spielen.

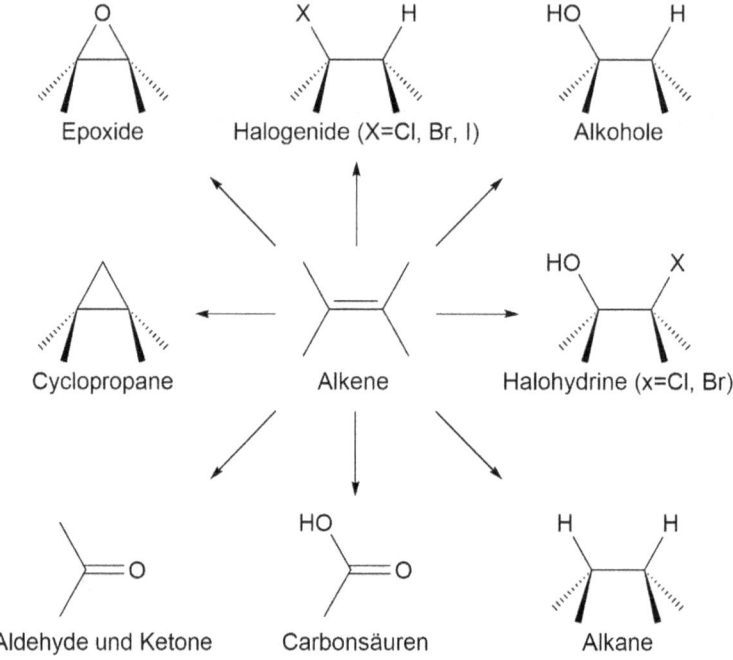

Abbildung 8.1: Verbindungen, die aus Alkenen synthetisiert werden können

Das Doppelbindungsäquivalent

Alkane werden als gesättigte Kohlenwasserstoffe bezeichnet, da diese Moleküle mit Wasserstoffatomen gesättigt sind; sie besitzen die maximale Anzahl an Wasserstoffen, die für die gegebene Zahl von Kohlenstoffatomen möglich sind, und befolgen alle Regeln der Valenz (nicht mehr als vier Bindungen auszubilden, da Kohlenstoff ein Element der zweiten Periode ist). Für die Bildung einer Kohlenstoff-Kohlenstoff-Doppelbindung muss sich ein Molekül von zwei Wasserstoffatomen trennen. Daher werden Alkene als *ungesättigte*

Kohlenwasserstoffe bezeichnet. Während Alkane der allgemeinen Summenformel C_nH_{2n+2} folgen, wenn *n* die Zahl der Kohlenstoffatome im Molekül ist, gehorchen Alkene der allgemeinen Summenformel C_nH_{2n}, besitzen also pro Doppelbindung zwei Wasserstoffatome weniger als ein Alkan mit der gleichen Anzahl von Kohlenstoffatomen. Diese beiden Wasserstoffatome werden als ein Doppelbindungsäquivalent bezeichnet.

Organische Reaktionen meistern

Viele Studierende sind der Auffassung, dass eine Zeichnung des Reaktionsablaufs (wie Sie sie unten sehen) das Lernen von Reaktionen beschleunigt (ich lege Ihnen diese Arbeitsweise ans Herz). Andere meinen, dass Reaktionsschemata, die Umwandlungen von funktionellen Gruppen übersichtlich darstellen (wie in Abbildung 8.1), sehr nützlich sind, um die Reaktionen zu begreifen.

Es spielt keine Rolle, welchen Weg Sie einschlagen, um die Abläufe zu lernen: Sie müssen sehr viel üben. Weil die meisten Reaktionen in der organischen Chemie Reaktionen organischer Moleküle sind, müssen Sie ein Experte in der synthetischen organischen Chemie werden. Und um ein Experte worin auch immer werden zu können, brauchen Sie Übung. Wenn Sie ein hervorragender Pianist werden wollen, müssen Sie am Klavier üben; um ein exzellenter Maler zu werden, müssen Sie Malen üben. So funktioniert das auch in der organischen Chemie. Wenn Sie ein Fachmann in der organischen Chemie sein möchten, benötigen Sie Übung, Übung, Übung.

Für die Praxis heißt das, dass Sie viele Aufgaben bearbeiten müssen, die prüfen, wie gut Sie die Reaktionen kennen (einschließlich der Reagenzien, die dazu nötig sind) und wie gut Sie sie auf neue Situationen anwenden können. Zunächst haben Sie nur mit Einschrittsynthesen zu tun – welches Reagenz wandelt Verbindung A in Verbindung B um. Irgendwann werden sie *mehrstufige* Synthesen erarbeiten müssen: Synthesen, die mehr als einen Schritt vom Edukt zum Produkt benötigen. In Anhang A gehe ich ausführlich darauf ein.

Bestimmung des Doppelbindungsäquivalents aus einer Struktur

Wenn Sie das Doppelbindungsäquivalent eines Moleküls kennen, gibt Ihnen diese Zahl einen Hinweis auf die Anzahl von Doppelbindungen in einer unbekannten Verbindung. (Diese Tatsache wird sehr nützlich werden, wenn Sie die Struktur einer unbekannten Verbindung bestimmen wollen. In Teil IV werden Sie lernen, wie Sie diese Information auf spektroskopische und spektrometrische Aufgabenstellungen übertragen können.)

Das Doppelbindungsäquivalent eines Moleküls ist additiv – ein Molekül mit einer Doppelbindung besitzt ein Doppelbindungsäquivalent von 1, ein Molekül mit zwei Doppelbindungen besitzt ein Doppelbindungsäquivalent von 2, ein Molekül mit drei Doppelbindungen besitzt ein Doppelbindungsäquivalent von 3 und so weiter. Ebenso wie die Bildung einer Doppelbindung führt auch die Entstehung eines Rings in einem Molekül zum Verlust von zwei Wasserstoffatomen, und daher erhöht auch jeder im Molekül enthaltene Ring das Doppelbindungsäquivalent um 1. Jede Dreifachbindung erhöht das Doppelbindungsäquivalent eines Moleküls um 2, weil das Molekül dafür vier Wasserstoffatome abgeben muss. Einige Beispiele für Verbindungen mit drei Kohlenstoffatomen und unterschiedlichen Doppelbindungsäquivalenten sind in Abbildung 8.2 dargestellt.

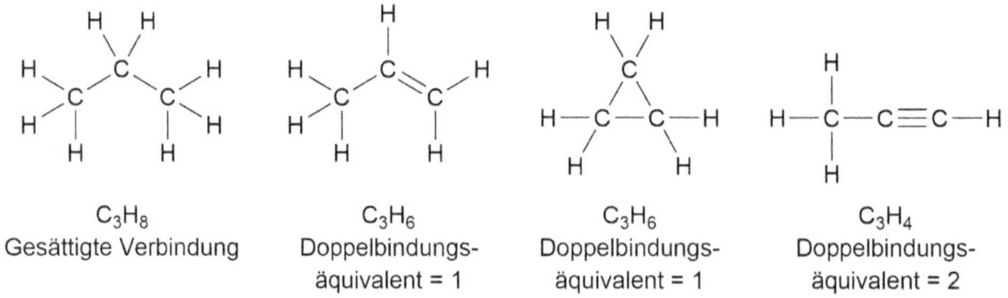

C_3H_8
Gesättigte Verbindung

C_3H_6
Doppelbindungsäquivalent = 1

C_3H_6
Doppelbindungsäquivalent = 1

C_3H_4
Doppelbindungsäquivalent = 2

Abbildung 8.2: Doppelbindungsäquivalente für Moleküle mit drei Kohlenstoffatomen

Um das Doppelbindungsäquivalent eines willkürlichen Moleküls zu bestimmen, addieren Sie die Doppelbindungsäquivalente aller Strukturelemente, die in dem Molekül enthalten sind. Abbildung 8.3 zeigt ein Molekül, das aus einem Ring, einer Doppelbindung und einer Dreifachbindung besteht. Demnach besitzt das Molekül ein Doppelbindungsäquivalent von 4, da der Ring und die Doppelbindung jeweils ein Doppelbindungsäquivalent von 1 und die Dreifachbindung ein Doppelbindungsäquivalent von 2 beitragen.

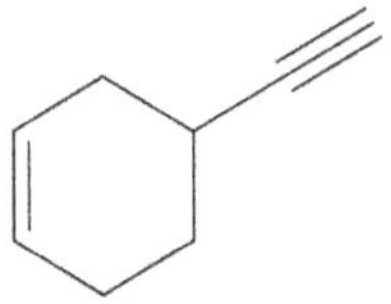

Abbildung 8.3: Ein Molekül mit einem Doppelbindungsäquivalent von 4

Die Bestimmung des Doppelbindungsäquivalents aus einer Summenformel

Wichtiger als die Bestimmung des Doppelbindungsäquivalents aus einer Molekülstruktur ist die Bestimmung des Doppelbindungsäquivalents aus einer Summenformel. Das Doppelbindungsäquivalent kann mithilfe der folgenden Gleichung bestimmt werden:

$$\text{Doppelbindungsäquivalent} = \frac{\left[2 \cdot \left(\text{Zahl der C} - \text{Atome}\right) + 2\right] - \text{Zahl der H} - \text{Atome}}{2}.$$

Mittels dieser Gleichung kann das Doppelbindungsäquivalent für jeden Kohlenwasserstoff aus seiner Summenformel bestimmt werden. (Für Verbindungen, deren Struktur und Formel nicht bekannt sind, nutzen Chemiker eine instrumentelle Methode, die Massenspektrometrie genannt wird. In Kapitel 16 erfahren Sie mehr darüber.) Aber was ist mit Molekülen, die noch andere Atome als Wasserstoff und Kohlenstoff enthalten? In derartigen Fällen müssen Sie die Summenformeln in äquivalente Formeln umwandeln, die nur Kohlenstoff und Wasserstoff enthalten, damit Sie die obige Gleichung verwenden können. Dabei helfen Ihnen die folgenden Regeln:

- ✔ **Halogene (F, Cl, Br, I):** Für jedes Halogen wird ein Wasserstoff zur Summenformel addiert.

- ✔ **Stickstoff:** Für jedes Stickstoffatom subtrahieren Sie einen Wasserstoff aus der Summenformel.

- ✔ **Sauerstoff und Schwefel:** Können ignoriert werden.

Bestimmen Sie zur Übung das Doppelbindungsäquivalent aus der Formel $C_8H_6F_3NO_2$. Als erstes substituieren Sie alle Atome, die nicht Wasserstoff und Kohlenstoff sind. Fluor ist ein Halogen, daher müssen Sie drei Wasserstoffatome zur Summenformel addieren (ein H für jedes F). Das Molekül enthält ein Stickstoffatom, deshalb müssen Sie ein Wasserstoffatom aus der Summenformel entfernen. Die beiden Sauerstoffatome im Molekül können Sie vernachlässigen. So gelangen Sie zu der äquivalenten Summenformel von $C_8H_{6+3-1} = C_8H_8$. Mit anderen Worten: Die Summenformeln $C_8H_6F_3NO_2$ und C_8H_8 besitzen dasselbe Doppelbindungsäquivalent. Einsetzen in die obige Formel ergibt für die Summenformel $C_8H_6F_3NO_2$ ein Doppelbindungsäquivalent von 5.

Nomen est omen: Die Nomenklatur der Alkene

Wenn Sie wissen, wie man die Alkane benennt (siehe Kapitel 7), dann ist das Erlernen der Nomenklatur der Alkene eine sehr einfache Angelegenheit. Während die Alkane mit dem Suffix *–an* enden, enden die Alkene mit dem Suffix *–en*. Ein Alken mit zwei Kohlenstoffatomen wird Ethen genannt, ein Alken mit drei Kohlenstoffatomen bekommt den Namen Propen und ein Alkenring mit fünf Kohlenstoffatomen heißt Cyclopenten, siehe Abbildung 8.4.

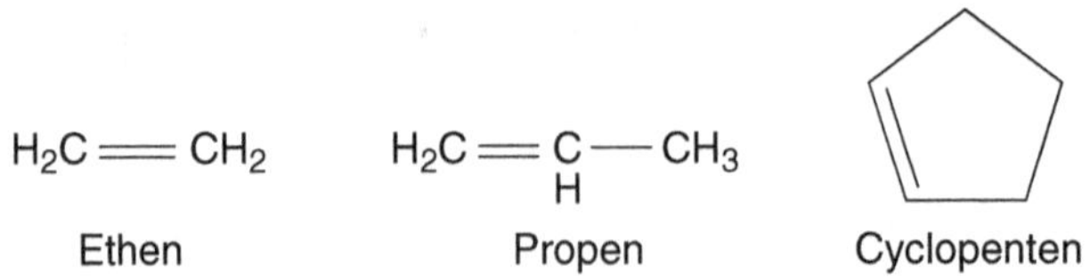

H₂C═CH₂   H₂C═C—CH₃
                    |
                    H
 Ethen   Propen   Cyclopenten

Abbildung 8.4: Die Strukturen einiger Alkene

Die Nummerierung der Stammkette

Bei Molekülen, in denen die Doppelbindung an mehr als einer Position liegen kann, müssen Sie eine Zahl vor das Suffix -en setzen (in einfachen Fällen wird sie manchmal auch an den Anfang der Stammkette gesetzt), um die Position der Doppelbindung anzuzeigen. In Abbildung 8.5 kann die Doppelbindung an zwei Stellen im Penten auftauchen.

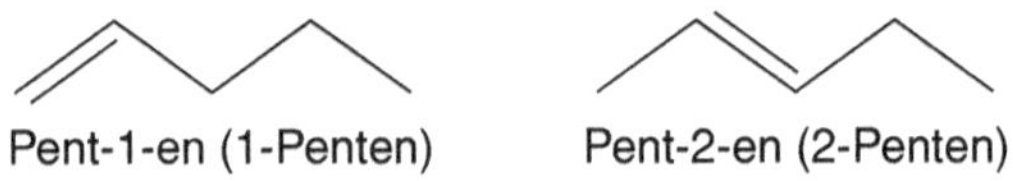

Pent-1-en (1-Penten)   Pent-2-en (2-Penten)

Abbildung 8.5: Die beiden möglichen Positionen der Doppelbindung in Penten

Die Stammkette wird so nummeriert, dass den beiden Kohlenstoffatomen der C-C-Doppelbindung möglichst niedrige Nummern zukommen. Ein Penten kann daher nicht Pent-3-en heißen, weil diese Struktur identisch mit Pent-2-en ist. Abbildung 8.6 verdeutlicht die richtige und die falsche Nummerierung einer Kette mit sieben Kohlenstoffatomen und einem Methyl-Substituenten. Beachten Sie, dass die kleinere Zahl für die Doppelbindung wichtiger ist als eine kleinere Zahl für den Substituenten.

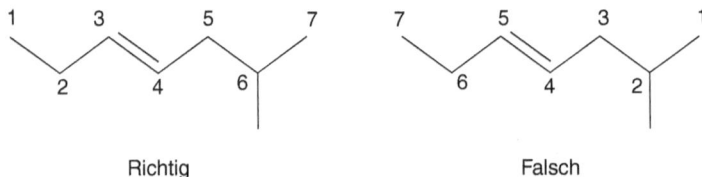

Richtig   Falsch

Abbildung 8.6: Richtige und falsche Nummerierung eines langen Alkens

Zusätzlich *muss* die Doppelbindung in der Stammkette enthalten sein, auch wenn Sie eine längere Kette von Kohlenstoffatomen finden könnten, siehe Abbildung 8.7.

Abbildung 8.7: Richtige und falsche Nummerierung der Stammkette eines Alkens

Um ein Alken in einem Ring zu benennen, nummerieren Sie den Ring so, dass die Doppelbindung die kleinstmöglichen Zahlen bekommt, wie in Abbildung 8.8.

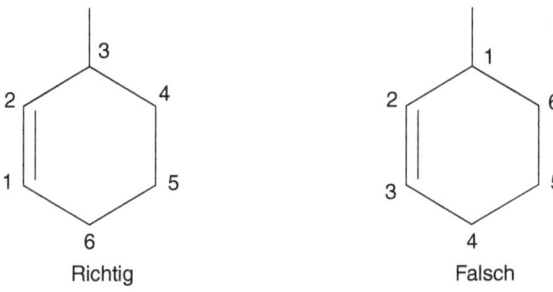

Abbildung 8.8: Korrekte und die falsche Nummerierung eines Alkens in einem Ring

Benennung multipler Doppelbindungen

Die Namensgebung von Alkenen, die mehr als eine Doppelbindung beinhalten, verlangt die Benutzung eines Präfixes (wie *di, tri, tetra*), um die Anzahl der Doppelbindungen des Moleküls festzulegen. Auch hier wird die Position aller Doppelbindungen durch Zahlen festgelegt. Ein Beispiel hierfür sehen Sie in Abbildung 8.9.

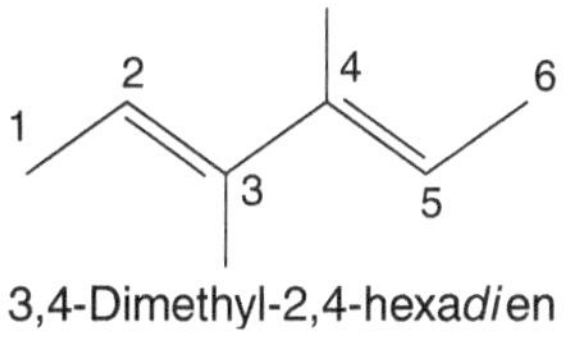

3,4-Dimethyl-2,4-hexa*di*en

Abbildung 8.9: Nummerierung und Namensgebung eines Alkadiens mit zwei Methylgruppen als Substituenten

Trivialnamen von Alkenen

Alkene können systematisch nach der IUPAC-Nomenklatur benannt werden (das ist das offizielle Nomenklatursystem der Chemiker von der International Union of Pure and Applied Chemistry oder zu deutsch: Internationale Union für reine und angewandte Chemie), einige Alkene besitzen aber Trivialnamen, die ihren Ursprung in der Geschichte haben. Diese alten Namen (von denen einige in Abbildung 8.10 gezeigt sind) sind noch häufig in der Literatur anzutreffen; die müssen Sie daher auch kennen. Für einige kürzere Alkene wird das Suffix *–ylen* an Stelle von *–en* angewendet. Ethen wird oft Ethylen und Propen Propylen genannt. Styrol – für die Kunststoffherstellung verwendet – ist der Trivialname eines Moleküls, in dem eine Doppelbindung an einem Benzolring hängt (siehe Kapitel 13 für eine umfassende Darstellung des Benzols und anderer aromatischer Verbindungen).

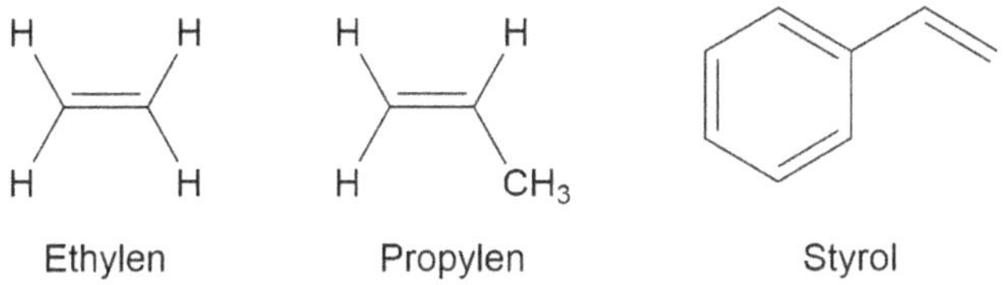

Ethylen   Propylen   Styrol

Abbildung 8.10: Die Trivialnamen einiger Alkene

Stereochemie der Alkene

Anders als Kohlenstoff-Kohlenstoff-Einzelbindungen, um die eine freie Rotation möglich ist (siehe Kapitel 7), sind Doppelbindungen starr und können nicht verdreht werden: Eine Rotation um eine Kohlenstoff-Kohlenstoff-Bindung ist bei Zimmertemperatur nicht möglich. Moleküle mit Doppelbindungen können daher Stereoisomere besitzen, genau wie cyclische Verbindungen.

Verbindungen, die die gleichen Verknüpfungen zwischen den Atomen (Konstitution), aber verschiedene räumliche Anordnungen der Atome besitzen, heißen Stereoisomere (siehe Kapitel 7).

Gleiches oder anderes Ufer? cis- und trans-Stereochemie

Betrachten Sie die Struktur von Pent-2-en in Abbildung 8.11. In diesem Alken sind zwei Stereoisomere möglich. Im *cis*-Stereoisomer liegen beide Wasserstoffatome auf der gleichen Seite der Doppelbindung, während im *trans*-Stereoisomer die Wasserstoffatome auf unterschiedlichen Seiten der Doppelbindung sitzen. Wenn sich zwei identische Gruppen auf der gleichen Seite einer Doppelbindung befinden, besitzt das Molekül eine *cis*-Stereochemie; wenn zwei identische Gruppen auf unterschiedlichen Seiten der Doppelbindungen liegen, besitzt das Molekül eine *trans*-Stereochemie.

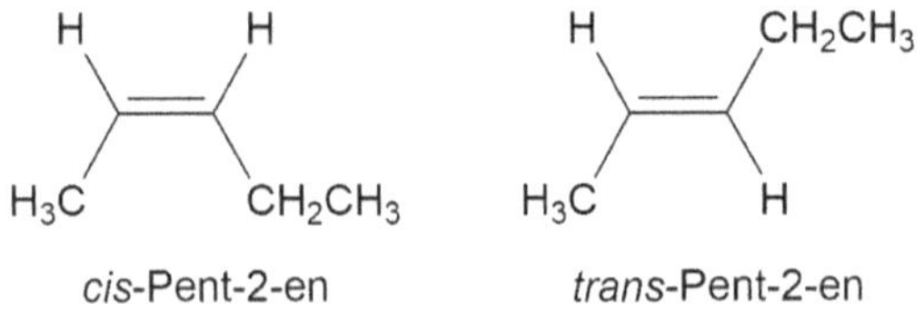

Abbildung 8.11: cis- und trans-2-Penten

cis-trans-Stereoisomere können nur in Ringen und bei Doppelbindungen vorkommen. Bei Doppelbindungen gilt das jedoch nur, wenn an beiden C-Atomen jeweils ein Wasserstoffatom sitzt. Ansonsten muss die im folgenden erklärte *E/Z*-Nomenklatur verwendet werden. Bei Einfachbindungen entsprechen diese Unterschiede nur verschiedenen Konformeren, weil sich diese Bindungen bei Zimmertemperatur (meist) schnell drehen können (Kapitel 7).

Ein doppeltes Spiel: E/Z-Stereochemie

Was passiert, wenn an einer Doppelbindung vier unterschiedliche Gruppen hängen? In einem solchen Fall versagt die *cis-trans*-Nomenklatur, da sie lediglich bei Verbindungen verwendet werden kann, bei denen zwei identische Gruppen an einer Doppelbindung oder einem Ring sitzen (in zahlreichen Fällen sind diese identischen Gruppen einfach Wasserstoffatome). Wenn vier unterschiedliche Gruppen an einer Doppelbindung vorkommen, müssen Sie zum *E/Z*-System für die Nomenklatur greifen (das seltener verwendet wird als die *cis-trans*-Nomenklatur), um die Stereochemie der Doppelbindung kenntlich zu machen: Das *E* steht für entgegen, und das *Z* steht für zusammen.

Um das *E/Z*-System anwenden zu können, müssen Sie zunächst mithilfe der Cahn-Ingold-Prelog-Regeln (die folgen gleich) auf beiden Seiten des Alkens bestimmen, welcher Substituent die höhere und welcher die niedrigere Priorität besitzt, siehe Abbildung 8.12.

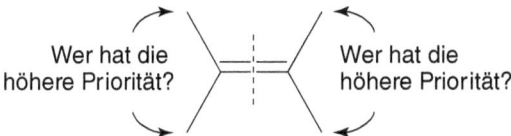

Abbildung 8.12: Zuweisen der E/Z-Stereochemie

Wenn die beiden Substituenten mit der höchsten Priorität auf der gleichen Seite der Doppelbindung liegen, wird das Alken mit *Z* bezeichnet; liegen die beiden Substituenten mit der höchsten Priorität auf unterschiedlichen Seiten der Doppelbindung, wird sie mit *E* bezeichnet. Abbildung 8.13 veranschaulicht diese Regeln.

Abbildung 8.13: Hoch oder niedrig?

 Sind an einer Doppelbindung drei oder vier Substituenten (außer Wasserstoff) vorhanden, dann muss die *E/Z*-Nomenklatur verwendet werden, und es wird nicht mit *cis/trans* benannt.

Hier ein paar Tipps, wie Sie die Priorität von Substituenten an einer Doppelbindung nach den Cahn-Ingold-Prelog-Regeln festlegen:

✔ **Individuelle Substituenten:** Der Substituent, dessen erstes Atom die höchste Ordnungszahl besitzt, bekommt die höchste Priorität. Jod besitzt eine höhere Priorität als Brom, Brom eine höhere Priorität als Chlor und so weiter.

✔ **Unentschieden:** Im Falle eines Unentschieden (die beiden ersten Atome sind zum Beispiel Kohlenstoffe) gehen Sie zum nächsten Atom, und entscheiden Sie, welches Atom die höhere Ordnungszahl besitzt. Wenn Sie wieder ein Unentschieden bekommen, gehen Sie solange weiter, bis eine Entscheidung getroffen ist (siehe Abbildung 8.14).

✔ **Mehrfachbindungen:** Mehrfachbindungen können Sie nach einer recht seltsamen Methode mithilfe der Cahn-Ingold-Prelog-Regeln behandeln. Dazu betrachten Sie die Mehrfachbindungen wie mehrfache Einzelbindungen. Ein Kohlenstoffatom, das durch eine Doppelbindung an ein Sauerstoffatom gebunden ist, wird so behandelt, als ob es zwei Einfachbindungen zu zwei Sauerstoffatomen besäße (und als ob jedes dieser

Sauerstoffatome wieder an ein weiteres Kohlenstoffatom gebunden sei). Welche der Gruppen in Abbildung 8.15 besitzt die höhere Priorität? Die Doppelbindung zwischen Kohlenstoff und Sauerstoff oder Dreifachbindung zwischen Kohlenstoff und Stickstoff? Die Doppelbindung zwischen Kohlenstoff und Sauerstoff besitzt die höhere Priorität, da Sauerstoff eine höhere Ordnungszahl als Stickstoff besitzt. (Die Tatsache, dass die eine Gruppe drei C–N-Bindungen enthält und die andere nur zwei C–O-Bindungen, ist nicht relevant. Die Zahl der Bindungen spielt nur beim Vergleich identischer Bindungen eine Rolle: C=NH hätte eine höhere Priorität als C–NH$_2$.)

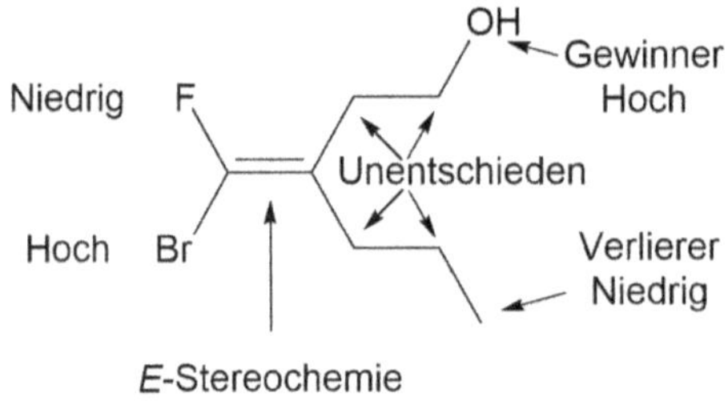

Abbildung 8.14: Prioritätsbestimmung bei einem Unentschieden von Substituenten an einer Doppelbindung

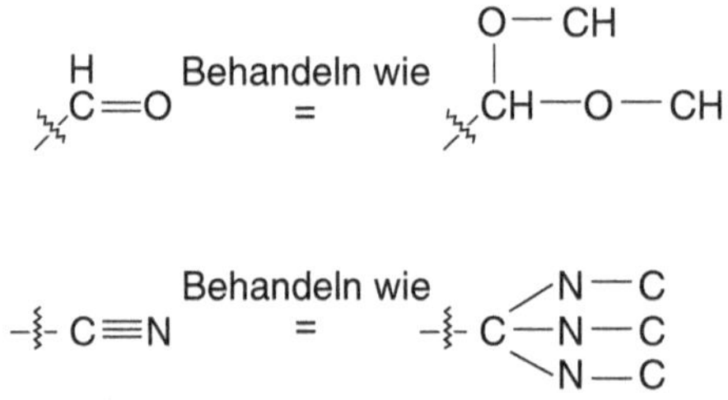

Abbildung 8.15: Die Behandlung von Mehrfachbindungen mithilfe der Cahn-Ingold-Prelog-Regeln

Die Stabilität der Alkene

Bei der Synthese von Alkenen werden meistens bestimmte Isomere der Alkene bevorzugt gebildet. In vielen Fällen liegt das daran, dass ein Isomer stabiler als das andere ist und daher in größerer Menge entsteht. Wenn Sie verstehen, welche Eigenschaften ihrer Struktur für die Stabilität von Alkenen verantwortlich sind, können Sie angeben, welche Alkene wann bevorzugt entstehen.

Substitution bei Alkenen

Der wichtigste Faktor für die Stabilität eines Alkens ist die Zahl der Substituenten außer Wasserstoff an der Kohlenstoff-Kohlenstoff-Doppelbindung. Je weniger Wasserstoffatome eine Doppelbindung trägt, desto stabiler ist das Alken, da sich die Elektronen im Molekül weiter verteilen können (Abbildung 8.16).

Abbildung 8.16: Die relative Stabilität substituierter Alkene

Die Stabilität von cis- und trans-Isomeren

Auch die *cis-trans*-Isomerie beeinflusst die Stabilität der Alkene. *trans*-Isomere sind meist stabiler als *cis*-Isomere. Die Bevorzugung der *trans*-Isomere resultiert aus dem Platzbedarf der Substituenten, die gerne (wie Menschen) ihren Freiraum haben. Technisch gesprochen beruht der Platzbedarf der Atome darauf, dass sie sich gegenseitig abstoßen, wofür wiederum die gegenseitige Abstoßung der Elektronen in ihren Elektronenhüllen verantwortlich ist.

In der *trans*-Konfiguration eines Alkens sitzen die Substituenten auf unterschiedlichen Seiten der Doppelbindung und sind daher voneinander entfernt. In der *cis*-Konfiguration eines Alkens befinden sich die Substituenten auf derselben Seite der Doppelbindung und rücken einander viel dichter auf die Pelle. Die Abstoßung der Atome, die bemerkbar wird, wenn man die Atome zu dicht aufeinander presst, wird *sterische Hinderung* genannt. Abbildung 8.17 zeigt Ihnen ein Beispiel. Aus diesem Grund bevorzugen Alkene die *trans*-Konfiguration gegenüber der *cis*-Konfiguration.

> Die Aussage, ein Molekül sei stabiler als ein anderes, ist gleichbedeutend mit der Aussage, dass dieses Molekül weniger Energie besitzt als das andere. Mit anderen Worten, stabile Moleküle besitzen eine geringere Energie als instabile Moleküle.

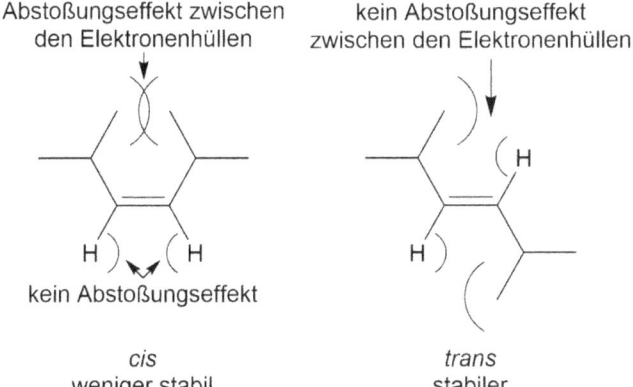

Abbildung 8.17: Sterische Hinderung bei cis-Alkenen und die relativen Stabilitäten von cis- und trans-Alkenen

Abbildung 8.18 veranschaulicht die *cis-trans*-Isomerie an einem anderen Molekülpaar.

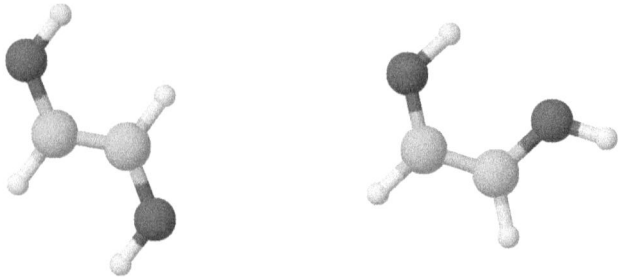

Abbildung 8.18: Das trans- und das cis-Isomer von Ethen-1,2-diol

Darstellung der Alkene

Die drei wichtigsten Wege zur Darstellung (Organiker-Sprech für »Herstellung«) von Alkenen sind die Dehydrohalogenierung, die Dehydratisierung und die Wittig-Reaktion.

Eliminierung von Säure: Dehydrohalogenierung

Eine der gebräuchlichsten Methoden zur Darstellung von Alkenen geht von Alkylhalogeniden aus. Halogene werden häufig durch ein X abgekürzt, wobei X für eines der Halogene Chlor (Cl), Brom (Br) oder Jod (I) steht. Wenn eine starke Base (mit :B⁻ abgekürzt) zu einem Alkylhalogenid hinzugefügt wird, wird ein Äquivalent HX des Moleküls eliminiert, und ein Alken entsteht. Dieser Prozeß heißt *Dehydrohalogenierung* und ist in Abbildung 8.19 gezeigt. Das eliminierte Proton befindet sich in unmittelbarer Nähe des Halogenatoms, aber nicht an demselben Kohlenstoffatom. (Die beiden möglichen Mechanismen der Eliminierung werden in Kapitel 10 besprochen.)

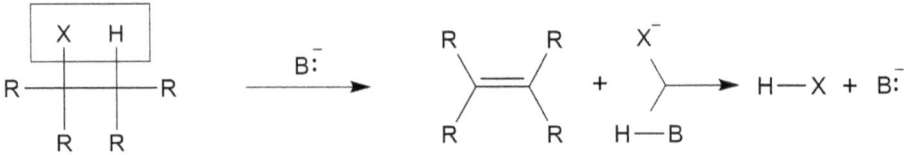

Abbildung 8.19: Dehydrohalogenierung eines Alkylhalogenids

Wasserlassen: Dehydratisierung von Alkoholen

Eine ähnliche Reaktion wie die Dehydrohalogenierung von Alkylhalogeniden ist die *Dehydratisierung* (die Abspaltung von Wasser) von Alkoholen, die ebenfalls zu Alkenen führt. In Anwesenheit einer starken Säure und von Wärme (durch das Symbol Δ dargestellt) spalten Alkohole Wasser ab und werden zu Alkenen, wie in Abbildung 8.20 gezeigt. Die Dehydratisierung verläuft meist nach dem E1-Mechanismus, der in Kapitel 10 besprochen wird.

KAPITEL 8 Hilfe, ich sehe doppelt: Alkene   165

Verwechseln Sie Dehydratisierung nicht mit Dehydrierung. Niemals.

Dehydratisierung ist die Entfernung von Wasser aus den unterschiedlichsten Substanzen. *Dehydrierung* (auch Dehydrogenierung) ist die Abspaltung von Wasserstoff aus organischen Molekülen.

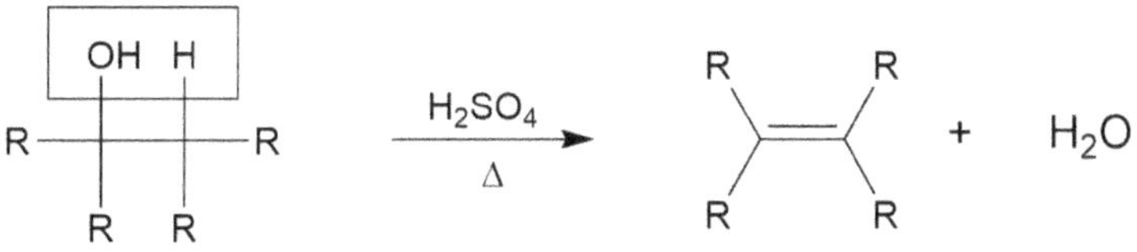

Abbildung 8.20: Die Dehydratisierung eines Alkohols

Die Wittig-Reaktion

Die Wittig-Reaktion ist der geeignetste Weg, Alkene in großem Maßstab herzustellen, und überhaupt einer der flexibelsten Wege zur Herstellung von Alkenen. Sie ist nach ihrem Entdecker Georg Wittig benannt, der im Jahre 1979 mit dem Nobelpreis für Chemie ausgezeichnet wurde.

Wenn Sie gerne einen Nobelpreis für Chemie hätten, dann entdecken Sie doch einfach eine neue und allgemein anwendbare Methode zur Bildung von C–C-Bindungen. Solche Reaktionen sind in der organischen Synthese (egal, ob im Labor oder in der Großindustrie) extrem wertvoll. Für diesen simplen Trick gab es schon viele Nobelpreise, unter anderem für Otto Diels, Kurt Alder, Georg Wittig oder Victor Grignard.

In der Wittig-Reaktion wird ein Aldehyd oder ein Keton mit einem Phosphoran (einem Molekül, das eine Kohlenstoff-Phosphor-Doppelbindung enthält, $Ph_3P=CR_2$) umgesetzt. Wie Abbildung 8.21 zeigt, entsteht dabei ein Alken (die Abkürzung Ph steht hier für einen Phenylrest, C_6H_5). Bildlich können Sie sich das einfach so vorstellen, dass das Sauerstoffatom aus der Carbonylgruppe und die Triphenylphosphan-Einheit aus dem Phosphoran abgetrennt werden und die beiden verbleibenden Teile sich zu dem Alken verbinden.

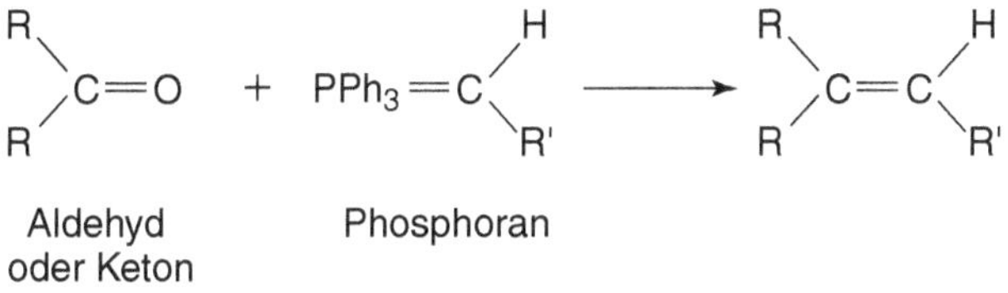

Abbildung 8.21: Die Wittig-Reaktion

Um das Phosphoran herzustellen, sind zwei Schritte nötig. Zunächst setzen Sie Triphenylphosphan (Ph_3P) mit einem Halogenalkan unter Bildung eines Phosphonium-Ions (genauer:

eines Alkyltriphenylphosphoniumsalzes) um, wie Abbildung 8.22 zeigt. Dann fügen Sie eine starke Base (:B⁻) hinzu, um ein Proton von dem Kohlenstoffatom gleich neben dem Phosphoratom zu entfernen. Dabei entsteht das Phosphoran, für das Sie zwei Resonanzstrukturen zeichnen können.

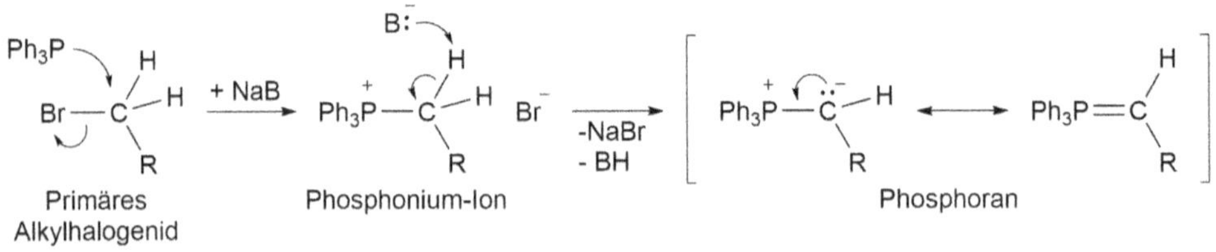

Abbildung 8.22: Die Bildung des Phosphorans

Der Mechanismus der Addition des Phosphorans an die Carbonylverbindung (den Aldehyd oder das Keton) ist immer noch umstritten, aber die meisten Chemiker glauben, dass der Angriff des Phosphorans auf die Carbonylverbindung zu einer Zwischenstufe führt, die sowohl eine positive als auch eine negative Ladung aufweist, und zu der sich *keine* Resonanzstruktur *ohne* Ladung aufstellen lässt, ein *Betain* (Abbildung 8.23). Das negativ geladene Sauerstoffatom des Betains greift dann das positiv geladene Phosphoratom an und bildet ein Teilchen mit einen neutralen Vierring, das *Oxaphosphetan*. Dieses zerfällt zum sehr stabilen Triphenylphosphanoxid und dem Alken. Geschafft!

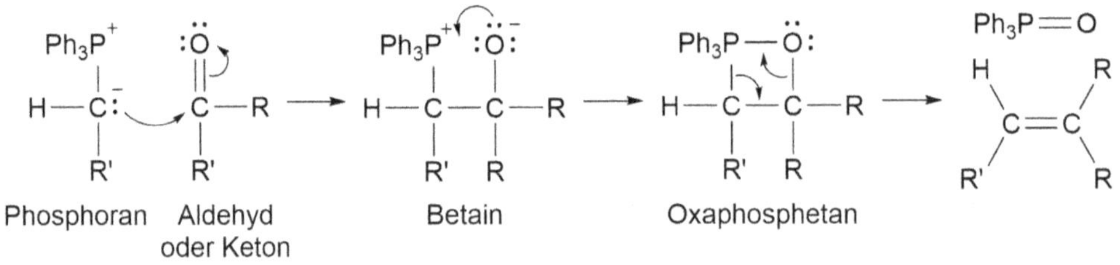

Abbildung 8.23: Der Mechanismus der Wittig-Reaktion

Die Reaktionen der Alkene

Eine der nützlichsten Eigenschaften der Alkene ist ihre Reaktionsfreudigkeit, die zu zahlreichen Verbindungen führt.

Die Addition von Halogenwasserstoff an Doppelbindungen

Bei der Addition eines Halogenwasserstoffs (HCl, HBr oder HI) an eine Doppelbindung entsteht aus dem Alken das entsprechende Alkylhalogenid (siehe Abbildung 8.24). Diese Reaktion ist die Umkehrung der Eliminierungsreaktion, durch die Alkene hergestellt werden können.

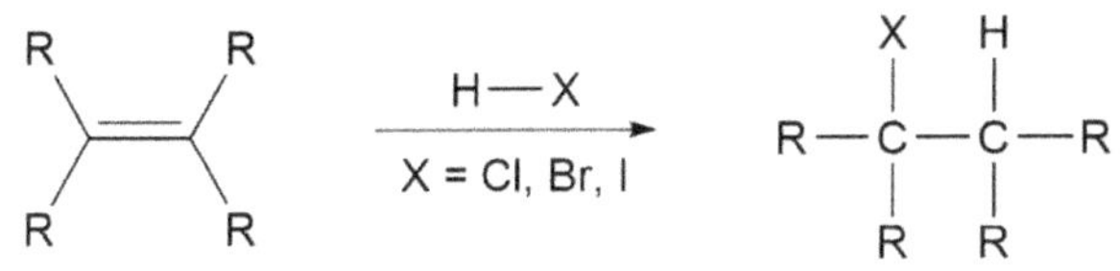

Abbildung 8.24: Die Anlagerung von Halogenwasserstoffen an Alkene

Der Mechanismus der Reaktion ist in Abbildung 8.25 gezeigt. Der erste Schritt ist die Protonierung der Doppelbindung durch die Säure. Das führt zu einem kurzlebigen reaktiven Zwischenprodukt, einem *Carbokation*. Man spricht allgemein von Carbokationen, wenn die positive Ladung eines mehratomigen Kations ausschließlich oder hauptsächlich (denken Sie an Resonanzstrukturen!) an einem Kohlenstoffatom lokalisiert ist. Dieses wird dann durch das Halogenid-Anion angegriffen, wobei das Alkylhalogenid entsteht.

Bei der Protonierung der Doppelbindung können zwei unterschiedliche Kationen entstehen, wie Sie in Abbildung 8.25 sehen können. Welches Kohlenstoffatom der Doppelbindung bekommt das Proton? (Und welche Seite der Doppelbindung bekommt die positive Ladung?)

Der russische Chemiker Wladimir W. Markownikow beobachtete, dass Alkene an dem am wenigsten substituierten Kohlenstoffatom der Doppelbindung protoniert werden, dass also die positive Ladung an dem am höchsten substituierten Kohlenstoff lokalisiert wird. *Tertiäre* Carbokationen (also Kationen, bei denen sich die positive Ladung an einem Kohlenstoff mit drei Alkylgruppen befindet) werden *sekundären* Carbokationen vorgezogen (in denen der kationische Kohlenstoff von nur zwei Alkylgruppen benachbart ist). Energetisch am ungünstigsten sind *primäre* Carbokationen, in denen der kationische Kohlenstoff nur einen einzigen Alkylsubstituenten aufweist.

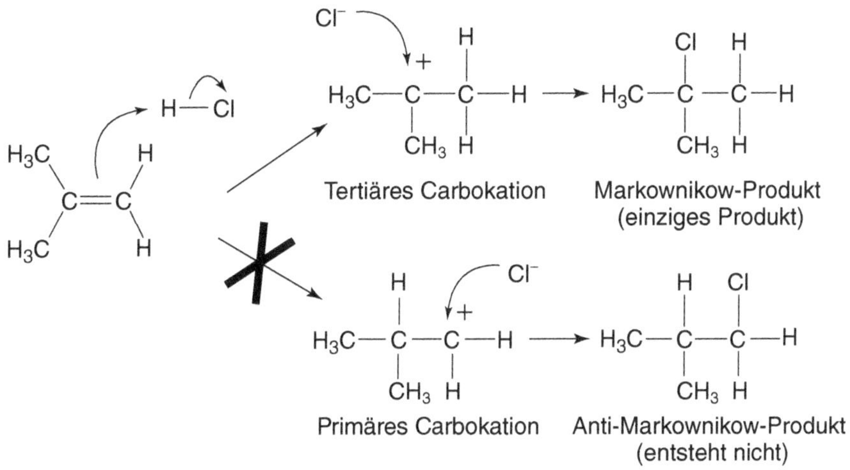

Abbildung 8.25: Die Bildung eines Carbokations an dem am höchsten substituierten Kohlenstoffatom (Markownikow-Produkt)

Da höher substituierte Carbokationen stabiler sind, lagern sich Halogene an das Kohlenstoffatom an, das die meisten Alkylgruppen besitzt. Wenn die Addition an das am höchsten substituierte Kohlenstoffatom erfolgt (siehe Abbildung 8.25), wird das Produkt *Markownikow-Produkt* genannt, zu Ehren des Entdeckers dieser Regel. Das nicht entstehende Produkt wird *anti-Markownikow-Produkt* genannt.

Da die Reaktion eines von zwei Produkten bevorzugt – das Halogen wird auf der höher substituierten Seite der Doppelbindung addiert und nicht auf der niedriger substituierten Seite – wird diese Reaktion *regioselektiv* genannt. Regioselektive Reaktionen bevorzugen ein spezielles Konstitutionsisomer gegenüber einem anderen. (Konstitutionsisomere sind Moleküle mit derselben Summenformel, aber einer unterschiedlichen Verknüpfung der Atome).

Damit Sie sich merken können, welche Produkte nach Markownikow bevorzugt werden (Markownikow-Produkte), denken Sie an den Satz »Wer hat, dem wird gegeben.«

Aber was ist der Grund für diese Bevorzugung? Warum sind die höher substituierten Carbokationen stabiler als die mit weniger Alkylsubstituenten? Um das verstehen zu können, müssen Sie einen genaueren Blick auf die Struktur von Carbokationen werfen.

Ich bin positiv: Carbokationen

Carbokationen (auch Carbeniumionen genannt) sind instabile Teilchen, denn das positiv geladene Kohlenstoffatom benötigt zwei Elektronen, um sein Elektronenoktett aufzufüllen (und Sie wissen, wie sehr sich Atome genau danach sehnen). Zusätzlich besitzt das kationische Kohlenstoffatom eine volle positive Ladung (was ihm gar nicht passt). Das Kohlenstoffatom im Carbokation braucht daher dringend Elektronen.

Nachbarschaftshilfe: Hyperkonjugation

Alkylsubstituenten können dem kationischen Nachbarn Elektronendichte zur Verfügung stellen und ihn dadurch stabilisieren. Diese Verteilung der Ladung ist energetisch vorteilhaft. Abbildung 8.26 zeigt die relative Stabilität von primären, sekundären und tertiären Carbokationen.

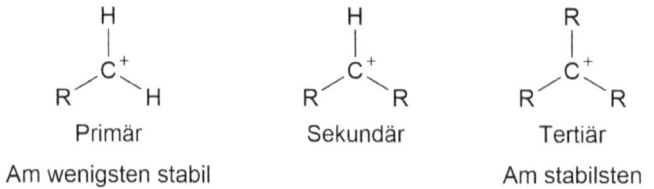

Abbildung 8.26: Die relative Stabilität von substituierten Carbokationen

Alkylgruppen können ihre Elektronendichte durch *Hyperkonjugation* mit dem benachbarten Ladungsträger teilen. Als Hyperkonjugation bezeichnet man die Überlappung des leeren p-Orbitals des Carbokations mit der σ-Bindung einer benachbarten C–H- oder C–C-Bindung einer Alkylgruppe, die in Abbildung 8.27 gezeigt ist. (Werfen Sie einen Blick in Kapitel 2, um mehr über Orbitale und Bindungen zu erfahren.) Je mehr Alkylgruppen das positive Zentrum eines Carbokations um sich hat, umso stärker ist die Hyperkonjugation und umso besser kann die Ladung verteilt werden. Und je besser die Ladung verteilt ist, desto stabiler ist das Carbokation.

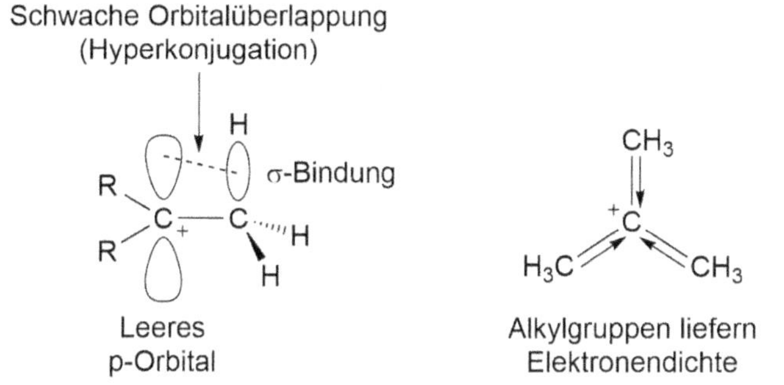

![Hyperkonjugation Abbildung]

Abbildung 8.27: Hyperkonjugation bei benachbarten Alkylgruppen

Resonanzstabilisierung von Carbokationen

Carbokationen können auch resonanzstabilisiert sein. (Schauen Sie in Kapitel 2 nach, um etwas über Resonanzstrukturen zu erfahren.) Carbokationen mit Resonanzstrukturen sind stabiler als Carbokationen ohne Resonanzstrukturen. *Benzylkationen* (kationische Zentren, die direkt neben einem Benzolring liegen) und *Allylkationen* (Ionen, bei denen die positive Ladung direkt neben einer Doppelbindung liegen) sind ebenfalls resonanzstabilisiert, da durch Delokalisierung die positive Ladung auf andere Atome verteilt wird, siehe Abbildung 8.28. Wenn Sie von einem Molekül mehr Resonanzstrukturen zeichnen können, dann ist dieses stabiler als ein Molekül mit weniger Resonanzstrukturen. Das Benzylkation ist daher stabiler als das Allylkation.

Resonanzstrukturen tragen zur Stabilität von Molekülen bei.

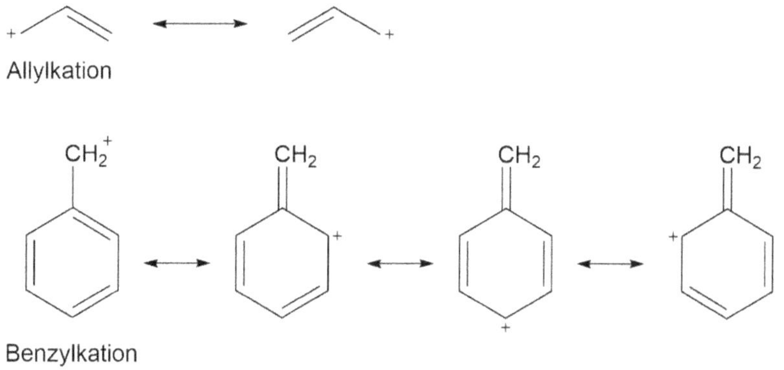

Abbildung 8.28: Resonanzstabilisierung von Allyl- und Benzylkationen

Die relativen Stabilitäten von Carbokationen sind näherungsweise (in der Reihenfolge zunehmender Stabilität): primäre Kationen < sekundäre Kationen ≈ Allylkationen < tertiäre Kationen ≈ Benzylkationen.

Carbokationen als Unruhestifter: Umlagerungen

Carbokationen – und unbeobachtete Kinder – können bisweilen groben Unfug machen. Nehmen Sie die Reaktion in Abbildung 8.29 als Beispiel. Die Reaktion von Alkenen mit Salzsäure (HCl) erzeugt das erwartete Produkt lediglich in kleinen Mengen; das Hauptprodukt ist ein Alkylhalogenid mit einem völlig anderen Molekülgerüst.

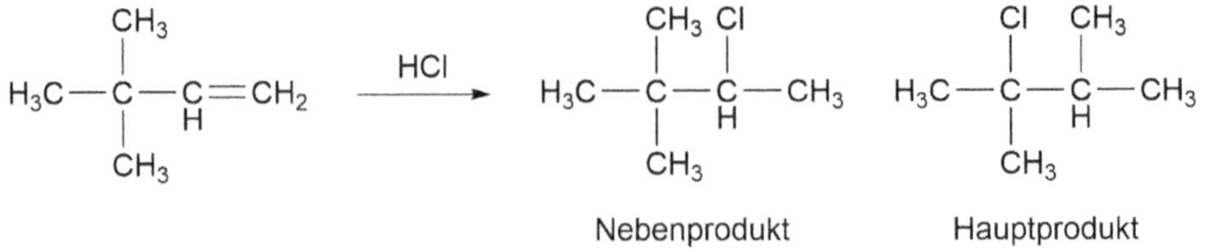

Abbildung 8.29: Die Addition von HCl an ein Alken

Wie konnte das passieren? Durch eine *Umlagerung* des Carbokations. Alkyl-Substituenten oder Wasserstoffe können (und werden) von einem benachbarten Kohlenstoffatom zum kationischen Zentrum wandern, wenn dadurch ein stabileres Carbokation entsteht. In Abbildung 8.30 bildet sich durch die Protonierung der Doppelbindung ein sekundäres Carbokation (weil es stabiler ist als das primäre Kation, das als Alternative auch möglich wäre). Die Wanderung einer Methylgruppe (zusammen mit den zwei Elektronen dieser Bindung) von dem benachbarten Kohlenstoffatom zum Zentrum des sekundären Carbokations verlagert das Kation zu dem stabileren tertiären Kohlenstoffatom. Dort greift anschließend das Halogen an und bildet so das umgelagerte Produkt.

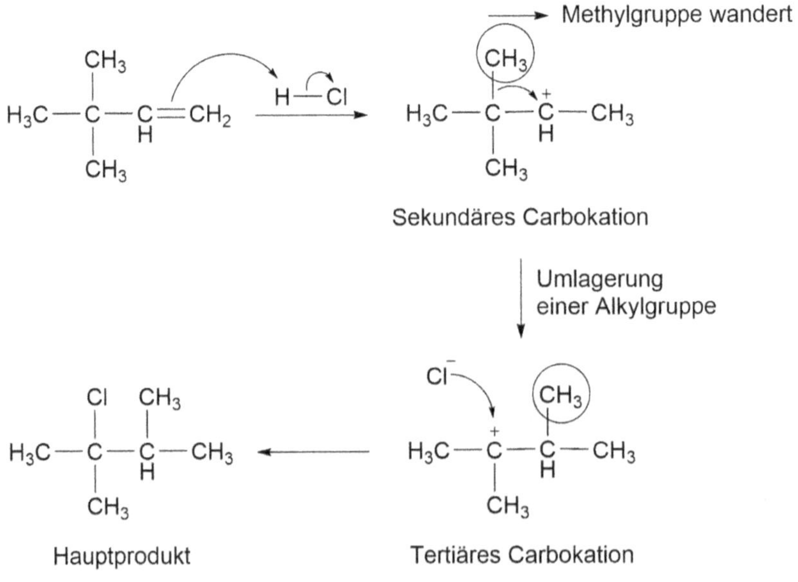

Abbildung 8.30: Der Mechanismus einer Umlagerung am Carbokation

Es erfordert einige Erfahrung, um zu erkennen, wann solche Umlagerungen eines Carbokations auftreten. Sie sollten immer dann nach einer Umlagerung Ausschau halten, wenn benachbarte Kohlenstoffatome des Kations mit mehreren Alkylgruppen substituiert sind.

Durch Umlagerungen von Alkylresten können auch kleine Ringe in größere Ringe umgewandelt werden, wie in der Reaktion in Abbildung 8.31. Kleine Ringe (mit drei oder vier Kohlenstoffatomen) sind instabiler als Ringe mittlerer Größe (mit fünf bis sechs Kohlenstoffatomen), weil die Ringspannung in den kleinen Ringen größer ist (sp^3-hybridisierte Kohlenstoffatome bevorzugen Bindungswinkel von 109,5°).

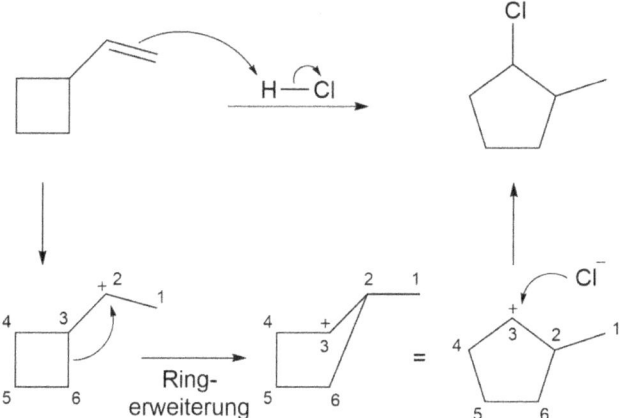

Abbildung 8.31: Die Umlagerung eines Carbokations in einem kleinen Ring

 Nummerieren Sie alle Atome, wenn Sie mit Ringerweiterungen zu tun haben. Dadurch können Sie alle Atome und ihre Ladungen im Auge behalten und im entstehenden Molekül richtig zuordnen.

 Die Alkylwanderung erfolgt hier aus zwei Gründen: Erstens, weil dabei ein stabileres Carbokation entsteht, (von einem sekundären zu einem tertiären Carbokation) und zweitens, weil die Ringspannung reduziert wird (bei positiver Ladung in kleinen Ringen).

Anlagerung von Wasser an eine Doppelbindung

Die *Hydratisierung* oder die Anlagerung von Wasser an eine Doppelbindung zur Herstellung eines Alkohols ist eine Reaktion, die der Anlagerung einer Halogenwasserstoffsäure an eine Doppelbindung ähnelt. Zwei verschiedene Reaktionswege stehen dafür zur Verfügung. Der erste lagert die OH-Gruppe an das am höchsten substituierte Kohlenstoffatom der Doppelbindung an und führt zum Markownikow-Produkt; der andere lagert die OH-Gruppe an das am wenigsten substituierte Kohlenstoffatom der Doppelbindung an und führt so zum anti-Markownikow-Produkt.

Markownikow-Addition: Oxymercurierung-Demercurierung

Um eine Bildung des Markownikow-Produkts (Alkoholgruppe an dem am höchsten substituierten Kohlenstoffatom) zu erreichen, versetzen Sie das Alken mit Quecksilberacetat (Hg(OAc)$_2$) und geben danach Natriumborhydrid (NaBH$_4$) zu, siehe Abbildung 8.32.

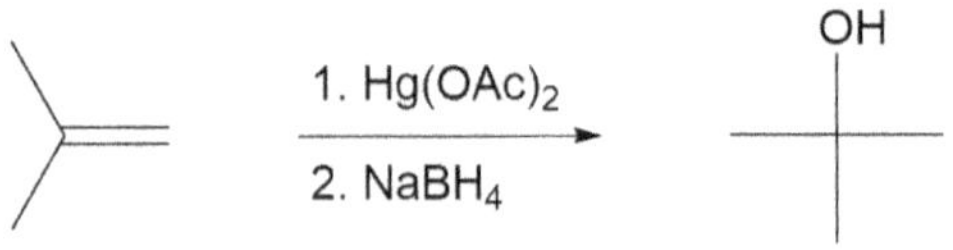

Abbildung 8.32: Die Oxymercurierung-Demercurierung eines Alkens

Die Zahlen über (oder unter) dem Reaktionspfeil kennzeichnen unterschiedliche Schritte. Im Fall der Oxymercurierung-Demercurierung heißt das, dass zuerst das Quecksilberacetat beigemischt wird und danach das Natriumborhydrid. Wenn sich keine Angaben über (oder unter) dem Reaktionspfeil befinden, dürfen Sie alle Reagenzien auf einmal in den Topf werfen.

Der Mechanismus einer Oxymercurierung-Demercurierung enthält im ersten Schritt eine Dissoziation des Quecksilberacetats, wobei es in zwei Ionen zerfällt. Im zweiten Schritt gibt es dann einen Angriff des Quecksilberacetats auf die Doppelbindung (ein elektrophiler Angriff) unter Bildung eines *Mercurinium-Ions* als Intermediat, siehe Abbildung 8.33. Dann greift das Wasser das am höchsten substituierte Kohlenstoffatom an und bildet nach der Abspaltung eines Protons den Quecksilber-Alkohol. Im zweiten Schritt ersetzt das Natriumborhydrid das Quecksilber durch Wasserstoff (nach einem Mechanismus, den ich Ihnen erspare).

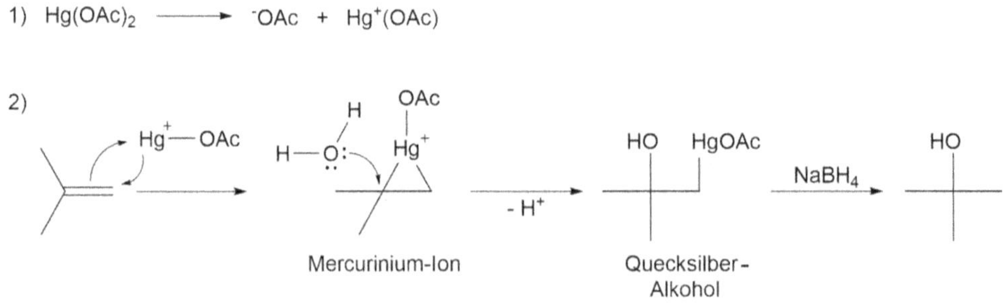

Abbildung 8.33: Der Mechanismus der Oxymercurierung-Demercurierung eines Alkens

Anti-Markownikow-Addition: Hydroborierung

Mit der Mercurierung-Demercurierung kennen Sie nun eine Reaktion, die Alkene in Markownikow-Alkohole überführt. Um eine OH-Gruppe am weniger substituierten Kohlenstoffatom (anti-Markownikow-Produkt) herzustellen, müssen Sie die Hydroborierung verwenden, die in Abbildung 8.34 gezeigt ist. Zunächst geben Sie Boran (BH$_3$) in Tetrahydrofuran (THF) zu dem Alken. Danach fügen Sie Wasserstoffperoxid (H$_2$O$_2$) und Natriumhydroxid (NaOH) zu, um den anti-Markownikow-Alkohol zu bilden.

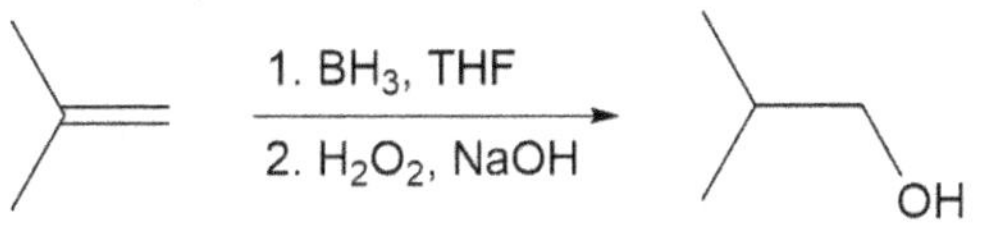

Abbildung 8.34: Die Hydroborierung eines Alkens

Der Mechanismus der Hydroborierung verläuft über den cyclischen Übergangszustand, den Sie in Abbildung 8.35 sehen. Das Boran lagert sich an die am niedrigsten substituierte Seite der Doppelbindung an und bildet ein Alkylboran. Da die Addition konzertiert verläuft (der Wasserstoff und das Boran werden gleichzeitig angelagert), müssen sich das Boran und der Wasserstoff auf der gleichen Seite der Kohlenstoff-Kohlenstoff Bindung anlagern (wenn zwei Gruppen sich an die gleiche Seite anlagern, spricht man auch von einer *syn-Addition*). Im zweiten Schritt substituiert das Wasserstoffperoxid (H_2O_2) in Gegenwart von Natriumhydroxid (NaOH) die Borylgruppe (BH_2) durch eine Hydroxylgruppe (OH), wodurch der anti-Markownikow-Alkohol entsteht.

Eine *syn-Addition* ist die Anlagerung zweier Gruppen auf der gleichen Seite einer Doppelbindung. Eine *anti-Addition* ist die Anlagerung zweier Gruppen auf unterschiedlichen Seiten einer Doppelbindung. Die *syn*-Addition an Cycloalkene entspricht der Anlagerung zweier Gruppen, die *cis* zueinander stehen; die *anti*-Addition an Cycloalkene entspricht der Anlagerung zweier Gruppen, die *trans* zueinander stehen.

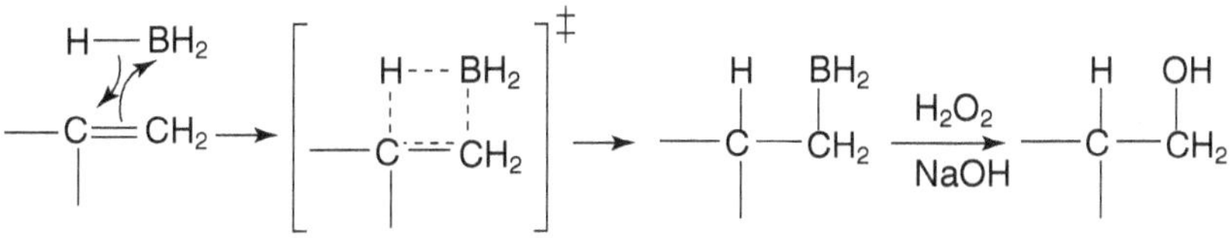

Abbildung 8.35: Der Mechanismus der Hydroborierung eines Alkens

Doppeltreffer: Dihydroxylierung

Anstatt durch die Oxymercurierung-Demercurierung oder die Hydroborierung *eine* Hydroxylgruppe an eine Doppelbindung anzulagern, können Sie mithilfe von Osmiumtetroxid (OsO_4) in Gegenwart von Wasserstoffperoxid (H_2O_2) auch *zwei* Hydroxylgruppen gleichzeitig einführen (Abbildung 8.36). Diese Reaktion wird *Dihydroxylierung* genannt.

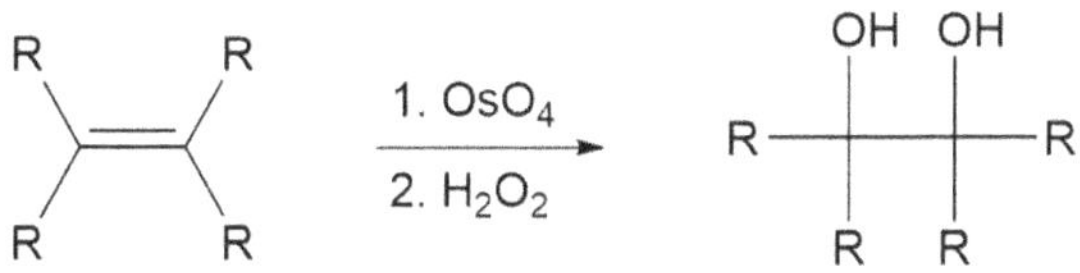

Abbildung 8.36: Die Dihydroxylierung eines Alkens

Der Mechanismus der Dihydroxylierung beginnt mit der Reaktion eines Alkens mit Osmiumtetroxid unter Bildung eines cyclischen Esters, der dann oxidativ hydrolysiert wird (siehe Abbildung 8.37).

Das Wasserstoffperoxid (H_2O_2) regeneriert den Katalysator Osmiumtetroxid und bildet das Diol (ein *Diol* ist ein Molekül, dass zwei OH-Gruppen enthält). Da beide Sauerstoffatome des Osmiumtetroxids auf derselben Seite der Doppelbindung angreifen (müssen), werden die beiden Hydroxylgruppen ebenfalls auf der gleichen Seite der Doppelbindung addiert (es handelt sich also um eine *syn*-Addition).

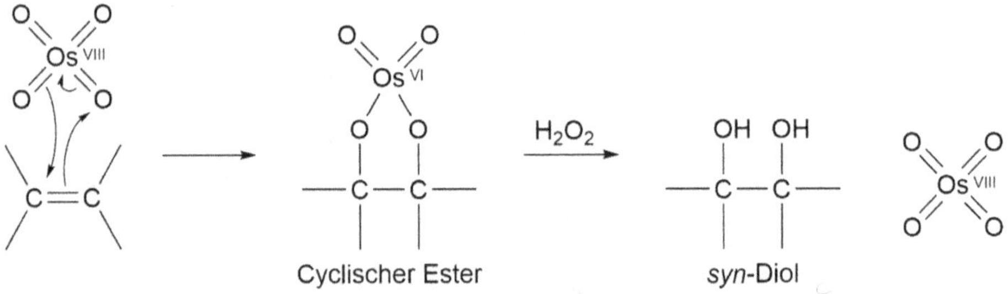

Abbildung 8.37: Der Mechanismus der Dihydroxylierung eines Alkens

Nimm 2: Die Bromierung von Alkenen

Alkene reagieren in Tetrachlorkohlenstoff (CCl_4) mit Brom (Br_2) oder Chlor (Cl_2) schnell zu einem Dihalogenid, siehe Abbildung 8.38. Diese Reaktion wird auch als Nachweis für Alkene verwendet. Brom (Br_2) ist braunrot gefärbt. Wenn man eine unbekannte Verbindung hinzugibt und sich die Lösung entfärbt, weiß man, dass die unbekannte Substanz eine Doppelbindung enthält. Solche Farbwechsel sind im Hörsaal und im Fernsehen immer beliebt.

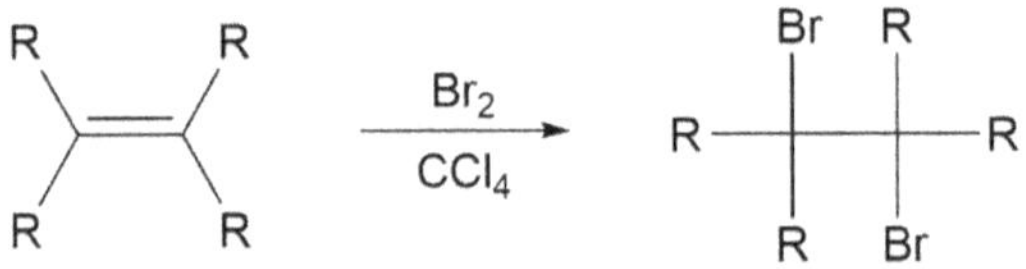

Abbildung 8.38: Die Bromierung eines Alkens

Der Mechanismus der Bromierung von Alkenen ist etwas ungewohnt. Die Reaktion eines Alkens mit Brom verläuft über einen Zwischenschritt, bei dem sich ein Ring bildet, der als Bromonium-Ion (oder Chloronium-Ion beim Chlor) bezeichnet wird, siehe Abbildung 8.39. Das freie Halogenid greift dann das Bromonium-Ion durch einen *Rückseitenangriff* an und bildet das Dibromid mit einer *anti*-Stereochemie.

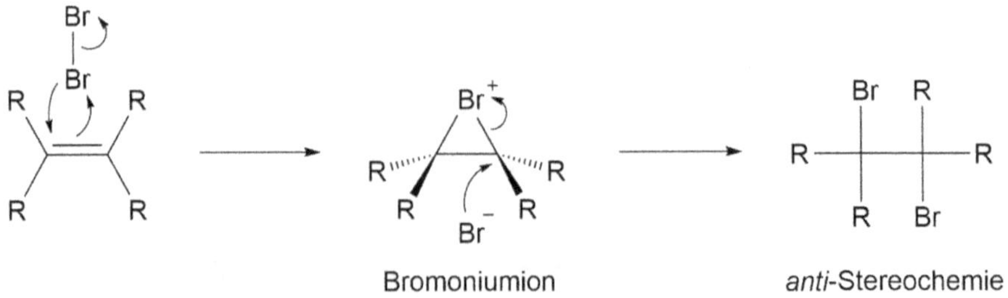

Abbildung 8.39: Der Mechanismus der Bromierung eines Alkens

Zerhacken von Doppelbindungen, Teil I: Ozonolyse

Die *Ozonolyse* ist eine Möglichkeit, um Kohlenstoff-Kohlenstoff-Doppelbindungen mithilfe von Ozon (O_3) in zwei Fragmente zu spalten. Dabei entstehen je nach der Art der Reste an der Doppelbindung Aldehyde oder Ketone, siehe Abbildung 8.40. Wenn beide Reste auf einer Seite der Doppelbindung Alkylgruppen sind, wird diese Seite der Doppelbindung zu einem Keton; wenn nur einer der beiden Reste eine Alkylgruppe und der andere ein Wasserstoffatom ist, dann wird diese Seite der Doppelbindung zu einem Aldehyd.

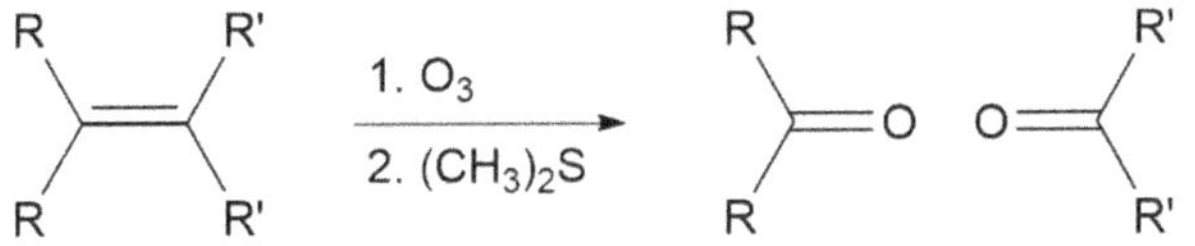

Abbildung 8.40: Die Ozonolyse eines Alkens

Um die Produkte der Ozonolyse schnell zu bestimmen, schneiden Sie die Doppelbindung einfach gedanklich durch und setzen Sauerstoffatome auf die leeren Schnittkanten, siehe Abbildung 8.41.

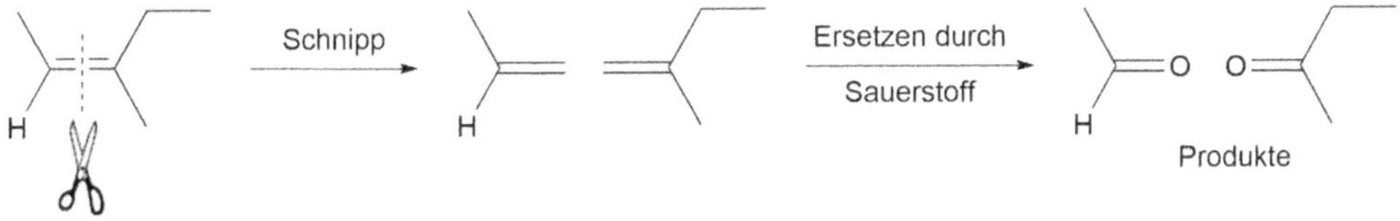

Abbildung 8.41: Die Bestimmung der Produkte einer Ozonolyse im Schnellverfahren

Eine häufige Aufgabe in Klausuren ist, aus den gegebenen Produkten einer Ozonolyse die Ausgangsstruktur des Alkens zu rekonstruieren. Wenn Sie das beschriebene Schnellverfahren zur Bestimmung der Produkte einer Ozonolyse einfach umdrehen (Sauerstoffatome abschneiden, Bruchstücke zusammenpappen), dann haben Sie diese Aufgabe in Nullkommanichts gelöst.

Zerhacken von Doppelbindungen, Teil II: Oxidation mit Permanganat

Die Oxidation mit Permanganat (Abbildung 8.42) verläuft ähnlich wie die Ozonolyse, nur mit dem Unterschied, dass Permanganat ein stärkeres Oxidationsmittel als Ozon ist. Bei der Oxidation mit Permanganat werden alle Produkte, die bei der Ozonolyse zu Aldehyden geworden wären, durch das Permanganat (MnO_4^-) zu Carbonsäuren oxidiert; Keton-Fragmente bleiben dagegen erhalten.

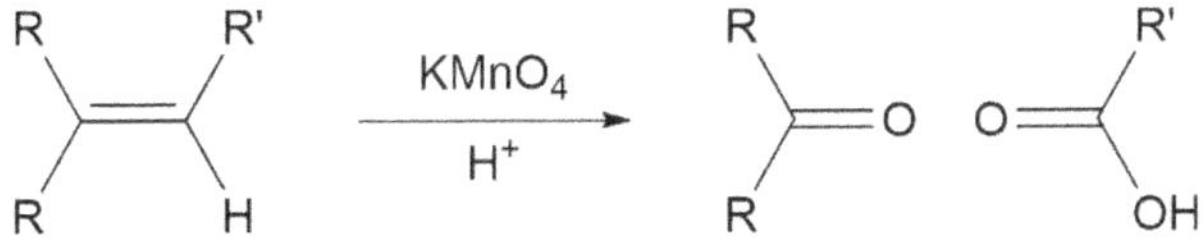

Abbildung 8.42: Die Oxidation eines Alkens durch Kaliumpermanganat

Die Darstellung von Cyclopropanen mit Carbenen, Teil I

Durch Reaktion mit recht ungewöhnlichen Teilchen, den Carbenen, können Alkene in Cyclopropane umgewandelt werden, siehe Abbildung 8.43.

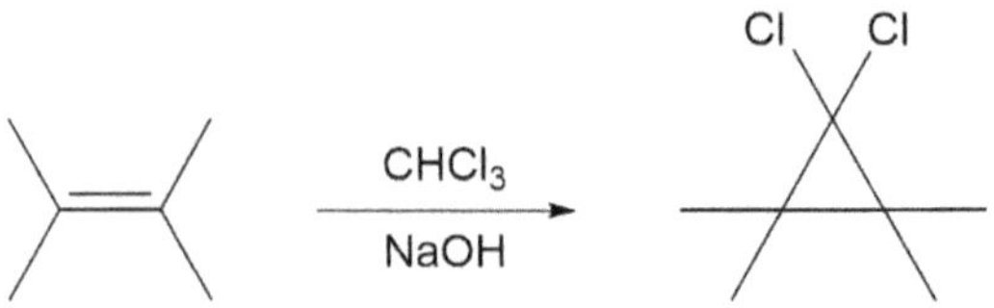

Abbildung 8.43: Die Darstellung eines Cyclopropans aus einem Alken

Ein *Carben* ist ein neutrales Kohlenstoffatom mit zwei Substituenten und einem freien Elektronenpaar. Durch die Reaktion von Chloroform ($CHCl_3$) mit einer Base wie NaOH entsteht Dichlorcarben (Cl_2C:). Die Base deprotoniert das Chloroform. Dadurch entsteht die anionische konjugierte Base, die unter Abspaltung eines Chlorid-Ions in das Dichlorcarben übergeht (Abbildung 8.44).

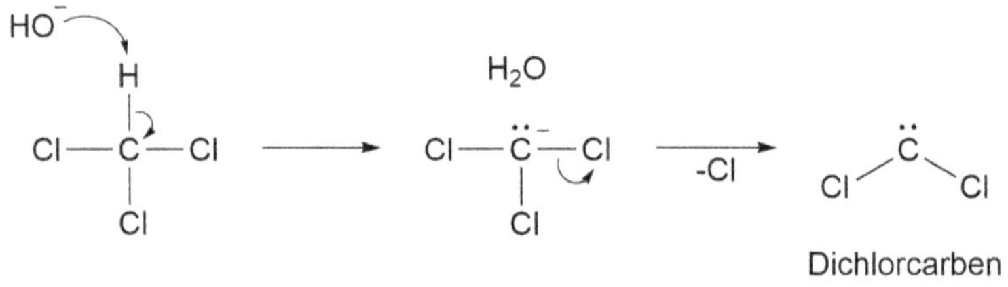

Abbildung 8.44: Die Darstellung von Dichlorcarben

Dichlorcarben kann dann mit der Doppelbindung eines Alkens zu einem Cyclopropan reagieren (Abbildung 8.45).

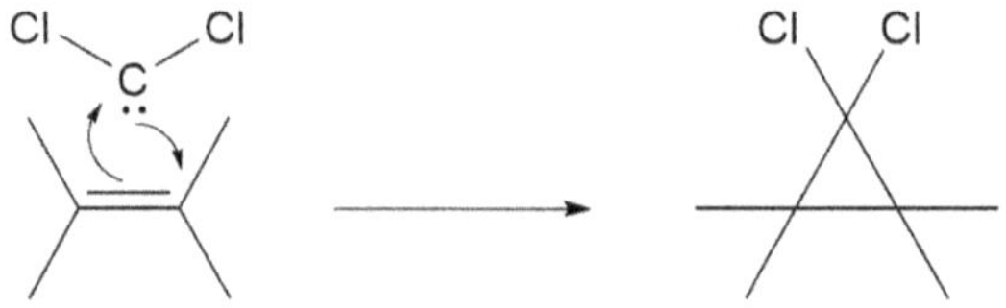

Abbildung 8.45: Die Anlagerung des Dichlorcarbens an ein Alken

Darstellung von Cyclopropanen, Teil II: Simmons-Smith-Reaktion

Ein guter Weg, um unsubstituierte Cyclopropane aus einer Kohlenstoff-Kohlenstoff-Doppelbindung zu erzeugen, ist die Simmons-Smith-Reaktion, deren Reaktion in Abbildung 8.46 gezeigt ist. Die Reaktion verläuft nicht über das Carben Methylen (H_2C:), sondern die Reaktion verläuft über eine Zinkverbindung (ICH_2ZnI), die sich wie Methylen verhält. Daher wird diese Verbindung als *carbenoid* (carbenartig) bezeichnet.

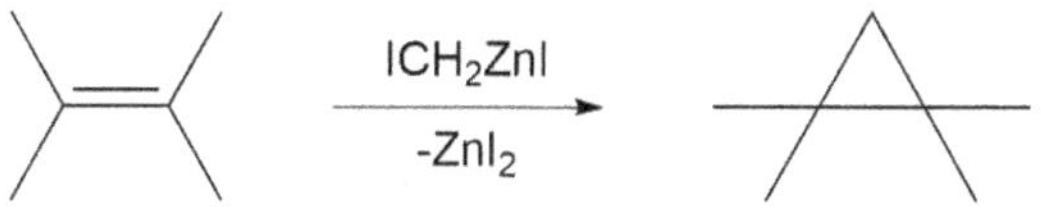

Abbildung 8.46: Die Simmons-Smith-Reaktion

Darstellung von Epoxiden

Epoxide sind dreigliedrige cyclische Ether (also Dreiringe mit einem O-Atom darin). Sie sind wertvolle Reagenzien, die zum Beispiel in Epoxidharzen eingesetzt werden. Epoxide können durch die Reaktion eines Alkens mit einer Peroxysäure (einer Carbonsäure mit einem zusätzlichen Sauerstoffatom) synthetisiert werden, wie Abbildung 8.47 gezeigt.

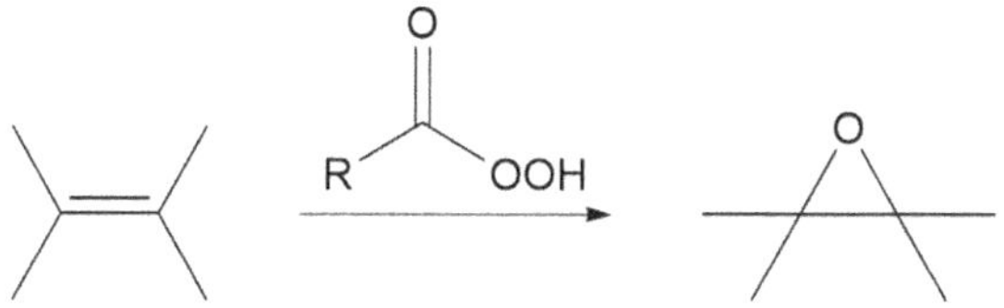

Abbildung 8.47: Die Darstellung eines Epoxids aus einem Alken

Anlagerung von Wasserstoff: Die Hydrierung

Alkene können durch Hydrierung in Alkane umgewandelt werden. Dazu leitet man gasförmigen Wasserstoff durch eine Lösung des Alkens, die einen Katalysator enthält (meist Palladium und Kohlenstoff [Pd/C] oder Platin [Pt]). Dabei wird der Wasserstoff in einer *syn*-Addition an die Doppelbindung angelagert, siehe Abbildung 8.48.

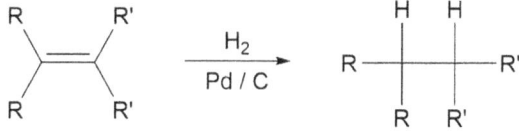

Abbildung 8.48: Die Hydrierung eines Alkens

Aufgabe 8.1:

Ermitteln Sie die Doppelbindungsäquivalente von:

a. Benzaldehyd, C_7H_6O

b. Tryptophan, $C_{11}H_{12}N_2O_2$

c. Retinal (Abbildung 5.22)

d. Thalidomid (Kasten Seite 124)

Aufgabe 8.2:

Warum führt die Addition von Bromwasserstoff an 3,3-Dimethylpent-1-en bevorzugt zu 3-Brom-2,3-dimethylpentan, nicht zu 2-Brom-3,3-dimethylpentan?

Aufgabe 8.3:

Sie wurden auf Seite 176 ja schon gewarnt: Die Ozonolyse einer Ihnen unbekannten Verbindung mit einem Doppelbindungsäquivalent (oder, wenn Ihnen das lieber ist: mit Doppelbindungsäquivalent = 1) führt erstaunlicherweise nur zu einem Produkt: Ethylmethylketon, $CH_3CH_2C(=O)CH_3$. Welche Aussagen gestattet das über die Ausgangsverbindung? Und welche nicht?

Aufgabe 8.4:

Sie wollen nach Wittig 2-Penten darstellen. (Merken Sie schon, dass Organiker-Sprech Ihnen immer weniger abstrus vorkommt?) Welche Ausgangsstoffe brauchen Sie?

Aufgabe 8.5:

Alles verstanden? Dann sollte Ihnen die richtige Reihenfolge des Ablaufs der elektrophilen Addition keine Probleme bereiten.

Elektrophile Addition

IN DIESEM KAPITEL

Die Kohlenstoff-Kohlenstoff-Dreifachbindung

Nomenklatur der Alkine

Darstellung der Alkine

Reaktionen der Alkine

Kapitel 9
Alkine: Die Kohlenstoff-Kohlenstoff-Dreifachbindung

Als funktionelle Gruppe sind die Alkine weniger bedeutend als die Alkene, aber sie besitzen einige interessante Eigenschaften und Reaktivitäten, die nur bei ihnen anzutreffen sind.

Alkine sind Moleküle, die mindestens eine Kohlenstoff-Kohlenstoff-Dreifachbindung enthalten. Wie zu erwarten sind ihre Reaktivitäten und Eigenschaften denen der Alkene sehr ähnlich, obwohl es einige interessante Unterschiede zwischen beiden gibt. In diesem Kapitel diskutiere ich die Eigenschaften der Alkine, zeige Ihnen die Nomenklatur der Alkine und behandle die wichtigsten Reaktionen zur Synthese von Alkinen sowie zur Umwandlung von Alkinen in andere funktionelle Gruppen.

Wie soll es denn heißen?
Das Alkin bekommt einen Namen

Alkine werden mithilfe desselben systematischen Nomenklaturschemas wie die Alkene (siehe Kapitel 8) benannt, nur mit dem Unterschied, dass Alkine auf das Suffix –*in* enden. Wie die Alkene bekommen die Alkine eine Zahl in ihrem Namen, die die Position der Dreifachbindung kennzeichnet, wie Sie in Abbildung 9.1 sehen können.

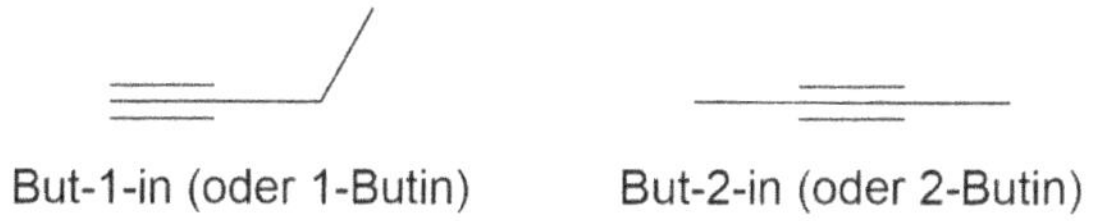

But-1-in (oder 1-Butin)   But-2-in (oder 2-Butin)

Abbildung 9.1: Die systematischen Namen zweier Alkine

Alkine sind häufig unter ihren Trivialnamen bekannt, die von dem einfachsten Alkin, dem Acetylen, abgeleitet sind. Bei Trivialnamen werden die beiden Reste als Substituenten des Acetylens benannt (Abbildung 9.2 gibt Ihnen einige Beispiele). Ein Alkin mit zwei Methylgruppen (also das 2-Butin aus Abbildung 9.1) wird dann als Dimethylacetylen bezeichnet, ein Alkin mit zwei Isopropylgruppen als Diisopropylacetylen.

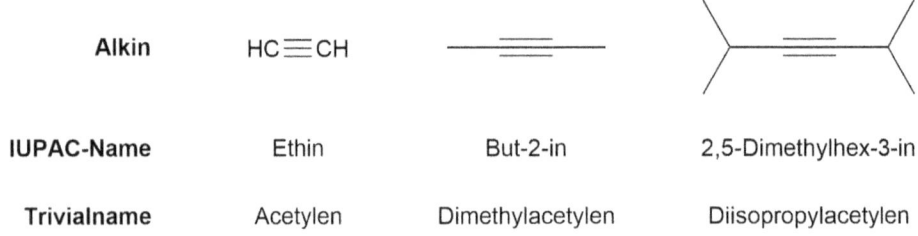

Abbildung 9.2: Die Trivialnamen einiger Alkine

Die Orbitale der Alkine

Die Kohlenstoffatome eines Alkins haben nur zwei Bindungspartner und sind daher sp-hybridisiert; der Bindungswinkel beträgt jeweils 180°. (In Kapitel 2 erfahren Sie mehr über die Hybridisierung.) Die Dreifachbindung in einem Alkin besteht aus einer σ-Bindung und zwei π-Bindungen. Die beiden π-Bindungen ergeben sich aus der seitlichen Überlappung der unhybridisierten p-Orbitale an beiden Kohlenstoffatomen (siehe Abbildung 9.3). Wie bei den Alkenen sind die π-Bindungen weniger stabil und daher reaktiver als die σ-Bindung.

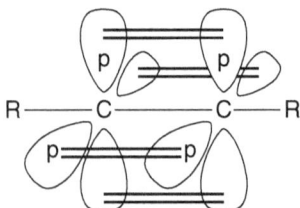

Abbildung 9.3: Die π-Bindungen in Alkinen

Die Überlappung der p-Orbitale, die zu den beiden π-Bindungen führt, halten das Alkin in einer linearen Geometrie. Daher werden sie auf einer geraden Linie gezeichnet, wie in Abbildung 9.4 dargestellt.

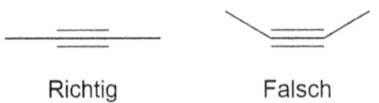

Abbildung 9.4: Die korrekte Art, Alkine zu zeichnen

Cyclische Alkine

Da Dreifachbindungen lineare Anordnungen vorziehen, sind Cycloalkine mit wenigen Ringgliedern sehr instabil. Dreifachbindungen in kleinen und mittleren Ringen müssen stark aus ihrer Lieblingsgeometrie herausgebogen werden und führen daher zu erheblichen Ringspannungen. Stellen Sie sich vor, Sie nehmen Ihr Knie – das wie ein Alkin lieber linear angeordnet ist – in die Hand und führen den großen Zeh in Richtung Nasenspitze, um Ihren Körper in eine Ringstruktur zu überführen. Die Spannung in Ihrem Körper entspricht jetzt ungefähr der in einem Alkin. Genau wie Ihr eigenes Ringsystem mit dem Fuß an der Nase nicht besonders stabil ist (wie lange konnten Sie die Stellung halten?), sind Alkinringe mit weniger als sieben Kohlenstoffatomen nicht stabil und können kaum isoliert werden. Cycloheptin, das kleinste Cycloalkin, das isoliert werden kann, ist charakterisiert worden (siehe Abbildung 9.5), aber es ist immer noch sehr reaktiv (Organiker-Sprech für: Es fliegt Ihnen um die Ohren, wenn Sie es nur schief ansehen). Alkine in Ringen mit mehr als sieben Kohlenstoffatomen können dargestellt werden und sind recht stabil.

Abbildung 9.5: Die relativen Stabilitäten von Alkinen in kleinen Ringen

Darstellung der Alkine

Um Alkine darzustellen, existieren zwei gangbare Wege: einer, den Sie von den Alkenen kennen und erwarten konnten und ein zweiter, den Sie vermutlich nicht erwartet hätten.

Ballast abwerfen: Dehydrohalogenierung

Bei der Darstellung von Alkenen (siehe Kapitel 8) konnten Sie ein Äquivalent eines Alkylhalogenids mit einer Base versetzen, um ein Äquivalent Säure abzuspalten und dadurch das Alken zu bilden. Vielleicht denken Sie nun, dass Sie ein Dibromid mit zwei Äquivalenten einer Base versetzen können und unter Abspaltung von zwei Äquivalenten Säure das Alkin erhalten. Das ist tatsächlich der Fall, wie Abbildung 9.6 zeigt. Meist wird als Base Natriumamid ($NaNH_2$) verwendet, obwohl auch Natriumhydroxid (NaOH) eingesetzt werden kann.

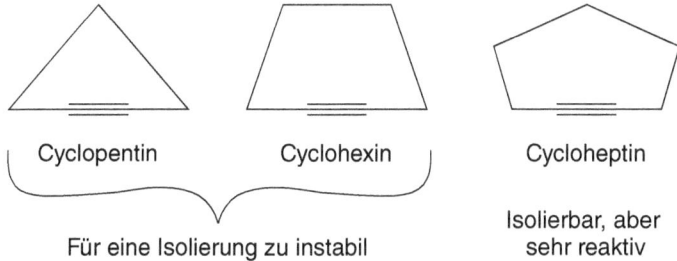

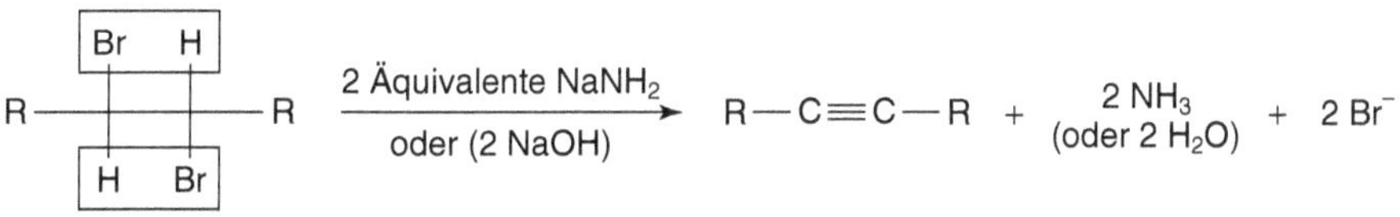

Abbildung 9.6: Die doppelte Dehydrohalogenierung aus Dihalogeniden

Dibromide können durch die Reaktion eines Alkens mit Brom (Br_2) synthetisiert werden. Es ist ein gutes Verfahren, um Alkene in Alkine umzuwandeln: Zuerst bromieren Sie das Alken mit Br_2, um das Dibromid darzustellen. Danach versetzen Sie das Dibromid mit zwei Äquivalenten Base, um das Alkin zu bilden.

Alkine verkuppeln: Chemie der Acetylide

Der Hauptunterschied zwischen der Reaktivität von Alkenen und Alkinen besteht in der Säurestärke der Protonen an terminalen Alkinen (*terminale Alkine* sind Alkine, bei denen die Dreifachbindung an einem Ende der Kette liegt; Alkine, die die Dreifachbindung in der Mitte einer Kette besitzen, werden *interne* Alkine genannt). Der pK_S-Wert eines terminalen Alkin-Protons liegt um die 25, was bedeutet, dass das Proton nicht gerade sehr sauer ist, aber immerhin sauer genug, um von einer sehr starken Base abgespalten zu werden (siehe Kapitel 4 zu Säuren, Basen und pK_S-Werten). Für die Deprotonierung von terminalen Alkinen wird meist Natriumamid ($NaNH_2$) verwendet. Die Deprotonierung der Alkine führt zum Acetylid-Anion (Abbildung 9.7).

Abbildung 9.7: Die Bildung des Acetylid-Anions

Das Acetylid-Anion ist ein sehr nützliches *Nucleophil* (ein »Kernliebhaber«) und bildet mit primären Alkylhalogeniden ein neues, internes Alkin, wie in Abbildung 9.8 gezeigt. Diese Reaktion ist äußerst wichtig, denn sie bildet eine Kohlenstoff-Kohlenstoff-Bindung, wo vorher keine war. Das funktioniert allerdings nur mit primären Alkylhalogeniden, da die Acetyl-Anionen sich an eine Methylengruppe (CH_2) anlagern müssen. Sekundäre und tertiäre Alkylhalogenide reagieren nicht auf diese Art.

Abbildung 9.8: Die Anlagerung des Acetylids

Die Reaktionen der Alkine sind den Alkenen sehr ähnlich, und die benötigten Reagenzien sind es ebenfalls. Alkine können eine Menge funktioneller Gruppen bilden, wie Abbildung 9.9 zeigt.

Bromierung von Alkinen: Doppeltes Vergnügen

Brom reagiert mit den π-Bindungen der Alkine unter Bildung des Dibromids nach demselben Mechanismus wie bei der Addition an Alkene. (Erinnern Sie sich an den Mechanismus bei den Alkenen? Denken Sie an das Bromonium-Ion, und sehen Sie in Kapitel 8 nach, wenn Sie Ihr Gedächtnis auffrischen möchten – oder müssen.) Da im Alkin zwei π-Bindungen vorhanden sind, können zwei Äquivalente Brom unter Bildung des Tetrabromides angelagert werden, siehe Abbildung 9.10.

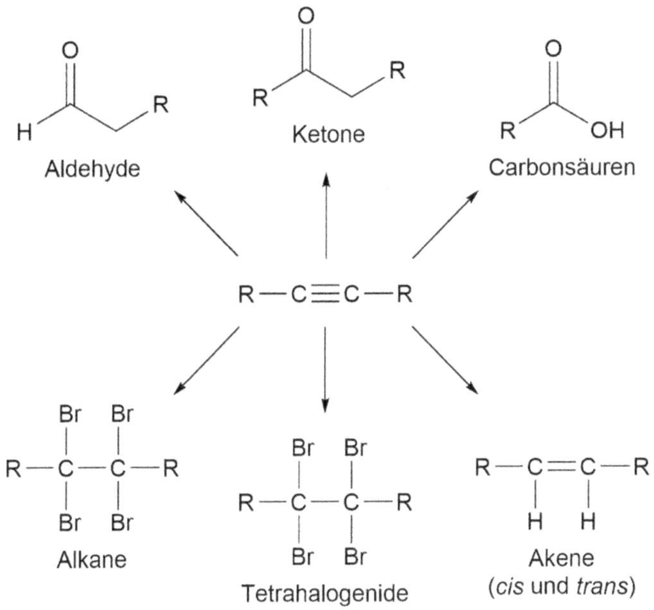

Abbildung 9.9: Einige der Verbindungen, die aus Alkinen synthetisiert werden können

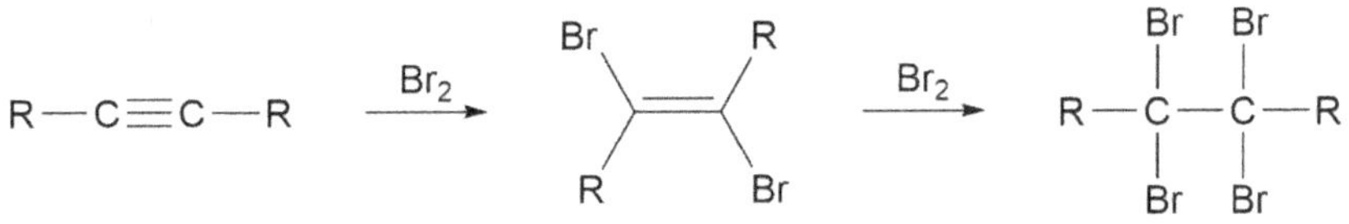

Abbildung 9.10: Die doppelte Bromierung eines Alkins

Sättigung von Alkinen durch Wasserstoff

Durch zwei Äquivalente gasförmigen Wasserstoff (H_2) können Alkine in Anwesenheit eines Metallkatalysators zu Alkanen reduziert werden. Als Katalysator verwendet man Palladium auf Kohlenstoff (Pd/C) oder Platin (Pt), siehe Abbildung 9.11.

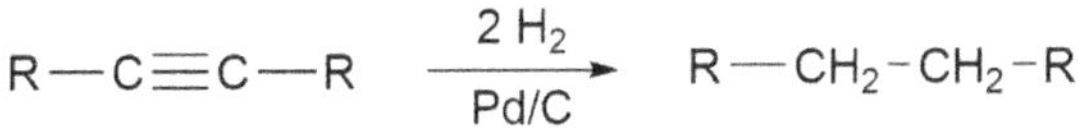

Abbildung 9.11: Sättigung eines Alkins durch gasförmigen Wasserstoff

Addition eines Wasserstoffmoleküls an Alkine

Es ist möglich, die Reaktion von Alkinen mit Wasserstoff auf der Stufe des Alkens zu stoppen, da Alkene etwas weniger reaktiv sind als Alkine. Diese Reaktion erfordert einen speziellen Katalysator. Um ein Alkin zu einem *cis*-Alken zu reduzieren (siehe Kapitel 8 für weitere Informationen über *cis*- und *trans*-Alkene), verwenden Sie einen Lindlar-Katalysator, einen Cocktail aus pulverisiertem Palladium (Pd), etwas Blei (Pb) und ein wenig Chinolin (C_9H_7N). (In Reaktionsmechanismen wird meist einfach »Lindlar-Katalysator« angegeben. Das ist kürzer, als alle Reagenzien unter oder über dem Reaktionspfeil aufzulisten.) Der Lindlar-Katalysator ist nicht so reaktiv wie Palladium auf Kohlenstoff (Pd/C) und erzeugt das *cis*-Alken, wie Abbildung 9.12 zeigt.

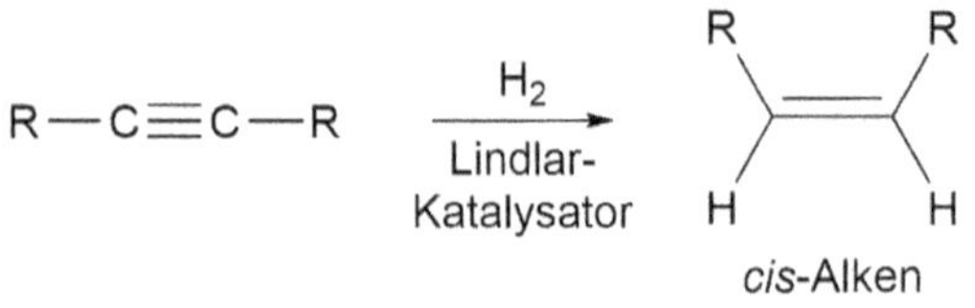

$$R-C\equiv C-R \xrightarrow[\text{Katalysator}]{H_2, \text{ Lindlar-}} \text{cis-Alken}$$

Abbildung 9.12: Die Verwendung des Lindlar-Katalysators zur Darstellung eines cis-Alkens

Um ein Alkin in ein *trans*-Alken umzuwandeln, verwenden Sie metallisches Natrium (Na) in flüssigem Ammoniak (NH_3), wie in Abbildung 9.13 gezeigt.

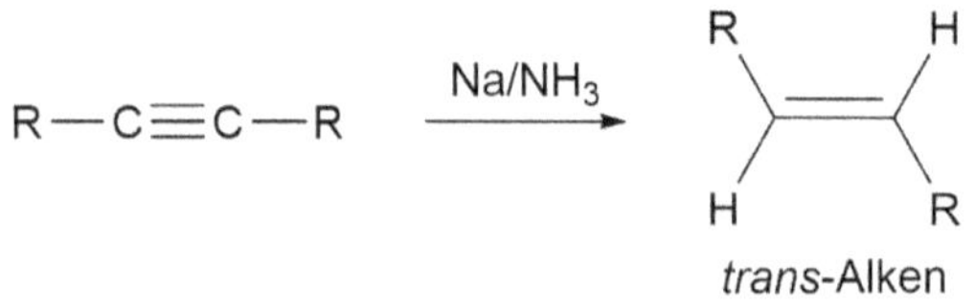

$$R-C\equiv C-R \xrightarrow{Na/NH_3} \text{trans-Alken}$$

Abbildung 9.13: Die Darstellung eines trans-Alkens aus einem Alkin

Oxymercurierung von Alkinen

Wenn Alkine mit Quecksilber (Hg), Wasser (H_2O) und Säure reagieren, erwarten Sie vielleicht, dass eine OH-Gruppe an einer Doppelbindung entsteht, weil Quecksilberacetat mit Alkenen einen Markownikow-Alkohol bildet (siehe Kapitel 8 für weitere Informationen über Markownikow-Produkte und die Oxymercurierung von Alkenen). Dieses Markownikow-*Enol* (eine Alkoholgruppe an einer Doppelbindung) mit der Hydroxylgruppe am höher substituierten Kohlenstoffatom entsteht tatsächlich. Es ist aber instabil und reagiert schnell zu einem Keton weiter, wie Sie in Abbildung 9.14 sehen können.

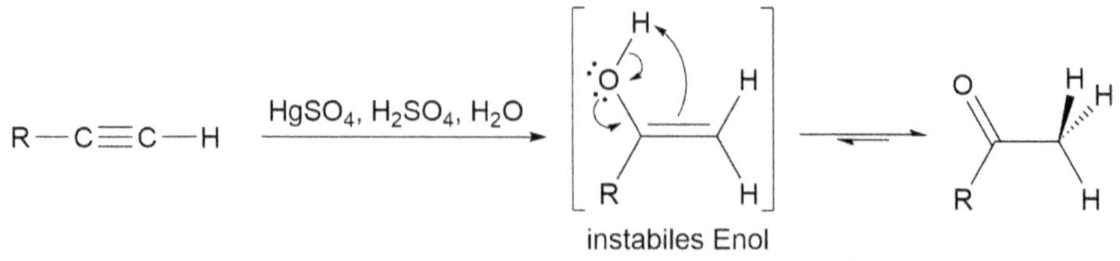

$$R-C\equiv C-H \xrightarrow{HgSO_4, H_2SO_4, H_2O} [\text{instabiles Enol}] \rightleftharpoons \text{Keton}$$

Abbildung 9.14: Die Oxymercurierung eines Alkins

Die Bezeichnung Enol ist eine Kombination aus den Suffixen *–en* (aus Alk*en*) und *–ol* (aus dem Alkoh*ol*).

Die Reaktion, die ein Enol in ein Keton umwandelt, wird *Tautomerisierung* genannt und sowohl das Enol als auch das Keton werden als *Tautomere* (Keto-Enol-Tautomerie) zueinander angesehen. Tautomere sind Moleküle, die sich nur in der Lage der Doppelbindung und eines Wasserstoffatoms unterscheiden. Diese Reaktion läuft in beide Richtungen ab, das heißt, das Keton und das Enol wandeln sich ineinander um. Das Gleichgewicht liegt aber auf der Seite des Ketons.

Die Hydroborierung von Alkinen

Die Hydroborierung von Alkinen verläuft analog zur Hydroborierung von Alkenen unter Bildung des Anti-Markownikow-Produkts. Im Fall der Hydroborierung von Alkinen ist das Produkt ein Enol mit der Alkoholgruppe an dem am wenigsten substituierten Kohlenstoffatom (Abbildung 9.15). Wie bei der Oxymercurierung ist das Enol instabil und tautomerisiert zum Aldehyd.

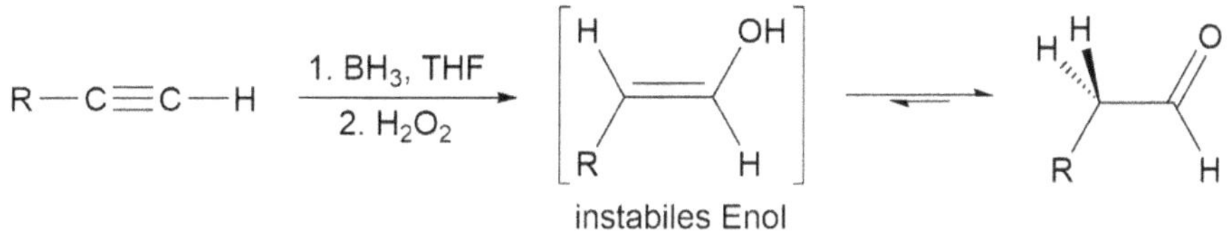

Abbildung 9.15: Die Hydroborierung eines Alkins

Die Oxymercurierung und die Hydroborierung einer Kohlenstoff-Kohlenstoff-Dreifachbindung werden in erster Linie mit terminalen Alkinen durchgeführt, da Sie nur dann ein einziges Produkt erhalten (bei der Hydroborierung bekommen Sie den Aldehyd; bei der Oxymercurierung das Keton). Bei internen Alkinen sind beide Seiten des Alkins identisch substituiert, sodass das Wasser auf beiden Seiten der Dreifachbindung addiert werden kann. Daher liefert diese Reaktion eine Mischung beider Produkte.

Aufgabe 9.1:

Warum kann die Deprotonierung eines terminalen Alkins nicht in wässrigem Medium erfolgen?

Aufgabe 9.2:

Wie könnte man 2,3-Dibrom-2,3-dichlorbutan synthetisieren?

Aufgabe 9.3:

Lässt sich eine Lösung von elementarem Brom in Tetrachlorkohlenstoff entfärben, wenn man das bei der Oxymercurierung von 2-Butin entstehende Produkt einträgt (Organiker-Sprech für »reintut«)?

Teil III
Funktionelle Gruppen

IN DIESEM TEIL ...

Schmecken Sie das Salz in der Suppe der organischen Chemie: die funktionellen Gruppen. Funktionelle Gruppen sind die interessanten reaktiven Teile der organischen Moleküle. In diesen Kapiteln lernen Sie unterschiedliche funktionelle Gruppen kennen (wie Alkohole, Halogene und Aromaten) und erfahren, wie diese reagieren und neue Substanzen bilden.

IN DIESEM KAPITEL

S_N2-Reaktionen erkennen

Nucleophile und Abgangsgruppen

S_N1-Reaktionen erkennen

Eliminierung erster und zweiter Ordnung

Substitution und Eliminierung unterscheiden

Kapitel 10
Ersetzen und Entfernen: Substitutions- und Eliminierungsreaktionen

Obwohl Ihnen in der organischen Chemie unzählige Reaktionen begegnen, müssen Sie meist nicht über Details wie das ideale Lösungsmittel für eine Reaktion oder unerwünschte Nebenprodukten brüten. Eine Ausnahme sind die Substitutions- und Eliminierungsreaktionen, weil sie zwei der vielseitigsten und nützlichsten Reaktionen in der organischen Chemie sind. Sie verdienen daher eine genauere Betrachtung. In diesem Kapitel stelle ich Ihnen die Substitutions- und Eliminierungsreaktionen vor und zeige Ihnen, wie Sie sie erkennen. Mit diesen beiden Reaktionsarten können Sie mehr organische Moleküle synthetisieren als Sie sich vorstellen können.

Partnertausch: Substitutionsreaktionen

Substitutionsreaktionen folgen dem in Abbildung 10.1 gezeigten Prinzip. Die Gesamtreaktion ist recht einfach – eine Gruppe ersetzt eine andere.

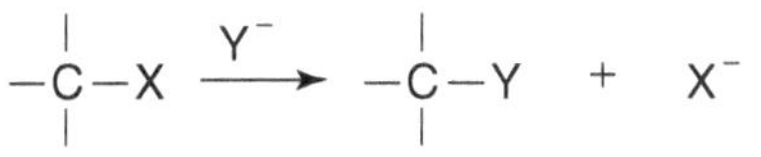

$$-\overset{|}{\underset{|}{C}}-X \xrightarrow{Y^-} -\overset{|}{\underset{|}{C}}-Y \;+\; X^-$$

Abbildung 10.1: Eine Substitution

Es existieren verschiedene Mechanismen der Substitution, von denen die wichtigsten der S_N1-*Mechanismus* und der S_N2-*Mechanismus* sind, die Sie in Abbildung 10.2 sehen können. Wie können Sie erkennen, welcher Mechanismus bei einer bestimmten Substitutionsreaktion vorliegt? Die Antwort lautet: »Kommt darauf an.« Entscheidend ist das Lösungsmittel, die Art des Substrats und die substituierende Gruppe (das Nucleophil, manchmal als Nuc abgekürzt). Um den Reaktionsablauf bestimmen zu können, müssen Sie sich alle Details der jeweiligen Reaktion ansehen.

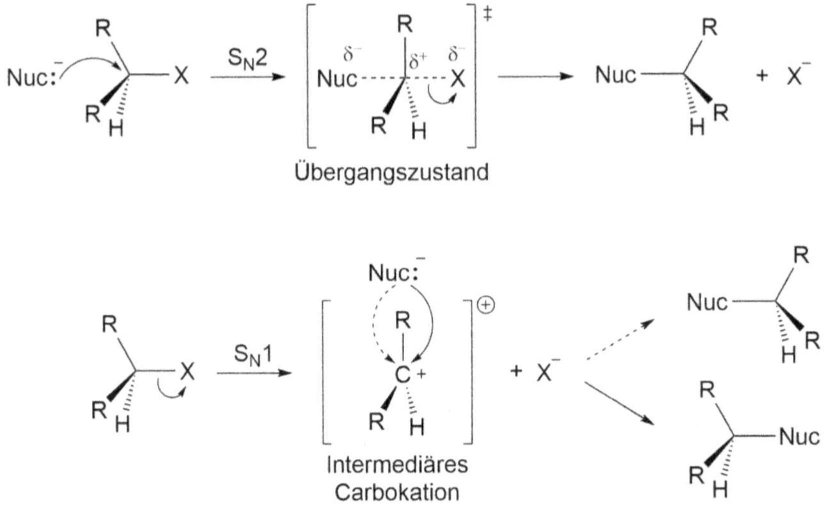

Abbildung 10.2: Zwei unterschiedliche Mechanismen der Substitution

Substitution zweiter Ordnung: S_N2-Mechanismus

Der Mechanismus der S_N2-Reaktion ist in Abbildung 10.3 dargestellt. Diese Reaktion heißt nucleophile Substitution zweiter Ordnung, was zum Glück meist mit S_N2 abgekürzt wird. Die S_N2-Reaktion läuft in einem einzigen Schritt über einen nicht isolierbaren Übergangszustand ab (der Übergangszustand wird in der Klammer gezeichnet und mit diesem kleinen Symbol für den Übergangszustand versehen): Ein Nucleophil (eine Lewis-Base) greift ein Kohlenstoffatom an, an das eine elektronegative Abgangsgruppe (X) gebunden ist, gleichzeitig gibt sie der Abgangsgruppe einen kräftigen Tritt und nimmt ihre Position ein.

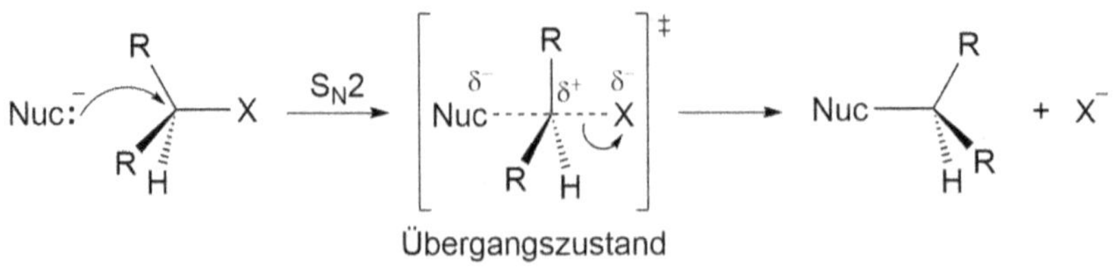

Abbildung 10.3: Der S_N2-Mechanismus

KAPITEL 10 Ersetzen und Entfernen: Substitutions- und Eliminierungsreaktionen

Warum greift das Nucleophil das Kohlenstoffatom an? Sie können sich diese Reaktion einfach über die Anziehung zwischen entgegengesetzten Ladungen erklären. Die Bindung zwischen dem Kohlenstoffatom und der Abgangsgruppe (C–X) ist polarisiert, das heißt, die elektronegative Abgangsgruppe zieht Elektronendichte von dem Kohlenstoffatom ab, an das sie gebunden ist, sodass der Kohlenstoff eine positive Partialladung erhält (Abbildung 10.4). (In Kapitel 2 finden Sie weitere Informationen über die Elektronegativität.) Das angegriffene Molekül (das *Substrat*) verhält sich daher wie ein *Elektrophil* (ein Elektronenliebhaber). Das Nucleophil (ein elektronenreiches Teilchen, das positive Ladungen liebt) greift nun wegen der Anziehung zwischen den beiden entgegengesetzten Ladungen das Kohlenstoffatom an.

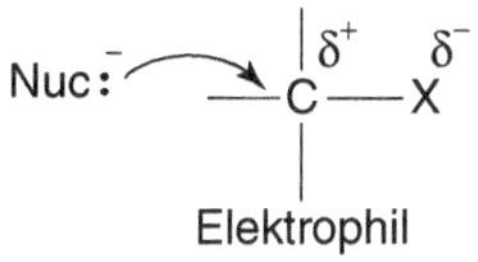

Abbildung 10.4: Nucleophile und elektrophile Anziehungskräfte

Wenn Sie die Wechselbeziehung zwischen Nucleophilen und Elektrophilen verstanden haben, können Sie sehr, sehr viele Reaktionen der Organik verstehen. Das grundlegende Schema ist immer dasselbe: Elektronenreiche Atome mit einem freien Elektronenpaar (Nucleophile) greifen die elektronenarmen Atome (Elektrophile) an. Die Einzelheiten sind unterschiedlich, aber am Ende läuft es immer auf dasselbe Spiel hinaus.

Wie schnell? Die Reaktionsgeschwindigkeit einer S_N2-Reaktion

Die Geschwindigkeit einer S_N2-Reaktion wird durch die folgende Gleichung beschrieben:

Reaktionsgeschwindigkeit $= k \left[\text{Substrat} \right] \cdot \left[\text{Nucleophil} \right]$

Sie erkennen aus dieser Gleichung, dass die Reaktionsgeschwindigkeit einer S_N2-Reaktion von den Konzentrationen des Substrats *und* des Nucleophils abhängt. Darum ist es eine Reaktion zweiter Ordnung (daher die »2« in S_N2).

Das Energieprofil einer S_N2-Reaktion ist in Abbildung 10.5 gezeigt. Ein *Energieprofil* zeigt die Energie (E) als Funktion der *Reaktionskoordinate* (einer verallgemeinerten »Koordinate«, die das Fortschreiten der Reaktion beschreibt). Jede Reaktion hat mindestens einen Energieberg, den sie überwinden muss, um die Edukte (Ausgangsstoffe) in die Produkte zu überführen; dieser Energieberg ist eine Barriere, die als *Aktivierungsenergie E_A* bezeichnet wird. Die Aktivierungsenergie ist die minimale Energie, die nötig ist, um die Ausgangsstoffe in die Endprodukte umzuwandeln.

Die Höhe der Energiebarriere bestimmt die Reaktionsgeschwindigkeit. Wenn die Reaktion lediglich einen kleinen Energieberg überwinden muss, läuft die Reaktion schnell ab. Wenn der Energieberg hoch ist, läuft die Reaktion langsamer ab, ähnlich wie ein Athlet, der über einen kleinen Hügel schneller laufen kann als über einen Berg.

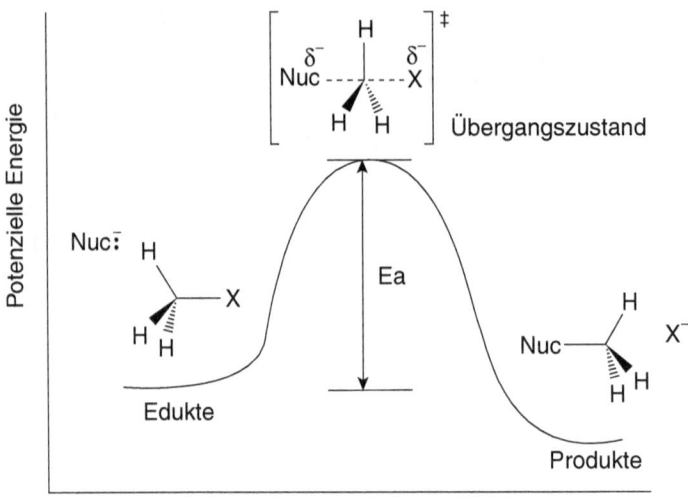

Abbildung 10.5: Das Energieprofil einer S_N2-Reaktion

Der höchste Punkt des Energieberges ist der *Übergangszustand* der Reaktion, an dem die Reaktanden ihre höchste Energie erreichen und die chemischen Bindungen teilweise gebrochen bzw. teilweise neu gebildet sind. Der Übergangszustand kann nicht isoliert werden; er ist ein kurzlebiger Zwischenzustand auf dem Weg von den Edukten zu den Produkten. Die Reaktion durchläuft den Übergangszustand schneller als ein Prüfer eine 5 auf Ihre Klausur schreiben kann.

Der Einfluss des Substrats auf eine S_N2-Reaktion

Ein Nucleophil auf dem Weg zu einem Substrat für eine S_N2-Reaktion ähnelt einem Fan, der sich seinem Idol nähert, um ein Autogramm zu ergattern. Wenn keine Bodyguards in der Nähe sind, kann der Fan einfach hingehen und um ein Autogramm bitten. Wenn ein Bodyguard (ich werde diese Bodyguards »Reste« nennen und mit R abkürzen) da ist, wird es schwieriger, aber ein echter Fan wird sich davon nicht entmutigen lassen (im Gegenteil). Er muss dann eben warten, bis der Bodyguard einen Moment nicht richtig aufpasst, und dann seine Chance nutzen. Bei zwei R-Bodyguards wird es noch schwieriger; vermutlich dauert es ziemlich lange, bevor er einen passenden Moment erwischt und sich vorbeimogeln kann. Wenn drei R-Bodyguards sein Idol bewachen, kann er sein Autogramm in den Wind schreiben.

Zurück zur organischen Chemie. Die Reste an dem Kohlenstoffatom, das die Abgangsgruppe trägt, sind die Bodyguards. Sie behindern die Annäherung des Nucleophils, wie Abbildung 10.6 zeigt. Daher funktionieren S_N2-Reaktionen besser, wenn die Abgangsgruppe an einem Methylrest (kein Bodyguard) oder wenigstens an einem primären Substrat (nur ein Bodyguard bzw. Rest) sitzt. Reaktionen mit Substraten, die zwei Bodyguard-Reste enthalten, finden zwar noch statt, aber sie verlaufen langsamer. Bei tertiären Substraten (Substrate, bei denen das Kohlenstoffatom mit der Abgangsgruppe noch drei weitere Reste trägt) sagt die S_N2-Reaktion »Keine Chance!«, und es findet keine Umsetzung statt. Warum?

In einer S_N2-Reaktion greift das Nucleophil die *Rückseite* des Substrats an. Wenn drei dicke, klobige Reste die Rückseite des Substrats bewachen, kann das Nucleophil nicht nahe genug herankommen, um das Kohlenstoffatom anzugreifen. Solche Blockaden durch große Gruppen werden *sterische Hinderung* genannt. Aufgrund der sterischen Hinderung findet an tertiären Substraten keine S_N2-Reaktion statt.

S_N2-Reaktionen bevorzugen Methyl- (CH_3–X) gegenüber primären Substraten (R–CH_2–X) und primäre gegenüber sekundären Substraten (R_2CH–X). Mit tertiären Substraten (R_3CX) funktionieren sie gar nicht.

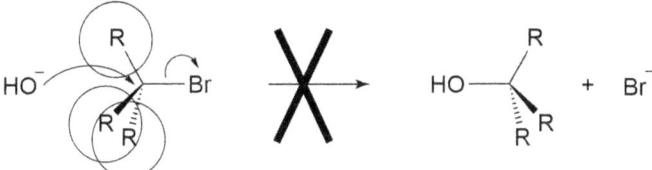

Sterische Hinderung

Abbildung 10.6: Die sterische Hinderung kann S_N2-Reaktionen verhindern.

Die Rolle des Nucleophils in der S_N2-Reaktion

Da die Konzentration des Nucleophils in der Geschwindigkeitsgleichung der S_N2-Reaktion enthalten ist, ist ein gutes Nucleophil wichtig. Das führt zu einer heiklen Frage: Was macht ein gutes Nucleophil aus? Leider kann diese Frage nicht exakt beantwortet werden, da sich die Stärke eines Nucleophils verändert, wenn man ein anderes Lösungsmittel verwendet oder auf andere Weise die Reaktionsbedingungen ändert. Dennoch gibt es einige allgemeine Regeln für die Stärke eines Nucleophils.

Jedes Molekül mit einem freien Elektronenpaar kann als Nucleophil wirken. Die Stärke des Nucleophils (in Organiker-Sprech heißt das *Nucleophilie*) korreliert in der Regel mit der Basizität. Eine starke Base ist meist auch ein starkes Nucleophil und umgekehrt. Aber Basizität und Nucleophilie ist trotzdem nicht dasselbe: Die Basizität bezieht sich auf die Fähigkeit eines Moleküls, ein Proton einzufangen und ist durch ihre Gleichgewichtskonstante definiert; *Nucleophilie* bezieht sich auf die Fähigkeit eines einsamen Elektronenpaars, ein Kohlenstoffatom in einem Elektrophil anzugreifen.

Wann stimmen Basizität und Nucleophilie nicht überein? Dann, wenn die Basen oder Nucleophile große Reste enthalten. Das Methoxid (CH_3O^-) und das *tert*-Butoxid [$(CH_3)_3CO^-$] in Abbildung 10.7 sind beides starke Basen, aber das Methoxid ist auch ein starkes Nucleophil, was für das *tert*-Butoxid nicht gilt. Der Grund sind die drei sperrigen Methylgruppen, die einen Angriff auf das Substrat verhindern (ein weiterer Fall von sterischer Hinderung). Das *tert*-Butoxid ist trotz seiner Basizität ein schwaches Nucleophil.

Sterische Hinderung reduziert die Nucleophilie.

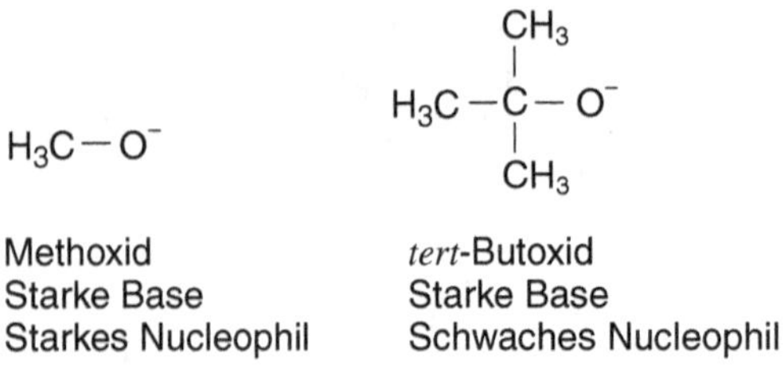

Methoxid
Starke Base
Starkes Nucleophil

tert-Butoxid
Starke Base
Schwaches Nucleophil

Abbildung 10.7: Basen als Nucleophile

Außer der Basizität eines Moleküls können Sie zwei weitere Faktoren zur Beurteilung der Nucleophilie von Molekülen heranziehen:

✔ Negativ geladene Nucleophile sind stärkere Nucleophile als neutrale (so wie negative Ionen basischer als neutrale Atome sind). Zum Beispiel ist OH⁻ ein stärkeres Nucleophil als H_2O und HS⁻ ein stärkeres Nucleophil als H_2S.

✔ Wenn Sie im Periodensystem nach unten gehen, nimmt die Nucleophilie zu. Daher ist H_2S ein stärkeres Nucleophil als H_2O, da Schwefel eine Periode tiefer als Sauerstoff steht. Ebenso ist Jod (I) ein stärkeres Nucleophil als Brom (Br), weil Jod im Periodensystem eine Zeile unter Brom steht.

S_N2 in 3D: Stereochemie

In der S_N2-Reaktion nähert sich das Nucleophil dem Substrat von der Rückseite (*Rückseitenangriff*). Daher sind die drei Reste an dem angegriffenen Kohlenstoffatom nach der Reaktion umgeklappt, wie bei einem Schirm, der eine starke Windbö abbekommen hat. Bei der S_N2-Reaktion kommt es dann zu einer *Inversion der Konfiguration* (siehe Kapitel 7 für weitere Infos), die auch als *Walden'sche Umkehr* bezeichnet wird. Bei der in Abbildung 10.8 gezeigten Reaktion von 2-Brombutan mit Hydroxid besitzt das Chiralitätszentrum im Edukt eine *S*-Konfiguration, aus der bei der Reaktion eine *R*-Konfiguration wird.

Die S_N2-Reaktion führt zu einer Inversion der Konfiguration.

S-Konfiguration → R-Konfiguration

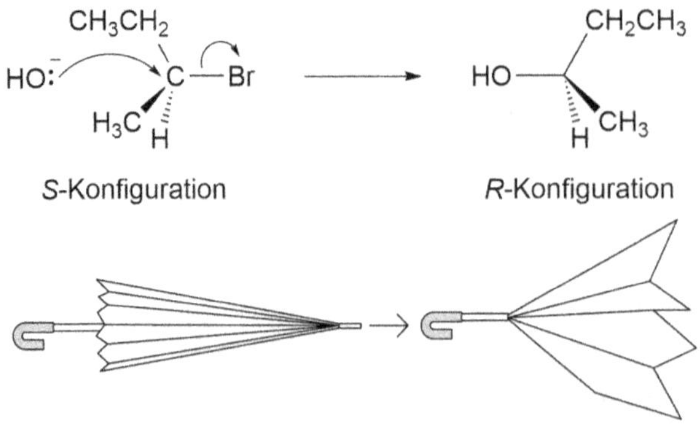

Abbildung 10.8: Eine S_N2-Reaktion von 2-Brombutan

Lösungsmitteleffekte auf S_N2-Reaktionen

Die Wahl des Lösungsmittels beeinflusst die S_N2-Reaktion ebenfalls. Nicht alle Lösungsmittel sind gleichwertig; manche funktionieren bei einer bestimmten Reaktion besser als andere. Bei S_N2-Reaktionen verteilt sich die negative Ladung des angreifenden Nucleophils im Übergangszustand auf (mindestens) drei Atomzentren (vgl. Abbildung 10.5). Dadurch ist die Ladungsdichte hier erfreulich gering; es ist nicht erforderlich, Ladungsdichte auch noch auf Lösungsmittelmoleküle zu verteilen. Deswegen sind für S_N2-Reaktion unpolare Lösungsmittel an sich ideal. Aber je polarer Ihre Ausgangsstoffe sind, umso weniger gut werden die sich in unpolaren Lösungsmitteln lösen, und gelöst sein müssen sie ja schon! Also werden Sie die Polarität gegebenenfalls steigern müssen. Dann sind polare, *aprotische* Lösungsmittel besonders geeignet. Protisch heißen im Organiker-Sprech Lösungsmittel, die O–H- oder N–H-Bindungen enthalten; also zum Beispiel Alkohole, Wasser und Amine. Aprotische Lösungsmittel enthalten keine N–H- oder O–H-Bindungen. Gute polare aprotische Lösungsmittel für S_N2-Reaktionen sind DMSO (Dimethylsulfoxid), CH_2Cl_2 (Dichlormethan) und Ether (R–O–R).

Warum benötigen Sie für die S_N2-Reaktion aprotische und keine protischen Lösungsmittel? Protische Lösungsmittel neigen dazu, einen Lösungsmittel»käfig« um das Nucleophil zu bilden, was durch das eingesperrte Chlorid-Ion in Abbildung 10.9 verdeutlicht wird. Der Käfig reduziert seine Nucleophilie. Ein Nucleophil in einem protischen Lösungsmittel ist wie ein Student, der von Fernsehgeräten umgeben ist – er hat keine rechte Lust, an die Arbeit zu gehen. Polare aprotische Lösungsmittel lösen die polaren Reaktionspartner auch (vielleicht haben Sie einmal die Regel »Gleiches löst sich in Gleichem« gehört), aber sie sperren das Nucleophil nicht in einen Käfig und reduzieren dabei seine Nucleophilie.

Protische Lösungsmittel vermindern in S_N2-Reaktionen die Nucleophilie.

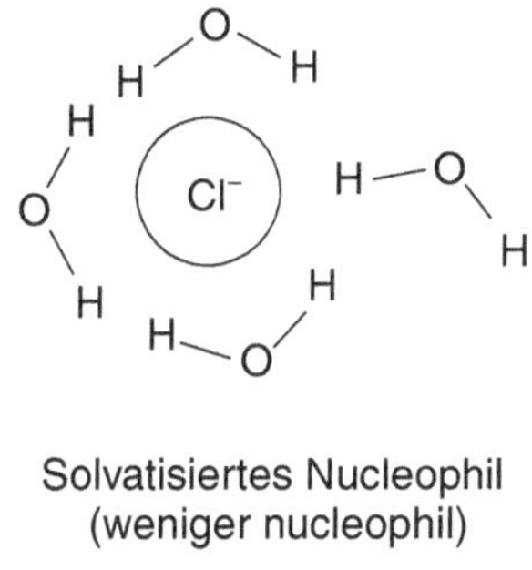

Solvatisiertes Nucleophil
(weniger nucleophil)

Abbildung 10.9: Der Lösungsmittelkäfig, den ein protisches Lösungsmittel (Wasser) erzeugt

Ich will hier raus: Die Abgangsgruppe

Eine weitere Voraussetzung für eine glatt ablaufende S_N2-Reaktion ist eine geeignete Abgangsgruppe. Die Abgangsgruppe ist der Teil des Edukts, der durch das Nucleophil ersetzt wird (häufig als X dargestellt). Gute Abgangsgruppen sind schwache Basen, da sie die konjugierten Basen von starken Säuren sind (siehe Kapitel 5: Säuren und Basen). Wenn Sie eine starke Säure finden und diese deprotonieren, dann haben Sie ziemlich sicher eine gute Abgangsgruppe. Die Halogenwasserstoffsäuren (HCl, HBr, und HI) sind starke Säuren, und die Halogenide (I⁻, Br⁻, Cl⁻) sind gute Abgangsgruppen (F⁻ ist eine Ausnahme; es ist eine schlechte Abgangsgruppe, aber schließlich ist HF ja auch nur eine schwache Säure). Die Halogene sind die gebräuchlichsten Abgangsgruppen in S_N2-Reaktionen. Eine der besten Abgangsgruppen (besser als alle Halogene) ist das Tosylat (kurz für: Toluolsulfonat), die konjugierte Base der starken Säure *p*-Toluolsulfonsäure (4-Methylbenzolsulfonsäure). Abbildung 10.10 zeigt Ihnen die häufigsten Abgangsgruppen in der Reihenfolge ihrer Eignung.

Das Hydroxid-Ion (OH⁻), Alkoxide (RO⁻) oder das Amid-Ion (NH_2^-) sind grauenhafte Abgangsgruppen, weil sie starke Basen sind. Weil sie so schlechte Abgangsgruppen sind, werden Sie bei Ethern, Alkoholen, Alkylfluoriden und Aminen keine S_N2-Reaktion erleben (das ist auch der Grund, warum Sie Ether als Lösungsmittel für S_N2-Reaktionen verwenden können).

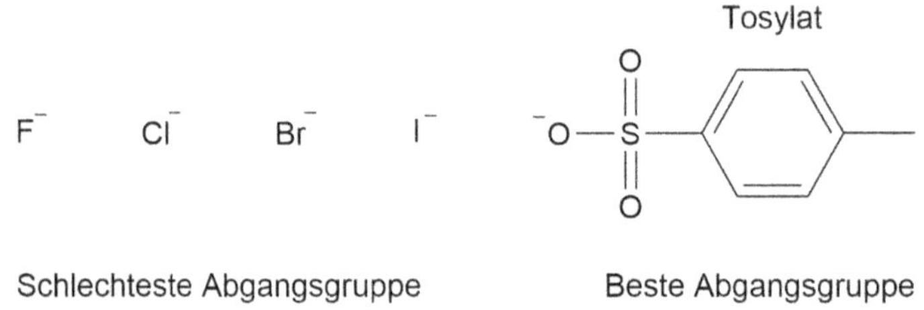

Abbildung 10.10: Abgangsgruppen in S_N2-Reaktionen

Substitution erster Ordnung: Die S_N1-Reaktion

Der andere Substitutionsmechanismus ist die S_N1-Reaktion (nucleophile Substitution erster Ordnung), die in Abbildung 10.11 gezeigt ist. Die S_N1-Reaktion verläuft in zwei Schritten. Im ersten Schritt packt die Abgangsgruppe ihre Koffer und verlässt das Molekül; dabei entsteht ein Carbokation (auch Carbenium-Ion genannt). *Danach* greift das Nucleophil das Carbokation an, und das Endprodukt wird gebildet. Dabei kann das Nucleophil von zwei unterschiedlichen Seiten angreifen und die beiden gezeigten Produkte bilden.

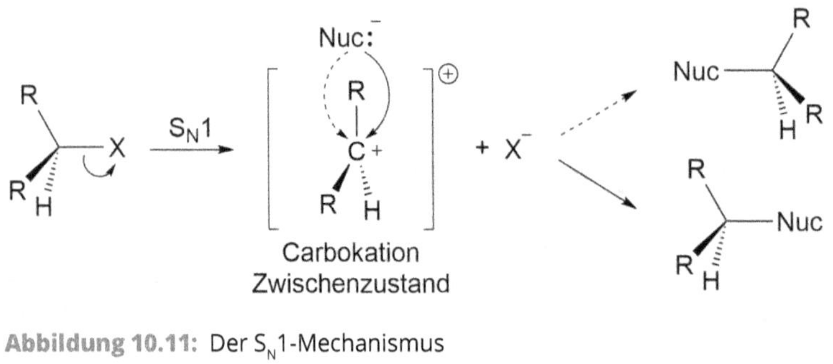

Abbildung 10.11: Der S_N1-Mechanismus

Wie schnell? Die Geschwindigkeit einer S_N1-Reaktion

Die Geschwindigkeit einer S_N1-Reaktion folgt der Gleichung:

$$\text{Geschwindigkeit} = k\left[\text{Substrat}\right]$$

Anders als bei der S_N2-Reaktion taucht das Nucleophil hier nicht in der Geschwindigkeitsgleichung auf. Überrascht? Die Geschwindigkeit einer Reaktion erster Ordnung (daher die »1« in S_N1) hängt lediglich von der Konzentration des Substrats ab. Warum hat das Nucleophil keinen Einfluss? Abbildung 10.12 zeigt Ihnen, warum das so ist.

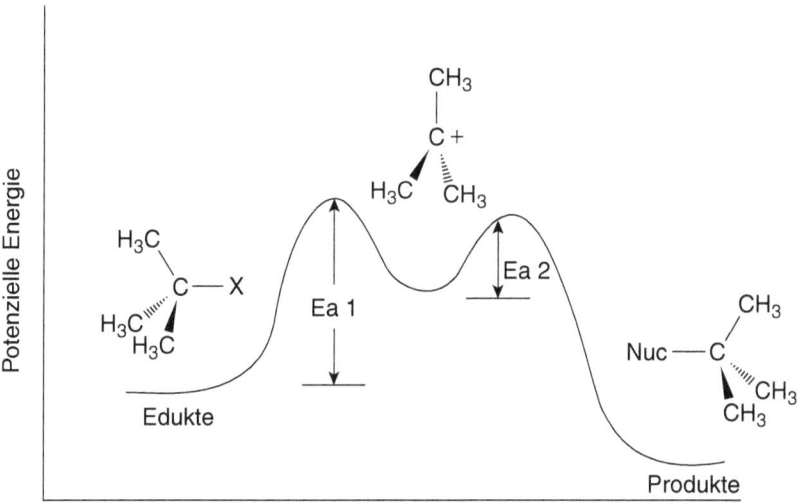

Abbildung 10.12: Das Energieprofil einer S_N1-Reaktion

Dem Reaktionsdiagramm können Sie entnehmen, dass *zwei* Berge erklommen werden müssen, bevor sich aus den Edukten die Produkte bilden. Der erste Berg ist der größere, es ist die Energiebarriere für die Abspaltung der Abgangsgruppe und die Bildung des Carbokations. Der zweite Schritt, in dem das Nucleophil das Carbokation angreift, erfordert weniger Energie. Weil der erste Schritt eine größere Energiebarriere überwinden muss, wird er als *geschwindigkeitsbestimmender Schritt* bezeichnet.

Sie haben sicherlich schon den Satz »Eine Kette ist nur so stark wie ihr schwächstes Glied« gehört. Genauso gilt: Eine Reaktion ist nur so schnell wie ihr langsamster Schritt. Daher heißt der langsamste Schritt »geschwindigkeitsbestimmender Schritt«. Stellen Sie sich vor, Sie haben eine kleine Waschmaschine und einen riesigen Trockner und wollen wissen, wie viel Wäsche Sie pro Woche schmutzig machen dürfen (siehe Abbildung 10.13). Bringt es etwas, wenn Sie einen noch größeren Trockner kaufen? Nein, denn der geschwindigkeitsbestimmende Schritt ist das Waschen. Nur eine Leistungssteigerung Ihrer Waschmaschine könnte die Menge an Wäsche beeinflussen, die Sie wöchentlich durch Ihre Wasch-Trocken-Kombination schleusen können.

Genau das ist der Grund, weshalb das Nucleophil nicht in der Geschwindigkeitsgleichung einer S_N1-Reaktion auftaucht. Er ist nicht am geschwindigkeitsbestimmenden Schritt beteiligt, daher ist es egal, ob es mehr oder weniger nucleophil ist und ob Sie viel oder wenig davon in Ihr Reaktionsgefäß kippen. Ein stärkeres Nucleophil oder eine größere Konzentration davon macht nur Ihren Trockner größer und hat keinen Einfluss auf die Geschwindigkeit der Produktbildung.

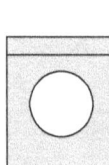
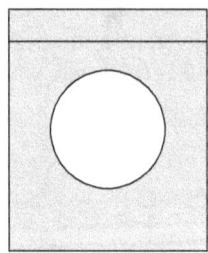

Waschmaschine
geschwindigkeitsbestimmender Schritt

Trockner

Abbildung 10.13: Die kleine Waschmaschine ist der geschwindigkeitsbestimmende Schritt

Gute S_N1-Substrate erkennen

Gute Substrate für eine S_N1-Reaktion unterscheiden sich von denen für eine S_N2-Reaktion. Gute Substrate für eine S_N1-Reaktion sind Substrate, die ein stabiles Carbokation bilden, nachdem die Austrittsgruppe abgespalten ist. Wenn Sie die Energie des intermediären Kations vermindern, vermindern Sie auch die Aktivierungsenergie (da der Übergangszustand zwischen dem Edukt und dem Carbokation diesem schon sehr ähnelt) und beschleunigen somit die Reaktion. Um die richtigen Substrate für eine S_N1-Reaktion zu finden, suchen Sie nach stabilen Carbokationen.

Erinnern Sie sich an die Eigenschaften, die zur Stabilität eines Carbokations beitragen (Kapitel 8)? Carbokationen werden durch die Anwesenheit von Alkylgruppen oder durch Resonanz stabilisiert. Daher sind tertiäre Substrate sekundären und primären vorzuziehen. Also sind *tertiäre* Substrate bessere S_N1-Substrate als *sekundäre*, die wiederum besser sind als *primäre* (siehe Abbildung 10.14). Substrate mit der Fähigkeit, ein Kation durch Resonanz zu stabilisieren, sind ebenfalls gute S_N1-Substrate; hierzu gehören vor allem Allyle und Benzyle.

 Gute S_N1-Substrate bilden ein stabiles intermediäres Carbokation.

Lösungsmitteleffekte auf S_N1-Reaktionen

Während S_N2-Reaktionen unpolare Lösungsmittel bevorzugen, sind es bei der S_N1-Reaktion polare. Diese Neigung hat ihren Ursprung in der Fähigkeit polarer Lösungsmittel, das Carbokation zu stabilisieren (wie in Abbildung 10.15 zu sehen ist) und die Energiebarriere für den geschwindigkeitsbestimmenden Schritt abzusenken. (Polar protische Lösungsmittel

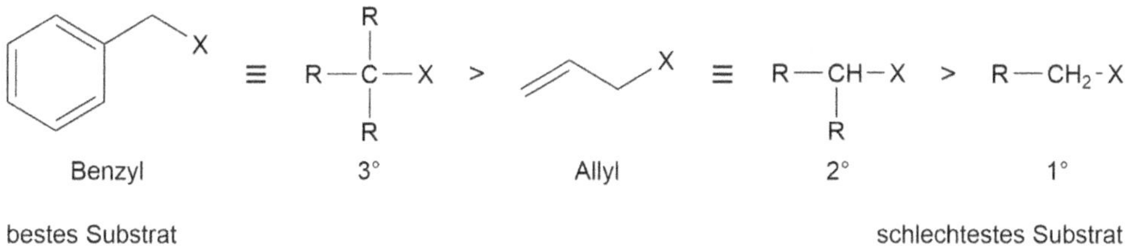

KAPITEL 10 Ersetzen und Entfernen: Substitutions- und Eliminierungsreaktionen

Abbildung 10.14: Substrate für S_N1-Reaktionen

können in einer S_N2-Reaktion nicht verwendet werden, da sie das Nukleophil maskieren und schwächen.) Bei einer S_N1-Reaktion hat die Stärke des Nucleophils keinen Einfluss auf den geschwindigkeitsbestimmenden Schritt, daher sind polar protische Lösungsmittel (wie H_2O und Alkohole) für eine S_N1-Reaktion bestens geeignet. Sie werden kaum S_N1-Reaktionen in aprotischen oder gar unpolaren Lösungsmitteln beobachten,

 Polare Lösungsmittel stabilisieren die Carbokationen in einer S_N1-Reaktion.

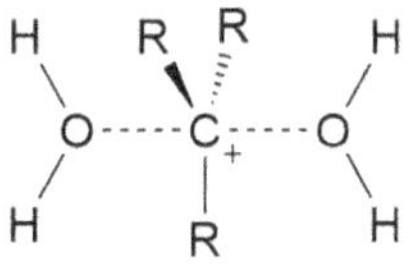

Abbildung 10.15: Stabilisierende Wechselwirkung eines protischen Lösungsmittels (Wasser) mit einem Carbokation

Stereochemie einer S_N1-Reaktion

Die Stereochemie einer S_N1-Reaktion ist nicht so eindeutig wie die einer S_N2-Reaktion. Der Zwischenzustand in der S_N1-Reaktion ist ein sp^2-hybridisiertes Carbokation. Es ist planar und besitzt ein leeres p-Orbital, das von beiden Seiten durch das freie Elektronenpaar des Nucleophils angegriffen werden kann (siehe Abbildung 10.16). Dabei entstehen zwei Enantiomere. Eines wird dabei unter Retention gebildet- es hat die gleiche relative Konfiguration wie das Edukt-, das andere ist unter Inversion gebildet. Daher bekommen Sie in einer S_N1-Reaktion eine 1:1-Mischung der beiden Enantiomere, die man *Racemat* nennt (siehe Kapitel 6).

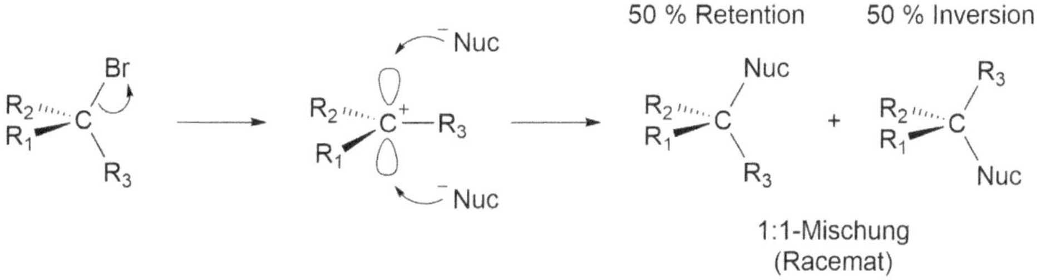

Abbildung 10.16: Die S_N1-Reaktion eines tert-Alkylhalogenids

 S_N1-Reaktionen liefern Racemate.

Weitere Fakten über S_N1-Reaktionen

Da die Stärke des Nucleophils in einer S_N1-Reaktion unwichtig ist, funktioniert die S_N1-Reaktion auch mit schwachen Nucleophilen. Wie die S_N2-Reaktion benötigt auch die S_N1-Reaktion eine gute Abgangsgruppe (ein Halogen oder Tosylat). Ein wichtiger Aspekt der S_N1-Reaktion ist das intermediäre Carbokation. Sie erinnern sich vielleicht, dass Carbokationen zu Umlagerungen neigen, falls dadurch ein stabileres Carbokation gebildet werden kann (in Kapitel 8 erfahren Sie mehr über Carbokationen). Daher beobachten Sie bei der S_N1-Reaktion gelegentlich auch entsprechende Umlagerungen.

Tabelle 10.1 ist ein Vergleich zwischen S_N1 und S_N2-Reaktionen. Wenn Sie wissen wollen, ob eine Substitution nach einem S_N1- oder S_N2-Mechanismus verläuft, sehen Sie sich zuerst das Substrat an. Wenn es sich um ein primäres oder Methyl-Substrat handelt, läuft die Reaktion als S_N2 ab. Wenn es ein tertiäres Substrat ist, verläuft die Reaktion nach dem S_N1-Mechanismus. Sekundäre Substrate sind eine Grauzone; beide Reaktionswege sind bei ihnen möglich, also müssen Sie eine andere Eigenschaft betrachten (zum Beispiel das Lösungsmittel), um herauszufinden, welcher der beiden Mechanismen bevorzugt wird. Bei sekundären Alkyl-Substraten bekommen Sie möglicherweise auch eine Mischung beider Mechanismen.

	S_N1	S_N2
Substrat	tertiär besser als sekundär	primär besser als sekundär
Geschwindigkeitsgleichung	Geschwindigkeit = k [Substrat]	Geschwindigkeit = k [Substrat] [Nucleophil]
Nucleophil	Nucleophil unwichtig	benötigt ein gutes Nucleophil
Stereochemie	Racemate	Inversion der Konfiguration
Abgangsgruppen	Gute Abgangsgruppen benötigt	Gute Abgangsgruppen benötigt
Lösungsmittel	Bevorzugt polare protische Lösungsmittel (Alkohole, Wasser)	Bevorzugt unpolare oder polar aprotische Lösungsmittel (Ether, halogenierte Lösungsmittel, ...)
Umlagerungen	möglich	nicht möglich

Tabelle 10.1: Vergleich zwischen S_N1- und S_N2-Reaktionen

Nur der Härteste überlebt: Eliminierungen

Eliminierungen konkurrieren häufig mit Substitutionsreaktionen. Die allgemeine Form einer Eliminierung ist in Abbildung 10.17 dargestellt. In dieser Reaktion wird aus einem Substrat (meist einem Alkylhalogenid) ein Äquivalent Säure unter Bildung eines Alkens eliminiert. Wie bei Substitutionsreaktionen sind auch für die Eliminierung zwei Mechanismen möglich, der E1- und der E2-Mechanismus, die ihren jeweiligen Gegenstücken bei der Substitution ähneln.

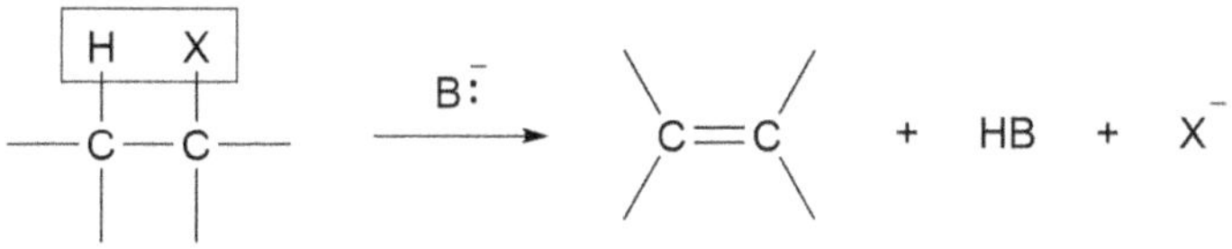

Abbildung 10.17: Die Eliminierung

Eliminierungen zweiter Ordnung: Der E2-Mechanismus

Eliminierungen zweiter Ordnung werden E2 genannt. Wie die S_N2-Reaktion verläuft auch die E2-Reaktion in einem einzigen Schritt (Abbildung 10.18) über den nicht isolierbaren Übergangszustand: Eine Base deprotoniert ein Kohlenstoffatom in unmittelbarer Nähe der Abgangsgruppe, gleichzeitig bildet sich eine Doppelbindung, und die Abgangsgruppe verlässt das Molekül.

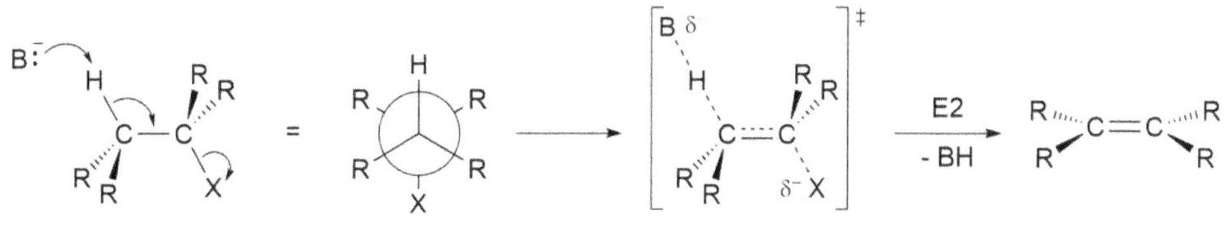

Antiperiplanare Anordnung

Abbildung 10.18: Der E2-Mechanismus

Damit eine E2-Reaktion ablaufen kann, müssen das zu eliminierende Wasserstoffatom und die Abgangsgruppe *antiperiplanar* angeordnet sein. Das bedeutet, dass sie (zusammen mit den beiden Kohlenstoffatomen, die die Doppelbindung bilden sollen) in derselben Ebene, aber auf entgegengesetzten Seiten der Kohlenstoff-Kohlenstoff-Bindung liegen müssen (siehe Abbildung 10.18).

Die Geschwindigkeitsgleichung einer E1-Reaktion lautet:

Geschwindigkeit $= k\left[\text{Base}\right] \cdot \left[\text{Substrat}\right]$

Da die Base in der Gleichung als Variable vorkommt, beeinflusst die Basenstärke die Reaktionsgeschwindigkeit. Der E2-Mechanismus tritt bei Eliminierungen am häufigsten auf; er benötigt eine starke Base.

Eliminierungen erster Ordnung: Der E1-Mechanismus

Eliminierungen erster Ordnung (E1-Reaktionen) sind etwas seltener als E2-Mechanismen. Der E1-Mechanismus besteht wie die S_N1-Reaktion aus zwei Schritten; er ist in Abbildung 10.19 gezeigt. Zunächst spaltet sich die Abgangsgruppe ab, und ein Carbokation wird gebildet; das ist derselbe Anfangsschritt wie in der S_N1-Reaktion. Danach entreisst die Base dem Kohlenstoffatom direkt neben dem Zentrum des Carbokations ein Wasserstoffatom, und die Doppelbindung entsteht.

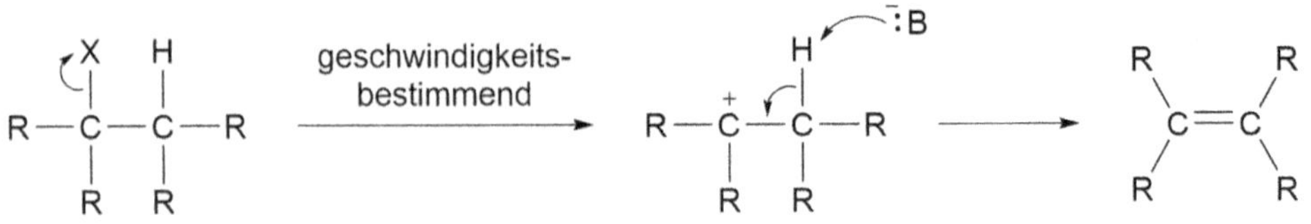

Abbildung 10.19: Der E1-Mechanismus

Weil der erste Schritt beim E1-Mechanismus – die Bildung des Carbokations – der geschwindigkeitsbestimmende Schritt ist, folgt die Geschwindigkeit der Gleichung:

Geschwindigkeit = $k\left[\text{Substrat}\right]$

Da die Base nicht in der Gleichung vorkommt, hat die Basenstärke keinen Einfluss auf die Reaktionsgeschwindigkeit. Während der E2-Mechanismus starke Basen bevorzugt, laufen E1-Reaktionen meist mit schwachen Basen ab.

Hilfe! Substitution und Eliminierung unterscheiden

Leider leben Chemiker in einer unvollkommenen Welt. Reaktionen, die ausschließlich als Substitution oder Eliminierung verlaufen, sind im Labor selten. Stattdessen entstehen meist Gemische, die teils durch Substitution, teils durch Eliminierung gebildet werden, weil gute Nucleophile auch gute Basen sind und umgekehrt. Hier folgen einige Regeln, die Ihnen bei der Entscheidung helfen sollen, welche Reaktion wann bevorzugt wird:

✔ Starke Basen/Nucleophile erzwingen eine Reaktion zweiter Ordnung. Folglich erhalten Sie mit starken Basen und Nucleophilen (wie OH$^-$), S_N2- oder E2-Reaktionen (oder beide). Mit schwachen Basen/Nucleophilen landen Sie eher bei Reaktionen erster Ordnung (S_N1 oder E1).

✔ Reaktionen primärer Substrate verlaufen im Allgemeinen als S_N2-Reaktion (Methyl-Substrate reagieren immer nach S_N2). Wenn Sie sehr starke Basen/Nucleophile mit primären Substraten reagieren lassen, erhalten Sie eine Mischung aus S_N2 und E2.

✔ Reaktionen tertiärer Substrate mit schwachen Basen/Nucleophilen in protischen Lösungsmitteln verlaufen nach E1 und S_N1; bei starken Basen nach E2.

✔ Reaktionen mit sekundären Substraten sind am schwierigsten einzuschätzen. Unter den richtigen Bedingungen können sekundäre Substrate nach allen vier Mechanismen reagieren. Schwache Basen/Nucleophile in einem protischen Lösungsmittel ergeben typischerweise eine Mischung aus E1 und S_N1; starke Basen/Nucleophile ergeben eine Mischung aus E2 und S_N2.

✔ Der Einsatz von nichtbasischen Nucleophilen hilft Ihnen bei der Unterscheidung zwischen Substitutionen und Eliminierungen. Die Halogenide (I$^-$, Br$^-$, Cl$^-$) und Thiole (R-SH) sind nucleophil, aber nicht sehr basisch. Ihre Reaktionen verlaufen meist ausschließlich als Substitution. Dagegen ist *tert*-Butoxid ((CH$_3$)$_3$CO$^-$) ein schwaches Nucleophil, aber eine sehr starke Base, unter deren Einfluss die Reaktion fast immer nach E2 abläuft.

Aufgabe 10.1:

Sie möchten *(R)*-2-Chlorbutan stereospezifisch zu *(S)*-Butan-2-ol umsetzen.

a. Nach welchem Mechanismus muss diese Reaktion ablaufen?

b. Welche Reaktionsbedingungen wählen Sie?

Aufgabe 10.2:

Aus (3*R*,4*R*)-3-Brom-2,2,4-trimethylhexan wird unter Einfluss einer starken Base Bromwasserstoff eliminiert. Geben Sie das Reaktionsprodukt an (einschließlich der Stereochemie).

Aufgabe 10.3:

Nehmen wir gleich noch einmal das gleiche Edukt: Dieses Mal soll 3-Brom-2,2,4-trimethylhexan (auf die Stereochemie braucht dieses Mal nicht geachtet zu werden) zu 2,2,4-Trimethylhexan-3-ol hydrolysiert werden. Welche Probleme ergeben sich?

Aufgabe 10.4:

Bringen Sie die nukleophile Substitution (SN1) in die richtige Reihenfolge.

SN1

Aufgabe 10.5:

Bringen Sie die nukleophile Substitution (SN2) in die richtige Reihenfolge.

SN2

Aufgabe 10.6:

Es geht auch radikal. Folgen Sie einfach dem Link.

Radikalische Substitution

IN DIESEM KAPITEL

Erkennen und Klassifizieren von Alkoholen

Alkohole benennen

Säurestärken vergleichen

Synthese von Alkoholen

Reaktionen von Alkoholen

Kapitel 11
Berauschend: Alkohole

Wenn die meisten Menschen an Alkohol denken, denken sie an Ethanol (Ethylalkohol), dem Alkohol, den man in Bier und Wein findet. Dennoch bemerken viele nicht, dass es tausende unterschiedlicher Alkohole gibt. Ethylenglycol ist ein Alkohol, den man in Frostschutzmitteln nutzt; Methanol ist ein Alkohol, den man früher aus trockenem Holz hergestellt hat. Er wirkt schädlich auf das Nervensystem, insbesonders auf die Sehnerven. Isopropylalkohol (Propan-2-ol) ist ein Alkohol, der für die Sterilisierung von Wunden eingesetzt wird. Alkohole sind wie die Alkene eine sehr wichtige Substanzgruppe, nicht nur, weil man sie in vielen täglichen Produkten findet (wie Bier, Wein und Caipirinha), sondern weil sie so vielseitig sind. Sie können leicht hergestellt (dargestellt) und in viele funktionelle Gruppen umgewandelt werden. In diesem Kapitel führe ich Sie in die funktionelle Gruppe der Alkohole ein, zeige Ihnen, wie Sie die Alkohole benennen und klassifizieren können, und beschreibe Reaktionen zur Synthese von Alkoholen und ihrer Umwandlung in andere funktionelle Gruppen.

Klassifizierung der Alkohole

Alkohole sind Moleküle, die eine Hydroxylgruppe (–OH) enthalten. Sie werden nach der Art des Kohlenstoffatoms, an das die OH-Gruppe gebunden ist, als primäre, sekundäre oder tertiäre Alkohole bezeichnet. Wenn das Kohlenstoffatom, das die OH-Gruppe trägt, nur mit *einer* Alkylgruppe verbunden ist, handelt es sich um einen primären Alkohol; wenn der Kohlenstoff mit *zwei* Alkylgruppen verbunden ist, handelt es sich um einen sekundären Alkohol, und falls das Kohlenstoffatom mit *drei* Alkylgruppen verbunden ist, haben Sie einen tertiären Alkohol vor sich (siehe Abbildung 11.1).

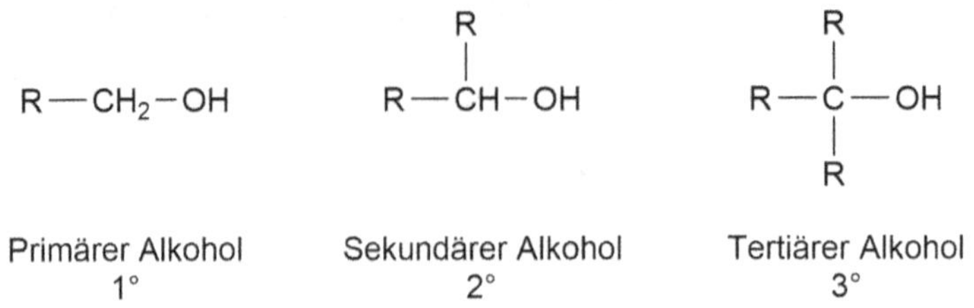

R—CH₂—OH   R—CH—OH   R—C—OH
                    | |
                    R   R (with R below C)

Primärer Alkohol   Sekundärer Alkohol   Tertiärer Alkohol
1°   2°   3°

Abbildung 11.1: Die Klassifizierung der Alkohole

Sage mir, wie Du heißt, dann sage ich Dir, wer Du bist: Alkohole benennen

Sie können die Alkohole mit einer erweiterten Nomenklatur der Alkane benennen (siehe Kapitel 7 für eine Auffrischung). Um einen Alkohol korrekt zu klassifizieren, gehen Sie folgendermaßen vor:

1. **Bestimmen Sie den Stammnamen des Alkohols, indem Sie die längste Kette suchen, die die –OH-Gruppe enthält.** Hängen Sie an den Namen des Alkans das Suffix *–ol* an, das für *Alkohol* steht. Ein Alkohol mit zwei Kohlenstoffen heißt also Ethanol und nicht Ethan (wie das Alkan).

2. **Nummerieren Sie die Hauptkette. Beginnen Sie auf der Seite, die der Hydroxylgruppe am nächsten ist.**

3. **Identifizieren Sie alle Substituenten der Hauptkette, und benennen Sie diese.**

4. **Ordnen Sie die Substituenten alphabetisch vor dem Hauptnamen der Kette.**

5. **Identifizieren Sie die Platzierung der Hydroxylgruppe, und setzen Sie diese Nummer vor den Suffix -ol.**

Nun versuchen Sie sich an dem Alkohol in Abbildung 11.2 (Vorsicht! Nur benennen, nicht trinken!).

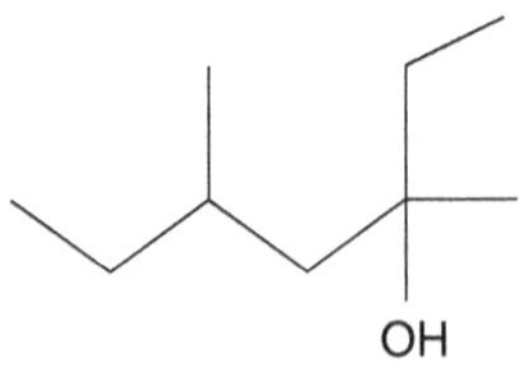

Abbildung 11.2: Ein (bislang) namenloser Alkohol

Finden Sie zuerst die Stammkette (Abbildung 11.3). Die Stammkette ist die längste Kette von Kohlenstoffatomen, die die Hydroxylgruppe enthält. In diesem Fall ist die Stammkette sieben Kohlenstoffe lang; der Alkohol ist demzufolge ein Heptanol.

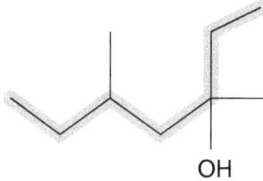

Abbildung 11.3: Der erste Teil des Namens: Heptanol

Dann nummerieren Sie die Stammkette, beginnend mit dem Ende, dem die Hydroxylgruppe am nächsten ist; im vorliegenden Fall also von rechts nach links (Abbildung 11.4).

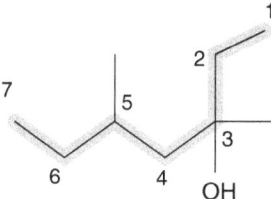

Abbildung 11.4: Die Nummerierung der Kette

Ermitteln Sie als Nächstes die Namen der Substituenten. Das Molekül in Abbildung 11.5 enthält zwei Methylgruppen als Substituenten, eine am Kohlenstoffatom 3 und die andere am Kohlenstoffatom 5.

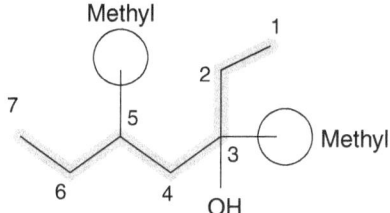

Abbildung 11.5: Die Identifizierung der Substituenten

Danach setzen Sie die Substituenten (in alphabetischer Reihenfolge) vor die Stammkette. Kennzeichnen Sie die Position der Hydroxylgruppe durch die Nummer des Kohlenstoffatoms, an das sie gebunden ist. Die beiden Methylgruppen werden zusammen als Dimethyl bezeichnet. Daraus ergibt sich folgender Name für den Alkohol: 3,5-Dimethylheptan-3-ol.

Darstellung von Alkoholen

Nun lernen Sie, wie man Alkohole synthetisiert.

Anlagerung von Wasser an Doppelbindungen

Kapitel 8 zeigt Ihnen zwei Reaktionen, wie man Alkohole aus Alkenen herstellt. Die Oxymercurierung der Alkene ergibt den Markownikow-Alkohol (den Alkohol mit der Hydroxylgruppe am höchst substituierten Kohlenstoff), während die Hydroborierung zum Anti-Markownikow-Alkohol führt (den Alkohol mit der Hydroxylgruppe am niedrigst substituierten Kohlenstoff). Diese Umwandlung ist in Abbildung 11.6 gezeigt.

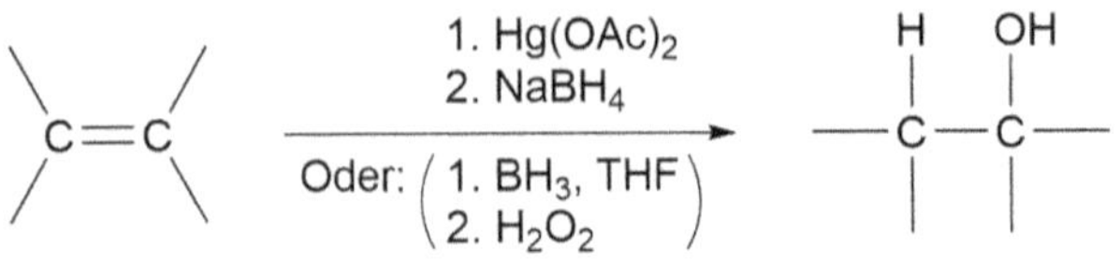

$$\text{C}=\text{C} \xrightarrow[\text{Oder:} \begin{pmatrix} 1.\ BH_3,\ THF \\ 2.\ H_2O_2 \end{pmatrix}]{\begin{array}{c} 1.\ Hg(OAc)_2 \\ 2.\ NaBH_4 \end{array}} -\underset{|}{\overset{H}{\underset{|}{C}}}-\underset{|}{\overset{OH}{\underset{|}{C}}}-$$

Abbildung 11.6: Anlagerung von Wasser an ein Alken

Reduktion von Carbonylverbindungen

Alkohole können auch durch die Reduktion von Carbonylverbindungen (C=O) dargestellt werden. Hauptsächlich werden zwei Reagenzien zur Reduktion von Carbonylverbindungen benutzt. Das Natriumborhydrid $NaBH_4$ (auch Natriumboranat oder Natriumtetrahydroborat genannt), ein schwächeres Reduktionsmittel, und Lithiumaluminiumhydrid $LiAlH_4$ (Lithiumtetrahydroaluminat, Lithiumalanat), ein stärkeres Reduktionsmittel. Bildlich ausgedrückt ist $NaBH_4$ eine Spielzeugpistole und $LiAlH_4$ eine Kanone, siehe Abbildung 11.7.

$NaBH_4$
Mildes Reduktionsmittel

$LiAlH_4$
Starkes Reduktionsmittel

Abbildung 11.7: Die Stärke unterschiedlicher Reduktionsmittel

Was meine ich damit? Natriumborhydrid kann Carbonylverbindungen reduzieren, die sich leicht zu Alkoholen reduzieren lassen, wie Aldehyde und Ketone. Aber diese Verbindung ist nicht stark genug, um störrische Verbindungen, wie Ester und Carbonsäuren, zu reduzieren. Für diese Aufgabe müssen Sie die Kanone aus der Tasche holen: das Lithiumaluminiumhydrid, das auch für solche Reduktionen geeignet ist.

Die Reduktion von Aldehyden mit Natriumborhydrid oder Lithiumaluminiumhydrid ist ein guter Weg zur Darstellung von primären Alkoholen, wie in Abbildung 11.8 gezeigt. Die

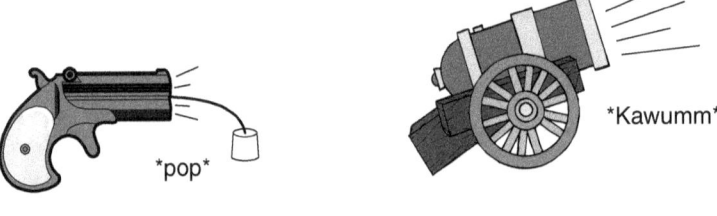

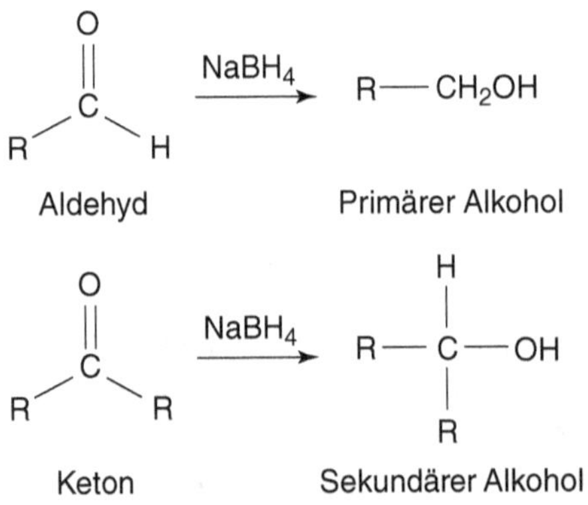

Abbildung 11.8: Die Herstellung eines Alkohols durch Reduktion von Aldehyden und Ketonen

Reduktion von Ketonen mit Natriumborhydrid ist auch zur Synthese von sekundären Alkoholen geeignet; tertiäre Alkohole können nicht durch Reduktion dargestellt werden.

Das Lithiumaluminiumhydrid ist stark genug, um Carbonsäuren und Ester zu reduzieren, wie Abbildung 11.9 zeigt. Aus Carbonsäuren und Estern entstehen so primäre Alkohole.

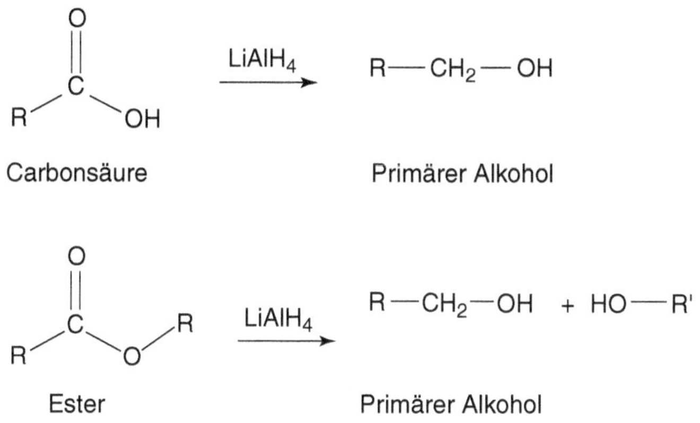

R-COOH →(LiAlH$_4$) R-CH$_2$-OH

Carbonsäure   Primärer Alkohol

R-CO-O-R →(LiAlH$_4$) R-CH$_2$-OH + HO-R'

Ester   Primärer Alkohol

Abbildung 11.9: Darstellung eines Alkohols durch Reduktion mit Lithiumaluminiumhydrid

Die Grignard-Reaktion

Ein weiterer nützlicher Weg zur Darstellung von Alkoholen ist die Grignard-Reaktion. Wenn Sie einen Alkohol mithilfe der Grignard-Reaktion synthetisieren möchten, müssen Sie ein Grignard-Reagenz mit einer Carbonylgruppe reagieren lassen. Ein Grignard-Reagenz herzustellen ist ganz einfach: Sie geben Magnesium (Mg) zu einem Alkylhalogenid, wie in Abbildung 11.10 gezeigt. Dabei wird das Magnesium in die C–X-Bindung eingefügt, und das Grignard-Reagenz entsteht. Um für Prüfungen zu lernen, sollten Sie sich diese Reaktion noch einmal genauer ansehen. Es gibt nämlich noch viele Nebenreaktionen, die diese Verbindung in Lösungen eingeht, diese kann ich hier aber nicht alle aufführen.

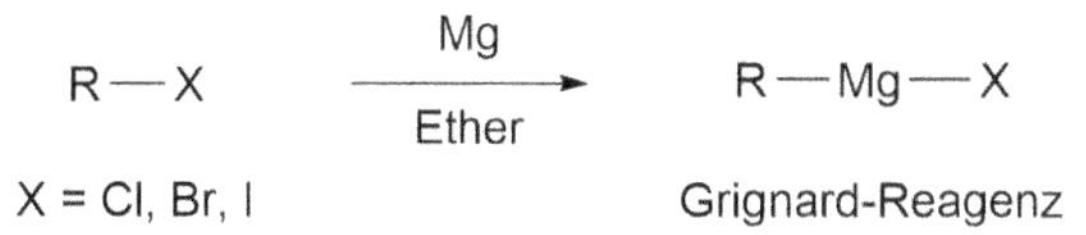

R-X →(Mg, Ether) R-Mg-X

X = Cl, Br, I   Grignard-Reagenz

Abbildung 11.10: Die Herstellung von Grignard-Reagenzien

Das Grignard-Reagenz ist ein starkes Nucleophil (kernliebend) und kann mit Elektrophilen wie Carbonylverbindungen reagieren. Das Grignard-Reagenz funktioniert formal wie ein getarntes Carbanion. Abbildung 11.11 illustriert diese Vorstellung.

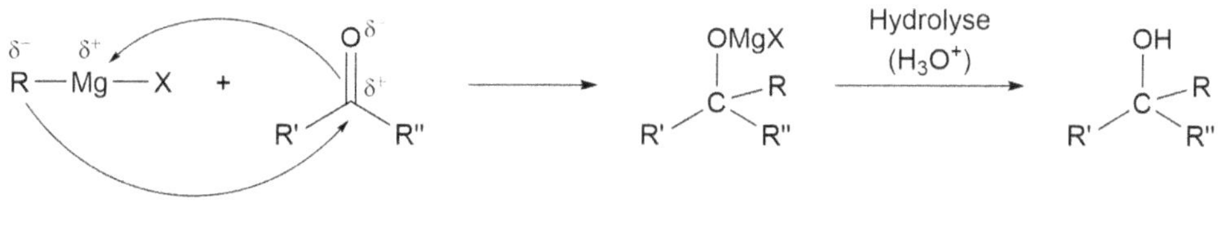

δ^- δ^+
R-Mg-X + R'-C(=O$^\delta$)-R'' → R'-C(OMgX)-R'' →(Hydrolyse H$_3$O$^+$) R'-C(OH)-R''

Abbildung 11.11: Ein Grignard-Reagenz

Der Mechanismus für die Addition von Grignard-Reagenzien an Carbonylgruppen ist in Abbildung 11.12 dargestellt. Hierbei bildet das Carbonyl mit zwei Molekülen der Grignard-Verbindung einen sogenannten sechsgliedrigen Übergangszustand

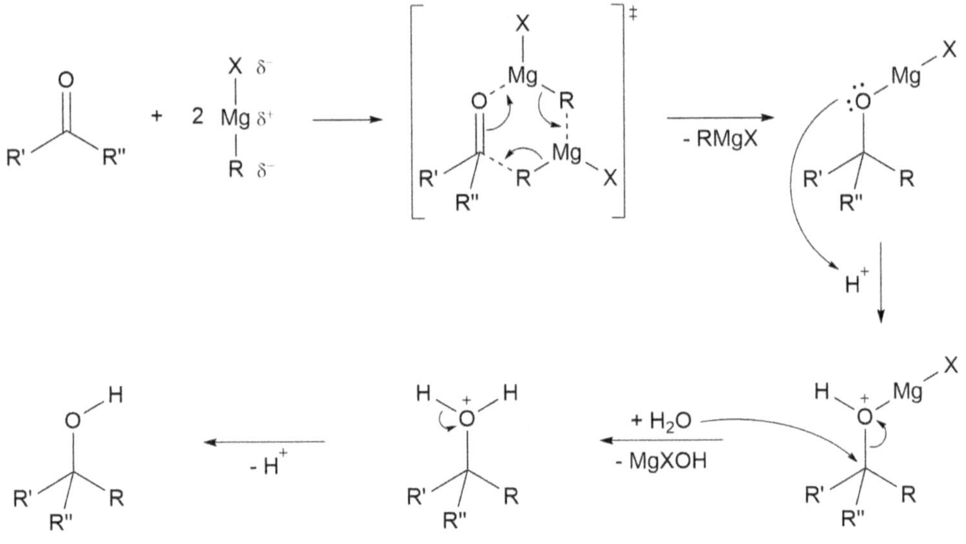

Abbildung 11.12: Der Mechanismus der Grignard-Reaktion

Während sich durch Reduktion nur primäre und sekundäre Alkohole herstellen lassen, können Sie mit der Grignard-Reaktion beliebige Alkohole erzeugen, wie in Abbildung 11.13 gezeigt. Wenn Sie ein Grignard-Reagenz mit Formaldehyd versetzen, bekommen Sie einen primären Alkohol. Wenn Sie es mit einem Aldehyd mischen, bekommen Sie sekundäre Alkohole. Und wenn Sie es mit einem Keton reagieren lassen, bekommen Sie tertiäre Alkohole.

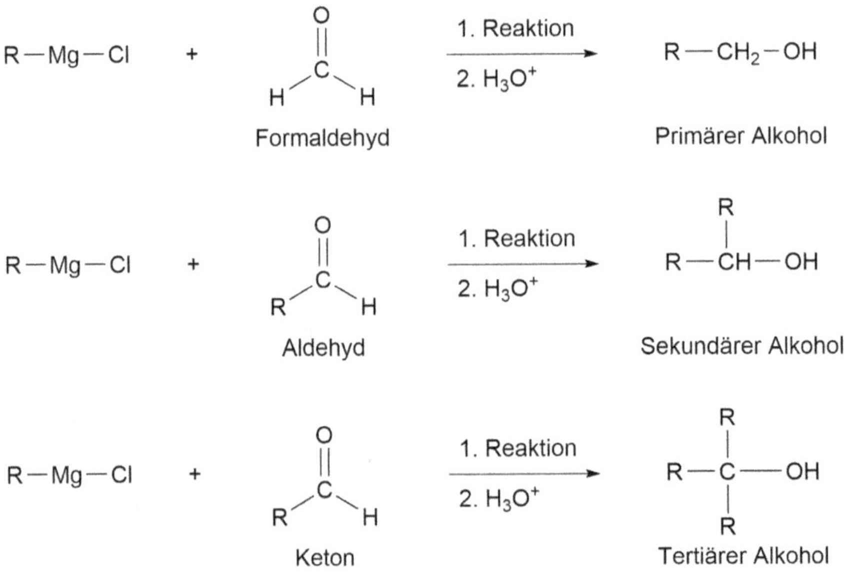

Abbildung 11.13: Die Bildung von Alkoholen durch Addition von Grignard-Reagenzien an Carbonylverbindungen

Reaktionen der Alkohole

Was können Sie mit Alkoholen überhaupt anfangen? Da Sie jetzt einige ihrer Reaktionen kennen gelernt haben, zeige ich Ihnen nun, wie Sie Alkohole in andere funktionelle Gruppen umwandeln können.

Abspaltung von Wasser: Dehydratation

Eines der besten Reagenzien zur Umwandlung von Alkoholen in Alkene ist Phosphoroxychlorid ($POCl_3$). Es zwingt den Alkohol zur Abspaltung von Wasser unter Bildung eines Alkens, siehe Abbildung 11.14.

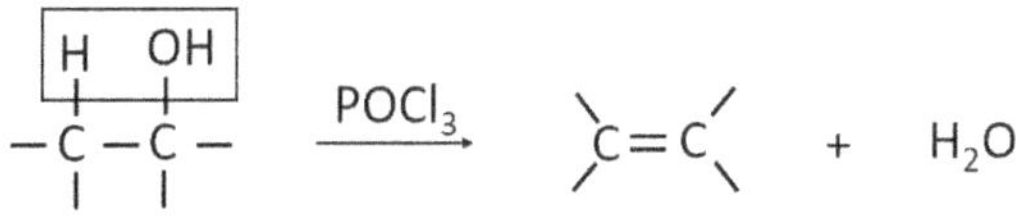

Abbildung 11.14: Die Dehydratation eines Alkohols

Darstellung von Ethern: Williamson-Ethersynthese

Auch Ether können aus Alkoholen synthetisiert werden. Dazu versetzen Sie einen Alkohol mit metallischem Natrium; hierbei entsteht ein Alkoxid, die konjugierte Base des Alkohols (Abbildung 11.15). Alkoxide sind starke Nucleophile, die mit primären Halogeniden in einer S_N2-Reaktion (siehe Kapitel 10) unter Bildung eines Ethers reagieren. Am besten funktioniert das in polar-aprotischen Lösungsmitteln wie Dimethylsulfoxid (DMSO) oder Hexamethylphosphorsäuretriamid (HMPT).

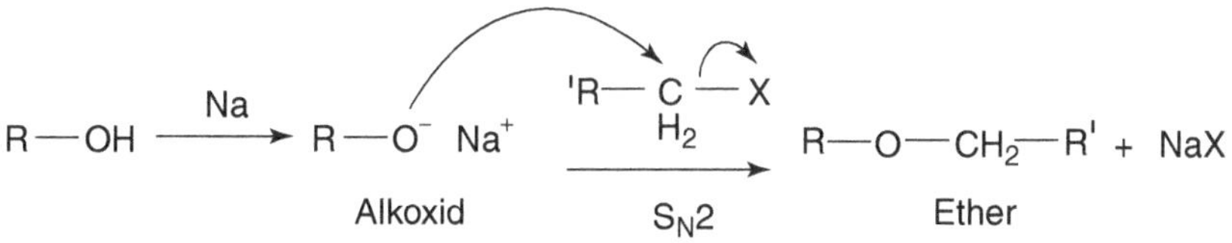

Abbildung 11.15: Die Williamson-Ethersynthese

Die Oxidation von Alkoholen

Im vorherigen Abschnitt habe ich Ihnen gezeigt, wie Alkohole durch Reduktion von Carbonylverbindungen entstehen. Wenn Sie die Reaktion rückwärts ablaufen lassen und Alkohole zu Carbonylverbindungen (Ketone und Aldehyde) oxidieren wollen, können Sie zu zwei unterschiedlichen Reagenzien greifen: zu PCC oder zum Jones-Reagenz. PCC (das steht für »Pyridiniumchlorochromat«) ist ein schwächeres Oxidationsmittel als das Jones-Reagenz (ein Gemisch aus Chrom(VI)-oxid, [CrO_3] und Säure). PCC oxidiert primäre Alkohole zu Aldehyden. Das Jones-Reagenz oxidiert primäre Alkohole zu Carbonsäuren (Abbildung 11.16), beide Reagenzien oxidieren sekundäre Alkohole zu Ketonen.

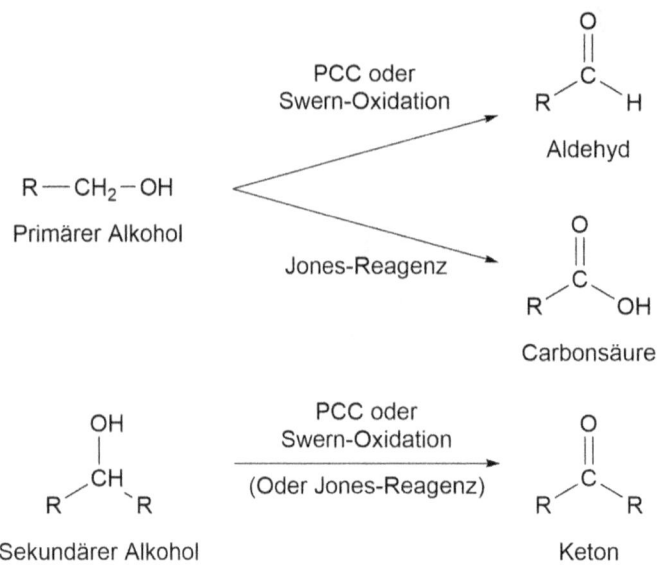

Abbildung 11.16: Die Oxidation von Alkoholen

Da beide Reagenzien jedoch Chrom enthalten und daher sehr toxisch und karzinogen sind, sollten Sie zur Darstellung von Aldehyden und Ketonen lieber die Swern-Oxidation verwenden. Diese kann das das Gleiche wie das PCC, allerdings ist es nicht so giftig. Hierbei wird in einem ersten Schritt das Oxidationsmittel Dimethylsulfoxid mit Oxalylchlorid aktiviert. Anschließend gibt man bei der Reaktion mit dem Alkohol noch Triethylamin als Base hinzu.

Tertiäre Alkohole können nicht oxidiert werden.

Aufgabe 11.1:

a. Wie erzeugen Sie ein Ethyl-Grignard-Reagenz?

b. Zu welchem Produkt würde die Umsetzung dieses Reagenzes mit Aceton (Dimethylketon, CH_3COCH_3) nach wässriger Aufarbeitung führen?

Aufgabe 11.2:

Warum lässt sich die Williamson-Ethersynthese nicht in protischen Lösemitteln (wie Wasser) durchführen?

> **IN DIESEM KAPITEL**
>
> Konjugierte und isolierte Alkene
>
> 1,2- und 1,4-Additionen an Alkene
>
> Der kleine Unterschied: Kinetik und Thermodynamik
>
> Die Diels-Alder-Reaktion mit konjugierten Dienen

Kapitel 12
Seite an Seite: Konjugierte Alkene und die Diels-Alder-Reaktion

Einige der ersten Reaktionen, die Sie in der organischen Chemie kennengelernt haben, waren vermutlich Reaktionen von Alkenen (siehe Kapitel 8), aber mit diesen Beispielen ist die Doppelbindung noch lange nicht am Ende. Mehrere Doppelbindungen, die sich mit Kohlenstoff-Kohlenstoff-Bindungen abwechseln, haben andere Eigenschaften und Reaktivitäten als Doppelbindungen, die ganz alleine in einem Molekül vorliegen. Man spricht in diesen Fällen von *konjugierten Alkenen*. In diesem Kapitel beleuchte ich einige der Unterschiede, und ich nutze die Reaktion von konjugierten Doppelbindungen mit Säure, um die Unterschiede zwischen Kinetik und Thermodynamik zu erklären. Außerdem zeige ich Ihnen die wohl interessanteste Reaktion der organischen Chemie: die Diels-Alder-Reaktion, mit der Sie einfach Ringe und bicyclische Strukturen aufbauen können.

Manche mögen Abwechslung: Konjugierte Doppelbindungen

Konjugierte Doppelbindungen sind Moleküle, in denen zwei oder mehrere Doppelbindungen durch jeweils *eine* Kohlenstoff-Kohlenstoff-Einfachbindung getrennt sind, wie in Abbildung 12.1 gezeigt. Die Doppelbindungen *alternieren* (wechseln sich mit Einfachbindungen ab). Isolierte Doppelbindungen sind dagegen diejenigen, die durch mehr als eine Kohlenstoff-Kohlenstoff-Einfachbindung voneinander getrennt sind.

Konjugierte Doppelbindungen   Isolierte Doppelbindungen

Abbildung 12.1: Ein konjugiertes und ein isoliertes Alken

Eine wichtige Eigenschaft von konjugierten Alkenen ist ihre größere Stabilität im Vergleich zu isolierten Alkenen. Sie können diese größere Stabilität durch Zeichnung der Resonanzstrukturen eines konjugierten Alkens erklären (siehe Kapitel 3 für eine Auffrischung), wenn Sie sich daran erinnern, dass die Existenz von Resonanzstrukturen zu einer Erhöhung der Stabilität von Molekülen führt. Abbildung 12.2 zeigt die Resonanzstrukturen für das konjugierte Dien Butadien. Im Gegensatz dazu können Sie für isolierte Doppelbindungen keine Resonanzstrukturen zeichnen; sie werden daher nicht durch Resonanz stabilisiert.

Konjugiertes Dien

Abbildung 12.2: Zwei Resonanzstrukturen von Butadien

Addition von Halogenwasserstoffsäuren an konjugierte Alkene

Konjugierte Doppelbindungen reagieren völlig anders als isolierte Doppelbindungen, da sie im Vergleich eine höhere Stabilität aufweisen. Die Addition von Halogenwasserstoffsäuren (wie HBr, HCl) an Doppelbindungen wird in Kapitel 8 detailliert besprochen. Aber mit konjugierten Doppelbindungen reagieren Halogenwasserstoffsäuren anders als mit isolierten Doppelbindungen.

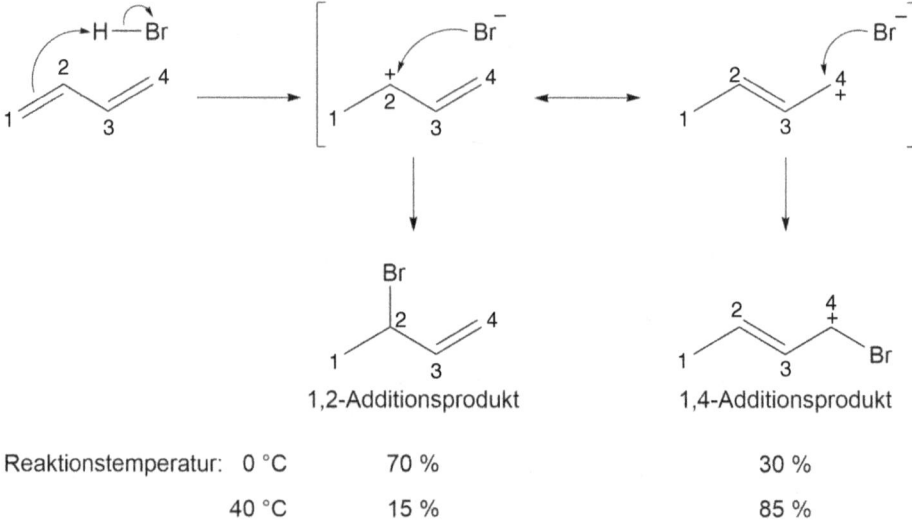

Abbildung 12.3: Die Mechanismen der 1,2- und der 1,4-Addition

Die Ursache für diese Unterschiede in der Reaktivität können Sie erkennen, wenn Sie sich den Reaktionsmechanismus in Abbildung 12.3 ansehen. Der erste Reaktionsschritt ist die Protonierung einer der Doppelbindungen unter Bildung eines Carbokations (Sie wissen bereits, dass sekundäre Carbokationen stabiler als primäre sind; Kapitel 8 berichtet mehr über Carbokationen). Für dieses Kation sind zwei Resonanzstrukturen möglich: In einer davon sitzt die positive Ladung auf dem Kohlenstoffatom Nummer 2, bei der anderen auf dem Kohlenstoffatom Nummer 4. Die wahre Struktur des Kations liegt irgendwo zwischen den beiden Resonanzstrukturen: Ein Teil der Ladung liegt am Kohlenstoffatom 2 und ein Teil am Kohlenstoffatom 4. Wenn das Halogenid am Kohlenstoffatom 2 angreift, entsteht das 1,2-Additionsprodukt (weil das Wasserstoffatom sich an Position 1 und das Halogenatom sich an Position 2 angelagert hat), während ein Angriff auf das Kohlenstoffatom 4 zum 1,4-Additionsprodukt führt (das Wasserstoffatom hat sich an Position 1 angelagert und das Halogenatom an Position 4).

Das Energieprofil einer Addition an konjugierte Alkene

Welches der beiden möglichen Additionsprodukte wird hauptsächlich gebildet? Interessanterweise hängt die Antwort auf diese Frage von der Reaktionstemperatur ab. Während Sie das 1,2-Additionsprodukt bei niedrigen Temperaturen um 0 °C erhalten, bekommen Sie das 1,4-Additionsprodukt bei höheren Temperaturen, so etwa um 40 °C. Um das verstehen zu können, müssen Sie einen Blick auf das Energieprofil in Abbildung 12.4 werfen. Ein Energieprofil stellt die potenzielle Energie des Systems als Funktion des Reaktionsfortschritts dar (mehr darüber in Kapitel 10).

Zunächst verlaufen beide Reaktionen identisch, da beide zu demselben Carbokation führen. Dann teilen sich die Reaktionswege. Im Energieprofil können Sie sehen, dass das 1,2-Additionsprodukt eine geringere Aktivierungsenergie für den zweiten Reaktionsschritt besitzt (es muss einen kleineren Energieberg erklimmen), am Ende aber eine höhere Energie hat als das 1,4-Additionsprodukt, das dafür jedoch eine höhere Aktivierungsenergie im zweiten Schritt der Reaktion erfordert.

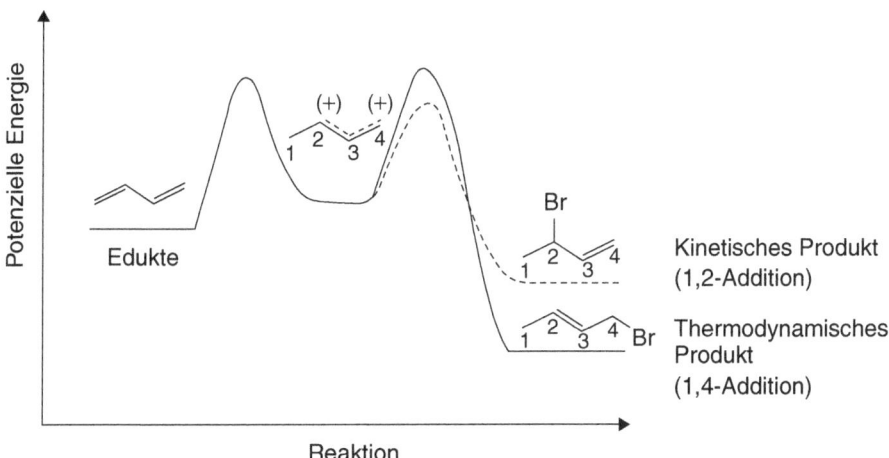

Abbildung 12.4: Das Energieprofil einer Addition an konjugierte Doppelbindungen

Bei niedrigen Temperaturen haben die Moleküle zwar genügend Energie, um über den niedrigen Berg zum 1,2-Additionsprodukt reagieren zu können, aber nicht genug, um die höhere Energiebarriere zum 1,4-Additionsprodukt zu überwinden. Weil die Reaktion bei niedrigen Temperaturen irreversibel ist – wenn die Reaktion gerade so über den Energieberg gekommen ist und das Produkt sich gebildet hat, reicht die Energie nicht aus, um den Weg zurück zum Carbokation-Übergangszustand schaffen zu können –, ist dieses einmal gebildete Produkt auch das Endprodukt, obwohl es das weniger stabile der möglichen Produkte ist. Daher wird bei niedrigen Temperaturen das 1,2-Additionsprodukt wegen seiner geringeren Aktivierungsenergie favorisiert, obwohl es das Produkt mit der höheren Energie ist. Das Produkt mit der niedrigeren Energiebarriere heißt *kinetisches Produkt*.

Bei höheren Temperaturen (um 40 °C) ist die Reaktion reversibel (die Moleküle besitzen genügend Energie, um zum Übergangszustand zurückkehren zu können, nachdem das kinetische Produkt gebildet wurde), und das eigentliche Gleichgewicht stellt sich ein. Das bedeutet, dass das Produkt mit der niedrigeren Energie überwiegt; es wird daher *thermodynamisches Produkt* genannt. Bei höheren Temperaturen besitzen die Moleküle genügend Energie, um über die höhere Energiebarriere zu kommen und das stabilere Endprodukt zu erreichen. Außerdem ist auch genügend Energie vorhanden, um die 1,2-Addition reversibel zu machen, sodass auch der größte Teil des zwischenzeitlich gebildeten 1,2-Produkts den Berg zum Carbokation zurückgehen und zum 1,4-Produkt reagieren kann, da es das energieärmere Endprodukt ist.

Kinetik und Thermodynamik der Addition an konjugierte Doppelbindungen: ein Vergleich

Kinetik und Thermodynamik sind leicht zu verwechseln, aber es gibt einen einfachen Weg, wie Sie sich den Unterschied zwischen beiden merken können. Die *Kinetik* beschreibt Reaktionsgeschwindigkeiten. Reaktionsgeschwindigkeiten hängen von den Energiebarrieren im Verlauf einer Reaktion ab (den Aktivierungsenergien). Die *Thermodynamik* beschreibt die relativen Energien der Ausgangssubstanzen und der Endprodukte (die Energiedifferenz). Wenn Sie wollen, dass eine Reaktion kinetisch kontrolliert wird, dann wählen Sie eine niedrige Reaktionstemperatur, damit nur kleinere Energieberge überwunden werden können und das kinetische Produkt entstehen kann. Bei höheren Temperaturen, wenn die Reaktion das Gleichgewicht erreicht, ist sie thermodynamisch kontrolliert. Dann entsteht das Produkt mit dem niedrigeren Energiegehalt – die Aktivierungsenergien haben hier nichts mehr zu sagen.

Im Allgemeinen führt die 1,2-Addition zum kinetischen Produkt, während die 1,4-Addition zum thermodynamischen Produkt führt, da dabei meist die höher substituierte Doppelbindung entsteht (mehr dazu finden sie in Kapitel 8; siehe Abbildung 12.4 für den speziellen Fall der Addition von HBr an Butadien). Um das 1,2-Additionsprodukt eines konjugierten Alkens zu bekommen, lassen Sie die Reaktion bei niedriger Temperatur ablaufen. Um das 1,4-Additionsprodukt zu bekommen, erhöhen Sie die Temperatur.

Die Diels–Alder-Reaktion

Eine der interessantesten Unterschiede zwischen isolierten und konjugierten Alkenen ist, dass konjugierte Alkene an der Diels-Alder-Reaktion teilnehmen können. Die Diels-Alder-Reaktion ist wohl eine der faszinierendsten Reaktionen der organischen Chemie. Gleichzeitig ist sie auch eine der wertvollsten Reaktionen der organischen Chemie, weil sie in einem einzigen Schritt gleich zwei der wertvollen Kohlenstoff-Kohlenstoff-Bindungen erzeugt (für ihre Entdeckung erhielten deshalb auch gleich zwei Chemiker einen Nobelpreis: ihre Entdecker Otto Diels und Kurt Alder). Diese Reaktion ist extrem nützlich für die Herstellung sechsgliedriger Ringe und bicyclischer Verbindungen.

Der allgemeine Mechanismus der Diels-Alder-Reaktion ist in Abbildung 12.5 gezeigt. Ein konjugiertes Dien reagiert mit einem Alken (*Dienophil* oder »Dienliebhaber« genannt) zu einem sechsgliedrigen Ring. Die Reaktion verläuft in einem einzigen Schritt, es gibt keine Zwischenprodukte. Wie Sie in dem Reaktionsschema erkennen können, entstehen aus den drei Doppelbindungen des Ausgangsmaterials zwei neue Kohlenstoff-Kohlenstoff-Einfachbindungen und eine neue Kohlenstoff-Kohlenstoff-Doppelbindung.

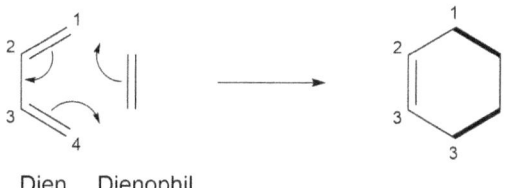

Abbildung 12.5: Der Mechanismus der Diels-Alder-Reaktion

Diene und Dienophile erkennen

Die Diels-Alder-Reaktion läuft am besten mit ganz bestimmten Dienen und Dienophilen ab. Diene, die mit einer elektronenspendenden Gruppe substituiert sind, reagieren schneller als unsubstituierte. Umgekehrt reagieren Dienophile am besten, wenn sie eine elektronenziehende Gruppe tragen.

Gute elektronenspendende Gruppen (abgekürzt mit ESG) für die Anlagerung von Dienen durch die Diels-Alder-Reaktion sind Ether (OR), Alkohole (OH) und Amine (NR_2). Gute elektronenziehende Gruppen (abgekürzt mit EZG) für die Dienophile sind Cyanogruppen (CN), Nitrogruppen (NO_2) und alle Carbonylverbindungen (inklusive Estern, Aldehyden, Säuren und Ketonen und so weiter). Diese Gruppen sind in Abbildung 12.6 gezeigt.

Abbildung 12.6: Bevorzugte Substituenten an Dienen und Dienophilen

Eine weitere Anforderung an die Diene ist, dass sie in der s-*cis*-Konformation vorliegen, damit die beiden Doppelbindungen richtig orientiert sind, sodass die Reaktion ablaufen kann. Bei der s-*cis-Konformation* befinden sich beide Doppelbindungen auf derselben Seite (*cis*) der zwischen ihnen liegenden Kohlenstoff-Kohlenstoff Einzelbindung (s wie Single-Bond), siehe Abbildung 12.7. In Ringen angeordnete Diene reagieren sehr schnell, da sie zwangsläufig in der s-*cis*-Konformation vorliegen.

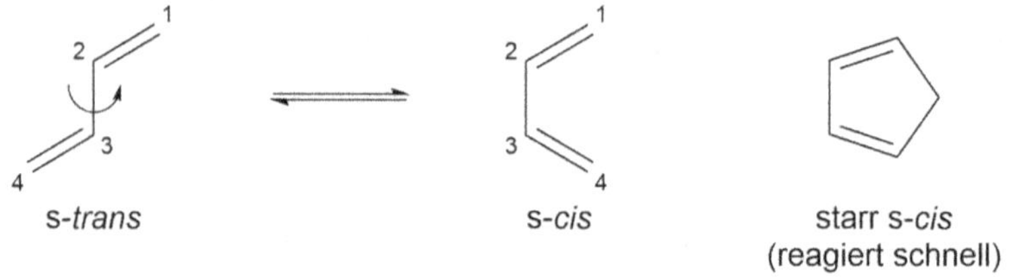

Abbildung 12.7: Die s-cis und die s-trans-Formation

Stereochemie der Addition

Eine der herausragenden Eigenschaften der Diels-Alder-Reaktion ist die Tatsache, dass sie *stereoselektiv* verläuft – sie bildet bevorzugt ein Stereoisomer (mehr zur Stereochemie finden Sie in Kapitel 6). Aus einem *cis*-disubstituierten Dienophil wird ein *cis*-Produkt; aus einem *trans*-disubstituierten Dienophil wird das *trans*-Produkt, wie Abbildung 12.8 verdeutlicht.

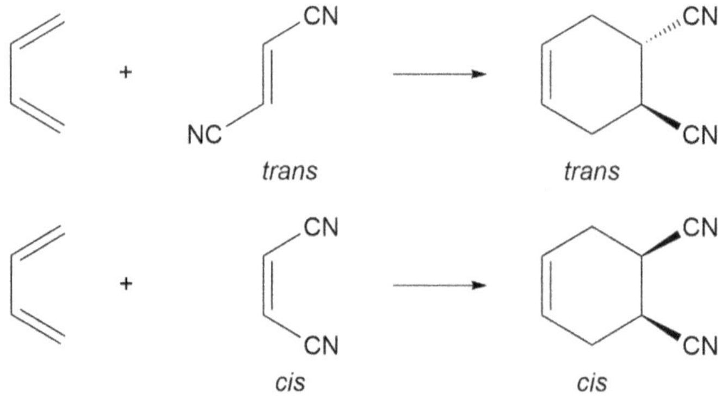

Abbildung 12.8: Die Stereochemie der Diels-Alder-Reaktion

Einmal im Kreis, zweimal im Kreis: Bicyclen

Wenn das Dien Teil eines Rings ist, entstehen in der Diels-Alder-Reaktion bicyclische Produkte (siehe Abbildung 12.9). Und wenn die beiden Substituenten im Dienophil *cis* stehen, können sich zwei Stereoisomere bilden. Wenn die beiden Substituenten im Produkt beide von der Kohlenstoffbrücke wegzeigen, spricht man von einer *endo-Addition*. Wenn beide in die Richtung der Kohlenstoffbrücke zeigen, spricht man von einer *exo-Addition*. Die Diels-Alder-Reaktion liefert bevorzugt das *endo*-Prudukt.

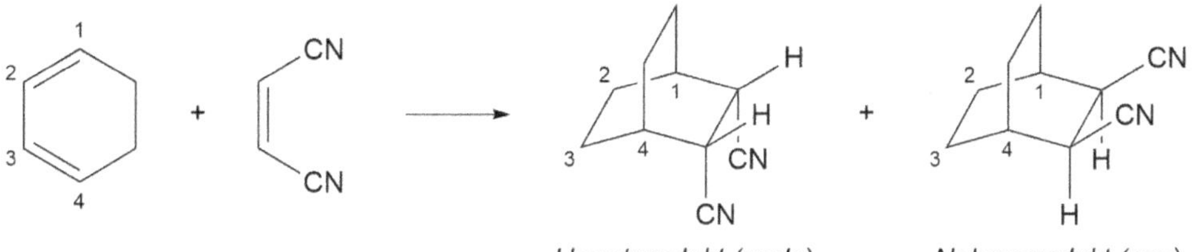

Hauptprodukt (endo) *Nebenprodukt (exo)*

Abbildung 12.9: Die endo- und exo-Produkte einer Diels-Alder-Reaktion

Übung: Produkte einer Diels-Alder-Reaktion bestimmen

Diels-Alder-Reaktionen können verwirrend erscheinen, aber die folgenden einfachen Schritte werden Ihnen helfen, die Reaktionsprodukte zu bestimmen:

1. **Richten Sie das Dien und das Dienophil richtig aus.**

   Vergewissern Sie sich, dass die Doppelbindungen korrekt ausgerichtet sind (die Doppelbindungen des Diens weisen in die Richtung des Dienophils) und dass das Dien in der s-*cis*-Konformation vorliegt (wenn das nicht der Fall ist, dann drehen Sie es so lange, bis es passt).

2. **Nummerieren Sie die Kohlenstoffe des Diens (1 bis 4).**

   Es ist egal, wo Sie mit der Nummerierung anfangen. Die Nummerierung ist nur als Hilfe für Sie gedacht, damit Sie besser verfolgen können, wo sich Bindungen im Produkt bilden.

3. **Lassen Sie die Reaktion ablaufen.**

   Zeichnen Sie eine Bindung vom Kohlenstoffatom 1 des Diens zu einer Seite des Dienophils. Danach zeichnen Sie eine Bindung vom Kohlenstoffatom 4 des Diens zur anderen Seite des Dienophils. Werfen Sie die beiden Doppelbindungen des Ausgangsmaterials zwischen den Kohlenstoffatomen 1 und 2 sowie 3 und 4 über Bord, und zeichnen Sie dafür eine Doppelbindung zwischen die Kohlenstoffatome 2 und 3 im Produkt.

4. **Kontrollieren Sie, ob die Stereochemie stimmt.**

   Wenn Sie mit einem *cis*-disubstituierten Dienophil starten, muss das Produkt ebenfalls *cis*-substituiert sein; wenn das Dienophil *trans*-substituiert ist, muss auch ein *trans*-Produkt herauskommen. Kontrollieren Sie bei bicyclischen Produkten, dass das Produkt *endo* ist.

Versuchen Sie sich nun an der Aufgabe in Abbildung 12.10.

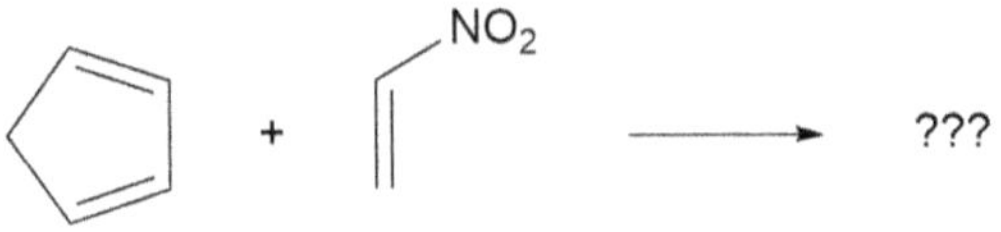

220 TEIL III Funktionelle Gruppen

Abbildung 12.10: Eine Diels-Alder-Reaktion

Schritt 1: Richten Sie die Moleküle aus

Richten Sie das Dien so aus, dass die beiden Doppelbindungen des Diens in die Richtung des Dienophils zeigen (die Einfachbindung zwischen den beiden Doppelbindungen muss vom Dienophil wegzeigen). Hier müssen Sie das Dien um 180° drehen, wie in Abbildung 12.11 gezeigt. Weil dieses Dien ein Ring ist, müssen Sie sich keine Gedanken machen, wie Sie das Dien in die s-*cis*-Konformation bekommen, weil Diene in Ringen eigentlich immer in der s-*cis*-Konformation festgehalten sind.

Abbildung 12.11: Die richtige Ausrichtung des Diens

Schritt 2: Nummerieren Sie das Dien

Als Nächstes nummerieren Sie die Kohlenstoffe des Diens von 1 bis 4 durch. Starten Sie mit der Nummerierung auf einer beliebigen Seite des Diens. In Abbildung 12.12 beginne ich oben zu zählen.

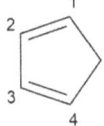

Abbildung 12.12: Die richtige Nummerierung des Diens

Schritt 3: Zeichnen Sie die Bindungen

Da nun alles bereit steht, holen Sie tief Luft, und dann lassen Sie die Reaktion ablaufen. Zeichnen Sie Bindungen zwischen dem Kohlenstoffatom 1 des Diens und dem einen Ende des Dienophils sowie zwischen Kohlenstoffatom 4 und dem anderen Ende des Dienophils. Zeichnen Sie schließlich noch eine Doppelbindung zwischen den Kohlenstoffatomen 2 und 3. Beachten Sie, wie in der Reaktion in Abbildung 12.13 das fünfte Kohlenstoffatom des Dien-Rings nach oben geschnellt ist. Es bildet jetzt eine Brücke zwischen den Kohlenstoffatomen 1 und 4.

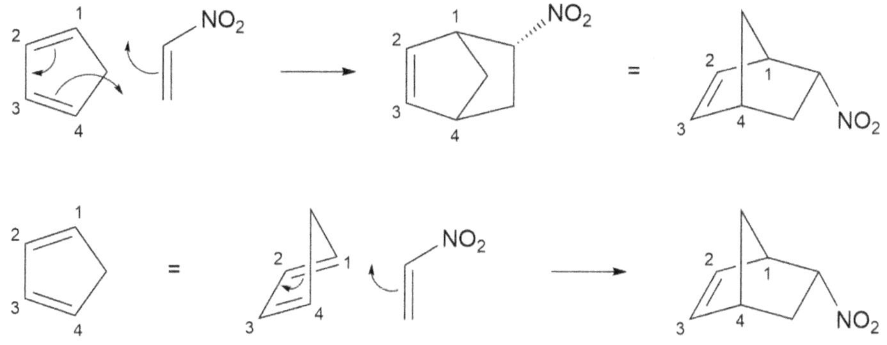

KAPITEL 12 Seite an Seite: Konjugierte Alkene und die Diels-Alder-Reaktion

Abbildung 12.13: Zwei Wege, eine Diels-Alder-Reaktion anschaulich darzustellen

Schritt 4: Kontrolle der Stereochemie

Prüfen Sie, ob die Stereochemie stimmt. Da ein bicyclisches Produkt entstanden ist, müssen Sie sich vergewissern, dass der Nitro-Substituent *endo* ist (dass er von der Kohlenstoffbrücke weg zeigt). Das ist alles – fertig!

Aufgabe 12.1:

Sie setzen die folgenden Substanzen mit Chlorwasserstoff um:

a. 1,3-Pentadien

b. 1,4-Pentadien. Welches Reaktionsprodukt erwarten Sie jeweils?

Aufgabe 12.2:

a. Welches Reaktionsprodukt erwarten Sie bei der Umsetzung von 1,3-Butadien mit Nitroethen?

b. Wird diese Reaktion rascher oder weniger rasch ablaufen als die Reaktion von 1,3-Butadien mit unsubstituiertem Ethen?

Aufgabe 12.3:

Was ergibt sich bei der Reaktion von 1,3-Cycloheptadien mit 1,2-Dicyanoethen?

> **IN DIESEM KAPITEL**
>
> Warum sind Aromaten so verdammt stabil
>
> MO-Diagramme von Ringsystemen
>
> Aromatische, anti-aromatische und nichtaromatische Ringe
>
> Nomenklatur aromatischer Verbindungen
>
> Reaktionen von Benzol verstehen

Kapitel 13
Die Herrn der Ringe: Aromatische Verbindungen

Nach der Legende erschien dem Chemiker August Kekulé die Struktur des Stammvaters aller Aromaten, Benzol, im Schlaf. Friedrich August Kekulé von Stradonitz (1829–1896) war Professor der Chemie und lehrte in Bonn, Gent und Heidelberg. Die Struktur des Benzols – einer Flüssigkeit, die man aus den Teerrückständen des Erdöls isolieren kann – hatte sich lange Zeit den Bemühungen der Chemiker verweigert; viele namhafte Chemiker hatten mehr oder weniger originelle Strukturvorschläge für diese Verbindung gemacht. Kekulé meinte nun, er habe im Schlaf eine Schlange gesehen, die ihr eigenes Hinterteil verschlang und dabei einen Kreis bildete. Nachdem er erwacht war, schloss er sofort: Benzol ist ein Ring! Er griff schnell nach Feder und Papier und notierte die Struktur (behauptete er jedenfalls später). Kekulés Intuition über die Ringstruktur des Benzols war richtig und führte innerhalb kurzer Zeit zur Entdeckung weiterer aromatischer Ringe.

Benzol und andere *Aromaten* sind eine interessante Klasse ringartiger Verbindungen mit beeindruckender Stabilität. In diesem Kapitel zeige ich Ihnen, wie Sie die Aromaten benennen können und erläutere Verbindungen des Benzols, die ähnliche Eigenschaften und Reaktivitäten besitzen. Ich zeige Ihnen, wie man bestimmen kann, ob eine Ringstruktur aromatisch ist, bespreche, warum die aromatischen Verbindungen so stabil sind und erläutere Reaktionen des Benzols.

Was sind aromatische Verbindungen?

Aromaten sind eine Klasse von Ringverbindungen, die Doppelbindungen enthalten. Der Name *aromatisch* entstand aus der Tatsache, dass viele der zuerst entdeckten Aromaten einen starken Geruch besitzen; der angenehme Geruch nach Vanille oder Mandeln kommt von Aromaten. Andererseits stinken viele Aromaten auch fürchterlich oder sind geruchslos. Zahlreiche einfache Aromaten werden industriell aus dem Steinkohleteer gewonnen. Aromatische Verbindungen enthalten Doppelbindungen, reagieren aber nicht wie Alkene und werden daher als eigenständige funktionelle Gruppe eingeordnet. Benzol verhält sich nicht wie ein (hypothetisches) 1,3,5-Cyclohexatrien. Zum Beispiel reagiert Brom mit Alkenen blitzartig zu Dibromiden (Abbildung 13.1), mit Benzol dagegen überhaupt nicht. Diese fehlende Reaktivität liegt daran, dass Aromaten wesentlich stabiler als Alkene sind.

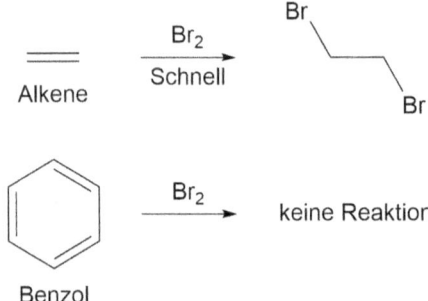

Abbildung 13.1: Das Verhalten eines Alkens und von Benzol in Gegenwart von Brom

Wegen ihrer größeren Stabilität benötigen aromatische Verbindungen erheblich drastischere Reaktionsbedingungen als einfache Alkene, damit sie mit Brom reagieren. Über die verhältnismäßig milden Reagenzien, mit denen Alkene reagieren (beispielsweise Reagenzien, die für die Hydroborierung, Oxymercurierung oder HBr-Addition verwendet werden, siehe Kapitel 8), kann ein Aromat nur lachen. Aromaten unter diesen Bedingungen zur Reaktion bringen zu wollen, ist etwa so, als wollten Sie mit einer Spritzpistole eine Festung einnehmen. Ihre Reagenzien werden sich die Ringe kurz ansehen und sich dann in einer Ecke des Reaktionskolbens verkriechen: Ohne uns! Um Aromaten zur Reaktion zu zwingen, müssen Sie schon stärkere Geschütze auffahren. Welche, zeige ich Ihnen später.

Die Struktur von Benzol

Die tatsächliche Struktur des Benzols ist ein Hybrid seiner beiden Resonanzstrukturen, die in Abbildung 13.2 dargestellt sind (das Wichtigste über Resonanzstrukturen erfahren Sie in Kapitel 2). Alle Bindungen im Benzol sind genau gleich lang – nicht ganz so lang wie eine Einfachbindung und nicht ganz so kurz wie eine Doppelbindung. Sie werden am besten als Bindungen mit 1,5-facher Bindungsordnung beschrieben, irgendwo zwischen einer Doppel- und einer Einfachbindung.

Da Benzol ein Hybrid zweier Resonanzstrukturen ist, werden seine π-Bindungen besser durch einen Kreis dargestellt (wie in Abbildung 13.3). Die Elektronenverteilung im Benzol

Abbildung 13.2: Die Resonanzstrukturen von Benzol

wird durch den Kreis realistischer beschrieben, denn in dieser Darstellung sind alle Atome und Bindungen gleichwertig. Weil aber in dieser Darstellung die Anzahl der π-Elektronen unklar ist (und weil Reaktionen anhand von Strukturen mit explizit gezeichneten Doppelbindungen zu erläutern sind), vermeide ich diese Darstellung von Benzol. Denken Sie aber immer daran, dass bei einer Darstellung des Benzols mit Doppelbindungen in Wahrheit immer die Hybridstrukturen gemeint sind.

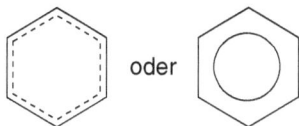

Abbildung 13.3: Benzol

Die Vielfalt aromatischer Verbindungen

Obwohl das Benzol die Grundstruktur der Aromaten ist, gibt es noch viele andere aromatische Verbindungen mit derselben außergewöhnlichen Stabilität. Einige dieser Aromaten bestehen aus mehreren Seite an Seite miteinander verbundenen Benzolringen, beispielsweise Benzpyren (Abbildung 13.4). Diese *kondensierten* Aromaten, die man zum Beispiel in Kohle findet, sind oft sehr toxisch. Schornsteinfeger und andere Berufsgruppen, die solchen Verbindungen über eine längere Zeit ausgesetzt sind, haben ein sehr hohes Krebsrisiko.

Aromatische Verbindungen kommen in Ringen aller Größen vor; viele von ihnen enthalten Heteroatome wie Sauerstoff, Stickstoff oder Schwefel. Aromaten mit Heteroatomen sind zum Beispiel Furan und Pyridin (Abbildung 13.4). Alle Basen in der DNA enthalten aromatische Ringe (Adenin ist auch in Abbildung 13.4 zu sehen). Weil Aromaten so stabil sind, kommen sie wirklich überall in der Natur vor.

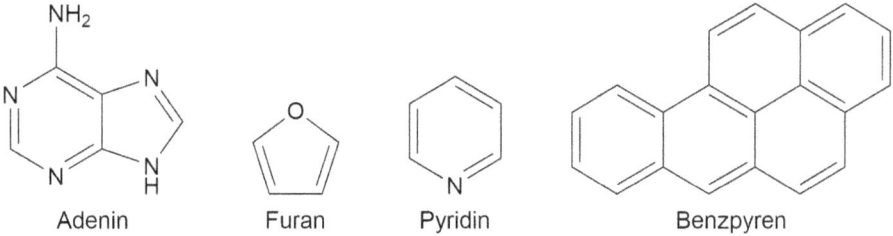

Abbildung 13.4: Einige natürliche aromatische Ringverbindungen

Aber was macht ein Molekül aromatisch?

Zuerst dachten viele Chemiker, dass alle Ringe mit alternierenden Doppelbindungen denselben aromatischen Charakter wie Benzol hätten – und dieselbe außergewöhnliche Stabilität. Diese Annahme ist falsch. Cyclobutadien (Abbildung 13.5) ist eine extrem instabile Verbindung und *dimerisiert* (reagiert mit einem anderen Cyclobutadien-Molekül) in Lösung schnell (über die Diels-Alder-Reaktion aus Kapitel 12; Sie bekommen Extrapunkte, wenn Sie das Produkt aufzeichnen können!). Während Benzol wegen seiner Aromatizität stabiler ist als sein offenkettiger Verwandter, das 1,3,5-Hexatrien, ist das Cyclobutadien deutlich instabiler als sein Gegenstück 1,3-Butadien. Manche Ringe werden durch die Ringe mit alternierenden Doppelbindungen stabilisiert und somit aromatisch, während andere (wie Cyclobutadien) destabilisiert werden und daher *antiaromatische Ringe* genannt werden.

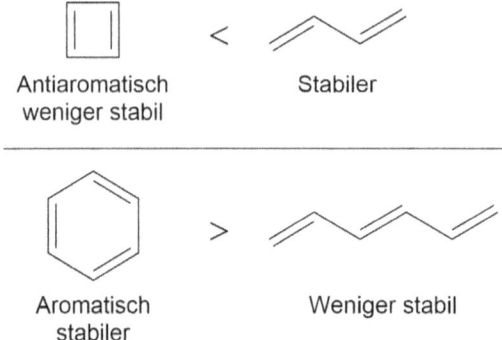

Abbildung 13.5: Die Stabilitäten einiger Ringsysteme und ihrer offenkettigen Gegenstücke

Die Hückel'sche (4n + 2)-Regel

Erich Hückel (1896–1980), der an der Universität Marburg lehrte, konnte diese seltsame Beobachtung erklären. Er stellte fest, dass planare Ringsysteme mit $4n+2$ π-Elektronen (wobei n eine beliebige ganze Zahl ist) stabilisiert werden und aromatisch sind, während Ringsysteme mit $4n$ π-Elektronen destabilisiert werden und antiaromatisch sind. Benzol ist also stabil, weil es sechs π-Elektronen besitzt (zwei π-Elektronen in jeder Doppelbindung). Benzol folgt der Hückel-Regel $4n+2$ und ist daher aromatisch (wobei $n=1$ ist). Cyclobutadien ist dagegen antiaromatisch, weil es nur vier π-Elektronen besitzt, also die $4n$-Regel mit $n=1$ befolgt.

So nützlich die *Hückel-Regel* auch ist, erklärt sie doch nicht, *warum* die Ringe mit $4n+2$ π-Elektronen stabil und aromatisch sind, während Ringe mit $4n$ π-Elektronen instabil sind. Um dafür eine wirklich befriedigende Erklärung zu bekommen, müssen Sie zur Molekülorbital-Theorie greifen, die im nächsten Abschnitt besprochen wird.

Aromatizität: Molekülorbital-Theorie

Die Molekülorbital-Theorie (MO-Theorie) ist eine ausgefeiltere Methode zur Erklärung von Bindungsverhältnissen als das Valenzelektronen-Modell (das durch Lewis-Strukturen dargestellt wird). Dafür ist die MO-Theorie nicht so anschaulich wie das Valenzelektronen-Modell. Böse Zungen (nicht nur von Studierenden) sagen: Das Valenzelektronen-Modell ist zu schön, um wahr zu sein, und die MO-Theorie ist zu wahr, um schön zu sein. Diese Beschreibung ist etwas unfair gegenüber beiden Theorien, aber etwas Wahres ist schon dran. Organiker entscheiden sich oft gegen die MO-Theorie, obwohl sie die richtigere Beschreibung eines Moleküls geben könnte, und verwenden trotzdem das (in diesen Fällen falsche) Valenzelektronen-Modell. Lieber hantieren sie dann mit Resonanzstrukturen, um Fehler des Valenzelektronen-Modells zu flicken, als zur wesentlich präziseren (aber unhandlicheren) MO-Theorie zu wechseln, in der man sich mit *bindenden* und *antibindenden* (und dazu manchmal sogar noch mit *nichtbindenden*) Elektronen herumschlagen muss.

Was zum Teufel ist die Molekülorbital-Theorie?

Im Valenzelektronen-Modell halten sich Elektronen in Bindungen zwischen den Atomen auf oder als nicht bindende Elektronen an einem Atom. In der MO-Theorie müssen sich Elektronen nicht zwischen zwei bestimmten Atomen oder gar an einem einzelnen Atom aufhalten. Stattdessen dürfen sie sich im ganzen Molekül bewegen. Wenn Sie sich an das Bild aus Kapitel 2 erinnern, wonach die Orbitale die Zimmer in den Wohnungen der Elektronen sind, dann sind Ihre Elektronen gerade in eine viel großzügiger geschnittene Wohnung umgezogen. Da sich Elektronen in der MO-Theorie im gesamten Molekül aufhalten dürfen, werden ihre Orbitale hier *Molekülorbitale* genannt. Sie werden meist mit einem Ψ (griechisches Psi) abgekürzt.

MO-Diagramme aufstellen

Eine sehr nützliche Darstellung von Orbitalen ist das Molekülorbitaldiagramm (MO-Diagramm). Ein MO-Diagramm zeigt die Anzahl und die relativen Energien der Molekülorbitale eines Moleküls und die Zahl der Elektronen in jedem dieser Orbitale. Diese Diagramme entsprechen den Elektronenkonfigurationen von Atomen, die Sie in Kapitel 2 gezeichnet haben, mit dem Unterschied, dass sie *Moleküle* anstelle von *Atomen* beschreiben und dass sie Molekülorbitale und nicht Atomorbitale auffüllen.

Um ein MO-Diagramm korrekt aufstellen zu können, müssen Sie sich an diese drei Regeln halten:

✓ Molekülorbitale entstehen durch die Kombination von Atomorbitalen (wie s- und p-Orbitalen). Die Zahl der kombinierten Atomorbitale muss gleich der Zahl der aus ihnen gebildeten Molekülorbitale sein. Mit anderen Worten: Wenn Sie sechs Atomorbitale einsetzen, müssen sechs Molekülorbitale rauskommen.

✔ Molekülorbitale, die eine geringere Energie besitzen als der Mittelwert der Atomorbitale, aus denen sie gebildet wurden, werden *bindende* Molekülorbitale genannt. Molekülorbitale, die eine höhere Energie besitzen als der Mittelwert der Atomorbitale, aus denen sie gebildet wurden, heißen *antibindende* Molekülorbitale.

✔ Elektronen füllen Molekülorbitale nach demselben Schema wie die Atomorbitale in Atomen – die Orbitale werden beginnend mit der niedrigsten Energie nach der Hundschen Regel (siehe Kapitel 2) mit maximal zwei Elektronen pro Orbital besetzt.

Jedes Kohlenstoffatom in Benzol ist sp^2-hybridisiert. Daher besitzt jedes Kohlenstoffatom in einem Benzolring ein senkrecht auf der Ebene des Rings stehendes p-Orbital (Abbildung 13.6). Die π-Orbitale im Benzol entstehen durch die Überlappung dieser p-Orbitale. Wenn Sie die MO-Diagramme für Benzol und andere Aromaten aufstellen, müssen Sie eigentlich nur auf die π-Orbitale aufpassen (weil nur die π-Orbitale die Aromatizität ausmachen). Sie lassen daher alle σ-Molekülorbitale weg und kombinieren lediglich die p-Orbitale zu π-Molekülorbitalen (nur p-Orbitale bilden π-Bindungen).

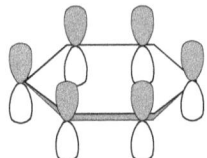

Abbildung 13.6: Die p-Orbitale des Benzols

Der Frost-Kreis

Da Benzol sechs p-Orbitale (eines von jedem Kohlenstoffatom) besitzt, müssen genau sechs π-Molekülorbitale aus diesen p-Orbitalen entstehen, damit die erste der drei Regeln erfüllt ist. Ein sehr praktischer Weg zur Bestimmung des MO-Diagramms eines planaren Ringsystems ist der *Frost-Kreis*. Der Frost-Kreis ermöglicht es Ihnen, die sechs Orbitale schnell in das MO-Diagramm einzuzeichnen und die relativen Energien der Orbitale anzugeben.

Einen Frost-Kreis aufzumalen ist einfach: Sie zeichnen einen Kreis, und in diesen Kreis zeichnen Sie den Kohlenstoffring so ein, dass eine seiner Ecken nach unten zeigt. Jeder Punkt, an dem der Kohlenstoffring den Frost-Kreis berührt, entspricht einem Molekülorbital. Nachdem Sie allen Orbitalen die richtige Energie zugewiesen haben, füllen Sie sie mit der Zahl der π-Elektronen im Ring auf und – voilà! – Ihr MO-Diagramm ist fertig.

Wenn Sie einige MO-Diagramme für Ringsysteme gezeichnet haben, werden Sie feststellen, dass viele Diagramme zwei Orbitale mit derselben Energie enthalten. Sie werden als *entartete Orbitale* bezeichnet.

Das MO-Diagramm von Benzol

Abbildung 13.7 zeigt Ihnen, wie Sie das MO-Diagramm von Benzol erhalten. Zuerst malen Sie den Kreis auf und zeichnen den sechsgliedrigen Ring mit einer Spitze nach unten ein.

Einer der häufigsten Fehler beim Zeichnen eines MO-Diagramms mithilfe des Frost-Kreises ist, im Kreis keine Ecke nach *unten* zeigen zu lassen.

Jeder Punkt, an dem der sechsgliedrige Ring den Kreis berührt, stellt ein Molekülorbital dar. Die Orbitale unterhalb des Zentrums werden *bindende Orbitale* genannt, die Orbitale oberhalb des Zentrums *antibindende Orbitale*. Bindende Orbitale haben eine niedrigere Energie als antibindende Orbitale. Da Benzol sechs π-Elektronen besitzt, müssen Sie zuerst das Orbital mit der niedrigsten Energie (ψ_1) besetzen. Danach folgten die beiden entarteten Orbitale darüber (ψ_2 und ψ_3). Ist das nicht phantastisch: Alle drei bindenden Orbitale sind komplett mit Elektronen aufgefüllt, während alle antibindenden Orbitale leer sind. Das ist es, was Benzol so stabil macht.

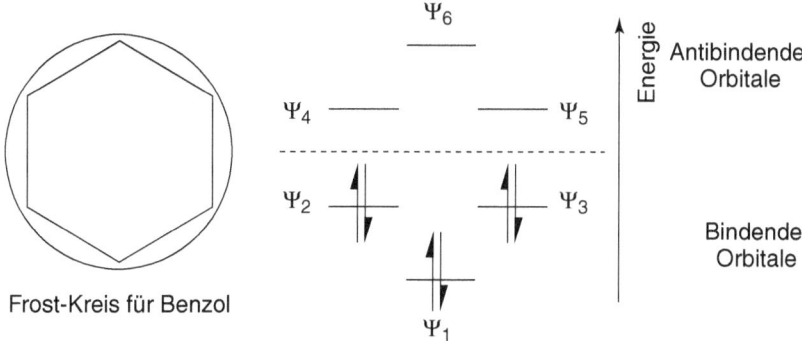

Abbildung 13.7: Der Frost-Kreis und das MO-Diagramm von Benzol

Molekülorbitale anschaulich

Die MO-Diagramme sagen Ihnen *nicht*, wie ein Molekülorbital aussieht. Jedes Molekülorbital in Benzol ist eine Kombination der sechs p-Orbitale der Atome. Sie erinnern sich, dass p-Orbitale eine Knotenebene besitzen – eine Fläche in der Mitte des Orbitals, in der die Elektronendichte null ist und an der die Wellenfunktion, die das Orbital beschreibt, das Vorzeichen wechselt. Damit eine Bindung zwischen zwei p-Orbitalen entstehen kann, müssen sich die Orbitale so anordnen, dass die überlappenden Bereiche der Orbitale immer dasselbe Vorzeichen besitzen. Wenn ihre Vorzeichen verschieden sind, entsteht eine antibindende (destabilisierende) Wechselwirkung und eine Knotenebene (eine Zone mit einer Elektronendichte von null) *zwischen* den beiden Orbitalen. Abbildung 13.8 zeigt Beispiele für die bindende und antibindende Überlappung von p-Orbitalen.

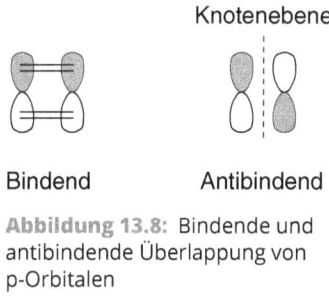

Abbildung 13.8: Bindende und antibindende Überlappung von p-Orbitalen

Die Molekülorbitale von Benzol sind in Abbildung 13.9 dargestellt. Wenn alle p-Orbitale das Benzol mit gleichem Vorzeichen umgeben, überlappt jedes einzelne Orbital mit seinen Nachbarn bindend; so entsteht das Molekülorbital ψ1 mit der niedrigsten Energie. Wenn die Orbitale auf einer Seite des Rings nach oben deuten und auf der anderen nach unten, entsteht ein Molekülorbital mit einer Knotenebene durch den Benzolring. Das sehen Sie in den Molekülorbitalen ψ_2 und ψ_3. Eine allgemeine Eigenschaft der π-Molekülorbitale ist, dass die Orbitale mit der niedrigsten Energie *keine* Knotenebene (außer der Ringebene selbst) enthalten, die nächsthöheren *eine* Knotenebene, wieder die nächsten – Sie ahnen es vermutlich schon – *zwei* und so weiter. Je mehr Knotenebenen ein Orbital enthält, desto höher ist seine Energie. Im Orbital ψ_6 in Benzol, dem Molekülorbital mit der höchsten Energie, befindet sich zwischen sämtlichen benachbarten Atomen jeweils eine Knotenebene, also sind alle Orbitalwechselwirkungen antibindend.

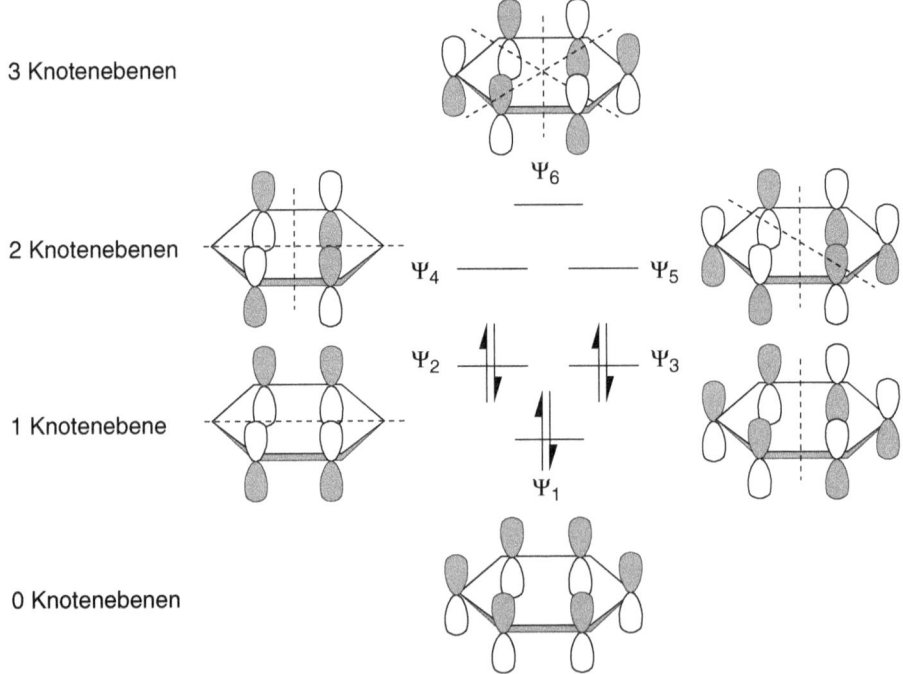

Abbildung 13.9: Die Molekül-Orbitale des Benzols

Sie wundern sich vielleicht, wie ein Elektron über die Knotenebenen – die Bereiche ohne Elektronendichte, in der sich kein Elektron aufhalten darf – springen kann. In dem schönen Bild der Wohnung mit einzelnen Zimmern würde das heißen, dass es keine Türen zwischen den Zimmern gibt. Wie kommen die Elektronen dann von einem Zimmer in das andere? Die Verwirrung kommt daher, dass Sie die Elektronen nur als Teilchen ansehen, die wie ein Planet um ihre kleine Sonne (den Kern) kreisen. Mit anderen Worten: Sie vergessen ihre Welleneigenschaften! Also ein anderes Bild, ein Wellen-Bild: Wenn Sie mit Ihrem Daumen eine Gitarrensaite auf den Steg drücken und dann an der Saite zupfen, dann spüren Sie, dass die Welle von einer Seite Ihres Daumens auf die andere fließt, über den Steg hinweg, an dem die Schwingung null ist. So ähnlich machen die Elektronen das auch; sie können sich wie eine Welle verhalten und über die Knotenebene eines Molekülorbitals hüpfen. Wenn Sie über das Springen von Elektronen über Knotenebenen nachdenken, müssen Sie sich das Elektron als *Welle* vorstellen und nicht als Teilchen.

Das MO-Diagramm von Cyclobutadien

Nun versuchen Sie, das MO-Diagramm des instabilen und antiaromatischen Cyclobutadiens zu erstellen (siehe Abbildung 13.10). Als Erstes zeichnen Sie wieder den Frost-Kreis wie beim Benzol, mit dem einzigen Unterschied, dass Sie einen Vierring einzeichnen müssen (wundern Sie sich eigentlich manchmal noch darüber, dass Chemiker ein Quadrat als Vierring bezeichnen?). Eine Spitze des Rings (Quadrats!) muss nach unten gezeichnet werden, damit das mit den Energien der Molekülorbitale klappt. Sie haben vier Molekülorbitale, die aus den vier p-Orbitalen der Atome gebildet werden. Weil Cyclobutadien vier π-Elektronen besitzt (zwei in jeder Doppelbindung), füllen Sie das tiefste Molekülorbital (ψ_1) vollständig. Die nächsten beiden Elektronen werden in die entarteten ψ_2- und ψ_3-Orbitale einsortiert. Nach der Hundschen Regel (siehe Kapitel 2) müssen Sie ein Elektron in jedes entartete Orbital stecken, bevor Sie die Elektronen mit entgegengesetztem Spin in einem Orbital paaren. Anders als Benzol, bei dem alle bindenden Orbitale mit Elektronen aufgefüllt sind, besitzt das Cyclobutadien zwei Orbitale, die nur teilweise besetzt sind. Daher ist Cyclobutadien ein *Diradikal* (ein Teilchen mit zwei ungepaarten Elektronen). Das haben Sie der irreführenden Lewis-Struktur des Cyclobutadiens wohl nicht angesehen!

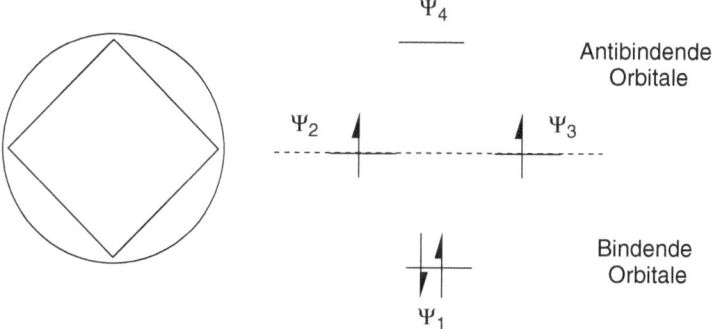

Abbildung 13.10: Der Frost-Kreis und das MO-Diagramm von Cyclobutadien

In gleicher Weise kann man mit allen durchkonjugierten Ringsystemen verfahren (selbst kationischen oder anionischen). Man darf nur nie vergessen, das Molekül »auf die Spitze« zu stellen.

Aromatizität entdecken

Nachdem ich Ihnen nun gezeigt habe, warum aromatische Ringe so stabil und antiaromatische Ringe so instabil sind, gebe ich Ihnen einige Regeln, mit denen Sie bestimmen können, ob ein Ringsystem aromatisch, antiaromatisch oder *nicht aromatisch* ist.

Damit ein Molekül aromatisch ist, muss es die vier folgenden Anforderungen erfüllen:

✔ Es muss ein Ring sein.

✔ Es muss planar (oder annähernd planar) sein (also flach).

✔ Jedes Atom im Ring muss ein p-Orbital besitzen, das senkrecht auf der Ringebene steht. Kein Atom des Rings darf sp^3-hybridisiert sein.

✔ Es muss die Hückel-Regel befolgen (also $4n + 2$ π-Elektronen besitzen).

Wenn das Molekül die ersten drei Anforderungen erfüllt, aber nur $4n$ π-Elektronen besitzt, ist das Molekül *antiaromatisch*. Wenn das Molekül bei einem oder mehreren der ersten drei Punkte patzt, dann ist es überhaupt kein Aromat. Ich gebe Ihnen nun noch einige genauere Erläuterungen zu diesen Regeln.

Der erste Punkt bedeutet, dass nur Ringsysteme aromatisch sein können. Acyclische Systeme sind *nie* aromatisch.

Der zweite Punkt macht eine Aussage über die Form des Rings. Ringsysteme können flach oder dreidimensional sein. Die meisten konjugierten Ringsysteme sind flach, wodurch eine optimale seitliche Überlappung der p-Orbitale möglich wird. Aber es gibt einige Ausnahmen. Cyclodecapentaen, das in Abbildung 13.11 gezeigt ist, hat eine verzogene Struktur, da sich zwei Wasserstoffatome am Ring ins Gehege kommen und das Ringsystem aus der Planarität herauszwingen. Weil das Ringsystem nicht planar ist, ist Cyclodecapentaen nicht aromatisch. Wenn man die beiden Wasserstoffatome entfernt und dafür eine Kohlenstoff-Kohlenstoff-Bindung einführt (wobei man Naphthalin erhält), verschwindet das Problem. Naphthalin ist planar und aromatisch.

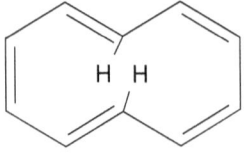
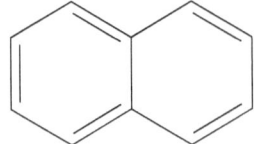

Cyclodecapentaen
Nicht planar
(Nicht aromatisch)

Naphthalin
Planar
(aromatisch)

Abbildung 13.11: Die nicht planaren bzw. planaren Ringe von Cyclodecapentaen und Naphthalin

Cyclooctatetraen (Abbildung 13.12) ist ein weiteres Beispiel für ein Molekül, das alternierende Doppelbindungen im Ring besitzt, aber nicht planar ist. Stattdessen ist das Ringsystem in eine Badewannenstruktur verformt. Warum? Wenn es flach wäre, wäre es aufgrund seiner acht π-Elektronen antiaromatisch. Da antiaromatische Systeme instabil sind, deformiert sich das Ringsystem und opfert die Überlappung der p-Orbitale, weil es die Schande nicht ertragen möchte, antiaromatisch zu sein.

Abbildung 13.12: Cyclooctatetraen

Die dritte Bedingung macht eine Aussage über die Orbitale. Aromatische Systeme müssen einen ununterbrochenen Ring aus p-Orbitalen aufweisen. Demnach sind alle Ringe, die ein sp³-hybridisiertes Kohlenstoffatom enthalten, von vornherein nicht aromatisch. Cycloheptatrien (Abbildung 13.13) ist nicht aromatisch, weil ein Kohlenstoffatom des Rings sp³-hybridisiert ist. Kationische Kohlenstoffatome hingegen sind sp²-hybridisiert (und besitzen ein leeres p-Orbital). Daher ist das Cycloheptatrienyl-Kation aromatisch, weil es einen ununterbrochenen Ring von p-Orbitalen besitzt.

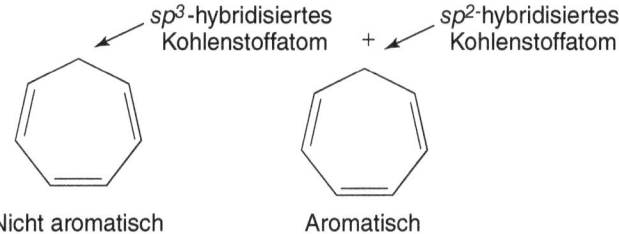

Abbildung 13.13: Das nicht aromatische Cycloheptatrien-Molekül und das aromatische Cycloheptatrienyl-Kation

Schließlich muss ein Ring noch die Hückel-Regel erfüllen, also $4n + 2$ π-Elektronen enthalten, wenn er aromatisch sein soll. Tabelle 13.1 zeigt für aromatische und antiaromatische Systeme einige erlaubte Elektronenzahlen für verschiedene Werte von n.

Ganze Zahl (n)	Elektronenzahlen Aromaten ($4n+2$)	Elektronenzahlen Antiaromaten ($4n$)
0	2	–
1	6	4
2	10	8
3	14	12
4	18	16

Tabelle 13.1: Zahlen von π-Elektronen

Ein heikler Aspekt taucht auf, wenn der Ring Heteroatome (wie Sauerstoff, Schwefel, Stickstoff) enthält. Wie können Sie erkennen, welche Elektronen Teil des π-Systems sind und welche Sie ignorieren können (siehe Abbildung 13.14)?

Die Antwort lautet: Sie müssen *alle* Orbitale aufzeichnen, damit Sie sehen können, welche freien Elektronenpaare zum π-System gehören und welche nicht. Beim Furan sitzt ein freies Elektronenpaar des Sauerstoffs in einem p-Orbital (trägt also zum π-System bei); das andere sitzt in einem sp²-Hybridorbital, liegt daher in der Ringebene und kann nicht zum π-System beitragen. Also trägt der Sauerstoff im Furan zwei Elektronen zum π-System bei.

Einen Moment – muss das Sauerstoffatom in Furan nicht sp³-hybridisiert sein, weil der Sauerstoff vier Substituenten besitzt (und freie Elektronenpaare zählen wie ein Substituent, siehe Kapitel 2)? *Nicht unbedingt!* Die allgemeine Regel zum Abzählen von Substituenten zur Bestimmung der Hybridisierung versagt, wenn sich ein Atom mit einem freien Elektronenpaar neben einer Doppelbindung befindet (wenn es also konjugiert ist). In diesen Fällen wandelt sich die Hybridisierung von sp³ in sp² um, damit das freie Elektronenpaar in Konjugation mit der Doppelbindung treten kann.

Sowohl Furan als auch Imidazol haben beide sechs π-Elektronen und sind aromatisch. (Sehen Sie in Abbildung 13.14 nach und kontrollieren Sie, ob das stimmt!)

Hier folgt ein zeitsparender Trick, damit Sie nicht jedes Mal die Orbitale von Ringen mit Heteroatomen aufzeichnen müssen. Heteroatome (O, S, N), die über eine Doppelbindung an andere Atome innerhalb des Rings gebunden sind, können ihre freien Elektronenpaare nicht mit dem π-System teilen, weil ihr p-Orbital bereits für die Doppelbindung benutzt wird (siehe Abbildung 13.14; beachten Sie die Orbitale des doppelt gebundenen Stickstoffatoms im Imidazol). Heteroatome, die nur mit einer Einfachbindung an andere Atome innerhalb des Rings gebunden sind, können ein freies Elektronenpaar mit dem π-System teilen, aber niemals zwei, weil nur eines in einem p-Orbital sitzen kann; das zweite *muss* in einem sp²-Hybridorbital in der Ebene des Rings liegen (siehe Abbildung 13.14; achten Sie auf die Orbitale des einfach gebundenen Sauerstoffatoms im Furan).

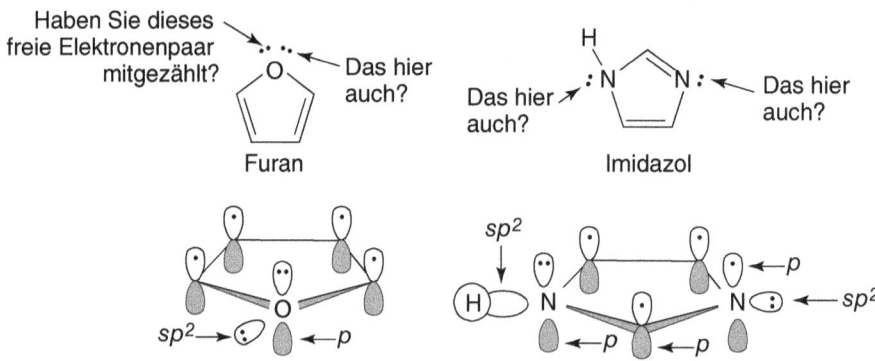

Abbildung 13.14: π-Elektronen an Heteroatomen

Säure- und Basenstärke

Zu den häufigsten Arten von Aufgaben im Zusammenhang mit aromatischen Verbindungen gehört die Bestimmung der Säure- oder Basenstärke von Ringen mit Doppelbindungen, einschließlich aromatischer Ringe. Diese Aufgaben sind dazu da, um festzustellen, ob Sie die Sache mit der Aromatizität verstanden haben und die Schlussfolgerungen daraus anwenden können.

Vergleich der Säurestärken

Eine häufig gestellte Frage ist die nach der relativen Säurestärke zweier Ringe mit Doppelbindungen wie in Abbildung 13.15. Wie immer beim Vergleich von Säurestärken müssen Sie entscheiden, welche Säure die stabilere konjugierte Base besitzt.

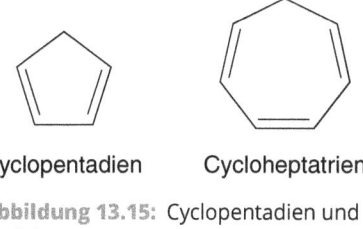

Cyclopentadien   Cycloheptatrien

Abbildung 13.15: Cyclopentadien und Cycloheptatrien

 Starke Säuren haben stabile konjugierte Basen.

Wenn Sie die konjugierten Basen der beiden Moleküle aus Abbildung 13.16 vergleichen, werden Sie feststellen, dass beide Verbindungen vollständig konjugierte Ringe besitzen, von denen einer sechs π-Elektronen enthält (Cyclopentadienyl-Anion) und der andere acht (Cycloheptatrienyl-Anion). Die konjugierte Base mit sechs Elektronen ist aromatisch und daher stabiler als die mit acht Elektronen, die antiaromatisch ist. Folglich muss Cyclopentadien saurer sein als Cycloheptatrien. Ein wiederkehrendes Element dieser Aufgabenart ist, dass die konjugierte Base einer der beiden Verbindungen aromatisch ist und die andere nicht. Die saurere Verbindung ist dann diejenige, die durch Deprotonierung aromatisch (und dadurch stabiler) wird.

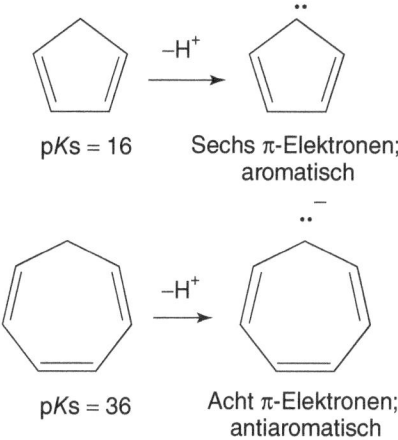

pK_s = 16   Sechs π-Elektronen; aromatisch

pK_s = 36   Acht π-Elektronen; antiaromatisch

Abbildung 13.16: Vergleich der Säurestärken zweier Ringsysteme

Vergleich der Basenstärke

Wie sieht es mit der Bestimmung der Basenstärke von Stickstoffatomen in Aromaten aus? Können Sie bestimmen, welches der beiden Stickstoffatome in Imidazol (Abbildung 13.17) basischer ist?

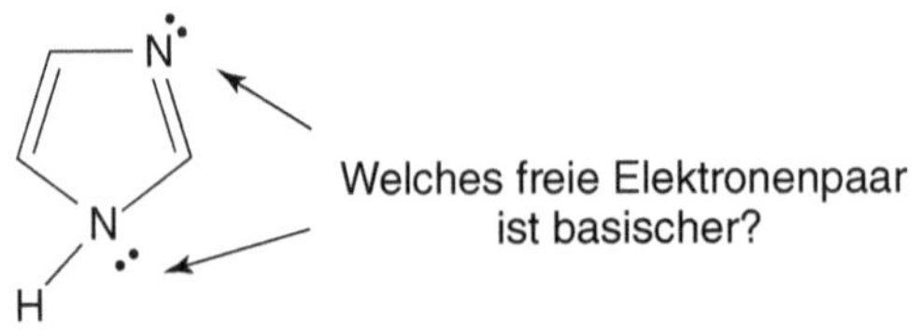

Abbildung 13.17: Vergleich der Basenstärke von Stickstoffatomen in Imidazol

Um die Basenstärke zu bestimmen, betrachten Sie die konjugierte Säure. Die Protonierung des unteren Stickstoffatoms in dem Imidazolmolekül in Abbildung 13.17 zerstört die Aromatizität des Rings, weil das freie Elektronenpaar Teil des π-System ist. Nach der Protonierung wird das Elektronenpaar für die Bindung zum Wasserstoffatom benötigt und kann nicht mehr zum π-System beitragen. Die Protonierung des oberen Stickstoffatoms zerstört das π-System (bzw. die Aromatizität) des Imidazols hingegen nicht, weil sich dieses freie Elektronenpaar in einem sp^2-hybridisierten Orbital befindet und nicht Teil des π-Systems ist (siehe Abbildung 13.14). Deshalb ist das obere Stickstoffatom basischer als das untere. Das wiederkehrende Element in dieser Aufgabenart ist, dass die Stickstoffatome, deren freie Elektronenpaare Teil des π-Systems sind, weniger basisch sind als diejenigen, deren freie Elektronenpaare nichts mit dem π-System zu tun haben.

Benennung der Benzole und Aromaten

Substituierte Benzole erhalten ihren Stammnamen vom Benzol – welche Überraschung. Benzol mit einer Ethylgruppe wird Ethylbenzol genannt, siehe Abbildung 13.18. Wenn die Alkylkette mehr Kohlenstoffatome enthält als der aromatische Ring, wird die Alkyleinheit zum Stammnamen. Wenn Benzol als Substituent in einer Verbindung vorkommt, wird es als *Phenylgruppe* bezeichnet (meist Ph abgekürzt) wie in 3-Phenylheptan. Eine allgemeine Bezeichnung für aromatische Ringe als Substituenten ist *Aryl*. Ein Benzolring mit einer Methylengruppe (CH_2) wird als *Benzylgruppe* bezeichnet, wie in Abbildung 13.19.

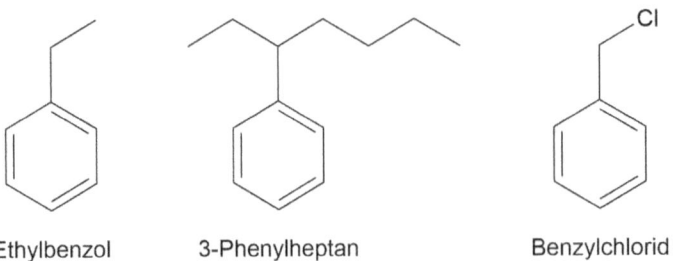

Ethylbenzol   3-Phenylheptan   Benzylchlorid

Abbildung 13.18: Die Namen einiger substituierter Benzole

Abbildung 13.19: Ein Phenylring und eine Benzyl-Gruppe

Verwechseln Sie niemals einen Phenylring mit einer Benzylgruppe!

Trivialnamen substituierter Benzole (Arene)

Eine Sache bei der Nomenklatur aromatischer Verbindungen (auch Arene genannt) wird Sie frustrieren: Viele dieser Verbindungen sind unter ihren Trivialnamen bekannt. Methylbenzol wird zum Beispiel praktisch immer Toluol genannt. Diese Namen muss man einfach auswendig lernen. Einige der häufigsten Benzole sind in Abbildung 13.20 aufgeführt.

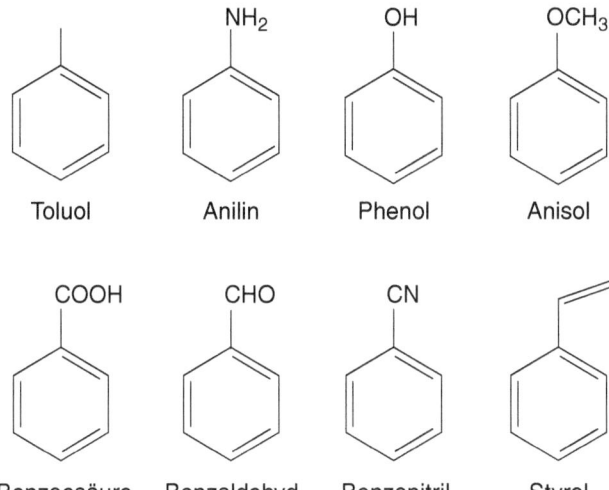

Abbildung 13.20: Die Trivialnamen einiger substituierter Benzole

Professoren kontrollieren gerne, ob Sie die Trivialnamen parat haben. Die Schlitzohren fragen dann zum Beispiel »Wie würden Sie die Verbindung X aus Toluol herstellen?« Wenn Sie die Struktur von Toluol nicht kennen, nützt Ihnen dann Ihre ganze organische Chemie nichts. Und das ist wirklich ärgerlich – mir ist es auch einmal passiert.

Die Namen häufiger Heteroaromaten

Einige gebräuchliche Heteroaromaten und ihre Namen sind in Abbildung 13.21 gezeigt. Als kleine Übung können Sie einmal versuchen, zu bestimmen, wie viele π-Elektronen jeder dieser Ringe besitzt. (Alle besitzen sechs π-Elektronen, aber wo kommen die her?)

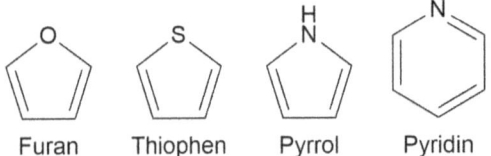

Furan   Thiophen   Pyrrol   Pyridin

Abbildung 13.21: Die Namen häufiger Heteroaromaten

Holt die Kanonen raus: Elektrophile aromatische Substitution des Benzols

Anders als die Doppelbindungen der Alkene sind die Doppelbindungen im Benzol lediglich schwach nucleophil (kernliebend), also benötigen Sie starke *Elektrophile* (Elektronenliebhaber), um Benzol zur Reaktion zu bringen. Meist brauchen Sie eine ganze positive Ladung, damit das Elektrophil stark genug ist, um mit Benzol reagieren zu können. Brom (Br_2) reagiert mit Alkenen, aber nicht mit Benzol. Ein positiv geladenes Brom-Ion Br^+ reagiert dagegen auch mit Benzol, da positiv geladene Teilchen viel elektrophiler sind als neutrale. Anders als bei der Reaktion von Brom mit Alkenen (bei denen eine Addition an die Doppelbindung stattfindet), bekommt man hier eine Substitution (in der das Elektrophil ein Wasserstoffatom substituiert).

Die Reaktion von Benzol mit Elektrophilen wird *elektrophile aromatische Substitution* genannt (S_EAr); der allgemeine Mechanismus dieser Reaktion ist in Abbildung 13.22 dargestellt. Im ersten Schritt greift eine der Doppelbindungen des Benzols das positiv geladene Elektrophil (E^+) an und erzeugt ein Kation. Diese Zwischenstufe ist resonanzstabilisiert (können Sie die anderen beiden Resonanzstrukturen zeichnen?), aber nicht aromatisch (weil der Ring ein sp^3-hybridisiertes Kohlenstoffatom enthält). Im zweiten Schritt nimmt eine Base (abgekürzt durch :B⁻) ein Proton von dem sp^3-hybridisierten Kohlenstoffatom und stellt dadurch den aromatischen Ring wieder her.

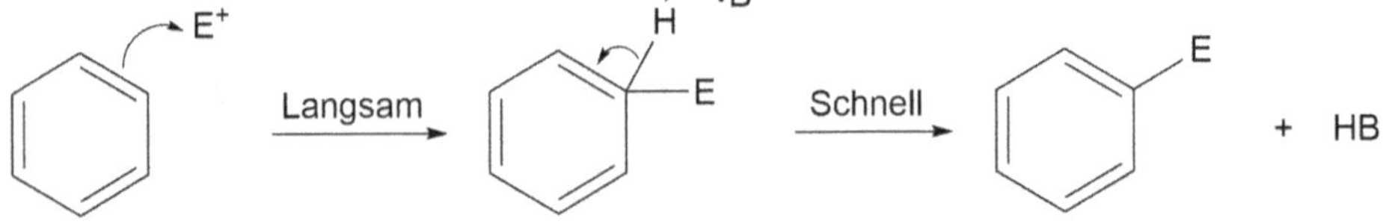

Abbildung 13.22: Der Mechanismus der elektrophilen aromatischen Substitution

Abbildung 13.23 zeigt einige Reagenzien, mit denen Sie die unterschiedlichen Arten von positiv geladenen Elektrophilen herstellen können. Damit können Sie Benzolringe nitrieren, bromieren, chlorieren oder sulfonieren. Jedes dieser Elektrophile reagiert nach dem Schema aus Abbildung 13.22 mit Benzol. Die Alkylierung und Acylierung werden im weiteren Verlauf des Kapitels genauer besprochen.

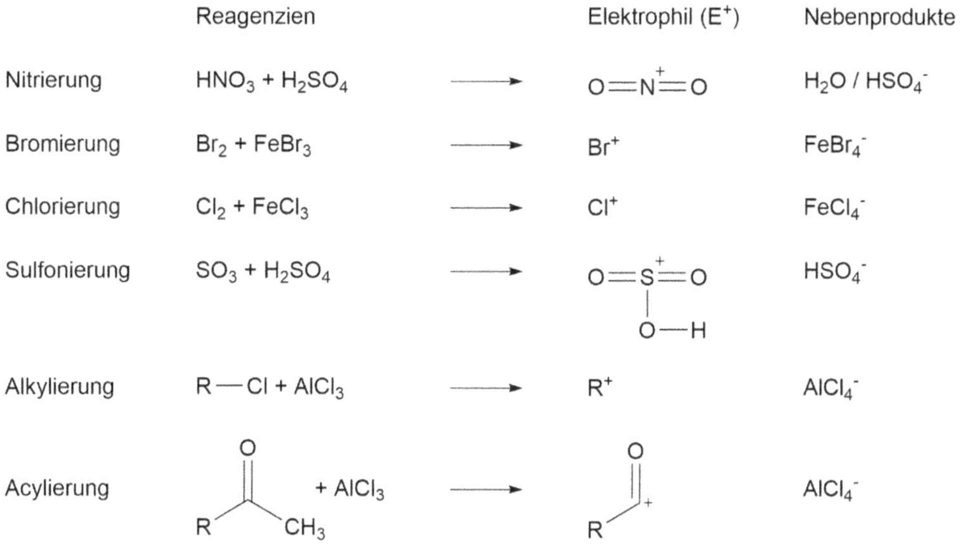

	Reagenzien		Elektrophil (E$^+$)	Nebenprodukte
Nitrierung	$HNO_3 + H_2SO_4$	→	$O=\overset{+}{N}=O$	H_2O / HSO_4^-
Bromierung	$Br_2 + FeBr_3$	→	Br^+	$FeBr_4^-$
Chlorierung	$Cl_2 + FeCl_3$	→	Cl^+	$FeCl_4^-$
Sulfonierung	$SO_3 + H_2SO_4$	→	$O=\overset{+}{S}=O$ mit $O-H$	HSO_4^-
Alkylierung	$R-Cl + AlCl_3$	→	R^+	$AlCl_4^-$
Acylierung	$R-CO-CH_3 + AlCl_3$	→	$R-CO^+$	$AlCl_4^-$

Abbildung 13.23: Die Herstellung von Elektrophilen für die elektrophile aromatische Substitution

Einführung von Alkylgruppen: Die Friedel-Crafts-Alkylierung

Eine Art der Alkylierung von Benzolringen wurde von Charles Friedel und James Crafts entwickelt. Die beiden entdeckten, dass die Reaktion von Alkylchloriden mit der Lewis-Säure Aluminiumtrichlorid (AlCl$_3$) Carbokationen erzeugt (Abbildung 13.24). Carbokationen sind elektrophil genug, um mit Benzol nach dem Mechanismus aus Abbildung 13.22 unter Bildung von Alkylbenzolen zu reagieren.

Carbokationen sind eigensinnig wie freche kleine Kinder. Wie in Kapitel 8 am Beispiel der Addition von HCl an Alkene erläutert, können sie sich jederzeit umlagern, wenn dadurch ein stabileres Kation gebildet werden kann. Und das tun sie auch.

Tertiäre Carbokationen sind stabiler als sekundäre, die wiederum stabiler als primäre sind.

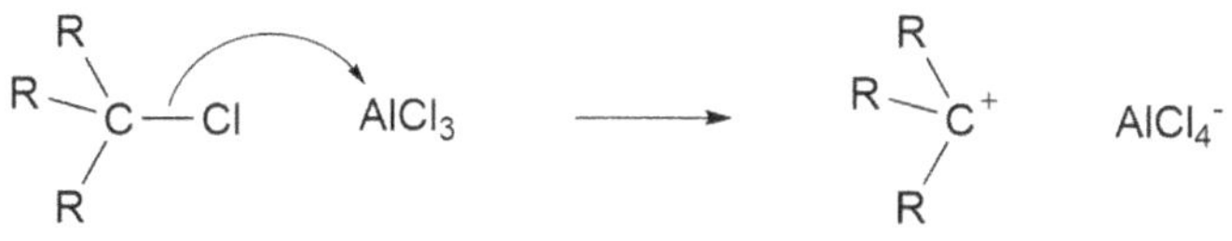

$R_3C-Cl + AlCl_3 \longrightarrow R_3C^+ \quad AlCl_4^-$

Abbildung 13.24: Die Bildung eines Carbokations

Wenn Sie Benzol mit Propylchlorid in Gegenwart von Aluminiumtrichlorid umsetzen, erhalten Sie Isopropylbenzol als Hauptprodukt und das erwarteten Propylbenzol als Nebenprodukt, siehe Abbildung 13.25.

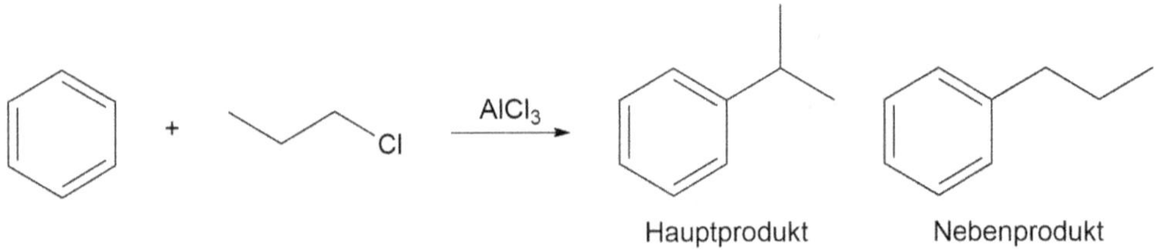

Abbildung 13.25: Die Friedel-Crafts-Alkylierung

Der Grund dafür ist, dass sich das primäre Carbokation durch Wasserstoffverschiebung in ein stabileres sekundäres Carbokation umlagert, wie Abbildung 13.26 verdeutlicht. Die Addition dieses sekundären Kations an das Benzol führt zu Isopropylbenzol. Auf Grund dieser Umlagerungen ist es sehr schwierig, die Friedel–Crafts-Alkylierung für die direkte Anlagerung geradkettiger Alkylgruppen zu verwenden.

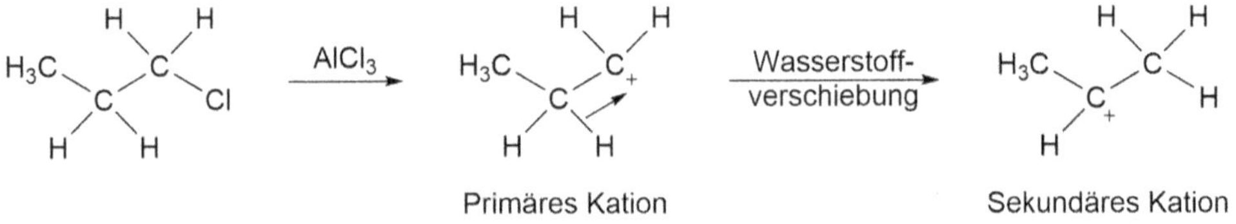

Abbildung 13.26: Die Umlagerung des Cabokations in der Friedel-Crafts-Alkylierung

Abkehr vom Bösen: Friedel-Crafts-Acylierung

Um die nervenden Umgruppierungen zu vermeiden, die zu unerwünschten Produkten führten, ersannen Friedel und Crafts die nach Ihnen benannte Acylierungs-Reaktion. Hierbei entsteht aus einem Säurechlorid (RCOCl) und Aluminiumtrichlorid (AlCl$_3$) ein Acylium-Ion (Abbildung 13.27). Acylium-Ionen sind resonanzstabilisiert und lagern sich nicht um.

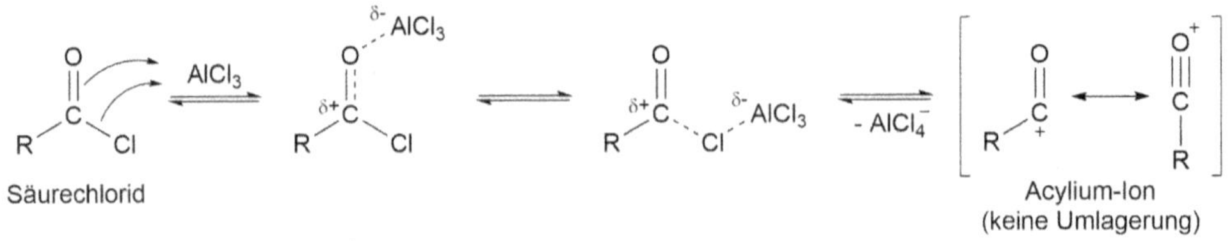

Abbildung 13.27: Die Bildung eines Acylium-Ions

Das Acylium-Ion reagiert dann mit Benzol unter Bildung eines Aryl-Ketons, wie Abbildung 13.28 zeigt. Aryl-Ketone können mit Wasserstoff und Palladium auf Kohlenstoff (Pd/C) bequem zu Alkylaromaten reduziert werden. (Normale Ketogruppen, die nicht direkt an einem Benzolring hängen, werden durch das Reagenz nicht beeinflusst.) Obwohl diese Reaktion einen zusätzlichen Schritt benötigt (Acylierung gefolgt von Reduktion), ist sie ein guter Weg zur Darstellung von Alkylbenzolen ohne die vertrackten Umlagerungen des Carbokations, die zu unerwünschten Produkten führen.

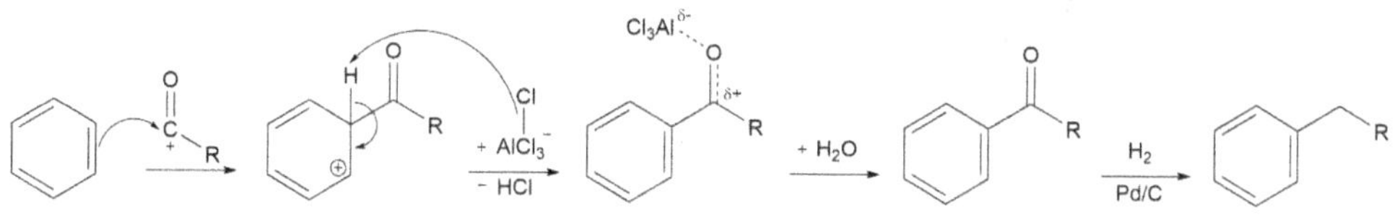

Abbildung 13.28: Die Friedel-Crafts-Acylierung mit nachfolgender Reduktion

Die Reduktion von Nitrogruppen

Die Reduktion von Nitrogruppen ist eine gute Möglichkeit zur Herstellung von Arylaminen. Die Reduktion erfolgt durch Zinnchlorid ($SnCl_2$) in etwas Säure, siehe Abbildung 13.29. Oder es geht auch einfach mit Hydrierung mit Wasserstoff und Palladium auf Kohle als Katalysator.

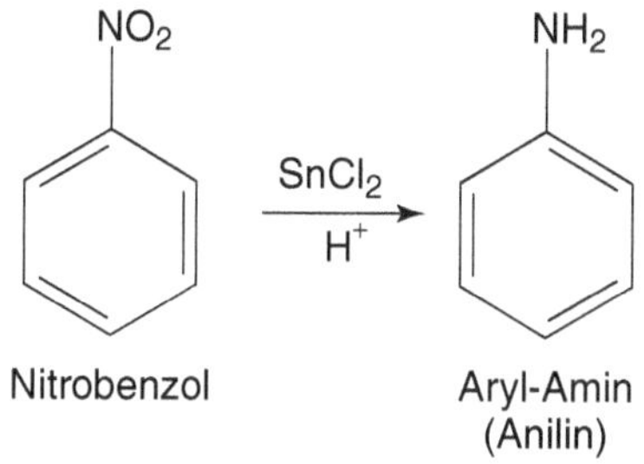

Abbildung 13.29: Die Reduktion einer Nitro-Gruppe und die Bildung eines Aryl-Amins

Die Oxidation von Alkylbenzolen

Kaliumpermanganat ($KMnO_4$) ist ein starkes Oxidationsmittel. In Gegenwart von Base macht es aus Alkylbenzolen im Handumdrehen Arylcarbonsäuren, wie in Abbildung 13.30 dargestellt. Jede Alkyl-Seitenkette, die ein Wasserstoffatom in der Nachbarschaft des Phenylrings enthält, wird so zu einer Carbonsäure (einer COOH-Gruppe) oxidiert. Wenn die Alkyl-Seitenkette kein Wasserstoffatom in Nachbarschaft des Rings besitzt (wenn es also eine tertiäre Alkylgruppe ist), bleibt sie unberührt.

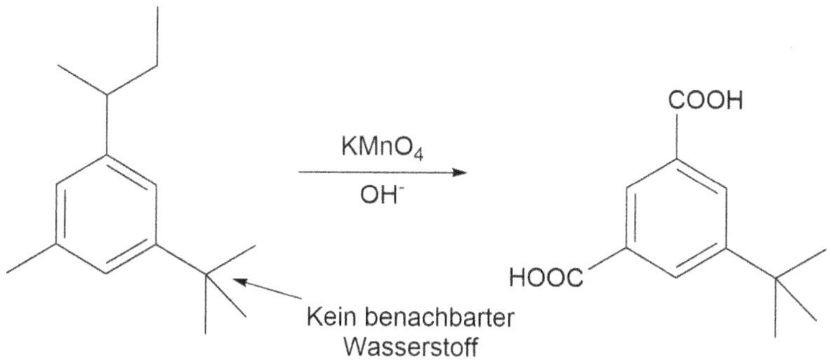

Abbildung 13.30: Die Oxidation mit Permanganat

Nimm zwei: Synthese disubstituierter Benzole

Nun kennen Sie die Reagenzien, mit denen Sie verschiedene Gruppen an das Benzol anlagern können. Aber was ist, wenn Sie disubstituierte Benzole synthetisieren wollen? Nachdem die erste Gruppe am Benzolring hängt, gibt es drei Möglichkeiten für die nächste Gruppe (siehe Abbildung 13.31). Die erste Möglichkeit ist die *ortho*-Stellung, Organiker-Sprech für das benachbarte Kohlenstoffatom. Die Gruppe kann aber auch in *meta*-Stellung (zwei Kohlenstoffe von der ersten Gruppe entfernt) oder in *para*-Stellung (gegenüber der ursprünglichen Gruppe) angreifen.

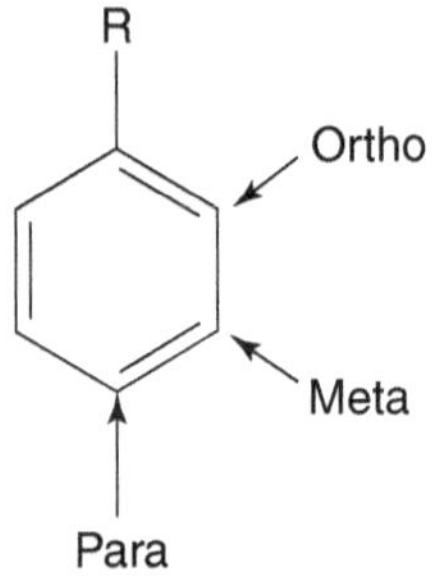

Abbildung 13.31: Ortho, meta und para

Wo der zweite Substituent landet – ob in *ortho*-, *meta*- oder *para*-Stellung – hängt von der Gruppe ab, die sich bereits am Benzolring befindet. Stellen Sie sich die bereits am Benzolring hängenden Gruppen als Verkehrsleitanlage eines Flughafens vor, die das Elektrophil auf eine spezielle Rollbahn leiten (entweder *ortho*, *meta* oder *para*). Elektronenspendende Substituenten aktivieren den Ring (das bedeutet, das schon einmal substituierte Benzol reagiert schneller als ein unsubstituiertes), und sie dirigieren das landende Elektrophil in die *ortho*- oder *para*-Position. Bei elektronenspendenden ersten Substituenten bekommen Sie normalerweise ein Gemisch der *ortho*- und *para*-Produkte. Elektronenziehende Gruppen am Ring deaktivieren dagegen den Benzolring gegenüber einem elektrophilen Angriff (sie verlangsamen die Reaktionsgeschwindigkeit im Vergleich zu einem unsubstituierten Benzol) und dirigieren das eintreffende Elektrophil in die *meta*-Stellung.

Warum bekommen Sie je nach der bereits vorhandenen Substitution des Rings unterschiedliche Substitutionsprodukte? Das hängt damit zusammen, dass sich Elektrophile das Atom innerhalb des Rings aussuchen, an dem sich das stabilste intermediäre Kation bildet. Wenn Elektronenspender im Ring existieren, sind die bei *ortho*- oder *para*-Substitution entstehenden Carbokationen stabiler als das Carbokation, das bei Zweitsubstitution in *meta*-Stellung entstünde. Bei der Anwesenheit eines elektronenziehenden Substituenten am Ring ist das Carbokation in *meta*-Stellung stabiler als die Carbokationen in *ortho*- oder *para*-Stellung.

In den folgenden Abschnitten zeige ich Ihnen, warum die Kationen bei *ortho*- oder *para*-Substitution bei Anwesenheit von Elektronendonoren stabiler sind als das in *meta*-Stellung.

Elektronendonoren: ortho-para-dirigierend

Wenn Sie Anisol bromieren (Abbildung 13.32), erhalten Sie das Bromid in der *ortho-* und *para*-Stellung, aber nicht in der *meta*-Position. Das liegt daran, dass die Methoxygruppen (OCH_3) π-Elektronendonatoren sind und alle eintreffenden Elektrophile in die *ortho-* oder *para*-Positionen leiten.

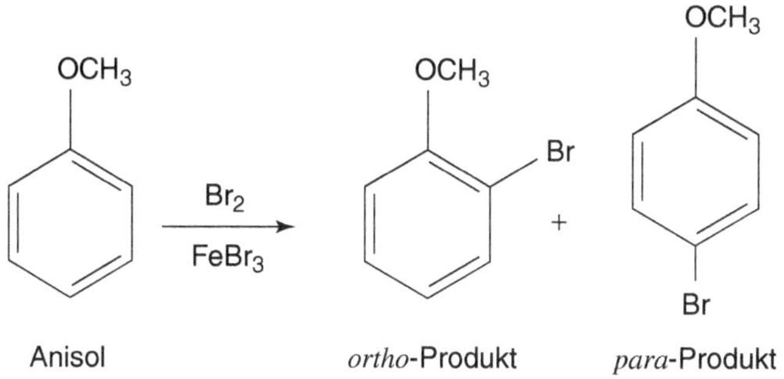

Abbildung 13.32: Die Bromierung von Anisol

Wenn Sie sich die beteiligten intermediären Carbokationen ansehen, können Sie erkennen, warum die Methoxygruppe zur *ortho-* und *para*-Substitution führt. Bei der *para*-Substitution (und genauso bei der *ortho*-Substitution) wird ein wesentlich stabileres intermediäres Carbokation gebildet, als wenn sich der Substituent in der *meta*-Position anlagern würde. Das intermediäre Carbokation bei der *para*-Substitution besitzt vier Resonanzstrukturen, die in Abbildung 13.33 gezeigt sind. Eine dieser Strukturen ist energetisch besonders vorteilhaft, da alle Valenzorbitale jedes Atoms vollständig gefüllt sind (in der Abbildung eingerahmt). Das Carbokation bei der *meta*-Substitution besitzt dagegen nur drei Resonanzstrukturen, wobei in keiner alle Atome vollständig gefüllte Valenzorbitale haben. Erinnern Sie sich an die Grundregel, wonach die Stabilität mit der Zahl der Resonanzstrukturen

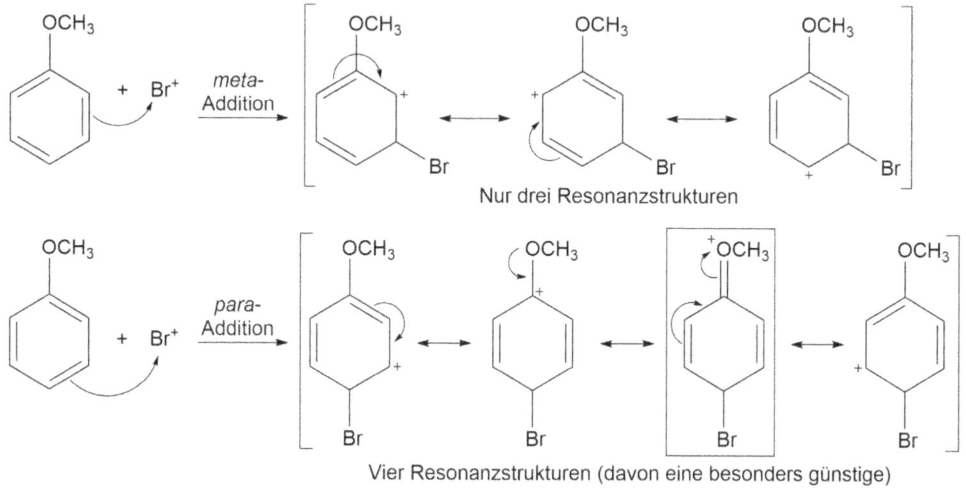

Abbildung 13.33: Die relative Stabilität intermediärer Carbokationen bei meta- und para-Substitution von Anisol

steigt. Das ist der Grund, weshalb Elektronendonatoren an einem aromatischen Ring die selektive Bildung von *ortho*- und *para*-Substitutionsprodukten begünstigen.

Elektronenziehende Gruppen: meta-dirigierend

Die Situation ist umgekehrt, wenn ein aromatischer Ring elektronenziehende anstatt elektronenspendende Substituenten trägt. Elektronenziehende Gruppen dirigieren alle ankommenden Elektrophile in die *meta*-Position. Nehmen Sie die Bromierung von Nitrobenzol als Beispiel (Abbildung 13.34). Nitrogruppen sind elektronenziehende Gruppen, und daher wird das Brom in *meta*-Stellung angelagert.

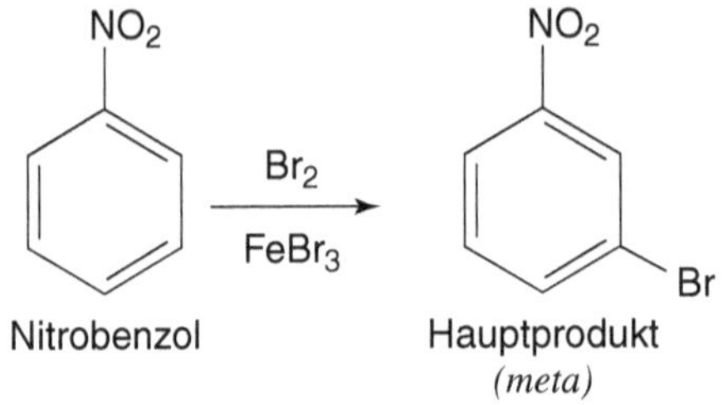

Abbildung 13.34: Die Addition von Brom an Nitrobenzol

Um zu verstehen, warum das *meta*-Produkt und nicht das *ortho*- oder *para*-Produkt gebildet wird, vergleichen Sie das intermediäre Kation bei der *para*-Substitution mit dem Kation, das bei der *meta*-Substitution auftritt (siehe Abbildung 13.35). Das intermediäre Carbokation bei der *para*- (oder *ortho*-) Substitution besitzt drei Resonanzstrukturen, von denen eine aber sehr ungünstig ist, weil sie zwei benachbarte positive Ladungen enthält (die sich

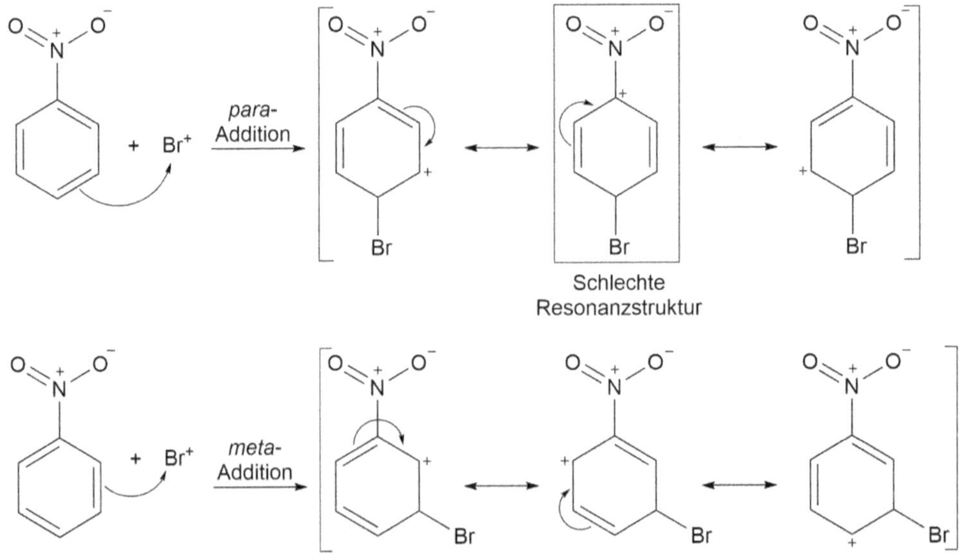

Abbildung 13.35: Die relativen Stabilitäten von Carbokationen bei der para- und meta-Substitution von Nitrobenzol

abstoßen). Diese schlechte Resonanzstruktur trägt nicht viel zum gesamten Resonanzhybrid bei. Das Kation bei der *meta*-Substitution besitzt ebenfalls drei Resonanzstrukturen, von denen aber keine negativ auffällt. Benzolringe, die mit elektronenziehenden Gruppen substituiert sind, bevorzugen das stabilere aus der *meta*-Substitution stammende Kation gegenüber dem während der *ortho*oder *para*-Substitution gebildeten Kation.

 Merken Sie sich, dass elektronenspendende Gruppen *ortho*- und *para*-dirigieren und elektronenziehende Gruppen *meta*-dirigierend sind.

Bis jetzt habe ich von elektronenspendenden und elektronenziehenden Substituenten gesprochen, ohne wirklich zu sagen, was ich damit eigentlich meine. Jeder Substituent, dessen erstes Atom (das Atom, das an den Benzolring gebunden ist) ein freies Elektronenpaar besitzt, ist ein π-Elektronendonator für den Benzolring, wie die Resonanzstrukturen in Abbildung 13.36 zeigen. Die Resonanzstrukturen verdeutlichen, dass π-Donatoren Elektronendichte an den *ortho*- und *para*-Positionen des Rings hinzufügen. π-Donatoren aktivieren den Benzolring für *elektrophile Angriffe* (Angriffe durch ankommende Elektrophile) an den *ortho*- und *para*-Positionen. Das Hinzufügen von Elektronendichte macht den Ring *nucleophiler* (kernliebender) und aktiviert ihn.

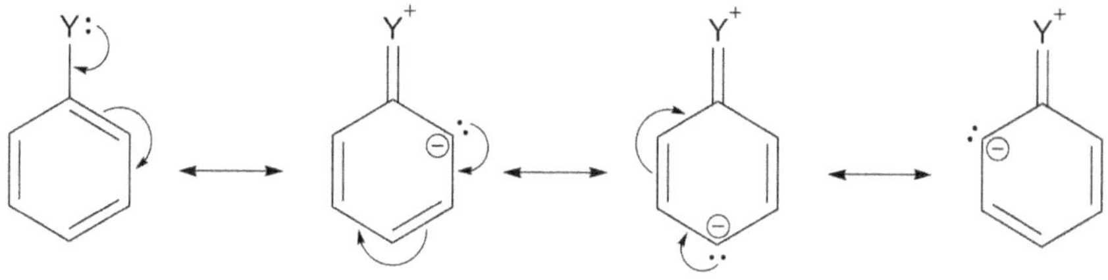

Abbildung 13.36: π-Elektronendonatoren am Benzolring

Eine Ausnahme sind die Halogene, die relativ schlechte π-Donatoren sind. Da sie sehr elektronegativ sind, ziehen sie Elektronen vom Ring ab und deaktivieren ihn. Obwohl sie deaktivierend wirken, sind sie aber immer noch *ortho-para*-dirigierend.

π-Akzeptoren (NO_2-Gruppen, Carbonylgruppen, CN und so weiter) ziehen Elektronen vom Ring ab, deaktivieren ihn und machen ihn weniger nucleophil. Unter »deaktivieren« ist dabei zu verstehen, dass der Ring langsamer reagiert als unsubstituiertes Benzol. π-Akzeptoren sind *meta*-dirigierend. Tabelle 13.2 verdeutlicht die Eigenschaften unterschiedlicher Substituenten.

Man kann auch sagen, dass die Erhöhung der Elektronendichte durch mesomere und induktive Effekte hervorgerufen wird. Diese Effekte werden M- und I-Effekte genannt. Durch ein Vorzeichen wird angezeigt, ob ein Substituent die Elektronendichte des Ringes erhöht (+M/+I-Effekt) oder verringert (−M/−I-Effekt).

Elektronenziehende Substituenten destabilisieren den protonierten Ring und elektronenschiebende Substituenten stabilisieren den Ring, dies ist der induktive Effekt. Wenn ein

Ortho-para-dirigierend			*Meta*-dirigierend
Stark aktivierend	Schwach aktivierend	Deaktivierend	Deaktivierend
OH	Alkyl	Halogene (F, Cl, Br, I)	NO_2
OCH_3	Phenyl		–COR (COOH, COOR, CHO, ...)
NH_2			CN
NR_2			SO_3H
–I-Effekt	+I-Effekt	–I-Effekt	–I-Effekt
+M-Effekt		+M-Effekt	–M-Effekt

Tabelle 13.2: Eigenschaften von Substituenten an aromatischen Ringen

Substituent freie Elektronenpaare besitzt, dann kann er durch Mesomerie im Ring die Elektronendichte erhöhen oder vermindern, dies ist der mesomere Effekt.

Also sind Substituenten mit +M/+I-Effekten bevorzugt zu *ortho-para*-dirigierend und -M/-I-Effekte führen eher zu *metha*-Substitutionen.

Jeder Substituent, dessen erstes Atom (das Atom, das an den Benzolring gebunden ist) ein freies Elektronenpaar besitzt, ist *ortho-para*-dirigierend (aber nicht unbedingt aktivierend). Substituenten ohne freies Elektronenpaar am ersten Atom sind *meta*-dirigierend (mit Ausnahme von Alkylgruppen und aromatischen Ringen, die *ortho-para*-dirigierend sind).

In mehrstufigen Synthesen ist die Reduktion einer aromatischen Nitro-Gruppe zu einem Aryl-Amin ein probates Mittel, um einen *meta*-dirigierenden Substituenten in einen *ortho-para*-dirigierenden Substitituenten umzupolen. Die Oxidation eines Alkylbenzols (zu einer Aryl-Carbonsäure) ist eine Möglichkeit, um einen *ortho-para*-dirigierenden Substituenten in einen *meta*-dirigierenden Substituenten zu verwandeln.

Die Synthese substituierter Benzole

Wenn Sie sich den Kopf über die Synthese *polysubstituierter Benzole* zerbrechen (Benzole, die mehr als einen Substituenten besitzen), dann denken Sie daran, dass die Reihenfolge entscheidend ist, in der Sie die Substituenten einführen. Sie müssen die Substituenten in der richtigen Reihenfolge einbauen, damit der jeweils nächste Substituent an die angestrebte Position wandert.

Wie würden Sie zum Beispiel 3-Brom-1-ethylbenzol darstellen (Abbildung 13.37)? Als Erstes stellen Sie fest, dass die Substituenten *meta* zueinander stehen. Der erste Substituent, den Sie einbauen, muss daher *meta*-dirigierend sein, damit der nächste Substituent in der richtigen Position landet. Aber beide gewünschten Substituenten – die Ethylgruppe und das Bromatom – sind *ortho-para*-dirigierend! Was tun? Sie müssen mit einem *meta*-dirigierenden

Substituenten starten, den Sie im Verlauf der Synthese in den gewünschten Substituenten umwandeln können.

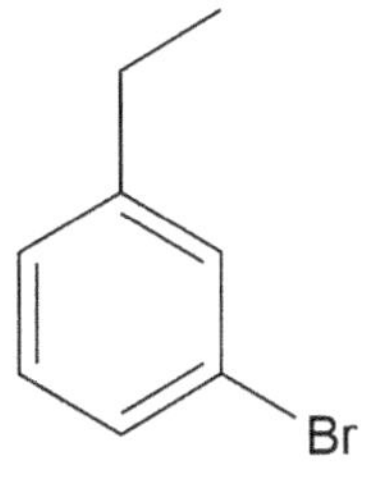

Abbildung 13.37: 3-Brom-1-ethylbenzol

Im vorliegenden Fall können Sie die Ethylgruppe durch eine Friedel-Crafts-Acylierung einbauen (siehe Abbildung 13.38). Der hierbei eingeführte Acylrest (das Keton) ist meta-dirigierend. In dieser Position wird dann das Bromid substituiert und der Acylrest wird anschließend zu einem Alkyl reduziert. Die Reihenfolge der Schritte ist der Schlüssel zum Erfolg – wenn Sie die Reihenfolge der Schritte verändern, bekommen Sie das falsche Produkt.

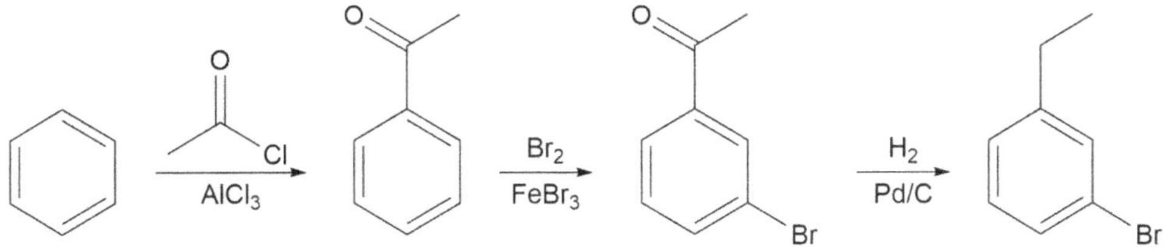

Abbildung 13.38: Die Synthese eines disubstituierten Benzols

Der Schlüssel zum Erfolg bei aromatischen Synthesen liegt in der richtigen Reihenfolge der Substitutionen.

Synthese an Seitenkette oder Ring

Wenn Sie schon einen alkyl-substituierten Aromaten wie Ethylbenzol oder Toluol haben, kann die Wahl der Reaktionsbedingungen einen großen Einfluss auf die Position eines neu eingeführten Halogens im Molekül haben. Mit anderen Worten: Sie haben einen Einfluss auf die Regioselektivität bei Substitutionsreaktionen bei Bromierungen und Chlorierungen.

Mit zwei Regeln können Sie sich merken, wie die Reaktionen ablaufen. Die erste ist die SSS-Regel. Die drei S stehen für **S**onne (oder **S**trahlung), **S**iedehitze, **S**eitenkette. Unter diesen Bedingungen findet die Reaktion an einem alkyl-substituiertem Aromaten an der Seitenkette statt. Hierbei bringen Sie Ihr Reaktionsgemisch zum Sieden oder bestrahlen es mit UV-Licht (Sonne oder UV-Lampe) und erzeugen dadurch Radikale (siehe Abbildung 13.39). Es ist also eine radikalische Substitution, und diese findet hierbei nicht am Ring statt.

Die andere Möglichkeit ist eine Reaktion nach der KKK-Regel. KKK steht für **K**älte, **K**atalysator, **K**ern. Diese Reaktion läuft als elektrophile aromatische Reaktion unter milden

Bedingungen mit einem Katalysator wie Aluminiumtrichlorid oder Eisentribromid ab, und zwar nur am aromatischen Ring (siehe Abbildung 13.39).

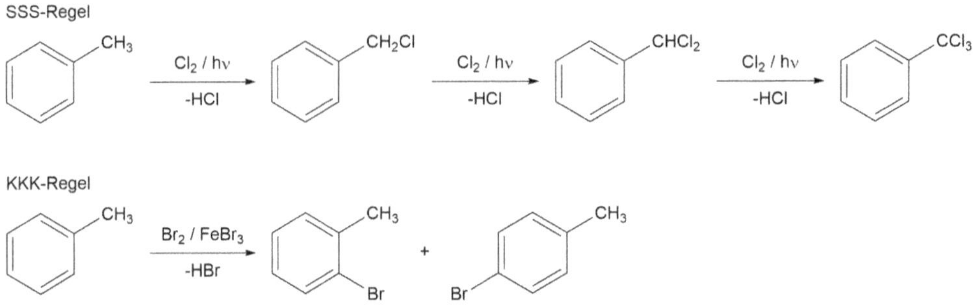

Abbildung 13.39: Substitution an Seitenkette (SSS) oder Ring (KKK)

Nucleophiler Angriff! Die nucleophile aromatische Substitution

Ich habe Ihnen gezeigt, wie Benzol als Nucleophil (Kernliebhaber) wirken und mit starken Elektrophilen in einer elektrophilen aromatischen Substitution reagieren kann. Benzol kann sich aber auch wie ein Elektrophil verhalten, wenn es für einen nucleophilen Angriff ausreichend aktiviert ist. Ist das Benzol für einen nucleophilen Angriff aktiviert, können starke Nucleophile Abgangsgruppen am Ring (meist Halogenide) ersetzen.

Für einen nucleophilen Angriff aktiviert sind zum Beispiel Benzolringe, die Substituenten mit stark elektronenziehendem Effekt in *ortho-* oder *para-*Stellung zur Zielposition tragen (also Gruppen wie NO_2, CN und COR). Substituierte Benzole ohne stark elektronenziehende Gruppen gehen keine nucleophile aromatische Substitution ein. 1-Brom-2,4-dinitrobenzol (Abbildung 13.40) kann beispielsweise nucleophil angegriffen werden, weil es gleich zwei stark elektronenziehende Substituenten (NO_2) in *ortho-* und *para-*Stellung zur Abgangsgruppe (Br) besitzt. Ein angreifendes Hydroxidion (HO^-) kann das Bromatom substituieren.

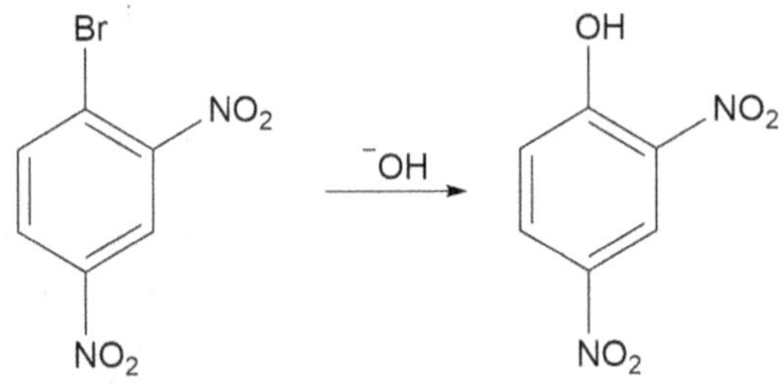

1-Brom-2,4-dinitrobenzol

Abbildung 13.40: Die nucleophile aromatische Substitution

Der Mechanismus der nucleophilen Substitution (S$_N$Ar) ist in Abbildung 13.41 gezeigt. Zuerst greift das Nucleophil (hier: OH$^-$) den Benzolring an dem Kohlenstoffatom an, das die Abgangsgruppe trägt (hier: -Br). Dabei wird der angegriffene Kohlenstoff vorübergehend sp^3-hybridisiert, und in seiner unmittelbaren Nachbarschaft (nicht vergessen, die Elektronen weiterklappen zu lassen!) entsteht ein anionisches Zentrum (mit einem freien Elektronenpaar). Die an diesem Kohlenstoffatom lokalisierte negative Ladung wird durch die elektronenziehenden Gruppen am Ring (hier: -NO$_2$) stabilisiert. (Dafür lassen sich weitere Resonanzstrukturen aufstellen, die hier nicht dargestellt sind.) Anschließend kann das freie Elektronenpaar des anionischen Zentrums zum derzeit noch sp^3-hybridisierten Kohlenstoff hinüberklappen und die Abgangsgruppe verdrängen, sodass sie als Anion (hier: Br$^-$) abgespalten wird. Dabei wird der ursprünglich angegriffene Kohlenstoff wieder in seinen alten sp^2-Zustand zurückversetzt und das aromatische System wiederhergestellt.

 Eine nucleophile aromatische Substitution tritt nur dann ein, wenn der Benzolring durch stark elektronenziehende Gruppen aktiviert ist.

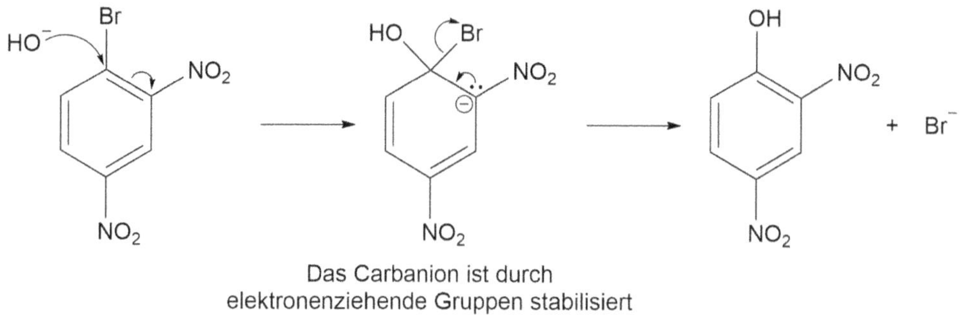

Abbildung 13.41: Der Mechanismus der nucleophilen aromatischen Substitution

Eine etwas weniger nützliche, aber trotzdem hochinteressante Reaktion des Benzols ist die Reaktion eines Halogenbenzols (wie Brombenzol oder Chlorbenzol) mit einer starken Base (wie Hydroxid) bei hoher Temperatur und hohem Druck. Weil der Ring nicht durch elektronenziehende Substituenten für einen nucleophilen Angriff aktiviert ist, tritt keine nucleophile aromatische Substitution ein. Stattdessen bekommen Sie eine Eliminierung (Abbildung 13.42) unter Bildung eines temporären Dehydrobenzols (oder auch *Arins*). Dehydrobenzol ist eine sehr reaktive Zwischenstufe, eine Art Benzol mit einer Dreifachbindung. Nucleophile (in Abbildung 13.42 als :Nuc$^-$ abgekürzt) lagern sich schnell an das Arin an und bilden substituierte Benzole.

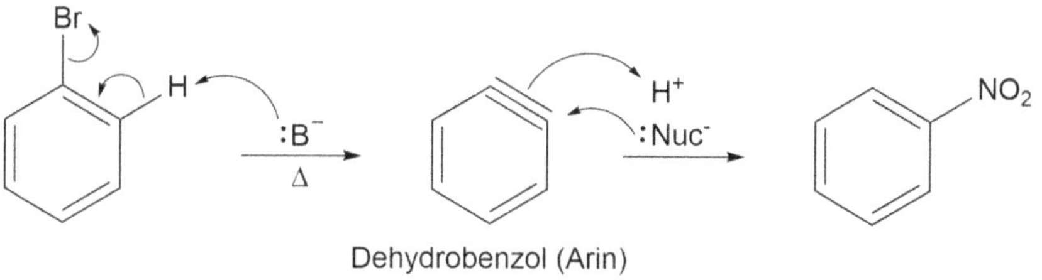

Abbildung 13.42: Reaktionen des instabilen intermediären Dehydrobenzols

Ein Beispiel einer Arin-Addition ist in Abbildung 13.43 gezeigt. In diesem Fall ist die Base, die an der Bildung des Arins beteiligt war, auch gleichzeitig das Nucleophil (OH⁻), das mit ihm weiterreagiert. Das Nucleophil kann sich gleichberechtigt auf beiden Seiten des Arins anlagern, es entsteht daher eine Mischung verschiedener substituierter Benzole. Aus diesem Grund, und weil die Reaktion hohe Temperatur und hohen Druck erfordert, ist sie bei weitem nicht so allgemein einsetzbar wie die elektrophile oder nucleophile aromatische Substitution.

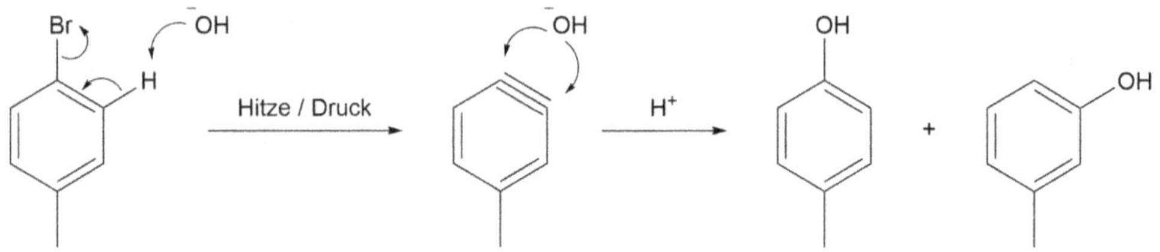

Abbildung 13.43: Ein Beispiel für eine Addition an ein Arin (Dehydrobenzol)

Aufgabe 13.1:

Welches Ion wird sich leichter erzeugen lassen: Das Cyclopentadienyl-Kation oder das Cyclopentadienyl-Anion?

Aufgabe 13.2:

Zu welchem Produkt wird die Umsetzung von Chlorbenzol mit Nitriersäure (HNO_3/H_2SO_4) führen? Wird die Reaktion rascher oder weniger rasch ablaufen als mit unsubstituiertem Benzol?

Aufgabe 13.3:

Sie setzen Nitrobenzol mit Ethylchlorid nach Friedel-Crafts um (wieder echtes Organiker-Sprech!). Welches Produkt erwarten Sie?

Aufgabe 13.4:

Ersetzen Sie formal eine der CH-Einheiten eines Benzols gegen ein Stickstoffatom, so erhalten Sie die heterocyclische Verbindung Pyridin (ein wichtiger chemischer Grundstoff, der unter anderem als polares Lösungsmittel genutzt wird). Sagen Sie etwas über das potenzielle aromatische Verhalten dieser Verbindung aus. Welche Rolle spielt das freie Elektronenpaar am Stickstoffatom?

Aufgabe 13.5:

Anilin soll an C2 mit Nitriersäure (Salpetersäure mit Schwefelsäure) nitriert werden. Geben Sie den Mechanismus an.

> **IN DIESEM KAPITEL**
>
> Grundsätzliche Einteilung der Kunststoffe
>
> Polymerisation zu Kunststoffen
>
> Polykondensation zu Kunststoffen
>
> Polyaddition zu Kunststoffen
>
> Biologisch zu Kunststoffen

Kapitel 14
Kunststoffe – Erdöl in neuem Design

Schauen Sie sich ruhig in Ihrem Zimmer einmal um: Gibt es etwas, das echt noch aus unbehandeltem Holz oder einem anderen Naturstoff ist? Sicher sehen Sie praktische furnierte Schränke und Regale, ein Bett mit einer bequemen Schaumstoffmatratze und einer kuscheligen Decke aus Polyester. Oder kauen Sie gerade nachdenklich auf der Hülle eines farbigen Stiftes? Ziehen Sie noch Pullover aus reiner Schafwolle an? Oder finden Sie in den Etiketten Hinweise zur Pflege der Textilien aus Polyester, Polyamid oder Polyacryl? Unser modernes Leben lässt sich ohne Materialien aus Kunststoffen nur noch schwer vorstellen. Im folgenden Kapitel erhalten Sie einen Überblick über die wichtigsten Reaktionen, die zu Kunststoffen führen.

Praktische Kunststoffe

Kunststoffe sind maßgeschneiderte Werkstoffe, die passgenau hergestellt werden können und die für ihr Einsatzgebiet nützliche Eigenschaften aufweisen. Ich muss das hier so vage formulieren, weil der gleiche Kunststoff je nach Verarbeitung für die verschiedensten Einsatzgebiete verwendet werden kann. Allen gemein ist, dass kleine, einzelne Baueinheiten, die *Monomere*, zu langen Molekülketten, den *Polymeren* verknüpft sind.

Diese Ketten können nebeneinander liegen oder verknäult sein und sogar miteinander durch Extrastreben untereinander verknüpft sein; es entstehen jeweils Kunststoffe mit unterschiedlichen Eigenschaften.

Die großen Drei

Je nachdem, wie die Polymere angeordnet sind, können Kunststoffe durch Erwärmung in eine neue Form gebracht werden und in der neuen Form bleiben. Solche Werkstoffe werden *Thermoplaste* bezeichnet. Manche Kunststoffe zersetzen sich beim Erhitzen. Dann handelt es sich um *Duroplaste*. Dagegen lassen sich *Elastomere* durch mechanische Krafteinwirkung verbiegen und nehmen danach wieder ihren Ausgangszustand an (Abbildung 14.1).

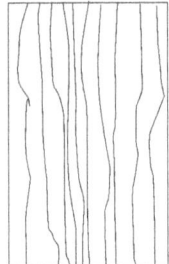  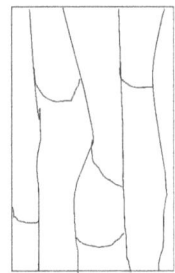

Abbildung 14.1: Schematische Darstellung von Thermoplasten, Duroplasten und Elastomeren

In Thermoplasten sind die Polymerketten oft linear angeordnet. Dies wird als kristallin bezeichnet. Zwischen den Ketten wirken – je nachdem, welche Moleküle miteinander verknüpft sind – schwache van-der-Waals-Kräfte oder auch Wasserstoffbrückenbindungen, die die Ketten zusammenhalten. Amorphe (knäulige) Bereiche können die lineare Anordnung stören. Erwärmung zerstört die zwischenmolekularen Kräfte und führt zur Verschiebung der Ketten gegeneinander. Abkühlung fixiert die neue Form. Sie erkennen, dass sich das Material vielseitig verändern lässt.

Bei Duroplasten sind die Polymerketten engmaschig durch kovalente Bindungen miteinander verbunden und bilden ein Netz, sodass bei Erwärmung eine Verschiebung der Ketten nicht möglich ist. Duroplaste sind relativ wärmebeständig, zersetzen sich aber bei höherer Temperatureinwirkung.

In Elastomeren sind die Polymerketten weitmaschig und locker miteinander verknüpft. Solche Kunststoffe lassen sich dehnen und wieder in ihre ursprüngliche Form bringen. Denken Sie immer an ein Gummiband. Erwärmung führt ebenfalls zur Zersetzung des Kunststoffs und zu unangenehmen Gerüchen.

Polykondensation

Kondensieren erinnert Sie bestimmt an Ihre Schulzeit. Es hatte immer etwas mit Wasser zu tun, und so kann man sich auch eine Eselsbrücke zur Polykondensation bauen. Es wird bei der Reaktion viel Wasser als Nebenprodukt frei. Genau genommen könnten das auch andere kleine Moleküle sein, die bei einer *Kondensation* abgespalten werden können. Aber zunächst reicht uns »Wasser«.

Sie kennen solche Reaktionen bereits aus Kapitel V: Die Bildung der Ester aus Alkoholen und Carbonsäuren ist eine Kondensationsreaktion nach einem Additions-Eliminierungs-Mechanismus (Abbildung 14.2).

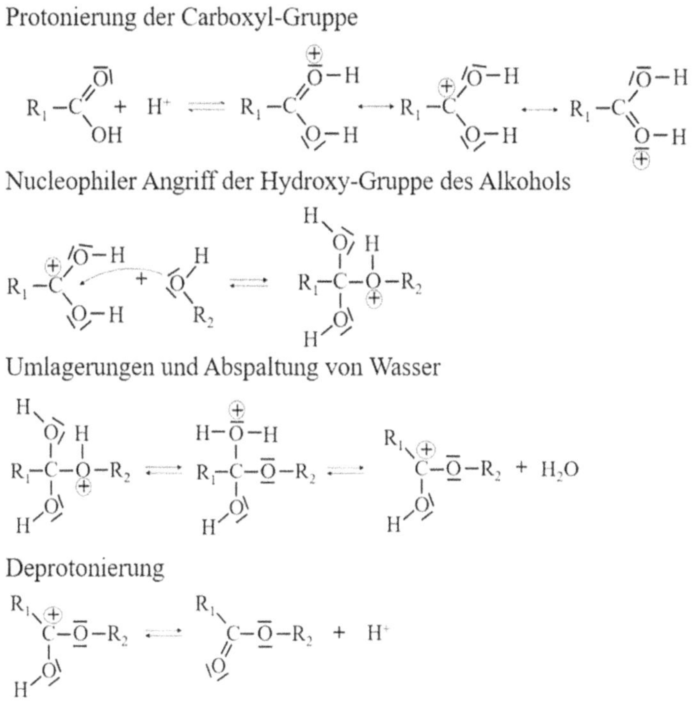

Protonierung der Carboxyl-Gruppe

Nucleophiler Angriff der Hydroxy-Gruppe des Alkohols

Umlagerungen und Abspaltung von Wasser

Deprotonierung

Abbildung 14.2: Allgemeiner Ablauf der Estersynthese

Sicher können Sie sich den Rest denken. Reagieren bifunktionelle Moleküle miteinander, also Diole und Dicarbonsäuren, bilden sich lange Ketten – eben ein *Polyester*. Ein bekanntes Beispiel ist das Polyethylenterephthalat (PET) (Abbildung 14.3), aus dem mit einiger Sicherheit Ihre Getränkeflasche ist. Die Terephthalsäure wird zunächst protonisiert. Das entstehende Carbenium-Ion wird von einer Hydroxyl-Gruppe des Ethylenglycols nukleophil angegriffen. Nachfolgende Umlagerungen führen zur Abspaltung von Wasser und der Rückbildung des katalytisch wirksamen Protons.

Reagieren Carboxylgruppen mit Aminogruppen wird ebenfalls Wasser abgespalten, allerdings entsteht nicht die typische Estergruppe (R_1-COO-R_2), sondern die *Amidgruppe* (R_1-CONH-R_2). Die entstehenden *Polyamide* werden häufig in der Bekleidungsindustrie verwendet. Möglicherweise haben Sie oder Ihre Freundin eine Strumpfhose aus Nylon (Abbildung 14.4). Die Amidgruppe findet man auch in natürlich vorkommenden Polymeren, den Proteinen. Sie kennen Sie vielleicht unter der Bezeichnung Peptidbindung.

Setzt man zur Polykondensation anstelle von Dicarbonsäuren Kohlensäurederivate ein, erhält man unter Abspaltung von Chlorwasserstoff-Gas Polycarbonate. Diese finden sich in Ihren CDs oder DVDs oder in Ihrem Auto.

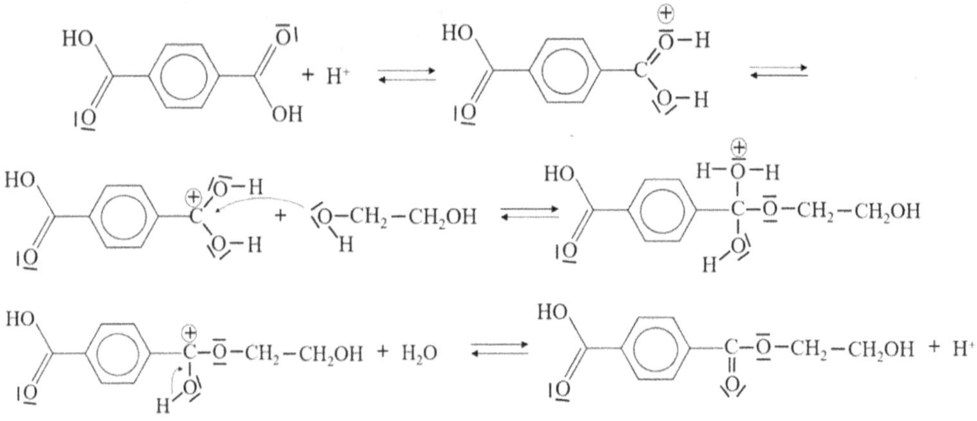

Abbildung 14.3: Bildung von PET

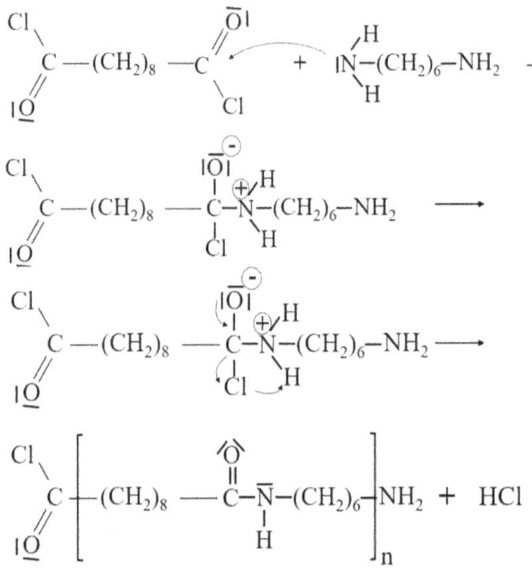

Abbildung 14.4: Bildung von Nylon

Polymerisation

Moleküle mit einer Doppelbindung können ebenfalls zu langen Ketten reagieren. Sicher verwenden Sie in Ihrem Alltag reichlich Polyethylen. Es entsteht aus Ethen. Es müssen lediglich die Doppelbindungen aktiviert werden, sodass die einzelnen Moleküle miteinander reagieren können.

Das geschieht meist durch den Einsatz eines Moleküls, wie Dibenzoylperoxid, das leicht in Radikale zerfallen kann. Es verbindet sich leicht mit Ethen, indem es die Doppelbindung aufbricht, sich mit einem C-Atom des Ethens verbindet und so das Molekül zu einem Alkylradikal verändert. Dieses kann wiederum andere Ethenmoleküle radikalisieren, die miteinander polymerisieren. Die Reaktion läuft solange ab, bis zwei Radikale aufeinandertreffen (Abbildung 14.5).

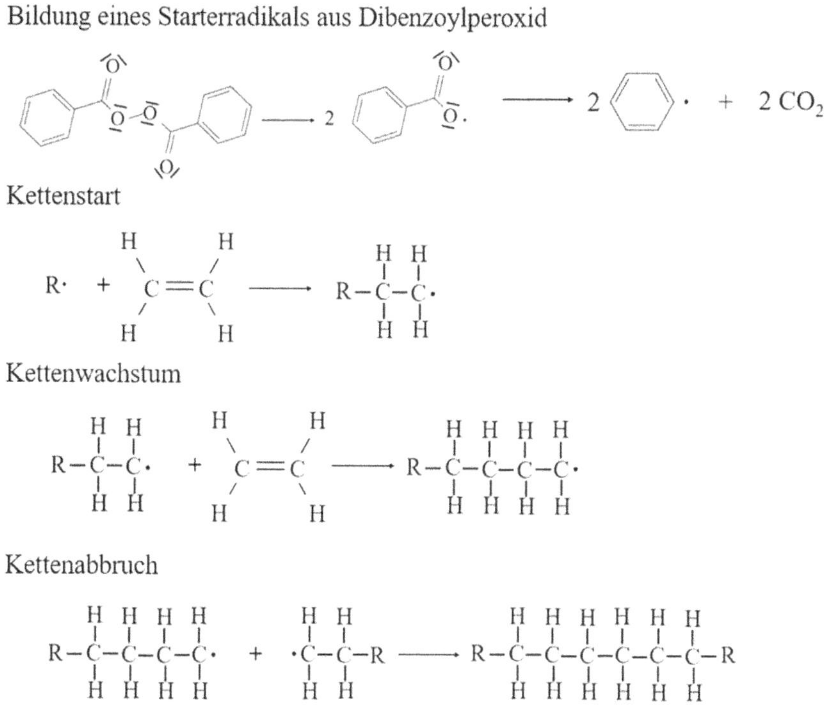

Bildung eines Starterradikals aus Dibenzoylperoxid

Kettenstart

Kettenwachstum

Kettenabbruch

Abbildung 14.5: Mechanismus der radikalischen Polymerisation

Neben Polyethylen werden auf diese Weise auch Polypropylen oder Polystyrol gebildet. Andere Polymerisate kennen Sie unter der Bezeichnung PVC (Polyvinylchlorid), für das Chlorethen-Moleküle miteinander reagieren oder auch PTFE (Polytetrafluorethen), das als Teflon-Beschichtung auf den Pfannen in Ihrem Küchenschrank zu finden ist. Möglicherweise schauen Sie gerade durch eine Brille aus PMMA (Polymethylmethacrylat), besser bekannt als Plexiglas.

Polyaddition

Bei der Polymerisation regieren abgesehen von den Starterradikalen immer die Monomere des gleichen Stoffes miteinander. Bei einer *Polyaddition* werden unterschiedliche Monomere mit verschiedenen funktionellen Gruppen eingesetzt. Dabei weist ein Monomer ein positiviertes Kohlenstoff-Atom auf, während das andere über ein polarisiertes Wasserstoff-Atom verfügt. Als Ergebnis entstehen Polyaddukte, wie Polyurethan (Abbildung 14.6), für deren Synthese Diole und Diisocyanate eingesetzt werden.

Gibt man Wasser dosiert hinzu, entstehen aus den Isocyanaten Amine. Das freigesetzte Kohlenstoffdioxid schäumt das Polyurethan auf.

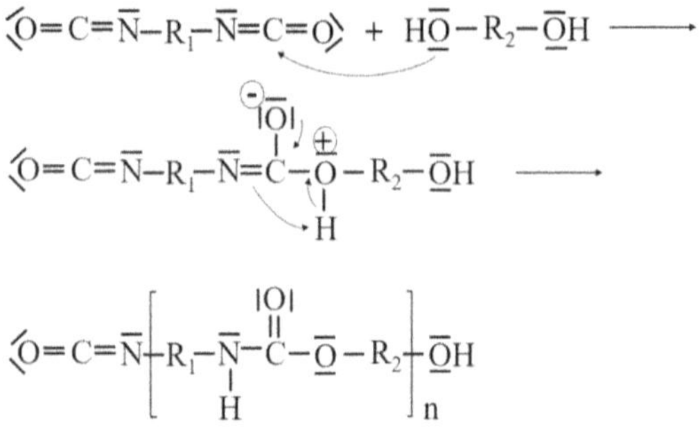

$$O=C=\overline{N}-R_1-\overline{N}=C=O + H\overline{O}-R_2-\overline{O}H \longrightarrow$$

$$O=C=\overline{N}-R_1-\overline{N}=\overset{|\overline{O}|^{\ominus}}{\underset{\overset{|}{H}}{C}-\overset{\oplus}{\overline{O}}-R_2-\overline{O}H} \longrightarrow$$

$$O=C=\overline{N}\!\!-\!\!\left[R_1-\underset{\overset{|}{H}}{\overline{N}}-\overset{|\overline{O}|}{\underset{\|}{C}}-\overline{O}-R_2\right]_n\!\!\overline{O}H$$

Abbildung 14.6: Mechanismus der Bildung von Polyurethan

Weitere Polyaddukte sind etwa Epoxidharze, die zum Beispiel als Klebstoff oder als Lack verwendet werden und Polyharnstoffe, die für beständige Beschichtungen eingesetzt werden.

Die Bessermacher

Es reicht nicht nur, Polymere für einen Kunststoff herzustellen, nein, es wird noch ein wenig mehr in der Chemie-Küche geköchelt – getreu dem Motto: ein wenig hiervon und ein wenig davon. Die dem Kunststoff zugesetzten Zusatzstoffe sollen je nach gewünschtem Ergebnis den Kunststoff biegsamer machen (Weichmacher) oder ihn beständiger gegen UV-Licht oder Wärme (Stabilisatoren). Füllstoffe können die mechanischen Eigenschaften verbessern und Flammschutzmittel einen Brand hinauszögern.

Obwohl die Zusatzstoffe den Kunststoff verbessern, stellen sie ein nicht zu unterschätzendes Risiko dar, wenn sie in die Umwelt und damit früher oder später in unsere Nahrungskette gelangen.

Alles besser mit Bio?

Die Bio-Welle greift um sich und macht auch vor der Chemie nicht Halt. Biologisch abbaubare oder auf einer biologischen Basis hergestellte Kunststoffe könnten eine Alternative zu den Kunststoffen auf Erdölbasis sein. Oder nicht?

Biokunststoffe

Manche Biopolymere gibt es bereits in der Natur. Dazu gehören zum Beispiel Cellulose, das Material, das Pflanzenzellen stabilisiert oder Polyhydroxybuttersäure – ein Speicherstoff, der in bestimmten Bakterien vorkommt. Dieses Vorkommen in der Natur bedeutet gleichfalls, dass die Stoffe auch biologisch abgebaut werden können und sich im Gegensatz zu den Kunststoffen keine schädlichen Abbauprodukte in der Umwelt anreichern. Abbildung 14.7 zeigt einen Ausschnitt von Polyhydroxybuttersäure (PHB).

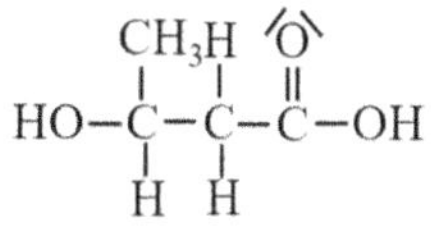

$$HO-\underset{\underset{H}{|}}{\overset{\overset{CH_3}{|}}{C}}-\underset{\underset{H}{|}}{\overset{\overset{H}{|}}{C}}-\overset{\overset{O}{\|}}{C}-OH$$

Abbildung 14.7: Synthese von PHB

Biobasierte Kunststoffe

Aus Milchsäure (2-Hydroxypropansäure) kann man durch Polykondensation Polymilchsäure erzeugen (Abbildung 14.8). Dieses Polymer kann biologisch abgebaut werden.

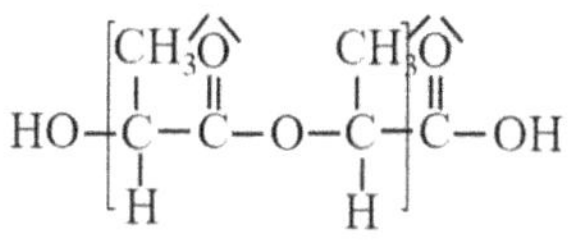

$$HO-\left[\underset{\underset{H}{|}}{\overset{\overset{CH_3}{|}}{C}}-\overset{\overset{O}{\|}}{C}-O-\underset{\underset{H}{|}}{\overset{\overset{CH_3}{|}}{C}}-\overset{\overset{O}{\|}}{C}\right]-OH$$

Abbildung 14.8: Synthese von Polymilchsäure

Außerdem kann auch Polyethen auf biologischer Basis hergestellt werden. Dazu wird Ethanol als Ausgangsstoff verwendet. Das so hergestellte PE gleicht dem aus Erdöl hergestellten in seinen Eigenschaften, ist aber nicht biologisch abbaubar.

Aufgabe 14.1:

Formulieren Sie den Mechanismus zur Synthese von Polystyrol aus Vinylbenzol.

Aufgabe 14.2:

Entscheiden Sie, welche Moleküle für die Synthese der folgenden Kunststoffe geeignet sind. Zur Auswahl stehen die Moleküle: Hexandisäure, Ethandiol, 1,6-Diaminohexan, Glycerin (Propantriol), Maleinsäure. Es sollen ein thermoplastischer Polyester und ein Polyamid sowie ein duroplastischer Polyester hergestellt werden.

Aufgabe 14.3:

Kevlar ist ein Kunststoff, der zum Beispiel in schusssicheren Westen verwendet wird. Bei seiner Bildung entsteht auch Hydrogenchlorid. Geben Sie eine Reaktionsgleichung zu seiner Bildung an.

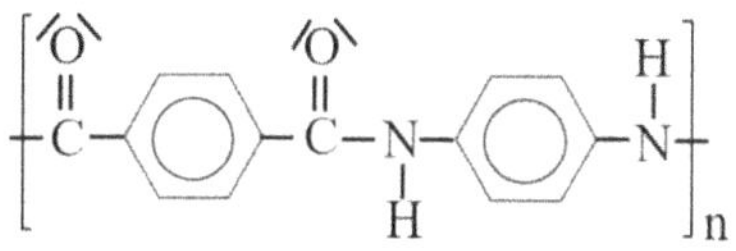

$$\left[-\overset{\overset{O}{\|}}{C}-\underset{}{\bigcirc}-\overset{\overset{O}{\|}}{C}-\underset{\underset{H}{|}}{N}-\underset{}{\bigcirc}-\underset{\underset{H}{|}}{N}-\right]_n$$

> **IN DIESEM KAPITEL**
>
> Zuckrige Kohlenhydrate
>
> Power-Proteine
>
> Schlüpfrige Lipide

Kapitel 15

Natürliche Polymere

Erinnern Sie sich noch an den wichtigsten biochemischen Prozess? Genau! Die Fotosynthese. Durch Aufnahme von Licht und das Nutzen von Farbstoffpigmenten können Pflanzen anorganisches Kohlenstoffdioxid und Wasser in Traubenzucker umwandeln, wobei als Nebenprodukt gasförmiger Sauerstoff freigesetzt wird. Die magische Formel $C_6H_{12}O_6$ beschreibt den fixierten Kohlenstoff in einer für höhere Lebewesen nutzbaren Form. Traubenzucker ist damit das wichtigste *Kohlenhydrat*. Die allgemeine Formel $C_x(H_2O)_y$ suggeriert, dass wie der Name es sagt, Zucker Hydrate des Kohlenstoffs sind. Dem ist jedoch nicht so, sondern es gibt viele verschiedene Zucker, bei denen die Kohlenstoffatome ganz unterschiedlich miteinander verknüpft sein können.

Zuckriges System

Kohlenhydrate oder auch *Saccharide* können sich in der Anzahl ihrer Monomer-Einheiten unterscheiden:

- ✔ *Monosaccharide* (Einfachzucker) bestehen aus einem Molekül. Dazu gehört der Traubenzucker, aber auch der Fruchtzucker (Fructose).

- ✔ *Disaccharide* (Zweifachzucker) bestehen aus zwei verbundenen Monosaccharid-Molekülen. Beispiele sind Saccharose (Haushaltszucker), Lactose (Milchzucker) und Maltose (Malzzucker).

- ✔ *Oligosaccharide* (Mehrfachzucker) sind aus bis zu zehn Monosaccharid-Molekülen aufgebaut. Dazu gehört zum Beispiel Maltodextrin.

- ✔ *Polysaccharide* (Vielfachzucker) bestehen aus vielen verbundenen Monosaccharid-Molekülen.

Monosaccharide

Glucose und *Fructose* sind wichtige Monosaccharide mit der Summenformel $C_6H_{12}O_6$. Handelt es sich bei Glucose um eine *Aldohexose*, ist Fructose eine *Ketohexose*. Außer dem Grundgerüst aus sechs Kohlenstoff-Atomen mit fünf Hydroxy-Gruppen ist im Molekül noch eine Carbonyl-Gruppe (Keto-Gruppe) vorhanden, sodass die Fructose den Ketonen zugeordnet werden kann (Abbildung 15.1), während Glucose über eine Aldehydgruppe verfügt.

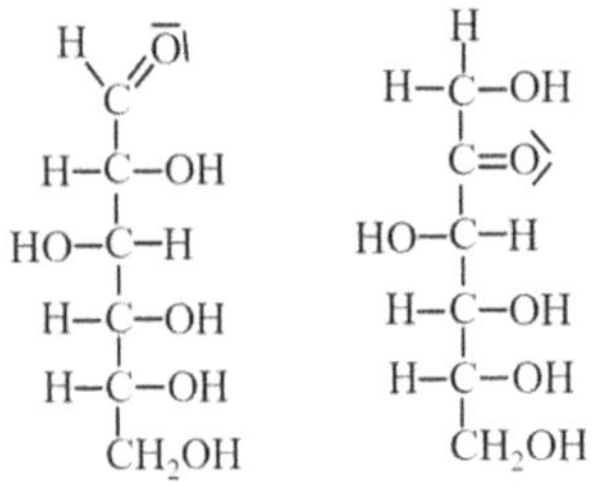

Abbildung 15.1: Glucose (links) und Fructose (rechts)

Alles dreht sich

Von der Glucose gibt es zwei verschiedene räumliche Strukturen mit chiralen Zentren (Abbildung 15.2). Sie haben darüber schon in Kapitel 6 viel Wissen erworben. Wenden Sie es doch einmal an, und bestimmen Sie die R/S-Konfiguration.

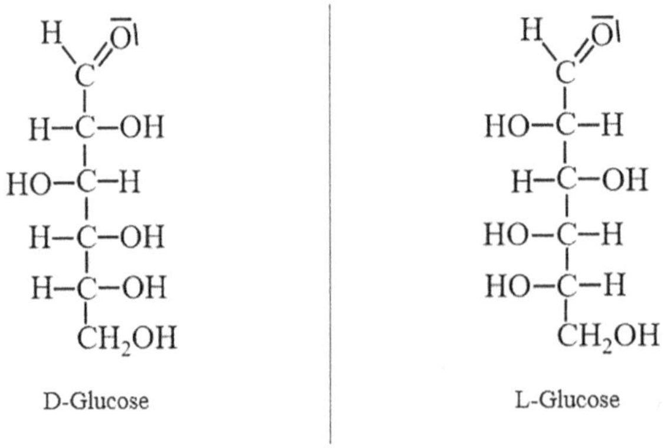

D-Glucose   L-Glucose

Abbildung 15.2: Enantiomere der Glucose

Oft wird in der Biologie oder Biochemie anstelle der R/S-Konfiguration die D/L-Konfiguration der Bio-Moleküle angegeben. Lassen Sie sich davon nicht verwirren. In der Natur kommt nur die D-Glucose vor. Die L-Glucose kann man aber synthetisieren. (Das D steht für »dexter« und bedeutet *rechtsdrehend*, das L für »laevus«, *linksdrehend*.)

Die höchste oxidierte Gruppe kommt in der Fischer-Projektion (siehe Kapitel 6) in Abbildung 15.2 nach oben und bildet C1 der Kette. Bei Molekülen mit mehreren asymmetrischen Kohlenstoff-Atomen ist für die Zuordnung das von C1 am weitesten entfernte Chiralitätszentrum entscheidend für die Einordnung als D- oder L-Form. Steht die funktionelle Gruppe an diesem C-Atom rechts, gehört das Molekül zu den rechtsdrehenden Molekülen.

Weitere Monosaccharide

Manche Moleküle haben zwar die gleiche Summenformel wie Glucose, sind aber keine Spiegelbilder zur Glucose. Sie werden *Diastereomere* genannt. In den Beispielen in Abbildung 15.3 unterscheiden sie sich von Glucose nur durch die Position einer Hydroxy-Gruppe.

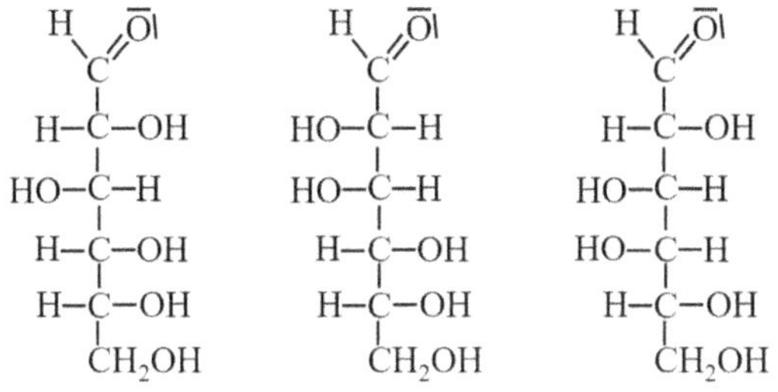

Abbildung 15.3: Diastereomere Monosaccharide

Jetzt wird es rund

In wässriger Lösung bildet sich durch nucleophile Addition ein ringförmiges Glucosemolekül. Dabei greift das negativ polarisierte Sauerstoff-Atom der Hydroxy-Gruppe (von C5) am Carbonyl-C der Aldehyd-Gruppe an und bildet so ein *Halbacetal* (Abbildung 15.4).

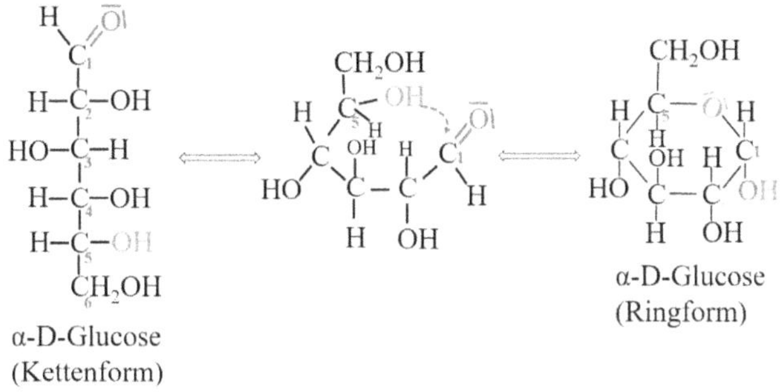

Abbildung 15.4: Nucleophile Addition führt zur Ringform der Glucose.

Bei der α-Glucose steht die Hydroxy-Gruppe unterhalb von C1, also axial. Befindet sich die Hydroxy-Gruppe in der Äquatorialebene, dann liegt ringförmige β-D-Glucose vor. Sie bildet den Hauptbestandteil der Cellulose.

Die beiden Ringformen sind ineinander umwandelbar, wobei die offenkettige Form mengenmäßig am geringsten in der Lösung vorkommt.

Nachweis der Monosaccharide

Aldehyde, wie Glucose, kann man gut mit der Fehling- und auch der Tollens-Probe nachweisen. Bitte beachten Sie, dass das Fructose-Molekül im alkalischen Milieu über eine *Endiol* genannte Zwischenform zu Glucose umwandelt. Fructose lässt sich so also nicht identifizieren.

Aus eins mach zwei: glycosidische Bindung

Bei Disacchariden sind zwei Monosaccharide verbunden. So bilden Glucose und Fruktose zum Beispiel Saccharose, Galactose und Glucose Lactose und zwei Moleküle Glucose Maltose. Die beiden Zucker-Moleküle sind über die *glycosidische Bindung* miteinander verknüpft. Sie ist das Ergebnis einer Kondensationsreaktion unter Wasserabspaltung (Abbildung 15.5).

Durch Hydrolyse lassen sich Disaccharide wieder in die Monosaccharide spalten.

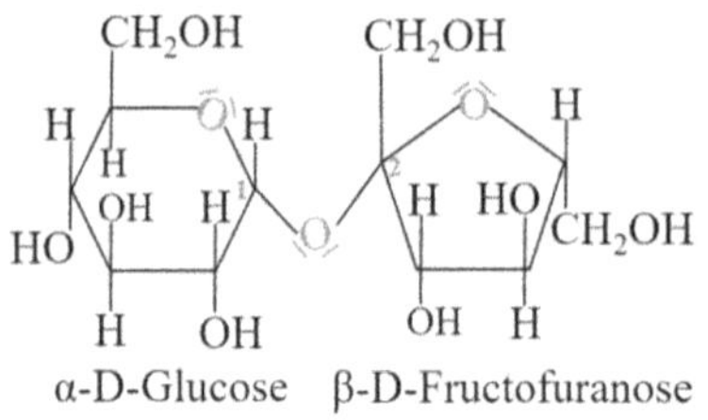

α-D-Glucose   β-D-Fructofuranose

Abbildung 15.5: Saccharose ist ein Disaccharid aus Glucose und Fructose

Die Bildung der Saccharose läuft in mehreren Schritten ab:

1. Die Ausgangslage ist, dass das C1-Atom der Glucose eine positive Teilladung besitzt, weil sowohl das Sauerstoff-Atom, das die Brücke zwischen C1 und C5 bildet, als auch die Hydroxy-Gruppe an C1 Elektronen stark anziehen.

2. Das partiell negativ geladene Sauerstoff-Atom am C2 der Fructose greift das partiell positiv geladene C1 der Glucose an.

3. Unter Abspaltung von Wasser entsteht das Disaccharid Saccharose. Die Bindung ist chemisch gesehen eine α-1,β-2-glycosidische Bindung, da das C1 eines α-Monosaccharids mit dem C2 eines β-Monosaccharids verbunden ist.

Kaum zu zählen – Polysaccharide

Pflanzen verknüpfen viele Glucose-Moleküle zu langen Kohlenhydratketten und speichern in dieser Form der *Assimilationsstärke* die fotosynthetisch gebildete Glucose. Sie kommt in der Form der wasserlöslichen *Amylose* und des wasserunlöslichen *Amylopektins* vor. Amylose ist nicht wirklich wasserlöslich – eher liegt sie fein verteilt in der Flüssigkeit vor und bildet auf diese Weise eine *kolloidale* Lösung.

Im Amylopektin sind die Glucose-Moleküle ebenfalls wie in Amylose α-1,4-glycosidisch verknüpft, allerdings gibt es in regelmäßigen Abständen α-1,6-glycosidische Verzweigungen. Auch in Ihrem Körper haben Sie Stärke: Sie kennen sie als Glucagon, die »tierische Stärke«. Sie ist nur stärker verzweigt als die der Pflanzen. Einen ganzen Tag lang sollte sie Sie mit Energie versorgen können.

Sind β-Glucose-Moleküle miteinander verknüpft, entsteht Cellulose. Obwohl hier auch Glucose-Teilchen miteinander verbunden sind, können wir die Cellulose nicht verdauen.

Unsere Werkzeuge, die Enzyme, sind nicht darauf ausgelegt, Cellulose in unserem Verdauungstrakt zu spalten.

Power-Proteine

Proteine bilden die Maschinerie Ihrer Zellen und halten Ihren Stoffwechsel aufrecht. Ihre Bausteine, die Aminosäuren, sind über eine Peptidbindung miteinander verknüpft. Sie kennen diese als Amid-Bindung bereits aus Kapitel 14.

Aminosäuren bilden Proteine

Aminosäuren, also *Aminocarbonsäuren*, enthalten neben einer Carboxy-Gruppe auch eine Amino-Gruppe (Abbildung 15.6).

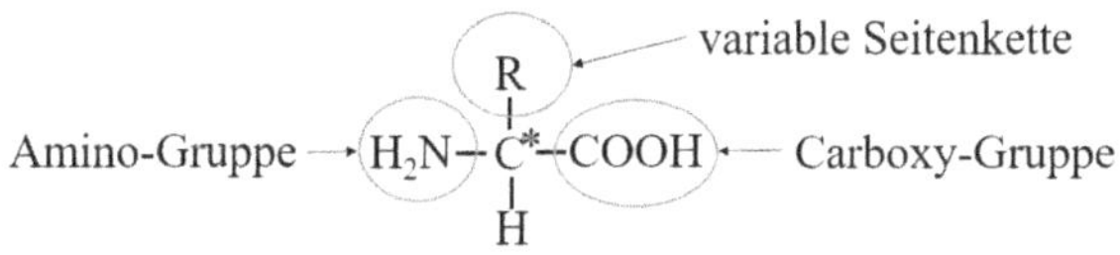

Amino-Gruppe → H$_2$N–C*–COOH ← Carboxy-Gruppe
mit R (variable Seitenkette) und H

Abbildung 15.6: Allgemeiner Aufbau einer Aminosäure

Die variablen Seitenketten bestimmen die Eigenschaften der einzelnen Aminosäuren, sodass Aminosäuren als saure, basische, polare oder unpolare Aminosäuren unterschieden werden.

Ähnlich wie die Kohlenhydrate besitzen auch Aminosäuren ein *Chiralitätszentrum*, wodurch es L- und D-Formen bezüglich der Amino-Gruppe gibt. In der Natur kommen vorwiegend die L-Formen vor (Abbildung 15.7).

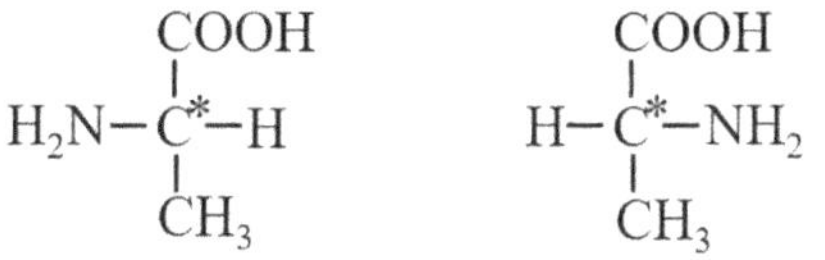

L-Alanin: H$_2$N–C*–H mit COOH und CH$_3$

D-Alanin: H–C*–NH$_2$ mit COOH und CH$_3$

Abbildung 15.7: D- und L-Form von Alanin

Reaktionen der Aminosäuren

Neben den oben genannten Gruppen wird das chemische Verhalten von Aminosäuren durch ihre Seitenkette beeinflusst. Typische Reaktionen werden im Folgenden dargestellt.

Decarboxylierung

Decarboxylasen können aus der Carboxy-Gruppe Kohlenstoffdioxid abspalten (Abbildung 15.8). Diese *Decarboxylierung* führt zu *biogenen Aminen*, die Vorstufen für bestimmte Vitamine, Hormone oder Neurotransmitter sind.

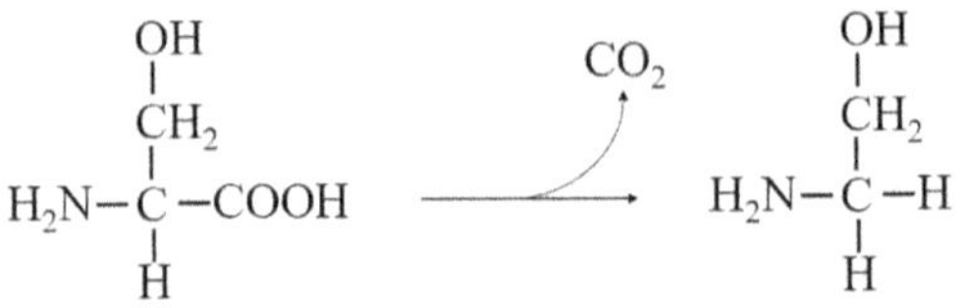

$$H_2N-\underset{H}{\overset{CH_2-OH}{C}}-COOH \xrightarrow{CO_2} H_2N-\underset{H}{\overset{CH_2-OH}{C}}-H$$

Abbildung 15.8: Decarboxylierung der Aminosäure Serin zu Ethanolamin

Veresterung von Aminosäuren

Wenn die Carboxy-Gruppe einer Aminosäure mit einem Alkohol reagiert, entsteht ein Ester (Abbildung 15.9). Hierzu muss die Carboxy-Gruppe protoniert vorliegen, sodass die OH-Gruppe des Alkohols nucleophil angreifen kann. Das Ergebnis ist ein Ester, der keine Säuregruppe mehr enthält und sich wie ein Amin verhält.

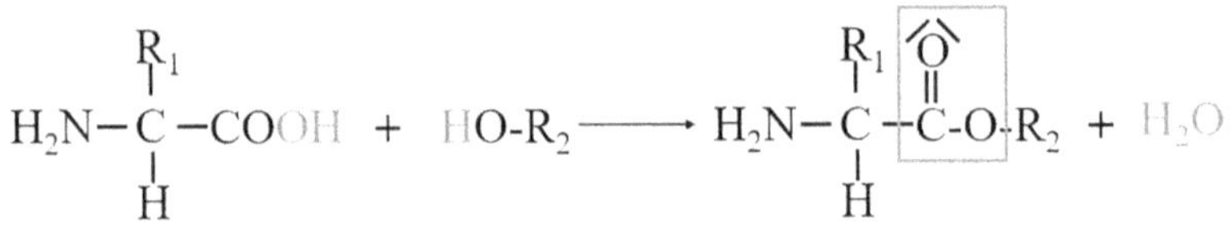

$$H_2N-\underset{H}{\overset{R_1}{C}}-COOH + HO-R_2 \longrightarrow H_2N-\underset{H}{\overset{R_1}{C}}-\overset{O}{\overset{\|}{C}}-O-R_2 + H_2O$$

Abbildung 15.9: Veresterung einer Aminosäure

Kondensation von Aminosäuren

Die wichtigste Reaktion ist ganz sicher die Verknüpfung von Aminosäuren zu langen Ketten durch eine Peptidbindung. Die Aminosäuren reagieren in einer Kondensationsreaktion unter Wasserabspaltung miteinander und bilden zunächst ein *Dipeptid*. Wird noch eine Aminosäure verknüpft, entsteht ein *Tripeptid* (Abbildung 15.10) usw. Es handelt sich um natürlich vorkommende Amide.

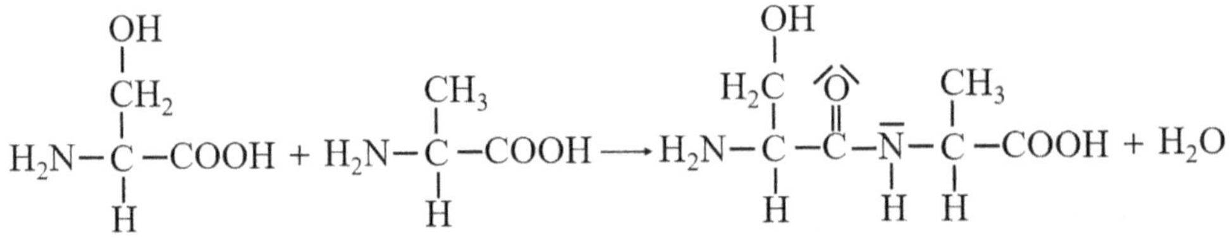

$$H_2N-\underset{H}{\overset{CH_2-OH}{C}}-COOH + H_2N-\underset{H}{\overset{CH_3}{C}}-COOH \longrightarrow H_2N-\underset{H}{\overset{H_2C-OH}{C}}-\overset{O}{\overset{\|}{C}}-\underset{H}{N}-\underset{H}{\overset{CH_3}{C}}-COOH + H_2O$$

Abbildung 15.10: Bildung eines Dipeptides durch Veresterung

Peptide und Proteine

Je nachdem, wie viele Aminosäure miteinander verknüpft werden, unterscheidet man:

✔ *Oligopeptide* enthalten bis zu 10 Aminosäuren

✔ *Polypeptide* bis 100 Aminosäuren

Die CO–NH-Verknüpfung der Peptidbindung kann aufgrund von Mesomerieeffekten einen Doppelbindungscharakter aufweisen (Abbildung 15.11).

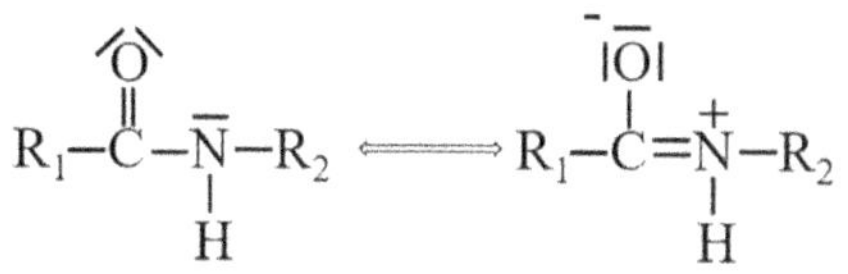

$$R_1-\overset{O}{\overset{\|}{C}}-\overset{H}{\underset{|}{N}}-R_2 \rightleftharpoons R_1-\overset{|\overline{O}|^-}{\underset{|}{C}}=\overset{+}{\underset{H}{N}}-R_2$$

Abbildung 15.11: Mesomerie der Peptidbindung

Die Folgen dieser Umlagerung sind:

✔ Der Stickstoff des Amids lagert keine Protonen an. Das Peptid verhält sich neutral.

✔ Die freie Drehbarkeit ist aufgehoben. Je nach Orientierung gibt es ein *cis-* und ein *trans*-Isomer.

✔ Die Doppelbindung zwingt diesem Bereich eine planare Struktur auf.

Struktur der Proteine

Grundsätzlich lassen sich Proteine unterscheiden, die aus langen *Fibrillen* bestehen oder kleine kugelige, *globuläre Proteine* sind.

✔ Die Sequenz (Abfolge) der aneinandergereihten Aminosäuren ist die *Primärstruktur* des Proteins.

✔ Aufgrund von Wasserstoffbrückenbindungen zwischen den Aminosäuren einzelner Kettenabschnitte bildet sich die *Sekundärstruktur* aus *Helices* und *Faltblättern*

✔ Eine weitere Faltung der Primär-und Sekundärstruktur heißt *Tertiärstruktur* und wird über Wechselwirkungen stabilisiert. Das sind:

- Anziehung von geladenen Seitenkettenresten (elektrostatische Anziehung/Ionenbindung)

- Elektronenpaarbindungen zwischen schwefelhaltigen Aminosäuren, sogenannte *Disulfidbrücken*

- Anziehung von hydrophoben Seitenketten durch Van-der-Waals-Kräfte

- Wasserstoffbrückenbindungen

✔ Das Zusammenlagern mehrerer Peptide mit jeweils spezifischer Tertiärstruktur führt zum funktionsfähigen Protein *Quartärstruktur*.

Nachweise von Aminosäuren und Proteinen

Insbesondere in der analytischen Chemie ist es wichtig herauszufinden, ob in einem Stoffgemisch bestimmte Bestandteile enthalten sind (was wäre eine analytische Chemie wert, wenn sie nichts analysieren würde?). Zum Glück gibt es gleich drei Nachweismethoden für die Feststellung von Aminosäuren und/oder Proteinen in einem Gemisch.

Ninhydrin-Reaktion

Besprüht man Aminosäuren mit Ninhydrin-Reagenz (Abbildung 15.12) und erhitzt das Gemisch, zeigt sich eine violette Färbung durch Bildung des Farbstoffs »Ruhemanns Purpur«.

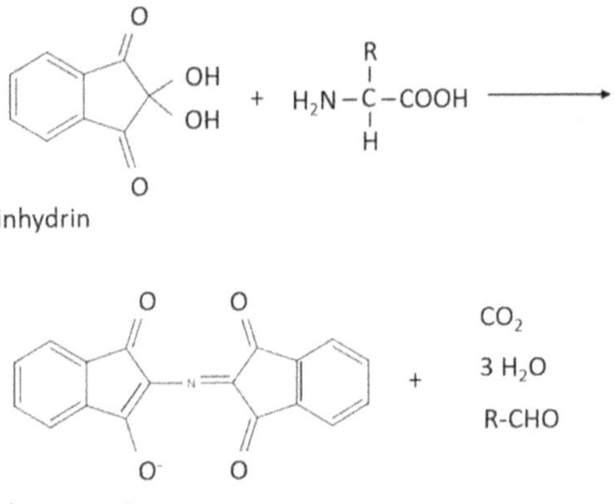

Abbildung 15.12: Nachweis mit Ninhydrin

Xanthoprotein-Reaktion

Eine Probe wird mit etwas konzentrierter Salpetersäure versetzt und erwärmt. Die Säure reagiert mit ringförmigen Seitenketten der Aminosäuren und nitriert diese (Abbildung 15.13). Das bewirkt eine Gelbfärbung (griechisch xanthos = gelb).

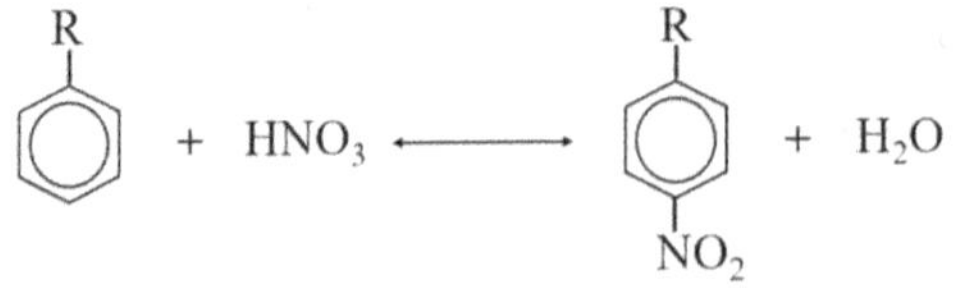

Abbildung 15.13: Aromatische Seitenketten der Aminosäuren werden mit Salpetersäure nitriert.

Biuret-Reaktion

Bei Anwesenheit von Peptidbindungen bildet sich ein violetter Komplex aus den Peptiden und den Cu^{2+}-Ionen (Abbildung 15.14), wenn die Stoffprobe mit Natronlauge und Kupfersulfatlösung erhitzt wird. Einzelne Aminosäuren können so allerdings nicht nachgewiesen werden.

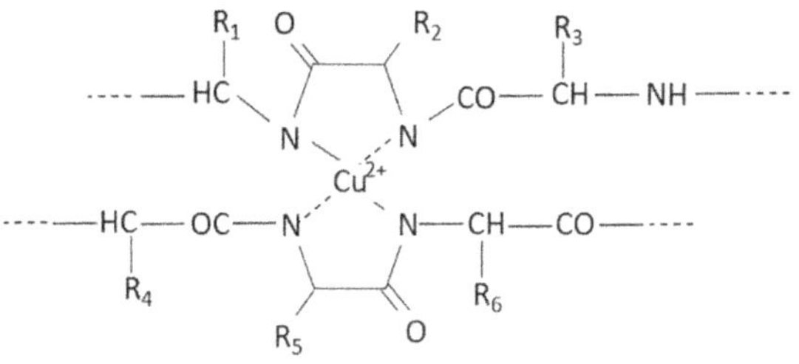

Abbildung 15.14: Proteinnachweis mit der Biuret-Reaktion (R kennzeichnet die verschiedenen Seitenketten der Aminosäuren)

Voll Fett

Unter den Begriff Fette oder Lipide fallen *Neutralfette*, oder auch *Triglyceride*, und *Öle*. Die Neutralfette entstehen bei der Veresterung von Fettsäuren mit Glycerin, einem dreiwertigen Alkohol (Abbildung 15.15).

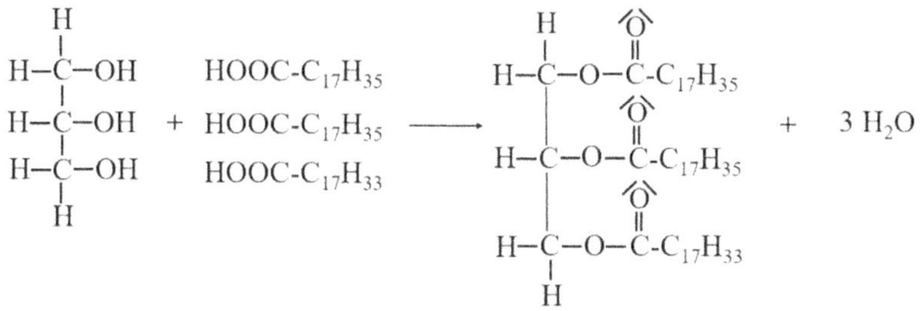

Abbildung 15.15: Veresterung von Glycerin mit drei Fettsäuren zu einem Fett

 Fettsäuren sind keine eigene Stoffklasse der Kohlenwasserstoffe, sondern längere Alkansäuren, die hauptsächlich in Fetten vorkommen (Abbildung 15.16).

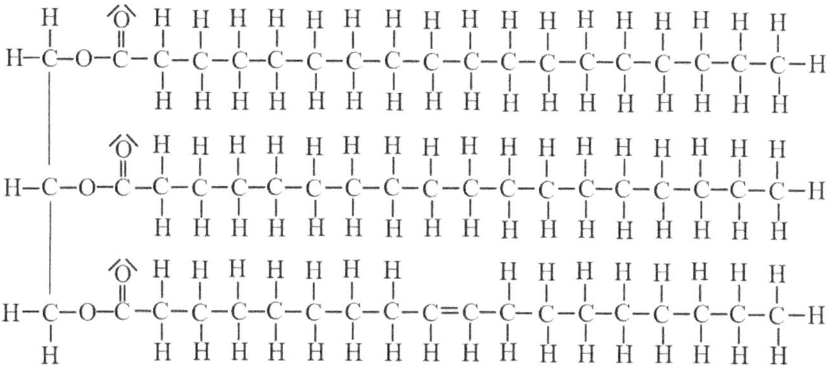

Abbildung 15.16: Strukturformel eines Neutralfetts

Die *ungesättigten* Fettsäuren enthalten in ihrer Kohlenwasserstoffkette eine oder mehrere Doppelbindungen.

Doppelbindungen in einem Fettsäure-Molekül werden häufig so angegeben:

Linolsäure, (18:2), $\Delta^{9,12}$

Die Schreibweise zeigt, dass in der Kette aus 18 Kohlenstoff-Atomen zwei Doppelbindungen enthalten sind. Das Δ bedeutet, dass man als C1 der Kette den Carboxyl-Kohlenstoff zählt, sodass hier deutlich wird, dass sich Doppelbindungen an C9 und C12 der Kette befinden.

Zählt man von der anderen Seite der Kette, dem ω-Ende, wären die Doppelbindung an C3 und C6. Sie kennen bestimmt den Ausdruck ω-Fettsäure. Das kommt genau daher.

Anziehender Zusammenhalt

Die lange Kohlenwasserstoffkette in Fetten bewirkt, dass sich Van-der-Waals-Kräfte zwischen ihnen ausbilden können, sodass sich Moleküle eng aneinander anlagern und Fette bilden, die bei Raumtemperatur fest sind. Je mehr Doppelbindungen enthalten sind, desto stärker wird der enge Zusammenhalt der Moleküle gestört – ein Öl liegt vor.

Gar nicht inaktiv

Vielleicht haben Sie schon die eine oder andere Reaktion von Fetten und Ölen kennengelernt. Meist reagieren ungesättigte Fette gut mit dem Sauerstoff der Luft, wobei kurze, meist unangenehm riechende Stoffe entstehen. Begünstigt wird dieser als *Autoxidation* bekannte Prozess durch Licht und Wärme.

Fettmoleküle sind Ester, sodass sie auch hydrolytisch gespalten werden können. Führt man diese Reaktion mit Laugen durch, entstehen die Salze der Fettsäuren, die als Seifenmoleküle Bedeutung haben.

Auch Wärme zersetzt die Fettmoleküle meist zu Aldehyden und Ketonen.

Ungesättigte Moleküle der fetten Öle können durch Hydrierung gesättigt werden. Dabei wird Wasserstoff an die Doppelbindungen addiert; das Öl wird gehärtet. Durch die Härtung können die Moleküle eine dichtere Packung einnehmen und der Stoff wird fest.

Immer sauber bleiben

Neutralfette haben drei Esterbindungen, die sich durch Aufkochen mit Laugen spalten lassen. Diese Reaktion nennt man *Verseifung*, da die Salze der Fettsäuren entstehen. Diese sind als »Seifen« die ältesten waschaktiven Substanzen.

Verseifung

Für die Herstellung von Seife werden pflanzliche oder tierische Fette mit Laugen gekocht. Nach Zusatz von Kochsalz trennt sich die Seife von der Flüssigkeit und kann als *Kernseife* extrahiert werden.

Erhitzt man die Fette mit Kalilauge, entstehen die weicheren *Schmierseifen* (Abbildung 15.17).

1. Angriff des negativ geladenen Hydroxid-Ions am positiv polarisierten Carbonyl-C der Esterbindung.
2. Bildung des instabilen Übergangszustandes.
3. Abspaltung des Alkoholat-Ions.
4. Übertragung des Protons der Carbonsäure auf den Alkohol und Bildung des Kalium-Salzes der Fettsäure.

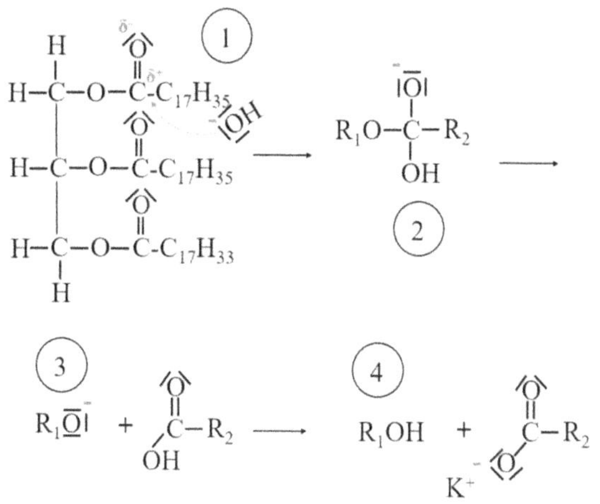

Abbildung 15.17: Mechanismus der Verseifung

Synthetische Seife: Tenside

Moderne waschaktive Substanzen, sogenannte *Tenside* oder *Detergenzien*, zeigen ebenso einen polaren und einen unpolaren Anteil im Molekül.

Erwähnenswert sind die Natrium-Salze der Schwefelsäuremonoalkylester. Sie sind die wichtigsten Vertreter der *anionenaktiven Tenside*. Hergestellt werden sie aus längerkettigen Alk-1-ene oder primärer Alkohole mit Schwefelsäure und der nachfolgenden Neutralisation der entstandenen Schwefelsäuremonoalkylester (Abbildung 15.18).

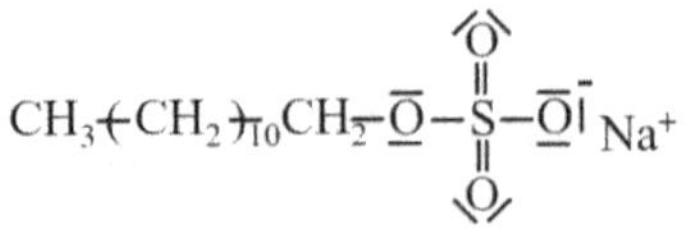

$CH_3\!-\!(CH_2)_{10}\!-\!CH_2\!-\!\overline{\underline{O}}\!-\!\overset{\overset{\displaystyle\hat{O}}{\|}}{\underset{\underset{\displaystyle\check{O}}{\|}}{S}}\!-\!\overline{\underline{O}}|^{-}\ Na^{+}$

Abbildung 15.18: Natriumdodecylsulfat, ein wichtiges Reinigungsmittel

Wird Benzol mit Alk-1-enen nach Friedel-Crafts elektrophil substituiert, entstehen Alkylbenzole. Deren Sulfonierung mit Schwefelsäure führt zu Alkylbenzolsulfon-Säuren, deren Neutralisation mit Natron-Lauge zu Alkylbenzolsulfonaten führt, die waschaktive Eigenschaften aufweisen (Abbildung 15.19).

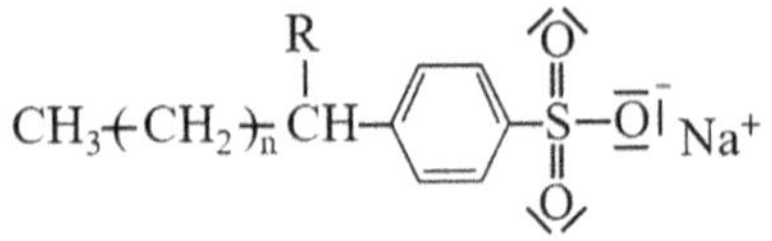

Abbildung 15.19: Alkylbenzolsulfonat

Aufgabe 15.1 und 15.2 widmen sich den Kohlenhydraten, Aufgabe 15.3 bis Aufgabe 15.7 den Proteinen und ab Aufgabe 15.8 dreht sich alles ums Fett.

Aufgabe 15.1:

Geben Sie die Enantiomere und Diastereomere der Threose an.

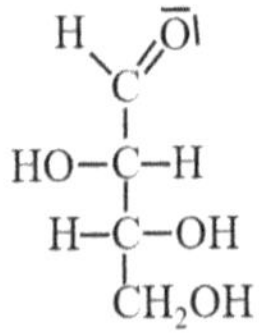

D-Threose

Aufgabe 15.2:

Geben Sie die Strukturformel in der Fischerprojektion von Milchsäure (α-Hydroxypropansäure) an. Entscheiden und begründen Sie, ob ein optisch aktives Molekül vorliegt.

Aufgabe 15.3:

Geben Sie die allgemeine Formel für Aminosäuren an.

Aufgabe 15.4:

Aminosäuren werden häufig als Zwitterionen bezeichnet. Erläutern Sie!

Aufgabe 15.5:

Zeichnen Sie ein Dipeptid aus Serin und Cystein. Kennzeichnen Sie die Peptidbindung.

Aufgabe 15.6:

Versetzt man Proteine, die Aminosäuren mit ringförmigen Seitenketten enthalten, mit Salpetersäure, beobachtet man eine Gelbfärbung. Erklären Sie!

Aufgabe 15.7:

Glutathion wirkt in unserem Körper als Antioxidans. Es handelt sich nicht um ein echtes Tripeptid. Begründen Sie anhand der Struktur!

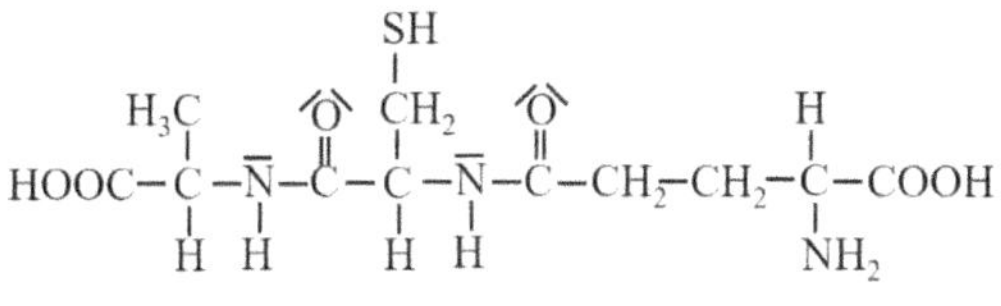

$$\text{HOOC}-\underset{\underset{H}{|}}{\overset{\overset{H_3C}{|}}{C}}-\underset{\underset{H}{|}}{\overset{\overset{\overset{O}{\|}}{}}{N}}-\underset{\underset{H}{|}}{\overset{\overset{\overset{\overset{SH}{|}}{CH_2}}{|}}{C}}-\underset{\underset{H}{|}}{\overset{\overset{\overset{O}{\|}}{}}{N}}-\underset{}{\overset{}{C}}-CH_2-CH_2-\underset{\underset{NH_2}{|}}{\overset{\overset{H}{|}}{C}}-\text{COOH}$$

Glutathion

Aufgabe 15.8:

Ester sind eine wichtige Gruppe in der Chemie, und die Veresterung ist eine häufige chemische Reaktion. Geben Sie die Reaktionsgleichung zur Bildung des Esters Aspirin an.

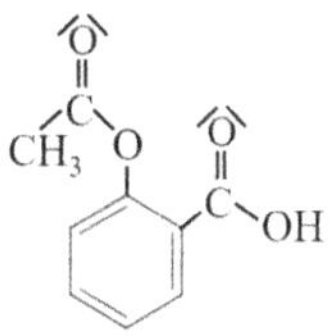

Aspirin

Aufgabe 15.9:

Geben Sie die Strukturformel eines Fettmoleküls aus Myristinsäure (C14:0), Palmitinsäure (C16:0) und Stearinsäure (C18:0) an.

Aufgabe 15.10:

Sowohl Mineralöle aus Alkanen als auch flüssige Speisefette werden als Öle bezeichnet. Geben Sie eine Möglichkeit zur Unterscheidung der beiden Stoffgruppen an.

Teil IV
Spektroskopie und Strukturbestimmung

IN DIESEM TEIL ...

Stellen Sie sich vor, Sie wären ein organischer Chemiker. Ein befreundeter Biochemiker hat kürzlich ein tödliches Neurotoxin aus einem Schalentier isoliert, nach dessen Verzehr mehrere Menschen gestorben sind. Er gibt Ihnen eine kleine Ampulle, die einen winzigen Teil der Originalsubstanz enthält, ein weißes Pulver. Er bittet Sie, die chemische Struktur der Substanz zu bestimmen. Es stehen Leben auf dem Spiel; wie gehen Sie vor? Mit Spektroskopie.

Durch Verwendung der IR- und NMR-Spektroskopie, unterstützt von der Massenspektrometrie, können Sie die Strukturen unbekannter Substanzen bestimmen. Durch die Kombination aller drei Techniken können Sie zahlreiche Strukturen ohne zusätzliche Informationen aufklären. In diesem Teil beschreibe ich die Methoden, die organische Chemiker für die Strukturbestimmung benötigen, und ich zeige Ihnen, wie Sie aus den Daten die Struktur einer unbekannten Substanz ermitteln können.

> **IN DIESEM KAPITEL**
>
> Wie Massenspektrometrie funktioniert
>
> Ein Massenspektrum anfertigen
>
> Gebildete Fragmente analysieren
>
> Isotopeneffekte untersuchen
>
> Massenspektrometrie als Werkzeug

Kapitel 16
Massenspektrometrie

Stellen Sie sich vor, Sie möchten eine Armbanduhr untersuchen, und Sie zerschlagen sie mit einem Holzhammer, um an die kleinen Teile zu gelangen. KRAWUMM! Eine Feder hier, ein Rädchen da. Dieser Untersuchungsprozess ist nicht der eleganteste – und wird Ihre Freundin auch nicht so ganz erfreuen, weil das nämlich ihre Uhr ist, die Sie sich ausgeliehen hatten. Er gibt Ihnen aber einige Anhaltspunkte, welche unterschiedlichen Teile es im Inneren einer Uhr gibt. Die Methode wird Ihnen wahrscheinlich nicht genügend Informationen geben, wie eine Uhr zusammengesetzt ist, aber Sie sind natürlich etwas besser über das Innenleben der Uhr informiert, als Sie es vor dem Experiment waren.

Außerdem werden Uhren verschiedener Hersteller auch unterschiedlich auseinander brechen. Bei Hersteller A wird vielleicht häufig der Verschluss zerstört, während bei Hersteller B das Uhrengehäuse öfter zerbricht, der Verschluss aber intakt bleibt.

Genau so funktioniert die Massenspektrometrie – natürlich mit Molekülen, nicht mit Uhren. Ein Massenspektrometer zertrümmert ein Molekül in Teile. Anstatt sich alle zertrümmerten Einzelteile anzusehen, wiegt das Massenspektrometer sie. Das Gewicht der Fragmente gibt Aufschluss über die Struktur des Moleküls. Wie unterschiedliche Uhren zerbrechen auch unterschiedliche Moleküle in einem Massenspektrometer auf verschiedene charakteristische Arten.

In diesem Kapitel erkläre ich Ihnen, wie die Massenspektrometrie funktioniert, wie man ein Massenspektrum interpretiert, und wie man herausbekommt, welche Fragmente aus einer vorgegebenen Struktur entstehen.

Die Definition der Massenspektrometrie

Massenspektrometrie ist etwas ganz anderes als Spektroskopie. Häufig hören oder lesen Sie den Begriff »Massenspektroskopie«. Aber Spektroskopie hat per Definition etwas mit Licht (im weitesten Sinn) zu tun, Massenspektrometrie nicht. Doch wie die Spektroskopie (Kapitel 17 und 18), liefert auch die Massenspektrometrie wertvolle Hinweise auf die Struktur einer Verbindung. Organiker verwenden die Massenspektrometrie fast so oft wie die NMR-Spektroskopie (die jedoch auch nichts mit Licht zu tun hat, siehe Kapitel 18), um die Strukturen von Verbindungen zu bestimmen. Vielleicht liegt das nicht nur an den Informationen, die die Methode liefert, sondern auch am kindlichen Drang von Chemikern, Dinge zu zerschlagen – wenn auch in sehr kleinem Maßstab.

Ein Massenspektrometer zerlegen

Im Folgenden gebe ich Ihnen einen kurzen Überblick, wie ein Massenspektrometer funktioniert, ohne technische Bezeichnungen und Wissenschaftler-Jargon zu verwenden (siehe Abbildung 16.1). Die Probe enthält eine unbekannte Verbindung, wird in den Einlass injiziert und danach durch Erhitzen im Vakuum verdampft. Die verdampfte Probe wird dann zusammen mit einem Inertgas in den »Zertrümmerer« eingeleitet, wo die Probe in kleine Teile zerlegt wird. Einige Teilchen kommen mit einer elektrischen Ladung aus dem Zertrümmerer heraus, andere neutral. Alle geladenen Teilchen (Ionen) laufen durch den Sortierer, der die Teilchen nach ihrem Gewicht sortiert; alle ungeladenen Teilchen werden verworfen. Die verbleibenden geladenen Teilchen kommen in den Detektor, der auswertet, wie viele Teilchen mit einer bestimmten Masse vorhanden sind, und die Daten in einem Massenspektrum aufträgt. Das Spektrum zeigt die Häufigkeit der einzelnen Fragmente als Funktion ihrer Masse.

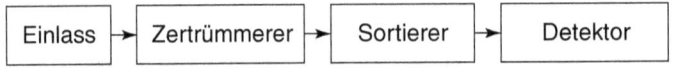

Abbildung 16.1: Die grundlegenden Elemente eines Massenspektrometers

Nun behandle ich die einzelnen Bestandteile etwas genauer.

Der Einlass

Massenspektrometrie läuft in der Gasphase ab. Deshalb besteht der erste Schritt in der Verdampfung der eingespritzten Probe bei erhöhter Temperatur und niedrigem Druck. Nachdem sich die Probe in der Gasphase befindet, wird sie in einem Inertgas (meistens Helium) in den Zertrümmerer eingeleitet.

Elektronenionisation: Der Zertrümmerer

Im Massenspektrometer kann man viele verschiedene »Holzhämmer« verwenden, um Moleküle zu *ionisieren*. Ionisieren ist Organiker-Sprech für »neutrale Moleküle in geladene Fragmente zerdeppern«. Dabei gibt es schonendere und radikalere Methoden.

Man muss also die richtige Methode auswählen, die zu dem zu untersuchenden Molekül passen könnte. Der häufigste Holzhammer verwendet energiereiche Elektronen (es gibt noch andere Varianten, aber das ist die populärste). Massenspektrometrie mit dieser Art von Zertrümmerer wird auch EIMS (Elektronenstoßionisations-Massenspektrometrie) genannt. (In einer Klausur sollten Sie immer den Begriff EIMS verwenden und nicht Zertrümmerer – das macht einen besseren Eindruck.) Bei der EIMS werden die Moleküle durch einen Strahl von sehr schnellen Elektronen geleitet. Wenn eines dieser Elektronen in ein Molekül kracht (daher kommt der Stoß), wird ein Elektron aus dem Molekül herausgeschleudert, wie Abbildung 16.2 zeigt.

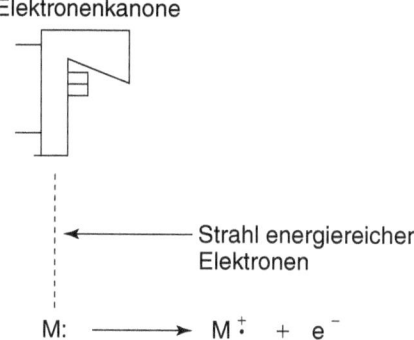

Abbildung 16.2: Die Ionisation von Molekülen in einem EIMS

Sowohl das Elektron aus der Elektronenquelle (in der Abbildung als Elektronenkanone bezeichnet) als auch das Elektron, das aus dem Molekül entfernt wurde, spielen im fortlaufenden Prozess keine Rolle mehr; sie werden einfach verworfen. Jedes Molekül, das dabei ein Elektron verloren hat, wird zu einem Molekül-Ion oder *Radikal-Kation*. Der Begriff »Kation« kommt daher, dass das Molekül ein Elektron verloren hat und nun positiv geladen ist. Der Namensteil »Radikal« bezieht sich darauf, dass ein Elektron nun ungepaart ist (mehr über Radikale in Kapitel 7). Die Radikal-Kationen können nun bleiben, wie sie sind (meist große Moleküle) oder spontan in mehrere kleine Teile zerbrechen (darüber später mehr). In beiden Fällen fliegen die Teilchen zum Sortierer und zur Waage.

Der Sortierer und die Waage

Was passiert, nachdem die Moleküle zertrümmert und zu Radikal-Kationen wurden? Einige bleiben, wie sie sind, und bewegen sich durch das Spektrometer zur Waage. Die Teile, die ganz bleiben, geben ein besonderes Signal (einen *Peak*) im Massenspektrum, das *Molekülionen-Peak* oder M+-Peak genannt wird. Der Molekülionen-Peak gibt die Molmasse des Moleküls an, denn der Verlust eines Elektrons verändert die Masse eines Moleküls nicht merklich. Das Molekülion ist das wichtigste Bruchstück, das im Massenspektrometer gewogen wird, denn wenn Sie die Molmasse des unbekannten Moleküls kennen, sind Sie bei der Bestimmung seiner Struktur schon einen großen Schritt weiter. Leider finden Sie diesen Peak oft nur sehr schwach in einem fertigen Spektrum, den M-1-Peak finden Sie hingegen schon öfter. Dieser entsteht, weil das Molekül noch ein Wasserstoff-Radikal verloren hat und der Peak dadurch die Masse des gesuchten Moleküls minus 1 anzeigt.

Während einige Radikal-Kationen intakt bleiben und zum Molekülionen-Peak führen, zerbrechen einige andere spontan in kleinere Stücke. Meistens bricht das Radikal-Kation in zwei Teile, ein neutrales Radikal und ein positiv geladenes Kation (siehe Abbildung 16.3). Aus Gründen, über die ich später spreche, wird nur das geladene Kation vom Massenspektrometer »gesehen« und gewogen. Die neutralen Radikale bleiben unentdeckt.

Nachdem die Teilchen im Zertrümmerer eine Ladung erhalten haben, werden sie durch die Waage geschickt. Diese Waage hat aber nichts mit der Badezimmerwaage zu tun, die bei Ihnen zu Hause verstaubt. Weil die Fragmente geladen sind, können sie gewogen werden, indem man Sie durch ein Magnetfeld fliegen lässt. Wenn geladene Teilchen durch ein Magnetfeld sausen, werden sie durch den Magneten auf eine Kreisbahn gelenkt, während alle ungeladenen Fragmente ohne Ablenkung weiterfliegen und nie mehr wiedergesehen werden. Nur geladene Teilchen können den Detektor treffen.

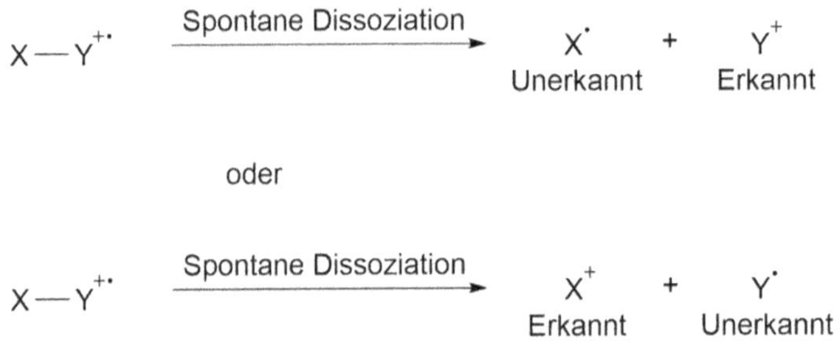

$$X-Y^{+\cdot} \xrightarrow{\text{Spontane Dissoziation}} \underset{\text{Unerkannt}}{X^{\cdot}} + \underset{\text{Erkannt}}{Y^{+}}$$

oder

$$X-Y^{+\cdot} \xrightarrow{\text{Spontane Dissoziation}} \underset{\text{Erkannt}}{X^{+}} + \underset{\text{Unerkannt}}{Y^{\cdot}}$$

Abbildung 16.3: Die Dissoziation von Radikal-Kationen (Molekülionen)

Die Masse eines Fragments bestimmt, wie stark es von dem Magneten abgelenkt wird. Leichte Fragmente werden im Magnetfeld erheblich abgelenkt, wohingegen schwerere Fragmente weniger stark abgelenkt werden. Bei einem schwachen Magnetfeld werden leichte Teilchen vom Spektrometer auf eine Kreisbahn gelenkt und treffen auf den Detektor, während alle anderen Fragmente im Nirvana des Spektrometers verglühen. Wenn das Magnetfeld erhöht wird, geraten schwerere Teilchen auf die Kreisbahn und treffen auf den Detektor. Durch die Variation der Stärke des Magnetfelds (die proportional zur Masse des Fragments ist) kann das Gewicht der Fragmente selektiv bestimmt werden.

Detektor und Spektrum

Der Detektor misst, wie viele Teilchen bei einer bestimmten Magnetfeldstärke auf die richtige Kreisbahn geraten. Auf einem Massenspektrum wird die Molmasse der Fragmente auf der x-Achse dargestellt und die Häufigkeit der Fragmente, die den Detektor treffen (die Intensität), auf der y-Achse. Der größte (höchste) Peak eines Massenspektrums wird willkürlich gleich 100 gesetzt. Das vollständige Massenspektrometer ist in Abbildung 16.4 gezeigt.

 In Wirklichkeit ist es nicht die Masse des Fragments, das auf der x-Achse des Massenspektrums aufgetragen wird, sondern das Verhältnis der Masse (m) zur Ladung (z) des Fragments (als m/z-Wert bezeichnet). Ein Fragment mit einer Ladung von +2 benötigt ein schwächeres Magnetfeld, um zum Detektor zu gelangen, als ein Fragment mit der Ladung +1, und wird daher im Massenspektrum

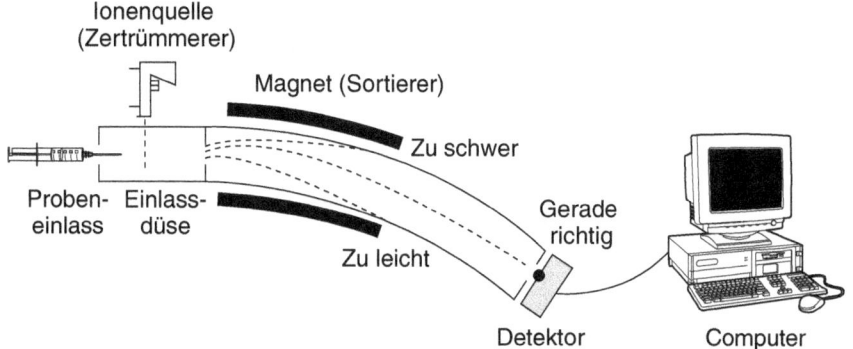

Abbildung 16.4: Das Innere eines Massenspektrometers

bei einem halb so großen m/z-Wert erscheinen. Weil die meisten Fragmente aber Ladungen von +1 besitzen (und weil in den meisten Vorlesungen Fragmente mit einer Ladung von mehr als +1 nicht besprochen werden), wird meist stillschweigend angenommen, dass die m/z-Achse die Masse der Fragmente angibt.

Das Massenspektrum

Abbildung 16.5 zeigt das Massenspektrum von Pentan (C_5H_{12}). Das Spektrum besteht aus mehreren Peaks, die eine genauere Betrachtung verdienen. Der Molekülionen-Peak (M^+-Peak) ist der Peak bei $m/z = 72$, der die Molmasse (72 g/mol) anzeigt. Der größte Peak im Spektrum, der immer einen Wert von 100 auf der y-Achse erhält, ist der sogenannte *Basis-Peak*. Der Basis-Peak repräsentiert das häufigste Fragment, das auf den Detektor getroffen ist (hier kommt der Basis-Peak durch ein Fragment, das Propan-Kation $C_3H_7^+$, zustande,

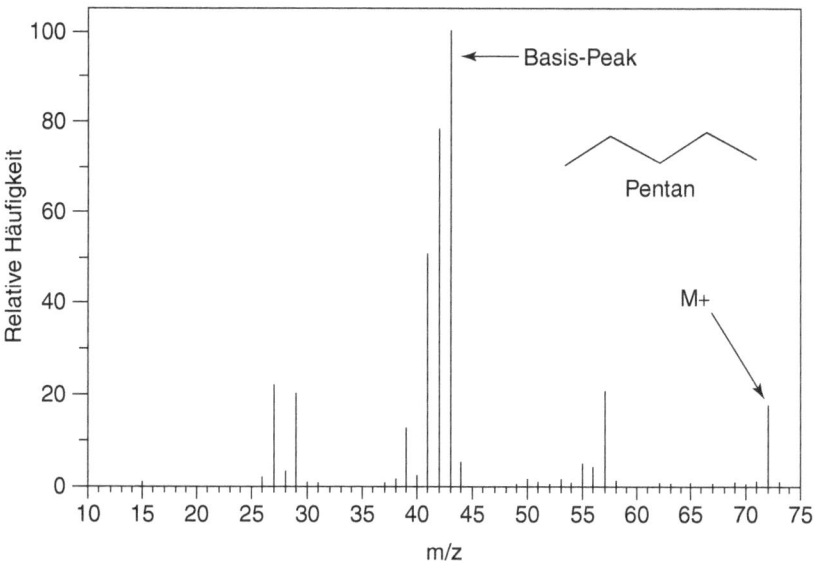

Abbildung 16.5: Das Massenspektrum von Pentan (C_5H_{12})

ein Ethan-Radikal ist in diesem Fall weggeflogen). In manchen Spektren entspricht der Basis-Peak dem M⁺-Peak, im Fall des Pentans allerdings nicht.

Das Massenspektrum des Pentans ist simpel, aber es enthält schon viele Peaks, von denen jeder einem anderen Fragment entspricht, das durch Ionisation mithilfe von Elektronen entsteht. Etwas später in diesem Kapitel zeige ich Ihnen, wie Sie die Struktur wichtiger Fragmente im Massenspektrum bestimmen können. In der Regel werden Sie aber nicht alle Peaks eines Massenspektrums identifizieren können (oder die meisten davon nicht).

Die Empfindlichkeit der Massenspektrometrie

Eine der wichtigsten Eigenschaften der Massenspektrometrie ist ihre Empfindlichkeit. Während NMR- und IR-Spektroskopie in der Regel einige Milligramm Material benötigen, damit eine Analyse möglich ist, reichen für die Massenspektrometrie einige Nanogramm (10^{-9} Gramm) einer Substanz. Diese Empfindlichkeit ist besonders bei der Charakterisierung biologischer Systeme sehr hilfreich, wenn die Substanzen nur in winzigen Mengen isoliert werden können. (Die Struktur des in Kapitel 5 erwähnten Ketons Chiloglotton konnte nur mithilfe der Massenspektrometrie bestimmt werden, da es nur in Spuren isoliert werden konnte.) Im Gegensatz zur NMR- und IR-Spektroskopie ist die Probe, die für das Massenspektrum benutzt wird, allerdings nicht mehr wiederverwendbar. Die winzigen Mengen, die für ein Spektrum nötig sind, sind also verloren und können nicht für weitere Untersuchungen eingesetzt werden.

Geht's noch genauer? Die Auflösung

Zusätzlich zu ihrer Fähigkeit, kleinste Mengen an Material zu untersuchen, kann die Massenspektrometrie auch mit höchster Genauigkeit Verbindungen wiegen. Hochauflösende Massenspektrometrie kann die Molmasse einer Verbindung so genau bestimmen, dass Sie ihre Summenformel exakt angeben können, womit Sie eine sehr wichtige Information haben. Die Verbindungen mit der Summenformel C_3H_6 und C_2H_2O besitzen dieselbe Molmasse von 42 g/mol. Wie kann ein Massenspektrometer die beiden unterscheiden? Ganz einfach: Es misst die Masse des Molekülions (M⁺) mit einer Genauigkeit von mehreren Nachkommastellen. C_3H_6 und C_2H_2O besitzen beide eine Molmasse von annähernd (aber nicht genau!) 42 g/mol. Das System der Molmassen ist so aufgebaut, dass das Kohlenstoff-Isotop ^{12}C eine Masse von genau 12,0000 g/mol besitzt (per Definition) und die Massen aller anderen Atome auf diesen Wert bezogen werden. Alle Isotope außer ^{12}C besitzen somit keine ganzzahligen Massen. In dem genannten Beispiel ist die exakte Masse von C_3H_6 42,0470 g/mol und die von C_2H_2O 42,0106 g/mol.

Die beiden Massen unterscheiden sich also um 0,0364 g/mol, eine sehr kleine Differenz, aber genug, um von einem guten Massenspektrometer bestimmt werden zu können. Ein hochauflösendes Massenspektrometer kann die exakte Molmasse bestimmen und daraus (unter Verwendung eines Computerprogramms) die korrekte Summenformel ableiten. In diesem Beispiel reicht ein Massenspektrometer mit einer Genauigkeit von zwei Stellen nach dem Komma schon aus, um die beiden Verbindungen zu unterscheiden. Die meisten hochauflösenden Massenspektrometer sind genauer; viele liefern vier Nachkommastellen.

Massenveränderung: Isotope

Da in der Massenspektrometrie die Massen der Fragmente bestimmt werden, bekommen Atome, die in Form verschiedener Isotope vorkommen, eine besondere Bedeutung.

Isotope sind Atome, die die gleiche Zahl von Protonen und Elektronen besitzen, aber eine unterschiedliche Zahl von Neutronen.

Isotopen-Effekte (oder Isotopie-Effekte) werden meist in Verbindungen mit den Halogenen Chlor (Cl) und Brom (Br) beobachtet. In der Natur kommt Chlor als Mischung von (rund) 75% ^{35}Cl und 25% ^{37}Cl vor. Wenn Sie 100 chlorhaltige Moleküle zufällig auswählen, enthalten 75 von ihnen das Isotop ^{35}Cl und 25 das um zwei Masseneinheiten schwerere Isotop ^{37}Cl. Da in der Massenspektrometrie die relativen Massen der einzelnen Fragmente sehr genau bestimmt werden, lassen sich die Isotope entsprechend unterscheiden.

Tatsächlich können Sie beide Isotope im Massenspektrum sehen. Aber da eine Probe mit chlorhaltigen Molekülen dreimal häufiger das ^{35}Cl-Isotop als das schwerere ^{37}Cl-Isotop enthält, ist der Molekülionen-Peak der ^{35}Cl-haltigen Moleküle dreimal so groß wie der Molekülionen-Peak der ^{37}Cl-haltigen Moleküle. Weil der Peak des schwereren Isotops zwei Masseneinheiten schwerer als der des leichteren Isotops ist, wird er M+2-Peak genannt. (Wenn das schwerere Isotop nur ein Neutron mehr enthält als das leichtere, wird er M+1-Peak genannt, bei zwei Neutronen M+2-Peak, bei drei Neutronen M+3-Peak und so weiter).

Der Isotopen-Effekt gibt Ihnen sofort einen eindeutigen Hinweis auf chlorhaltige Moleküle, weil deren Spektrum einen doppelten Molekülionen-Peak im Abstand von zwei Masseneinheiten und im Intensitätsverhältnis 3:1 enthält (siehe Abbildung 16.6).

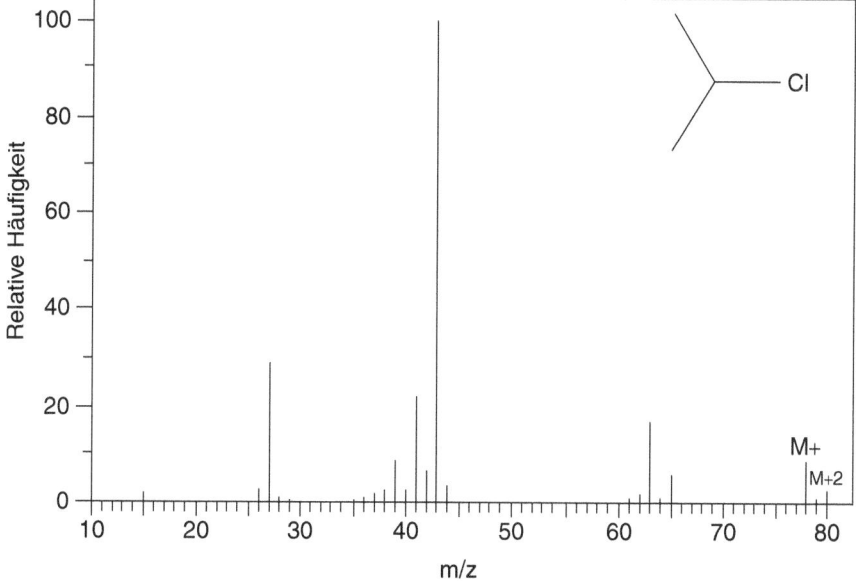

Abbildung 16.6: Das Massenspektrum von 2-Chlorpropan (C_3H_7Cl)

Natürlich vorkommendes Brom besteht aus einem Isotopen-Gemisch von etwa 50% ^{79}Br und 50% ^{81}Br. Daher lässt sich auch Brom leicht im Massenspektrum erkennen. Man beobachtet auch hier einen doppelten Molekülionen-Peak im Abstand von zwei Masseneinheiten, nun aber im Intensitätsverhältnis 1:1 (siehe Abbildung 16.7).

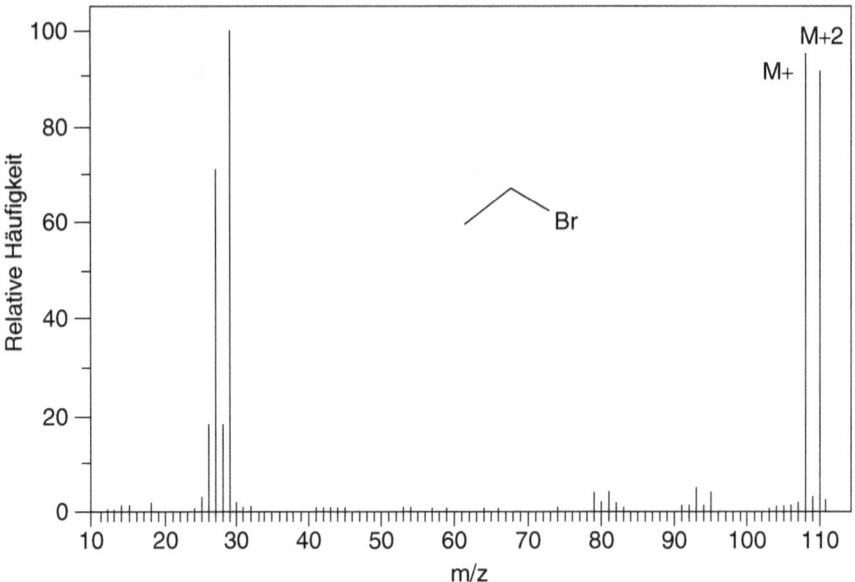

Abbildung 16.7: Das Massenspektrum von Ethylbromid (C_2H_5Br)

Natürlich vorkommendes Jod besteht fast zu 100 Prozent aus ^{127}I. Im Gegensatz zu den Spektren chlor- oder bromhaltiger Verbindungen zeigen jodhaltige Verbindungen keine Isotopen-Peaks. Jod-Verbindungen verraten sich im Massenspektrum häufig durch den Jod-Peak (I$^+$) bei $m/z = 127$.

Andere Atome besitzen Isotope, die seltener auftreten. Natürlich vorkommender Kohlenstoff enthält ungefähr 1% des Isotops ^{13}C. Bei einem Molekül aus mehreren Kohlenstoffatomen steigt die Wahrscheinlichkeit, dass ein ^{13}C-Isotop darin vorkommt, daher zeigen Moleküle mit mehreren Kohlenstoffen einen größeren ^{13}C-Isotopen-Peak. (Weil ^{13}C eine Masseneinheit schwerer als ^{12}C ist, wird der Isotopen-Peak M+1-Peak genannt.) Weil die Größe eines M+1-Isotopen-Peaks relativ zum Molekülionen-Peak (M$^+$) von der Zahl der Kohlenstoffe im Molekül abhängt, können Sie daraus sogar (ungefähr) die Zahl der Kohlenstoffatome in einem Molekül bestimmen.

Die Stickstoff-Regel

Jedes Molekül, dass nur aus Kohlenstoff, Wasserstoff, Sauerstoff oder den Halogenen (F, Cl, Br, I) besteht, besitzt eine geradzahlige Molmasse. Moleküle, die eine ungerade Zahl von Stickstoffatomen enthalten, besitzen auch eine ungeradzahlige Molmasse. Anhand dieser Tatsache können Sie bestimmte Moleküle aufspüren, die Stickstoff enthalten. Wenn der Molekülionen-Peak (M$^+$) bei einem ungeradzahligen Wert von m/z auftaucht, muss das

Molekül eine ungerade Zahl von Stickstoffatomen enthalten. Das kommt daher, dass Stickstoff drei Bindungen eingeht und ein einsames Elektronenpaar besitzt und nicht vier Bindungen wie Kohlenstoff (für jedes Kohlenstoffatom, das Sie durch ein Stickstoffatom ersetzen, »verlieren« Sie ein Wasserstoffatom). Eine gerade Zahl von Stickstoffatomen führt allerdings wieder zu einer geradzahligen Molmasse (Abbildung 16.8).

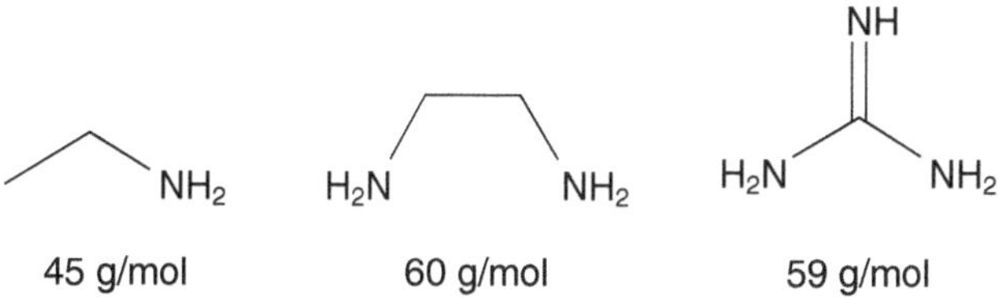

Abbildung 16.8: Die Stickstoff-Regel

Erkennen häufiger Fragmentierungsmuster

Sehr häufig können Sie vorhersagen, welche Peaks in einem Massenspektrum zu erwarten sind. Dazu betrachten Sie die Struktur und überlegen sich, welche Teile leicht abspaltbar sind und ein stabiles Kation ergeben. Im nächsten Abschnitt behandle ich einige Strukturelemente, die zu stabilen Kationen führen.

Der Ionisierer verwandelt die Moleküle in Radikal-Kationen, die dann in ein kationisches Teilchen (das vom Detektor erkannt wird) und ein neutrales Radikal (das von Detektor nicht erkannt wird) zerbrechen.

Alkane zertrümmern

Alkane brechen unter Bildung des höchstsubstituierten Kations auseinander. Tertiäre Kationen (Kationen, die mit drei Kohlenstoffen substituiert sind) sind stabiler als sekundäre Kationen (die mit zwei Kohlenstoffen substituiert sind), die wiederum stabiler als primäre Kationen sind (siehe Abbildung 16.9). Zerbricht ein Molekül unter der Bildung tertiärer Kationen, führt das zu großen Peaks im Massenspektrum, da die stabilsten Fragmente die höchsten Peaks erzeugen.

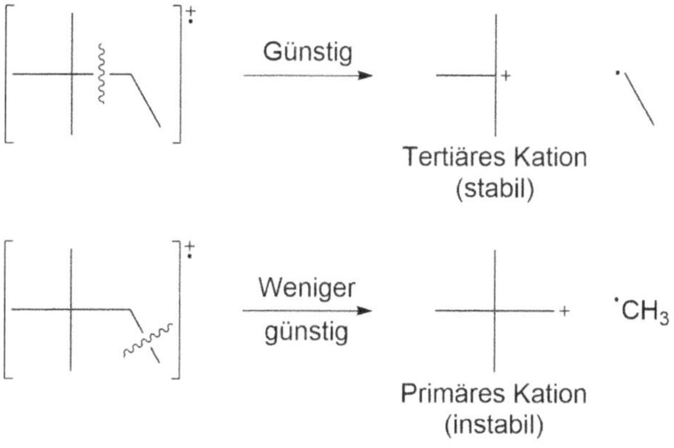

Abbildung 16.9: Günstige und weniger günstige Spaltung von Bindungen

Bruch neben einem Heteroatom: α-Spaltung

Wenn ein Molekül Heteroatome enthält (Elemente wie Sauerstoff, Schwefel und Stickstoff), führt eine Spaltung neben diesen Atomen zu resonanzstabilisierten Kationen. Der Bruch einer Kohlenstoff-Kohlenstoff-Bindung neben einer Alkoholgruppe erzeugt beispielsweise ein resonanzstabilisiertes Carbokation. Diese Art von Spaltung wird α-*Spaltung* genannt und ist typisch für Alkohole (siehe Abbildung 16.10).

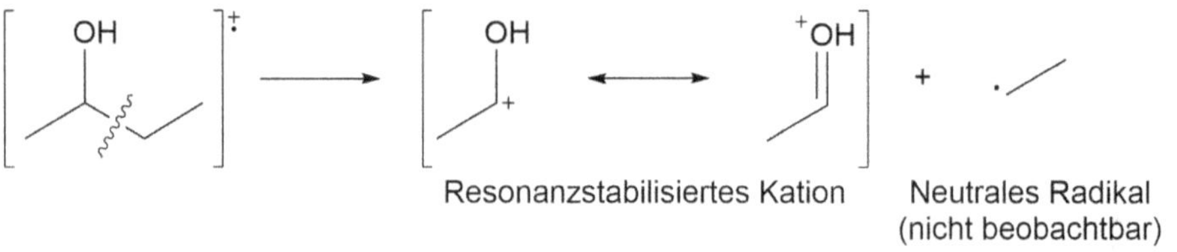

Resonanzstabilisiertes Kation   Neutrales Radikal (nicht beobachtbar)

Abbildung 16.10: α-Spaltung an einem Alkohol

Das gleiche Muster der α-Spaltung wird bei Aminen beobachtet, siehe Abbildung 16.11.

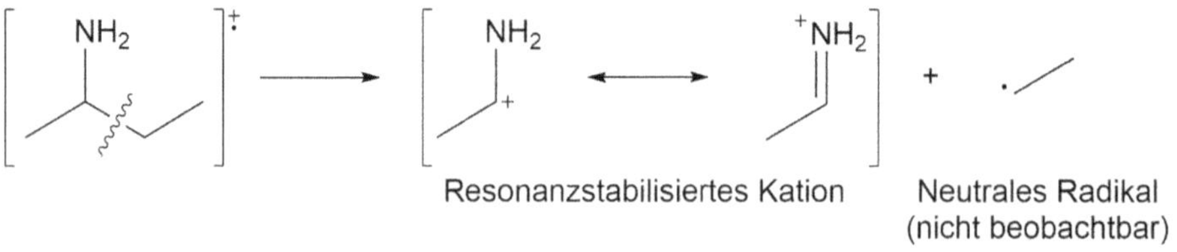

Resonanzstabilisiertes Kation   Neutrales Radikal (nicht beobachtbar)

Abbildung 16.11: α-Spaltung bei Aminen

Auch bei Ethern ist die α-Spaltung ein gewohntes Bild. Die Bindung, die in Nachbarschaft zum Sauerstoff steht, bricht. Siehe Abbildung 16.12.

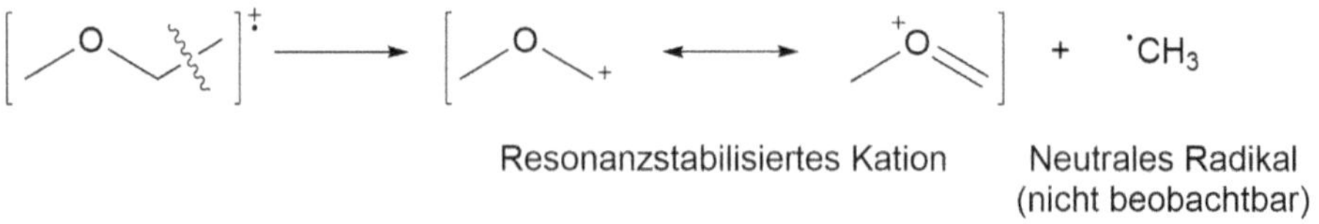

Resonanzstabilisiertes Kation   Neutrales Radikal (nicht beobachtbar)

Abbildung 16.12: α-Spaltung in Ethern

Auch unmittelbar neben Carbonylgruppen (C=O-Gruppen) brechen Moleküle häufig, weil sich ein resonanzstabilisiertes Kation bildet, siehe Abbildung 16.13.

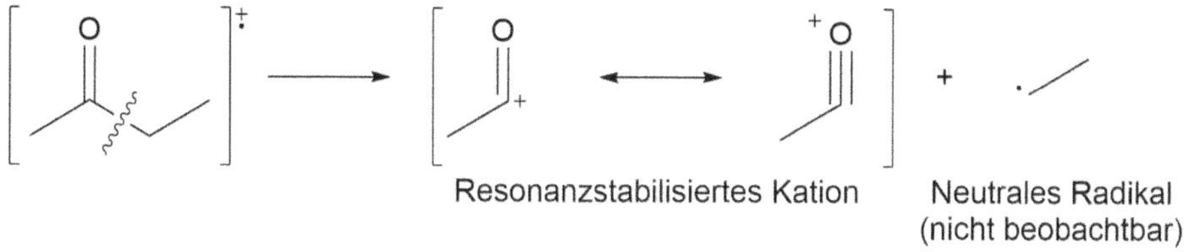

[Schema: α-Spaltung an Carbonylgruppen] — Resonanzstabilisiertes Kation — Neutrales Radikal (nicht beobachtbar)

Abbildung 16.13: α-Spaltung an Carbonylgruppen

Wasserverlust: Alkohole

Abgesehen von α-Spaltungen verlieren Alkohole auch häufig ein Wassermolekül unter der Bildung eines Alkens (eines Moleküls mit Kohlenstoff-Kohlenstoff-Doppelbindung). Darum zeigen Massenspektren von Alkoholen häufig einen Peak achtzehn Masseneinheiten (das Gewicht von H_2O) unterhalb des Molekülionen-Peaks, siehe Abbildung 16.14.

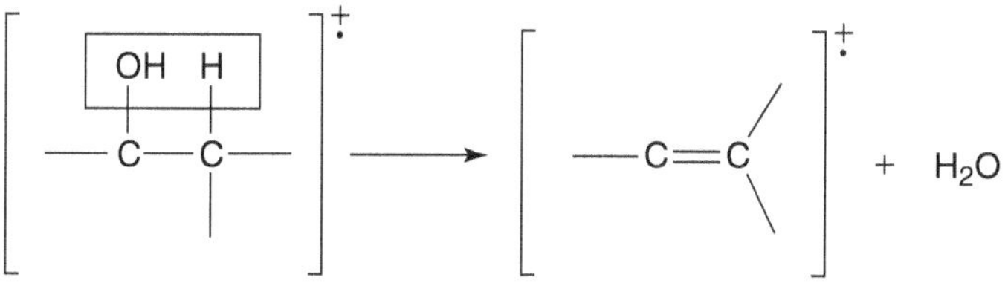

Abbildung 16.14: Die Dehydratisierung eines Alkohols

Umlagerung bei Carbonylen: McLafferty-Umlagerung

Auch Radikal-Kationen können sich umlagern. Die bekannteste Umlagerung ist die *McLafferty-Umlagerung*, die bei Verbindungen mit mindestens einer Doppelbindung auftreten kann. Beispielsweise kann dieses bei Carbonylverbindungen auftreten (bei Ketonen und Aldehyden, siehe Kapitel 5), die ein Wasserstoffatom an dem Kohlenstoffatom besitzen, das drei Kohlenstoffatome von der Carbonylgruppe entfernt ist. Die Position des dritten Kohlenstoffatoms wird als γ-Position bezeichnet. Die Umlagerung verläuft über einen Übergangszustand, der aus einem sechsgliedrigen Ring besteht. Das Wasserstoffatom in γ-Position geht auf das radikalische Sauerstoffatom über, indem die Elektronen entsprechend umklappen. Nun trägt das γ-Kohlenstoff das Radikal. Da primäre und sekundäre Radikale instabil sind, werden noch mehr Bindungen verschoben und ein Teil des Moleküls spaltet sich ab. Der eine Teil ist ein Enol-Radikalkation (ein Enol ist eine Kombination aus einem Alk*en* und einem Alkoh*ol*, erinnern Sie sich?), der andere ein neutrales Alken (ein Fragment mit einer Kohlenstoff-Kohlenstoff-Doppelbindung). Das Enol-Radikalkation wird durch mesomere Effekte stabilisiert und darum kommt es auch zu der Abspaltung (das Enol-Radikal ist stabiler als das γ-Radikal). Das Enol sieht man im Massenspektrum, während das neutrale Alken nicht zu sehen ist. Carbonylverbindungen mit einem Wasserstoffatom in γ-Position zeigen daher im Massenspektrum oft einen Peak für das Enol-Radikalkation, das durch die McLafferty-Umlagerung entstanden ist. Abbildung 16.15 zeigt ein Beispiel für die McLafferty-Umlagerung.

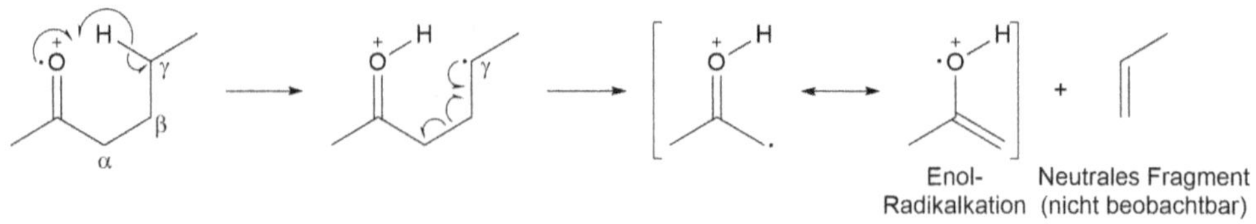

Abbildung 16.15: McLafferty-Umlagerung

Spaltung an Benzolringen und Doppelbindungen

Die Spaltung einer Bindung zu einem Kohlenstoffatom, das mit einem Benzolring verbunden ist, führt zu dem stabilen Benzyl-Kation (Abbildung 16.16). Der Benzolring stabilisiert das Kation durch Resonanz (siehe Kapitel 3).

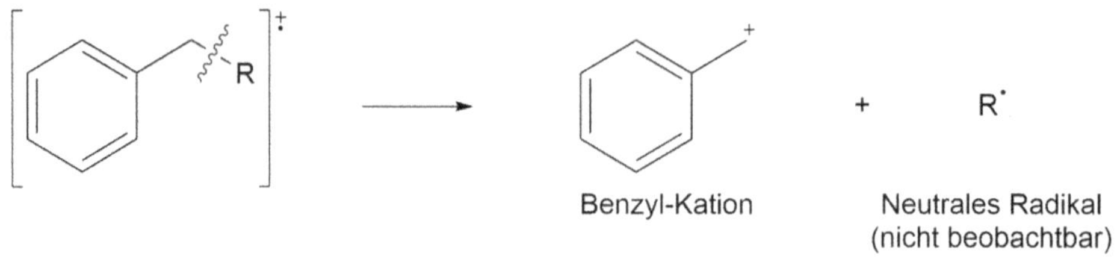

Abbildung 16.16: Benzylspaltung

Wird eine Bindung gespalten, die sich ein Kohlenstoffatom von einer Doppelbindung entfernt befindet, kommt es zur Bildung eines resonanzstabilisierten Allyl-Kations. Eine Spaltung direkt an der Doppelbindung führt dagegen zu dem instabilen Vinyl-Kation, wie Abbildung 16.17 zeigt.

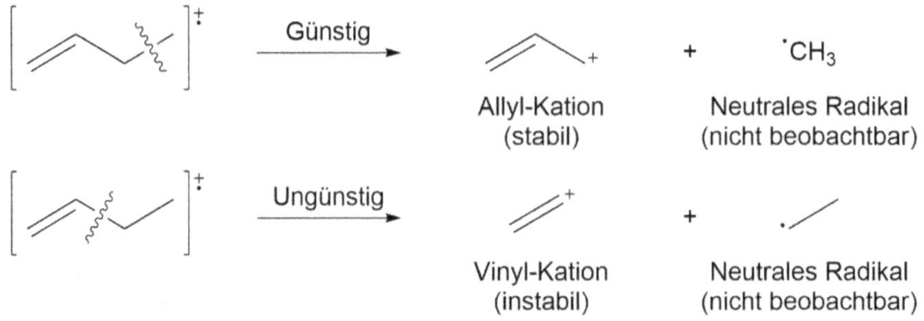

Abbildung 16.17: Die Fragmentierung von Alkenen

Der Verlust von 15 Masseneinheiten des Molekül-Ions deutet auf den Verlust einer Methylgruppe (CH_3) hin. Der Verlust von 29 Masseneinheiten ist mit Sicherheit auf die Abspaltung einer Ethylgruppe (CH_2CH_3) zurückzuführen.

Übung: Ran an den Speck

Nun folgt eine Beispielaufgabe, wie sie in Ihrer nächsten Klausur vorkommen kann. Das Massenspektrum von 2-Pentanon ist in Abbildung 16.18 gezeigt. Zeichnen Sie die Fragmente, die für die Peaks bei $m/z = 86, 71, 58, 43$ im Massenspektrum verantwortlich sind.

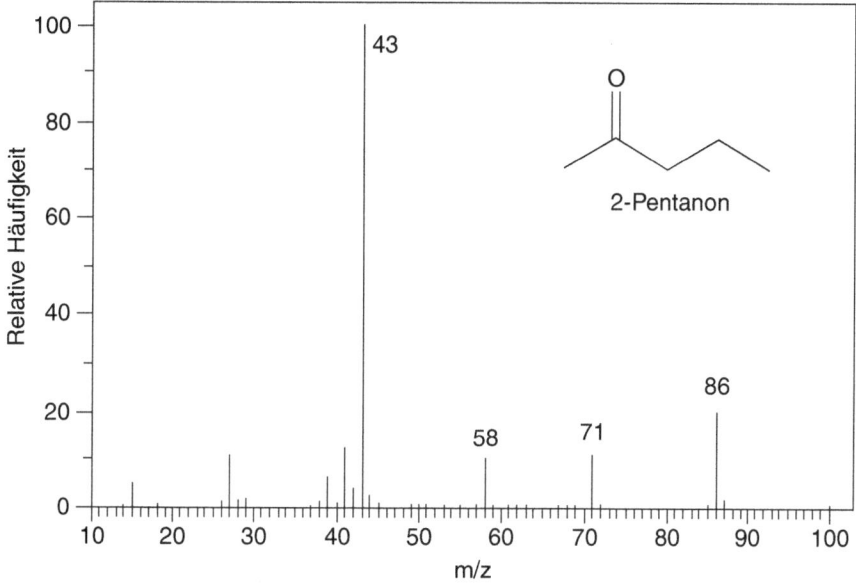

Abbildung 16.18: Das Massenspektrum von 2-Pentanon ($C_5H_{10}O$)

Das Wichtigste, woran Sie bei solchen Aufgaben immer denken müssen, ist, dass Sie jede Struktur mit einer positiven Ladung zeichnen müssen! Neutrale Fragmente erreichen den Detektor nicht.

Die beste Methode zur Analyse eines Massenspektrums bei bekannter Struktur der Verbindung ist, die Struktur auf geeignete Sollbruchstellen zu untersuchen. Ist eine α-Spaltung möglich (eine Spaltung an einem benachbarten Heteroatom wie O oder N)? Kann ein Benzyl- oder Allyl-Fragment entstehen? Kann ein tertiäres Kation gebildet werden? Falls es sich um eine Carbonylverbindung handelt, besitzt sie ein γ-Wasserstoffatom, das an einer McLafferty-Umlagerung teilnehmen könnte?

Das aktuelle Beispiel besitzt weder einen Benzolring noch eine Kohlenstoff-Kohlenstoff-Doppelbindung. Aber es enthält ein Heteroatom (Sauerstoff), eine α-Spaltung ist daher denkbar. Außerdem ist auch eine McLafferty-Umlagerung in Betracht zu ziehen, da es sich um eine Carbonylverbindung mit einem Wasserstoffatom in γ-Position handelt.

Beginnen Sie mit der α-Spaltung. Das Molekül kann auf der linken Seite der Carbonylgruppe brechen und ein resonanzstabilisiertes Kation mit einer Molmasse von 71 g/mol bilden. Vielleicht haben Sie den Peak bei $m/z = 71$ schon bemerkt; er befindet sich fünfzehn Masseneinheiten unter dem Molekülionen-Peak und deutet auf den Verlust einer Methylgruppe hin. Diese Spaltung ist in Abbildung 16.19 zu sehen.

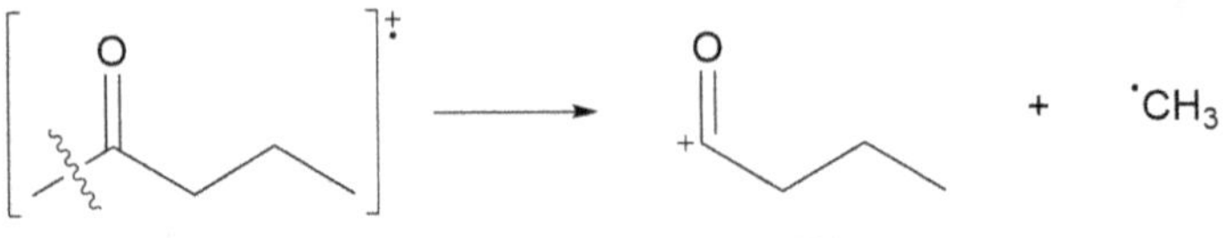

Abbildung 16.19: Eine α-Spaltung

Das Molekül könnte auch durch eine α-Spaltung auf der rechten Seite der Carbonylgruppe auseinanderbrechen; dabei würde ein kationisches Fragment mit einer Masse von 43 g/mol entstehen, siehe Abbildung 16.20.

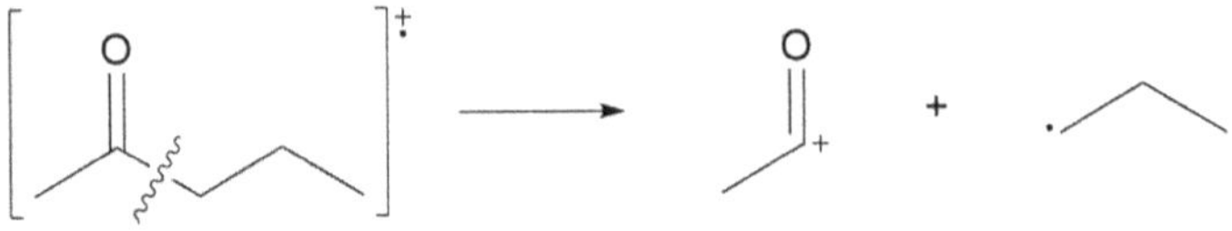

Abbildung 16.20: Eine weitere Möglichkeit der α-Spaltung

Nun versuchen Sie die McLafferty-Umlagerung. Ich habe das Molekül neu gezeichnet, damit Sie besser sehen können, welche Bindungen gebildet und gespalten werden (diesmal lassen wir mal nicht alle Elektronen einzeln klappen, sondern kürzen etwas ab. Machen Sie es in einer Klausur aber besser ausführlicher, hier wandert ja das Radikal). Die McLafferty-Umlagerung ergibt ein Kation mit einer Masse von 58 g/mol, siehe Abbildung 16.21.

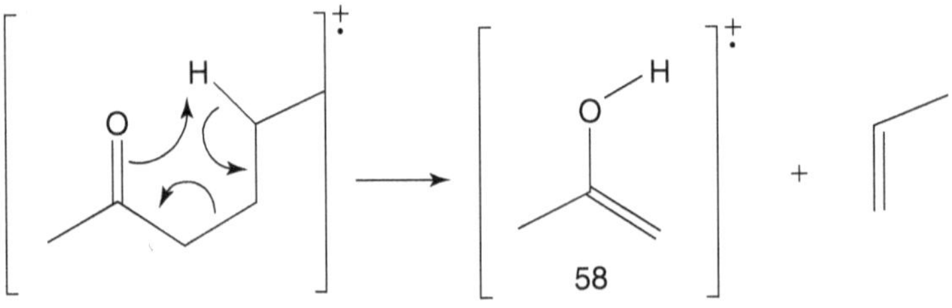

Abbildung 16.21: McLafferty-Umlagerung

Zündende Ideen

Die Massenspektrometrie ist eine sehr wichtige Analysemethode in der Chemie, bei der man allerdings manchmal den Wald vor lauter Bäumen nicht sieht. Hier folgt eine Liste der wichtigsten Punkte, die Ihnen beim Weg durch den Dschungel helfen:

✔ Die Massenspektrometrie ist sehr empfindlich. Klitzekleine Mengen einer Probensubstanz reichen für eine Analyse aus.

✔ Nur positiv geladene Fragmente können in einem Massenspektrum beobachtet werden.

✔ Die relative Häufigkeit der Fragmente wird im Massenspektrum gegen ihre Masse aufgetragen. Die Intensität des höchsten Peaks wird per Konvention gleich 100 gesetzt.

✔ Atome mit unterschiedlichen Isotopen können in einem Massenspektrum häufig sofort ausgemacht werden (speziell Chlor und Brom).

✔ Stabile Fragmente (Kationen) ergeben größere Peaks im Massenspektrum als instabile Fragmente.

✔ Die Summenformel einer unbekannten Verbindung kann häufig durch die Verwendung eines hochauflösenden Massenspektrometers ermittelt werden.

Aufgabe 16.1:

Das Massenspektrum einer Ihnen unbekannten Verbindung weist einen M^+-Peak mit $m/z = 126$ auf; zusätzlich gibt es einen M^{+2}-Peak, dessen Intensität nur etwa ein Drittel des M^+-Peaks beträgt. Der Basis-Peak liegt bei $m/z = 91$, dazwischen gibt es keinen einzigen Peak. Weiterhin erwähnenswert sind ein Peak mit $m/z = 65$ und ein Peak mit $m/z = 51$. Was können Sie über diese Verbindung aussagen?

Aufgabe 16.2:

Eine unbekannte Verbindung der Summenformel C_4H_8O zeigt im Massenspektrum die folgenden charakteristischen Peaks: 72(M^+), 57, 43 (Basis-Peak), 29, 15. Was lässt sich über die Strukturformel aussagen?

Aufgabe 16.3:

Das Massenspektrum von Phenol (C_6H_5-OH) zeigt nur zwei erwähnenswerte Peaks: $m/z = 94$ (M^+, Basis-Peak) und $m/z = 66$. Die Massendifferenz (−28) ist typisch für die Abspaltung von CO (Kohlenmonoxid), wie man sie in den Massenspektren von Carbonylverbindungen häufig beobachtet. Welche Erkenntnisse lassen sich daraus gewinnen?

> **IN DIESEM KAPITEL**
>
> IR-Spektroskopie verstehen
>
> IR-Spektren auswerten
>
> Funktionelle Gruppen in IR-Spektren erkennen

Kapitel 17
IR-Spektroskopie

Experten in Infrarot-Spektroskopie (IR-Spektroskopie) sind heutzutage so etwas Ähnliches wie Cowboys. Nicht so cool natürlich. Es ist auch nicht so, dass sie den gleichen Whiskey wie Cowboys trinken (obwohl – das könnte schon sein), sich im Saloon prügeln oder so sexy wie Cowboys sind. Bei genauer Betrachtung werden Sie feststellen, dass IR-Fachleute in so ziemlich jeder Hinsicht das genaue Gegenteil von Cowboys sind. Aber eines haben sie gemeinsam: Sie gehören zu einer aussterbenden Art.

In den letzten 30 Jahren hat die Kunst, die Struktur einer unbekannten Substanz mithilfe der IR-Spektroskopie aufzuklären, den gleichen Weg eingeschlagen wie Kassettenrekorder und Schallplatten. Alte Hasen schwelgen noch mit einem Glas Whiskey in der Hand in ihren Erinnerungen an die Zeit, als das Leben noch lebenswert war, ohne modernen Kram wie Spülklosetts, Schutzimpfungen und NMR-Spektroskopie. In der Zeit, bevor die NMR-Spektroskopie zu ihrem Siegeszug ansetzte, waren die Organiker so erfahren im Umgang mit der IR-Spektroskopie, dass sie mit ihrer Hilfe detaillierte Rückschlüsse auf die Struktur einer unbekannten Verbindung ziehen konnten.

Heute picken sich die meisten Organiker nur die Rosinen aus den IR-Spektren und verwenden sie in erster Linie, um einen Überblick zu bekommen, welche funktionellen Gruppen in einer Verbindung vorkommen. Danach greifen sie zur NMR-Spektroskopie (siehe Kapitel 18 und 19), um die genaue Struktur des Moleküls zu bestimmen. (Für eine Wiederholung der häufigsten funktionellen Gruppen schlagen Sie in Kapitel 6 nach.)

Aber obwohl die IR-Spektroskopie vielleicht etwas weniger mächtig ist als die NMR-Spektroskopie, ist sie für die Aufklärung unbekannter Strukturen immer noch sehr nützlich und wird häufig eingesetzt. Das IR-Spektrum eines Moleküls zeigt, welche funktionellen Gruppen es enthält. Es ist eine Kleinigkeit, ein IR-Spektrum zu messen (meist dauert das weniger als eine Minute).

In diesem Kapitel erkläre ich, wie die IR-Spektroskopie funktioniert, zeige Ihnen, wie ein IR-Spektrum aufgenommen und analysiert wird, und wie Sie herausfinden, welche funktionellen Gruppen in einer Verbindung vorhanden sind.

Gymnastik für Bindungen: Infrarotabsorption

Durch statische Strukturzeichnungen von chemischen Bindungen und durch Tabellen mit präzisen Bindungslängen kann man sich leicht täuschen lassen und auf die Idee kommen, die Bindungen in Molekülen seien starr. Sind sie aber nicht. Bindungen sind dynamisch. Ihre Länge ist nicht festgelegt. Sie lassen sich dehnen oder stauchen, biegen oder rotieren. Wenn Sie von einer Bindungslänge von soundso vielen Pikometern reden, sprechen Sie immer von einer *durchschnittlichen* Länge und nicht von einer konstanten Entfernung. Bindungen verhalten sich wie Spiralfedern, die immer in Bewegung sind (siehe Abbildung 17.1). Wenn Sie eine Bindung auseinander ziehen, baut sie einen Widerstand auf und federt nach dem Loslassen in die entgegengesetzte Richtung zurück.

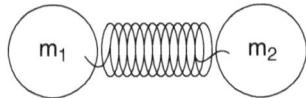

Abbildung 17.1: Bindungen verhalten sich wie Spiralfedern

Das Hooke'sche Gesetz in Molekülen

Weil sich Bindungen wie Spiralfedern verhalten, können Sie das Hooke'sche Gesetz anwenden und die Schwingungsfrequenz einer Bindung berechnen (das Hooke'sche Gesetz beschreibt die Schwingungen von Spiralfedern). Diese Frequenz wird durch die folgende Gleichung beschrieben (v ist die Frequenz der Schwingung und k die Federkonstante; die Variable μ wird *reduzierte Masse* genannt und aus den Massen m_1 und m_2 der beiden an der Bindung beteiligten Atome berechnet):

$$v = \frac{1}{2\pi}\sqrt{\frac{k}{\mu}}, \quad \mu = \frac{m_1 \cdot m_2}{m_1 + m_2}$$

Das Entscheidende an diesen Gleichungen ist die Erkenntnis, dass die Schwingungsfrequenz einer Bindung vor allem durch zwei Faktoren bestimmt wird:

✔ Die Massen der beteiligten Atome (die μ festlegen)

✔ Die Bindungsstärke (oder die Federkonstante, k)

Wenn Sie sich die Gleichung genauer ansehen, erkennen Sie, dass eine Feder an einem leichteren Objekt mit einer höheren Frequenz (höheres v) schwingt als eine Feder an einem schwereren Objekt (größeres μ).

Daraus können Sie schließen, dass eine Bindung zu einem kleineren Atom (beispielsweise Wasserstoff) mit höherer Frequenz schwingt als eine gleich starke Bindung zu einem größeren Atom (wie Kohlenstoff). Außerdem schwingen stärkere Spiralfedern (die mit höheren Werten von k) schneller (mit einer größeren Frequenz) als schwächere Federn. Dreifachbindungen schwingen mit einer größeren Frequenz als Doppelbindungen. Aus dem gleichen Grund schwingen Doppelbindungen mit einer größeren Frequenz als Einfachbindungen, weil Doppelbindungen stärker sind als Einfachbindungen.

Molekülschwingungen und Lichtabsorption

In einem Molekül gibt es viele Arten von Schwingungen – Streckschwingungen, Deformationsschwingungen, Pendelschwingungen, Kippschwingungen und Torsionsschwingungen. Für die IR-Spektroskopie ist die in Abbildung 17.2 gezeigte Streck- oder Valenzschwingung die wichtigste.

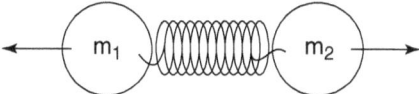

Abbildung 17.2: Streck- oder Valenzschwingung

Wenn eine Bindung mit einer speziellen Frequenz schwingt (die von der Masse der beteiligten Atome und der Bindungsstärke abhängt) und Licht mit der gleichen Frequenz auf die Bindung trifft, kann dieses Licht von dem Molekül absorbiert werden. Diese Lichtabsorption können Sie messen. Wie? Sie lassen Licht einer bestimmten Frequenz auf die Probe fallen und sehen auf der anderen Seite nach, ob noch genauso viel Licht da ist. Wenn aus der Probe weniger Licht herauskommt als Sie hineingeschickt haben, haben die Moleküle einen Teil des Lichts aufgenommen, und folglich muss eine Bindung in dem Molekül mit dieser Frequenz schwingen.

In der Praxis wird zunächst die Messanlage kalibriert. Dazu wird ein Lichtstrahl durch eine leere Referenzzelle geleitet (in der Regel besteht die Referenzzelle aus einem leeren Probenbehälter, wenn die Probe ein Feststoff oder eine Flüssigkeit ist, oder einem Probenbehälter mit dem Lösungsmittel, wenn das Spektrum in Lösung gemessen werden soll) und ein zweiter Lichtstrahl durch die Probe. Anschließend messen Sie die Differenz der Intensität beider Lichtstrahlen. Abbildung 17.3 zeigt den typischen Aufbau eines IR-Spektrometers. Ein Monochromator ist ein Apparat, der alle Wellenlängen außer der jeweils gewünschten herausfiltern kann. Bei der Aufnahme eines IR-Spektrums sorgt der Monochromator dafür, dass immer nur eine Frequenz auf die Probe fällt. Diese Frequenz wird kontinuierlich verändert (auf der x-Achse wird meist die *Wellenzahl* aufgetragen, die Frequenz geteilt durch die Lichtgeschwindigkeit), während gleichzeitig die *Lichtdurchlässigkeit* gemessen und auf der y-Achse aufgetragen wird. Obwohl auf der y-Achse die Lichtdurchlässigkeit (und nicht die Lichtabsorption) angegeben ist, werden die Peaks normalerweise als »Absorptionen« bezeichnet (hatte ich schon erwähnt, dass Logik nicht die größte Stärke der Chemiker ist?).

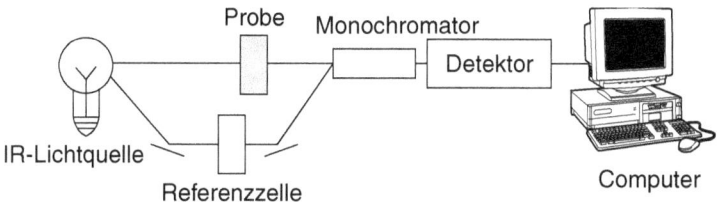

Abbildung 17.3: So funktioniert ein IR-Spektrometer

Die Lichtfrequenzen, die benötigt werden, um die Bindungen in Molekülen in Schwingungen zu versetzen, stammen aus dem Infrarotbereich des elektromagnetischen Spektrums (sie haben etwas kleinere Frequenzen als sichtbares Licht), daher der Name »Infrarot-Spektroskopie«.

Absorptionsintensitäten

Sie wissen nun, dass eine Bindung Licht absorbieren kann, wenn das Licht die gleiche Frequenz besitzt wie die Schwingung der Bindung. Aber was ist mit der Absorptionsintensität? Die Intensität der Lichtabsorption hängt von der Änderung des Dipolmoments (siehe Kapitel 2) des Moleküls während einer bestimmten Schwingung ab (die Absorptionsintensität hängt davon ab, wie elektromagnetische Wellen – nichts anderes ist Licht – mit den Molekülen wechselwirken). Bindungen, bei denen sich das Dipolmoment des Moleküls stark ändert, absorbieren Licht sehr stark.

Betrachten Sie die Valenzschwingungen von C–H-, N–H- und O–H-Bindungen. Die Schwingung einer O–H-Bindung verursacht eine größere Änderung des Dipolmoments, weil Sauerstoff deutlich elektronegativer als Wasserstoff und die Bindung daher sehr polar ist (siehe Kapitel 2 für die Besprechung der Elektronegativität). Stickstoff ist weniger elektronegativ als Sauerstoff, und deshalb sind N–H-Bindungen weniger polar als O–H-Bindungen; wenn sie schwingen, ändert sich das Dipolmoment des Moleküls weniger stark. Eine C–H-Valenzschwingung verursacht eine noch kleinere Änderung des Dipolmoments, weil sie nahezu unpolar ist. Zusammenfassend kann man festhalten, dass O–H-Bindungen eine intensive Lichtabsorption zeigen, N–H-Bindungen eine schwächere und C–H-Bindungen nur eine sehr geringe. Abbildung 17.4 verdeutlicht diese Aussage.

C—H   N—H   O—H

Kleinstes Dipolmoment   Größtes Dipolmoment
Schwache Absorption   Intensive Absorption

Abbildung 17.4: Die Absorptionsintensität von Bindungen

IR-inaktive Schwingungen

Wenn die Valenzschwingung einer Bindung keine Änderung des Dipolmoments hervorruft, kann die Schwingung auch kein Licht absorbieren. Solche Schwingungen werden *infrarot-inaktiv* genannt, weil sie in einem IR-Spektrum nicht sichtbar sind. IR-inaktive Schwingungen treten meist in symmetrischen Molekülen auf, weil dort Valenzschwingungen das Dipolmoment der Bindungen nicht verändern. Die Cl–Cl-Bindung im Chlormolekül oder die Kohlenstoff-Kohlenstoff-Dreifachbindung in Dimethylacetylen (siehe Abbildung 17.5) können keine Änderung des Dipolmoments bewirken. Sie sind IR-inaktiv und erscheinen nicht in einem IR-Spektrum.

Cl—Cl H_3C—C≡C—CH_3

Abbildung 17.5: IR-inaktive Schwingungen

Ein IR-Spektrum verstehen

Ein IR-Spektrum wird auf eine zunächst ungewohnte Art und Weise dargestellt. Statt der Absorption wird üblicherweise die Lichtdurchlässigkeit aufgezeichnet. Ein Wert von null bedeutet, dass kein Licht dieser Wellenlänge durch die Probe gelangt – das ganze Licht wurde absorbiert (also Lichtdurchlässigkeit 0% = Absorption 100%). Eine Lichtdurchlässigkeit von 100 Prozent bedeutet, dass das gesamte Licht dieser Wellenlänge durch die Probe gekommen ist (also Lichtdurchlässigkeit 100% = Absorption 0%). Beim Aufnehmen eines IR-Spektrums werden unterschiedliche Frequenzen von infrarotem Licht durch die Probe geleitet, und die Lichtdurchlässigkeit jeder einzelnen Frequenz wird gemessen. Die Lichtdurchlässigkeit wird dann gegen die sogenannte *Wellenzahl* des Lichts (Frequenz geteilt durch Lichtgeschwindigkeit; das ergibt die gewöhnungsbedürftige Maßeinheit cm^{-1}) aufgetragen.

Ähnliche Bindungen erscheinen im gleichen Bereich des IR-Spektrums, wie Abbildung 17.6 zeigt. Die Schwingungen einer OH-Gruppe liegen beispielsweise immer im gleichen Bereich des Spektrums, egal wie der Rest des Moleküls aussieht.

Abbildung 17.6 veranschaulicht sehr schön die beiden Faktoren, die die Schwingungsfrequenz bestimmen – die Größe der beteiligten Atome und die Bindungsstärke. Die Absorptionen von Gruppen wie OH, NH oder CH erscheinen bei höheren Frequenzen als Absorptionen von C–C-Bindungen (sowohl Einfach- als auch Doppel- oder Dreifachbindungen), weil Wasserstoff viel leichter als Kohlenstoff ist. Ebenso absorbieren Dreifachbindungen bei einer höheren Frequenz als Doppelbindungen, weil Dreifachbindungen stärker sind als Doppelbindungen.

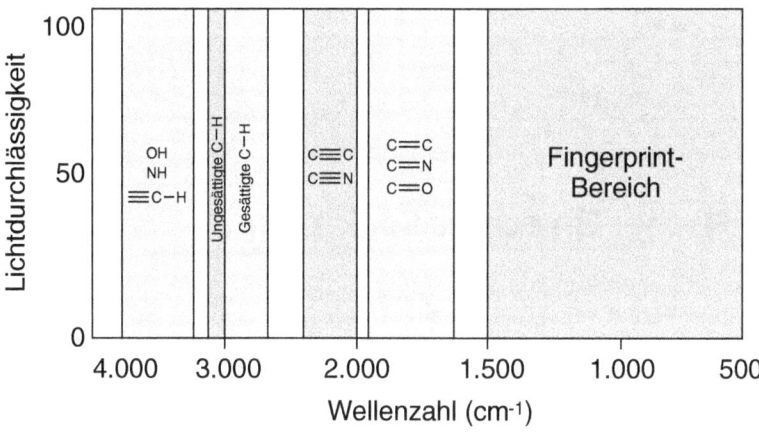

Abbildung 17.6: Die Absorptionsbereiche häufiger Bindungstypen

Der Bereich des Spektrums zwischen 500 cm^{-1} und 1500 cm^{-1} wird *Fingerprint-Bereich* genannt (Abbildung 17.6). In diesem Bereich zeigt jedes Molekül charakteristische Absorptionen. Dieser Bereich des Spektrums ist meist recht chaotisch und schwierig zu interpretieren, daher wird er von Anfängern in der Kunst der Interpretation von IR-Spektren geflissentlich ignoriert. Trotzdem ist er für die Identifikation unbekannter Verbindungen sehr nützlich, denn wenn zwei Moleküle hier ein identisches Spektrum liefern, dann sind sie mit ziemlicher Sicherheit identisch. Wenn Sie also herausfinden, dass der Fingerprint-Bereich ihrer unbekannten Verbindung mit dem einer bekannten Referenzverbindung identisch ist, können Sie davon ausgehen, dass Ihre unbekannte Verbindung dieselbe wie die Referenzsubstanz ist.

Wiedersehen macht Freude: Funktionelle Gruppen identifizieren

Tabelle 17.1 zeigt die Absorptionsbereiche und -intensitäten von typischen funktionellen Gruppen. Die Analyse von IR-Spektren wird erheblich vereinfacht, wenn Sie typische Absorptionen erkennen können.

Funktionelle Gruppe	Absorptionsbereich (cm^{-1})	Absorptionsintensität
Alkan (C–H)	2850–2975	Mittel bis stark
Alkohol (O–H)	3400–3700	Stark und breit
Alken (C=C)	2100–2250	Schwach bis mittel
(C=C–H)	3020–3100	Mittel
Alkin (C≡C)	2100–2250	Mittel
(C≡C–H)	3300	Stark
Nitril (C≡N)	2200–2250	Mittel
Aromaten	1650–2000	Schwach
Amin (N–H)	3300–3350	Mittel
Carbonyl (C=O)		Stark
Aldehyd (CHO)	1720–1740	
Keton (RCOR)	1715	
Ester (RCOOR)	1735–1750	
Säure (RCOOH)	1700–1725	

Tabelle 17.1: IR-Absorptionen gebräuchlicher funktioneller Gruppen

Butter bei die Fische: Ein echtes Spektrum

Abbildung 17.7 zeigt das IR-Spektrum von Hexan (C_6H_{14}). Da das Hexan nur C–H- und C–C-Bindungen enthält (es besitzt keine funktionelle Gruppe), kann Ihnen dieses einfache Spektrum helfen, die wichtigen Bereiche in einem IR-Spektrum zu erkennen.

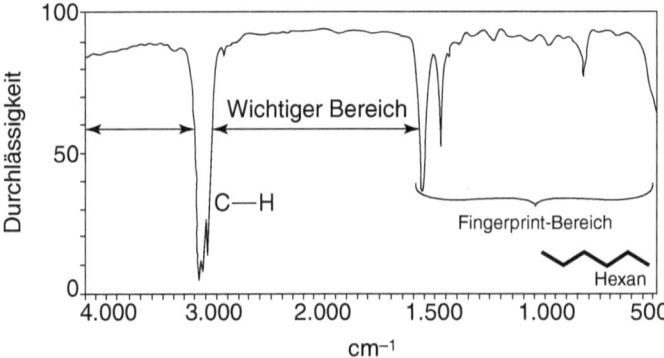

Abbildung 17.7: Das IR-Spektrum von Hexan

Sie erkennen in dem Spektrum zwei wesentliche Bereiche: die C–H-Absorptionen zwischen 2800 cm^{-1} und 3000 cm^{-1} und den Fingerprint-Bereich unterhalb von 1500 cm^{-1}. Betrachten Sie das Spektrum als Vorlage: Prägen Sie sich die beiden Bereiche ein, und subtrahieren Sie sie (vor Ihrem geistigen Auge) von anderen Spektren, in denen Sie wichtige Absorptionen unbekannter Verbindungen identifizieren wollen. Die C–H-Valenzschwingung kann Ihnen auch als eine Art Standard dienen, da praktisch jede organische Verbindung

C–H-Bindungen enthält. Obwohl die individuellen C–H-Valenzschwingungen schwach absorbieren, weil Sie nur eine geringe Änderung des Dipolmoments bewirken, besitzt ein typisches Molekül so viele Bindungen dieser Art, dass die Absorptionen doch sehr deutlich im Spektrum zu sehen sind. Absorption links der C–H-Banden sind charakteristisch für N–H-, O–H- oder Alkinyl-C–H-Schwingungen.

Lassen Sie sich nicht von dem Chaos im Fingerprint-Bereich verwirren. Achten Sie lieber auf die wichtigen Bereiche (zwischen 1500 und 2800 cm^{-1} und oberhalb von 3000 cm^{-1}).

Funktionelle Gruppen erkennen

Es reicht nicht aus, auswendig zu lernen, wo funktionelle Gruppen in einem Spektrum auftauchen. Sie müssen lernen, woran sie ihre Absorptionen erkennen, ein Gespür für ihr Aussehen entwickeln. Sind sie breit und rund wie ein Sumo-Ringer (wie O–H-Valenzschwingungen) oder klein und dünn wie Spaghetti (wie Kohlenstoff-Kohlenstoff-Doppelbindungen)? In Abbildung 17.8 sehen Sie charakteristische Banden einiger funktioneller Gruppen.

Was links von C–H möglich ist

Sehen Sie erst nach links und dann nach rechts. Zuerst beschreibe ich Ihnen die funktionellen Gruppen, die auf der linken Seite der C–H-Absorption im Spektrum auftauchen. Die Beispiele beziehen sich auf Abbildung 17.8.

Groß und breit: Alkohole

Alkohole tauchen sehr breit und fett im Spektrum links der C–H-Absorption auf. Da sie so breit sind, sind sie leicht auszumachen.

Amine

Primäre Amine (Amine, die nur mit einem Rest R substituiert sind; sie werden mit RNH$_2$ abgekürzt) sind sehr leicht zu finden. Sie erscheinen links der C–H-Absorption im Spektrum, in demselben Bereich wie die Alkohole. Primäre Amine ergeben zwei kleine Banden, die ein bisschen wie das Euter einer Kuh aussehen (siehe Abbildung 17.8). Sekundäre Amine (die mit zwei Resten substituiert sind; sie werden mit R$_2$NH abgekürzt) treten durch eine einzelne Absorption im gleichen Bereich in Erscheinung. Sekundäre Amine werden häufig mit Alkoholen verwechselt, die in demselben Bereich des IR-Spektrums angesiedelt sind. Meistens sind die Absorptionen der sekundären Amine dünner und schärfer als die von Alkoholen. Sie brauchen etwas Übung, um zwischen Aminen und Alkoholen unterscheiden zu können.

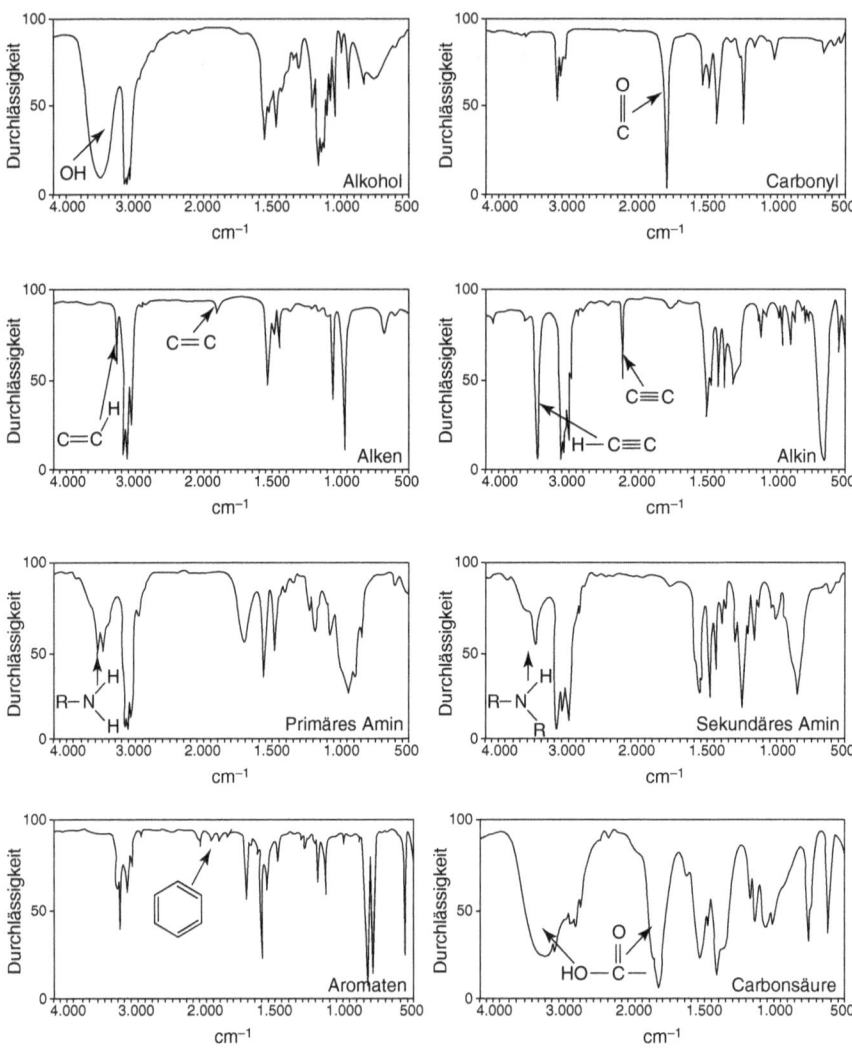

Abbildung 17.8: Charakteristische Absorptionen unterschiedlicher funktioneller Gruppen

Was rechts von C–H möglich ist

Nun beschreibe ich die funktionellen Gruppen, die rechts der C–H-Absorption, aber links des Fingerprint-Bereichs liegen.

Groß und stark: Carbonylgruppen

Carbonylgruppen sind im IR-Spektrum leicht ausfindig zu machen. Sie bestehen aus einem intensiven, dünnen Peak bei 1700 cm^{-1}, der wie ein Finger aussieht. Konjugierte Carbonylgruppen (Carbonylgruppen in Nachbarschaft von Doppelbindungen) besitzen eine etwas kleinere Wellenzahl als Ketone (oft unterhalb von 1700 cm^{-1}). Ester zeigen größere

Wellenzahlen als Ketone. Carbonsäuren haben sehr breite C=O-Banden, und die Absorption der OH-Gruppe ist noch breiter als bei einem typischen Alkohol; die Hauptbanden der OH-Gruppen an der Carbonsäure erstrecken sich häufig in den Bereich der C–H-Banden.

Alkene, Alkine und Aromaten

Die Valenzschwingungsbanden von Alkenen (C=C) erscheinen bei ungefähr 2250 cm^{-1} mit einer schwachen bis mittleren Intensität. Wenn Sie sich unsicher sind, ob der kleine Höcker einem Alken entspricht, können Sie nach den Schwingungsbanden ungesättigter Wasserstoffatome (C=C–H) oberhalb von 3000 cm^{-1} suchen, die meist eine mittlere Intensität besitzen. Oft hilft es, bei 3000 cm^{-1} eine senkrechte Linie im Spektrum zu ziehen. Alle Banden, die links davon liegen, sind ein guter Hinweis auf ein Alken (oder einen aromatischen Ring). Alkine (Verbindungen mit Kohlenstoff-Kohlenstoff-Dreifachbindung) besitzen Absorptionen zwischen 2100–2250 cm^{-1} und haben eine mittlere Intensität. Ein terminales Alkin (eines, das sich am Ende einer Kette befindet) springt wegen der hohen Intensität der Alkinyl-C–H-Bande bei 3300 cm^{-1} sofort ins Auge. Die Absorptionen aromatischer Ringe sind manchmal nur schwer zu erkennen. Sie bestehen aus einer kleinen Serie von Ausschlägen zwischen 1650 cm^{-1} und 2000 cm^{-1}. Die Zahl der Absorptionen (Höcker) hängt davon ab, wie der Benzolring substituiert ist.

Aufgabe 17.1:

Im IR-Spektrum von Cyclohexanon sind oberhalb des Fingerprint-Bereichs vor allem zwei Banden erwähnenswert: eine bei 2950 cm^{-1} und dazu eine ausgeprägte Bande bei 1710 cm^{-1}. Welche Schwingungen stecken jeweils dahinter?

Aufgabe 17.2:

In einem Augenblick geistiger Verwirrung haben Sie vergessen, ob Sie gerade das IR-Spektrum von Propionitril (CH$_3$CH$_2$–CN) anschauen oder das von Propionsäure (Propansäure, CH$_3$CH$_2$–COOH). Wie können Sie sich rasch wieder in die Realität zurückholen?

> **IN DIESEM KAPITEL**
>
> Die Macht der NMR-Spektroskopie entdecken
>
> Chemische Äquivalenz und Symmetrie verstehen
>
> NMR-Spektren analysieren
>
> Ein Ausflug in die ^{13}C-NMR
>
> Integration und Kopplung kombinieren

Kapitel 18

NMR-Spektroskopie: Halten Sie sich fest, jetzt geht's rund!

Die moderne organische Chemie wäre ohne die Unterstützung der magnetischen Kernspinresonanzspektroskopie (NMR, englisch: nuclear magnetic resonance) oder Magnetresonanzspektroskopie ebenso wenig vorstellbar wie ein Leben ohne Autos und Fernsehen. Einfach deshalb, weil das Ziel der organischen Chemie, alle möglichen Verbindungen mit Kohlenstoff herzustellen, natürlich viel leichter erreichbar ist, wenn Sie schnell herausfinden können, was genau Sie eigentlich schon hergestellt haben. Die NMR-Spektroskopie hilft Ihnen, die genaue Molekülstruktur zu bestimmen, egal, was in Ihrem Kolben herumschwimmt. Vielleicht sind es Reaktionsprodukte, ein interessantes Stoffwechselprodukt, das Sie aus Ihrem Hauskaninchen isoliert haben, oder ein tödliches Neurotoxin aus einem Schalentier. Ganz egal.

In diesem Kapitel erläutere ich die Bedeutung der NMR-Spektroskopie, beschreibe ihre Funktionsweise und erkläre, wie NMR-Experimente ablaufen. Außerdem zeige ich Ihnen die verschiedenen Elemente eines NMR-Spektrums, erkläre, wie sie zusammen Hinweise auf die Struktur einer Substanz geben, und ich sage Ihnen, was sich hinter jedem Teil verbirgt. In Kapitel 19 zeige ich Ihnen, wie Sie die Struktur eines unbekannten Moleküls mithilfe der NMR-Spektroskopie bestimmen können.

Warum NMR?

In der längst vergangenen Zeit, als die NMR-Spektroskopie noch in den Kinderschuhen steckte (und man fünf Kilometer zur Schule laufen musste, hin und zurück immer nur bergauf), bedeutete die Aufklärung selbst einer einfachen Struktur wochenlange, harte Arbeit. Die Methoden waren mühsam, langsam und so zuverlässig wie ein Bock als Gärtner. Ein Chemiker konnte zum Beispiel die physikalischen Eigenschaften einer Verbindung – ihren Siedepunkt, Schmelzpunkt und ihren Brechungsindex – mit bereits beschriebenen Verbindungen ähnlicher Struktur vergleichen, um auszuwählen, zu welcher dieser Verbindungen seine eigene am besten passte. Aber da es Millionen von möglichen Verbindungen gibt, konnten die Publikationen oft keinen Hinweis auf ähnliche Strukturen geben. Daher mussten die Moleküle in bekannte Derivate (so werden die Abkömmlinge einer chemischen Verbindung genannt, die sich in der Regel in einem Reaktionsschritt bilden lassen) umgewandelt werden, um deren Eigenschaften untersuchen zu können.

Die Strukturbestimmung mit solchen Methoden war ermüdend, unzuverlässig und hat ungefähr so viel Spaß gemacht wie eine Wurzelbehandlung beim Zahnarzt. Aber dann betrat zur Freude der Chemiker (und vielleicht zum Ärger der Studierenden) die NMR-Spektroskopie die Bühne. Die Wasserstoff-NMR-Spektroskopie wird sehr häufig verwendet, um die Strukturen einfacher unbekannter Verbindungen innerhalb weniger Minuten auszuwerten. Sie setzen Ihre Probe in das NMR-Spektrometer, lassen das Experiment durchlaufen und drucken Ihre Daten aus. Das ist alles – eins, zwei, drei –, und Sie sind fertig mit Ihrer Analyse, schneller als ein Politiker eine Steuersenkung verspricht.

Die Geschwindigkeit der NMR-Spektroskopie in Kombination mit ihrer Fähigkeit zur Strukturbestimmung ergeben ein mächtiges Werkzeug, mit dem Sie die Struktur nahezu jedes organischen Moleküls bestimmen können, angefangen von einfachen Molekülen, mit denen Sie am Anfang Ihres Studiums konfrontiert werden, bis hin zu riesigen, Furcht erregenden, komplexen Biomolekülen, wie den Enzymen, die chemische Reaktionen in der Zelle katalysieren. Wegen ihrer Vielseitigkeit und Aussagekraft ist die NMR-Spektroskopie die Methode der Wahl, wenn ein Organiker wissen will, was da eigentlich in seinem Reaktionskolben so stinkt.

Während Ihnen die Massenspektrometrie (siehe Kapitel 16) Informationen über die Molmasse einer Verbindung gibt (und wenn Sie gut sind, manchmal auch deren Struktur) und die IR-Spektroskopie (siehe Kapitel 17) Hinweise auf die funktionellen Gruppen in Ihrem Molekül gibt, kann nur die NMR-Spektroskopie Ihnen genau sagen, wie Ihr Molekül zusammengesetzt ist. Verstehen Sie das nicht falsch: Massenspektrometrie und IR-Spektroskopie sind erstklassige Verfahren, die wertvolle Hinweise auf eine Struktur geben, und werden daher fast immer zur Entscheidung hinzugezogen. Aber wenn Sie sich die Aufklärung einer Struktur als Schachpartie vorstellen, dann ist die NMR-Spektroskopie der König: die wichtigste Figur auf dem Brett.

Wie NMR funktioniert

Die NMR-Spektroskopie ermöglicht Ihnen, die Atomkerne in einem Molekül und deren chemische Umgebung zu »sehen«. Wenn Sie die chemische Umgebung und die Zahl der unterschiedlichen Arten von Kernen in einem Molekül kennen, können Sie in den meisten Fällen die Struktur der Verbindung angeben. Manche Kerne sind NMR-aktiv, manche sind NMR-inaktiv. NMR-Experimente sehen nur aktive Kerne und sind blind gegenüber NMR-inaktiven Kernen. Glücklicherweise sind sowohl Kohlenstoff- als auch Wasserstoff-Kerne

NMR-aktiv. Aus Gründen, die ich im weiteren Verlauf des Kapitels bespreche, ist die Wasserstoff-NMR-Spektroskopie (häufig auch Protonen-Kernresonanz oder ^{1}H-NMR genannt) die bedeutendste NMR-Methode für den Organiker, daher betreffen alle Diskussionen in diesem Buch zunächst die Protonen-Kernresonanz-Spektroskopie. Nachdem ich die Protonen-Kernresonanz abgehandelt habe, betrachte ich die wichtigsten Aspekte der ^{13}C-NMR-Spektroskopie (die der Protonen-Kernresonanz sehr ähnlich ist, nur einfacher).

Riesenmagneten und Moleküle: Theorie der NMR

Die Theorie hinter der NMR-Spektroskopie ist ziemlich schwierig, die Details übersteigen den Rahmen einer Organik-Vorlesung bei weitem. Daher ist die folgende Darstellung der Funktionsweise der NMR-Spektroskopie radikal vereinfacht. Trotzdem ist sie immer noch schwer genug. Also seien Sie aufmerksam, und strengen Sie Ihre Gehirnzellen an.

Genau wie Elektronen besitzen alle Kerne mit ungeraden Kernladungen und Massenzahlen einen Spin, und jeder Kern mit einem Spin ist durch die NMR-Spektroskopie nachweisbar. Der *Spin* ist ein abstraktes Konzept und besitzt kein vergleichbares Gegenstück außerhalb der subatomaren Welt, aber es ist oft hilfreich, sich die Spins als schnelle Rotation der Protonen im Atomkern um ihre eigene Achse vorzustellen. Bei dieser Rotation wird eine Ladung bewegt; nach den Gesetzen der Physik erzeugt diese Bewegung ein Magnetfeld, ein *magnetisches Moment*. Kerne mit Spin sind zum Beispiel ^{1}H, ^{13}C, ^{15}N, ^{19}F, weil alle diese Elemente ungerade Massenzahlen besitzen. Kerne mit einer geraden Massenzahl wie ^{16}O, ^{12}C und ^{14}N sind NMR-inaktiv und erscheinen in einem NMR-Spektrum nicht.

Die magnetischen Momente, die durch den Kernspin hervorgerufen werden, besitzen eine Richtung. Wenn Sie einen Trinkbecher voll mit Protonen auf Ihren Küchentisch stellen, zeigen die magnetischen Momente der Kerne darin zufällig in alle möglichen Richtungen. Aber wenn sich die Kerne zwischen den Polen eines Magneten befinden, der ein *äußeres Magnetfeld* erzeugt, dann besagt die Quantenmechanik, dass die magnetischen Momente der Kerne entweder parallel zu dem äußerem Magnetfeld (α-Spin) oder ihm entgegen (β-Spin) zeigen. Sie können sich den Magneten wie den Schlachtruf eines wild gewordenen Politikers vorstellen »Wer nicht für mich ist, ist gegen mich«. Also richten sich die magnetischen Momente der Protonen in dem Trinkbecher entweder parallel oder antiparallel zum äußeren Magnetfeld aus (siehe Abbildung 18.1).

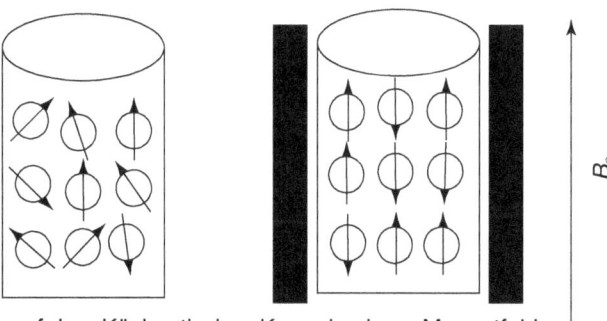

Kerne auf dem Küchentisch   Kerne in einem Magnetfeld

Abbildung 18.1: Die Wirkung eines äußeren Magnetfelds auf die Orientierung des magnetischen Moments individueller Kerne

Kerne, deren magnetische Momente parallel zum magnetischen Feld ausgerichtet sind, besitzen eine geringere Energie als diejenigen, deren Momente antiparallel ausgerichtet sind. Wie groß die Energiedifferenz ist, hängt von der Stärke des Magneten ab, dem die Kerne ausgesetzt sind. (Die Magnetstärke – die Stärke des äußeren Magnetfeldes – wird mit B_0 bezeichnet.) Wird die Stärke des Magnetfeldes erhöht, vergrößert sich auch die Differenz ΔE der Energien der parallel zum magnetischen Feld orientierten Spins (α) und der antiparallel zum magnetischen Feld ausgerichteten Spins (β), siehe Abbildung 18.2. Die Energiedifferenz zwischen den beiden unterschiedlichen Spins ist das, was in einem NMR-Experiment gemessen wird. Dieser Energieunterschied sagt Ihnen, wie die chemische Umgebung eines Kerns aussieht.

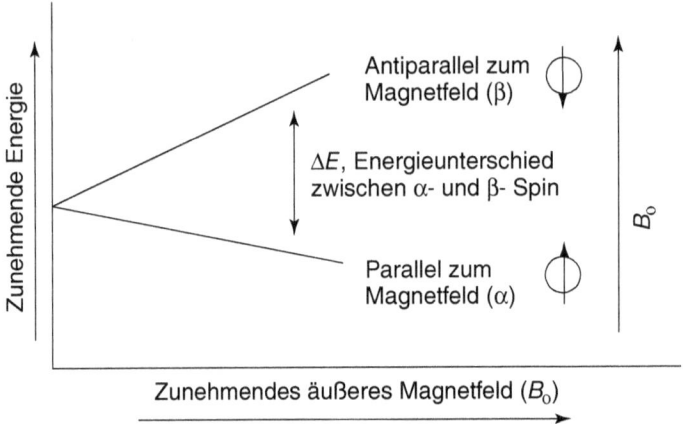

Abbildung 18.2: Der Einfluss der Stärke des äußeren Magnetfelds B_0 auf den Energieunterschied zwischen α- und β-Zustand

Aber bevor ich darüber sprechen kann, inwiefern der Energieunterschied zwischen α und β Ihnen Hinweise über die chemische Umgebung der Kerne gibt, muss Ich Ihnen zuerst erklären, *wie* diese Energiedifferenz mit einem NMR-Spektrometer gemessen wird.

Wie die meisten Arten der Spektroskopie, verwendet auch die NMR die Absorption elektromagnetischer Strahlung, um einen Übergang zwischen verschiedenen Energieniveaus zu bewirken. (Bei der IR-Spektroskopie wird Infrarotlicht verwendet, um Schwingungs- und Rotationsübergänge anzuregen, siehe Kapitel 17.) In einem NMR-Experiment bewirkt die Absorption von Radiowellen (also von »Licht« im Radiofrequenzbereich, einige 10 bis 100 MHz) Übergänge von α- zu β-Spins. Wenn die Frequenz der Radiowelle, die auf die Probe trifft, genau der Energiedifferenz ΔE zwischen α- und β-Spin entspricht, wird die Strahlung von den Kernen absorbiert.

Die absorbierte Energie wirkt wie ein Hebel, mit dem Sie α-Spins in β-Spins umwandeln können, man spricht hier auch vom *Umklappen* der Spins. Wenn ein Kern Strahlung absorbiert und sein Spin umklappt, sagt man auch, er sei in *Resonanz* (daher der Name »Kernresonanz«. Achtung: Diese Resonanz hat *nichts* mit Resonanzstrukturen zu tun!). Ein Detektor kann die Frequenz der Absorption messen und in einem Spektrum darstellen (das entspricht der Aufzeichnung eines NMR-Experiments, das die Intensität der Absorption als Funktion der Frequenz darstellt). Abbildung 18.3 erläutert, wie die ganze Geschichte funktioniert. Eine Absorption bei hoher Frequenz bedeutet eine große Energiedifferenz zwischen

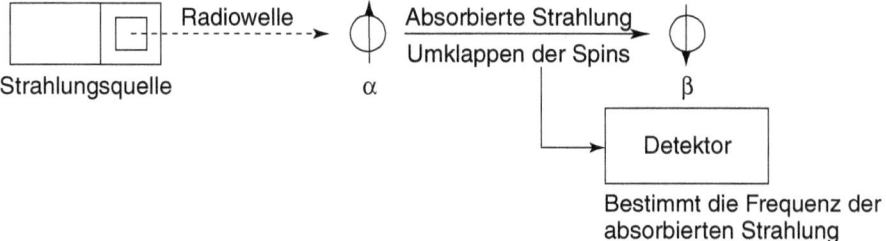

Abbildung 18.3: Die Schritte, die zur Messung von ΔE in einem NMR-Experiment nötig sind

α- und β-Zustand; eine Absorption bei niedriger Frequenz bedeutet einen geringeren Energieunterschied.

Abschließend folgt eine Zusammenfassung, wie ΔE in der NMR-Spektroskopie bestimmt wird:

- ✔ Die Probe wird in einen starken Magneten gesetzt (äußeres Magnetfeld B_0).

- ✔ Die Ausrichtung der magnetischen Momente der Kerne kann parallel (α-Spin) oder antiparallel (β-Spin) zum externen Magnetfeld sein. Die Energiedifferenz zwischen α-Spin und β-Spin wird als ΔE bezeichnet.

- ✔ Durch Absorption von Licht, dessen Energie der Energiedifferenz ΔE entspricht, kommen die Kerne in Resonanz, und α-Spins klappen zu β-Spins um.

- ✔ Ein Detektor misst die Frequenz der absorbierten Strahlung (die proportional zur Energiedifferenz zwischen α- und β-Spin ist) und trägt die Intensität der Absorption gegen die Frequenz der absorbierten Strahlung auf.

So misst ein NMR-Spektrometer den Energieunterschied zwischen den Spins. Aber wenn die NMR-Spektroskopie nur das tun würde, wäre sie für den Organiker etwa so hilfreich wie die organische Chemie für einen Betriebswirt. In dem einfachen Bild, das ich Ihnen bisher vermittelt habe, besitzen alle Wasserstoffkerne dieselbe Energiedifferenz zwischen α und β, und das NMR-Spektrum kann daher nur einen einzigen Peak enthalten (eine einzige Absorption), der für alle Wasserstoffatome eines Moleküls gleichermaßen gilt. Das wäre wirklich nicht übermäßig interessant. Allerdings habe ich bisher einen entscheidenden Faktor ausgelassen – Elektronen! Bislang war meine Diskussion auf nackte Kerne beschränkt, die keine Elektronen um sich haben.

Ziehen Sie sich warm an: Abschirmung durch Elektronen

Weil sie bewegte Ladungen sind, erzeugen Elektronen ihre eigenen Magnetfelder. Das Magnetfeld eines Elektrons ist dem äußeren Magnetfeld (das durch den dicken Magneten erzeugt wird, in den Sie Ihre Probe gesetzt haben) entgegengesetzt und schirmt den Kern ab, sodass er nicht die volle Wucht des äußeren Magnetfelds spürt. Mit anderen Worten: Ein nackter Kern spürt ein stärkeres äußeres Magnetfeld als ein Kern, der von Elektronen umgeben ist – genau wie ein Nudist mehr von der Kälte spürt als Sie in Ihrer Daunenjacke.

Logischerweise benötigt ein Kern, der durch eine dichte Elektronenwolke vom äußeren Magnetfeld abgeschirmt ist, eine niedrigere Frequenz (weniger Energie) der Radiowellen, um seinen Spin umzuklappen, als ein Kern, der weniger Elektronendichte um sich hat (eine dünnere Jacke). Das ist so, weil das »gefühlte« Magnetfeld eines von Elektronen umgebenen Kerns kleiner ist als das Magnetfeld, das ein nackter Kern spüren würde. Folglich ist die Energiedifferenz zwischen α- und β-Spins kleiner (Abbildung 18.2). Weil die Energiedifferenz kleiner ist, wird weniger Energie (eine kleinere Frequenz der Strahlung) benötigt, um den Spin umzuklappen.

Auf diese Weise kommt die chemische Umgebung der Wasserstoffkerne ans Tageslicht. Ein Wasserstoffkern, der sich neben einem sehr elektronegativen Element aufhält (in Kapitel 2 erfahren Sie mehr über die Elektronegativität), hat weniger Elektronendichte um sich und wird bei einer hohen Frequenz in Resonanz kommen und seinen Spin ändern. Ein Wasserstoffkern, der sich neben einem elektropositiven Element befindet, hat mehr Elektronendichte um sich herum und kommt daher bei einer kleineren Frequenz in Resonanz.

Das NMR-Spektrum

Ein NMR-Spektrum ist die grafische Darstellung der Intensität der Strahlungsabsorption gegen die Resonanzfrequenz. Man kann ein NMR-Spektrum aufnehmen, indem man bei konstantem äußerem Magnetfeld die Frequenz der Radiowellen variiert, die durch die Probe laufen. Immer wenn die aktuelle Strahlenfrequenz absorbiert wird, wird ein Peak ins Spektrum gezeichnet. So haben alte NMR-Spektrometer ein Spektrum aufgezeichnet, und so kann man sich die Entstehung eines NMR-Spektrums gedanklich am einfachsten klarmachen. Die Funktionsweise eines modernen NMR-Spektrometers ist etwas komplizierter, aber die grundlegenden Prinzipien sind gleich.

Chemische Verschiebung

Ein potenzielles Problem der NMR-Spektroskopie ist, dass die Resonanzfrequenzen der Kerne von der Stärke des äußeren Magnetfelds abhängen (Abbildung 18.2). Das bedeutet, in einem armen Labor mit einem kleinen Magneten taucht ein Proton mit einer anderen Frequenz auf als in einem reichen Labor mit einem starken Magneten. Um das NMR-Spektrum für ein gegebenes Molekül zu standardisieren und unabhängig von der Stärke des Magneten zu machen (und gleichzeitig apparative Abweichungen auszubügeln), wird die Resonanzfrequenz relativ zu einer Referenzverbindung gemessen. Üblicherweise verwendet man hier Tetramethylsilan (TMS), dessen Struktur Sie Abbildung 18.4 entnehmen können. So erscheinen die Peaks immer an derselben Position relativ zu TMS, egal wie stark Ihr Magnet ist.

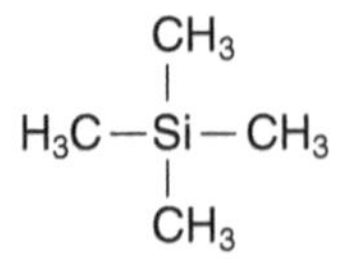

$$\begin{array}{c} CH_3 \\ | \\ H_3C-Si-CH_3 \\ | \\ CH_3 \end{array}$$

Tetramethylsilan (TMS)

Abbildung 18.4: Tetramethylsilan (TMS)

TMS wird als Referenzsubstanz verwendet, weil die Wasserstoffkerne dieses Moleküls stark abgeschirmt sind, da Silizium ein elektronenspendendes Atom ist. Diese Wasserstoffkerne erscheinen daher bei einer niedrigeren Frequenz als fast alle anderen Wasserstoffkerne in organischen Molekülen. Die Absorptionsfrequenz von TMS im Spektrum erhält per Definition den Wert null. Die Absorptionsfrequenz eines Kerns relativ zu TMS wird in Einheiten von *parts per million* (ppm) angegeben, sodass die Zahlenwerte der Frequenzen kleine, leicht überschaubaren Zahlen (zwischen 0 und 15) statt sehr großer Zahlen sind (0–15 Millionen). Bei einem Wasserstoff-NMR-Spektrum erscheinen die Peaks zwischen 0 und 15 ppm, wobei ein Peak in der Nähe von 0 ppm einem stärker *abgeschirmten* (elektronenreichen) Wasserstoffkern entspricht und ein Peak um 15 ppm einem stark *entschirmten* (elektronenarmen) Wasserstoffkern. Abbildung 18.5 zeigt ein hypothetisches NMR-Spektrum.

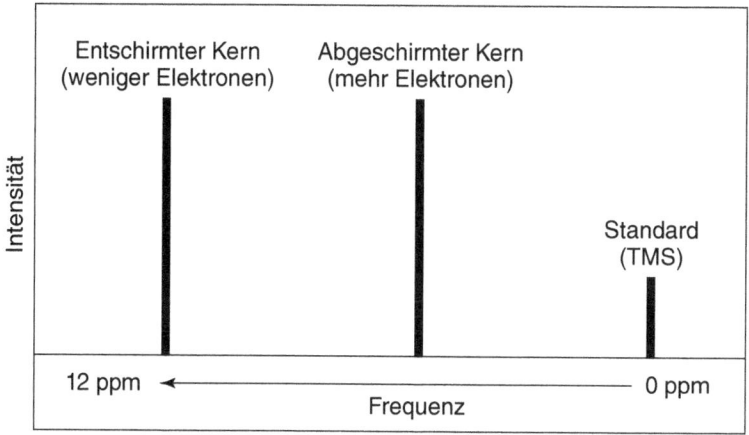

Abbildung 18.5: Ein hypothetisches NMR-Spektrum

Gleich und gleich gesellt sich gern: Symmetrie und chemische Äquivalenz

Jeder Wasserstoffkern eines Moleküls, der sich in einer eindeutigen chemischen Umgebung befindet, erzeugt einen Peak im NMR-Spektrum. Zwei (oder mehr) Wasserstoffkerne in einer identischen chemischen Umgebung treten nur durch einen einzigen Peak in Erscheinung. Derartige Wasserstoffkerne in identischen chemischen Umgebungen werden *chemisch äquivalent* genannt. Sie könnten beispielsweise im ^{1}H-Spektrum von Methanol (Abbildung 18.6), das vier Wasserstoffkerne besitzt, vier Peaks erwarten, einen für jeden einzelnen Wasserstoffkern. Aber es sind nur *zwei* Peaks zu sehen. Das liegt daran, dass das Methanol nur zwei verschiedene *Arten* von Wasserstoffkernen enthält. Die Wasserstoffkerne in der Methylgruppe (CH_3) besitzen die identische chemische Umgebung – alle drei hängen an einem Kohlenstoffatom, das an zwei weitere Wasserstoffatome und an eine Hydroxylgruppe (OH) gebunden ist. Daraus folgt, dass alle drei Wasserstoffe dieselbe Resonanzfrequenz besitzen und nur ein Peak erscheint. Der zweite Peak entsteht durch das Wasserstoffatom der OH-Gruppe, das sich in einer anderen chemischen Umgebung aufhält.

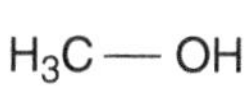

H_3C — OH

Methanol

Abbildung 18.6: Methanol

Butan (Abbildung 18.7) ist ein weiteres Beispiel für ein Molekül, in dem eine chemische Äquivalenz vorliegt. Das Molekül enthält zehn Wasserstoffkerne. Wenn Sie sich an die Sache mit dem Methanol erinnern, würden Sie vermutlich vier Peaks erwarten, schließlich sind die Wasserstoffatome an jedem einzelnen der vier Kohlenstoffatome untereinander identisch, sie hängen ja jeweils am gleichen C-Atom. Aber die vier C-Atome des Moleküls unterscheiden sich natürlich schon, oder? Aber das NMR-Spektrum des Butans enthält nur *zwei* Peaks. Das liegt in diesem Fall an einer Wiederholung. Art von Äquivalenz, die mit der Symmetrie des Moleküls zu tun hat. Da die rechte Seite des Moleküls identisch mit der linken Seite ist, besitzen die beiden CH_3-Gruppen an den Enden des Moleküls die gleiche chemische Umgebung, und dasselbe gilt auch für die beiden CH_2-Gruppen in der Mitte. Aus diesem Grund erscheinen nur zwei Peaks im NMR-Spektrum.

$CH_3 — CH_2 — CH_2 — CH_3$

Butan

Abbildung 18.7: Butan

Es ist sehr wichtig, dass Sie erkennen können, welche Kerne in einem Molekül chemisch äquivalent sind. Meist sind Wasserstoffkerne, die am gleichen Kohlenstoffatom hängen, chemisch äquivalent. Außerdem kann die Symmetrie eines Moleküls eine Aussage über die chemische Äquivalenz ermöglichen. Üben Sie, aus den Strukturen von organischen Molekülen zu erkennen, welche Kerne chemisch äquivalent sind, und vorherzusagen, wie viele Peaks im ^{1}H-NMR-Spektrum zu erwarten sind. Mehr dazu erfahren Sie im Abschnitt »Die chemische Verschiebung«.

 Oft ist es hilfreich, alle Wasserstoffatome eines Moleküls explizit einzuzeichnen, damit Sie die unterschiedlichen chemischen Umgebungen jedes Wasserstoffatoms erkennen können. Versuchen Sie das einmal für die Moleküle in Abbildung 18.8.

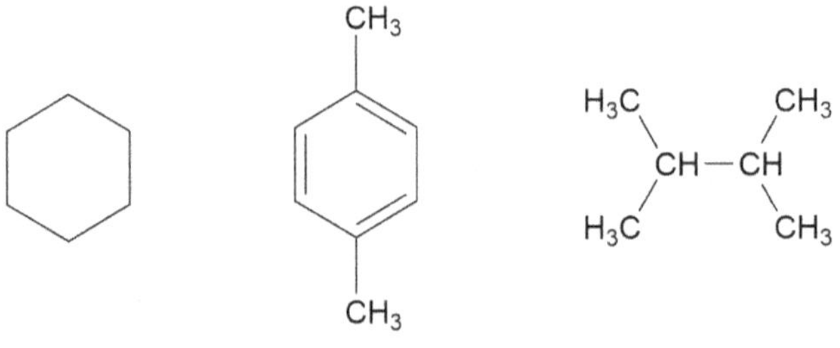

1 Peak   2 Peaks   2 Peaks

Abbildung 18.8: Symmetrien erkennen

Gebrauchsanleitung für ein NMR-Spektrum: Die Bestandteile

Dieser Abschnitt widmet sich den unterschiedlichen Teilen eines ^{1}H-NMR-Spektrums und analysiert jeden Teil des Spektrums, der Ihnen einen Hinweis auf die Struktur eines Moleküls geben kann.

Die chemische Verschiebung

Die Lage eines Peaks relativ zum Standard TMS nennt man seine chemische Verschiebung (oder seinen δ-Wert, wobei das δ hier die Lage der Absorption angibt und nichts mit den Partialladungen aus Kapitel 2 zu tun hat). Die chemische Verschiebung wird in Einheiten von *parts per million* (ppm) angegeben. Die beiden wichtigsten Faktoren, die die chemische Verschiebung eines gegebenen Kernes beeinflussen, sind die Elektronendichte um einen Wasserstoffkern und die diamagnetische Anisotropie (das klingt doch beeindruckend, oder?).

Ein Wasserstoffkern neben sehr elektronegativen Atomen – wie Fluor (F), Chlor (Cl), Brom (Br), Stickstoff (N) oder Sauerstoff (O) – besitzt eine größere chemische Verschiebung als ein Wasserstoffkern, der von weniger elektronegativen Atomen umringt ist (wie Silizium (Si) oder Kohlenstoff (C)). Die Derivate des Methans in Abbildung 18.9 verdeutlichen diesen Punkt. Wenn die Elektronegativität eines Substituenten ansteigt (Sie erinnern sich sicher, dass die Elektronegativität von Brom über Chlor zu Fluor zunimmt), wird die chemische Verschiebung größer. Wenn die Elektronegativität des Substituenten steigt, steigt auch seine Elektronengier, und er stibitzt dem Wasserstoffkern einen Teil seiner Elektronendichte. Entschirmte Kerne wie zum Beispiel die neben elektronegativeren Elementen haben eine größere chemische Verschiebung als Kerne, die nur von elektropositiveren Elementen umgeben sind: In Organiker-Sprech sagt man, sie sind *tieffeldverschoben* (oder: »nach tiefem Feld verschoben«).

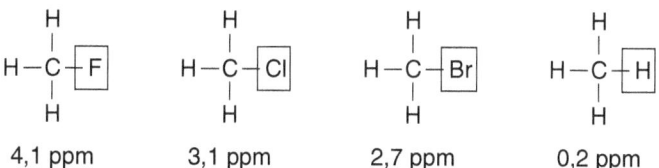

Abbildung 18.9: Die Veränderung der chemischen Verschiebungen von Wasserstoffkernen (Protonen), die durch benachbarte elektronegative Substituenten hervorgerufen werden

Der zweite Einflussfaktor auf die chemische Verschiebung ist ein lokales Magnetfeld, das durch π-Elektronen hervorgerufen wird; dieser Effekt wird im Organiker-Sprech *diamagnetische Anisotropie* genannt.

Wenn die π-Elektronen des Benzols (oder anderer aromatischer Verbindungen) einem Magnetfeld ausgesetzt sind, *induzieren* diese ein *lokales Magnetfeld* (Abbildung 18.10). (In Kapitel 13 erfahren Sie mehr über Aromaten und in Kapitel 2 mehr über π-Bindungen.) Genau über- oder unterhalb des Rings wirkt das von dem Benzolring induzierte Magnetfeld dem äußeren Magnetfeld entgegen und schwächt es ab. Außerhalb des Rings hingegen, ungefähr in der Höhe der Ringebene, *verstärkt* das magnetische Feld des Benzolrings das externe Magnetfeld.

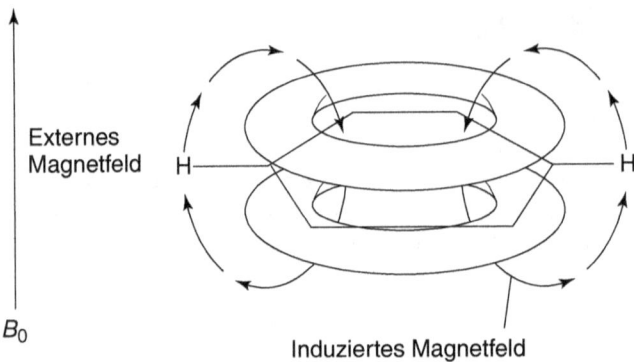

Abbildung 18.10: Das induzierte Magnetfeld von Benzol in einem externen Magnetfeld

Das bedeutet, dass Wasserstoffkerne, die sich direkt über oder unter dem aromatischen Ring befinden, durch das induzierte Magnetfeld abgeschirmt werden und somit eine kleinere chemische Verschiebung besitzen (sie sind *hochfeldverschoben*), während Wasserstoffkerne in der Ringebene entschirmt werden und eine höhere chemische Verschiebung aufweisen. Daher besitzen Wasserstoffkerne an einem aromatischen Ring (häufig als aromatische Wasserstoffe bezeichnet, obwohl sie selbst nicht aromatisch sind) eine höhere chemische Verschiebung. Abbildung 18.11 illustriert diesen Effekt an einem komplexen aromatischen Molekül.

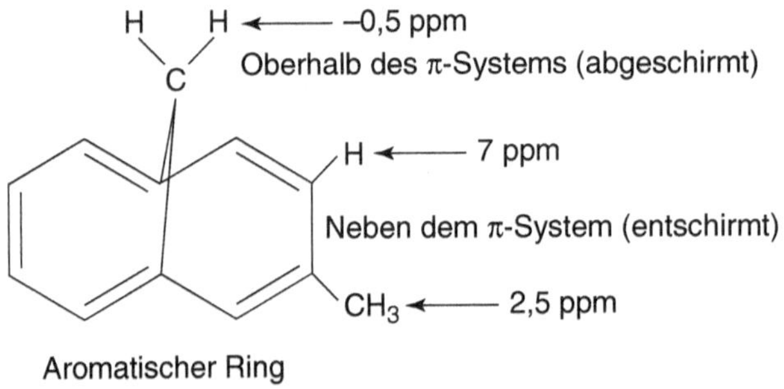

Abbildung 18.11: Die Wirkung der diamagnetischen Anisotropie in einem aromatischen Molekül

Ein ähnlicher Effekt wie bei den π-Elektronen in Benzol tritt auch bei Doppel- und Dreifachbindungen auf. Wasserstoffkerne an Doppel- oder Dreifachbindungen besitzen daher ebenfalls größere chemische Verschiebungen.

Abbildung 18.12 zeigt einige typische chemische Verschiebungen von Wasserstoffkernen (Protonen) in den häufigsten funktionellen Gruppen. Beachten Sie, dass diese Werte nur ungefähre Bereiche angeben und nicht exakte Werte; die genauen Werte können in einem großen Bereich streuen, der von der Struktur des restlichen gegebenen Moleküls abhängt. Behalten Sie auch im Hinterkopf, dass die Wirkung von elektronenziehenden Gruppen kumulativ ist. Ein Wasserstoffkern in der Nachbarschaft einer Carbonylgruppe *und* eines Halogens besitzt eine größere chemische Verschiebung als ein Kern, der sich neben nur *einer* dieser Gruppen befindet.

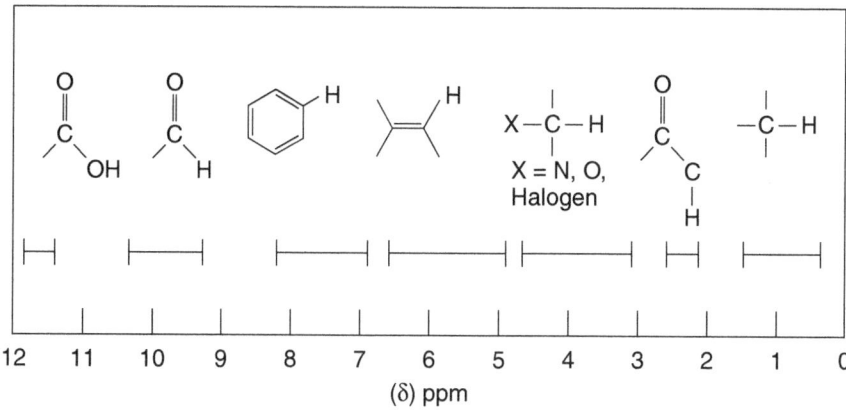

Abbildung 18.12: Näherungswerte für die chemischen Verschiebungen von Wasserstoffkernen (Protonen) in häufigen funktionellen Gruppen

Einbeziehung der Integration

Die Intensität eines Peaks (genauer gesagt: die Fläche unter diesem Peak) hängt von der Zahl der Wasserstoffe ab, die zu ihm beitragen. Ein Computer kann die Fläche durch Integration numerisch berechnen. Die Integration wird im Spektrum durch eine Integrationskurve (siehe Abbildung 18.13) dargestellt. Die Höhe der gezeigten Stufe ist proportional zur Fläche eines Peaks und somit zur Zahl der Wasserstoffatome, die durch diesen Peak dargestellt werden. (Die reine Breite des Peaks hat nichts zu sagen.)

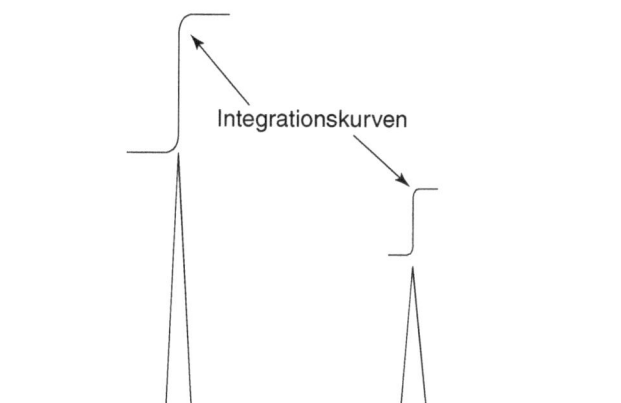

Abbildung 18.13: Integrationskurven in einem ¹H-NMR-Spektrum

Um die Höhe einer Integrationskurve bestimmen zu können, beginnen Sie am flachen Boden der Kurve und messen, bis die Kurve wieder flach wird. Leider verrät die Integration nicht, wie viele Wasserstoffkerne ein Peak enthält, sondern gibt nur die *relative* Zahl von Wasserstoffkernen in dieser chemischen Umgebung an. Das macht die Integration für organische Moleküle nützlich, die mehr als eine Art von Wasserstoffkernen enthalten (was glücklicherweise meistens der Fall ist).

Nehmen Sie an, Sie haben in einem Spektrum zwei Signale: eines mit einer Integrationskurve, die zwei Zentimeter hoch ist, und eines mit einer Integrationskurve von einem Zentimeter. Das sagt Ihnen, dass der größere Peak doppelt so viele Wasserstoffe repräsentiert wie der kleinere (Abbildung 18.14). Das bedeutet aber nicht unbedingt, dass der höhere Peak für zwei Wasserstoffkerne steht und der kleinere für einen Wasserstoffkern – obwohl das natürlich möglich ist (es können somit auch 4 und 2 Kerne oder 6 und 3 Kerne sein und so weiter). Es sagt Ihnen nur, dass das Zahlenverhältnis der Wasserstoffkerne in den beiden chemischen Umgebungen 2:1 ist. In Abbildung 18.14 zeige ich Ihnen, wie Sie die Integrationskurven mit einem Lineal ausmessen können.

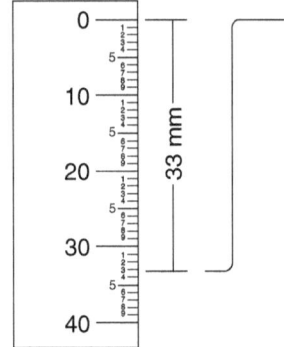

Abbildung 18.14: Die Messung der Höhe einer Integrationskurve

Kopplung

Ethanol, der Alkohol in einschlägigen Getränken, ist eine häufige organische Substanz. Sein NMR-Spektrum wird in Abbildung 18.15 gezeigt.

Ethanol besitzt drei Arten von Wasserstoffkernen in unterschiedlichen chemischen Umgebungen – die drei Wasserstoffkerne der Methylgruppe (CH_3), die beiden Wasserstoffkerne der Methylengruppe (CH_2) und den Wasserstoffkern der OH-Gruppe. Daher sehen Sie drei Signale im NMR-Spektrum im Intensitätsverhältnis 2:1:3. Jedes der Signale ist in eine Reihe von kleineren Peaks aufgespalten. Diesen Effekt nennt man *Kopplung* (oder auch *Spin-Spin-Aufspaltung*). Kopplung ist ein sehr nützliches Phänomen, wenn Sie herausfinden wollen, wie die einzelnen Teile eines Moleküls miteinander verbunden sind. Während die Integration Aufschluss über die Zahl der Wasserstoffkerne in einem Peak gibt, verrät die Kopplung, wie viele Wasserstoffe neben dem jeweils betrachteten Kern sitzen. Die Kopplung entsteht durch die Wechselwirkung der magnetischen Momente benachbarter Wasserstoffkerne. In den meisten Fällen koppeln Wasserstoffkerne nur mit Kernen an den benachbarten Kohlenstoffatomen. Chemisch äquivalente Wasserstoffe koppeln normalerweise nicht, daher koppeln Wasserstoffkerne an demselben Kohlenstoffatom in der Regel ebenso wenig wie die sechs Wasserstoffkerne an einem Benzolring.

Sie haben in diesem Kapitel erfahren, dass die chemische Verschiebung direkt von der Abschirmung des betreffenden Kerns abhängt – und in vielen Fällen hängt diese Abschirmung eben direkt mit der Ladungsdichte zusammen: Der Kern eines besonders elektronenarmen Wasserstoffatoms wird also meist

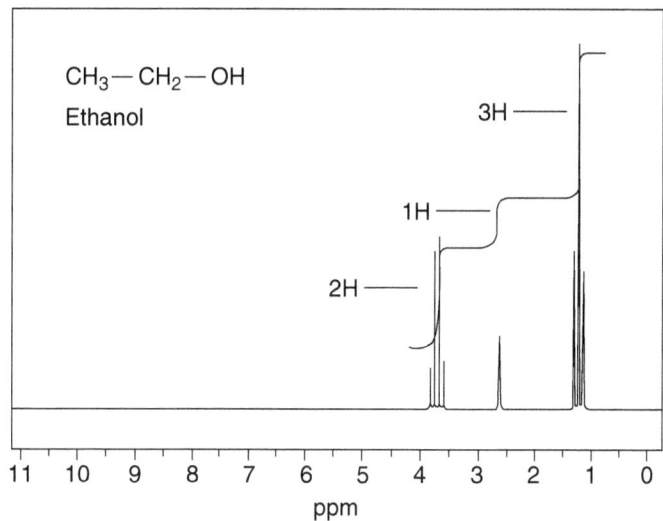

Abbildung 18.15: Das NMR-Spektrum von Ethanol mit den Zahlenverhältnissen der Wasserstoffkerne

deutlich entschirmter sein (siehe Abbildung 18.12). Daher stünde zu erwarten, dass das OH-Wasserstoffatom des Ethanols deutlich mehr nach tiefem Feld verschoben ist als die beiden Methylen-H-Atome, die ja immerhin mit dem deutlich weniger elektronegativen Kohlenstoff verbunden sind.

Tatsächlich aber ist das nicht ganz so einfach, denn gerade bei OH- (und auch NH-)Protonen kommen noch zahlreiche andere Faktoren zum Tragen, darunter neben der *Temperatur* auch die *Konzentration* der Substanz, die ja nur selten pur vermessen wird, sondern meist in einem (deuterierten) Lösungsmittel. Intermolekulare Wechselwirkungen (darunter Wasserstoffbrückenbindungen, die durch das Lösungsmittel eben auch verhindert werden können) führen hier zu immensen Unterschieden. Nimmt man beispielsweise das ^{1}H-NMR-Spektrum von purem Ethanols auf (also »in sich selbst gelöst«), dann erhält man für das OH-Wasserstoffatom einen Wert von $\delta_{EtOH} \sim 5$.

Die (N + 1)-Regel und die Kopplungskonstante

Die Kopplung folgt der sogenannten *(N + 1)-Regel*. Sie besagt, dass sich ein Signal in $N + 1$ Linien aufspaltet, wenn N die Zahl der äquivalenten benachbarten Wasserstoffkerne ist. (Das N bezieht sich also nicht auf die Kerne, die Sie gerade betrachten, sondern auf die benachbarten Kerne.) Im Spektrum von Ethanol (Abbildung 18.15) hat die Methylgruppe (CH_3) ein Kohlenstoffatom mit zwei äquivalenten Wasserstoffkernen zum Nachbar, daher wird das Signal der Methylgruppe entsprechend der $(N+1)$-Regel in drei Peaks gesplittet (das Signal bei $\delta = 1{,}2$ ppm). Die Methylengruppe (CH_2) hat die drei äquivalenten Wasserstoffkerne der angrenzenden Methylgruppe als Nachbarn, das Signal ist daher in vier Peaks gesplittet (Abbildung 18.16). Der Wasserstoffkern der Hydroxidgruppe (OH) koppelt nicht; die Gründe hierfür erkläre ich Ihnen später.

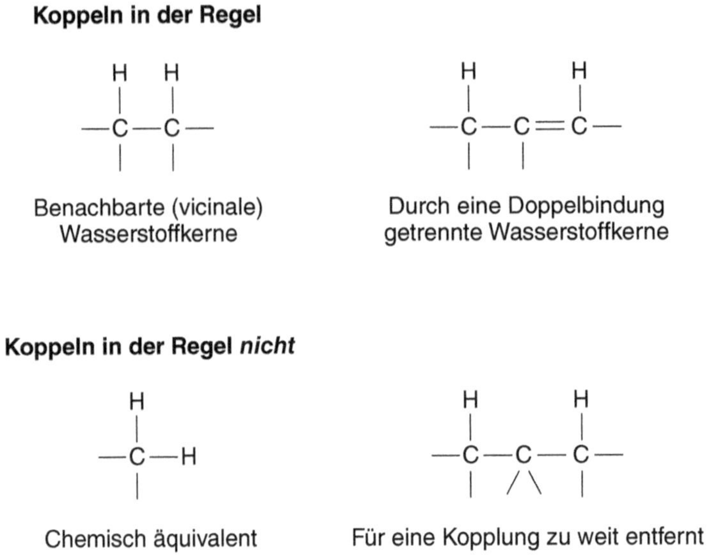

Koppeln in der Regel
Benachbarte (vicinale) Wasserstoffkerne
Durch eine Doppelbindung getrennte Wasserstoffkerne
Koppeln in der Regel nicht
Chemisch äquivalent
Für eine Kopplung zu weit entfernt

Abbildung 18.16: Wasserstoffkerne, die miteinander koppeln – oder auch nicht

Ein Peak, der keine Spin-Spin-Aufspaltung zeigt und nur aus einer einzigen Linie besteht, wird *Singulett* genannt. Das alkoholische Proton in Ethanol koppelt nicht, also erscheint er als Singulett. Ein Signal, das aus zwei Linien besteht, heißt *Dublett*, bei drei Linien *Triplett*, bei vier Linien Quartett und so weiter. In Abbildung 18.17 sehen Sie eine übliche Darstellung dieser Aufspaltungen (die man allgemein auch als Multipletts bezeichnet). Die *Kopplungskonstante J* beschreibt den Abstand der Linien innerhalb eines Signals. Dieser Wert wird in Einheiten von Hz (Hertz) angegeben, nicht in ppm, um die Kopplungskonstante unabhängig vom äußeren Magnetfeld zu machen. Der entscheidende Punkt, den Sie sich in diesem Zusammenhang unbedingt merken müssen, ist die Tatsache, dass die Kopplungskonstante in den beiden Signalen zweier koppelnder Wasserstoffkerne gleich ist. Im Ethanol (Abbildung 18.15) koppeln zum Beispiel die CH_3- und die CH_2-Gruppen miteinander. Die drei Peaks bei 1,2 ppm haben folglich dieselben Abstände voneinander wie die vier Peaks bei 3,7 ppm. Mit anderen Worten: Beide Signale besitzen dieselbe Kopplungskonstante.

J
J
J
Singulett
Dublett
Triplett
Quartett

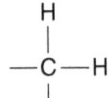

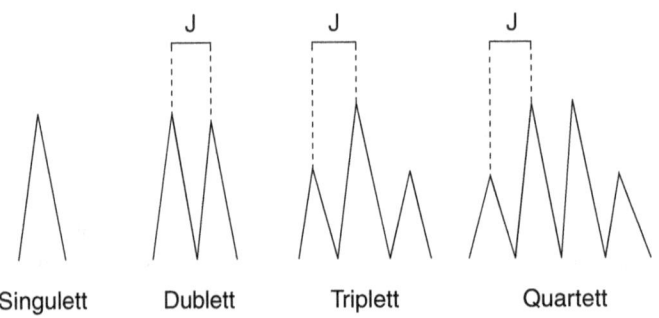

Abbildung 18.17: Die Kopplungskonstante J verschiedener Peaks

Die Kopplung zwischen nichtäquivalenten Wasserstoffkernen

Viele organische Moleküle – speziell große Moleküle – enthalten Wasserstoffkerne, die von zwei oder mehreren nichtäquivalenten Wasserstoffkernen benachbart sind. In diesem Fall dürfen Sie nicht einfach die Zahl aller benachbarten Wasserstoffkerne addieren und dann die $(N+1)$-Regel anwenden. Stattdessen müssen Sie die $(N+1)$-Regel für jede nichtäquivalente Gruppe von Wasserstoffkernen separat durchführen.

Nehmen Sie den Fall, der in Abbildung 18.18 gezeigt wird. Um die Zahl der Peaks herauszufinden, die Sie für das markierte Wasserstoffatom bekommen (das von zwei nichtäquivalenten Arten von Protonen umgeben ist), müssen Sie die $(N+1)$-Regel *für jeden* koppelnden nicht-äquivalenten Wasserstoffkern *einzeln* anwenden. Im ersten Schritt sagt Ihnen die $(N+1)$-Regel, dass die CH_2-Gruppe auf der rechten Seite das Signal in drei Peaks aufspalten wird. Im nächsten Schritt sagt die $(N+1)$-Regel aus, dass der einzelne Wasserstoffkern auf der linken Seite jeden dieser drei Peaks in zwei weitere aufspaltet. Um die Gesamtzahl von Peaks zu erhalten, multiplizieren Sie die beiden Ergebnisse miteinander. 2 mal 3 ergibt sechs Peaks für den Wasserstoffkern in dem Kasten.

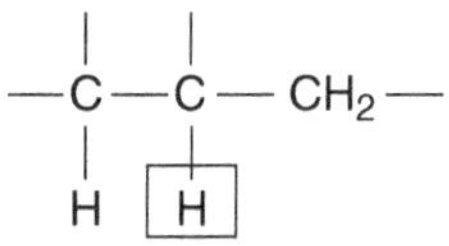

—C—C—CH$_2$—
  | |
  H [H]

Abbildung 18.18: Ein Wasserstoffkern (Proton), der von nichtäquivalenten Wasserstoffkernen (Protonen) umgeben ist

In der Praxis sehen Sie im Spektrum häufig nicht alle Peaks eines Wasserstoffkerns, der von mehreren nichtäquivalenten Wasserstoffkernen umgeben ist, weil die Kopplungskonstanten der nichtäquivalenten Wasserstoffkerne meist (ungefähr) denselben Wert besitzen. In diesen Fällen überlappen sich die Signale, und Sie beobachten weniger Peaks, als nach dieser einfachen Analyse erwartet.

In der Praxis können Sie *häufig* die Zahl der Peaks eines Wasserstoffkerns (Protons) vorhersagen, der von nichtäquivalenten Wasserstoffkernen umgeben ist. Dazu nehmen Sie an, dass alle nichtäquivalenten Wasserstoffe chemisch äquivalent sind. In dem Beispiel aus Abbildung 18.18 setzen Sie also voraus, dass die Protonen der CH_2-Gruppe und der einzelne Wasserstoffkern chemisch äquivalent sind. Der betrachtete Kern wäre somit von drei Wasserstoffkernen umgeben, und die $(N+1)$-Regel ergibt, dass das Signal in vier Peaks geteilt wird. Obwohl Sie nach der Theorie bis zu sechs Wasserstoffpeaks zu erwarten haben, ist die Wahrscheinlichkeit groß, dass Sie nur vier sehen werden.

Das Erstellen von Aufspaltungsdiagrammen

Wenn die Kopplungskonstante benachbarter Wasserstoffkerne gegeben ist, können Sie das Aufspaltungsmuster eines Kerns vorhersagen. Stellen Sie sich vor, Sie müssen das Aufspaltungsmuster für den Wasserstoff H_a in Abbildung 18.19 bestimmen, und Sie kennen die Kopplungskonstanten zwischen H_a und H_b (J_{ab}) und zwischen H_a und H_c (J_{ac}).

```
    |   |   |
 —— C — C — C —— H_c      J_ab = 3 Hz
    |   |   |              J_ac = 6 Hz
    H_b H_a H_c
```

Abbildung 18.19: Die Vorhersage von Aufspaltungsmustern

Um ein Aufspaltungsdiagramm zu zeichnen, beginnen Sie mit einem der benachbarten Wasserstoffkerne und bestimmen, wie oft er das Signal aufspalten wird. Sie werden am Ende immer das gleiche Ergebnis erhalten, egal mit welchem der benachbarten Wasserstoffkerne Sie beginnen (es ist also gleichgültig, ob Sie mit H_b oder H_c beginnen), aber es ist meist einfacher mit dem Kern anzufangen, der die größere Kopplungskonstante J besitzt. Also starten Sie mit H_c, weil die Kopplungskonstante zwischen H_a und H_c größer ist als die zwischen H_a und H_b. Da zwei H_c-Kerne vorhanden sind, werden diese nach der $(N+1)$-Regel das H_a-Signal in drei Peaks aufspalten.

Nachdem Sie festgestellt haben, dass die H_c-Kerne das Signal in drei Linien teilen, beginnen Sie Ihr Diagramm und zeichnen drei Linien, von denen eine gerade nach unten geht, eine nach rechts versetzt ist und eine nach links. Werfen Sie einen Blick auf Abbildung 18.20, um zu sehen, was gemeint ist. Der Abstand zwischen den Linien beträgt 6 Hz, und um Ihrer Abbildung eine Aura von Perfektion zu verleihen, verwenden Sie ein Lineal und messen Sie 6 cm, 6 mm oder 6 fingerbreit ab, um den Abstand zwischen den Linien maßstabsgetreu hinzubekommen.

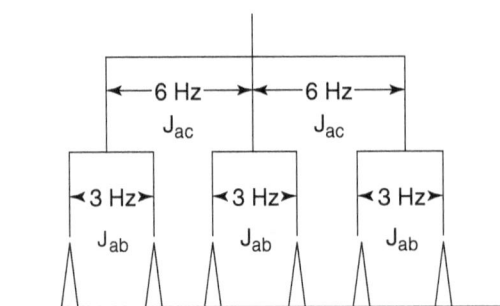

Abbildung 18.20: Aufspaltungsdiagramm für das Proton aus Abbildung 18.19

 Anstatt die Entfernung in Ihrem Aufspaltungsdiagramm auszumessen, können Sie es auch auf Millimeterpapier zeichnen, wobei ein oder mehrere Quadrate des Millimeterpapiers 1 Hz entsprechen.

Nachdem Sie in dieser Weise J für H_a und H_c schematisch dargestellt haben, machen Sie das Gleiche für H_a und H_b. Da H_b nur ein einzelner Kern ist, wird das Signal gemäß der $(N+1)$-Regel in zwei weitere Teile gesplittet. Also teilen Sie in Ihrem Diagramm jede der drei Linien in zwei weitere Linien in einem Abstand von 3 Hz zwischen den Linien auf. Wenn Sie fertig ist, entspricht jede Linie einem Peak im Spektrum. Im vorliegenden Fall erwarten Sie, dass Sie für den betrachteten Kern im ^{1}H-NMR-Spektrum sechs Peaks in charakteristischen Abständen finden werden.

Protonenaustausch

Wasserstoffkerne, die an ein Sauerstoff- oder Stickstoffatom gebunden sind, zeigen generell keine Kopplung. Ihre Peaks erscheinen in einem ^{1}H-NMR-Spektrum als breite Singuletts. Das Fehlen der Spin-Spin-Aufspaltung wird durch den *chemischen Austausch* hervorgerufen. Geringe Verunreinigungen durch eine Säure oder Base in der Probe (die sich häufig nur sehr schwer entfernen lassen) können den Austausch von Wasserstoffatomen katalysieren, die an Stickstoff- oder Sauerstoffatome gebunden sind, also Wasserstoffatome von Alkoholen oder Aminen (siehe Kapitel 5 für weitere Informationen zu diesen funktionellen Gruppen). In Lösungen, die Spuren einer Base enthalten, werden die an Stickstoff- oder Sauerstoffatome gebundenen Wasserstoffatome durch die Base abgespalten und schnell wieder angehängt. Weil das NMR-Experiment im Vergleich zu diesem Protonenaustausch sehr lange dauert, kann für diese Protonen keine Kopplung beobachtet werden (außer bei peinlich gereinigtem Probenmaterial oder sehr niedrigen Temperaturen, bei denen der Austausch langsamer verläuft).

Chemiker verwenden diesen schnellen Austausch, um mit einem Trick herauszufinden, ob ein bestimmter Peak zu einem Alkohol oder einem Amin gehört. Dazu fügen Sie einen Tropfen D_2O (schweres Wasser) zu der Probe hinzu. Weil *Deuteronen* (einfach positiv geladene Kerne des Deuteriums, aus einem Proton und einem Neutron bestehend) im ^{1}H-NMR nicht beobachtet werden können, verkleinert sich der Peak oder verschwindet völlig, wenn das gerade betrachtete Proton durch ein Deuteron ausgetauscht wird. Das bestätigt die Vermutung, dass es sich um ein Proton einer Alkohol- oder Amingruppe handeln muss.

Kohlenstoff-NMR

Die ^{13}C-NMR-Spektroskopie ist der ^{1}H-NMR-Spektroskopie in vielen Punkten ähnlich. Sie ist nur einfacher (kaum zu glauben, aber wahr). Kohlenstoff-NMR-Spektroskopie ist weniger empfindlich als die Protonen-NMR-Spektroskopie, weil nur die ^{13}C-Kerne NMR-aktiv sind; ^{12}C-Kerne sind inaktiv. Da das Isotop ^{13}C ein natürliches Vorkommen von nur 1,1 Prozent besitzt (fast der komplette Rest ist ^{12}C) und weil der Kohlenstoff-Kern weniger empfindlich ist als Wasserstoff-Kerne, benötigen Sie für die ^{13}C-NMR-Spektroskopie normalerweise eine größere Probe als für die ^{1}H-NMR-Spektroskopie. Außerdem dauern Kohlenstoff-NMR-Messungen länger (Stunden oder Tage anstelle von Minuten).

Im Allgemeinen sehen Sie in einem ^{13}C-Spektrum keine Integration und keine Kopplung (obwohl sie manchmal auftauchen). Sie beobachten keine Kohlenstoff-Kohlenstoff-Kopplung, weil das natürliche Vorkommen von ^{13}C so gering ist – die Wahrscheinlichkeit, dass zwei ^{13}C-Kerne einander benachbart sind und koppeln können, ist verschwindend klein. Eine ^{13}C–^{1}H-Kopplung könnte auftreten, aber die meisten NMR-Spektrometer entkoppeln diese Wechselwirkung (wodurch zusätzlich die Intensität des ^{13}C-Signals steigt, aus nicht ganz einfachen Gründen). Wegen dieser Entkopplung sind ^{13}C-NMR-Peaks meist einfache Singuletts, wie das ^{13}C-Spektrum von Buttersäure in Abbildung 18.21 zeigt.

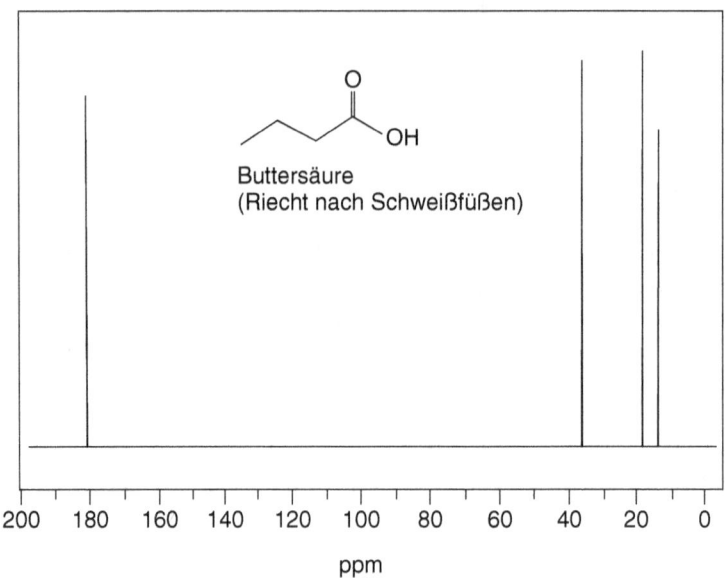

Abbildung 18.21: ^{13}C-NMR-Spektrum von Buttersäure

Daher ist die ^{13}C-NMR-Spektroskopie meistens sehr nützlich, um die Zahl unterschiedlicher Kohlenstoffatome in einem Molekül zu bestimmen, wobei Ihnen die chemische Verschiebung einen Hinweis auf die chemische Umgebung dieser Kohlenstoffe gibt. Der Bereich der chemischen Verschiebungen ist im Kohlenstoff-Spektrum breiter als in der Protonen-NMR – der Bereich erstreckt sich von 0–200 ppm, wobei ein Peak bei 200 ppm einen stark entschirmten Kern anzeigt. Denken Sie daran, dass Wasserstoffkerne keine Peaks in einem ^{13}C-NMR-Spektrum hervorrufen, genau wie umgekehrt auch ^{13}C keine Peaks im ^{1}H-NMR-Spektrum erzeugt; das ^{13}C-NMR-Spektrum und das ^{1}H-NMR-Spektrum müssen separat gemessen werden (obwohl man in den meisten Fällen das gleiche NMR-Spektrometer für beide Messungen verwendet). Es gibt jedoch auch

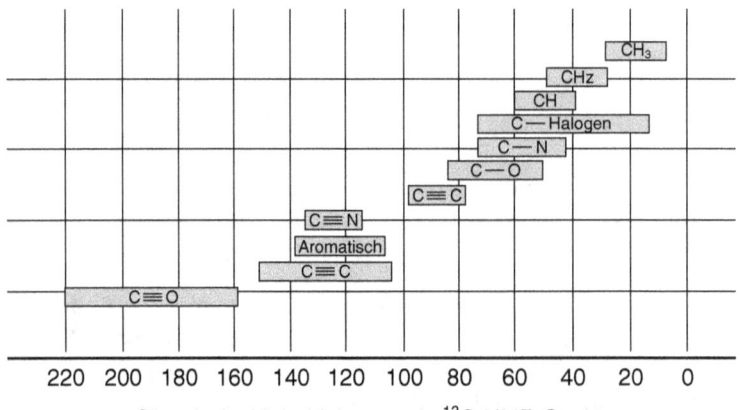

Abbildung 18.22: Wertebereich für ^{13}C-NMR-Spektren

spezielle NMR-Spektren, die zweidimensional sind. Dabei wird jeweils ein Spektrum (zum Beispiel $_1$H und $_1$H oder $_1$H und $_{13}$C) auf der X- und auf der Y-Achse aufgetragen. Um sich damit zu beschäftigen, sollten Sie aber erst einmal die normalen NMR-Spektren auswerten können. Abbildung 18.22 zeigt Ihnen charakteristische Bereiche der chemischen Verschiebungen für unterschiedliche Kohlenstoffkerne.

Von der Kernresonanzspektroskopie zur Magnetresonanztomographie

Die NMR-Spektroskopie wird nicht nur in der Chemie, sondern auch in der Medizin eingesetzt. Um sich ein Bild von Ihrem Inneren zu machen, schicken Ärzte oft Röntgenstrahlen durch Ihren Körper. Aber Röntgenstrahlen haben Nachteile, besonders wenn Sie an Informationen über Weichgewebe interessiert sind. Eine schonendere und genauere Technik ist die Magnetresonanztomographie (MRT). MRT-Maschinen sind im Prinzip einfach spezialisierte NMR-Spektrometer, die ein dreidimensionales Abbild Ihres Körpers liefern und Anomalien wie Tumore oder Knochenbrüche nachweisen können. In ein MRT-Gerät stellen Sie nicht ein Röhrchen mit Ihrer Probe hinein, hier sind *Sie selber* die Probe. Sie werden auf einer Liege in einen riesigen röhrenförmigen Magneten hineingeschoben und müssen dort für einige Minuten oder auch eine Stunde ruhig liegen.

Die MRT wurde entwickelt, um die Zahl der Wasserstoffatome in einem bestimmten Gebiet des Körpers zu bestimmen. Da verschiedene Körpergewebe auch eine verschiedene Dichte an Wasserstoffatomen besitzen (normales Hirngewebe enthält beispielsweise eine andere Dichte an Wasserstoffatomen als Krebsgewebe), können Ärzte die verschiedenen Dichten auf dem Bildschirm auswerten und Anomalien erkennen. Die MRT ist für die Medizin so wichtig, dass Paul Lauterbur und Peter Mansfield im Jahre 2003 für die Entwicklung dieser Technik der Nobelpreis für Medizin verliehen wurde.

Das Puzzle zusammensetzen

Die folgenden Definitionen sollen Ihnen helfen, den Überblick über die Themen dieses Kapitels zu behalten:

- ✔ **Chemische Verschiebung:** Sie beschreibt, wo ein Peak in einem Spektrum erscheint, relativ zu dem Referenzmolekül TMS gemessen. Die chemische Verschiebung wird in Einheiten von *parts per million* (ppm) angegeben. Sie gibt einen Hinweis darauf, von welchen funktionellen Gruppen ein Wasserstoff- oder Kohlenstoffkern umgeben ist.

- ✔ **Integration:** Sie gibt die Fläche eines Peaks an. Die Fläche entspricht der relativen Zahl der Wasserstoffkerne. In ^{13}C-NMR-Spektren wird keine Integration der Peak-Flächen angegeben.

- ✔ **Kopplung:** Sie sagt Ihnen (mithilfe der $(N+1)$-Regel) wie viele benachbarte Wasserstoffatome ein Kern sieht. Die $(N+1)$-Regel kann nur dann direkt angewendet werden, wenn der betrachtete Kern ausschließlich von chemisch äquivalenten

Wasserstoffatomen umgeben ist. Wenn der Kern von zwei oder mehr chemisch nichtäquivalenten Wasserstoffkernen umgeben ist, muss die Regel sukzessive angewendet werden. Aufspaltungsdiagramme können verwendet werden, um zu ermitteln, wie viele Peaks in einem Spektrum für ein bestimmtes Wasserstoffatom auftauchen, das von zwei oder mehreren nichtäquivalenten Wasserstoffkernen umgeben ist. Wasserstoffkerne an Stickstoff- oder Sauerstoffatomen koppeln wegen des schnellen Austauschs nicht; sie erscheinen im Spektrum als breites Singulett (das verschwindet, wenn die Probe mit D_2O versetzt wird).

✔ **Kopplungskonstante:** Sie gibt den Abstand zwischen den einzelnen Peaks in einem Multiplett an. Die Kopplungskonstante wird mit *J* bezeichnet und in Hz angegeben. Ihr Wert sagt Ihnen, welche Kerne miteinander koppeln, da die Multipletts koppelnder Kerne dieselbe Kopplungskonstante besitzen.

Aufgabe 18.1:

Obwohl Isopropylalkohol (2-Propanol, $CH_3CH(OH)CH_3$) und Aceton (CH_3COCH_3) einander strukturell sehr ähnlich sind, unterscheiden sich sowohl das ^1H- als auch das ^{13}C-NMR-Spektrum drastisch:

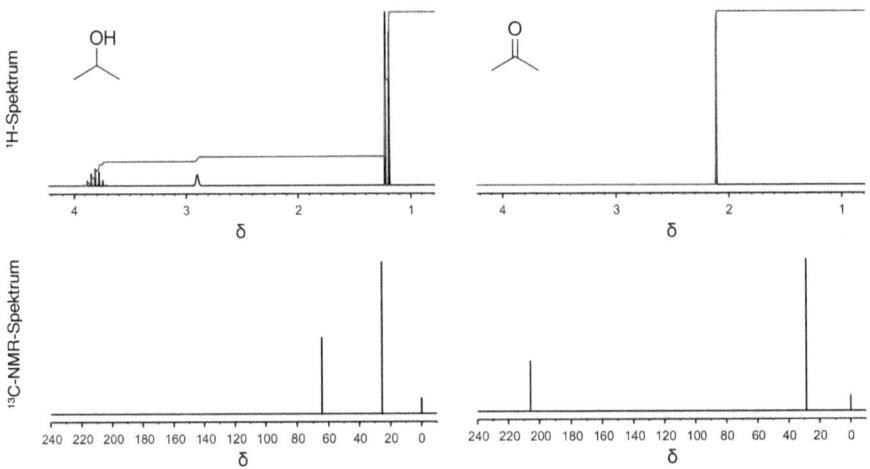

Erläutern Sie die Unterschiede, und werten Sie die Spektren aus.

Aufgabe 18.2:

Wie unterscheiden sich das ^1H-NMR-Spektrum von 2-Methylpropan-1-ol und 2-Methyl-2-propanol (*tert*-Butylalkohol)? (Nein, Sie sollen die Spektren nicht erst in der Literatur suchen – das können Sie freihändig!)

Aufgabe 18.3:

Im ^1H-NMR-Spektrum eines disubstituierten Benzols findet sich im charakteristische Aromaten-Verschiebungsbereich ($\delta \sim 6{,}8 - 8{,}2$) unter anderem ein Singulett. Welches Substitutionsmuster weist der Aromat auf (*ortho-/meta-/para-*)?

> **IN DIESEM KAPITEL**
>
> NMR-Aufgaben lösen
>
> Hilfen bei der Strukturbestimmung
>
> Probleme vermeiden – Fehler korrigieren

Kapitel 19
Indizienbeweise: Strukturbestimmung mit NMR

Spektroskopie kann furchteinflößend sein, wenn Sie zum ersten Mal mit ihr in Kontakt kommen. Ein Spektrum enthält so viele Informationen, viele Peaks, Linien und Schnörkel, die Sie interpretieren sollen. Vielleicht kommen Sie sich vor wie ein Kind, das versucht, den »Zauberberg« zu lesen. Die Informationsfülle macht einem schon die Entscheidung schwer, womit man anfangen soll und was wichtig ist.

Der Trick ist, sich nicht einschüchtern zu lassen und den Mut nicht zu verlieren. Vielleicht stöhnen Sie jetzt, aber wenn Sie erst genug Aufgaben gelöst und die nötige Routine erlangt haben, kann die Spektroskopie richtig Spaß machen. Nehmen Sie die Aufgaben als Herausforderung der Natur an Ihren Intellekt!

In diesem Kapitel gebe ich Ihnen allgemeine Hinweise, wie Sie die Strukturen von Molekülen mithilfe der NMR-Spektroskopie entschlüsseln können (in Kapitel 18 können Sie mehr über die NMR-Spektroskopie nachlesen). Leider kann ich Ihnen nicht *den* ultimativen Weg zur Lösung zeigen, weil es den in der Chemie nicht gibt. Deshalb bieten Lehrbücher meist gar keine Strategie für die Lösung von Aufgaben an. Stattdessen trösten sie Sie mit Durchhalteparolen wie »Lösen Sie möglichst viele Aufgaben« und versprechen Ihnen, dass Sie es schon irgendwann kapieren werden. Viele Aufgaben zu lösen ist in der Tat ein sinnvoller Rat, er bringt Sie aber in die blöde Lage, dass Sie immer noch nicht wissen, wo Sie anfangen sollen. Viele Studierende gehen die Sache daher falsch an (ich spreche später in diesem Kapitel darüber, wie Sie Fehler vermeiden können) und verstehen nie richtig, wie man solche Aufgaben am besten anpackt. Wenn die Klausuren vor der Tür stehen, sind manche Studierende reif für die Klapsmühle.

Daher gebe ich Ihnen im Folgenden ein Wie-finde-ich-die-Struktur-mithilfe-der-NMR-Spektroskopie-heraus-Allheilmittel an die Hand, das mir und anderen geholfen hat. Ich hoffe, es funktioniert auch bei Ihnen, zumindest als Unterstützung, bis Sie sicher genug sind und es Ihrem eigenen Stil und der jeweiligen Aufgabe anpassen können. Spektroskopische

Fragestellungen sind vor allem deshalb furchteinflößend, weil Sie auf unterschiedliche Weisen gelöst werden können. Ich bevorzuge es, mich der Struktur einer Verbindung systematisch zu nähern, indem ich den Hinweisen aus der NMR-Spektroskopie folge.

Folgen Sie den Hinweisen

Ich mag es, spektroskopische Aufgaben wie ein Detektiv zu lösen, der im Dunkeln mit einer Taschenlampe herumläuft und nach dem Täter sucht. Das methodische Sammeln von Indizien ist hierbei wesentlich effektiver als blind mit der Taschenlampe (oder dem Bleistift) herumzuwedeln und auf eine magische Eingebung zu hoffen (die niemals während einer Klausur auftritt, aber erstaunlicherweise manchmal direkt danach).

Sie werden mit unterschiedlichen Arten von NMR-Aufgaben konfrontiert werden. Bei den einen ist nur die Summenformel und das ^{1}H-NMR-Spektrum gegeben, bei anderen haben Sie auch ein IR- oder vielleicht ein ^{13}C-NMR-Spektrum. Die Beweisaufnahme, die ich Ihnen jetzt vorstelle, passt immer – lassen Sie einfach die Punkte aus, die nicht zu Ihrer jeweiligen Aufgabe passen. Nachdem ich Ihnen gezeigt habe, wie Sie alle Beweise einsammeln, gebe ich Ihnen noch zwei Beispiele, bei denen Sie den Leitfaden auf praktische Aufgaben anwenden können.

Und so gehen Sie vor: Sie beginnen mit der Bestimmung des Doppelbindungsäquivalents aus der Summenformel. Das gibt Ihnen einen ersten Hinweis, ob die Substanz Ringe, Doppelbindungen oder Dreifachbindungen enthält oder ob das Molekül gesättigt ist. Einen genaueren Hinweis auf die Art des Moleküls, mit dem Sie es zu tun haben, bekommen Sie aus dem IR-Spektrum (falls vorhanden) sowie durch einen kurzen Blick auf das ^{1}H-NMR-Spektrum und die Suche nach Peaks, die Sie eindeutig bestimmten funktionellen Gruppen zuordnen können (insbesondere Carbonsäuren, Aldehyden und aromatischen Ringen). Danach verwenden Sie die Integration (sowie die Hinweise aus dem Doppelbindungsäquivalent und ggf. dem IR-Spektrum), um alle Fragmente eines Moleküls zu bestimmen. Wenn Sie die haben, bauen Sie sie so zusammen, dass sie mit den chemischen Verschiebungen und den Kopplungen im Einklang stehen. Zum Schluss kontrollieren Sie noch einmal, ob Ihre vorhergesagte Struktur mit allen Hinweisen übereinstimmt. Noch einmal ganz kurz: Bestimmen Sie zuerst alle Einzelteile des Moleküls, und setzen Sie diese anschließend passend zusammen.

Nach diesem allgemeinen Schema können Sie Strukturen ermitteln. Jetzt zeige ich Ihnen noch, wie jeder Schritt in der Praxis funktioniert. Knipsen Sie Ihre Taschenlampe an, Watson – jetzt kommt die Beweisaufnahme!

Schritt 1: Bestimmen Sie das Doppelbindungsäquivalent

Wenn Sie Ihre Erinnerung auffrischen wollen, sehen Sie kurz in Kapitel 8 nach.

 Wenn Sie die Summenformel haben, müssen Sie die Werte nur in folgende Gleichung einsetzen:

$$\text{Doppelbindungsäquivalent} = \frac{2 \cdot (\text{Zahl der C-Atome}) - (\text{Zahl der H-Atome}) + 2}{2}$$

Wenn Ihre Verbindung andere Atome als Kohlenstoff und Wasserstoff enthält, müssen Sie folgende Regeln einhalten:

- ✔ **Halogene (F, Cl, Br, I):** Für jedes Halogenatom wird ein Wasserstoffatom zur Summenformel addiert (anders gesagt: Ein Halogenatom zählt genau wie ein Wasserstoffatom).

- ✔ **Stickstoff:** Für jedes Stickstoffatom entfernen Sie ein Wasserstoffatom aus der Summenformel.

- ✔ **Sauerstoff und Schwefel:** Können ignoriert werden.

Das Doppelbindungsäquivalent ist ein wertvoller Hinweis, weil es Ihnen sagt, wie viele Doppelbindungen, Dreifachbindungen oder Ringe in einer Substanz vorhanden sind (allerdings verrät es Ihnen nicht, *welche* dieser Elemente vorhanden sind).

Doppelbindungen und Ringe zählen als 1 und Dreifachbindungen als 2. Wenn das Molekül ein Doppelbindungsäquivalent von 0 besitzt, wissen Sie, dass keine Doppelbindungen, Dreifachbindungen oder Ringe im Molekül vorhanden sind.

Schritt 2: Bestimmen Sie die funktionellen Gruppen aus dem IR-Spektrum

In Kapitel 17 können Sie Ihr Wissen über die IR-Spektroskopie auf Vordermann bringen. Wenn möglich, bestimmen Sie die vorhandenen funktionellen Gruppen aus dem IR-Spektrum. Besonders einfach ist das für Aldehyde, Carbonsäuren und Benzolringe.

Schritt 3: Vermessen Sie die Integrationskurve

Aus der Integration erhalten Sie das Zahlenverhältnis der Wasserstoffatome in den verschiedenen Peaks. Wenn Sie das mit der Summenformel vergleichen, bekommen Sie die absoluten Zahlen der Wasserstoffatome für jeden Peak. Vor allem am Anfang ist ein Lineal ein wichtiges Werkzeug, um Integration auszumessen. Messen Sie dazu die *Höhe* der Integrationskurve über einem Peak (die Integrationskurve ist immer über dem jeweiligen Peak angegeben und sieht aus wie eine Stufe). Ihre Höhe gibt die Fläche eines Peaks an, die wiederum die Zahl der Wasserstoffatome angibt, die zu diesem Peak beitragen. Und das ist genau das, was Sie wissen wollen. Wenn Sie wissen, wie viele Wasserstoffatome zu jedem Peak gehören, wird es einfacher, im nächsten Schritt die Fragmente des Moleküls anzugeben.

Und so messen Sie mit einem Lineal die Integration aus (siehe Abbildung 19.1; der Klarheit halber sind die Peaks unter den Integrationskurven nicht gezeigt): Als Erstes brauchen Sie die relativen Beträge der Integrationen. Nehmen Sie Ihr Lineal in die Hand, und messen Sie die *Höhen* aller Integrationskurven im Spektrum. Nachdem Sie das getan haben, dividieren Sie alle Werte durch die kleinste Höhe – schon haben Sie die Relativwerte.

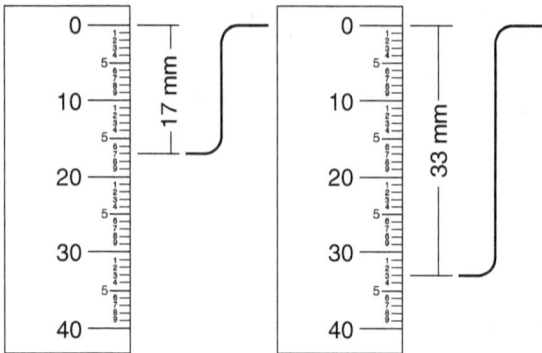

Abbildung 19.1: Die Vermessung der Integrationskurven mit dem Lineal

Im vorliegenden Beispiel ist die kleinste Stufe 17 mm hoch, also dividieren Sie beide Höhen durch 17 mm. Daraus erhalten Sie ein Verhältnis von 1:1,94. Da in chemischen Verbindungen nie irgendwo 0,94 Wasserstoffatome vorkommen, müssen Sie die Relativwerte noch auf ganze Zahlen runden.

Wie in diesem Fall sind die Verhältnisse der Integrationen meist keine ganzen Zahlen. Wenn Sie wenigstens in der Nähe einer ganzen Zahl liegen, können Sie sie ohne weiteres auf die nächste ganze Zahl runden. Hier liegt 1,94 so nahe bei 2,0, dass Sie das Verhältnis der Integrationen als 1:2 angeben würden.

 Diese Ungenauigkeiten der Integration können mit Rauschen in der Grundlinie des Signals, Fehlern in der Kalibrierung der Integration, Verunreinigungen der Probe oder simplen Messfehlern beim Vermessen der Integrationskurve mit dem Lineal zusammenhängen.

Wenn eine der Zahlen in dem Verhältnis nicht in der Nähe einer ganzen Zahl liegt, müssen Sie alle Zahlen in dem Verhältnis mit der kleinstmöglichen Zahl multiplizieren, die alle Zahlen in dem Verhältnis ganzzahlig macht. Wenn das Verhältnis der Integrationen beispielsweise 1,0:1,5 ist, multiplizieren Sie mit 2 und erhalten so ein Verhältnis von 2:3. Wenn das Verhältnis 1,0:1,33 lautet, multiplizieren Sie beide Zahlen mit 3, um 3:4 zu kommen.

Für dieses Beispiel können Sie ein Verhältnis von 1:2 annehmen.

Das bedeutet aber nicht unbedingt, dass der Peak auf der linken Seite einem Wasserstoffkern und der auf der rechten Seite zwei Wasserstoffkernen entspricht. Bisher haben Sie nur das *Verhältnis* der Zahl von Wasserstoffatomen; es sagt nur aus, dass das größere Signal doppelt so vielen Wasserstoffkernen entspricht wie das kleinere Signal. Die tatsächliche Zahl der Atome kennen Sie (noch) nicht. Sie können die absolute Zahl aber ermitteln, indem Sie das berechnete Verhältnis mit der Summenformel vergleichen.

Wenn die Summe aller Zahlen in dem Verhältnis gleich der Zahl der Wasserstoffatome in der Summenformel ist (wenn in dem aktuellen Beispiel also nur drei Wasserstoffatome vorhanden wären), dann entspricht der Peak auf der linken Seite tatsächlich nur einem und der auf der rechten Seite zwei Wasserstoffatomen, denn dann wären damit alle

Wasserstoffatome im Molekül erklärt. Wenn die Summenformel aber sechs Wasserstoffatome enthält, müssen Sie das relative Verhältnis mit zwei multiplizieren, um die absoluten Zahlen in Spektrum und Summenformel anzupassen. Der Peak der ersten Integration entspricht dann zwei Wasserstoffatomen, und der Peak der zweiten Integration entspricht vier Wasserstoffatomen. (Wenn neun Wasserstoffe vorhanden wären, müssten Sie die relativen Integrationen mit drei multiplizieren.)

Die Summe aller Wasserstoffatome (die absolute Zahl), die Sie aus den Integrationen ermitteln, muss mit der Anzahl der Wasserstoffatome in der Summenformel übereinstimmen. Wenn das nicht der Fall ist, müssen Sie die Werte der Integrationen kontrollieren.

Hier ist eine Zusammenfassung der Schritte, mit denen Sie die Zahl der Wasserstoffe bestimmen, die zu einem Signal beitragen:

✔ Bestimmen Sie die Höhe aller Integrationskurven mit dem Lineal.

✔ Dividieren Sie alle Höhen durch die kleinste gemessene Höhe.

✔ Wenn ein oder mehrere Werte keine ganzen Zahlen sind, müssen Sie diese runden (wenn die Werte sehr nah an einer ganzen Zahl liegen) oder alle Werte in dem Verhältnis mit einer ganzen Zahl multiplizieren. So erhalten Sie das Verhältnis der Zahl der Wasserstoffatome in den Peaks.

✔ Um die absolute Zahl der Wasserstoffatome in den Peaks festlegen zu können, addieren Sie alle Zahlen des Verhältnisses und vergleichen diese Summe mit der Zahl der Wasserstoffatome in der Summenformel. Wenn die beiden Werte ungleich sind, multiplizieren Sie die Summe mit einer Zahl, sodass das Produkt gleich der Zahl aller Wasserstoffatome in der Summenformel ist. Mit dieser Zahl müssen Sie dann auch die einzelnen Werte des Verhältnisses multiplizieren, um die absolute Zahl von Wasserstoffatomen zu bekommen, die der betreffende Peak darstellt.

Schritt 4: Weisen Sie den NMR-Peaks Fragmente zu

Nachdem Sie jetzt wissen, wie viele Wasserstoffatome sich hinter jedem Signal in Ihrem Spektrum verbergen, können Sie jedem Peak ein Molekülfragment zuweisen. Tabelle 19.1 zeigt Ihnen häufige Fragmente.

Wenn Sie die Molekülfragmente bestimmen, schreiben Sie sich alle gleich auf ein Blatt Papier, damit Sie alle direkt vor Augen haben, wenn Sie zur Strukturbestimmung bereit sind. Wenn Sie drei Peaks haben – einen der einem Wasserstoffatom entspricht, einen zweiten, der zwei Wasserstoffatomen entspricht, und einen dritten, der drei Wasserstoffatomen entspricht, dann würden Sie sich CH, CH_2 und CH_3 notieren. Nachdem Sie alle Fragmente bestimmt haben (einschließlich aller Fragmente, die Sie ggf. aus dem IR-Spektrum ermittelt haben), zählen Sie alle Atome in den Fragmenten ab, und vergewissern Sie sich, dass diese mit der Summenformel übereinstimmen. Wiederholung Sie sich, dass Sie keine Atome vergessen haben.

Anzahl der Wasserstoffatome	Wahrscheinliches Fragment	Bemerkungen
1	—C— mit H oben	Kontrollieren Sie das IR-Spektrum, um sich zu vergewissern, ob es sich nicht um einen Alkohol (OH), ein sekundäres Amin (NH), einen Aldehyd (CHO) oder ein saures Proton (COOH) handelt.
2	—C—H mit H oben	Kann manchmal auch auf zwei symmetrische CH-Gruppen hinweisen
3	—C—H mit H oben und H unten	Kann manchmal auch auf drei symmetrische CH-Gruppen hinweisen
4	2 × (—C—H mit H oben)	Entspricht meist zwei symmetrischen Methylengruppen (CH_2)
6	2 × (—C—H mit H oben und H unten)	Kann manchmal auch auf drei symmetrische CH_2-Gruppen hinweisen; häufig ein Zeichen für eine Isopropylgruppe
9	3 × (—C—H mit H oben und H unten)	Häufig ein Zeichen für eine tertiäre Butylgruppe

Tabelle 19.1: Häufige Molekülfragmente

Schritt 5: Kombinieren Sie die Fragmente so, dass die Struktur mit dem Kopplungsmuster, den chemischen Verschiebungen und dem Doppelbindungsäquivalent übereinstimmt

Wenn Sie mit der Analyse beginnen, ist der beste Weg von den Fragmenten zum fertigen Molekül oft ein Brainstorming aller möglichen Moleküle, die die notierten Fragmente enthalten, da es oft mehrere Möglichkeiten gibt, die Teile zusammenzufügen. Nach dem Brainstorming eliminieren Sie systematisch alle falschen Strukturen. Die falschen Strukturen können Sie nach unterschiedlichen Kriterien aussortieren. Meist führen die falschen Strukturen nicht zu dem Kopplungsmuster, die Sie in Ihrem NMR-Spektrum sehen, oder sie besitzen eine Symmetrie, obwohl Ihr NMR-Spektrum zeigt, dass keine Symmetrie vorhanden ist. Manchmal müssen Sie die chemische Verschiebung heranziehen, um falsche Strukturen eliminieren zu können. Diese Prozedur sieht mühsam aus, aber wenn Sie einige Aufgaben bearbeitet haben, werden Sie ein Gefühl dafür entwickeln, ob eine Struktur passt oder nicht. Am Ende brauchen Sie für den Zusammenbau der Fragmente zum fertigen Molekül praktisch gar keine Zeit mehr.

Wenn Sie einige Aufgaben hinter sich gebracht haben, werden Sie beginnen, Muster zu erkennen. Ein Quartett, das zwei Wasserstoffatomen entspricht, und ein Triplett, das drei Wasserstoffatomen entspricht, deuten sehr häufig auf eine Ethylgruppe (–CH$_2$CH$_3$) hin. Ein Multiplett, das einem Wasserstoffatom entspricht, und ein Dublett, das für sechs Wasserstoffatome steht, bedeuten mit an Sicherheit grenzender Wahrscheinlichkeit eine Isopropylgruppe (–CH(CH$_3$)$_2$).

Schritt 6: Kontrollieren Sie Ihre Struktur

Sehen Sie nun Ihre vorgeschlagene Struktur an, und überlegen Sie sich, wie ihr Spektrum aussehen müsste, indem Sie von Kohlenstoffatom zu Kohlenstoffatom gehen. Danach vergleichen Sie das erwartete Spektrum Ihrer vorgeschlagenen Struktur mit dem wirklichen Spektrum, um festzustellen, ob die beiden übereinstimmen. Jetzt ist der Zeitpunkt gekommen, die chemische Verschiebung der Protonen auf Plausibilität zu kontrollieren. Sie erinnern sich, dass Protonen in der Nähe elektronegativer Atome (wie N, O, F, Cl) eine größere chemische Verschiebung besitzen als Protonen, die nicht an elektronegative Atome gebunden sind.

Aber was passiert, wenn Sie zu Schritt 5 oder 6 kommen und merken: »Oh nein – meine Struktur ist falsch!«

In diesem Fall gibt es zwei Möglichkeiten, die Sache wieder ins Lot zu bringen.

Test 1

Zuerst müssen Sie kontrollieren, ob Sie die Fragmente richtig kombiniert haben. Oft gibt es mehrere Möglichkeiten, die Fragmente zu einer Struktur zusammenzusetzen. Wenn Sie alle Varianten geprüft und keine zufriedenstellende Lösung gefunden haben, dann liegt das Problem vermutlich an den Fragmenten selbst (siehe Test 2).

Test 2

Die weniger wahrscheinliche Möglichkeit ist, dass die Fragmente selbst falsch sind. Das wahrscheinlichste Fragment aus der Tabelle 19.1 wird in den meisten Fällen richtig sein – also ist das ein guter Ausgangspunkt, um mit der Kontrolle fortzufahren. Leider ist dieses Verfahren nicht 100% sicher. Am ehesten versagt es bei Molekülen mit hoher Symmetrie. Wenn dieses Verfahren versagt, können Sie in Schritt 5 keine Anordnung der Fragmente finden, die mit den chemischen Verschiebungen und dem Kopplungsmuster übereinstimmt. In einem solchen Fall kehren Sie zur Tabelle zurück und überdenken noch einmal Ihre Fragmentauswahl (lesen Sie auch die Anmerkungen in Spalte drei, um alternative Möglichkeiten zu finden).

Abbildung 19.2 zeigt ein Beispiel, bei dem das wahrscheinlichste Fragment der Tabelle nicht zum Erfolg führt. Aufgrund der Symmetrie des Moleküls (die linke Hälfte des Moleküls ist identisch mit seiner rechten Hälfte) sind die beiden CH_3-Gruppen identisch und erscheinen im Spektrum als ein einziger Peak (der sechs Wasserstoffatomen entspricht), und auch die beiden CH-Gruppen erscheinen als ein Peak (der zwei Wasserstoffatomen entspricht).

$$CH_3-CH=C=CH-CH_3$$

Abbildung 19.2: Eine vertrackte Struktur: Penta-2,3-Dien

In der Zeile für die sechs Wasserstoffatome in Tabelle 19.1 sind die beiden symmetrischen CH_3-Fragmente korrekt als »Wahrscheinliches Fragment« vorhergesagt; die zwei Wasserstoffatome werden eher als CH_2-Fragment und nur ausnahmsweise als zwei identische CH-Fragmente interpretiert. Wenn Sie an diesem Punkt das wahrscheinlichste Fragment (und nicht das seltenere Fragment) aus der Tabelle wählen, denn haben Sie in Schritt 5 keine Chance, eine sinnvolle Struktur zu erstellen. Gehen Sie zur Spalte »Bemerkungen« in Tabelle 19.1 zurück, und sehen Sie sich die Bemerkung über die zwei Wasserstoffatome an. Sie sehen dann, dass diese Integration in seltenen Fällen auch zwei symmetrischen CH-Fragmenten entsprechen kann. Wenn Sie diese Variante verwenden, befinden Sie sich auf dem richten Weg.

Aufgaben lösen

Nun folgt ein Beispiel, bei dem Sie die Summenformel und das ^{1}H-NMR-Spektrum vorgegeben bekommen und daraus eine Struktur bestimmen müssen. Wenn Sie für sich selbst Aufgaben lösen, schreiben Sie alle Hinweise, die Ihnen einfallen, auf ein Blatt Papier. Selbst Sherlock Holmes hat sich seine Beobachtungen notiert, damit er alle Indizien direkt zur Hand hatte, wenn er den Mörder entlarven wollte (bei Ihnen ist es die Struktur).

Beispiel 1: Eine Strukturaufklärung aus der Summenformel und dem NMR-Spektrum

Bestimmen Sie die Struktur einer Substanz mit der Summenformel $C_8H_8O_2$ aus ihrem ^{1}H-NMR-Spektrum (Abbildung 19.3).

Gehen Sie dieses Problem systematisch an, und durchlaufen Sie die einzelnen Schritte wie beschrieben.

Schritt 1: Bestimmen Sie das Doppelbindungsäquivalent

Das Einsetzen der Summenformel $C_8H_8O_2$ in die Gleichung ergibt ein Doppelbindungsäquivalent von 5.

Ein Doppelbindungsäquivalent von 4 oder 5 in einem Molekül weist mit einer hohen Wahrscheinlichkeit auf einen Benzolring hin. Um das zu bestätigen, müssen Sie sich die Peaks bei $\delta = 6{,}5-8{,}5$ ppm im NMR-Spektrum ansehen. Benzolringe ergeben ein Doppelbindungsäquivalent von 4 (drei für die drei Doppelbindungen und eins für den Ring).

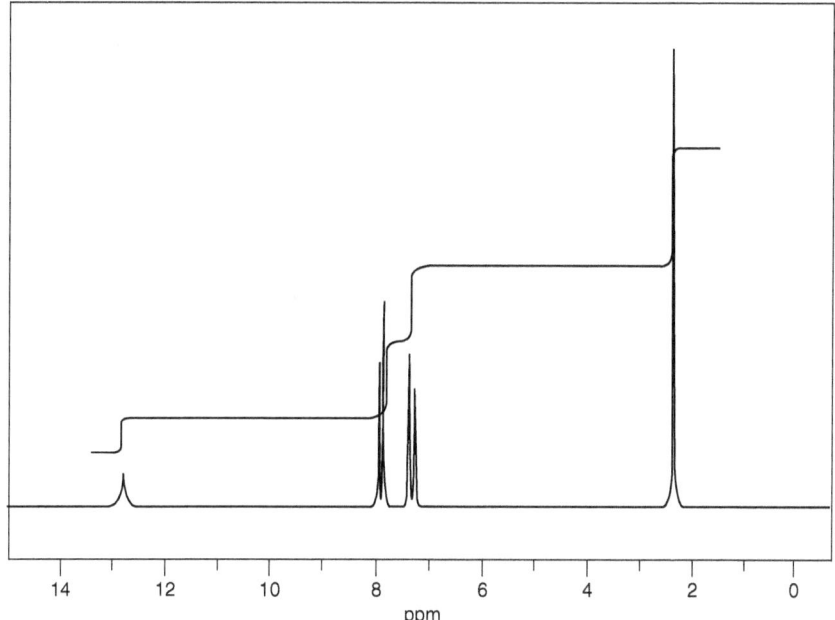

Abbildung 19.3: Das NMR-Spektrum einer Verbindung mit der Summenformel $C_8H_8O_2$

Beweismittel 2: Bestimmung der funktionellen Gruppen

Leider haben Sie kein IR-Spektrum für die Bestimmung der funktionellen Gruppen zur Verfügung. Egal, Sie können sich immer noch das NMR-Spektrum ansehen, ob Sie ein Zeichen für bestimmte funktionelle Gruppen finden.

Die drei wichtigsten Punkte, nach denen Sie im NMR-Spektrum sehen müssen, sind:

✔ Carboxyl-Protonen bei $\delta = 12$ ppm (kurze, breite Peaks)

✔ Aldehydprotonen bei $\delta = 10$ ppm

✔ Aromatische Protonen im Bereich $\delta = 6{,}5$–$8{,}5$ ppm

Nur selten (zumindest in Aufgaben, mit denen Sie im Grundstudium konfrontiert werden) tauchen andere Arten von Protonen in diesen Bereichen auf.

In dem Beispiel aus Abbildung 19.3 ist sowohl ein Carboxylproton (der kurze breite Peak bei $\delta = 13$ ppm) als auch ein Benzolring (die Peaks zwischen $\delta = 7$ ppm und $\delta = 8$ ppm) zu sehen, was Sie nach der Bestimmung des Doppelbindungsäquivalents erwartet haben (eine Liste der chemischen Verschiebungen einiger funktioneller Gruppen finden Sie in Kapitel 18). Schreiben Sie sich die beiden Molekülfragmente auf, wie in Abbildung 19.4 gezeigt.

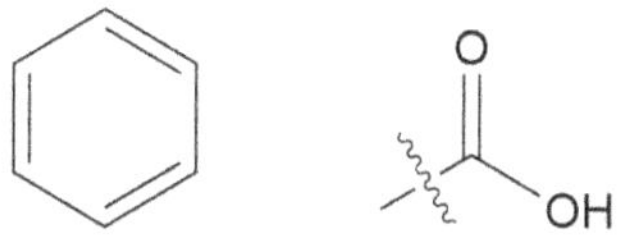

Abbildung 19.4: Erwischt: Benzolring und Carboxylgruppe

Wenn Sie einige Peaks im NMR-Spektrum identifiziert haben, haken Sie sie im Spektrum ab, damit Sie sie in Schritt 4 nicht noch einmal bearbeiten. Im aktuellen Beispiel haken Sie die Peaks des Caboxylprotons und der aromatischen Protonen ab, da sie bereits Fragmenten zugeordnet sind.

Schritt 3: Bestimmung der Peakverhältnisse

Messen Sie zunächst die Höhen der Integrationskurven im Spektrum aus. Von links nach rechts ist das Verhältnis 1:2:2:3. Wenn Sie das nicht durch bloßen Augenschein nachvollziehen können, holen Sie Ihr Lineal, und messen Sie die Höhe der Integrationskurven nach, wie ich es im vorangegangenen Beispiel getan habe.

Sie kennen nun das Verhältnis (1:2:2:3) der Zahl von Wasserstoffatomen und müssen es nun noch in absolute Zahlen umrechnen. Die Summenformel ($C_8H_8O_2$) sagt Ihnen, dass 8 Wasserstoffatome im Molekül anwesend sind. Durch Addition der Zahlen in dem Verhältnis erhalten Sie einen Wert von 8 (1+2+2+3). Sie müssen das Verhältnis also nicht multiplizieren; die relativen Zahlen entsprechen den absoluten Zahlen der Wasserstoffatome. Der erste Peak entspricht einem Wasserstoffatom, der zweite und dritte Peak jeweils zwei Wasserstoffatomen und der vierte Peak drei Wasserstoffatomen.

Schritt 4: Festlegung der Fragmente

In Schritt 2 haben Sie festgestellt, dass der Peak bei $\delta = 12$ ppm von einem Carboxyl-Proton stammt und die Peaks bei $\delta = 7-8$ ppm von aromatischen Protonen. Damit müssen Sie nur noch den Peak bei $\delta = 2,3$ ppm zuordnen, der drei Wasserstoffatomen entspricht. Aus Tabelle 19.1 sehen Sie, dass drei Wasserstoffatome eine CH_3-Gruppe anzeigen. Schreiben Sie sie auf Ihr Blatt Papier.

Werfen Sie jetzt einen genaueren Blick auf die Peaks des Benzolrings. Aus der Integration wissen Sie, dass sich hier vier Wasserstoffatome verbergen. Daher muss der Ring genau zwei Substituenten tragen. Das bedeutet, dass zwei Wasserstoffatome am Benzolring durch andere Gruppen substituiert sind.

Wenn der aromatische Bereich fünf Protonen anzeigt, haben Sie es mit einem Benzolring zu tun, der nur einmal substituiert ist. Wenn er vier Protonen enthält, ist der Ring zweimal substituiert (disubstituiert). Wenn dieser Bereich drei Protonen enthält, ist der Ring dreimal substituiert (trisubstituiert). Wenn Sie wollen, zeichnen Sie die Strukturen auf, um das selbst nachzuprüfen.

Wenn Sie wie im aktuellen Fall ein disubstituiertes Benzol vorliegen haben, müssen Sie die relative Stellung der Substituenten zueinander festlegen. Ein disubstituierter Benzolring kann in drei verschiedenen Formen vorliegen: Die Substituenten können *ortho*, *meta* oder *para* zueinander stehen (siehe Abbildung 19.5; mehr über Substitutionsmuster an aromatischen Ringen in Kapitel 13).

Da Ihr Benzolring vier Wasserstoffatome trägt, erwarten Sie wahrscheinlich vier Peaks, einen für jedes der Wasserstoffatome. Im Spektrum sehen Sie allerdings nur zwei Peaks im aromatischen Bereich. Das legt nahe, dass das Molekül eine Spiegelebene enthält. Ein Blick auf Abbildung 19.5 zeigt, dass das nur für das *para*-substituierte Benzol zutrifft – hier ist

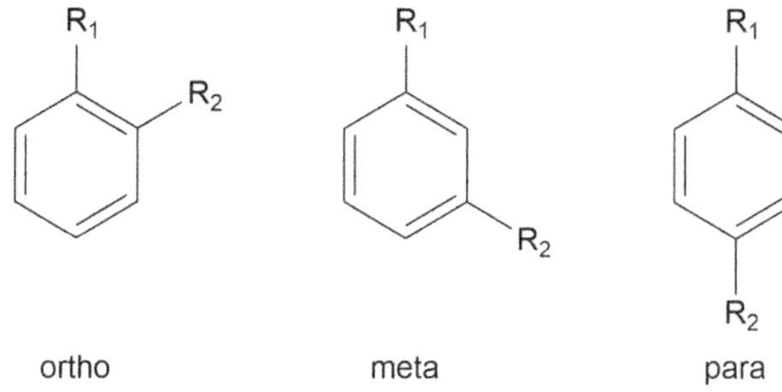

Abbildung 19.5: Drei unterschiedliche disubstituierte Benzolringe

die linke Seite des Rings mit der rechten Seite identisch. Aufgrund dieser Symmetrie (siehe Abbildung 19.6) befinden sich die beiden Wasserstoffatome rechts und links von R_1 (mit H_a bezeichnet) in identischen chemischen Umgebungen (beide sind ein Kohlenstoffatom von R_1 entfernt und zwei Kohlenstoffatome von R_2). Ebenso befinden sich auch die zwei Wasserstoffatome neben R_2 (mit H_b bezeichnet) in chemisch identischen Umgebungen. Daher tauchen im NMR-Spektrum für diese vier Protonen insgesamt nur zwei Peaks auf, die jeweils zwei Wasserstoffatomen entsprechen. Dieses Muster ist für *para*-substituierte Benzolringe typisch.

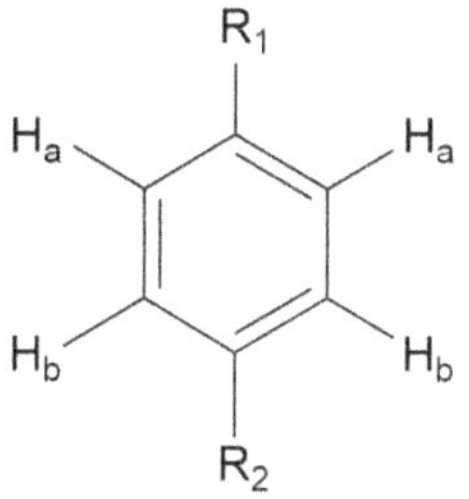

Abbildung 19.6: Die Symmetrie eines para-substituierten Benzolrings

Wenn Sie die identische chemische Umgebung nicht aus der Zeichnung erkennen können, versuchen Sie mittels eines Baukastens ein Molekül zusammenzustecken, um plastisch zu entdecken, dass die chemische Umgebung der beiden H_a- bzw. H_b-Atome wirklich identisch ist.

Da Sie nun wissen, dass der Benzolring zwei Substituenten besitzt, die *para* zueinander stehen, können Sie nun alle Fragmente auflisten (die Zahl der Atome sollte genau mit der Zahl in der Summenformel übereinstimmen), siehe Abbildung 19.7.

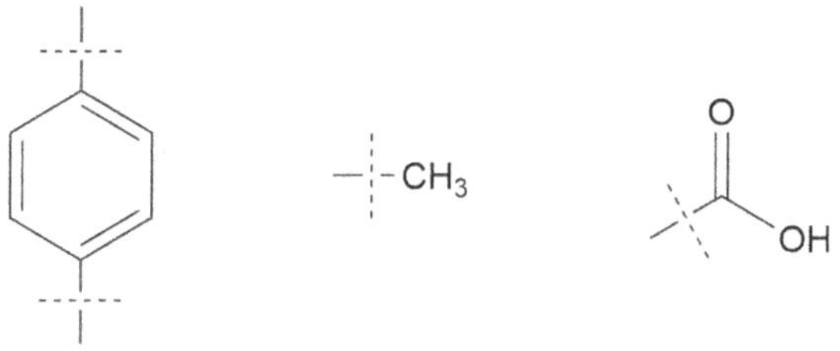

Abbildung 19.7: Strukturfragmente

Beweismittel 5: Fügen Sie die Fragmente zusammen

In diesem Beispiel existiert nur eine sinnvolle Lösung, die Fragmente zusammenzufügen. Die erwartete Struktur ist *para*-Toluylsäure (oder 4-Methylbenzoesäure; das Toluyl- kommt vom Toluol), siehe Abbildung 19.8.

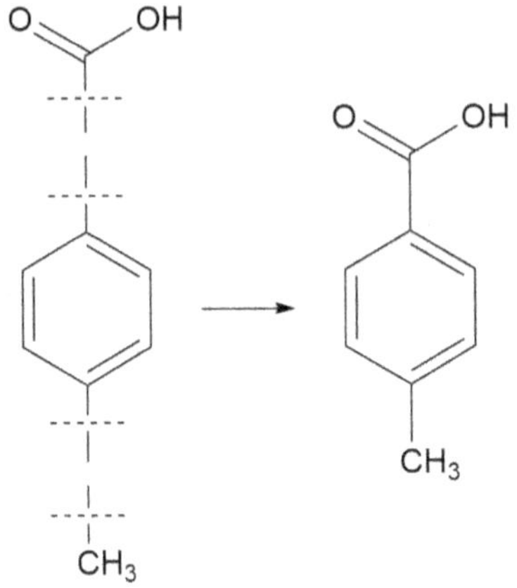

Abbildung 19.8: para-Toluylsäure

Beweismittel 6: Verifizieren der vermuteten Struktur

Es ist immer sinnvoll, einen Strukturvorschlag zu kontrollieren. Dazu überlegen Sie sich, wie das NMR-Spektrum der Struktur aussehen muss, und vergleichen Ihre Erwartung mit dem tatsächlichen Spektrum (siehe Abbildung 19.9).

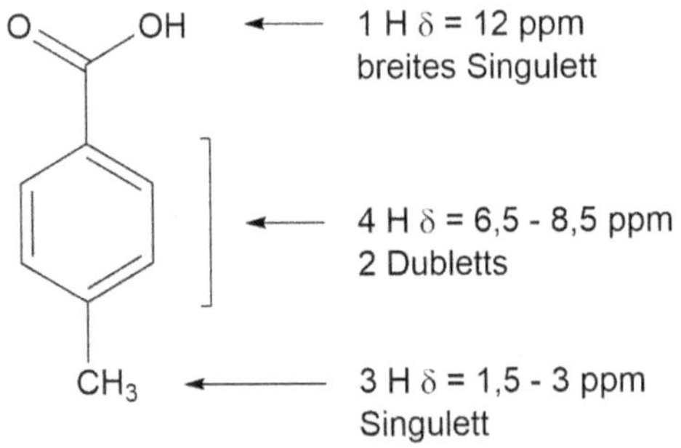

1 H δ = 12 ppm
breites Singulett

4 H δ = 6,5 - 8,5 ppm
2 Dubletts

3 H δ = 1,5 - 3 ppm
Singulett

Abbildung 19.9: Die Kontrolle der vorhergesagten Struktur

✔ Die Methylgruppe muss als Singulett erscheinen, das drei Wasserstoffatomen entspricht. Ihre chemische Verschiebung sollte etwas erhöht sein, weil sie an einem aromatischen Ring sitzt. Bei δ=2,3 ppm existiert ein solches Singulett für drei Wasserstoffatome. OK!

✔ Die Protonen des aromatischen Ringes sollten zwei Dubletts im Bereich δ=6,5 – 8,5 ppm ergeben, die eine kombinierte Integration von vier Wasserstoffatomen liefern. OK!

✔ Die Carbonsäure-Gruppe sollte ein Singulett bei δ ≈ 12 ppm liefern, das einem Wasserstoffatom entspricht. OK!

Es sieht so aus, als könnten Sie diese Aufgabe erfolgreich abhaken!

Beispiel 2: Eine Strukturaufklärung aus der Summenformel, dem IR- und dem NMR-Spektrum

Bestimmen Sie die Struktur der Verbindung $C_5H_{10}O$ aus den in Abbildung 19.10 gezeigten ^{1}H-NMR- und IR-Spektren.

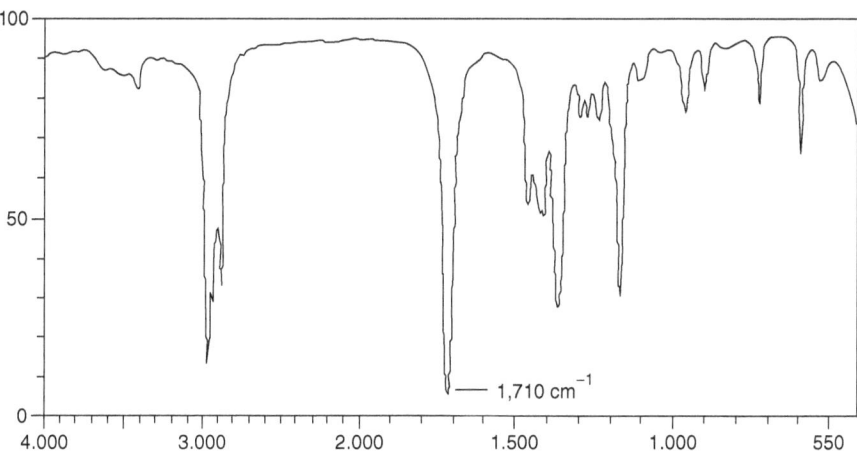

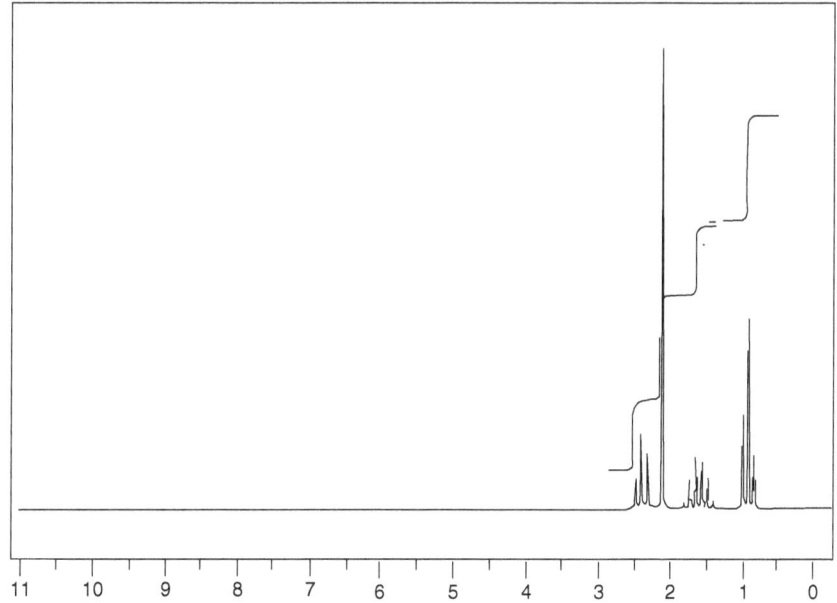

Abbildung 19.10: IR- und NMR-Spektrum einer Substanz mit der Summenformel $C_5H_{10}O$

Schritt 1: Bestimmung des Doppelbindungsäquivalents

Das Einsetzen der Summenformel $C_5H_{10}O$ in die Gleichung ergibt ein Doppelbindungsäquivalent von 1. Das Molekül enthält daher entweder eine Doppelbindung oder einen Ring.

Schritt 2: Bestimmung der funktionellen Gruppen

Das IR-Spektrum zeigt einen Peak bei 1710 cm^{-1}, der charakteristisch für eine Carbonylgruppe ist. (Siehe Kapitel 5 für eine Liste der funktionellen Gruppen, die eine Carbonylgruppe enthalten.) Die kleinen Absorptionen zwischen 3400 und 3700 cm^{-1} können nicht von einem Amin herrühren, da die Molekülformel keinen Stickstoff enthält. Für eine OH-Gruppe ist der Peak nicht breit und intensiv genug (außerdem ist das Sauerstoffatom bereits für die Carbonylgruppe vergeben). Vermutlich ist der Peak einfach eine Obertonschwingung der Carbonylgruppe. Die anderen Peaks im IR-Spektrum helfen Ihnen nicht weiter. (Eine Liste mit charakteristischen IR-Absorptionen häufiger funktioneller Gruppen finden Sie in Kapitel 17.) Ein Blick auf das NMR-Spektrum zeigt keine Peaks oberhalb von $\delta = 6{,}5$ ppm; das NMR-Spektrum enthält keine Peaks, die charakteristisch für Aldehyde, Aromaten oder Carboxylgruppen sind. (Eine Liste mit charakteristischen chemischen Verschiebungen häufiger funktioneller Gruppen finden Sie in Kapitel 17.)

Schritt 3: Bestimmung der Peakverhältnisse

Die Integration der NMR-Peaks ergibt ein Verhältnis (von links nach rechts) von 1,0:1,5:1,0:1,5 (wenn Sie mir nicht glauben, nehmen Sie Ihr Lineal und messen es selbst nach). Wenn Sie das mit zwei multiplizieren (um die beiden Werte von 1,5 zu entfernen, die Sie nicht sinnvoll runden können), erhalten Sie ein Verhältnis von 2:3:2:3. Die Addition von $2+3+2+3$ ergibt 10 und passt damit genau zur Zahl der Wasserstoffatome in der Summenformel. Demnach müssen Sie nicht mehr multiplizieren, um die tatsächliche Zahl der Wasserstoffatome bestimmen zu können. Die Peaks entsprechen von links nach rechts zwei, drei, zwei und drei Wasserstoffatomen.

Schritt 4: Bestimmung der Fragmente

Tabelle 19.1 können Sie entnehmen, dass die wahrscheinlichsten Fragmente für zwei und drei Wasserstoffatome CH_2 und CH_3 sind. Bei der Auflistung aller Atome der Fragmente fällt auf, dass ein Kohlenstoff- und ein Sauerstoffatom fehlen. Aus Schritt 1 wissen Sie aber, dass das Molekül ein Doppelbindungsäquivalent von 1 besitzt; das kann zum Beispiel durch die Doppelbindung der Carbonylgruppe erklärt werden, die Sie (in Schritt 2) im IR-Spektrum bemerkt haben. Carbonylgruppen kommen in Aldehyden, Ketonen, Estern und Carbonsäuren vor. Im vorliegenden Beispiel können Sie Ester und Carbonsäuren ausschließen, da Ihr Molekül laut Summenformel nur ein Sauerstoffatom enthält. Da das NMR-Spektrum keinen typischen Aldehyd-Peak zeigt (Aldehyd-Protonen liegen bei $\delta \approx 10$ ppm) und das IR-Spektrum keine C–H-Absorption bei 2700 cm^{-1} (siehe Kapitel 17), muss die Carbonylgruppe von einem Keton stammen.

Schritt 5: Zusammensetzen der Fragmente

Weil das Carbonyl ein Keton ist, können die Einzelteile nur auf zwei Wegen zusammengesetzt werden (Abbildung 19.11). Einer dieser Wege ergibt ein symmetrisches Molekül (Substanz A, bei der sich die Carbonylgruppe im Zentrum des Moleküls befindet), während die andere Möglichkeit nicht symmetrisch ist (Substanz B, bei der die Carbonylgruppe auf einer Seite sitzt).

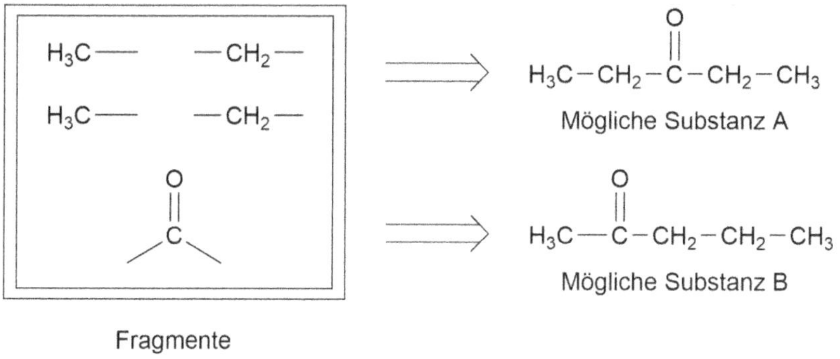

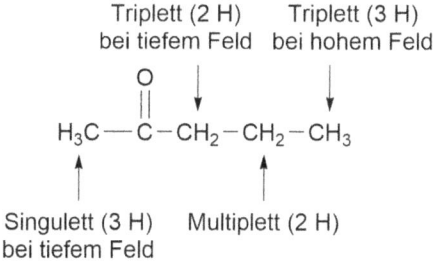

Abbildung 19.11: Da waren es noch zwei

Da Sie die Wahl nun auf zwei Möglichkeiten eingeschränkt haben, probieren Sie einfach, welche von den beiden besser zu dem beobachteten Kopplungsmuster und zu den beobachteten chemischen Verschiebungen passt. Beginnen Sie mit Substanz A.

Sie können Substanz A wegen Ihrer Symmetrie sofort ausschließen; ihre rechte Hälfte und ihre linke Hälfte sind identisch. Diese Struktur würde im ^{1}H-NMR-Spektrum nur zwei Peaks zeigen statt der vier, die Sie tatsächlich sehen, da beide Methylgruppen dieselbe chemische Umgebung besäßen und die beiden Methylengruppen ebenfalls.

Schritt 6: Ende gut, alles gut: Kontrolle der vorgeschlagenen Struktur

Nun kontrollieren Sie Substanz B (Abbildung 19.12).

Abbildung 19.12: Kontrolle eines Strukturvorschlags

Diese Verbindung besitzt keine Symmetrie, also gehen Sie das Molekül Kohlenstoff für Kohlenstoff durch, um die Struktur auf Plausibilität zu prüfen.

- ✔ Die Methylgruppe ganz links außen besitzt keine benachbarten Wasserstoffatome, sie muss daher als Singulett erscheinen (Integration 3 H). Weil sie sich neben einer elektronenziehenden Carbonylgruppe befindet, erwarten Sie sie bei niedrigem Feld (größeres δ). In der Tat enthält das Spektrum ein Singulett bei $\delta = 2{,}1$ ppm, das drei Wasserstoffatomen entspricht. OK!

- ✔ Die Methylengruppe direkt neben der Carbonylgruppe sollte als Triplett erscheinen, weil sie zwei benachbarte Wasserstoffatome besitzt. Das Triplett muss zwei Wasserstoffatomen entsprechen und sollte eine größere chemische Verschiebung besitzen, weil es sich direkt neben der elektronenziehenden Carbonylgruppe befindet. In der Tat enthält das Spektrum ein Triplett bei $\delta = 2{,}5$ ppm, das zwei Wasserstoffatomen entspricht. OK!

- ✔ Die Methylengruppe rechts daneben sollte als Multiplett erscheinen, weil sie insgesamt fünf benachbarte Wasserstoffkerne besitzt; das Signal muss zwei Wasserstoffatomen entsprechen. Und wirklich zeigt das vorliegende NMR-Spektrum ein Multiplett (das als Sextett erscheint) bei $\delta = 1{,}5$ ppm, dessen Integration zwei Wasserstoffatome ergibt. OK!

- ✔ Bei der Methylgruppe ganz rechts außen erwarten Sie ein Triplett, da sie zwei benachbarte Wasserstoffatome besitzt; die Integration sollte drei Wasserstoffatome ergeben. Das Triplett sollte im Gegensatz zu den anderen Peaks bei hohem Feld (kleines δ) liegen, weil es am weitesten von der elektronenziehenden Carbonylgruppe entfernt ist. Tatsächlich enthält das Spektrum ein Triplett bei $\delta = 0{,}9$ ppm, das drei Wasserstoffatomen entspricht. OK!

Alles passt, also können Sie auch diese Aufgabe abhaken.

Drei häufige Fehler bei der Interpretation von NMR-Spektren

Bei der Interpretation eines NMR-Spektrums müssen Sie so viele Dinge gleichzeitig im Auge behalten, dass leicht einmal ein Fehler passieren kann. Hier sind drei typische Fehler, die Sie bei der Auswertung eines NMR-Spektrums vermeiden sollten.

Fehler 1: Bestimmung einer Struktur aus den chemischen Verschiebungen

Die Bereiche chemischer Verschiebungen überlappen. Demnach ist die Bestimmung von Molekülfragmenten ausschließlich auf Grundlage der chemischen Verschiebungen falsch. Gelegentlich können Sie so einige Fragmente identifizieren – zum Beispiel Aldehyde, Carbonsäuren und aromatische Ringe –, aber die meisten Fragmente eben nicht. Ein Wasserstoffkern bei $\delta = 2{,}5$ ppm *kann* neben einer Carbonylgruppe sitzen, er könnte aber auch an einem Benzolring hängen oder sogar an einer Doppelbindung. Es ist nicht möglich, diese drei Möglichkeiten allein anhand der chemischen Verschiebung zu unterscheiden.

Natürlich gibt es seitenlange Tabellen mit chemischen Verschiebungen, aber Sie können Ihre kostbare Zeit viel sinnvoller damit verbringen, das *Prinzip* der chemischen Verschiebung zu verstehen, als zu versuchen, die chemischen Verschiebungen aller Protonen auswendig zu lernen, die Ihnen irgendwann einmal über den Weg laufen könnten. Das Auswendiglernen ist fruchtlos. Sie wissen dann vielleicht, dass ein Wasserstoffkern neben einem Chloratom eine chemische Verschiebung von $\delta = 3 - 4$ ppm besitzt, aber was ist mit einem Wasserstoffkern neben *zwei* Chloratomen? Oder was passiert, wenn sich ein Wasserstoffkern neben zwei Chloratomen und einer Carbonylgruppe befindet? Es existieren einfach zu viele Möglichkeiten, um sie alle auswendig lernen zu können.

Ein besserer Ansatz ist, sich nur die typischen Bereiche der chemischen Verschiebung von Wasserstoffatomen neben den wichtigsten funktionellen Gruppen zu merken (die Sie zum Beispiel in Kapitel 18 finden können; viele Dozenten sind auch ganz wild darauf, Ihnen eine Tabelle in die Hand zu drücken, die Sie dann auswendig lernen sollen) und lieber die Hintergründe der chemischen Verschiebung zu verstehen. Wenn Sie verstanden haben, dass Wasserstoffatome neben Gruppen mit einem lokalen Magnetfeld (wie Doppelbindungen, Dreifachbindungen und aromatischen Ringen) eine größere chemische Verschiebung als isolierte Wasserstoffe besitzen, und dass Wasserstoffatome neben elektronegativen Elementen eine größere chemische Verschiebung besitzen als die, die weit von elektronegativen Elementen entfernt sind, dann sind Sie auf dem richtigen Weg. Wenn Sie das verstehen, brauchen Sie keine Tabelle, die Ihnen sagt, dass ein Wasserstoffkern neben *zwei* Chloratomen eine größere chemische Verschiebung besitzt als ein Wasserstoffkern neben *einem* Chloratom. Dieses Verständnis verleiht Ihnen eine größere Flexibilität bei der Lösung von Aufgaben bei der NMR-Spektroskopie.

Fehler 2: Mit der Kopplung beginnen

Wenn Sie nicht sehr genau wissen, was Sie tun, dann wird der Versuch, eine Struktur ausgehend von den Kopplungen in einem NMR-Spektrum zu lösen, in einer größeren Zahl von Büscheln ausgerissener Haare und einem enormen Verbrauch an Kopfschmerztabletten enden. Im Gegensatz zur Integration zeigt die Kopplung nicht die Zahl von Wasserstoffatomen, die zu einem Peak beitragen, sondern die Zahl der benachbarten Wasserstoffatome des betrachteten Kerns. Daher ist die Aufklärung von Molekülstrukturen mithilfe der Kopplung wesentlich schwieriger als anhand der Integration.

Stellen Sie sich als Analogie einen Volkszähler vor, der von Haus zu Haus geht und Informationen sammelt, wie viele Bewohner in einem Haus wohnen. Wenn Sie diese Volkszähler wären, was wäre Ihnen lieber: Dass die Menschen Ihnen sagen, wie viele Menschen in dem Haus wohnen, in dem Sie gerade sind, oder dass Sie Ihnen sagen, wie viele Menschen in den Nachbarhäusern wohnen? Es wäre doch viel angenehmer, wenn die Leute Ihnen sagen würden, wie viele Bewohner das aktuelle Haus hat, oder? Um zur NMR-Spektroskopie zurückzukehren: Die Integration verrät Ihnen, wie viele Menschen (Wasserstoffkerne) in dem Haus wohnen (an dem Kohlenstoffatom hängen), in dem Sie sich gerade befinden (dessen Peak Sie gerade betrachten); die Kopplung sagt Ihnen, wie viele Menschen (Wasserstoffatome) in den Nachbarhäusern wohnen.

Ein weiterer Minuspunkt der Kopplung (jedenfalls für Anfänger) ist ihr Nuancenreichtum (die meisten Nuancen befinden sich jenseits des Hauptstudium-Niveaus der NMR-Spektroskopie). Die Peaks erscheinen keineswegs immer als die standardmäßigen Singuletts, Dubletts und Tripletts und so weiter. Kopplungen mit langer Reichweite, die ich in diesem Buch nicht behandle, können die Dinge ganz schön kompliziert machen; dasselbe gilt für Chiralitätszentren (siehe Kapitel 6). Wasserstoffkerne neben nichtäquivalenten Wasserstoffatomen können auch zu sehr komplexen Kopplungsmustern führen. Oft bekommen Sie einen Heuhaufen – ein Kuddelmuddel von überlagerten Peaks, die nur schwer zu deuten sind. Manchmal ist die Kopplung auch schwer zu erkennen, wenn Ihr Dozent nicht so nett war, die Peaks für Sie zu vergrößern. Die Kopplung ist sehr nützlich, um die *Konnektivität* der Fragmente zu bestimmen, aber weniger, um die *Identität* der Fragmente selbst auszuknobeln.

Fehler 3: Integration und Kopplung verwechseln

Die Integration verrät Ihnen die relative Anzahl von Wasserstoffatomen in einem Peak. Die Kopplung hingegen zeigt Ihnen, wie viele Wasserstoffatome an den benachbarten Kohlenstoffatomen hängen. Die $(N+1)$-Regel gilt nur für die Kopplung, nicht für die Integration; sie hat *nichts* damit zu tun, wie viele Wasserstoffatome zu einem bestimmten Peak beitragen. Ein Multiplett kann durchaus für einen einzelnen Wasserstoffkern stehen, oder ein Singulett kann für neun Wasserstoffatome stehen. *Kopplung und Integration sind unabhängig voneinander.*

Aufgabe 19.1:

Ein Laborkollege hat ein Problem mit einer Substanz der Summenformel C_6H_{12}: Er weiß nicht, ob es sich um Cyclohexan oder um Methylcyclopentan handelt. Während er in seiner Verzweiflung zum direkten Vergleich Massenspektren von Cyclohexan und Methylcyclopentan aufnimmt, legt er Ihnen das ^{1}H- und das ^{13}C-NMR-Spektrum vor und fragt Sie, ob Sie damit weiterkommen.

a. Erstaunlicherweise zeigen beide Spektren nur je ein Signal: $\delta(^1H) = 1{,}44$ ppm (ein Singulett); $\delta(^{13}C) = 26{,}9$ ppm. Um welche Verbindung handelt es sich?

b. Nachdem Sie Ihrem Laborkollegen eine Antwort präsentiert haben, legt er Ihnen kopfschüttelnd die Vergleichsspektren vor: *Die beiden sind absolut identisch.* Das Massenspektrum zeigt einen M$^+$-Peak = mit $m/z = 84$, der Basispeak liegt bei $m/z = 56$; weitere Peaks gibt es bei $m/z = 69$ und $m/z = 41$ sowie einen recht kleinen bei $m/z = 39$.

Erklären Sie, wieso die beiden Spektren identisch sind, und ordnen Sie die Fragmente zu.

Teil V
Der Top-Ten-Teil

 Weitere ... *für Dummies*-Bücher finden Sie auf www.fuer-dummies.de.

IN DIESEM TEIL ...

stelle ich Ihnen zehn Websites vor, die Ihnen helfen können, in der organischen Chemie zu bestehen, Ihr Wissen zu vertiefen und dieses auch mal selber praktisch anzuwenden. Außerdem habe ich aus Spaß zehn umwerfende Entdeckungen der Organik für Sie zusammengestellt. Daran können Sie die Vielfalt erkennen, die in der organischen Chemie entwickelt werden kann.

> **IN DIESEM KAPITEL**
>
> Im Internet gute Lerninhalte finden
>
> Anleitungen zum Experimentieren entdecken
>
> Über den Tellerrand in andere Fachgebiete schauen

Kapitel 20
Zehn Webseiten für weiteres Lernen

Auch im Internet finden Sie inzwischen sehr viele gute Webseiten, um Ihr Wissen in organischer Chemie zu erweitern und zu vertiefen.

In diesem Kapitel stelle ich Ihnen zehn Webseiten vor, die viele nützliche Informationen und geballtes Wissen für jeden liefern, der sich mit der organischen Chemie oder auch angrenzenden Disziplinen befassen möchte. Auf manchen dieser Webseiten können selbst Profis der organischen Chemie noch eine Menge lernen!

Allerdings kann ich aufgrund der Schnelllebigkeit des Internets natürlich nicht garantieren, dass alle Webseiten noch aktuell und online sind, wenn Sie dieses Buch kaufen.

Vergessen Sie bei all den vielfältigen Seiten auch nicht die gute Wikipedia, denn hier finden inzwischen auch sehr viele und sehr gute Artikel zu Themen der organischen Chemie. Und wenn ein Artikel doch nicht so gut geschrieben ist, dann wechseln Sie vielleicht einfach mal die Sprache des Artikels und versuchen es auf Englisch ... (oder was Sie sonst noch beherrschen).

Portal für organische Chemie

https://www.organische-chemie.ch

Wenn Sie tiefer in die organische Chemie einsteigen und ein echter Fachmann werden wollen, dann bietet das Portal für organische Chemie auf einer deutsch- und englischsprachigen Seite eine Fülle von Reaktionen und Mechanismen. Klicken Sie sich einfach durch die Namensreaktionen, oder suchen Sie gezielt nach Reaktionen bestimmter Atombindungen oder funktioneller Gruppen. Auf Übersichtsseiten können Sie dabei immer tiefer die Reaktionen filtern und bekommen auch noch wissenschaftliche Literaturstellen angezeigt. Außerdem gibt es Übersichten von Chemikalien und einen Überblick über Reaktionen, die Sie mit diesen durchführen können.

Chemgapedia

http://www.chemgapedia.de

Die Chemgapedia ist zwar schon ein wenig in die Jahre gekommen und nicht in allen Bereichen auf dem neuesten Stand, aber nach wie vor ist diese interaktive eLearning-Plattform hervorragend geeignet, um den Chemieunterricht in Schule, Studium, Aus- oder Weiterbildung zu ergänzen. Hier finden sie auf mehr als 18.000 Seiten kurze oder auch mal längere Lerneinheiten, die alles Wissenswerte zu Chemie, Biochemie, Physik, Mathematik und Pharmazie sehr anschaulich in Bild und Text präsentieren. Mit vielen Übungen können Sie Ihr theoretisches Wissen vertiefen und finden zudem viele praktische Anleitungen in Form kurzer Videos, die wissenschaftliche Experimente oder Arbeitstechniken erklären.

Prof. Robinsons organische Chemie

http://www.chem.uzh.ch/robinson/lectures/AC_BII/

Diese Webseite ist eine perfekte Ergänzung zu allen Themenbereichen, die auch in diesem Buch behandelt werden. Die Texte sind kurz gehalten, bringen Informationen wirklich auf den Punkt und werden durch zahlreiche Formeln und Darstellungen ergänzt. Übungen mit Lösungen runden dieses überaus nützliche Gesamtpaket ab. Wenn Sie nur einmal checken wollen, ob Sie die Inhalte der Grundvorlesung Chemie gelernt und auch verstanden haben, sind Sie hier perfekt aufgehoben.

PubChem-Datenbank

https://pubchem.ncbi.nlm.nih.gov/

Unter diesem Link finden Sie eine gigantische Datenbank des nationalen Zentrums für Biotechnologische Information der USA (NCBI) mit (fast) allem, was das Chemikerherz erfreut – allein 180 Millionen Einträge zu Strukturformeln und Beschreibungen von Chemikalien in der Rubrik PubChem Substance, jede Menge weitere Informationen zu chemischen oder physikalischen Eigenschaften in der PubChem Compound und rund eine Millionen Daten zu Bioaktivitätstests (PubChem BioAssay). Neben der üblichen Suche nach einer Substanz über den Namen können Sie diese Datenbank auch anhand von gezeichneten Strukturen durchsuchen lassen.

Spektrum Lexikon

www.spektrum.de/lexikon/chemie

Der Name dieser Webseite verrät Ihnen sofort, worum es geht – hier finden Sie eine alphabetisch geordnete Liste, die zahlreiche aktuelle Themen aus allen Bereichen der Wissenschaft umfasst. Neben Chemie, Biologie, Physik oder Medizin geht es auch um Psychologie, Mathematik, IT oder Astronomie – hier können Sie lange stöbern, wenn Sie Lust auf etwas Wissenschaft haben oder gern auch mal über den Tellerrand Ihrer eigenen fachlichen Lieblingsdisziplin hinausschauen wollen. Die Beiträge werden ständig auf den neusten Stand gebracht und sind damit eine echte Fundgrube für jeden, der wissen will, was in der Forschung gerade aktuell ist.

Chemieseite

https://www.chemieseite.de

Diese sehr informative Webseite behandelt alle Inhalte, die in einer Einführungsvorlesung in allgemeiner, organischer und anorganischer Chemie gelehrt werden. Die Texte sind eher kurz gehalten, werden aber durch zahlreiche Grafiken ergänzt. Neben den rein wissenschaftlichen Fakten finden Sie hier aktuelle und nützliche Informationen rund um das Chemiestudium. Und wenn Sie doch noch mehr Fragen haben, können Sie diese im Forum mit anderen Usern diskutieren oder über weiterführende Links auf andere interessante Webseiten wechseln.

Chemieonline

www.chemieonline.de

Neben aktuellen News aus Wissenschaft und Forschung bietet diese Seite auch ein Lexikon, Beiträge über Laborsicherheit und ein Forum, in dem Sie Antworten auf Ihre praktischen oder theoretischen Fragen bekommen – und eine Rubrik »Chemikerwitze« gibt es übrigens auch (sag noch einer, dass Chemiker keinen Humor haben!). Diese Webseite ist vor allem hilfreich, wenn Sie einen Beruf als Chemiker in Betracht ziehen und nach Jobangeboten oder Hilfe bei Ihrer Bewerbung suchen.

Mit Internetseiten von Chemieschulen und Studienangeboten von Hochschulen oder Adressen von Fach- und Industrieverbänden in Deutschland finden Sie hier (fast) alles, was Sie für Ihre berufliche Ausbildung oder Orientierung nutzen können.

IUPAC Compendium of Chemical Terminology - the Gold Book

http://goldbook.iupac.org/index.html

Hinter diesem Link verbirgt sich das IUPAC Compendium of Chemical Terminology (IUPAC steht für »International Union of Pure and Applied Chemistry«) – eine extrem nützliche englische Seite, wenn Sie mal wieder über diesen verflixt komplizierten chemischen Substanznamen brüten sollten oder die Eigenschaften einer Chemikalie ganz genau wissen müssen. Das Kompendium der chemischen Terminologie (Gold book) umfasst mehr als 1600 Seiten, in der Sie alphabetisch geordnet Substanzen und Reaktionen nachlesen (und auch als PDF ausdrucken) können.

Experimentalchemie

www.experimentalchemie.de

Wie der Titel der Webseite schon verrät, geht es hier vor allem um praktische Tipps für Ihre ersten Schritte im Labor und die kleinen Tücken des experimentellen Arbeitens. Hier werden nicht nur Laborgeräte vorgestellt und ihre Nutzung erklärt, sondern Sie finden auch praktische Hinweise, wie Sie einen wissenschaftlichen Taschenrechner benutzen können, Chemikalien korrekt entsorgen können und im Notfall (ja, auch das kommt in der Praxis durchaus mal vor!) agieren müssen. Der »Versuch des Monats« präsentiert interessante und unterhaltsame Experimente, in denen der oft ja doch eher trockene Stoff überaus kreativ in Alltagsexperimente umgesetzt wird. Nicht immer (aber oft!) knallt und zischt es, aber dafür bekommen Sie vielleicht eine neue Sichtweise der ein oder anderen chemischen Reaktion.

Archiv der organischen Synthese

https://www.synarchive.com/

Zugegeben, das ist mehr eine Webseite für die »Praxis-Hardliner«, aber dafür umso wertvoller, wenn Sie genaue Informationen zur Synthese einer organischen Verbindungen brauchen. Schritt für Schritt werden Sie durch Syntheseprozesse geleitet, finden hier alles über das Reaktionschema oder über die Chemie der Schutzgruppen.

> **IN DIESEM KAPITEL**
>
> Zehn wichtige Entdeckungen der organischen Chemie kennenlernen
>
> Erkennen, wie der glückliche Zufall bei der Entdeckung eine Rolle spielt

Kapitel 21
Zehn umwerfende Entdeckungen der Organik

In diesem Kapitel zeige ich Ihnen zehn bedeutende Entdeckungen der organischen Chemie. Das Interessante daran ist, dass bei allen Entdeckungen der glückliche Zufall eine Rolle spielte. Obwohl man harte Arbeit und Synthese niemals unterschätzen darf, hat das Glück zu diesen Entdeckungen erheblich beigetragen.

Sprengstoffe und Dynamit!

Alfred Nobel und seine Familie erforschten das Potenzial des Nitroglycerins als kommerziellen Sprengstoff – eine Substanz mit explosiven Eigenschaften, die günstiger als das Schießpulver war. Im eigenen Laboratorium entdeckte seine Familie aus erster Hand, wie gefährlich diese Verbindung sein kann. Durch eine schwere Nitroglycerin-Explosion fanden Alfreds Bruder und mehrere Mitarbeiter den Tod.

Nach dem Unfall arbeitete Nobel daran, das Nitroglycerin sicherer zu machen (siehe Abbildung 21.1). Als er das ölige Nitroglycerin mit Kieselgur (ein von fossilen Kieselalgen stammendes kreideartiges Sediment) vermischte, entdeckte er ein stabiles Gemisch, das er Dynamit nannte. Als er seine Entdeckung kommerzialisierte – ausgestattet mit der Initialzündung, die ein sicheres Sprengen gewährleistet –, wurde er einer der wohlhabensten Menschen seiner Zeit. Als er 1896 starb, vermachte er sein gesamtes Vermögen der nach ihm benannten Nobel-Stiftung. Jedes Jahr verleiht die Stiftung verschiedene hochangesehene Preise, von denen der Friedensnobelpreis einer der berühmtesten ist.

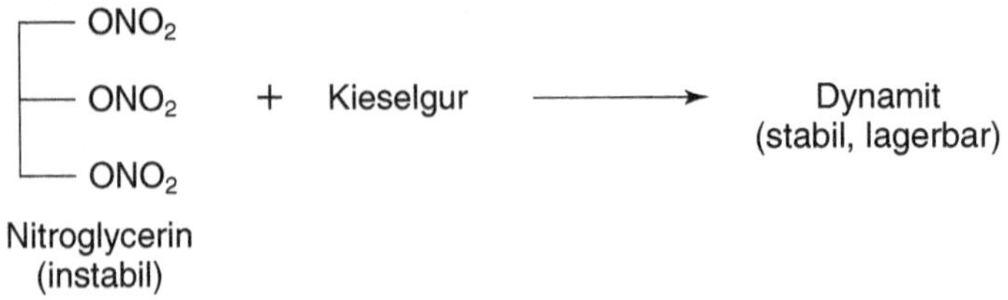

```
┌── ONO₂
├── ONO₂   + Kieselgur   ⟶   Dynamit
└── ONO₂                      (stabil, lagerbar)
```
Nitroglycerin
(instabil)

Abbildung 21.1: Darstellung des Dynamits

Fermentation

Keiner weiß so genau, wer die Fermentation (alkoholische Gärung, aus dem lateinischen: *fermentare* = gären) entdeckt hat, aber die Fermentation wurde wahrscheinlich vor tausenden von Jahren in mit faulendem Obst gefüllten Gefäßen entdeckt. Wenn man Obst zerquetscht und mehrere Wochen liegen lässt, entsteht durch die Vergärung von Fruchtfermenten (Enzyme zersetzen das Obst) Alkohol, wie in Abbildung 21.2 gezeigt. Obwohl die verrotteten Früchte nicht besonders gut riechen, gab es mal einen, der das Zeug getrunken hat. Danach fühlte er sich stark und gleichzeitig entspannt. So wurde wahrscheinlich die Kunst der Weinherstellung entdeckt und das Bier folgte wohl kurz darauf, wobei stattdessen Getreide und Honig als Quelle dienen und nicht die Früchte.

Die Sumerer waren die Ersten, die nachweislich mit dem Bierbrauen begannen. Das war vor gut 6000 Jahren (obwohl das Bierbrauen vermutlich schon viele tausend Jahre vorher entdeckt wurde). Einige Wissenschaftler vertreten die Ansicht, dass viele Menschen ihr Nomadendasein aufgaben und Bauern wurden, die Getreide anbauten, um Bier brauen zu können.

$$C_6H_{12}O_6 \xrightarrow{\text{Hefe}} 2\ CH_3CH_2OH\ +\ 2\ CO_2$$

Zucker   Ethanol

Abbildung 21.2: Herstellung von Alkohol

Synthese des Harnstoffs

Die Synthese der organischen Verbindung Harnstoff aus der anorganischen Verbindung Ammoniumcyanat durch den deutschen Chemiker Friedrich Wöhler (1800–1882) war einer der ersten Durchbrüche in der organischen Chemie und ebnete den Weg zur Biochemie. Die *in vitro*-Synthese (*in vitro* aus dem lateinischen = im Glas; Bezeichnung für Abläufe außerhalb des lebenden Organismus) widerlegte das Postulat des Vitalismus (es gebe einen Wesensunterschied zwischen Organischem und Anorganischem), dass zur Darstellung organischer Stoffe eine transzendente Lebenskraft (*vis vitalis* – aus dem lateinischen *vis* = Kraft, Gewalt; *vitalis* = Leben gebend) unabdingbar sei.

Als Fortsetzung seiner Studien anorganischer Cyanate versuchte Wöhler Ammoniumcyanat zu synthetisieren. Stattdessen isolierte er zu seinem eigenen Erstaunen etwas völlig anderes: die organische Verbindung Harnstoff (siehe Abbildung 21.3). Als er die Eigenschaften von reinem Harnstoff, den er aus menschlichem Urin isoliert hatte, mit dem seines Laborproduktes verglich, stellte sich heraus, dass sie identisch waren.

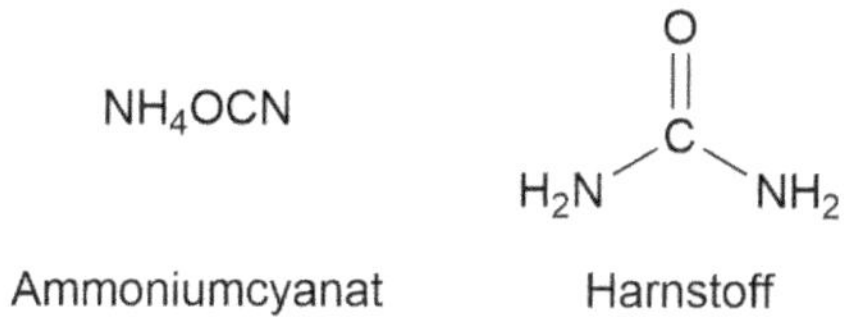

NH₄OCN

Ammoniumcyanat

$H_2N-\underset{\underset{O}{\|}}{C}-NH_2$

Harnstoff

Abbildung 21.3: Wöhler synthetisierte Harnstoff aus Ammoniumcyanat.

Händigkeit der Weinsäure

Die Racematspaltung der Weinsäure (siehe Abbildung 21.4) wurde vom französischen Chemiker Louis Pasteur (1822–1895) entdeckt. Warum forschte Pasteur an der Weinsäure? Als Franzose forschte er natürlich am Wein, von dem auch die Weinsäure ein Bestandteil ist. Dabei beobachtete er, dass die Weinsäure in zwei verschiedenen Kristallstrukturen vorliegt. Er trennte die Kristalle mit einer Pinzette unter einem Mikroskop und bemerkte, dass die Kristalle der einen Gestalt linear polarisiertes Licht in die *eine* Richtung und Kristalle der anderen Gestalt linear polarisiertes Licht in die *andere* Richtung drehten. Er vermutete (richtig), dass diese unterschiedlichen Kristalle Spiegelbilder des gleichen Moleküls sind.

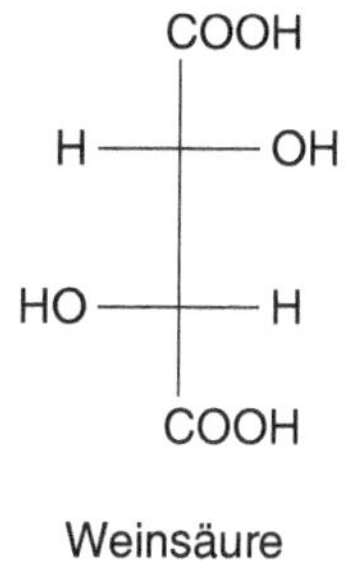

Weinsäure

Abbildung 21.4: Weinsäure

Diels-Alder-Reaktion

Die beiden deutschen Chemiker Otto Diels und Kurt Alder entdeckten die Synthese der Diene, die heute als Diels-Alder-Reaktion bekannt ist. Diese Reaktion ist einfach nur genial – sie bildet simultan zwei Kohlenstoff-Kohlenstoff-Bindungen und ist extrem nützlich, um bicyclische Moleküle herzustellen, wie das Pestizid Aldrin© (in Abbildung 21.5 gezeigt) und verschiedene sechsgliedrige Ringverbindungen.

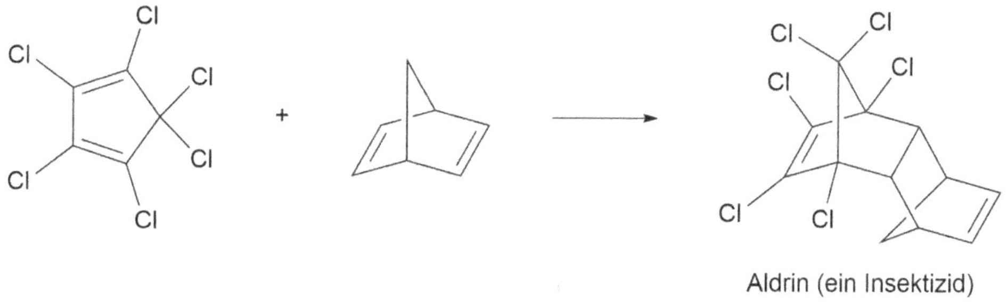

Aldrin (ein Insektizid)

Abbildung 21.5: Darstellung von Aldrin durch die Diels-Alder-Reaktion

Interessanterweise schrieben die beiden Entdecker in ihrer Erstveröffentlichung, »wir behalten uns das Recht dieser Lösung für derartige Problemstellungen [Synthese von Naturprodukten] vor.« Überraschenderweise hatte diese Warnung »Finger weg!« unter den Chemikern den erwünschten Effekt erreicht: Andere Chemiker hielten sich von diesem Reaktionsmechanismus fern, bis der 2. Weltkrieg beendet war und die synthetische Chemie in Deutschland einen schweren Schlag erlitten hatte. Normalerweise haben derartige Veröffentlichungen in der Literatur eine entgegengesetzte Wirkung. Moses Gomberg fühlte es am eigenen Leib, als er 1900 für sich das Recht beanspruchte, die korrekte Studie des Triphenylmethyl-Radikals ($Ph_3C\cdot$) – das erste Radikal, das Chemiker nachweisen konnten – gefunden zu haben; die anderen Chemiker stürzten sich auf das Molekül und machten ihre eigenen Untersuchungen.

 Die Diels-Alder-Reaktion ist gleichzeitig auch ein sehr gutes Beispiel für den Begriff der Namensreaktion. Namensreaktionen sind Reaktionen, die nach ihren Entdeckern (meistens jedenfalls) benannt wurden. Wenn Sie weiter in die organische Chemie einsteigen, dann werden Ihnen davon sehr viele begegnen.

Tor, Tor, TOOOOR ...

Buckminster-Fulleren oder Buckyballs (Fußballmoleküle) sind Allotrope des Kohlenstoffs. Allotrope sind Verbindungen, die nur aus einem Element bestehen – in diesem Fall Kohlenstoff. Andere Allotrope des Kohlenstoffs sind Graphit und Diamant. Buckyballs wurden 1985 von Richard Smalley, Harold Kroto und Robert Curl entdeckt und sehen wie molekulare Fußbälle aus. Die Buckyballs wurden entdeckt, als die Wissenschaftler einen Laserstrahl über Grafitpulver leiteten und die Produkte in einem Massenspektrometer untersuchten. Sie beobachteten einen Peak im Massenspektrum, der genau 60 Kohlenstoffen entspricht. Intuitiv vermuteten sie, dass die Struktur, die zu diesem Peak passt, ein sphärisches Molekül sein muss (siehe Abbildung 21.6). Der Japaner Eiji Ōsawa hatte diese Moleküle schon in den 70er Jahren vorhergesagt. Sie nannten dieses C_{60}-Molekül Buckminster-Fulleren, nach dem Architekten Buckminster Fuller, der die geodätischen Kuppeln (sphärische Kuppeln mit einer aus Dreiecken bestehenden Substruktur) weiterentwickelte. Es gibt noch größere Moleküle dieser Art, aber das C_{60} ist das stabilste. Eine Anwendung hat man für diese außergewöhnlichen Moleküle auch schon gefunden, sie eignen sich gut für die Herstellung von Solarzellen. Auch in der Medizin hat man Anwendungsmöglichkeiten gefunden. Interessanterweise kommen Fullerene auch in der Natur vor; sogar im Weltall konnte man sie schon nachweisen.

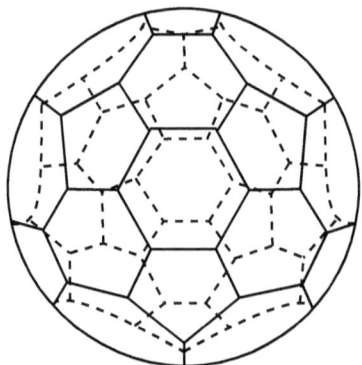

Abbildung 21.6: Buckminster-Fulleren, Buckyball (Fußballmolekül)

Seife

Der Legende nach wurde die Seife durch römische Frauen entdeckt, die ihre Wäsche im Tiber wuschen. Sie fanden heraus, dass ihre Wäsche in manchen Bereichen des Flusses sauberer wurde als in anderen. In der Nähe des Flusses befand sich eine Opferstätte, und wahrscheinlich vermischte sich das Tierfett mit der Asche der Opfertiere, die Lauge oder Natriumhydroxid (NaOH) enthielt, wodurch sich Seife bildetete (siehe Abbildung 21.7). Die Seife floss bei Regen den Berg herunter und gelangte so in den Fluss.

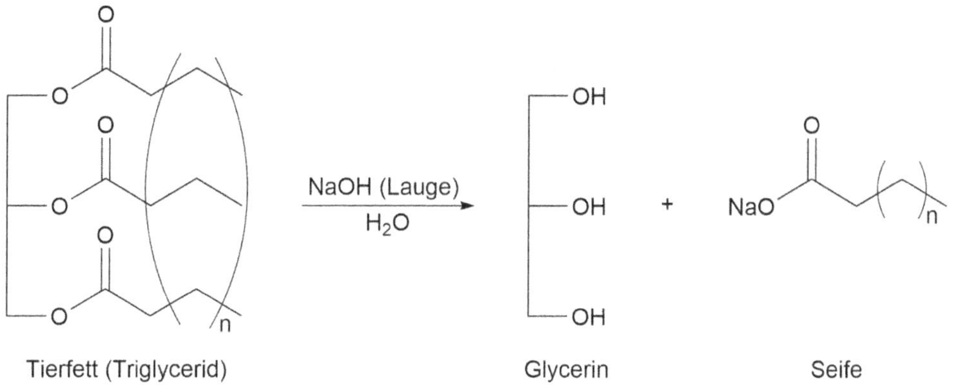

Abbildung 21.7: Herstellung von Seife

Süßen ohne Reue: Aspartam

James Schlatter entdeckte Aspartam bei einer Tätigkeit, die jeden Sicherheitsexperten verzweifeln lassen würde: Er leckte sich die Finger, nachdem er aus dem Laboratorium kam. Er war erfreut, als er bemerkte, wie süß seine eigenen Finger schmeckten. Er lief ins Labor zurück und untersuchte die Substanz, an der er zuletzt gearbeitet hatte – und nahm sich noch ein paar Finger voll. Durch diesen Zufall entdeckte er das Aspartam (Abbildung 21.8), das heute einer der populärsten Süßstoffe ist. NutraSweet© und Diät-Softdrinks enthalten häufig den Zuckerersatz. Es sei nicht verschwiegen, dass noch immer recht kontrovers darüber diskutiert wird, ob Aspartam tatsächlich gesundheitlich so unbedenklich ist, wie das ursprünglich angenommen wurde.

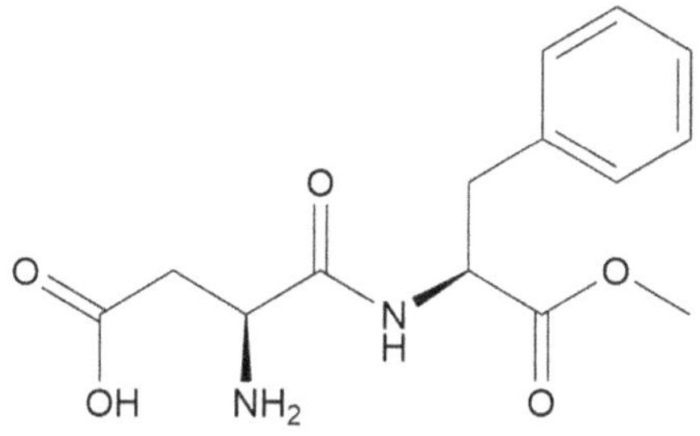

Abbildung 21.8: Aspartam

Nochmal mit dem Leben davongekommen: Penicillin

Die Geschichte der Entdeckung des Penicillins ist wohl der bekannteste Fall für Spürsinn innerhalb eines Entdeckungsprozesses. Alexander Fleming forschte an Staphylokokken-Bakterien, als er bemerkte, dass seine Petrischalen (flache Schalen aus Glas oder Kunststoff für die Aufnahme von Nährböden zur Züchtung von Pilzen und Bakterien) von einem Schimmelpilz (*Penicillium notatum* und *Penicillium chrysogenum*) befallen waren. Er stellte die Schalen in einen Sterilisator, aber tauchte sie nicht vollständig unter. Als er ins Laboratorium zurückkehrte, bemerkte er, dass auf den Schalen, auf denen der Pilz gewachsen war, die Bakterien abgetötet waren. Irgendetwas, was die Pilze produzierten, musste die Bakterien töten. Dieses Etwas war das Penicillin (siehe Abbildung 21.9), ein Antibiotikum, das vielen Menschen das Leben gerettet hat.

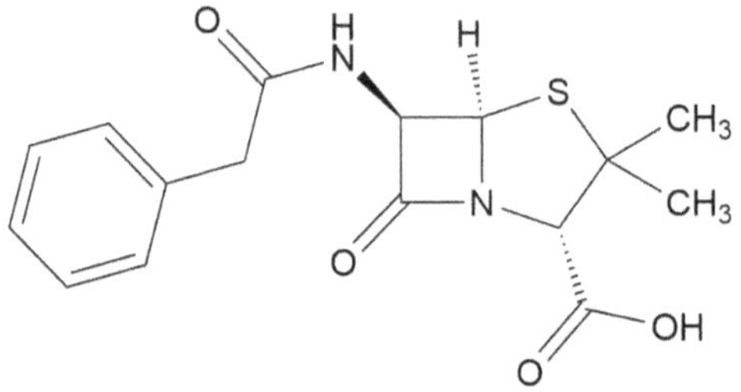

Abbildung 21.9: Penicillin

Vorsicht! Glatt: Teflon©

Die beiden Chemiker der Firma DuPont, James Rebok und Roy Plunkett, entdeckten 1938 das Teflon. Teflon ist ein Polymer, das zum Beispiel als Antihaftbeschichtung eingesetzt wird, wodurch Ihre Eier, Ihr Schinken und Ihre Pfannkuchen vor dem Anbacken geschützt werden (siehe Abbildung 21.10). Als Rebok und Plunkett das Teflon entdeckten, arbeiteten Sie gerade mit Fluorkohlenwasserstoffen, die in großen Kanistern lagerten. Eines Tages, als sie das Ventil eines vermeintlich vollen Kanisters öffneten, kam kein Gas heraus. Zuerst dachten sie, der Kanister habe ein Loch, bis sie merkten, dass der angeblich leere Kanister das gleiche Gewicht wie ein voller Kanister besaß. Beim Öffnen des Kanisters fanden sie eine klebrige weiße Substanz vor, die die Innenseite des Kanisters überzog – Teflon!

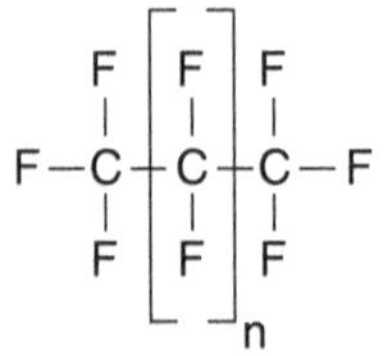

Abbildung 21.10: Teflon

Teil VI
Anhänge

IN DIESEM TEIL ...

gebe ich Ihnen Tipps, wie Sie mit mehrstufigen Synthesen und Reaktionsmechanismen klarkommen können, da solche Aufgabenstellungen überall in der organischen Chemie vorkommen und eine große Herausforderung für viele Studierende sind. Ich habe auch ein Glossar mit organisch-chemischen Fachbegriffen zusammengestellt, damit Sie mit der Terminologie immer auf der Höhe sind.

> **IN DIESEM ANHANG**
>
> Mehrstufige Synthesen verstehen
>
> Aufgaben zu mehrstufigen Synthesen lösen

Anhang A
Mehrstufige Synthesen

Mehrstufige Synthesen ziehen sich durch die gesamte organische Chemie – und sie neigen dazu, im Verlauf der Vorlesung immer häufiger zu werden. Für viele Studierende gehören mehrstufige Synthesen (zusammen mit Reaktionsmechanismen) zu den schwierigsten Aufgaben im Chemiestudium. Dieser Anhang zeigt Ihnen, warum mehrstufige Synthesen so wichtig sind, wie Sie sie planen können und wie Sie die wichtigsten Klippen umschiffen.

Warum mehrstufige Synthesen?

Ein guter Hinweis auf die Bedeutung organischer Synthesen ist die Arzneimittelherstellung. Ursprünglich wurden Medikamente in erster Linie aus natürlichen Quellen gewonnen. Die mesopotamischen Könige rauchten ihr Mohnblumen-Pfeifchen, um mithilfe der halluzinogenen Wirkung der Opiate einen Rauschzustand zu erreichen. Nordamerikanische Ureinwohner kauten Weidenrinde, die Aspirin enthält, um ihre Schmerzen zu lindern, und Fleming entdeckte das Penicillin, weil Pilze in seinen Staphylokokken-Kulturen wüteten. Auch heute extrahieren Naturstoffchemiker Substanzen aus Lebewesen, charakterisieren sie und testen sie auf biologische Aktivität.

Aber die Extraktion von Wirkstoffen aus natürlichen Quellen ist schwierig. Meist stammen die Wirkstoffe aus Quellen, die selten zu finden (wie exotische Pflanzen und Pilze) oder gefährdet und vom Aussterben bedroht sind. Auch die Extraktion der Verbindungen ist oft kompliziert, da die aktive Komponente von der Masse inaktiver Verbindungen getrennt werden muss.

Manchmal liefert die Quelle das Heilmittel nur in sehr geringen Mengen; die Wissenschaftler müssen dann tonnenweise Ausgangsmaterial verarbeiten, um ein paar Milligramm der gewünschten Substanz zu isolieren. Die Natur ist vielleicht ein viel besserer Hersteller von organischen Verbindungen als der Mensch jemals sein wird, aber das bedeutet nicht, dass sie auch die Mengen liefert, die der Mensch gerne hätte.

Wie können Chemiker die gewünschten Produkte darstellen? Durch mehrstufige Synthesen. Chemiker beginnen mit käuflichen Ausgangsstoffen und bauen das gewünschte Produkt mithilfe vorhandener Reagenzien und Methoden auf. Ein Großteil der Medikamente, die Sie heute in Apotheken erwerben können, stammen aus mehrstufigen Synthesen, die gewaltige Mengen von Edukten und Reagenzien verschlingen, die von Baggern in riesige Reaktionstöpfe gekippt werden. Aber das alles wurde vorher von Chemikern auf dem Papier geplant, die den schnellsten, billigsten und elegantesten Weg zur Herstellung des Produkts ausfindig gemacht haben (wobei schnell und billig die in der pharmazeutischen Industrie bevorzugten Adjektive sind, während Eleganz eher in akademischen Zirkeln bewundert wird).

Das bedeutet natürlich nicht, dass sich mehrstufige Synthesen auf den Bereich der Arzneimittel beschränken. Sie werden zu vielen verschiedenen Zwecken eingesetzt. Seine Fähigkeit, beliebige Moleküle herstellen zu können, gibt dem Organiker den großen Vorteil, dass er in der Chemie tun und lassen kann, was er will. Manchmal wird eine mehrstufige Synthese auch um Ihrer selbst willen durchgeführt. In diesen Fällen stellen Chemiker interessante Naturprodukte her (das nennt man dann auch Naturstoffsynthese), die über eine vielversprechende biologische Aktivität verfügen und einem Projektantrag einen gewissen Glanz verleihen können, auch wenn klar ist, dass ihr Potenzial nicht ausreicht, um in klinischen Studien bestehen zu können. Hier dienen mehrstufige Synthesen als Rahmen, um neue Reaktionen zu entwickeln oder bekannte Reaktionen zu testen, oder einfach als Paradeplatz, auf dem Chemiker mal so richtig zeigen können, was sie drauf haben.

Obwohl die Synthetiker ihr Bestes geben, um die Synthese komplizierter Moleküle zu planen, geht im Labor fast immer etwas schief. Der Misserfolg ist aber oft positiv. Wenn geplante Reaktionen in einer Synthese nicht funktionieren, müssen die Organiker neue Konzepte entwickeln, um die Hindernisse zu umgehen. So entstehen neue Reaktionen und Erkenntnisse.

 Die Synthese von Vitamin B_{12} wurde durchgeführt, obwohl man relativ schnell bemerkte, dass die Synthese dieser komplizierten Verbindung viel zu teuer würde, um kommerziell von Interesse zu sein. Dennoch war die Herstellung dieses Moleküls für die Chemiker besonders wertvoll. Für diese Synthese wurden viele neue Methoden entwickelt. Der Clou war allerdings ein theoretischer Durchbruch (eine Erklärung pericyclischer Reaktionen wie etwa die der Diels-Alder-Reaktion) bei der Diskussion eines Reaktionsschritts. Obwohl die Synthese von Vitamin B_{12} aus kommerzieller Hinsicht ein Misserfolg war, brachte die Totalsynthese dieses Moleküls die organischen Chemie ein großes Stück voran.

Die fünf Gebote

Aufgaben zu mehrstufigen Synthesen geben meist die Ausgangsmaterialien und das Endprodukt vor, und Sie sollen einen Syntheseweg entwerfen, der die Ausgangsmaterialien in das Produkt umwandelt. Sie müssen dazu Reagenzien suchen, die die Ausgangsmaterialien in eines oder mehrere Zwischenprodukte umwandeln, die dann weiter zum Hauptprodukt reagieren. Häufig werden Sie mit mehreren Syntheseschritten zu kämpfen haben.

Sie müssen für die Lösung aber keine Mechanismen der einzelnen Reaktionsschritte angeben (es sei denn es wird direkt danach gefragt). Das ist ein häufiger Fehler. Sie müssen für jeden Schritt nur die Reagenzien und die Produkte aufschreiben (manchmal ist es aber nicht schlecht, sich über den Mechanismus Gedanken zu machen, nur um sicher zu gehen, dass die Reaktion so auch funktioniert).

Nehmen Sie an, die Frage an Sie lautet, wie die Substanz W in einer mehrstufigen Synthese in die Substanz Z (siehe Abbildung A.1) umgewandelt werden kann.

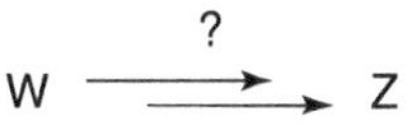

$$W \xrightarrow{?} Z$$

Abbildung A.1: Eine Aufgabe zu mehrstufigen Synthesen

Die gewünschte Antwort muss dann die einzelnen Reaktionsschritte für die Umwandlung von W in Z zeigen (Abbildung A.2). Für keine der Reaktionen ist ein Mechanismus gezeigt, sondern immer nur die benötigten Reagenzien und die Zwischenprodukte, die im jeweiligen Schritt entstehen. Oft sind mehrere Wege möglich, das Edukt in das Produkt umzuwandeln; die Aufgaben besitzen dann mehrere richtige Antworten (der kürzeste Weg ist meistens der bevorzugte).

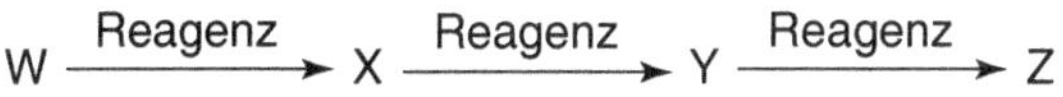

$$W \xrightarrow{\text{Reagenz}} X \xrightarrow{\text{Reagenz}} Y \xrightarrow{\text{Reagenz}} Z$$

Abbildung A.2: Die Lösung einer Aufgabe zu mehrstufigen Synthesen

Und hier sind die fünf Gebote, die Ihnen helfen, solche Aufgaben zu lösen.

Erstes Gebot: Du sollst die Reaktionen lernen

Das Beherrschen der Reaktionen ist die Grundvoraussetzung für mehrstufige Synthesen. Egal wie schlau Sie sind: Sie haben keine Chance, die Synthese richtig hinzubekommen, wenn Sie die Reaktionen nicht kennen. Lernen Sie meinetwegen die Reagenzien auswendig, nutzen Sie Spickzettel oder Apps oder jede andere Technik, die Ihnen sinnvoll erscheint, aber: Lernen Sie die Reaktionen! Das ist nichts, was Sie über Nacht schaffen können. Das Beherrschen der Reaktionen braucht seine Zeit. Eine gute Methode ist, jeden Tag einen Teil Ihrer Studienzeit dem Lernen von Reaktionen zu widmen.

Weil die organische Chemie systematisch auf dem bereits Gelernten aufbaut, können Sie es sich nicht leisten, eine bereits bekannte Reaktion wieder zu vergessen. Wenn Sie Karteikarten verwenden (eine Methode, die ich wärmstens empfehle), sollten Sie niemals Ihre alten Karten wegwerfen. Fügen Sie sie stattdessen Ihren gesammelten Werken hinzu. (Der Stapel wird am Ende des Semesters dick genug werden, dass Sie damit die Decke Ihrer Wohnung abstützen können.) Viele Lehrbücher besitzen am Ende eines Kapitels eine Auflistung der behandelten Reaktionen. Diese Übersichten sind für die Erstellung von Karteikarten extrem nützlich.

Zweites Gebot: Du sollst die Kohlenstoffgerüste vergleichen

Das Erste, worauf Sie bei einer mehrstufigen Synthese achten müssen, ist der Vergleich der Kohlenstoffgerüste von Ausgangs- und Zielsubstanz. Sind Kohlenstoffatome verloren gegangen oder hinzugekommen? Falls ja: Können Sie feststellen, *wo* sie verloren gingen oder zugefügt wurden? Ein einfaches Abzählen dauert nicht lange, kann Ihnen aber helfen, die Reaktionen zu bestimmen, mit denen Sie es zu tun haben.

Im folgenden einfachen Beispiel (Abbildung A.3) zeigt der hellgraue Teil, wo sich das Kohlenstoffgerüst des Edukts im Produkt wiederfindet. Wenn Sie die Moleküle so betrachten, erkennen Sie deutlich, welche Gruppen bei der Synthese hinzugefügt oder abgespalten werden müssen. (Dieser Schritt sieht hier trivial aus, aber bei schwereren Aufgaben kann das hilfreich sein, Ihre Gedanken zu ordnen.)

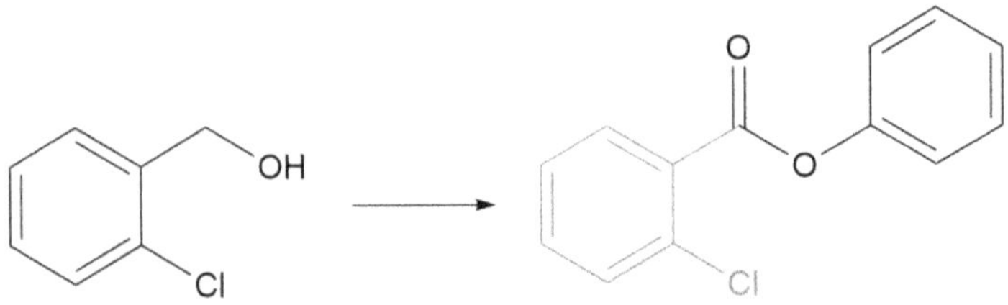

Abbildung A.3: Der Vergleich der Kohlenstoffgerüste

Drittes Gebot: Du sollst rückwärts denken

Haben Sie schon einmal Wege durch Irrgärten gesucht? Dann haben Sie sicher bemerkt, dass es einfacher ist, sich vom Ziel aus zum Anfang durchzuschlagen als umgekehrt. Das gilt auch für mehrstufige Synthesen und wird dort *Retrosynthese* genannt.

Zuerst müssen Sie sich das Produkt ansehen und dann nachdenken, welche Reaktionen Ihnen bekannt sind, um das Endprodukt herzustellen. Vergessen Sie für diesen Augenblick die vorgegebenen Ausgangsstoffe. Wenn Ihr Produkt ein Alken ist, erinnern Sie sich an die Reaktionen, die Alkene erzeugen, wie Eliminierungsreaktionen oder die Wittig-Reaktion (siehe Kapitel 8 für eine Liste der Reaktionen zur Herstellung von Alkenen). Schreiben Sie sich alle Reaktionen auf, und entscheiden Sie, welche Reaktanden Sie jeweils benötigen.

Nachdem Sie sich die potenziellen Kandidaten aufgeschrieben haben, kehren Sie zu Ihren Ausgangsstoffen zurück. Welche Reaktion besitzt einen Reaktanden, der Ihrem Ausgangsmaterial ähnlich sieht? Die sollten Sie sich unbedingt näher ansehen.

Betrachten Sie sich zur Übung Abbildung A.4, und überlegen Sie, wie Sie vorgehen würden.

Wenn Sie die ersten beiden Gebote befolgt haben, müssen Sie sich Gedanken darüber machen, wie Sie das Alken in das Produkt hineinbekommen. Ignorieren Sie für einen Moment das vorgegebene Ausgangsmaterial. Überlegen Sie sich alle Wege, die Ihnen einfallen,

Abbildung A.4: Eine Aufgabe zur Synthese

um ein Alken herzustellen, und schreiben Sie alle auf. Dabei sollte etwas Ähnliches wie in Abbildung A.5 herauskommen.

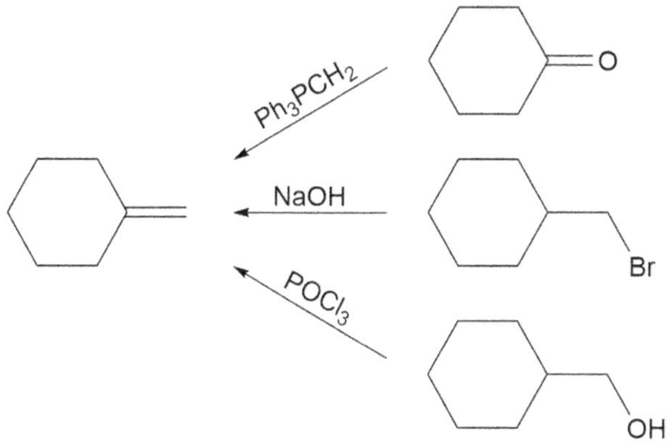

Abbildung A.5: Reaktionen zur Herstellung von Alkenen

Nun haben Sie drei verschiedene Wege, aus denen Sie wählen können. Der sinnvollste Weg besteht in der Wahl des Reaktanden, der dem ursprünglichen Ausgangsmaterial am meisten ähnelt. Weil Sie das zweite Gebot (den Vergleich der Kohlenstoffgerüste) befolgt haben, wissen Sie, dass das Produkt ein Kohlenstoffatom mehr enthält als das Edukt. Nur die erste Reaktion, die Wittig-Reaktion, entspricht diesen Anforderungen, weil durch sie ein Kohlenstoffatom angelagert wird; also tendieren Sie zur Wittig-Reaktion. Wenn sich Ihre Wahl später als falsch herausstellt, gehen Sie zurück und wählen eine neue Variante.

Ihr wachsendes Reaktionsschema könnte jetzt etwa so wie in Abbildung A.6 aussehen.

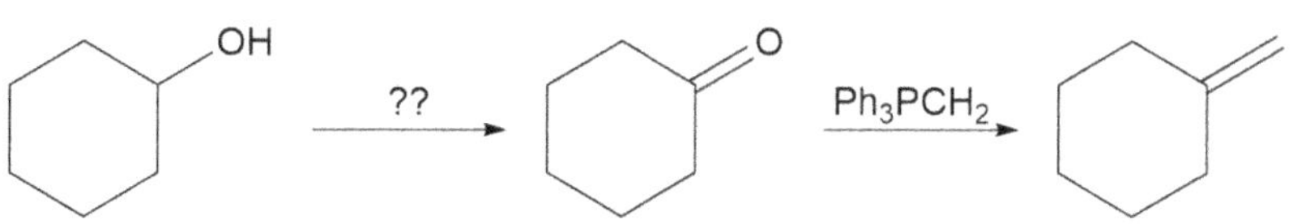

Abbildung A.6: Eine vollständige Retrosynthese

Nun wiederholen Sie die gleiche Prozedur für Cyclohexanon, und erinnern Sie sich an alle Möglichkeiten, die Sie kennen, um ein Keton zu synthetisieren. Je näher Sie dem Ende der Retroanalyse kommen – je näher Sie also Ihren Ausgangsmaterialien kommen – desto größer muss der Einfluss der Ausgangssubstanz auf Ihre Gedanken sein. Jetzt sind Sie an dem Punkt, an dem Sie nicht mehr denken sollten »ich muss mich an alle Wege erinnern, wie man Cyclohexanon darstellt«, sondern eher »ich benötige eine Reaktion, die einen Alkohol in ein Keton konvertiert«. Wenn Sie diesen Schritt getan haben, werden Ihnen verschiedene

Möglichkeiten einfallen, wie Sie vom Keton zum Alkohol kommen (zum Beispiel Jones-Reagenz oder PCC). Die Wahl einer dieser Möglichkeiten wird Ihre Synthese vervollständigen.

Wenn Sie stecken bleiben, gehen Sie zurück, und nehmen Sie einen neuen Anlauf. Wenn die Wittig-Reaktion im aktuellen Beispiel in eine Sackgasse geführt hätte, hätten Sie umkehren und eine Eliminierungsreaktion ausprobieren können. Die Wahl des richtigen Wegs ist häufig eine Frage der Intuition (oder Erfahrung), und die gewinnen Sie nur durch die Bearbeitung von Aufgaben (siehe das fünfte Gebot).

Viertes Gebot: Du sollst Deine Antwort kontrollieren

Wenn Sie die Synthese fertig haben, gehen Sie zurück, und vergewissern Sie sich, dass Ihre Reagenzien mit den funktionellen Gruppen in Ihren Molekülen kompatibel sind. Wenn Sie sich für eine Grignard-Reaktion entscheiden, dann dürfen keine Alkohole oder andere inkompatible funktionelle Gruppen in Ihren Reagenzien vorhanden sein. Organik-Professoren erfreuen sich oft daran, besonders heimtückische Fragen zu stellen, also sehen Sie lieber zweimal hin, und kontrollieren Sie jedes Detail Ihrer Synthese.

Fünftes Gebot: Du sollst viele Aufgaben lösen

Das ist das wichtigste Gebot überhaupt. Als gewöhnlicher Sterblicher haben Sie keine andere Wahl: Sie können es nicht umgehen. Ein gutes Lehrbuch enthält viele mehrstufige Synthesen, an denen Sie sich versuchen können, um Erfahrung zu bekommen. Beginnen Sie mit einfachen Aufgaben, bis Sie ein Gefühl dafür haben, wie es funktioniert, und nehmen Sie sich dann die harten Brocken vor.

Wenn Sie ein Lösungsbuch zu Ihrem Lehrbuch haben (was ich Ihnen sehr ans Herz lege), dann sehen Sie nicht nach der Lösung, *bevor* Sie die Frage bearbeitet haben. Das wäre genauso unvernünftig, als wenn Sie versuchen würden, Klavier zu spielen, weil Sie gerade jemandem zugehört haben, aber noch nie geübt haben. Genauso verhält es sich mit einem Lösungsbuch. Sie können keine Prüfung bestehen, wenn Sie die Reaktionen nie selbst nachvollzogen haben. Was Sie brauchen, ist Erfahrung. Sammeln Sie Erfahrungen!

> **IN DIESEM ANHANG**
>
> Mechanismen in der organischen Chemie
>
> Was Sie bei Mechanismusaufgaben tun oder lassen sollten
>
> Zwischen Mechanismus und Synthese unterscheiden
>
> Häufige Fehler beim Erstellen von Mechanismen

Anhang B
Reaktionsmechanismen erarbeiten

Organiker wollen wissen, welches Reagenz ein Molekül oder eine funktionelle Gruppe in ein anderes umwandelt. Aber sie wollen genauso wissen, *wie* die Reaktion stattfindet. Sie wollen wissen, was genau abläuft, wenn sie unterschiedliche Chemikalien in einen Topf werfen und was dabei herauskommt. Wenn Organiker wissen, wie eine Reaktion abläuft, können sie die Reaktionsbedingungen optimieren (Lösungsmittel, Temperatur, pH-Wert oder die Reagenzienmenge), um die Reaktion möglichst effizient ablaufen zu lassen. Der Reaktionsmechanismus zeigt den genauen Verlauf einer Reaktion.

Wenn Chemiker einen Reaktionsmechanismus verstehen, verstehen Sie auch die Eigenschaften einer Reaktion besser und können eher vorhersehen, ob eine Reaktion erfolgreich sein wird oder nicht. Ein Reaktionsmechanismus ist der detaillierte schrittweise Ablauf einer Reaktion, in dem mit Pfeilen angedeutet wird, wie sich die Elektronen während der Reaktion bewegen. Ein kompletter Mechanismus umfasst alle bindungsbildenden und -trennenden Schritte von der Ausgangssubstanz bis zum Endprodukt und zeigt alle Zwischenstufen, die während des Reaktionsverlaufs gebildet werden.

Es gibt nur zwei Arten von Mechanismen

Von einem sehr pragmatischen Standpunkt betrachtet, beggnen Ihnen in der organischen Chemie nur zwei Arten von Reaktionsmechanismen – die, die Sie selbst ausknobeln können, und die, die Sie auswendig lernen müssen. Zu Beginn Ihrer Laufbahn in der Organik werden Sie mit Mechanismen beider Arten überhäuft. Die Bromierung von

Alkenen (siehe Kapitel 8) ist ein Mechanismus, den Sie einfach auswendig lernen müssen. Es wäre ziemlich schwierig, alleine darauf zu kommen, dass der Mechanismus über ein dreigliedriges Bromonium-Ion verläuft. Die Existenz dieser Zwischenstufe hat vielleicht sogar die Forscher überrascht, die den Mechanismus aufgeklärt haben.

Da Sie diese Mechanismen wirklich auswendig lernen müssen, kann ich Ihnen dabei nicht viel helfen, außer indem ich Ihnen die Mechanismen an den geeigneten Stellen erkläre und Ihnen Tipps gebe, wie Sie diese effektiv lernen können. *Wobei* ich Ihnen aber helfen kann, ist das Verstehen der Mechanismen, die Sie alleine erarbeiten können. Ich kann Sie mit allgemeinen Regeln bewaffnen, damit Sie auch die Mechanismen herausfinden können, die Sie nicht im Lehrbuch finden.

Ich glaube, einer der Gründe, warum Studierende Probleme mit Mechanismen haben, ist, dass sie nicht unterscheiden können, welche sie sich einprägen müssen – weil sie niemals von alleine darauf kommen würden – und welche nicht. Viele sehen sich die Bromierung an, und weil Sie wissen, dass Sie auch selbst in der Lage sein müssen, sich Mechanismen zu überlegen, werfen Sie das Buch entnervt in die Ecke und sagen »Da würde ich im Leben nicht alleine draufkommen!«. Sie verlieren den Mut und sind der ganzen Organik gegenüber negativ eingestellt, obwohl die Bromierung nun wirklich kein Mechanismus ist, den zu erarbeiten jemand von den Studierenden erwartet.

Auch wenn diese Hürde genommen ist, finden die meisten Studierenden diese Do-it-yourself-Mechanismen immer sehr schwierig. Und das aus zwei Gründen: Erstens ist hier (anders als bei den Mechanismen, die Sie auswendig lernen *müssen*) auswendig lernen nutzlos und unmöglich. Zweitens fragen Professoren fast immer nach Mechanismen, die die Studierenden noch nie gesehen haben. Das halten sie dann auch noch für fair. Der Trick zur Lösung solcher Aufgaben ist, dass Sie die *Pfeilschieberei* verstanden haben müssen (siehe Kapitel 3) und genügend Übung haben (sehr, sehr viel Übung!). Ich beschreibe im Folgenden die allgemeinen Grundlagen und gebe Ihnen einige Tipps, wie Sie Mechanismen aufstellen. Außerdem zeige ich Ihnen einige häufige Fallstricke, die Sie vermeiden sollten, und zeigen Ihnen an einem Beispiel, wie Sie diese Prinzipien auf eine reale Aufgabe übertragen können.

Was Sie tun sollten und was Sie besser lassen

Es ist genauso wichtig, zu wissen, was Sie beim Aufstellen von Mechanismen *nicht* tun dürfen, wie zu wissen, *was* Sie tun sollen. Hier folgt eine kleine Liste dazu:

- ✔ **Verwechseln Sie Mechanismen nicht mit mehrstufigen Synthesen.** Das ist ein häufiger Fehler. Bei Mechanismen sind alle Reagenzien vorgegeben, mit denen Sie die Ausgangsprodukte in die Endprodukte umwandeln können. Fügen Sie nichts hinzu.

- ✔ **Nutzen Sie alle Reagenzien, die in einer Aufgabe vorgegeben sind.** In Aufgaben zu Mechanismen sind keine Reagenzien angegeben, die nicht benötigt werden. Also muss Ihr Reaktionsmechanismus alle Reagenzien verwenden.

✔ **Verwechseln Sie Lösungsmittel und Basen nicht mit Reagenzien.** Sie müssen typische Lösungsmittel erkennen können, die normalerweise bei einem Mechanismus nicht ins Spiel kommen – Lösungsmittel wie THF, DMF, DMSO, $CHCl_3$, CH_2Cl_2. Wenn Sie diese Lösungsmittel bemerken, lassen Sie sie nicht an der Reaktion teilhaben (obwohl es manchmal erlaubt ist, das Lösungsmittel für einen Protonentransfer zu nutzen, speziell bei Alkoholen und Wasser). Auch Basen wie Pyridin und Triethylamin werden manchmal verwendet, um die in einer Reaktion entstehende Säure abzufangen, haben aber meistens nichts mit dem Mechanismus selber zu tun.

✔ **Gewöhnen Sie sich an, alle Atome um ein Reaktionszentrum einzuzeichnen.** Wenn Sie die kompletten Lewis-Formeln zumindest für die Teile eines Moleküls aufzeichnen, die sich ändern, minimieren Sie Fehler durch verlorene oder deplatzierte Atome und Ladungen. Das Aufzeichnen von Atomen wird besonders wichtig, wenn Ladungen in einem Reaktionsmechanismus eine Rolle spielen, weil der Umgang mit Atomen, die eine Ladung tragen, wesentlich leichter fällt, wenn alle Atome explizit dargestellt sind

✔ **Versuchen Sie nicht, in einem Mechanismus zwei Dinge auf einmal zu tun.** Machen Sie in einem Mechanismus nur eine Sache in einem Schritt. Protonieren Sie niemals einen Alkohol, und spalten Sie gleichzeitig Wasser ab, um ein Carbokation in einem Schritt zu erzeugen. Verteilen Sie das auf zwei Schritte.

✔ **Zeichnen Sie alle Resonanzstrukturen für Zwischenstufen.** Obwohl das Zeichnen von Resonanzstrukturen für reaktive Zwischenstufen von Ihrem Professor vielleicht nicht verlangt wird, ist es trotzdem besser, wenn Sie es tun. Wenn Sie beispielsweise den Mechanismus einer elektrophilen aromatischen Substitution (siehe Kapitel 13) aufschreiben, dann zeichnen Sie alle Resonanzstrukturen für die kationische Zwischenstufe. Dadurch erkennen Sie eher, welches Produkt bevorzugt wird oder welcher Reaktionsweg der stabilere ist.

✔ **Achten Sie auf den Weg.** Wenn Sie von Weinheim nach Wattenscheid möchten, steigen Sie auch nicht in Ihr Auto und fahren in der Hoffnung los, irgendwann einmal anzukommen. Auch wenn ein Reaktionsschritt, den Sie sich überlegt haben, plausibel aussieht, müssen Sie sich trotzdem vergewissern, dass er auch in die richtige Richtung führt (in Richtung Endprodukt). Überlegen Sie sich, welche Bindungen auf dem Weg vom Edukt zum Produkt gespalten werden und welche entstehen müssen. Behalten Sie die Antworten auf diese Fragen im Hinterkopf, so lange Sie an dem Mechanismus arbeiten, und halten Sie immer ein Auge darauf gerichtet, wo Ihr Ziel liegt.

✔ **Analysieren Sie nicht zu viel, wenn Sie ein anderes Produkt präsentiert bekommen, als Sie erwartet haben.** Das Produkt ist vorgegeben, also müssen Sie nicht darüber nachdenken, warum nun gerade dieses Produkt entsteht. Oft bekommen Sie Nebenprodukte einer Reaktion als Produkt präsentiert, weil der Professor von Ihnen wissen will, wie diese Moleküle entstehen können. Sie fragen sich dann, warum ein bestimmtes Produkt entsteht oder auch nicht. Aber es führt zu nichts, wenn Sie sich in dieser Frage verbeissen. Stellen Sie zuerst den Mechanismus auf, und fragen Sie anschließend.

✔ **Ignorieren Sie Begleitionen.** Häufig laufen Ihnen ionische Reagenzien über den Weg, die Kalium (K), Natrium (Na) oder Lithium (Li) enthalten. Streichen Sie diese Begleitionen am besten gleich durch, damit Sie gar nicht erst auf die Idee kommen, sie in den Mechanismus einzubeziehen. Wenn Sie NaOH als Reagenz bekommen, streichen Sie das Natrium durch, und verwenden Sie OH⁻. So kann es Ihnen nicht passieren, dass Sie das Natrium in Ihrem Mechanismus verwenden. (Aber aufgepasst! Es gibt auch Reaktionen, bei denen Metalle eine ganz wichtige Rolle in Mechanismen spielen, zum Beispiel bei katalysierten oder sogenannten metallorganischen Reaktionen, aber das geht hier zu weit ins Detail.)

- ✓ **Fragen Sie sich selbst, ob alle Ihre vorgeschlagenen Schritte und Zwischenstufen plausibel sind.** Lassen Sie immer negative Ladungen an positiven angreifen (und niemals umkehrt)? Wenn Sie sich in saurem Milieu befinden: Haben Sie sich vergewissert, dass Sie keine negativ geladene Zwischenstufe erzeugt haben? Wenn Sie unter basischen Bedingungen arbeiten: Sind Sie sicher, dass Sie keine positiv geladene Zwischenstufe erzeugt haben? Haben Sie immer daran gedacht, niemals einen fünfbindigen Kohlenstoff (einen Kohlenstoff mit fünf Bindungen) zu zeichnen oder sonst eine Valenzregel zu verletzen? Sind alle Ladungen ausgeglichen? Stellen Sie sich diese Fragen immer wieder, wenn Sie einen Mechanismus vorschlagen.

- ✓ **Beherrschen Sie die verschiedenen Mechanismen (die im folgenden Abschnitt behandelt werden).** Nachdem Sie viele Aufgaben gelöst haben, werden Sie viele Reaktionsmuster erkennen und bemerken, welche Mechanismen einander ähneln.

Arten von Mechanismen

Wenn Sie viele Aufgaben bearbeitet haben, werden Sie immer wiederkehrende Muster in Reaktionsmechanismen finden. Die häufigsten Arten von Mechanismen sind im folgenden Abschnitt zusammengestellt. Natürlich überlappen sich einige Mechanismen mit anderen. Unter sauren Reaktionsbedingungen werden häufig Kationen gebildet, und unter basischen Bedingungen bilden sich häufig Anionen. Wenn Sie zuerst herausfinden, welche Art von Mechanismus Sie für die Reaktion brauchen, die Sie bearbeiten wollen, können Sie Ihre Gedanken etwas besser sortieren.

- ✓ **Thermischer Mechanismus:** Diese Mechanismen benötigen keine Reagenzien. Mit derartigen Abläufen müssen Sie sich in der Regel ab dem 2. Semester Organik herumschlagen. Die Diels-Alder-Reaktion ist ein Beispiel für diese Art von Mechanismus.

- ✓ **Nucleophile-elektrophile Mechanismen:** Das sind die häufigsten Mechanismen. Wenn Sie nucleophile-elektrophile Mechanismen beherrschen, haben Sie einen großen Teil der organischen Chemie verstanden. Diese Reaktionen enthalten den Angriff eines Nucleophils (eines Kernliebhabers) an einem Elektrophil (einem Elektronenliebhaber). Typischerweise greift ein Teilchen mit einem freien Elektronenpaar (ein Nucleophil) ein Kohlenstoffatom mit einem Elektronenmangel (ein Elektrophil) an. Bei einer elektrophilen Reaktion kann aber natürlich auch das Elektrophil angreifen.

- ✓ **Säure-Base-Reaktionen:** Diese Mechanismen liegen meist dann vor, wenn eine starke Säure (zum Beispiel HCl oder H_2SO_4) oder eine starke Base (zum Beispiel $NaNH_2$) als Reagenz eingesetzt wird. Im sauren Milieu müssen Sie darauf achten, keine negativ geladenen Teilchen zu erzeugen (außer der konjugierten Base der Säure); im basischen dürfen Sie keine Teilchen mit einer positiven Ladung verwenden. Der erste Schritt ist meist eine Protonierung (im Sauren) oder Deprotonierung (im Basischen).

✔ **Carbokation-Mechanismen:** Diese Mechanismen laufen in der Regel unter sauren Bedingungen ab (Sie werden keine positive Ladungen – wie die Bildung eines Carbokations – im basischen Milieu beobachten können). Achten Sie in derartigen Reaktionen auf Umlagerungen des Carbokations (wie Alkyl- oder Wasserstoff-Verschiebungen). Wenn ein Zwischenprodukt eine negative Ladung besitzt, haben Sie irgendetwas verkehrt gemacht (Sie haben vermutlich einen Protonentransfer vergessen).

✔ **Anionische Mechanismen:** Diese Mechanismen trifft man häufig in Reaktionen von Carbonylen (Ketone, Aldehyde) an; sie laufen unter basischen Bedingungen ab. (Diese Reaktionen werden Sie im 1. Semester Organik seltener antreffen.)

✔ **Radikalmechanismen:** Mit dieser Art werden Sie vermutlich nicht so häufig konfrontiert, aber sie kommt hin und wieder vor. Wenn Sie Licht ($h\nu$) oder Peroxide (ROOR) als Reagenzien sehen, denken Sie an freie Radikale. Radikalische Reaktionen tauchen zum Beispiel bei der Bromierung von Alkanen in Gegenwart von $h\nu$ und Brom auf (Kapitel 7). Wenn Sie an einem Radikal-Mechanismus arbeiten, verwenden Sie nur einspitzige Pfeile, um die Bewegung eines einzelnen Elektrons darzustellen. Das Aufschreiben von Kettenanfang, Kettenfortpflanzung und Kettenabbruch ist für Radikalreaktionen üblich.

Aus Erfahrung wird man klug: Eine Beispielaufgabe

Kommen wir zu einem Beispiel. Stellen Sie sich vor, Sie sollen einen Mechanismus für die in Abbildung B.1 gezeigte Umwandlung eines Alkohols in ein Alken angeben.

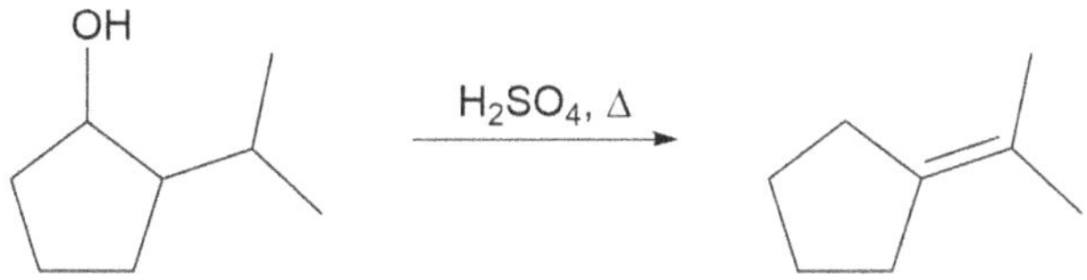

Abbildung B.1: Beispiel zur Entwicklung eines Reaktionsmechanismus

Zunächst müssen Sie identifizieren, mit welcher Art von Mechanismus Sie es zu tun haben. Ist es ein Säure- oder Base-Mechanismus? Handelt es sich um einen nucleophilen oder elektrophilen Mechanismus? Oder hat es etwas mit freien Radikalen zu tun? Da ein Reagenz Schwefelsäure (H_2SO_4) ist und ein Δ (ein Delta weist auf einen Reaktionsablauf bei erhöhter Temperatur hin) über dem Reaktionspfeil steht, wird die Reaktion vermutlich nach einem sauren Mechanismus ablaufen.

Als Nächstes müssen Sie überlegen, wohin der Mechanismus führen soll. Die Umwandlung eines Alkohols in ein Alken beinhaltet in der Regel eine Dehydratisierung (den Verlust von Wasser). Aber gleich fällt Ihnen auf, dass sich die Doppelbindung im Produkt an ungewohnter Stelle befindet, denn die Dehydratisierung bildet die Doppelbindung normalerweise in Nachbarschaft zur ursprünglichen Alkoholgruppe. Das Produkt besitzt die Doppelbindung aber an einem Kohlenstoffatom, das um eine Position weiter weg ist. Demnach erwarten Sie etwas untypisches im Reaktionsablauf, das die ungewöhnliche Regiochemie der Reaktion erklären kann.

Jetzt wissen Sie ungefähr, wohin Sie wollen und können mit der Planung beginnen. In einem Säure-Mechanismus müssen Sie als Erstes nach einer geeigneten Stelle für die Protonierung suchen. Der einzige basische Angriffspunkt im Ausgangsmaterial dieser Reaktion ist die OH-Grupppe. Also ist der erste Schritt die Protonierung der Alkoholgruppe durch die Schwefelsäure.

Der erste Schritt von Säure-Mechanismen ist fast immer eine Protonierung.

Befolgen Sie die Konventionen für die Pfeilschieberei (siehe Kapitel 3), und zeichnen Sie doppelspitzige Pfeile, die zeigen, von wo nach wo die Elektronen wandern. (Die einzigen Mechanismen mit einspitzigen Pfeilen sind Radikalmechanismen.)

Viele Organik-Professoren sind fest davon überzeugt, dass der heißeste Platz in der Hölle für Studierende reserviert ist, die die Protonierung falsch aufzeichnen. Also vergewissern Sie sich zweimal, dass Sie die Pfeile von den Elektronen der Base zum Proton zeichnen, das von den Elektronen angegriffen wird. *Begehen Sie nie den unverzeihlichen Fehler, einen Pfeil von einem sauren H⁺ aus zu zeichnen.* Um im Folgenden die Umlagerung von Atomen und Ladungen übersichtlicher zu machen, zeichnen Sie die Atome in dem Bereich, in dem die Änderungen ablaufen, unter Verwendung der Lewis-Formeln explizit aus, wie in Abbildung B.2 gezeigt.

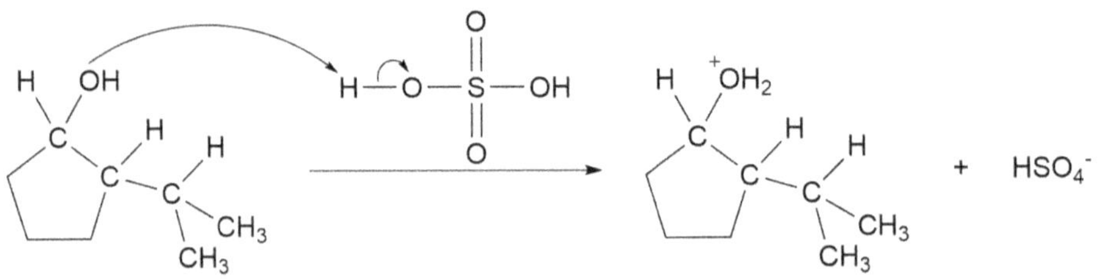

Abbildung B.2: Ein kleiner Schritt für die Menschheit ...

Untersuchen Sie nun die Konsequenzen der Protonierung. Was können Sie nun machen, was Sie vorher nicht konnten? Zum Beispiel kann der protonierte Alkohol leicht ein Carbokation bilden. Während OH⁻ eine schlechte Abgangsgruppe ist (starke Basen sind schlechte Abgangsgruppen), ist H_2O eine sehr gute Abgangsgruppe. Wie es sich für einen typischen Dehydratisierungs-Mechanismus geziemt, besteht der nächste Schritt in der Abspaltung des Wassers unter Bildung eines sekundären Carbokations, das in Abbildung B.3 zu sehen ist.

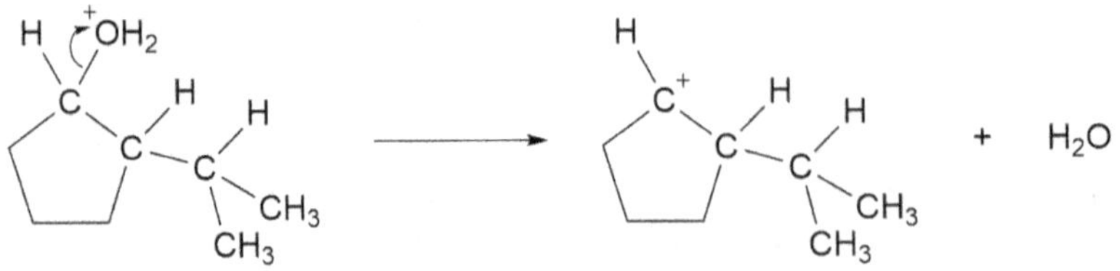

Abbildung B.3: Die Bildung eines Carbokations

Bei der Dehydratisierung eines Alkohols ist der nächste Schritt nach der Bildung des Carbokations normalerweise die Bildung einer Doppelbindung unter Abspaltung eines Protons. Wenn Sie das jetzt tun, erhalten Sie die Doppelbindung an der falschen Stelle. Irgendwie muss sich das Carbokation umlagern, sodass Sie nach der Abspaltung des Protons die Doppelbindung am richtigen Ort bekommen.

Bei näherer Beobachtung werden Sie schnell feststellen, dass sich das Carbokation in unmittelbarer Nähe eines tertiären Kohlenstoffatoms befindet. (Sie erinnern sich sicher, dass tertiäre Carbokationen stabiler sind als sekundäre.) Offensichtlich lagert sich das Carbokation um, bevor die Eliminierung stattfindet. Dazu verschieben Sie das Wasserstoffatom von dem tertiären Kohlenstoffatom zum Zentrum des Carbokations, während die beiden Elektronen der C–H-Bindung zum kationischen Zentrum wandern und das tertiäre Kohlenstoffatom mit einer positiven Ladung zurücklassen. Dieser Schritt ist in Abbildung B.4 gezeigt.

Abbildung B.4: Achten Sie bei kationischen Mechanismen auf Umlagerungen.

Jetzt führt die Abspaltung eines Protons zum korrekten Alken. In Abbildung B.5 sehen Sie die Deprotonierung, wobei ich Wasser verwendet habe, um das Proton aufzunehmen und wieder ein Molekül Säure zu bilden. Genauso gut könnten Sie hier die konjugierte Base der Schwefelsäure verwenden.

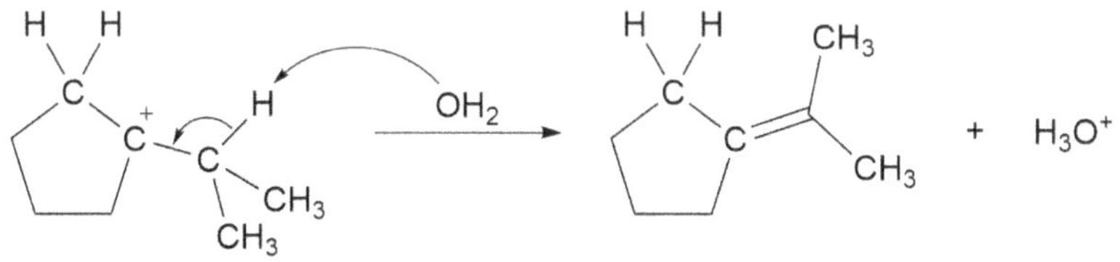

Abbildung B.5: Die Bildung des Alkens

Anhang C
Lösungen der Übungsaufgaben

Kapitel 2

Aufgabe 2.1:

B: $2s^2\ 2p_x^1$ (meist reicht aber die Kurzform: $2s^2p^1$);

C: $2s^2\ 2p_x^1\ 2p_y^1$ (denken Sie an die Hundsche Regel! Meist reicht auch hier $2s^2p^2$);

N: $2s^2\ 2p_x^1\ 2p_y^1\ 2p_z^1$ (wieder: Hundsche Regel; Kurzform: $2s^2p^3$);

O: $2s^2\ 2p_x^2\ 2p_y^1\ 2p_z^1$ (trotz der Hundsche Regel muss jetzt eines der drei p-Orbitale spin-antiparallel doppelt besetzt werden; Kurzform: $2s^2p^4$);

F: $2s^2\ 2p_x^2\ 2p_y^2\ 2p_z^1$ (jetzt sind schon zwei der drei p-Orbitale spin-antiparallel doppelt besetzt; Kurzform: $2s^2p^5$).

Aufgabe 2.2:

a. Methan (CH_4): C ist zwar geringfügig elektronegativer als H (die Elektronegativitätsdifferenz beträgt 0,4, vgl. Abbildung 2.8), sodass sich eine sehr moderate Polarisation ergibt ($C^{\delta-}$; $H^{\delta+}$), aber da Methan dank der sp^3-Hybridisierung tetraedrisch gebaut ist (vgl. Abbildungen 2.15 bis 2.18), fallen die Schwerpunkte von positiver und negativer Partialladung zusammen: Der resultierende Dipolmomentvektor ist null, also gibt es *kein* Dipolmoment.

b. Im Formaldehyd hat das zentrale C-Atom drei Bindungspartner, ist also sp^2-hybridisiert (und planar). Zwischen C und O liegt eine Doppelbindung mit einem σ- und einem π-Anteil. Der Elektronegativitätsunterschied zwischen C und O ist mit 1,0 ungleich größer als der zwischen C und H, also ist hier $O^{\delta-}$, $C^{\delta+}$. Für Wasserstoff gilt wie in Aufgabe 2.2a: $H^{\delta+}$, und durch den planaren Bau des Moleküls ergibt sich ein Dipolmomentvektor, dessen Spitze in Richtung Sauerstoff zeigt.

c. Beide Kohlenstoffe besitzen vier Bindungspartner (3 × H, 1 × C), also sind beide C-Atome sp^3-hybridisiert. Wie in Aufgabe 2.2a fallen die Schwerpunkte von positiver und negativer Partialladung zusammen: kein Dipolmoment.

d. Ethanol sieht aus wie Ethan, bei dem sich in eine C-H-Bindung noch ein O-Atom eingeschoben hat. Das wirkt sich natürlich auf die Partialladungen aus. Wieder gilt: $O^{\delta-}$, $C^{\delta+}$ und ein Dipolmomentvektor zeigen in Richtung des Sauerstoffs. Zudem liegt in dieser Verbindung noch eine O-H-Bindung vor, und da H noch weniger elektronegativ ist als C, muss diese OH-Bindung sogar noch polarer sein: $O^{\delta-}$, $H^{\delta+}$. Das Sauerstoffatom hier besitzt neben den beiden Bindungen noch zwei freie Elektronenpaare, ist also ebenfalls sp^3-hybridisiert. Nach dem VSEPR-Modell muss also der COH-Teil des Ethanol-Moleküls gewinkelt sein (an zwei der vier Ecken des sp³-Tetraeders des Sauerstoff sitzt jeweils ein freies Elektronenpaar). Insgesamt ergibt sich auch hier wieder ein Dipolmoment in Richtung des Sauerstoffatoms.

Aufgabe 2.3:

Im Ethanmolekül liegen beide Kohlenstoffatome sp³-hybridisiert vor; zwischen den beiden C-Atomen befindet sich eine σ-Bindung. Auch die Wasserstoff-Atome sind über σ-Bindungen mit den C-Atomen verbunden.

Im Chlorethan herrschen ähnliche Bindungsverhältnisse zwischen den Kohlenstoff- und Wasserstoffatomen. Lediglich zwischen dem C-Atom und dem Chlor-Atom überlappt sich ein sp³-Hybridorbital mit dem p_z-Orbital des Chlors.

Aufgabe 2.4:

Wenn Sie auf der Schummelseite dem Besetzungsschema folgen, werden Sie merken, dass sich – bevor die f- Niveaus mit Elektronen besetzt werden – beim Lanthan zunächst noch ein Elektron in einem 5d-Niveau befindet. Beim Actinium ist es ähnlich (erst ein Elektron im 6d-Niveau).

Kapitel 3

Aufgabe 3.1:

So sehen die Strukturformeln aus. Hinweis: Aus Gründen der Übersichtlichkeit wird auf die Angabe der Wasserstoffatome in den Strukturformeln verzichtet.

a. 3-Ethyl-2,2,4-trimethylhexan

```
        C
        |
        C   C
        |   |
  -C-C-C-C-C-C-
        |   |
        C   C
```

b. 2,2-Dimethylpropan

```
      C
      |
   C-C-C
      |
      C
```

c. 3,4-Di Ethyl-2,4,5-trimethyl-5-propylnonan

```
              C
              |
              C   C
              |   |
        -C-C-C-C-C-C-C-C-C-
              |   |
              C   C
              |   |
              C   C
                  |
                  C
```

Aufgabe 3.2:

So sehen die passenden Strukturformeln aus:

a.
```
              C
              |
          C   C
          |   |
    —C—C—C—C—C—C—
          |   |   |
          C   C   C
          |
          C
```

b.
```
          C   C
          |   |
    —C—C—C—C—C—C—C—C—
          |   |
          C   C
```

c.
```
              C
              |
              C   C   C
              |   |   |
    —C—C—C—C—C—C—C—C—C—
              |   |   |
              C   C   C
                  |
                  C
                  |
                  C
```

Aufgabe 3.3:

Im Ammonium-Ion (NH_4^+) besitzt das zentrale N-Atom vier Bindungspartner, die jeweils über eine σ-Bindung mit ihm verbunden sind. Als Element der 15. Gruppe weist Stickstoff fünf Valenzelektronen auf; um die Oktettregel zu erfüllen, müsste er nur noch drei Bindungen eingehen. Hier hat er aber vier: Das ehemals freie Elektronenpaar am Stickstoff wurde also dazu herangezogen, eine zusätzliche Bindung auszubilden. Die Formel besagt: Formalladung des zentralen Atoms = 5 Valenzelektronen (Stickstoff!) – 0 freie Elektronenpaare (ist ja jetzt weg) – 4 Bindungen = +1. Damit kommt dem zentralen Stickstoff eine positive Formalladung zu. Aber das ändert nichts daran, dass der Stickstoff hier immer noch das elektronegativere Element ist: Damit trägt er zwar eine *positive Formalladung*, ist aber faktisch *negativ polarisiert*: $N^{δ-}$. Der deutlich weniger elektronegative Wasserstoff (der Unterschied beträgt 0,9; siehe Abbildung 2.8) muss wieder einmal leiden: $H^{δ+}$.

Aufgabe 3.4:

Das zentrale Kohlenstoffatom weist vier Bindungen auf (je einmal zu C und O, dazu noch die beiden H-Atome), also ist der Kohlenstoff sp^3-hybridisiert (vgl. Kapitel 2).

Sowohl O als auch N sind elektronegativ (vgl. Abbildung 2.8), also ist C hier doppelt positiv polarisiert, O und N hingegen negativ polarisiert. Der gleichen Abbildung können Sie entnehmen, dass C nicht so viel elektronegativer ist als H (falls Sie es sich nicht ohnehin mittlerweile gemerkt haben), also sind die beiden Wasserstoffatome am Kohlenstoff nur schwach positiv polarisiert. Anders sieht es für die H-Atome an Sauerstoff und Stickstoff aus: Die sind allesamt kräftig $H^{\delta+}$.

Weitere Resonanzstrukturen lassen sich nicht aufstellen, da hier ausschließlich σ-Bindungen vorliegen. Ein Versuch, es doch zu tun, würde zur gleichen Fragmentierung unseres Ausgangsstoffes führen, wie Sie das bereits aus Abbildung 3.31 kennen.

Kapitel 4

Aufgabe 4.1:

Stellt man die Strukturformel dieses Molekül-Ions auf, muss man die negative Ladung zunächst einmal an einem der drei Sauerstoff-Atome lokalisieren, die nicht damit beschäftigt sind, das noch verbliebene Wasserstoff-Atom festzuhalten. Da die beiden anderen O-Atome dann über Doppelbindungen mit dem zentralen Schwefel-Atom verbunden sind, lassen sich hier weitere Resonanzformeln aufstellen (siehe Kapitel 3); es handelt sich also um ein mehrfach resonanzstabilisiertes Anion.

Aufgabe 4.2:

$$CaC_2 + 2H_2O \rightleftharpoons Ca(OH)_2 + H\text{-}C\equiv C\text{-}H.$$

Was hier passiert, begreift man sofort, wenn man sich die Ionen anschaut, aus denen Calciumcarbid besteht: Calcium-Kationen (Ca^{2+}) und Carbid-Ionen (C_2^{2-}). Die zugehörige ausformulierte Lewis-Formel des Anions lässt erkennen, dass es sich dabei um das Dianion des Ethins handelt: $^-C\equiv C^-$. Das (amphotere) Wasser fungiert also als Säure gegenüber der Base C_2^{2-}, in der beide C-Atome sp-hybridisiert vorliegen.

Nun muss man noch bedenken, dass die Säurestärke einer Säure auch etwas darüber aussagt, wie (wenig) basisch ihre korrespondierende Base ist: Je saurer die Säure (je kleiner der pK_S-Wert), desto weniger ausgeprägt ist das basische Verhalten der korrespondieren Base.

Nimmt man diese beiden Fakten zusammen und kombiniert das mit Abbildung 4.8, in der Sie erfahren haben, dass ein sp-hybridisiertes Kohlenstoff-Atom, an das noch ein H-Atom gebunden ist, deutlich saurer reagiert als ein sp^2- oder gar ein sp^3-hybridisiertes Zentrum, kommen Sie zum Ziel. »Deutlich saurer« ist ein sehr relativer Begriff: Mit einem pK_S-Wert von etwa 25 ist Ethin zwar um satte 25 Zehnerpotenzen saurer als Ethan ($pK_S = 50$), aber eben zugleich auch gute zwanzig Zehnerpotenzen *weniger* sauer als beispielsweise die ohnehin schon eher schwache Essigsäure ($pK_S \sim 5$, vgl. Tabelle 4.1). Mit anderen Worten: *Das Carbid-Ion stellt eine immens starke Base dar* – kein Wunder, dass es sich sogar durch die nun wahrlich nicht starke Säure Wasser protonieren lässt!

Aufgabe 4.3:

Als erstes sollte man die Reaktionsgleichung postulieren (die alleine sagt ja noch nichts darüber aus, ob es tatsächlich zu einer Reaktion kommt bzw. auf welcher Seite das Gleichgewicht liegt):

$H_2SO_4 + CN^- \rightleftharpoons HSO_4^- + HCN$

Jetzt hilft wieder Tabelle 4.1 weiter: Die Schwefelsäure ist mit $pK_S = -7$ eine wirklich starke Säure, da kann die Blausäure mit $pK_S = 9$ nicht ansatzweise mithalten (noch einmal: pK_S-Werte basieren auf logarithmischen Werten, d. h. die Schwefelsäure ist um 16 Zehnerpotenzen (!) saurer als die Blausäure!). Die Blausäure ist also hier die viel schwächere Säure und damit die stabilere Verbindung. Folglich liegt das Gleichgewicht deutlich auf der Produkt-Seite: Behandelt man Cyanid-Ionen mit einer stärkeren Säure, wird Blausäure freigesetzt – und da diese beachtlich giftig ist, sollte man das lieber lassen oder wenigstens entsprechende Sicherheitsvorkehrungen treffen (unter dem Abzug arbeiten etc.).

Aufgabe 4.4:

Der niedrigste Wert ist der Trichloressigsäure zuzuordnen. Sowohl die Sauerstoff-Atome der Carboxylgruppen als auch die Chlor-Atome wirken elektronenziehend, sodass das H-Atom der Carboxylgruppe stark polarisiert wird und leicht abgegeben werden kann.

Je länger hingegen die Alkylkette ist, desto schwächer ist die Säure. Die Alkylketten »schieben« eher Elektronen in die Richtung der Carboxylgruppe. Demnach gehört der pks = 4,75 zur Essigsäure und der pks = 4,87 zur Propansäure.

Kapitel 5

Aufgabe 5.1:

Natürlich ist in beiden Fällen der Sauerstoff der elektronegativere Bindungspartner: Bei Ketonen ist damit der Kohlenstoff positiv polarisiert, bei Ethern gilt das für beide mit dem Sauerstoff verbundenen C-Atome. Allerdings liegt bei Ketonen (und bei Carbonylverbindungen im Allgemeinen) zwischen C und O eine *Doppelbindung* vor. Also ist der vom Sauerstoff ausgehende Elektronenzug hier deutlich ausgeprägter: Ein Carbonyl-Kohlenstoff ist sehr viel elektrophiler als ein Ether-Kohlenstoff. Genau das ist beispielsweise in Kapitel 11 sehr wichtig (Reaktionen von Carbonylverbindungen).

Aufgabe 5.2:

Bei primären oder sekundären Aminen sind am Stickstoff noch zwei Wasserstoffatome respektive ein Wasserstoffatom gebunden, während ein tertiäres Amin als Bindungspartner drei Kohlenstoff-Atome am Hals hat. Da die C-N-Bindung weniger polar ist (vgl. Kapitel 2) und sich deutlich weniger leicht spalten lässt als die N-H-Bindung, sind tertiäre Amine, was diese Reaktion angeht, deutlich weniger reaktiv.

Aufgabe 5.3:

Vergleichen Sie die Kurzformeln: Beim Pentylpropanoat ($CH_3CH_2COOCH_2(CH_2)_3CH_3$, Propansäurepentylester) handelt es sich um das Molekül, das durch Reaktion der Propansäure CH_3CH_2COOH mit dem Alkohol Pentanol $CH_3(CH_2)_3CH_2OH$ entsteht (und das leicht nach Äpfeln riecht), während das aus Abbildung 5.26 bekannte Propylpentanoat sich von der Pentansäure $CH_3(CH_2)_2CH_2COOH$ und dem Alkohol Propanol ($CH_3CH_2CH_2OH$) ableitet. Dieser Pentansäurepropylester ist für den charakteristischen Duft von Ananas mitverantwortlich.

Aufgabe 5.4:

Sogar mehr, als hier Platz ist, um sie anzugeben! Schauen Sie sich an, wie viele alternierende Doppelbindungen die beiden Verbindungen enthalten, denken Sie an die fröhliche Pfeilschieberei aus den Abbildungen 3.23 und 3.24, und dann legen Sie los, indem Sie am besten erst die Doppelbindung des Aldehyds zum Sauerstoff verschieben.

Kapitel 6:

Aufgabe 6.1:

Chiralitätszentren sind jeweils mit einem * markiert; gezeigt ist die Keilstrichformel.

a. b. c. d. e.

a. *Nicht* chiral, da jedes der sechs Kohlenstoff-Atome jeweils mindestens zwei identische Substituenten aufweist. Hier gibt es also keine Stereoisomere.

b. Hier sind vier Stereoisomere möglich (jeweils zwei Enantiomerenpaare).

c. Auch hier gibt es zwei Chiralitätszentren, aber dennoch nicht vier, sondern drei Stereoisomere: Ist das linke Chiralitätszentrum *(R)*-konfiguriert, das rechte jedoch *(S)*, sind Bild und Spiegelbild identisch. Es handelt sich also um eine *meso*-Form.

d. Auf den ersten Blick scheint die Lage genau wie bei (c), aber da sich die Substituenten an C2 und C4 (von links nach rechts durchgezählt) unterscheiden, sind die *(R,S)*-Form und die *(S,R)*-Form *nicht* identisch. Es gibt also wieder vier Stereoisomere.

e. Wieder könnte man an Problem (c) denken, aber auch hier unterscheiden sich die beiden Chiralitätszentren hinsichtlich ihrer Substituenten: an C2 gibt es –H, –Cl und –CH_3, an C4 –H, Cl und –CH_2CH_3 (also C_2H_5). Wieder gibt es bei zwei Chiralitätszentren *vier* Stereoisomere.

Aufgabe 6.2:

Nur das Nikotin weist ein Chiralitätszentrum auf: dort, wo der sechsgliedrige Ring über eine Einfachbindung mit dem fünfgliedrigen Ring verbunden ist. Das Chiralitätszentrum ist das entsprechende Kohlenstoff-Atom des Fünfringes (das C-Atom am anderen Ende dieser Einfachbindung ist sp^2-hybridisiert, und nur sp^3-hybridisierte C-Atome können ein Chiralitätszentrum darstellen). Eine Aussage über die absolute Konfiguration ist nicht möglich: In dieser Art der Moleküldarstellung findet sich keine stereochemische Information. (Aber versuchen Sie doch mal, die beiden Enantiomere des Nikotins in der Keilstrichformel zu zeichnen! Sie brauchen die Keile ja nur dort zu benutzen, wo eine stereochemische Information auch sinnvoll ist.)

Aufgabe 6.3:

Bei der linken Darstellung der *meso*-Form in Abbildung 6.15 ist das linke mit einem Brom-Atom verbundene C-Atome (R)-, das rechte (S)-konfiguriert; damit ist die (R,S)-Konfiguration deckungsgleich mit der (S,R)-Konfiguration. (Zur Überprüfung tauschen Sie jeweils H und Br an den Chiralitätszentren aus und drehen dann das Molekül um 180°.) Bei den beiden nicht deckungsgleichen Molekülen weist das linke die (R,R)-Konfiguration auf, während das rechte (S,S)-konfiguriert ist.

Kapitel 7

Aufgabe 7.1:

Chiralitätszentren sind mit einem * markiert.

a. Hier sind (R)- und (S)-Konfiguration möglich, also ein Enantiomerenpaar.

b. Hier stellen sowohl C1 als auch C3 ein Chiralitätszentrum dar: Es gibt also zwei Enantiomerenpaare: die *cis*-Form (beide Substituenten auf der gleichen Seite des Ringes) und die *trans*-Form (Substituenten auf gegenüberliegenden Seiten des Ringes).

c. Auch wenn es auf den ersten Blick anders wirken mag: nur C5 weist ein Chiralitätszentrum auf. An C2, C3 und C7 liegt jeweils ein Substituent doppelt vor. (Bei welchem der beiden Isopropylreste an C3 Sie mit dem Durchnummerieren beginnen, ist dabei gänzlich egal.) Natürlich sind an jedem Substituenten auch (R)- und (S)-Konfigurationen möglich.

Aufgabe 7.2:

Bei der *cis*-Form stehen beide Substituenten entweder axial (sehr energetisch ungünstig) oder äquatorial (energetisch sehr viel günstiger). Bei der trans-Form steht, egal wie der Sessel gerade geklappt ist, immer ein Substituent axial, einer äquatorial. Damit liegt dieses Konformationsisomer genau in der Mitte, und es ergibt sich als Aussage über den relativen Energiegehalt: $E(cis_{\text{beide Substituenten äquatorial}}) < E(trans\text{-}) < E(cis_{\text{beide Substituenten axial}})$

Aufgabe 7.3:

Im 2,2,4-Trimethylpentan liegen fünf 1° Kohlenstoffatome (und damit fünfzehn 1° Wasserstoffe) vor und dazu je ein 2° (mit zwei 2° H-Atomen), ein 3° (mit einem 3° H) und ein 4° Kohlenstoff (kein H-Atom). Abbildung 7.43 hat Ihnen verraten, dass die radikalische Substitution aufgrund der größeren Stabilität des resultierenden Radikals bevorzugt an 3° Kohlenstoffatomen verläuft, auch wenn rein statistisch ein Angriff an einem 1° H-Atom sehr viel wahrscheinlicher wäre (in diesem Falle fünfzehnmal wahrscheinlicher!). Daher ist als Hauptprodukt 2-Brom-2,4,4-trimethylpentan zu erwarten. (Für eine radikalische Substitution am 4° Kohlenstoff wäre die Spaltung einer CC-Bindung erforderlich, und das wird normalerweise nicht geschehen.)

Aufgabe 7.4:

a. n-Hexan

```
    H  H  H  H  H  H
    |  |  |  |  |  |
H – C– C– C– C– C– C– H
    |  |  |  |  |  |
    H  H  H  H  H  H
```

b. 2-Methylpentan

```
    H  H  H  H  H
    |  |  |  |  |
H – C– C– C– C– C– H
    |  |  |  |  |
    H  H  H  CH₃ H
```

c. 3-methylpentan

```
    H  H  H  H  H
    |  |  |  |  |
H – C– C– C– C– C– H
    |  |  |  |  |
    H  H  CH₃ H  H
```

d. 2,2-Dimethylbutan

```
    H  H  CH₃ H
    |  |  |   |
H – C– C– C – C– H
    |  |  |   |
    H  H  CH₃ H
```

e) 2,3-Dimethylbutan

$$\begin{array}{c} \text{H} \quad \text{CH}_3\text{H} \quad \text{H} \\ | \quad | \quad | \quad | \\ \text{H}-\text{C}-\text{C}-\text{C}-\text{C}-\text{H} \\ | \quad | \quad | \quad | \\ \text{H} \quad \text{H} \quad \text{CH}_3\text{H} \end{array}$$

Aufgabe 7.5:

Die längste Kette wurde nicht beachtet. Die Verbindung heißt korrekt 4-Ethyl-5-Methyl-5-Propyloctan.

Kapitel 8

Aufgabe 8.1:

Na, hat es Sie nervös gemacht, dass Sie von (a) und (b) nur die Summenformeln hatten, aber nicht die Strukturformeln? Aber wenn Sie die Formel und die drei Spielregeln von Seite 157 kennen, reicht die Summenformel ausnahmsweise voll und ganz aus (was in der OC wirklich selten ist!).

a. Benzaldehyd, C_7H_6O – O darf man ignorieren, also C_7H_6; damit ergibt sich ein Doppelbindungsäquivalent (DBÄ) = 5.

b. Tryptophan, $C_{11}H_{12}N_2O_2$ – O darf man ignorieren, für jedes N muss man ein H abziehen, also $C_{11}H_{10}$; DBÄ = 7.

c. Beim Retinal können Sie natürlich in der Struktur nachschauen, wie viele Doppelbindungen und wie viele Ringe vorliegen: *fünf* CC-Doppelbindungen (eine davon im sechsgliedrigen Ring, aber das ist egal), *eine* CO-Doppelbindung und *ein* Ring (der Sechsring von eben). Zu erwarten wäre als DBÄ = 7. Zählen Sie in der Strukturformel nach, kommen Sie auf die Summenformel $C_{20}H_{28}O$, damit ist DBÄ = 7. Na bitte.

d. Auch beim Thalidomid kann man natürlich aus der Strukturformel die Summenformel herausfinden: $C_{13}H_{10}N_2O_4$. Damit ergibt sich gemäß den Spielregeln DBÄ = 10, und wenn Sie sich die Struktur noch einmal ansehen, kommen Sie auf: *drei* Ringe (ein Sechsring mit einem N darin, ein Fünfring mit einem N und direkt daran kondensiert ein sechsgliedriger Ring). Dazu kommen insgesamt *vier* CO-Doppelbindungen und die *drei* Doppelbindungen in dem ausschließlich aus C-Atomen aufgebauten Sechsring. Macht DBÄ = 3 + 4 + 3 = 10. Passt.

Aufgabe 8.2:

Grund ist die Art Umlagerung, die Sie aus den Abbildungen 8.29 und 8.30 kennen: Wird im ersten Schritt 3,3-Dimethylpent-1-en protoniert, entsteht ein 2° Carbokation. Durch Umlagerung einer der beiden Methylgruppen am benachbarten 4° Kohlenstoff wird die positive Ladung nun auf den dortigen bisherigen 2° Kohlenstoff übertragen: Das resultierende 3° Carbokation ist energetisch deutlich günstiger. Dieses wird anschließend durch das Bromid-Ion nucleophil angegriffen und führt zu 3-Brom-2,3-dimethylpentan.

Aufgabe 8.3:

Wenn nur *ein* Ozonolyse-Produkt auftritt, bedeutet das auf jeden Fall schon einmal, dass die Doppelbindung symmetrisch substituiert sein muss. Sie müssen sich jetzt also nur zwei Moleküle des Ozonolyse-Produkts schnappen, wieder ihre virtuelle Schere auspacken, die doppelt gebundenen O-Atome abschneiden und die beiden Reste zusammenfügen. Dann wissen Sie schon einmal, dass es sich bei der Ausgangsverbindung um 3,4-Dimethylhex-3-en handeln muss. Allerdings können Sie *nichts* darüber aussagen, ob nun das *(E)*- oder das *(Z)*-Isomer der Ozonolyse unterworfen wurde. Diese stereochemische Information geht beim Zerknacken Ihrer Ausgangsverbindung verloren.

Aufgabe 8.4:

Für einen anständigen Wittig brauchen Sie eine Carbonylverbindung R-CO-R' (Aldehyd oder Keton) und ein Phosphoran ($Ph_3P=CHR$), das Sie sich ja aus einem 1° Alkylhalogenid $R-CH_2-X$ und Triphenylphosphan PPh_3 unter Baseneinwirkung selber basteln können. Und wie so häufig führt auch hier mehr als ein Weg nach Rom: Da ihre Zielverbindung (2-Penten) an jeder Seite der Doppelbindung ein H-Atom aufweist (auch wenn Sie nicht wissen, ob es das *cis*- oder das *trans*-Isomer sein soll), können Sie wahlweise als Aldehyd Propanal (CH_3CH_2CHO) nehmen und als Vorstufe für ihr Phosphoran ein Ethylhalogenid (CH_3CH_2X), *oder* Sie drehen den Spieß um und arbeiten mit Ethanal (CH_3CHO) als Carbonylverbindung und setzen ein Propylhalogenid ($CH_3CH_2CH_2X$) mit Triphenylphosphan zum Phosphoran um. Das können Sie sich selbst überlegen. (Vielleicht haben Sie ja von der einen Substanz noch gewaltige Vorräte im Labor, die allmählich mal verbraucht werden sollten?)

Kapitel 9

Aufgabe 9.1:

Da Alkine wirklich *sehr* schwache Säuren sind (siehe auch Übungsaufgabe 4.2; $pK_S = 25$, siehe Seite 184; *nein, den konkreten Wert brauchen Sie sich nicht zu merken!*), muss die korrespondierende Base $RC\equiv C^-$ immens stark sein. Und das ist sie auch: Schon Wasser wäre (längst!) sauer genug, sie augenblicklich zum terminalen Alkin zurückzuprotonieren. Also muss hier unbedingt auf wasserfreie Reaktionsbedingungen geachtet werden.

Aufgabe 9.2:

Aus Abbildung 9.10 wissen Sie, dass es möglich ist, an eine Dreifachbindung in der gleichen Weise Halogene zu addieren, wie sich das bei Doppelbindungen bewerkstelligen lässt (vgl. Abbildungen 8.38 und 8.39). Anschließend hat man es mit einer »normalen« Doppelbindung zu tun (Die beiden Halogenatome sind ja eigentlich auch nur normale Reste –R, oder?). Setzt man also beispielsweise 2-Butin erst mit elementarem Brom zum 2,3-Dibrom-2-buten um und lässt dieses dann mit elementarem Chlor weiterreagieren, erhält man das gewünschte Produkt. (Natürlich könnte man dem Alkin auch erst mit Chlor auf den Leib rücken und dann zum Brom greifen. Wieder einmal gibt es mehr als eine Lösung für das Problem.)

Aufgabe 9.3:

Die Entfärbung einer derartigen Lösung basiert auf der Addition des elementaren Broms an eine C-C-Doppelbindung. Bei der Oxymercurierung eines Alkins wird Wasser an die Dreifachbindung addiert. An den beiden Kohlenstoffatomen der ehemaligen Dreifachbindung hängen jetzt einmal ein H-Atom, einmal eine OH-Gruppe. Aber das bleibt nicht lange so, da zwischen den beiden C-Atomen ja immer noch eine Doppelbindung vorliegt: Sie haben es also mit einem *Enol* zu tun (vgl. Abbildung 9.14), und Enole *tautomerisieren* rasch zu Carbonylverbindungen, in diesem Fall Butanon. Letztendlich liegt also keine CC-Doppelbindung mehr vor, also findet auch keine Entfärbung statt.

Kapitel 10

Aufgabe 10.1:

a. Gewünscht ist hier eine stereospezifische Substitution, und nur eine Reaktion nach dem $S_N 2$-Mechanismus führt stereospezifisch zu einer Walden'schen Umkehr.

b. Bei dem Atom, an dem die Substitution erfolgen soll, handelt es sich um ein 2° C-Atom, also sind prinzipiell beide Reaktionsmechanismen möglich. Um eine Reaktion nach $S_N 2$ zu begünstigen, sollten Sie ein unpolares oder polaraprotisches Lösungsmittel wählen. (Ein solches Lösungsmittel würde das nach $S_N 1$ intermediär entstehende Carbokation nicht oder nicht sonderlich gut stabilisieren.)

Aufgabe 10.2:

Der Einfluss einer starken Base und das Vorliegen einer guten Abgangsgruppe (hier: Br) lassen eine Reaktion nach dem E2-Mechanismus erwarten. Damit erfolgt die Eliminierung aus der *antiperiplanaren* Anordnung heraus (vgl. Abbildung 10.18). Folglich muss es sich bei dem Reaktionsprodukt um *(Z)*-2,2,4-Trimethylhex-3-en handeln. (Eventuell werden Sie Ihr Ausgangsprodukt mehrmals aufmalen oder sogar mit einem Molekülbaukasten spielen müssen, bis Ihnen das offensichtlich erscheint. Aber keine Sorge: Irgendwann werden Sie das auch »freihändig« können!)

Aufgabe 10.3:

Beim Reaktionszentrum handelt es sich um ein 2° Kohlenstoffatom, d. h. theoretisch ist eine Substitution nach S_N2-Reaktion zwar möglich, aber nicht übermäßig wahrscheinlich. Schauen Sie sich das Reaktionszentrum (C3 in der Kette) etwas genauer an: Daran hängen ein Bromatom, ein H-Atom und ein *tert*-Butylrest (der natürlich Teil der Hauptkette ist, aber das weiß C3 ja nicht!). Dieser *tert*-Butylrest besitzt einen beachtlichen Raumbedarf, also gestaltet sich ein Rückseitenangriff allein aus sterischen Gründen recht schwierig. (Und je polarer das Lösungsmittel ist, in dem Sie arbeiten wollen, desto unwahrscheinlicher wird eine Reaktion nach S_N2.) Folgt die Substitution jedoch dem S_N1-Mechanismus und verläuft somit über eine kationische Zwischenstufe, ist damit zu rechnen, dass das intermediär entstehende 2° Carbokation eine Umlagerung durchläuft: Es ist zu erwarten, dass sich eine der drei Methylgruppen an C2 zum kationischen C3 umlagert, sodass ein 3° Carbokation entsteht, an dem dann das Nucleophil (OH) angreift. Hauptprodukt der Reaktion wäre dann 2,3,4-Trimethylhexan-2-ol.

Kapitel 11

Aufgabe 11.1:

a. Durch Umsetzung von Ethylhalogenid (am besten –bromid) mit elementarem Magnesium gemäß Abbildung 11.10 (in einem wasserfreien, möglichst unpolaren Lösemittel natürlich).

b. Wie stets erfolgt ein nucleophiler Angriff des »getarnten Carbanions« auf den positiv polarisierten Kohlenstoff der Carbonylgruppe. Nach wässriger Aufarbeitung erhalten Sie 2-Methylbutan-2-ol (oder auch 2-Methyl-2-butanol, wenn Ihnen das lieber ist).

Aufgabe 11.2:

Die Ethersynthese nach Williamson basiert auf einer Substitution nach dem S_N2-Mechanismus. Dabei wird im ersten Schritt als hinreichend starkes Nucleophil ein Alkoxid benötigt (vgl. Abbildung 11.15), also ein deprotonierter Alkohol. Da Alkohole gemeinhin weniger sauer sind als Wasser, ist logischerweise die korrespondierende Base, das Alkoholat, deutlich basischer als Wasser. Mit anderen Worten: Ein Alkoholat würde von Wasser sofort zum Alkohol reprotoniert und stünde damit nicht mehr für die Substitution zur Verfügung.

Kapitel 12

Aufgabe 12.1:

a. Beim 1,3-Pentadien ergibt sich der Wettstreit von 1,2- und 1,4-Addition. Je nach Reaktionsbedingungen erhalten Sie also unterschiedliche Produkte: Bei kinetischer Reaktionsführung (also bei niedriger Temperatur, sodass es gerade so eben zu einer Reaktion kommt) werden Sie (gemäß der Markownikow-Regel) bevorzugt das 1,2-Addukt erhalten (3-Chlor-1-penten); ist die Temperatur höher, kann durch das resultierende Gleichgewicht (vgl. Abbildung 12.4) das thermodynamisch stabilere 1,4-Addukt entstehen (5-Chlor-2-penten; dabei ist die *(E)*-Konfiguration energetisch noch günstiger als die *(Z)*-Konfiguration.

b. Beim 1,4-Pentadien befinden sich die beiden Doppelbindungen nicht in Konjugation, also kann nur eine gewöhnliche 1,2-Addition erfolgen. Da der Ausgangstoff symmetrisch ist, macht es auch keinen Unterschied, welche der beiden Doppelbindungen angegriffen wird: Das Reaktionsprodukt ist (wieder gemäß Markownikow) 4-Chlor-1-penten.

Aufgabe 12.2:

a. Es wird eine Diels-Alder-Reaktion ablaufen. Dabei fungiert das 1,3-Butadien erwartungsgemäß als Dien, das Nitroethen als Dienophil. Als Reaktionsprodukt erhält man 4-Nitrocyclohexen.

b. Der elektronenziehende Effekt der Nitrogruppe steigert die Reaktivität des Nitroethens als Dienophil, daher wird diese Reaktion rascher ablaufen.

Aufgabe 12.3:

Hier ist eine *endo*-Addition nach Diels-Alder-Reaktion zu erwarten. Das resultierende Produkt sieht genauso aus wie das Produkt aus Abbildung 12.9, nur dass sich in der oberen Brücke *drei* C-Atome befinden, nicht nur zwei.

Kapitel 13

Aufgabe 13.1:

Beim Cyclopentadienyl-Kation sind alle fünf Kohlenstoffatome sp^2-hybridisiert; das leere p-Orbital des kationischen Zentrums steht parallel zu den vier p-Orbitalen der beiden Doppelbindungen im System (denken Sie an das VSEPR-Modell: leere Orbitale werden normalerweise nicht mithybridisiert; vgl. Kapitel 2). Allerdings beträgt die Gesamtanzahl an Elektronen nur *vier*. Damit handelt es sich nach Hückel um ein antiaromatisches System, und die sind bekanntermaßen instabil.

Beim Cyclopentadienyl-Anion ist hingegen nach dem VSEPR-Modell zu erwarten, dass das anionische Zentrum sp^3-hybridisiert vorliegt, schließlich werden gemäß dieser Theorie freie Elektronenpaare (und ein solches liegt am anionischen Kohlenstoff natürlich vor) bevorzugt in Hybridorbitalen untergebracht. Aber es ist energetisch günstiger, hier die negative Ladung in einem unhybridisierten p-Orbital unterzubringen, das dann parallel zu den vier p-Orbitalen der beiden Doppelbindungen im System steht: Dadurch können diese Orbitale überlappen, und es ergibt sich ein cyclisches System von *sechs* π-Elektronen. Damit ist das Cyclopentadienyl-Anion nach Hückel ein Aromat, und die sind nun einmal besonders stabil. Also lässt sich das Anion deutlich leichter erzeugen als das Kation – und das VSEPR-Modell ist nicht immer und überall zutreffend.

Aufgabe 13.2:

Die Reaktion von Salpetersäure mit konzentrierter Schwefelsäure führt zum Nitroniumion (NO_2^+), einem starken Elektrophil. Dieses wird im Zuge einer S_EAr das Chlorbenzol angreifen, sodass es zu einer Zweitsubstitution am aromatischen System kommt. Aufgrund seiner freien Elektronenpaare (+M-Effekt) dirigiert das Chloratom in *ortho*- und *para*-Stellung (vgl. Tabelle 13.2), es wird also ein Gemisch aus 2- und 4-Nitrochlorbenzol entstehen. Aufgrund des –I-Effekts der Halogene ist die Reaktivität des Chlorbenzols jedoch gegenüber dem unsubstituierten Benzol herabgesetzt.

Aufgabe 13.3:

Da die Nitrogruppe in *meta*-Stellung dirigiert, erhalten Sie 3-Ethylnitrobenzol (das Sie natürlich auch 3-Nitroethylbenzol nennen dürfen).

Aufgabe 13.4:

Auch nach dem Austausch von CH gegen N handelt es sich um ein cyclisches, planares Molekül mit sechs Elektronen. Damit erfüllt das Pyridin die Kriterien für einen Hückel-Aromaten, und genau das ist es auch.

Bleibt man bei der Lewis-Formel, bildet der Stickstoff zu einem seiner beiden Nachbar-CH-Gruppen eine Einfachbindung aus, während es mit seinem anderen Nachbarn eine Doppelbindung eingegangen ist. Gemäß dem VSEPR-Modell werden freie Elektronenpaare bevorzugt in Hybridorbitalen untergebracht (vgl. Kapitel 2), also wird das Elektronenpaar im rechten Winkel zum π-Elektronensystem des Ringes stehen (genau wie beim rechten N-Atom von Imidazol in Abbildung 13.14); damit besitzt es keinerlei Einfluss auf das aromatische System. Falls Sie nun sagen: »Aber das VSEPR-Modell ist doch keine Erklärung!«, haben Sie natürlich voll und ganz recht, aber: Das freie Elektronenpaar am Stickstoff muss *entweder* in ein Hybridorbital (so wie oben beschrieben) *oder* in ein unhybridisiertes p-Orbital. Da für die Bindung zu einem der Bindungspartner ebenfalls ein unhybridisiertes p-Orbital erforderlich ist (ohne p-Orbitale keine π-Bindung!), könnte der Stickstoff das freie Elektronenpaar nur dann in ein unhybridisiertes p-Orbital packen, wenn er sp-hybridisiert wäre. Und da zur sp-Hybridisierung ein Bindungswinkel von 180° gehört, würde das in einem sechsgliedrigen Ring zu entschieden zu hoher Ringspannung führen (vgl. Abbildung 9.5).

Aufgabe 13.5:

Kapitel 14

Aufgabe 14.1:

Gebildetes Starterradikal reagiert mit nächstem Styrol-Molekül, und es bildet sich wieder ein Radikal und so fort, bis zwei Radikale aufeinandertreffen und so das Kettenwachstum unterbrochen wird.

Aufgabe 14.2:

Polyester: Hexandisäure + Ethandiol

Polyamid: Diaminohexan + Ethandiol

Polyester (duroplastisch): Hexandisäure + Glycerin (→ Verzweigungen möglich)

Aufgabe 14.3:

Kapitel 15

Aufgabe 15.1

Enantiomere verhalten sich wie Bild und Spiegelbild, während Diastereomere zwar die gleiche Konstitution aufweisen, sich in der Konfiguration aber unterscheiden.

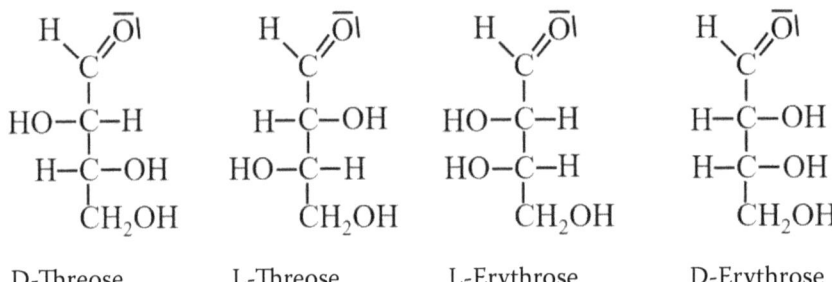

Aufgabe 15.2:

```
    COOH
    |
H−C−OH
    |
    CH₃
```

D-Milchsäure

Milchsäure ist ein optisch aktives Molekül, da es asymmetrisch aufgebaut ist.

Aufgabe 15.3:

```
        R
        |
H₂N−C−COOH
        |
        H
```

Die Seitenkette ist eine variable Struktur.

Aufgabe 15.4:

$$H_3\overset{+}{N}-\underset{\underset{CH_3}{|}}{\overset{\overset{H}{|}}{C}}-COO^-$$

Bei Aminosäuren kann die Carboxylgruppe das polarisierte Wasserstoff-Atom an die Aminogruppe im Molekül abgeben.

Aufgabe 15.5:

$$H_2N-\underset{\underset{H}{|}}{\overset{\overset{H_2C-OH}{|}}{C}}-\boxed{\underset{\underset{H}{|}}{\overset{\overset{O}{\|}}{C}}-\overset{-}{N}}-\underset{\underset{H}{|}}{\overset{\overset{CH_2-SH}{|}}{C}}-COOH$$

Aufgabe 15.6:

Durch die konzentrierte Salpetersäure entsteht das Nitronium-Ion, das Ringe elektrophil substituiert. Die entstehenden nitrierten Verbindungen zeigen die Gelbfärbung (Xanthoproteinreaktion).

Aufgabe 15.7:

Zunächst sieht das Molekül wie ein Tripeptid aus. Allerdings fällt auf, dass die Peptidbindung zur Glutaminsäure über deren Seitenkette verläuft. Deswegen ist es kein echtes – über die α-Carboxylgruppe gebildetes – Tripeptid.

Aufgabe 15.8:

OH—C₆H₄—C(=O)—OH + CH₃—COOH ⟶ CH₃—C(=O)—O—C₆H₄—C(=O)—OH + H₂O

Aufgabe 15.9:

[Triglycerid-Struktur mit drei Fettsäureestergruppen an einem Glycerinrückgrat]

Aufgabe 15.10:

Die Bromierung von Doppelbindungen, die in Speiseölen vorhanden sind, bewirkt die schnelle Entfärbung von Bromwasser. Bei Mineralölen aus Alkanen kann keine elektrophile Addition stattfinden.

Kapitel 16

Aufgabe 16.1:

Das Auftreten eines M+2-Peak mit etwa gedrittelter Intensität spricht sehr für das Isotopenmuster von Chlor. Dass der nächstliegende Peak um 35 (respektive 37) Masseneinheiten tiefer liegt, passt genau dazu: Da sonst nirgends dieses charakteristische +2-Muster erkennbar ist, enthalten alle weiteren erwähnten Fragmente kein Chlor mehr. Der Massenunterschied von $m/z = 91$ zu $m/z = 65$ beträgt 26 Einheiten; er ist typisch für die Abspaltung von Ethin (C_2H_2). Das Muster 91/65 findet sich häufig in monosubstituierten Alkylderivaten des Benzols; das Fragment mit $m/z = 51$ (Massendifferenz 14 Einheiten) unterstützt dies, denn $m/z = 14$ spricht in den weitaus meisten Fällen für den weiteren Abbau einer längeren Kette um ein Methylenfragment.

Dass kein 77/51-Muster vorliegt (das ebenfalls für monosubstituierte Benzolderivate charakteristisch ist), spricht dafür, dass es sich hierbei tatsächlich um ein Benzyl-Derivat handelt ($C_6H_5CH_2R$), nicht um ein Phenyl-Derivat (C_6H_5-R): Das Benzyl-Kation ($C_6H_5CH_2^+$; $m/z = 91$) ist aufgrund der Resonanz energetisch deutlich günstiger als das Phenyl-Kation ($C_6H_5^+$, $m/z = 77$).

Auflösung: Es handelt sich um Benzylchlorid, $C_6H_5CH_2Cl$, aber natürlich kann man sich alleine anhand eines Massenspektrums nur sehr selten wirklich sicher sein. Weitere Analysen (NMR, IR etc.) wären erforderlich, um wirklich Klarheit zu haben.

Aufgabe 16.2:

Die Summenformel C_4H_8O bedeutet: ein Doppelbindungsäquivalent; es liegt also entweder eine CC- oder eine CO-Doppelbindung vor. Die Massendifferenz zwischen dem M^+-Peak und $m/z = 57$ beträgt 15 Einheiten; das ist recht charakteristisch für eine Methylgruppe. Die Massendifferenz zwischen dem M^+-Peak und dem Basis-Peak beträgt 29, was charakteristisch ist für einen Ethylrest (C_2H_5). Tritt in einem Massenspektrum ein ausgeprägter Peak mit $m/z = 43$ auf (hier ist er sogar der Basis-Peak), ist das sehr, sehr häufig ein Acylium-Ion, also ein CH_3-CO^+. Dass auch ein Peak mit $m/z = 29$ auftritt (gerade eben hatten wir schon einmal 29!), spricht für ein Ethyl-Kation: Der C_2H_5Rest kann also als ungeladenes Radikal abgespalten werden (von 72 nach 43; −29) oder, wenn die Bindungsspaltung anders herum verläuft, als Ethyl-Kation im Spektrum auftauchen. (Gleiches gilt für den oben erwähnten Methyl-Rest (von 72 nach 57– −15), der ebenfalls als Methyl-Kation ($m/z = 15$) im Spektrum auftaucht. Alles zusammen lässt vermuten, dass es sich um das Butanon (Ethylmethylketon, $CH_3COC_2H_5$) handelt.

Aufgabe 16.3:

Die CO-Bindung im aromatischen Alkohol Phenol muss bemerkenswert stabil sein, schließlich findet sich im Spektrum kein Peak mit $m/z = 77$, der typisch für monosubstituierte Benzole ist. Die für CO charakteristische Massendifferenz ist darauf zurückzuführen, dass es sich bei Phenol streng genommen *sehr wohl* um eine Carbonylverbindung handelt – genauer gesagt um die Enol-Form eines Ketons (vgl. auch Kapitel 9). Aufgrund der Aromatizität des Ringes ist hier die Enol-Form natürlich deutlich stabiler, aber bei hinreichender Anregung (und das ist in der Massenspektrometrie zweifellos der Fall) kann das Molekül analog zu einem Keton tautomerisieren und unter Abspaltung von Kohlenmonoxid in das recht stabile Kation $C_5H_6^+$ mit $m/z = 66$ übergehen.

Kapitel 17

Aufgabe 17.1:

Hier helfen Ihnen Tabelle 15.1 und Abbildung 15.6 immens weiter: Wie so häufig stammt die Bande, die zwischen 2850 und knapp 3000 liegt, von der CH-Valenzschwingung, und das bei 1710 cm^{-1} ist die Carbonylbande (C=O). Allgemein lässt sich sagen: Wenn bei Wellenzahlen um 1700 herum eine wirklich starke Bande auftritt, dann ist das fast immer die Carbonylbande (C=C-Banden sind meist deutlich schwächer ausgeprägt).

Aufgabe 17.2:

Bei einer Carbonsäure sollten Sie die extrem breite OH-Bande (oberhalb von 3000 cm^{-1}) ebenso vorfinden wie die Carbonylbande bei etwa 1700 cm^{-1}. Beides sollte im Spektrum des Nitrils fehlen. Stattdessen sollten Sie da zumindest die Valenzschwingung der C≡N-Dreifachbindung bei etwa 2250 cm^{-1} beobachten – in einem Bereich, in dem bei Carbonsäuren eigentlich *überhaupt nichts* schwingen sollte. (Na gut, das kommt natürlich darauf an, welche funktionellen Gruppen es in Ihrem Molekül sonst noch so gibt: Bei größeren Molekülen mit richtig vielen verschiedenen funktionellen Gruppen kann das Spektrum dem Begriff »unübersichtlich« durchaus eine ganz neue Bedeutung geben ...)

Kapitel 18

Aufgabe 18.1:

Im ^{1}H-NMR-Spektrum von Aceton findet sich nur ein einziges, nicht aufgespaltenes Signal: Das ist nicht weiter verwunderlich, schließlich gibt es in diesem Molekül nur sechs chemisch äquivalente H-Atome. Entsprechend finden weder Kopplung noch Multiplett-Aufspaltung statt.

Beim Isopropylalkohol hingegen lassen sich drei unterschiedliche Protonen unterscheiden: bei δ = 3,8 ppm (ein Multiplett mit einem Integral von 0,35 cm), ein etwas verbreitertes Signal bei δ = 2,8 ppm (das Integral ist zu vernachlässigen, < 0,1 cm) und ein Dublett bei δ = 1,3 ppm mit einem Integral von 2,1 cm, d. h. die Integrale stehen im Verhältnis 1:6 zueinander. Das verbreiterte Signal bei δ = 2,8 stammt vom OH-Wasserstoff (es sollte sich austauschen lassen), das Signal bei δ = 1,3 kommt von den beiden chemisch äquivalenten Methylgruppen mit insgesamt 6 H-Atomen, während diese sechs Protonen den Wasserstoff an C2 (in der Skelettformel nicht eingezeichnet!) in ein Multiplett aufspalten (gemäß der (N+1)-Regel muss es ein Septett sein).

In den ^{13}C-NMR-Spektren der beiden Verbindungen finden sich jeweils zwei unterschiedliche Signale (zusätzlich zum TMS-Signal bei δ = 0): ein Signal bei ~25 ppm sowie ein deutlich tieffeldverschobenes. Da Verschiebungswerte von der Abschirmung abhängen und die Abschirmung häufig mit der Elektronendichteverteilung korreliert, wird es sich dabei um die Signale der mit Sauerstoff verbundenen C-Atome handeln. Erwartungsgemäß ist der Carbonyl-Kohlenstoff des Acetons mit δ ~ 205 deutlich stärker tieffeldverschoben als C2 des Isoproylalkohols mit δ ~ 65. Wenn Sie bei den Spektren *noch genauer* hinschauen (was eigentlich immer eine gute Idee ist!), werden Sie feststellen, dass auch die Methyl-Kohlenstoffe beim Aceton mit δ ~ 30 etwas stärker nach tiefem Feld verschoben sind als die Methyl-Gruppen des Alkohols (δ ~ 25).

Machen Sie bitte nicht den Fehler, die Signale alleine anhand der Signalintensität zuordnen zu wollen: Bei den ^{1}H-Spektren sind die *Integrale* von entscheidender Bedeutung, und bei der ^{13}C-Kernresonanzspektrometrie lassen sich von Signalhöhen oder –breiten in erster Näherung gar keine Informationen ableiten – hier zählen alleine die Verschiebungswerte.

Aufgabe 18.2:

Das ^{1}H-NMR von 2-Methyl-2-propanol wird nur zwei Signale aufweisen: ein relativ verbreitertes (austauschbares) für das OH-Proton und ein intensives Singulett, unter dem sämtliche anderen neun H-Atome liegen, denn alle Methyl-Wasserstoffatome in diesem Molekül sind äquivalent. (Entsprechend würde man im ^{13}C-NMR auch nur zwei Signale finden: das für die drei Methyl-Kohlenstoffe und das für das zentrale C-Atom mit den drei Methylsubstituenten und der OH-Gruppe; letzteres Signal wäre aufgrund des Elektronenzugs vom Sauerstoff tieffeldverschoben.)

Bei 2-Methyl-1-propanol hingegen gäbe es neben dem OH-Signal noch drei weitere: Die beiden H-Atome an C1 wären aufgrund des Einflusses der OH-Gruppe relativ tieffeldverschoben (in der Größenordnung δ = 3,5-3,9); dieses Signal mit einem Integral von 2 würde aufgrund des H-Atoms an C2 in ein Dublett aufspalten. Das einzelne H-Atom an C2 hingegen würde nach der (N+1)-Regel in ein Nonett aufgespalten (zwei H-Atome an C1 und dann jeweils drei an den beiden chemisch äquivalenten terminalen Methylgruppen C3 und C3'; mit 2+6 ergibt sich N = 8). Die sechs H-Atome an C3 und C3' sind natürlich wieder chemisch äquivalent, also ergeben sie zusammen dank des H-Atoms an C2 ein Dublett (mit einem Integral von 6).

In Wirklichkeit jedoch stünde für das Signal des H an C2 ein relativ unübersichtliches Multiplett zu erwarten, denn während die sechs Protonen an C3 und C3' untereinander äquivalent sind, sind sie *nicht äquivalent* zu den beiden Protonen an C1, also dürften die Kopplungskonstanten nicht identisch sein. Damit ergäbe sich dann, je nach Größe der Kopplungskonstanten, entweder ein Septett von Tripletts oder ein Triplett von Septetts. Insgesamt reden wir hier also von jeweils 21 Linien – die einander natürlich auch noch überlappen können, was der Übersichtlichkeit nicht gerade gut tut ...

Aufgabe 18.3:

Ein Singulett bedeutet, dass sich in unmittelbarer Nachbarschaft dieses aromatischen H-Atoms kein weiteres H-Atom befinden kann. Das bedeutet, es muss sich zwischen den beiden Substituenten am aromatischen Ring befinden. Damit muss der Ring *meta*-subsituiert sein.

Kapitel 19

Aufgabe 19.1:

a. Wenn es im ^{1}H-Spektrum nur ein einziges Signal gibt, dann bedeutet das, dass sämtliche H-Atome im Molekül äquivalent sein müssen. Wäre das bei Cyclohexan der Fall? – Ja. Jedes H-Atom ist an ein Kohlenstoffatom gebunden, dessen andere Bindungspartner jeweils nur ein weiteres H und zwei Methyleneinheiten sind. Da sämtliche H-Atome äquivalent sind, kann es auch nicht zu Kopplungen kommen. Das erklärt das Singulett. Die H-Atome können natürlich nur dann allesamt äquivalent sein, wenn das auch für die C-Atome gilt, und das wiederum erklärt, warum es auch im ^{13}C-NMR-Spektrum nur ein Signal gibt.

Nur um ganz sicher zu gehen: Wie viele verschiedene H- und C-Atome wären denn beim Methylcyclopentan zu erwarten gewesen? Fangen wir mit dem ^{13}C-Spektrum an: Natürlich ist der exocyclische Methylkohlenstoff nicht mit den Ringkohlenstoffen äquivalent, und es macht auch einen Unterschied, ob an den Ringkohlenstoff eine Methylgruppe gebunden ist (wie an C1) oder eben nicht. Ebenso sollte ersichtlich sein, dass C2 und C5, die sich in unmittelbarer Nachbarschaft zum tertiären C1 befinden, nicht äquivalent sind mit C3 und C4, die eben nicht gleich neben einem 3° C sitzen. Allerdings weist das Molekül eine Spiegelebene auf, deswegen sind die Atome C2 und C5 zueinander äquivalent; Gleiches gilt für C3 und C4. Damit lassen sich im ^{13}C-Spektrum *vier* verschiedene Signale erwarten.

Auch beim ^{1}H-Spektrum ist die Spiegelebene von Bedeutung, aber dafür kommt jetzt noch die Stereochemie ins Spiel: Die zwei H-Atome an C2 sind chemisch *nicht äquivalent*, schließlich befindet sich eines der beiden H-Atome in *cis*-, das andere in *trans*-Stellung zur Methylgruppe; das Gleiche gilt natürlich auch für C5. Entsprechend muss ein solcher Unterschied auch für die beiden H-Atome an C3 und C4 gemacht werden. Das wirkt sich natürlich auf die Kopplungskonstanten *J* aus: Das H-Atom an C1 wird mit dem dazu *cis*-ständigen H-Atom anders koppeln als mit dem auf der anderen Seite des Ringes; genau so geht es entsprechend den H-Atomen an C2/C5 und C3/C4 natürlich auch. Sie sehen: Das ^{1}H-Spektrum von Methylcyclopentan wäre *ungleich* komplizierter als das des Cyclohexans.

b. Wenn zwei unterschiedliche Verbindungen zu absolut identischen Massenspektren führen, kann das nur bedeuten, dass unter den Bedingungen der Massenspektrometrie beide Verbindungen exakt die gleichen Reaktionen eingehen. Was könnte das hier sein? – Bei der Massenspektrometrie werden die Analyten positiv ionisiert, d. h. Sie haben es die ganze Zeit über mit (Carbo-)Kationen zu tun. Aus Kapitel 8 wissen Sie, dass Carbokationen gerne Umlagerungen eingehen, wenn dadurch die positive Ladung an einen höher substituierten Kohlenstoff zu liegen kommt. Aus diesem Grund sollte ersichtlich sein, dass das durch Entfernung eines Elektrons entstandene Cyclohexan-Kation (m/z=84) sich rasch zu einem Methylcyclopentan-Ion umlagert (ebenfalls $m/z = 84$). Dieses spaltet dann mühelos ein Methylradikal ab (($m/z = 15$), das erklärt den Peak bei $m/z = 69$). Das resultierende Cyclopentan-Kation kann Ethen (C_2H_4) freisetzen und geht so in das (resonanzstabilisierte) Allyl-Kation $C_3H_5^+$ über ($m/z = 41$), das durch Abspaltung zweier Wasserstoff-Atome zum (aromatischen!) Cyclopropenylium-Kation $C_3H_3^+$ werden kann.

Und woher kommt jetzt der Basis-Peak? – Das Cyclohexyl-Kation und das Methylcyclopentyl-Kation, die ganz am Anfang vorliegen, können natürlich ebenfalls einfach Ethen (C_2H_4) abspalten. Das führt dann in beiden Fällen geradewegs zum Cyclobutyl-Kation $C_4H_8^+$ mit *m/z* = 56.

Sie sehen: Auch wenn man instrumentelle Analytik betreibt, sollte man immer noch chemische Gegebenheiten und chemische Reaktivitäten im Hinterkopf behalten. *Kein* Analysegerät, und sei es noch so leistungsfähig, nimmt Ihnen die ganze Denkarbeit ab.

Anhang D
Glossar

Achiral Ein Molekül, das mit seinem Spiegelbild deckungsgleich ist. Achirale Moleküle drehen die Polarisationsebene von linear polarisiertem Licht nicht und sind daher optisch inaktiv.

Äquatorial In der Sesselform des Cyclohexans sind sechs C–H-Bindungen äquatorial (parallel zur Ringebene) angeordnet. Die restlichen sechs C–H-Bindungen sind axial (senkrecht) angeordnet.

Aldehyd Ein Molekül mit einer endständigen Carbonylgruppe (CHO). Die Aldehydgruppe ist eine häufige funktionelle Gruppe.

Alkan Ein Molekül, das nur C–H- und C–C-Einfachbindungen enthält.

Alken Ein Molekül, das eine oder mehrere Kohlenstoff-Kohlenstoff-Doppelbindungen enthält.

Alkin Ein Molekül, das eine oder mehrere Kohlenstoff-Kohlenstoff-Dreifachbindungen enthält.

Alkohol Ein Molekül, das eine Hydroxylgruppe (OH) enthält. Die Alkoholgruppe ist eine häufige funktionelle Gruppe.

Allyl-Kohlenstoffatom Ein sp^3-hybridisiertes Kohlenstoffatom neben einer Doppelbindung.

Amid Ein Molekül, das eine Carbonylgruppe an einem Stickstoffatom (–$CONR_2$) enthält. Ein Amid ist auch eine funktionelle Gruppe.

Amin Ein Molekül, das ein isoliertes Stickstoffatom (NR_3) enthält. Die Aminogruppe ist eine häufige funktionelle Gruppe.

Anion Ein negativ geladenes Atom oder Molekül.

Anti-Addition Eine Reaktion, bei der die zwei Gruppen eines Reagenz X–Y an entgegengesetzte Seiten einer Kohlenstoff-Kohlenstoff Bindung angelagert werden.

Anti-Aromat Ein instabiles planares Ringsystem mit 4n π-Elektronen.

Anti-Konformation Eine gestaffelte Formation, bei der sich in einer Newman-Projektion die zwei größten Gruppen gegenüberstehen.

Antiperiplanar Eine Konformation, in der sich ein Wasserstoffatom und die Abgangsgruppe in derselben Ebene, aber auf gegenüberliegenden Seiten einer Kohlenstoff-Kohlenstoff-Einfachbindung befinden. Diese Konformation wird für die E2-Eliminierung benötigt.

Aprotische Lösungsmittel Lösungsmittel, die keine O–H- oder N–H-Bindungen enthalten.

Arin Eine sehr kurzlebige und reaktive Zwischenstufe, ein Benzolring mit einer Dreifachbindung. Auch Dehydrobenzol oder Cyclohexa-1,3-dien-5-in genannt.

Aromat Ein planares Ringsystem, das eine ununterbrochene Reihe von p-Orbitalen im Ring enthält und $(4n+2)$ π-Elektronen besitzt. Aromatische Verbindungen sind bemerkenswert stabil.

Aryl Eine aromatische Gruppe als Substituent.

Atomnummer Siehe Kernladungszahl.

Axiale Bindung In der Sesselform des Cyclohexans eine Bindung, die senkrecht zur Ringebene steht (aufwärts oder abwärts).

Base Ein Protonenakzeptor oder Elektronenpaardonator.

Benzylgruppe Ein Benzolring mit einer Methylengruppe (C_6H_5–CH_2).

Betain Molekül, das sowohl eine positive als auch eine negative Formalladung aufweist, und zu dem sich keine Resonanzstruktur ohne Formalladung aufstellen lässt. Tritt gelegentlich auch als Zwischenstufe in Reaktionen auf.

Bicyclische Verbindung Eine Verbindung, die aus zwei Ringen besteht, die mindestens zwei Kohlenstoff- oder Heteroatome gemeinsam haben.

Brønsted-Base Ein Protonenakzeptor.

Brønsted-Säure Ein Protonendonator.

Carbanion Eine reaktive Zwischenstufe mit einem negativ geladenen Kohlenstoffatom.

Carben Eine äußerst instabile Zwischenstufe, die ein neutrales Kohlenstoffatom mit einem Elektronensextett enthält, der zwei Substituenten trägt (R_2C:). Elektronenmangelverbindung.

Carbokation Eine reaktive Zwischenstufe mit einem positiv geladenen Kohlenstoffatom.

Carbonylgruppe Ein Kohlenstoffatom, das durch eine Doppelbindung mit einem Sauerstoffatom verbunden ist (C=O).

Carbonsäure Ein Molekül, das eine Carboxylgruppe (COOH) enthält. Die Carboxylgruppe ist eine häufige funktionelle Gruppe.

Chemische Verschiebung Die Lage eines NMR-Peaks relativ zu einem Standard, meist Tetramethylsilan (TMS, $(CH_3)_4Si$), angegeben in *parts per million* (ppm).

Chiralität Die Eigenschaft eines Objekts, sich von seinem Spiegelbild zu unterscheiden.

Chiralitätszentrum Ein Kohlenstoff- oder anderes Atom mit vier unterschiedlichen Substituenten.

cis Zwei identische Substituenten auf der gleichen Seite einer Doppelbindung oder eines Rings.

Darstellung Herstellung (Organiker-Sprech).

Dehydrohalogenierung Abspaltung eines Wasserstoffatoms und eines Halogenatoms (meist Br oder Cl) aus einem Molekül unter Ausbildung einer Doppelbindung.

Delta-Wert (δ) Siehe chemische Verschiebung.

Diastereomere Stereoisomere, die keine Spiegelbilder voneinander sind.

Diels-Alder-Reaktion Eine Reaktion zwischen einem Dien und einem Dienophil unter Ausbildung von Cyclohexen-Derivaten.

Dien Ein Molekül, das zwei alternierende (durch eine Einfachbindung getrennte) Doppelbindungen enthält. Ein Reaktand in der Diels-Alder-Reaktion.

Dienophil Ein Reaktand der Diels-Alder-Reaktion, der eine Doppelbindung enthält. Dienophile sind häufig mit elektronenziehenden Gruppen substituiert.

Dipolmoment Ein Maß für die räumliche Ladungstrennung in einer Bindung oder einem Molekül.

Dublett Begriff aus der Spektroskopie, unter dem man zwei eng benachbarte Signale (Peaks) versteht.

Ekliptische Konformation Konformation einer Kohlenstoff-Kohlenstoff-Einfachbindung, bei der alle Bindungen zweier benachbarter Kohlenstoffe deckungsgleich sind. In einer Newman-Projektion beträgt der Torsionswinkel zwischen den Bindungen 0°.

Elektronegativität Ein Begriff, der die Elektronengier eines Atoms beschreibt. Ein Maß für die Tendenz eines Atoms, in einer kovalenten Bindung die Elektronen an sich zu ziehen.

Elektrophil Elektronenliebend. Ein Elektronenpaarakzeptor (eine Lewis-Säure).

Enantiomere Chirale Moleküle, die Spiegelbilder voneinander sind.

E1-Eliminierung Eine Reaktion, bei der eine Halogenwasserstoffsäure (wie HCl, HBr) eliminiert wird und ein Alken entsteht. Eine Reaktion erster Ordnung, verläuft über ein Carbokation.

E2-Eliminierung Eine Reaktion, bei der eine Halogenwasserstoffsäure (wie HCl, HBr) eliminiert wird und ein Alken entsteht. Eine Reaktion zweiter Ordnung, bei der in einem konzertierten Schritt die Halogenwasserstoffsäure abgespalten wird und die Doppelbindung entsteht.

***E*-Isomer** Isomer, bei dem sich die beiden Substituenten mit der höchsten Priorität auf der entgegengesetzten Seite einer Doppelbindung befinden.

Ester Ein Molekül, das eine Carbonylgruppe neben einem Sauerstoffatom enthält. Die Estergruppe ist eine häufige funktionelle Gruppe.

Ether Ein Molekül, bei dem zwei Aryl- oder Alkyl-Reste über ein Sauerstoffatom miteinander verbunden sind: R^1-O-R^2 (R^1, R^2: Aryl- oder Alkyl-Rest). Die Ethergruppe ist eine häufige funktionelle Gruppe.

Fingerprint-Region Bereich im IR-Spektrum unterhalb von 1500 cm^{-1}. Die Fingerprint-Region eines IR-Spektrums ist häufig komplex und schwierig zu interpretieren.

Funktionelle Gruppe Ein Reaktivitätszentrum.

Gauche-Konformation Eine Art der gestaffelten Konformation, bei der die beiden großen Gruppen nah zueinander stehen. Auch als windschief oder als synklinal bezeichnet.

Gestaffelte Konformation Konformation einer Kohlenstoff-Kohlenstoff-Einfachbindung, in der die Bindungspartner des einen Kohlenstoffatoms so weit wie möglich von den Bindungspartnern des anderen Kohlenstoffatoms entfernt sind.

Halogene Die Elemente der 17. Gruppe des Periodensystems: Fluor, Chlor, Brom, Jod und Astat.

Halogenid Eine Verbindung eines Halogens mit stärker elektropositiven Elementen. Man unterscheidet zwischen salzartigen Halogeniden wie NaCl, kovalenten Halogeniden wie CCl_4 und komplexen Halogeniden wie $Na[PdCl_4]$.

Hückel-Regel Die Regel, wonach planare konjugierte (mono-)cyclische Moleküle mit ($4n + 2$) π-Elektronen aromatisch sind.

Hybridorbitale Orbitale, die durch die Mischung von verschiedenen Atomorbitalen entstehen, wie die sp^x-Orbitale, die aus einem s- und x p-Orbitalen gebildet werden.

Hyperkonjugation Schwache Wechselwirkung zwischen σ-Bindungen und p-Orbitalen. Die Hyperkonjugation ist der Grund, warum Alkyl-Substituenten benachbarte positive Ladungen und freie Radikale stabilisieren können.

Induktiver Effekt Die Beeinflussung der Elektronenverteilung innerhalb eines Moleküls durch die Elektronegativität eines Substituenten. Es existieren zwei Arten des induktiven Effekts: Beim −I-Effekt werden die Elektronen von einem elektronegativen Atom angezogen; beim +I-Effekt lassen elektropositivere Atome es zu, dass Elektronen aus Ihrer Umgebung abgezogen werden.

Ionenbindung Bindungsart, bei der die Elektronen nicht von den beiden Bindungspartnern geteilt werden.

IR-Spektroskopie Apparative Methode, die die Absorption von infrarotem Licht durch Moleküle misst. Sie kann zur Bestimmung funktioneller Gruppen in unbekannten Molekülen verwendet werden.

Isolierte Doppelbindungen Doppelbindungen, die durch mindestens zwei Kohlenstoff-Kohlenstoff-Einfachbindungen voneinander getrennt sind.

J Die Kopplungskonstante zwischen zwei Peaks innerhalb eines NMR-Signals. Gemessen in Hz. *J* hängt nicht von der Stärke des äußeren Magnetfeldes ab.

Kation Ein positiv geladenes Molekül oder Atom.

Kernladungszahl Anzahl der Protonen im Atomkern eines Elements; entspricht der Anzahl seiner Elektronen in der Elektronenhülle. Auch Ordnungszahl, Protonenzahl oder Atomnummer genannt.

Kernspinresonanzspektroskopie siehe NMR.

Keton Eine Verbindung, in der eine Carbonylgruppe an zwei Aryl- oder Alkylgruppen gebunden ist: R^1-CO-R^2 (R^1, R^2: Aryl- oder Alkylgruppe). Die Ketogruppe ist eine häufige funktionelle Gruppe.

Kinetik Die Lehre von der Geschwindigkeit chemischer Reaktionen.

Knotenebene Ein Bereich (eine Fläche) in einem Orbital, in dem die Elektronendichte null ist.

Konfiguration Die dreidimensionale Orientierung von Atomen um ein Chiralitätszentrum; wird durch *R* oder *S* gekennzeichnet.

Konformation Die räumliche Anordnung von Atomen oder Atomgruppen eines Moleküls definierter Konstitution und Konfiguration.

Konjugierte Base Die Base, die durch die Deprotonierung einer Säure entsteht.

Konjugierte Doppelbindungen Doppelbindungen, die nur durch eine einzige Kohlenstoff-Kohlenstoff-Einfachbindung getrennt sind, alternierende Doppelbindungen.

Konjugierte Säure Die Säure, die durch Protonierung einer Base entsteht.

Konstitutionsisomere Moleküle mit derselben Summenformel, aber unterschiedlicher Verknüpfung der Atome.

Kopplungskonstante Der Abstand zweier benachbarter Linien in einem NMR-Peak (angegeben in Hz).

Kovalente Bindung Bindungen, in denen die Elektronen zwischen den beiden verbundenen Atomen geteilt werden.

Lewis-Base Ein Elektronenpaardonator.

Lewis-Säure Ein Elektronenpaarakzeptor.

Linear polarisiertes Licht Licht, dessen elektrisches (und magnetisches) Feld jeweils nur in einer einzigen Ebene schwingen.

Markownikow, Regel von Eine Regel, die besagt, dass Elektrophile an dem am wenigsten substituierten Kohlenstoff einer Kohlenstoff-Kohlenstoff-Doppelbindung addiert werden (also an das Kohlenstoffatom, das die meisten Wasserstoffe besitzt).

Massenspektrometrie Ein apparatives physikalisches Verfahren, bei dem Ionen entsprechend ihrem Verhältnis von Masse zu Ladung getrennt und registriert werden.

Meso Moleküle, die zwei oder mehr Chiralitätszentren besitzen, aber achiral sind, weil sie eine oder mehrere Symmetrieebenen enthalten.

Mesomerie Siehe Resonanzstrukturen.

Meta Beschreibt die relative Lage zweier Substituenten in einem Benzolring, die durch ein Kohlenstoffatom im Ring voneinander getrennt sind.

Meta-**dirigierender Substituent** Ein Substituent an einem aromatischen Ring, der angreifende Elektrophile in die *meta*-Position dirigiert (lenkt).

Molekülorbital-Theorie Eine Theorie der chemischen Bindung, in der Elektronen sich in Molekülorbitalen durch das gesamte Molekül bewegen können.

Mehrstufige Synthese Synthese einer Verbindung, die sich über mehrere Schritte erstreckt.

(N + 1)-Regel Regel für die Kopplung eines Protons in der ^{1}H-NMR-Spektroskopie. Ein NMR-Signal spaltet sich in N + 1 Peaks auf, wobei N die Zahl der äquivalenten benachbarten Protonen ist.

Naturstoff Eine Substanz, die von einem lebenden Organismus erzeugt wurde.

Nitril Eine Verbindung, die eine Cyanogruppe enthält: ein Kohlenstoffatom, das durch eine Dreifachbindung an ein Stickstoffatom gebunden ist (CN). Die Nitrilgruppe ist eine häufige funktionelle Gruppe.

NMR-Spektroskopie Magnetresonanzspektroskopie (vom Englischen *nuclear magnetic resonance*), auch Kernspinresonanzspektroskopie genannt. Ein spektroskopisches Verfahren, das auf der magnetischen Wechselwirkung von Kernspins, Elektronenspins und äußeren Magnetfeldern beruht. Ein bedeutendes Verfahren zur Strukturaufklärung.

Nucleophil Kernliebend, kernsuchend. Ein Molekül oder Ion mit der Fähigkeit, ein einsames Elektronenpaar zur Verfügung zu stellen (eine Lewis-Base).

Nucleophile Reaktion Reaktion, bei der ein Nucleophil ein elektrophiles Substrat angreift.

Optisch aktiv Substanz, die die Polarisationsebene von linear polarisiertem Licht dreht.

Orbital Die Wellenfunktion eines Elektrons. Im übertragenen Sinn auch ein Raumbereich, in dem sich ein Elektron mit einer gewissen Wahrscheinlichkeit aufhält. Das »Wohnzimmer« der Elektronen.

Ordnungszahl siehe Kernladungszahl.

Ortho Beschreibt die relative Stellung zweier Substituenten an einem Benzolring, die sich an benachbarten Kohlenstoffen befinden.

Ortho- **und** *para*-**dirigierend** Ein Substituent an einem Bezolring, der angreifende Elektrophile in die *ortho*- und *para*-Position dirigiert.

Oxidation Eine Reaktion, die einen Elektronenverlust eines Atoms oder Moleküls bedeutet.

Para Beschreibt die relative Position zweier Substituenten an einem Benzolring, die durch zwei Kohlenstoffatome getrennt sind.

Phenylgruppe Ein Benzolring als Substituent.

π-Bindung Eine Bindung mit Elektronendichte oberhalb und unterhalb der beiden verbundenen Atome, aber nicht direkt auf der Verbindungslinie der Atome; findet man in Doppel- und Dreifachbindungen.

pK_s-Wert Eine Skala, die die Säurestärke eines Moleküls definiert (pK_s = −lg K_s).

Protisches Lösungsmittel Ein Lösungsmittel, das O−H- oder N−H-Bindungen enthält.

Proton Positiv geladener Baustein des Atomkerns, für die Kernladungzahl verantwortlich. In Organiker-Sprech ist häufig auch einfach nur ein Wasserstoff-Kation (H^+-Ion) gemeint, da der Kern des einfachsten (und in der Natur häufigsten) Isotops des Wasserstoffs nur aus einem Proton besteht.

Protonenzahl siehe Kernladungszahl.

Racemat Ein 1:1-Gemisch zweier Enantiomere. Racemate sind optisch inaktiv (sie drehen die Polarisationsebene von linear polarisiertem Licht nicht).

Radikal Ein Atom oder Molekül mit einem ungepaarten Elektron.

Reduktion Teil einer Reaktion, bei der ein Atom oder Molekül Elektronen aufnimmt.

Resonanzstrukturen Auch als mesomere Grenzstrukturen bezeichnet. Beschreibung der Bindungsverhältnisse in Molekülen oder Molekülionen, die nicht durch eine einzelne Lewis-Formel dargestellt werden können. Die wahre Struktur ist ein Mittelwert aller Resonanzstrukturen.

Säure Ein Protonendonator bzw. ein Elektronenpaarakzeptor.

s-*cis*-Konformation Eine Konformation in der sich die beiden Doppelbindungen eines konjugierten Diens auf der gleichen Seite einer Kohlenstoff-Kohlenstoff-Einfachbindung befinden, die sie verbindet. Die benötigte Konformation für die Diels-Alder-Reaktion.

s-*trans*-Konformation Eine Konformation, bei der sich die konjugierten Doppelbindungen auf entgegengesetzten Seiten der Kohlenstoff-Kohlenstoff-Einfachbindung befinden, die sie verbindet.

σ-Bindung Eine Bindung, bei der sich die Elektronen zwischen dem Kern und den bindenden Atomen befinden. Einfachbindungen sind σ-Bindungen.

Singulett Ein NMR-Signal, das aus nur einem Peak besteht.

S_N1-Reaktion Eine Substitutionsreaktion erster Ordnung, die über ein Carbokation als Zwischenstufe verläuft.

S_N2-Reaktion Eine Substitutionsreaktion zweiter Ordnung, die ohne Zwischenstufe verläuft.

sp Ein Hybridorbital, das durch die Mischung eines s- und eines p-Orbitals entsteht; bei der sp-Hybridisierung entsteht ein Orbitalsatz von zwei Hybridorbitalen.

sp^2 Ein Hybridorbital, das durch die Mischung eines s-Orbitals und zweier p-Orbitale entsteht; bei der sp^2-Hybridisierung entsteht ein Orbitalsatz von drei Hybridorbitalen.

sp^3 Ein Hybridorbital, das durch die Mischung eines s-Orbitals und dreier p-Orbitale entsteht; bei der sp^3-Hybridisierung entsteht ein Orbitalsatz von vier Hybridorbitalen.

Stereoisomere Moleküle, die identische Atome mit identischer Verknüpfung (Konstitution) enthalten, die aber im dreidimensionalen Raum unterschiedlich angeordnet sind.

Sterische Hinderung Die Behinderung einer Reaktion durch die Gegenwart raumerfüllender Gruppen an benachbarten Kohlenstoffatomen.

Substituent Ein Atom oder ein Rest, der sich an der Position eines Wasserstoffatoms befindet.

Symmetrieebene Häufige Bezeichnung für eine Spiegelebene (eigentlich nicht ganz korrekt); ein Symmetrieelement, das ein Molekül in zwei spiegelbildliche Hälften teilt.

Syn-Addition Eine Reaktion, bei der zwei Gruppen eines Substituenten X–Y auf der gleichen Seite einer Kohlenstoff-Kohlenstoff Doppelbindung addiert werden.

Synklinale Konformation Siehe gauche-Konformation.

Tautomere Moleküle, die sich in der Position eines Wasserstoffatoms und einer Doppelbindung unterscheiden und sich leicht reversibel ineinander umlagern können.

Thermodynamik Lehre der Energieänderungen bei chemischen und physikalischen Vorgängen.

Thermodynamisches Produkt Das Reaktionsprodukt mit der niedrigsten Energie.

Thiol Ein Molekül mit einer S–H Gruppe. Die Thiolgruppe ist eine häufige funktionelle Gruppe.

trans Zwei identische Substituenten auf gegenüber liegenden Seiten einer Doppelbindung oder eines Rings.

Triplett Ein NMR-Signal, das in drei Peaks aufgespalten ist.

Übergangszustand Instabile Atomanordnung während einer chemischen Reaktion; Maximum eines Energiebergs.

Z-Isomer Isomer, bei dem sich die beiden Substituenten mit der höchsten Priorität auf der gleichen Seite einer Doppelbindung befinden.

Zwischenstufe Eine instabile sehr reaktive Species, die im Laufe einer chemischen Reaktion entsteht und sich wieder auflöst.

Stichwortverzeichnis

A

Abgangsgruppe 190
Absorptionsbereiche 295
Absorptionsintensität 294
Aceton 74, 76
  Strukturformel 102
Acetonitril
  Strukturformel 105
Achiral 110, 115, 121, 391
Acylium-Ion 240
Adenin 225
Aerosol 96
Aktivierungsenergie 191
Aldehyd 391
  Strukturformel 100
Alder, Kurt 347
Aldrin 347
Alkane 86, 127, 136–137,
  139, 143, 148, 153–154,
  157, 177, 391
  Definition 91
  Fragmentierungsmuster
  283
  Geradkettige 128
  gesättigtes 136
  Nomenklatur 129
Alkene 153, 159–160, 162,
  166, 170, 172, 174, 176–177,
  180, 205, 207, 211, 391
  Darstellung 164
  Definition 92
  Stabilität 162
Alkine 92, 93, 94, 95, 96, 179,
  299, 391
  Darstellung 181
  Definition 93
  Proton 182
  Ringe 181
Alkohole 391
  Definition 97
  Gärung 346
Alkohole 205, 212
Alkylbenzol 239–241, 246
Alkylhalogenide 96, 182
Alkyl-Substituenten 170

Alkylwanderung 171
Allotrop
  Kohlenstoff 348
Allyl
  Fragment 287
  Kation 286
  Kohlenstoffatom 391
Alternierung 213
Aluminiumtrichlorid 239
Amide 391
  Strukturformel 103
Amidgruppe 253
Amine 391
  Strukturformel 105
Aminocarbonsäure 263
Aminomethanol
  Struktur 66
Ammoniak 81, 83
Amphoter
  Definition 83
Amylopektin 262
Amylose 262
Anion 391
  Definition 38
anionenaktives Tensid 269
Anti-Addition 391
  Definition 173
Anti-Aromat 391
Antiaromatizität 226
Anti-Konformation 391
Anti-Konformer
  Definition 142
Anti-Markownikow-Produkt
  171
Antiperiplanar 201
Antiseptikum 97
Aprotisch
  Lösungsmittel 195, 392
Äquatorial 391
Aren 63, 172
Arin 249, 392
Aromate 392
  Definition 92
Arrhenius
  Definition 82, 84

Aryl 392
Aspartam 349
Aspirin 353
  Inhibitor 33
Atomnummer 38, 392
Autoxidation 268
Axiale Bindung 392

B

Base 392
  konjugierte 83
  Lewis 84
Basis-Peak 279
Benzaldehyd
  Strukturformel 100
Benzol 223, 230, 231, 236,
  238, 244, 245, 248–249
  Eigenschaften 95
  Strukturformel 95
Benzolring 225, 228, 230,
  236, 238, 240, 242, 245, 248,
  309, 312
Benzopyren
  Strukturformel 95
Benzylgruppe 392
Bicyclische Verbindung 392
Bindung
  polar kovalent 45
  rein kovalent 45
biogenes Amin 264
Boat-Konformation 144
Boran 172
Brom 161, 164, 174, 182
Bromierung 151, 174,
  182, 244
  Alkane 151
  Alkine 182
Brønsted
  Base 392
  Definition 83
  Lowry-Definition 83
  Säure 392
brute-force-Methode 35
Buckminster-Fulleren 36
Buckyballs 348

Butan 142, 150
  Dimethyl 138
Butanon 64
  Kurzformel 64
  Lewis-Formel 63

C

Cahn-Ingold-Prelog-Regeln 119, 161
Calicheamycin 94
  Strukturformel 94
Carbanion 392
Carben 392
Carbenium-Ion 196
Carbokationen 167, 196, 201, 239, 242–243
Carbonsäure 392
  Strukturformel, Eigenschaften 102
Carbonsäuren 208–209, 211
Carbonylgruppe 99, 165, 285, 287, 310, 392
  Absorptionsbereich 297
Carbonylverbindung
  Reduktion 208
Cash, Johnny 42
CH_2Cl_2 361
$CHCl_3$ 361
Chemiker
  Bioorganiker 33
  Computer 35
  Organometall 35
  Physiko-Organiker 34
  Synthese-Chemiker 33
Chemische Äquivalenz 308
Chemischer Austausch 317
Chemische Verschiebung 309, 392
Chiloglottis
  Strukturformel, Eigenschaften 101
Chiloglotton 280
Chinolin 184
Chiralität 110, 393
Chiralitätszentrum 110–111, 114–115, 117, 119, 121, 194, 393
  Konfiguration 111
Chlor 43–44, 47, 281, 289
Chlorierung 148

cis 393
cis-Dibromcyclopentan
  Strukturformel 115
cis-Isomere 163
cis-Stereochemie 160
cis-Stereoisomer 144
cis-trans-Nomenklatur 160
cis-trans-Stereoisomere 160
C-H-Valenzschwingung 294, 296
COX 160
Cracking 148
Curl, Robert 348
Cyanogruppen 105
Cycloalkane 143
  Definition 143
  Ring 143
Cyclodecapentaen 232
Cycloheptatrien 233, 235
Cycloheptin 181
Cyclohexan 145, 148
Cyclohexane 145
  Ring 145, 147
Cyclohexanon 357
Cyclooxygenase 33
Cyclopentadien 235
Cyclopentan
  Lewis-Formel 66
  Skelettformel 66
Cyclopropan 143
Cystein
  Strukturformel 99

D

Darstellung 393
DDT
  Strukturformel 96
  Verwendung 96
Decarboxylase 264
Decarboxylierung 264
Dehydratisierung 164, 363
Dehydrierung 165
Dehydrobenzol 249
Dehydrohalogenierung 393
  Alkene 164
  Alkine 181
Delokalisierung
  von Ladungen 86
Delta-Wert 393
Demercurierung 172

Deprotonierung 362, 365
Desoxyribonukleinsäuren 94
Detergenz 269
Deuteronen 317
Diamagnetische Anisotropie 309
Diastereomer 261, 393
  Definition 117
Dibromide 182
Dichlormethan
  Lösungsmittel 195
Diederwinkel 140
Diels-Alder-Reaktion 217, 347, 362, 393
Diels, Otto 347
Dien 393
Dienophil 217, 393
Diethylether
  Kurzformel 64
Dihydroxylierung 173
Diisopropylethin
  Lewis-Formel 66
  Skelettformel 66
Diketon
  Strukturformel 101
Dimerisierung 226
Dimethyl 207
Dimethylacetylen 180
Dimethylsulfoxid 211
  DMSO 195
Diol 174
Dipeptid 264
Dipol 37
Dipolmoment 47–48, 393
  Definition 47
Dipolmomentvektor
  Definition 47
Diradikal 231
Disaccharid 259
Disulfidbrücke 265
Divalent 62
DMF 361
DMSO 361
Doppelbindung 54, 61
  alternieren 75
Doppelbindungsäquivalent 154
Dreifachbindung 54, 61
Dublett 314, 393
Duroplast 252
Dynamit 345

E

E1/E2-Eliminierung 393
E1/E2-Reaktion 201
Edelgase 42
Edukt 361
EIMS 276
Einfachbindungen 61
  Umklappen 79
einspitziger Pfeil
  Definition 69
Ekliptische Konformation 393
Elastomer 252
Elektron
  Magnetfeld 305
Elektronegativität 393
  Bedeutung in NMR 309
  Definition 45
Elektronenfluss 79
Elektronenoktett
  Bedeutung bei Resonanz 77
Elektrophil 84, 191, 238, 393
  aromatische Substitution 238
Eliminierung
  Erster Ordnung 201
  Zweiter Ordnung 201
Eliminierungsreaktion 356
Enantiomere 109, 111, 116, 118, 120–121, 393
Endiol 261
endo-Addition 218
Energieprofil 191
Enol 185, 285
EPA 49
Epoxid
  Strukturformel 99
Essigsäure
  Strukturformel 102
Ester 99, 102, 208–209, 394
  Strukturformel, Definition 102
Ethan-1,2-diol
  Strukturformel 97
Ethanol 313
  Strukturformel 97
  Vorkommen 205
Ethansäure
  Stukturformel 102
Ethen 55, 92

Struktur 92
Ether 93, 99, 177, 394
  Definition 99
  Lösungsmittel 195
Ethylalkohol 97
Ethylbenzol 236
Ethylenglycol
  Strukturformel 97
  Vorkommen 205
exo-Addition 218

F

Faltblatt 265
Fermentation 346
Fibrille 265
Fingerprint-Bereich 295–296, 394
Fischer-Projektionen
  Definition 118
  Regeln 118
Fleming, Alexander 350, 353
Fluorwasserstoff 86
Formaldehyd 210
  Definition 100
Formalladung 61
Freies Elektronenpaar 49
  Bestimmung 68
Friedel-Crafts-Acylierung 240–241, 247
Friedel-Crafts-Alkylierung 239–240
Friedensnobelpreis 345
Frost-Kreis 228
Fructose 260
Fuller
  Buckminster 348
Funktionelle Gruppe 394
Furan 225, 233–234
Fußballmolekül 348

G

Gauche-Konformation 394
  Definition 142
Gestaffelte Konformation 394
Gillespie-Nyholm-Theorie 49
Gleichgewicht 89
Gleichgewichtspfeil
  Definition 69
globuläres Protein 265
Glucose 260

Glycin
  Strukturformel 102
glycosidische Bindung 262
Gomberg, Moses 348
Grignard-Reaktion 209
Grundzustand
  Elektronen 41
Gruppe
  Funktionelle 91

H

Halbacetal 261
Halbstrukturformel 64
Halogene 157, 167, 170, 394
  Bindungsarten 46
Halogenid 394
  Definition 96
  Verwendung 96
Halogenwasserstoff 166
  Säuren 196
Harnstoff
  Darstellung 346
Haworth-Projektion 143, 147
Heisenberg'sche Unbestimmtheitsbeziehung 39
Helium 42, 44, 276
Helix 265
Heptan 128–129, 135
  Kurzformel 64
Heptanol 206
Heteroatome 225, 233–234
  Definition 96
Heterolyse 149
Hexadien-2-on
  Resonanzstruktur 75
Hexan 128, 136–137
  Lewis-Formel 65
  NMR-Spektrum 296
  Skelettformel 66
Hochauflösende
  Massenspektrometrie 280
hochfeldverschoben 310
Homolyse 149
Hooke'sches-Gesetz 292
Hückel 226
Hückel-Regel 226, 232–233, 394
Hundsche-Regel 41, 42, 228, 231
Hybridorbitale 51, 394

Hydratisierung 171
Hydroborierung 185
  Alkine 185
Hydroxidgruppe 314
Hyperkonjugation 168, 394

I

Imidazol 234, 236
Induktiver Effekt 394
Inertgas 276
Infrarotabsorption 292
Infrarot-Spektroskopie 291, 293
Infrarot-Spektrum 291, 293–294, 297
Inhibitor 33
in silico 35
Interne Alkine 182
In vitro-Synthese 346
Ion
  Definition 38
Ionenbindung 43–44, 394
Ionisierer 283
IR-inaktive Schwingungen 294
IR-Spektroskopie 394
Isolierte Doppelbindungen 394
Isomere 136
  Definition 129
Isopropylalkohol
  Vorkommen 205
Isopropylbenzol 240
Isotopie-Effekte 281

J

Jod 282
Jodwasserstoff 86
Jones-Reagenz 211

K

Karzinogen 94
Katalysator
  Definition 35
Kation 395
  Definition 38
Keilstrichformel 108
Kekulé, Friedrich August 223
Kekulé-Struktur 63
Keratin 99
Kernladungszahl 38, 395
Kernresonanz-
  Spektroskopie 301

Kernseife 269
Keto-Enol-Tautomerie 185
Keto-Gruppe 260
Ketohexose 260
Ketone 101–102, 210, 395
  Strukturformel 102
Kettenfortpflanzung 148
Kettenreaktion 149
Kettenstart 149
Kieselgur 345
Kinetik 216, 395
  Beschreibung des
    Arbeitsfeldes 34
Kinetisches Produkt 216
Knotenebene 54, 395
Koffein 34
Kohlenstoff
  Bedeutung 31–32
  primärer 150
  sekundärer 150
Kohlenwasserstoffe 154
  Definition 92
  ungesättigt 154
Kondensation 252
Konfiguration 395
Konformation 395
  Definition 127, 139
  ekliptische 140
  gestaffelt 140
Konformere 139, 142, 145–146
Konjugierte Alkene 213
Konjugierte Base 83, 395
Konjugierte
  Doppelbindungen 395
Konjugierte Säure 83
Konnektivität
  Fragmente 338
Konstitutionsisomere 108, 395
Kopplung 312, 337
  Konstante 314
Kovalente Bindung 43–44, 395
kristallin 252
Kroto, Harry 348
Kurzformel
  Definition 64

L

Lauterbur, Paul 319
lenstoff-NMR 317
Lewis-Base 84, 395
  Definition 84

Lewis-Formeln 60–61, 63, 65, 67, 70–72
Lewis-Säure 84, 395
  Definition 84
Lindlar-Katalysator 183
Linear polarisiertes
  Licht 395
  Definition 116
linksdrehend 260
Lipid 267
Lithiumaluminiumhydrid 208
Lokanten
  Definition 130
Lösungsmittel
  Protische 195, 198
  Wahl des 195

M

Magnetfeld
  äußeres 303
Magnetisches Moment 303
Magnetresonanztomographie 319
Markownikow-Alkohol 207
Markownikow-Enol 184
Markownikow-Produkt 167
Markownikow, Regel
  von 395
Markownikow,
  Wladimir W. 167
Massenspektrometrie 275–276, 280, 288
Materialchemiker 35
McLafferty-Umlagerung 285, 287–288
Mechanismen
  Anionische 363
  Carbokation 363
  Nucleophile/elektrophile 359, 362
  Radikal 363
  Thermische 362
Mehrstufige Synthesen 353, 396
Mercurinium-Ion 172
Mesomerie 265, 396
meso-Verbindungen
  Definition 114
Meta 396
meta-dirigierender
  Substituent 396

meta-Stellung 242
meta-Substitution 243
Methanol
  Vorkommen 205
Methoxid 193
Methylengruppe 313
  Alkine 182
Methyl-Substituent 158
Molekülionen-Peak 277
Molekülorbital 227–231
  Diagramm 227–228, 231
  Theorie 226–227, 396
Monochromator 293
Monomer 251
Monosaccharid 259
monovalent 62
Morphium
  Struktur 95

N

NaNH$_2$ 362
Naphthalin 232
Natriumamid 182
Natriumborhydrid 208
Natriumhydroxid 172–173, 181
Naturprodukt 34
Naturstoff 396
Naturstoff-Chemiker 34
Neon 44, 50
Newman-Projektion 140–141
Neutralfett 267
Nichtbindendes Elektron
  Bestimmung 68
Nikotin 34
Nitrile 105, 396
  Strukturformel 105
Nitroglycerin 345
Nitrogruppen
  Reduktion 240
NMR 312–313
  Spektrum 305, 308, 317–318, 396
NMR 301, 311, 316, 320
NMR-aktiv 302
NMR-inaktiv 302
NMR-Spektrometer 302, 306, 317–318
NMR-Spektroskopie 276
  Wasserstoff 302

NMR-Spektrum
  Definition 306
Nobel, Alfred 345
Nobel-Stiftung 345
Nomenklatur
  Definition 127
Nucleophile 84, 190, 202, 396
  Acetylid-Anion 182
  Reaktion 396
nucleophile Addition 261
Nutrasweet 349

O

Oktettregel 43
Öl 267
Oligopeptid 265
Oligosaccharid 259
Optisch inaktiv
  Definition 117
Orbital 38, 396
  antibindendes 229
  bindendes 229
  entartet 40
  entartetes 229
Ordnungszahl 38
Ortho 396
ortho-Stellung 242
Oxidation 397
  Alkohole 211
  Permanganat 175
Oxiran
  Strukturformel 99
Oxyanion 166
Oxymercurierung 172, 184
  Alkine 184
Ozonolyse 175

P

Para 397
para-Stellung 242
para-Substitution 242–243
Pasteur
  Louis 347
Peak 277–279, 281–283, 285, 287, 289, 305, 309, 311, 313, 320
Penicillin 350
  geschichtlicher
    Hintergrund 34
  Strukturformel 104

Pentan 279
  Stammkette 136
Penten 158
Peptidbindung 104, 253
Peyote 34
Phenylgruppe 236, 397
Phenylring 237
Phosphoroxychlorid 211
Photochemie 35
Phytohormon 92
pi-Bindung 53
pi-Bindungen 180
pK$_s$-Wert 397
Plunkett, Roy 350
Polyethen 92
Polyaddition 255
Polyamid 253
Polyester 253
Polykondensation 252
Polymer 251
Polymerisation 254
  Ethen 92
Polypeptid 265
Polysaccharid 259
polysubstituierter Benzole 246
Polyvinylchlorid 36
p-Orbital
  Definition 39
p-Orbitale 180
Primäres Amin
  Absorptionsbereich 298
Primärstruktur 265
Projektionen
  Fischer 107, 118–120
  Newman 140, 142
Propagation 149
Propin 93–94
Propylbenzol 240
Prostaglandine 33
Protisches Lösungsmittel 397
Proton 397
Protonenzahl 38, 397
p-Toluolsulfonsäure 196
Putrescin
  Strukturformel 104
PVC 105
Pyridin 361
Pyridiniumchlorochromat 211

Q

Quartärstruktur 265
Quecksilberacetat
  Oxymercurierung 172

R

Racemat 199, 397
  Definition 117
Radiowellen 304, 306
Reaktion
  Diels-Alder 347
  konzertierte 173
  Regioselektive 168
Reaktionsgeschwindigkeit
  SN2-Reaktion 191
Reaktionskoordinate 191
Reaktionspfeil
  Definition 69
Rebok, James 350
rechtsdrehend 260
Reduktion 397
Reduzierte Masse 292
Regel
  Cahn-Ingold-Prelog 111, 161
  Hundsche 41
  Oktett 71, 73–75
Regiochemie 363
Regioselektiv 168
Reinigungsmittel 97
Relativen Verhältnisse
  Anwendung NMR 324
Resonanz
  NMR-Spektroskopie 304
Resonanzpfeil
  Definition 69
Resonanzstrukturen 70, 397
  Symmetrie 73
  Zeichnen von 72
Rest
  Gruppe 70
Retinal
  Strukturformel 100
Retrosynthese 356
Rohrzucker 97
Rotationsübergänge 304
Rückseitenangriff 174, 194

S

Saccharid 259
Saccharose 97
Salpetersäure 82
Säure
  BrønstedLowry 83–84
  Carbon 209
  Halogenwasserstoff 196
  konjugierte 83
  Lewis 84
  Salz 82
  Stärke 85
Säurekonstante 88
Schlatter, James 349
Schmierseife 269
Schweres Wasser 317
s-cis-Konformation 218, 397
Seife 349
sek-Butylgruppe 130
Sekundäres Amin
  Absorptionsbereich 297
Sekundärstruktur 265
Sessel-Konformation 144
sigma-Bindung 53
Singulett 314, 397
Skelettformel
  Definition 65
Smalley, Richard 348
SN_1-Mechanismus 190
SN_1-Reaktion 196–197, 397
SN_2-Mechanismus 190
SN_2-Reaktion 190, 398
s-Orbital
  Definition 39
Spaltung
  katalytische 148
Spektroskopie 34
Spin 303–306, 312–314, 317
  Definition 39
Spin-Spin-Aufspaltung 312
Stammkette
  Pentan 137
Stammname 129
Staphylokokken 350
Startreaktion 148
Stellungsziffern
  Definition 130
Stereochemie 107, 121
  SN1-Reaktion 198
Stereoisomere 108, 144, 398
Stereoselektivität
  Diels-Alder-Reaktion 218
Sterische Hinderung 398
  Definition 163, 193
Stickstoff 282, 284
s-trans-Konformation 397
Strichformel
  Definition 64
Substituent 398
  Butyl 130
  Definition 52
  Methyl 130
Substitutionsreaktionen 189, 200
Substrat 191
Symmetrieebene 398
Syn-Addition 173, 398
  Definition 173
Synklinale Konformation 398
Synthese
  mehrstufige, Bedeutung 33

T

Tautomere 185, 398
Tautomerisierung
  Definition 185
Teflon 35, 350
Terminale Alkine 182
Tensid 269
tert-Butoxid 193, 202
tert-Butylgruppe 135
Tertiärstruktur 265
Tetravalent 62
Thalidomid
  Strukturformel, Bedeutung 121
Theorie
  Gillespie Nyholm 49
Thermodynamik
  Beschreibung des Arbeitsgebietes 35
Thermodynamik 216, 398
Thermodynamisches
  Produkt 216, 398
Thermoplast 252
THF 361
Thiole 398
  Definition 98
  Strukturformel 99
tieffeldverschoben 309
Toluol 237
Torsionsspannung
  Definition 141
trans-Dibromcyclopentan
  Strukturformel 115
trans-Isomer 163
trans-Stereoisomer 144

Treibgas 96
Triethylamin 361
Triglycerid 267
Tripeptid 264
Triphenylmethyl-Radikal 348
Triplett 314, 398
Trivalent 62
Twist-Konformation 144

U

Übergangszustand 192, 285, 398
ungesättigtes Fett 268

V

Valenz
   Definition 62

Elektronen 43
   Schwingung 293
Verseifung 268–269
Vinyl-Kation 286
Vitalismus 31
Vitamin A
   Strukturformel 93

W

Wannen-Konformation 144
Wasserstoff
   äquatorial 145
   primärer 150
   sekundärer 150
Wasserstoffperoxid 172–173
Wechselwirkung
   diaxial 146

Weinsäure 347
Wellenzahl 293
Williamson-Ethersynthese 211
Wittig, Georg 165
Wittig-Reaktion 164, 356–357
   Darstellung 165
Wöhler, Friedrich 32, 346

Z

Z-Isomer 398
Zweispitziger Pfeil
   Definition 69
Zwischenprodukt
   Definition 153
Zwischenstufe 398

www.ingramcontent.com/pod-product-compliance
Lightning Source LLC
LaVergne TN
LVHW060136080526
838202LV00049B/4003

*9 7 8 3 5 2 7 7 2 1 7 5 7 *